Clár

AN ROINN OIDEACHAIS

FOCLÓIR EOLAÍOCHTA

Dictionary of Science

AN GÚM
Baile Átha Cliath

ISBN 1-85791-088-5

An Clúdach: Slidefile
Computertype Tta a chlóchuir

Arna chlóbhualadh in Éirinn ag
Leabhair Dhaite Tta.

Le ceannach díreach ó:
Oifig Dhíolta Foilseachán Rialtais,
Sráid Theach Laighean,
Baile Átha Cliath 2

nó ó dhíoltóirí leabhar

Orduithe tríd an bpost ó:
Rannóg na bhFoilseachán,
Oifig an tSoláthair,
4-5 Bóthar Fhearchair,
Baile Átha Cliath 2.

Arna fhoilsiú ag:
An Gúm, 44 Sráid Uí Chonaill Uacht., Baile Átha Cliath 1.

Réamhrá

Is iad seo a leanas na daoine a bhí ina mbaill den Choiste a chuir an t-eagrán deireanach (1966) den fhoclóir seo ar fáil:

Micheál Ó Siochrú, M.A. (Cathaoirleach), Príomhchigire Meánscoileanna, An Roinn Oideachais; An tOllamh Cillín Ó Brolcháin, M.Sc., Ph.D., C.O.G.; An tOllamh Proinsias Ó Colla, M.Sc., Ph.D., C.O.G.; An tOllamh Colm Ó hEocha, M.Sc., Ph.D., C.O.G.; An tOllamh Seán S. Tóibín, M.Sc., Ph.D., C.O.G.; Déaglán Ó Lorcáin, M.Sc., Ph.D., C.O.G.; An Bráthair Donnchadh Ó Muineog, M.Sc.; Séamas Daltún, M.A., Príomh-Aistritheoir, Dáil Éireann; Tomás Ó Floinn, M.A. (Rúnaí an Choiste), Seán Ó Laoire, M.Sc., Liam Ó Maolchatha, M.Sc., Ph.D., Cigirí Meánscoileanna, An Roinn Oideachais.

Eagrán Nua

Is eagrán nua méadaithe den fhoclóir sin atá sa leabhar seo agus is iad seo a leanas na daoine a bhí ina mbaill den Fhochoiste a chuir an t-eagrán seo ar fáil:

An Dr. Tomás Ó Floinn (Cathaoirleach), iar-Rúnaí Cúnta, An Roinn Oideachais; An tOllamh Seán Ó Cinnéide, D.Sc., F.I.C.I., F.R.S.C., C.Chem., C.O.G.; An tOllamh Séamas Ó Flaithimhín, M.Sc., Ph.D., C.O.G.; Roibeárd Ó Cuirrín, M.Sc., F.B.C.S., F.I.M.A., Stiúrthóir na Seirbhísí Ríomhaireachta, C.O.G.; An Dr. Caoimhe Frain, B.Sc., Ph.D., C.O.B.; Seán Ó Laoire, M.Sc., iar-Phríomhchigire Meánscoileanna, An Roinn Oideachais; An tOllamh Déaglán Ó Lorcáin, M.Sc., Ph.D., C.O.G.; An Dr. Seán Ó Siadhail, M.Sc., Ph.D., C.O.G. Bhí Pádraig Ó Maoláin, B.Comm., Liam Mac Cóil, M.A., agus Colm Breathnach, M.A., ag feidhmiú mar rúnaithe ar feadh tréimhsí éagsúla agus rinne Fidelma Ní Ghallchobhair, M.A., obair bhreise ar ábhar an fhoclóra.

Ba mhaith liom, thar mo cheann féin agus thar ceann an Bhuanchoiste Téarmaíochta, buíochas a ghabháil le baill an Fhochoiste as ucht an tsaothair seo.

Faoi scáth na Roinne Oideachais a cuireadh *Téarmaí Eoluidheachta* le chéile agus foilsíodh iad chomh fada siar leis an mbliain 1932. B'amhlaidh a tugadh coiste le chéile faoi stiúir Sheoirse Mhic Niocaill, Príomhchigire Meánscoileanna, i ndeireadh na bhfichidí le dul i mbun oibre ar an téarmaíocht. Orthu siúd a bhí ag plé leis an Eolaíocht ó thosach báire, bhí Tadhg Ó Donnchadha (Torna), a dheartháir, Éamonn, agus Réamonn Ó Cinnéide, léachtóir le Ceimic i gColáiste na hOllscoile i gCorcaigh. Liosta daichead leathanach de théarmaí ó Bhéarla go Gaeilge a bhí ann, éacht nár bheag an tráth úd. Chuir an méid sin bonn maith faoi théarmaíocht an ábhair sa Ghaeilge, rud a chabhraigh as cuimse le múineadh na hEolaíochta trí Ghaeilge a chur chun cinn. Sna seascaidí agus siollabais nua á mbeartú, chonacthas do lucht údaráis na Roinne gur mhithid cur lena raibh sa chéad liosta agus bunaíodh coiste le dul i mbun an ghnó sin. Ba é Micheál Ó Siochrú, nach maireann, a bhí mar chathaoirleach air agus bhí Tomás Ó Floinn ina rúnaí. D'fhoilsigh an Roinn Oideachais an dara heagrán den *Fhoclóir Eolaíochta* sa bhliain 1966. Ní hamháin gur cuireadh a lán téarmaí breise leis an méid a bhí in eagrán na bliana 1932 ach leasaíodh a thuilleadh díobh agus cuireadh an caighdeán oifigiúil i bhfeidhm ar an litriú. Mar shampla, áit a raibh ***aberration*** (Physics) = **Fordul, iomroll** in eagrán 1932, fágadh **fordul** ar lár agus roghnaíodh **iomrall**. Ar an gcaoi chéanna, tugadh droim láimhe le ***abscissa*** = **dí-theasgán** agus glacadh le **aibsiosa** ina ionad. Diúltaíodh do ***absolute*** = **uatuascailte** agus tógadh **dearbh-** de rogha mar leagan oifigiúil Gaeilge. Na cineálacha leasuithe a bhí le sonrú, bhí siad ag teacht, cuid mhaith, lena raibh i gceist ag G.T. Paghan ina alt "Téarmaíocht na hEolaíochta" a foilsíodh in *Féilscríbhinn Torna*, leabhar a chuir Séamus Pender in eagar agus a foilsíodh in onóir Thaidhg Uí Dhonnchadha agus é in aois a dheich mbliana agus trí fichid, Meán Fómhair, 1944. Agus é ag trácht ar na *Téarmaí Eoluidheachta*, dhearbhaigh an Paghanach: "Ní beag a bhfuil ráite chun a chruthú go bhfuil gá le leasú na téarmaíochta Eolaíochta atá anois ann agus gurb é an saghas leasuithe ba thairbhí, de dhealramh, ná cuid mhaith di a mhalartú ar théarmaí agus ar litriú ceart idirnáisiúnta. Fós go mba chabhair don mhac léinn ina chuid staidéir agus misneach dó chun labhairt na Gaeilge an t-athrú sin, agus gur rud fíor-riachtanach é do chruinneas agus d'intuigtheacht an ábhair féin. . . . D'fhéadfaí buntáiste beag eile a lua a leanfadh an t-athrú sin leis. Is é sin go mbainfeadh sé leithscéal amháin eile ar a laghad ón dream a deir nach féidir a n-ábhar domhain léinn féin a theagasc i nGaeilge cheal téarmaí."

Murab ionann agus ábhair ar nós na Réalteolaíochta agus na Luibheolaíochta a bhfuil trácht orthu i lámhscríbhinní Gaeilge a théann i bhfad siar, níl an ársaíocht chéanna ag baint leis an Eolaíocht, mar a thuigtear an focal sin sa lá atá inniu ann, go háirithe ó thaobh na Gaeilge de. An té a bhreathnóidh ar an bhfoclóir Béarla/ Gaeilge a thiomsaigh Conchobhar Ó Beaglaoich agus a cuireadh i gcló i bPáras na Fraince sa bhliain 1732, feicfidh sé nach raibh de bhrí le ***science (*** < Laidin ***scientia*** **"eolas"** < ***scire)*** ach **"eolas, eagna"**, míniú atá ag dul siar go dtí an 14ú haois i mBéarla. **"Na seacht n-ealadhna leabhardha"** a thug sé ar ***the seven liberal arts*** agus, orthusan, bhí **ealadha chomháirimh** (***"arithmetick"***). Níl an focal **céimseata** (< **céimse)** ná **geoiméadracht** aige ach chomh beag, ní nach ionadh, agus is éard atá aige faoin gceannfhocal ***geometry*** ná **"Ealadha le tomhas talmhun agas le tomhas an uile líne, fhioghair agas corp"**.

Dealraíonn sé go ndearnadh an chéad iarracht fhónta ar théarmaíocht chuimsitheach i gcúrsaí leictreachais a chur ar fáil i nGaeilge sa bhliain 1906 le haghaidh comórtais in Oireachtas na bliana sin. Seán Ó Maoláin, Institiúid Jeffer, Trá Lí, a thug an chraobh leis agus foilsíodh an toradh go huile is go hiomlán in *Irisleabhar na Gaedhilge* an bhliain dár gcionn, i mí na Nollag. Ar na téarmaí a bhí san áireamh, bhí **aibhléis** = ***electricity***, focal a bhí in úsáid go forleathan tráth den saol cé go bhfuil sé geall le bheith ligthe i ndearmad anois ag pobal na Gaeilge. Bhí an focal **aibhleacht** ar leictreachas roimhe sin ag an Ath. Peadar Ua Laoghaire ar liosta gairid a foilsíodh in *Irisleabhar na Gaedhilge* sa bhliain 1899. Tá idir **aibhléis** agus **aibhleacht** ag T. O'Neill Lane, *Larger English - Irish Dictionary* (1921), *s.v.* ***electricity*** = ***"a certain power or energy in nature"***, ach bhaist sé **teinntreas** ar ***"the science of electricity"*** agus **teinntreachán** ar ***electrician***. Ní dócha gur glacadh riamh le mórán de na téarmaí eile a bhí ag Seán Ó Maoláin; a leithéidí seo, féach:-

> ***magnet*** = **tracóg** (< **tarrac** = **tarraingt**, de réir dealraimh), ***magnetism*** = **tracas**, ***circuit*** = **timrian**, ***condenser*** = **taisgeog**, ***brake*** = **stadóg**, ***voltaic cell*** = **cuirín aibhleach** (< "**cuirín, a small vessel**" < **coire** + **-ín** b'fhéidir), ***storage battery*** = **cuirínear taisge**, ***telegraph*** = **sgéalán**.

Dála an scéil, is fada siar a théann an focal **maighnéad** sa Ghaeilge. Tá tagairt sa Leabhar Laighneach dó san iolra **magnéit** *(<* **magnét** < Laidin *magnes, magnetis),* rud a luaitear i ndán a bhaineann le hAirbertach mac Coisse a d'éag i ndeireadh an deichiú haois. Mar an gcéanna, focal seanbhunaithe is ea **adamh** freisin sa Ghaeilge. Tá tagairt dó san fhoirm **atam** *(<* Laidin *atomus)* i ngluaiseanna a foilsíodh in *Thesaurus Palaeohibernicus*. Agus tá an focal **aigéad** ar fáil mar **aicéit** sa Leabhar Breac agus i Leabhar Buí Leacan araon.

Níorbh é liosta úd an Mhaolánaigh an t-aon iarracht amháin a rinneadh san aois seo le téarmaíocht i réimse an leictreachais a sholáthar. Bheartaigh Aodh de Blácam ar *Fhoclóir Cearduidheachta* a thiomsú, rud a cuireadh i gcló in *The Irishman* i Meitheamh na bliana 1917. Ina réamhrá, luaigh sé an rud a spreag é le dul ina bhun:

> "It is very desirable that learners of Irish should try to use the national language in their daily labours and that endeavour is, by the way, one of the best roads to a quick mastery of the language. An electrician friend asked me for a technical vocabulary for his business and I herewith offer the list he drew up for the study of readers who are concerned with technical work."

Ar na téarmaí a moladh, bhí ***electricity*** = **eleictreas**, ***electrical*** = **eleictreach**, ***electrician*** = **eleictreasaidhe**, ***wire*** = **téad miotail**, ***battery*** = **píle**, ***accumulator*** = **cárnóir**, ***insulated wire*** = **téad clúdaighthe**, ***short-circuit*** = **gearr-chuairt/ gearr-róta**, ***tape*** = **incil**, ***socket*** = **rothall**. Ach is é an téarma **leictreachas** (= *electricity*) ar tugadh faomhadh oifigiúil dó sa bhliain 1924 de réir *Oireachtas Dictionary of Official Terms* atá i dtreis le fada mar aon le **leictriú** (= *electrification*) a socraíodh an bhliain ina dhiaidh sin.

Díol suime dúinne na hiarrachtaí tosaigh sin a rinne cuid de na daoine a tháinig romhainn agus is mór an sásamh é an dul chun cinn as cuimse maith atá á dhéanamh ó shin i leith maidir le téarmaí beachta a cheapadh.

Tá buíochas ar leith ag dul don Dr. Tomás Ó Floinn as a spéis thar na bearta i bhforbairt na Gaeilge ó thaobh na téarmaíochta nua-aimseartha de, rud a d'aithin Ollscoil na hÉireann nuair a bronnadh dochtúireacht oinigh sa Léann Ceilteach air. Is é a bhí ina chathaoirleach ar an bhfochoiste Eolaíochta a mhol na téarmaí atá i gcló san eagrán nua seo den *Fhoclóir Eolaíochta*. Ar Cholm Breathnach, Rúnaí an Choiste, is mó a thit cúram na hoibre le cúpla bliain anuas agus an t-ábhar á ullmhú don chló. Is é atá freagrach as an Treoir Theicniúil a ghabhann leis an bhFoclóir. Is mór i gceart atá mé faoi chomaoin aige as an dua agus as an dúthracht a chaith sé leis an saothar seo.

Dála eagrán na bliana 1966, is iad an Cheimic agus an Fhisic na hábhair is mó atá i gceist leis na téarmaí atá san fhoclóir seo, chomh maith le roinnt téarmaí Matamaitice. Ó tharla go bhfuil sé chomh fada sin ó cuireadh an t-eagrán deireanach amach, d'éirigh linn roinnt de na foráis is déanaí ar fad a chur san áireamh agus an saothar á chur le chéile againn. Dá bhrí sin, tá an t-eagrán seo i bhfad níos téagartha ná na foclóirí Eolaíochta a cuireadh amach roimhe seo.

Dr. BEARNÁRD Ó DUBHTHAIGH,
Cathaoirleach,
An Buanchoiste Téarmaíochta

Treoir Theicniúil

Sa lá atá inniu ann, tá tábhacht ar leith leis an gcóras a mbaineann an teanga leas as d'fhonn iasachtaí ón Nua-Laidin a thraslitriú. Tá sé sin fíor, go háirithe, maidir le réimse na Ceimice de, sa mhéid go nglactar leis go forleathan anois gur fearr córas ainmníochta na gceimiceán, cuir i gcás, i ngach aon teanga faoi leith a bhunú ar na "fréamhacha idirnáisiúnta" a eascraíonn ón Laidin agus ón nGréigis agus a dtugtar foirmeacha Nua-Laidine orthu go minic. Dá bhrí sin, is den cháiréis é go bhféachfaimis chuige go mbeadh an córas traslitrithe ón Nua-Laidin a úsáidimid féin i gcás na Gaeilge feidhmiúil lánacmhainneach agus de réir a chéile. Le tamall de bhlianta anuas, rinneadh forbairt agus caighdeánú ar na rialacha sin a cuireadh i bhfeidhm sa Ghaeilge, ó aimsir Phádraig Naofa i leith nach mór, agus focail á nglacadh ar iasacht ag an nGaeilge ón Laidin. De bhrí go ndearnadh sin, tá córas traslitrithe ann anois a fhónann don fhorbairt atá á déanamh ar chóras ainmnithe na gceimiceán ar bhonn idirnáisiúnta ag Comhar Idirnáisiúnta na Glancheimice agus na Ceimice Feidhmí (International Union of Pure and Applied Chemistry, IUPAC). Measadh gurbh fhearr cuid de na moltaí a rinne an Comhar Idirnáisiúnta sin a lua anseo. Dá bhrí sin, gheofar go leor samplaí d'ainmneacha ar cheimiceáin san fhoclóir seo atá de réir na moltaí sin ach, i gcuid mhaith cásanna, déantar crostagairt do na hainmneacha traidisiúnta a bhí in úsáid go dtí seo agus a bheidh in úsáid go ceann tamaill eile, is dócha, ar leibhéil éagsúla teicniúlachta.

De bhrí gur cuireadh an fhorbairt sin i gcrích anseo, ní miste focal nó dhó a rá mar gheall ar roinnt pointí a bhaineann leis an gcóras traslitrithe ón Nua-Laidin go Gaeilge.

(a) *Réimíreanna*

Is féidir na réimíreanna iasachta a roinnt ina dhá n-aicme, mar atá (i) réimíreanna leathana *bróma(i)-*, *fluara(i)-*, *macra(i)-* agus (ii) réimíreanna caola *aicéit(ea)(i)-*, *lit(ea)(i)-*, *peint(ea)(i)-*. Baintear feidhm as na gutaí ceangail, de réir mar a oireann agus na réimíreanna á n-úsáid, agus áit a leanann focal dar tús guta an réimír, déantar an bhunfhréamh atá gan guta ceangail a leathnú nó a chaolú más féidir agus más gá sin. Fágann sé sin go mbíonn ceithre leagan den réimír ann de réir rialach. Is iad na leaganacha Gaeilge a fhreagraíonn don réimír Nua-Laidine ***poly-***, mar shampla, ná **pola-**, **polai-**, **pol-**, agus **poil-**. Is réimír leathan í, mar sin, agus úsáidtear **pola-** roimh chonsan leathan (**polapróipéin** - ***polypropene***), **polai-** roimh chonsan caol (**polaiméir** - ***polymer***), **pol-** roimh ghuta leathan (**polúireatán** - ***polyurethane***) agus **poil-** roimh ghuta caol (**poileistear** - ***polyester***). Is iad na leaganacha Gaeilge atá ar an réimír Nua-Laidine ***hydro-*** ná **hidrea-**, **hidri-**, **hiodr-** agus **hidr-**. Is réimír chaol í, mar sin, agus úsáidtear **hidrea-** roimh chonsan leathan (**hidreasuilfíd** - ***hydrosulphide***), **hidri-** roimh chonsan caol (**hidriméadar** - ***hydrometer***),

hiodr- roimh ghuta leathan (**hiodrocsaíd** - ***hydroxide***) agus **hidr-** roimh ghuta caol (**hidríd** - ***hydride***). Tá roinnt réimíreanna eisceachtúla ann, is é sin cinn leathana nach ndéantar a chaolú (mar shampla **ocs-**, **deac-**, **fót-**) agus cinn chaola nach ndéantar a leathnú (mar shampla **leictr-**, **infr-**, **taic-**). Is deacair iad sin ar fad a thabhairt faoi riail anseo. Murab ionann agus comhfhocail na Gaeilge, féachtar ar leagan iasachta a bhfuil níos mó ná mír amháin ann mar aonad ann féin agus, dá bhrí sin, ní chuirtear séimhiú ar litir thosaigh an dara mír. Má chuirtear réimír iasachta roimh fhocal dúchasach (ainmfhocal, briathar nó aidiacht) leantar gnáthrialacha séimhithe na Gaeilge, mar shampla, **micreathonn**.

(b) *Iarmhíreanna*

Maidir le hiarmhíreanna de, cuirtear rialacha ortagrafaíochta na Gaeilge maidir le "caol le caol agus leathan le leathan" i bhfeidhm ina gcás siúd freisin. Dá bhrí sin, déantar an méid a thagann roimh an iarmhír a chaolú nó a leathnú de ghnáth de réir mar a oireann. Fágann sé sin go gcaolaítear an fhréamh **sulf-** roimh an iarmhír **-íd** le **suilfíd** a cheapadh agus go leathnaítear an fhréamh **hidr-** roimh an iarmhír **-áit** le **hiodráit** a cheapadh. Má leanann iarmhír fréamh nach féidir a chaolú nó a leathnú, comhlíontar an riail trí ghuta leathan nó caol a chur i dtús na hiarmhíre. De bhrí nach féidir an mhír **ocs-** a chaolú, mar shampla, d'fhonn an iarmhír **-il** a chur le **hiodrocs-**, déantar **-ail** den iarmhír, rud a fhágann **hiodrocsail** againn sa Ghaeilge. Agus, leis an riail sin a thabhairt céim níos faide ar aghaidh, nuair a chuirtear an deireadh **-aimín** le **hiodrocsail-**, leathnaítear deireadh na réimíre nua sin agus is **hiodrocsalaimín** atá againn sa Ghaeilge mar thoradh ar an bpróiseas sin. Feicfear ón sampla sin an chaoi a gcuireann an córas traslitrithe ar chumas na teanga na hiasachtaí nua seo a ionramháil ar bhealach atá de réir a chéile agus a chloíonn, san am céanna, le córas ortagrafaíochta na Gaeilge.

(c) *An réimír quin-*

Maidir leis an bhfréamh Laidine *quin-*, tá sé socair anois gur cheart é sin a ghaelú go hiomlán trí í a litriú mar **cuin-**. Ní féidir an réimír sin a leathnú roimh ghuta leathan, áfach, agus, dá bhrí sin, is é **cuineol** atá againn sa Ghaeilge ar *quinol* agus **cuineon** ar *quinone* agus mar sin de.

(d) *Focail a bhfuil litir aonair mar réimír iontu*

Tá de nós i réimsí éagsúla den Eolaíocht leas a bhaint as litreacha aonair mar réimíreanna le hidirdhealú a dhéanamh idir chineálacha ar leith d'aicme áirithe coincheap. I gcás theoiric an adaimh, mar shampla, déantar idirdhealú idir na fithiseáin éagsúla san adamh mar seo a leanas, **s-fhithiseán**, **d-fhithiseán**, **f-fhithiseán** agus **p-fhithiseán**. Moltar gan séimhiú ná urú a dhéanamh ar na litreacha tosaigh sin (**s-**, **d-**, **f-** agus **p-**) faoi mar a dhéanfaí de réir rialacha na Gaeilge ach go scríobhfaí **"fuinneamh an s-fhithiseáin"** nó **"ar an p-fhithiseán"** agus mar sin de. Maidir leis na leaganacha **x-gha**, **x-ghathú**, agus **x-ghathaigh**, áfach, féachtar orthu mar fhocail a thosaíonn ar ghuta (**eics-**), rud a fhágann go scríobhfaí **an t-x-gha**, **an t-x-ghathú** i gcás na n-ainmfhocal sa tuiseal ainmneach nuair atá an t-alt rompu agus go ndéileálfaí leis an mbriathar de réir ghnáthrialacha gramadaí na Gaeilge chomh maith, **d'x-ghathaigh sé** san aimsir chaite agus **mura n-x-ghathaíonn tú** nó **nach n-x-ghathófaí** agus mar sin de.

Fuaimniú

Tá go leor téarmaí san fhoclóir seo ar iasachtaí iad ón Laidin agus ó fhréamhacha Laidineacha. Tagraíonn an chuid is mó acu sin do réimse na Ceimice óir baintear feidhm as an Nua-Laidin go coitianta anois i measc theangacha an lae inniu agus ceimiceáin á n-ainmniú. De ghrá na héascaíochta agus ar mhaithe le soiléire a dhéantar é sin. Dar ndóigh, tá roinnt mhaith de na téarmaí úd sa teanga Ghaeilge anois le fada an lá, fiú más faoi chló eile a nocht cuid díobh chugainn i dtosach. Ní miste dúinn, ar a shon sin, a mheabhrú dúinn féin arís go nglactar leis na téarmaí sin mar fhocail Ghaeilge a ceapadh agus a múnlaíodh de réir na rialacha a bhaineann le hiasachtaí dá gcineál a thabhairt chun réitigh le córas ortagrafaíochta na Gaeilge agus, chomh maith leis sin, le córas fuaimnithe na Gaeilge. Tá cur síos gairid sna hailt a tháinig romhainn (a - d) ar chúpla pointe a bhaineann leis an gcaoi a ndéantar na hiasachtaí nua ón Laidin a litriú ach feictear dúinn gur fiú, freisin, cur síos a thabhairt anseo ar an gcaoi ar cheart na hiasachtaí sin a rá. Dá bhrí sin, tugaimid na rialacha ginearálta seo thíos mar mhéar eolais agus mar threoir:

(a) A bhfuaimeanna dúchais Gaeilge, agus iad leathan nó caol, a bheidh i gcónaí ag consain, e.g.

(i) **c** leathan i bhfocail mar *caeisiam*, *salacaldocsaím* a rá ar nós **c** in *caoi*, *anacal*;

(ii) **c** caol i bhfocail mar *aicéatáit*, *ceallafán*, *cailciam*, *ciainíd*, *glicín*, *salaicileach* ar nós *aicearra*, *ceannbhán*, *builcín*, *ciallmhar*, *picil*, *sicín*;

(iii) **ch** i bhfocail mar *achtainíd*, *fachtóir*, *ionduchtú*, *pachaiméadar*, *struchtón* ar nós *achtaigh*, *reachtóir*, *luchtú*, *achar*, *bochtán*;

(iv) **g** leathan i bhfocail mar *argaintít*, *tangant* ar nós *argain*, *teanga*

(v) **g** caol i bhfocail mar *apaigí*, *geilignít*, *gíreascóp*, *glicigin*, *líseirgeach*, *maigeanta* ar nós *amachaigí*, *geilleagar*, *gíordam*, *éigin*, *díbheirgeach*, *aigeanta*;

(vi) **s** leathan i bhfocail mar *asamat*, *beansól*, *cuasár*, *méasar*, *mósáic*, *tiasól*, *traipéasóideach*, *veasailín*, ar nós *asal*, *siansán*, *cuasán*, *gléasadh*, *ómósach*, *craosól*, *léasóir*, *easair*;

(vii) **s** caol i bhfocail mar *aipsis*, *anailgéiseach*, *beinsín*, *cíotóisín*, *fisic*, *heicseagram*, *méisisféar*, *poise*, *seoilít*, *siorcón* ar nós *An Druipseach*, *beathaisnéiseach*, *binsín*, *tomhaisín*, *briseadh*, *aicsean*, *méiseáil*, *toise*, *seoinín*, *siortóg*.

(b) Cairn chonsan a rá mar chairn dúchais Gaeilge, i.e., an guta cúnta i lár báire iontu nuair is mar sin a bhíonn siad de réir dhúchas na Gaeilge, e.g. ***alb**aimim* a rá mar ***al(a)b**aimin*, *ai**lg**in* mar ***ail(i)g**in*.

(i) **lb**, **lbh**, **lg**, **lm**, **rb**, (**rbh**), **rg**, **rm** leathan i bhfocail mar ***alb**aimin*, *ga**lbh**ánaiméadar*, ***alg**artam*, *hea**lm**óls*, *ba**rb**atúráit*, ***arg**ón*, *fea**rm**ón*, *no**rm*** ar nós na gcarn sin in ***alb**anach*, *ba**lbh**án*, *sea**lg**aireacht*, *ca**lm**acht*, *fo**rb**airt*, ***arg**óint*, *fo**rm**ad*;

(ii) **lb**, (**lbh**), **lg**, **lm**, **rb**, **rbh**, **rg**, **rm** caol i bhfocail mar *gi**lb**irt*, *ai**lg**in*, *hoi**lm**iam*, *ei**rb**iam*, *sei**rbh**eamótar*, *bei**rg**iniú*, *fei**rm**iam*, *tei**rm*** ar nós na gcarn sin in *ai**lb***, *tei**lg**each*, *coi**lm**ín*, *fei**rb**ín*, *scai**rbh**each*, *mei**rg**each*, *goi**rm**ín*, *fei**rm***.

(c) Consain atá aduain sa Ghaeilge a rá mar seo:

(i) **q** ina litir aonair i bhfocail mar ***Q**-fhachtóir*, ***q**-luach* ar nós na litreach Béarla **q** (Maidir leis na focail úd a thosaíonn le ***quin-*** sa Nua-Laidin, féach Treoir Theicniúil, alt (c) thuas);

(ii) **x**, **y** ina litreacha aonair i bhfocail mar ***x**-radaíocht*, ***Y**-nasc* ar nós na litreacha Béarla **x**, **y**;

(iii) **x** leathan i bhfocail mar ***x**antáit*, ***x**aintéin* ar nós **z** san fhocal Béarla *zone*;

(iv) **x** caol i bhfocail mar *piri**x**éin*, *piri**x**ín*, ***x**eanón*, ***x**iléin* ar nós **s** sna focail Bhéarla *leisure*, *pleasure*;

(v) **z** i bhfocail mar ***z**ó-eolaíocht*, ***z**éite* ar nós **z** sna focail Bhéarla *zone*, *zebra*;

(d) A bhfuaimeanna dúchais Gaeilge a bheith ag gutaí agus ag cairn de ghutaí i gcónaí, e.g.

(i) **ae** i bhfocail mar ***ae**ólatrópach*, *gr**ae***, *h**ae**maitít* a rá ar nós **ae** in *str**ae**úil*, *gl**ae***, ***ae**rach*;

(ii) **éa** i bhfocail mar *aic**éa**tal*, *hoim**éa**morfacht*, *m**éa**són*, *núicl**éa**s* *steir**éa**scópach* ar nós **éa** in *buid**éa**l*, *fír**éa**d*, *páip**éa**r*, *r**éa**sún*;

(iii) **éi** i bhfocail mar *antraic**éi**n*, ***éi**sliún*, ***éi**nst**éi**niam*, *h**éi**liam* ar nós **éi** in *imig**éi**n*, ***éi**sleasach*, ***éi**neach*;

(iv) **eo**, **eoi** i bhfocail mar *ail**eo**rón*, *ais**eo**trópach*, ***eo**caróit*, *g**eoi**méadrach*, *n**eoi**préin*, ar nós **eo**, **eoi** in *l**eo**r*, *g**eo**cach*, *n**eoi**d*;

(v) **i** i bhfocail mar *polaist**i**réin*, *h**i**drigin*, *próip**i**l* ar nós **i** in *st**i**péar*, *fid**i**l*, *pic**i**l*;

(vi) **í** i bhfocail mar *leictril**í**t*, *n**í**trigin*, *beins**í**l* ar nós **í** in *aib**í**tir*, *n**í***, *aist**í**l*;

(vii) **ia**, **iai** i bhfocail mar *aid**ia**batach*, *c**iai**níd*, *rúbaid**ia**m* ar nós **ia** in *d**ia***, *d**iai**l*, *clis**ia**m*

(viii) **ió** i bhfocail mar *cr**ió**igin*, *glútait**ió**n*, *l**ió**iniam*, *p**ió**n*, *tr**ió**id* ar nós **ió** in *bl**ió**g*, *l**ió**g*, *s**ió**g*, *pr**ió**ir*;

(ix) **o** i bhfocail mar *m**o**naiméir*, *f**o**sfáit*, ***o**csaíd* ar nós **o** in *c**o**namar*, *f**o**stát*, ***o**cras*;

(x) **ú**, **úi** i bhfocail mar *b**ú**tán*, *n**úi**cléas*, ***ú**ráiniam* ar nós **ú**, **úi** in *t**ú**tán*, *p**úi**cín*, ***ú**raigh*;

(xi) **ua**, **uai** i bhfocail mar *clóraf**lua**racarbón*, *fl**uai**rín*, *g**ua**nóisín*, *g**uai**nín* ar nós **ua**, **uai** in *b**ua**nú*, *b**uai**richín*, ***uai**níocht*

(e) I gcás na béime, tá an focal le rá de réir ghnáthnós an aiceannaithe sa Ghaeilge, e.g. *potais*, *tainnin*, *pascal* a aiceannú ar nós *donais*, *maidin*, *ascaill*; *crómatach*, *aspartach*, *cannabas*, *poileistear* ar nós *dúchasach*, *malartach*, *carbas*, *bolastar*; *polamorfacht*, *salaicileach* ar nós *salmaireacht*, *mairbhiteach* (agus, dá réir sin, gutaí neodracha sna siollaí neamhaiceanta.)

Noda Foclóireachta

Ac.	Acoustics
Alg.	Algebra
Arith.	Arithmetic
Ast.	Astronomy
Bio.	Biology
Ch.	Chemistry
ChEng.	Chemical Engineering
CivEng.	Civil Engineering
Comm.	Communications
Comp.	Computers/ Computer Science/ Computing
ContSys.	Control Systems
Cosmol.	Cosmology
Cryst.	Crystallography
de	German
El.	Electricity
ElEng.	Electrical Engineering
ElMag.	Electromagnetism
Eln.	Electronics
Eng.	Engineering
Ent.	Entomology
FlMec.	Fluid Mechanics
Geol.	Geology
Geom.	Geometry
GeoPh.	Geophysics
Graph.	Graphics
la	Latin
Mater.	Materials (Science)
Mec.	Mechanics
MecEng.	Mechanical Engineering
Metal.	Metallurgy
Meteor.	Meteorology
Micros.	Microscopy
Min.	Mineralogy
Mth.	Mathematics
Ncln.	Nucleonics
NcPh.	Nuclear Physics
Opt.	Optics
OrgCh.	Organic Chemistry
Ph.	Physics
Phot.	Photography
Pharm.	Pharmacology
QuMec.	Quantum Mechanics
QuPh.	Quantum Physics
Set.	Sets
St.	Statistics
Trig.	Trigonometry
Typ.	Typography

Noda Gramadaí

a	adjective
adv	adverb
f	feminine
fpl	feminine plural
gpl	genitive plural
gs	genitive singular
gs as *a*	genitive singular as adjective
m	masculine
mpl	masculine plural
pl	plural
pref	prefix
prep	preposition
pres	present tense
s	substantive
spl	substantive plural
suff	suffix
v	verb
vn	verbal noun
1,2,3,4	1st, 2nd, 3rd, 4th declension

Gaeilge–Béarla

(ord aibítre litir-ar-litir)

A

abacas *m1* (= **fráma comhairimh**) abacus
abacas *m1* **Rómhánach** Roman abacus
abacas *m1* **Rúiseach** Russian abacus
abairt *f2* sentence
abairt *f2* **bhréagach** (= **bréagabairt**) false sentence
abairt *f2* **fhíor** *(Set.)* true sentence
abairt *f2* **oscailte** open sentence
ábhar *m1* material
ábhar *m1* **ainleaisteach** anelastic material
ábhar *m1* **cáithníneach** *(Mec. Ph.)* particulate matter
ábhar *m1* **solas-íogair** light-sensitive material
ábhartha *a* material
acaróideach *a* acaroid
acastóir *m3* axle
acastóir *m3* **difreálach** differential axle
-ach *suff a* (= **-each**) -ial, -ic
achar *m1 (Mth.)* area
achar *m1* **ilchodach** composite area
acharlár *m1* centre of area
achar *m1* **truslóige** skip distance
achoimre *f4* summary
achoimrigh *v* summarize
-acht *suff f3* (= **-aíocht, -eacht, -íocht**) -ivity
achtainiam *m4* actinium
achtainíd *f2* (= **achtanóideach**) actinide
achtana- *pref* (= **achtanai-**) actino-, actini-, actin-
achtanach *a* actinic
achtanacht *f3* actinism
achtanai- *pref* (= **achtana-**) actino-, actini-, actin-
achtanaiméadar *m1* actinometer
achtanaiméadracht *f3* actinometry
achtanaiteiripe *f4* actinotherapy
achtanóideach *m1* (= **achtainíd**) actinoid
acmhainn *f2* resource
acnód *m1* acnode
acroiléin *f2* (= **próipéanal**) acrolein
acs- *pref* (= **aicsea-, aicsi-, aics-**) axo-, axi-, ax-
ácsacróm *m1* auxochrome
adainín *m4* adenine
adamh *m1* atom
adamhach *a* atomic
adamhacht *f3* atomicity
adamhaigh *v* atomize
adamh *m1* **coimhthíoch** exotic atom
adamh *m1* **comhdhéanaimh** constituent atom
adamhlú *m* (*gs* **-laithe**) atomolysis
adamhóir *m3* atomizer
adamh *m1* **scoite** *(Ch. Ph.)* discrete atom
adamhú *m* (*gs* **-mhaithe**) atomization
adamhúchán *m1* atomization
adanóisín *m4* adenosine
adhain *v* (= **las**) ignite, light
adhaint *f2* ignition
adhmaint *f2* loadstone, lodestone
aduain *a* strange
aduaine *f4* strangeness
aducht *m3* adduct
aeólatrópach *a* (= **ainiseatrópach**) aeolotropic
aeólatrópacht *f3* (= **ainiseatrópacht**) aeolotropy
aer *m1* air
aer- *pref* (= **neomatach**) pneumatic

aeragram *m1* aerogram
aeraifisic *f2* aerophysics
aeraigh *v* aerate, ventilate
aerailít *f2* aerolite
aerasól *m1* aerosol
aerbhac *m1* air lock
aerbhonn *m1* (= **bonn aeir)** pneumatic tyre
aerchaidéal *m1* air pump
aerchill *f2 (Eln.)* aircell
aerchoibhéis *f2* air equivalent
aereiteog *f2* aerofoil, airfoil
aerga *a* aerial
aerobach *a* airtight
aeróbach *a* aerobic
aeróg *f2 (Comm.)* aerial, antenna
aeróg *f2* **dhépholach** dipole aerial
aeróg *f2* **éighníomhach** *(ElMag.)* passive aerial
aeróg *f2* **threoch** directive aerial
aeróg *f2* **thuislithe** staggered aerial
aerscriú *m3* airscrew
aertheirmiméadar *m1* **cúitithe** compensated air thermometer
aertheirmiméadar *m1* **difreálach** differential air thermometer
aerthóir *m3* ventilator
aerthormán *m1* atmospherics
aerú *m* (*gs* **-raithe)** ventilation
aga *m4* **chun deiridh** *(Ph.)* lag
aga *m4* **cónaithe** residence time
aga *m4* **éirithe** *(Ph.)* rise time
aga *m4* **fuaraithe** *(Ph.)* cooling lag
agáit *f2* agate
aga *m4* **moille** *(ContSys. Eln.)* delay time
agar *m1* agar
aga *m4* **síothlaithe** settling time
aga *m4* **socrachta** relaxation time
aga *m3* **socrachta guairne is guairne** spin-spin relaxation time
aga *m4* **socrachta guairnelaitíse** spin lattice relaxation time
AGL (= athshondas guairneach leictreon, athshondas para-maighnéadach leictreon, APL) electron spin resonance, ESR
aibéilít *f2* abelite
aibí *a* mature
aibigh *v* mature
aibiú *m* (*gs* **-ithe)** maturation
aibiúchán *m1* maturation
aibsíse *f4 (Mth.)* abscissa
aicéat- *pref* (= **aicéitea-, aicéiti-, aicéit-)** aceto-, acet-
aicéataildéad *m1* (= **eatánal)** acetaldehyde
aicéataimíd *f2* (= **eatánaimíd)** acetamide
aicéatainilíd *f2* (= **N-feinileatáinimíd)** acetanilide
aicéatáit *f2* (= **eatánóáit)** acetate
aicéatáit *f2* **aimile** amyl acetate
aicéatáit *f2* **luaidhe (= eatánóáit luaidhe)** lead acetate
aicéatal *m1* acetal
aicéataldocsaím *f2* (= **ocsaím eatánail)** acetaldoxime
aicéatocsaím *f2* acetoxime
aicéatóiniolaicéatón *m1* (= **2,5-heacs-áindé-ón)** acetonylacetone
aicéatón *m1* (= **própánón)** acetone
aicéit- *pref* (= **aicéitea-, aicéiti-, aicéat-)** aceto-, acet-
aicéitea- *pref* (= **aicéiti-, aicéit-, aicéat-)** aceto-, acet-
aicéiteach *a* (= **eatánóch)** acetic
aicéitéis *f2* acetex
aicéiti- *pref* (= **aicéitea-, aicéit, aicéat-)** acet(o)-
aicéitifeanón *m1* (= **feinileatánón)** acetophenone
aicéitil *f2* acetyl
aicéitiléin *f2*(= **eitín)** acetylene
aicéitilíd *f2* (= **déchairbíd)** acetylide
aicéitiliú *m* (*gs* **-ithe)** acetylation
aicéitiliúchán *m1* acetylation
aicéitinítríl *f2* (= **eatáin-nítríl)** acetonitrile
aicéitiolaicéatón *m1* (= **peantán-2,4-**

dé-ón) acetylacetone
aicil *f2* acyl
aiciliam *m4* acylium
aicme *f4* class
aicme *f4* **chomhchuingis** *(Mth.)* conjugacy class
aicme *f4* **speictreach** spectral class
aicmigh *v* classify
aicmiú *m* (*gs* **-ithe**) classification
aicmiú *m* **córas** system classification
aicrilinítríl *f2* (= **próipéin-nítríl**) acrylonitrile
aics- *pref* (= **aicsea-, aicsi, acs-**) axo-, axi-, ax-
aicsea- *pref* (= **aicsi-, aics-, acs-**) axo-, axi-, ax-
aicsi- *pref* (= **aicsea-, aics-, acs-**) axo-, axi-, ax-
aicsím *f2* axiom
aicsímeach *a* axiomatic
aicsisiméadrach *a* axisymmetrical
aidhnín *m4 (Eng.)* fuse
aidiabatach *a* adiabatic
aidiaiteirmeach *a* adiathermal
aife *f4* reflux
aiféilean *m1 (Ast. Ph.)* aphelion
aigéad *m1* acid
aigéadach *a* acidic
aigéadacht *f3* acidity
aigéad *m1* **adainileach** adenylic acid
aigéad *m1* **adaipeach** (= **aigéad heicseáindé-óch**) adipic acid
aigéad *m1* **aicéiteach** acetic acid
aigéad *m1* **aicéiteach oighreach** glacial acetic acid
aigéad *m1* **aicéitiolsalaicileach** (= **aigéad 2-eatánóilocsaibeansóch, aspairín**) acetylsalicylic acid
aigéad *m1* **aicrileach** (= **aigéad próipéanóch**) acrylic acid
aigéadaigh *v* acidify
aigéad *m1* **ailgineach** alginic acid
aigéad *m1* **aimínaicéiteach** (= **glicín**) aminoacetic acid
aigéad *m1* **2-aimíneaprópánóch** (= **alainín**) 2-aminopropanoic acid
aigéad *m1* **aimíneasulfónach** (= **aigéad sulfamach**) aminosulphonic acid
aigéad *m1* **aimínimeitilpeantánóch** (= **leoicín**) aminomethylpentanoic acid
aigéad *m1* **aimínipeantáindé-óch** (= **aigéad glútamach**) 2-aminopentanedioic acid
aigéadalú *m* (*gs* **-laithe**) acidolysis
aigéad *m1* **ascorbach** ascorbic acid
aigéad *m1* **aspartach** *(Ch.)* aspartic acid
aigéad *m1* **beansóch** (= **aigéad beinséancarbocsaileach**) benzoic acid
aigéad *m1* **beinséancarbocsaileach** (= **aigéad beansóch**) benzenecarboxylic acid
aigéad *m1* **beinséinheicseacarboc-saileach** benzenehexacarboxylic acid
aigéad *m1* **bórach** boric acid
aigéad *m1* **brómach** bromic acid
aigéad *m1* **bútáindé-óch** (= **aigéad sucsanach**) butanedioic acid
aigéad *m1* **capróch** (= **aigéad heacsánóch**) caproic acid
aigéad *m1* **cionnamach** (= **aigéad 3-feiniolpróipéanóch**) cinnamic acid
aigéad *m1* **cios-ochtaideic-9-éanóch** (= **aigéad oiléach**) cis-octadec-9-enoic acid
aigéad *m1* **clórach** chloric acid
aigéad *m1* **crotónach** (= **aigéad tras-bhút-2-éanóch**) crotonic acid
aigéad *m1* (-)**2,3-déhiodrocsabútáindé-óch** (= **aigéad tartarach**) (-)-2,3-dihydroxybutanedioic acid
aigéad *m1* **déthianach** dithionic acid
aigéad *m1* **dí-ocsairibeanúicléasach** (= **DNA**) deoxyribonucleic acid, DNA
aigéad-díonach *a* acid-resisting

aigéad *m1* **2-eatánóilocsaibeansóch (= aigéad aicéitiolsalaicileach, aspairín)** 2-ethanoyloxybenzoic acid
aigéad *m1* **eitiléindé-aimínteatraicéiteach** ethylenediaminetetracetic acid
aigéad *m1* **3-feiniolpróipéanóch (= aigéad cionnamach)** 3-phenylpropenoic acid
aigéadfhréamh *f2* acid radical, acid radicle
aigéad *m1* **foisfíneach** phosphinic acid
aigéad *m1* **fúmarach (= aigéad tras-bhúitéindé-óch)** fumaric acid
aigéad *m1* **gliocólach (= aigéad hiodrocsa-eatánóch)** glycolic acid
aigéad *m1* **glútamach (= aigéad aimínipeantáindé-óch)** glutamic acid
aigéad *m1* **graifíteach** graphitic acid
aigéad *m1* **heacsáindé-óch (= aigéad adaipeach)** hexanedioic acid
aigéad *m1* **heacsánóch (= aigéad capróch)** hexanoic acid
aigéad *m1* **heicsideacánóch (= aigéad pailmíteach)** hexadecanoic acid
aigéad *m1* **hidreaclórach** hydrochloric acid
aigéad *m1* **hidricianach** hydrocyanic acid
aigéad *m1* **2-hiodrocsabútáindé-óch (= aigéad malach)** 2-hydroxy-butanedioic acid
aigéad *m1* **hiodrocsa-eatánóch (= aigéad gliocólach)** hydroxy-ethanoic acid
aigéad *m1* **2-hiodrocsaibeansóch (= aigéad salaicileach)** 2-hydroxy-benzoic acid
aigéad *m1* **2-hiodrocsaprópánóch (= aigéad lachtach)** 2-hydroxy-propanoic acid
aigéad *m1* **hipeaclórúil** hypochlorous acid
aigéad *m1* **lachtach (= aigéad 2-hiodrocsaprópánóch)** lactic acid
aigéad *m1* **lag** weak acid
aigéad *m1* **láidir** strong acid
aigéad *m1* **líonoiléach** linoleic acid
aigéad *m1* **mailéach** maleic acid
aigéad *m1* **malach (= aigéad 2-hiodrocsabútáindé-óch)** malic acid
aigéad *m1* **meataicrileach (= aigéad 2-meitiolpróipéanóch)** methacrylic acid
aigéad *m1* **meillíteach** *(Ch.)* mellitic acid
aigéad *m1* **2-meitiolpróipéanóch (= aigéad meataicrileach)** 2-methylpropenoic acid
aigéad *m1* **nítreach** nitric acid
aigéad *m1* **núicléasach** nucleic acid
aigéad *m1* **ocsaídeach** *(Ch.)* oxidizing acid
aigéad *m1* **oiléach (= aigéad cios-ochtaideic-9-éanóch)** cis-octadec-9-enoic acid
aigéad *m1* **pailmíteach (= aigéad heicsideacánóch)** palmitic acid
aigéad *m1* **pireagallach (= pireagallól)** pyrogallic acid
aigéad *m1* **próipéanóch (= aigéad aicrileach)** propenoic acid
aigéad *m1* **prúiseach** prussic acid
aigéad *m1* **ribeanúicléasach (= RNA)** ribonucleic acid
aigéad *m1* **sailleach** fatty acid
aigéad *m1* **salaicileach (= aigéad 2-hiodrocsaibeansóch)** salicylic acid
aigéad *m1* **sáriadach** *(Ch.)* periodic acid
aigéadsíob *f2* acid drift
aigéad *m1* **sucsanach (= aigéad bútáindé-óch)** succinic acid
aigéad *m1* **sulfamach (= aigéad aimíneasulfónach)** sulphamic acid
aigéad *m1* **sulfarach** sulphuric acid
aigéad *m1* **tartarach (= aigéad (-)2,3-**

déhiodrocsabútáindé-óch) tartaric acid
aigéad *m1* **tras-bhúitéindé-óch (= aigéad fúmarach)** trans-butenedioic acid
aigéad *m1* **tras-bhút-2-éanóch (= aigéad crotónach)** trans-but-2-enoic acid
aigéaduimhir *f* (*gs* **-mhreach)** acid number
ailbéideacht *f3* albedo
ailcéin *f2* alkene
ailcil *f2* alkyl
ailciliú *m* (*gs* **-ithe)** alkylation
ailcín *m4* alkyne
aildéad *m1* aldehyde
aileorón *m1* aleurone
ailgéabar *m1* algebra
ailgéabar *m1* **comharthaí** signal algebra
ailgéabar *m1* **normaithe** normed algebra
ailgéabar *m1* **oibreoirí cuimsithe** algebra of bounded operators
ailgéabrach *a* algebraic
ailgin *f2* algin
ailgineach *a* alginic
ailgionáit *f2* alginate
ailiasáil *f3* aliasing
ailít *f2* alite
ailléin *f2* **(= própaidhé-éin)** *(Ch.)* allene
ailléirge *f4* allergy
ailléirgin *f2* allergen
aillileach *a* allylic
ailniocó *m4 (Ch.)* alnico
ailtéarnach *a* alternate, alternating
ailtéarnaigh *v* alternate
ailtéarnóir *m3* alternator
ailtéarnú *m* (*gs* **-naithe)** alternation
ailtéarnú *m* **iolrachtaí** alternation of multiplicities
aimeiriciam *m4* americium
aimhleisceas *m1* **(= aimhleisceas maighnéadach)** *(ElMag.)* reluctance
aimhleisceas *m1* **maighnéadach (= aimhleisceas)** *(ElMag.)* magnetic reluctance
aimhrialta *a* anomalous
aimhrialtacht *f3* anomaly
aimhrialtacht *f3* **éalárnach** eccentric anomaly
aimhrialtacht *f3* **fhíor** *(Ast.)* true anomaly
aimíd *f2* amide
aimil *f2* amyl
aimileach *a* amyl
aimín *m4* amine
áimín *m4* ammine
aimín- *pref* **(= aimínea-, aimíni-)** amino-
aimínaigéad *m1* amino acid
aimínea- *pref* **(= aimíni-, aimín-)** amino-
aimíneabútáindé-óch *a* aminobutanedioic
aimíneatánóch *a* aminoethanoic
aimíneitilpeantánóch *a* aminoethylpentanoic
aimínghrúpa *m4* amino group
aimíni- *pref* **(= aimínea-, aimín-)** amino-
4-aimínibeinséansulfónaimíd *f2* **(= sulfainilimíd)** 4-amino-benzenesulphonamide
aimíniú *m* (*gs* **-ithe)** amination
aimíniúchán *m1* amination
aimpéar *m1 (unit)* ampere
aimpéaras *m1* amperage
aimpéarlúb *f2* ampere turn
aimpéarmhéadrach *a* amperometric
aimpéaruair *f2* ampere-hour
aimplidín *m4* amplidyne
aimpligh *v* amplify
aimplitheoir *m3* amplifier
aimplitheoir *m3* **aicme A** class A amplifier
aimplitheoir *m3* **aicme AB** class AB amplifier
aimplitheoir *m3* **aicme B** class B

amplifier
aimplitheoir *m3* **aicme C** class C amplifier
aimplitheoir *m3* **aicme D** class D amplifier
aimplitheoir *m3* **aischothaithe** feedback amplifier
aimplitheoir *m3* **cothromaithe** *(Eln.)* balanced amplifier
aimplitheoir *m3* **cumhachta** power amplifier
aimplitheoir *m3* **difreálach** differential amplifier
aimplitheoir *m3* **dírchúpláilte** direct-coupled amplifier
aimplitheoir *m3* **modhnaithe** modulated amplifier
aimplitheoir *m3* **oibríoch** operational amplifier
aimplitheoir *m3* **teirminéalach** terminal amplifier
aimplitheoir *m3* **voltais** voltage amplifier
aimplitheoir *m3* **voltais trióide** triode voltage amplifier
aimplitiúid *f2* amplitude
aimplitiúid *f2* **scaipthe** scattering amplitude
aimpliú *m* (*gs* **-ithe)** amplification
aimpliú *m* **cumhachta** power amplification
aimpmhéadar *m1* ammeter
aimpmhéadar *m1* **teoshreangach** hot-wire ammeter
aimsigh *v* determine
aimsitheoir *m3 (Eln. Opt.)* finder
aimsitheoir *m3* **fabhtanna** flaw detector
aimsiú *m* **fabhtanna** flaw detection
aimsiú *m* **ó mhacalla** echo location
ainceirít *f2* ankerite
aindiallasach *a* agonic
ainéal *v* anneal
ainéalta *a* annealed
ainéimeagraf *m1* anemograph
ainéimiméadar *m1* anemometer
ainéimiméadar *m1* **teoshreangach** hot-wire anemometer
ainhidríd *f2* anhydride
ainhidrít *f2* anhydrite
ainhidriúil *a* anhydrous
ainhistéiréiseach *a* anhysteretic
ainian *m1* anion
ainianach *a* anionic
ainianmhalartóir *m3* anion exchanger
ainianmhalartú *m* (*gs* **-taithe)** anion exchange
ainianmhalartúchán *m1* anion exchange
ainiseatrópach *a* (= **aeólatrópach)** anisotropic
ainiseatrópacht *f3* (= **aeólatrópacht)** anisotropy
ainiseatrópacht *f3* **thrasnach** *(Ch. Ph.)* transverse anisotropy
ainisiméadrach *a* anisometric
ainleaisteach *a* anelastic
ainleaisteachas *m1* anelasticity
ainmneoir *m3* denominator
ainmníocht *f3* nomenclature
ainriochtach *a* ill-conditioned
-aíocht *suff f3* (= **-acht, -eacht, -íocht)** -ivity
aipeiriadach *a* aperiodic
aipsis *f2* apsis
aircéamaighnéadas *m1* archeomagnetism
airde *f4* altitude
airde *f4 (in music)* pitch
airde *f4 (Mth.)* height
airdemhéadar *m1* altimeter
aireagán *m1* invention
aireagóir *m3* inventor
áireamhán *m1* **deisce** desk calculator
áireamhán *m1* **póca** pocket calculator
airéin *f2* arene
airgead *m1* silver
airgead *m1* **beo (= mearcair)**

quicksilver
airgeadmhéadrach *a* argentometric
airí *m4* (*pl* **-onna**) attribute, property
airí *m4* **aistreach iniamh na dtacar** *(Mth.)* transitive property of inclusion of sets
airí *m4* **caomhnúcháin** preserving property
airí *m4* **cómhalartach** *(Mth.)* commutative property
airí *m4* **comhthiomsaitheach** associative property
áirigh *v* count, enumerate
airil *f2* aryl
airíonna *mpl* **aistriúcháin** shift properties
airí *m4* **siméadrach na gcoibhneas** symmetric property of relations
áiritheoir *m3 (Ncln.)* counter
áiritheoir *m3* **comhréireach** proportional counter
áiritheoir *m3* **drithlíochta** scintillation counter
áiritheoir *m3* **Geiger** *(Ph.)* Geiger counter
áiritheoir *m3* **leathsheoltóra** semiconductor counter
áiritheoir *m3* **radaighníomhaíochta** radioactivity counter
airmheán *m1 (St.)* median
áirse *f4* arch
áirse *f4* **cheangailte** *(CivEng.)* tied arch
airsín *m4* arsine
airtéiseach *a* artesian
ais *f2* axis
ais- *pref* aza-, az-
-áis *suff f2* -ase
ais *f2* **cheangailte** fast axis
ais *f2* **cheartingearach** vertical axis
ais *f2* **chothrománach** horizontal axis
aischothú *m* (*gs* **-thaithe**) *(Eln.)* feedback
aischothú *m* **deimhneach** *(ContSys. Ph.)* positive feedback
aischothú *m* **díorthach** derivative feedback
aischothú *m* **diúltach** *(ContSys. Eln. Ph.)* negative feedback
aischuradóir *m3* **srutha dhírigh** direct-current restorer
aiseach *a* axial
áiseanna *fpl* **amhairc** visual aids
aiseanna *fpl* **comhordanáideacha** coordinate axes
aiseolas *m1 (of information)* feedback
aiseotróp *m1* azeotrope
aiseotrópach *a* azeotropic
aiseotrópacht *f3* azeotropy
aisfhillteach *a (Eng. Ph.)* re-entrant
aisfhuaimnigh *v* *(of sound)* reverberate
aisfhuaimniú *m* (*gs* **-ithe**) *(of sound)* reverberation
aisghníomhach *a* retroactive
aisghníomhaigh *v* retroact
aisghníomhaíocht *f3* retroactivity
aisíd- *pref* (= **aisídea-, aisídi-, aisíod-**) azido-
aisídea- *pref* (= **aisídi-, aisíd-, aisíod-**) azido-
aisídi- *pref* (= **aisídea-, aisíd-, aisíod-**) azido-
aisíditimidín *m4* azidothymidine, azt
aisíod- *pref* (= **aisídea-, aisídi-, aisíd-**) azido-
aisionadú *m* (*gs* **-daithe**) *(Mth.)* back-substitution
aisioncrónach *a (Ph.)* asynchronous
ais *f2* **isiméadrach** isometric axis
ais *f2* **Jw** Jw axis
aisléim *f2 (Mec. Ph.)* recoil
aisléim *v (Mec. Ph.)* recoil
aisléim *f2* **ghunna** gun recoil
aisléim *f2* **leictreon** electron recoil
aisléim *f2* **núicléach** *(NcPh.)* nuclcar recoil
aisling *v* spring-back
aislingeadh *m* (*gs* **-ngthe**) spring-back

ais *f2* **mheandarach** instantaneous axis
ais *f2* **na siméadrachta** axis of symmetry
ais *f2* **optach** optic axis
aispeist *f2* asbestos
ais *f2* **pholach** polar axis
ais *f2* **rinse** axis of wrench
ais *f2* **tagartha** axis of reference
aistiogmat *m1* (= **lionsa aistiogmatach**) astigmat
aistiogmatach *a* astigmatic
aistiogmatacht *f3* astigmatism
aistreach *a (Mth.)* transitive
aistreacht *f3 (Mth.)* transitivity
aistrigh *v* remove, shift
aistriú *m* (*gs* **-ithe**) removal, shift
aistriú *m* (*gs* **-ithe**) *(Mth.)* translation
aistriú *m* **ceimiceach** chemical shift
aistriúchán *m1* shift
aistriú *m* **coimpléascach** complex translation
aistriú *m* **Doppler** Doppler shift
-áit *suff f2* -ate
áith *f2* **aoil** (= **tiníl, tornóg aoil**) limekiln
aithin *v* identify
aithint *f* (*gs* **-theanta**) *(of a substance)* identification
-al *suff m1 (Ch.)* -al
alabhog *a* lukewarm
alafatach *a* aliphatic
alainín *m4* (= **aigéad 2-aimíneaprópánóch**) alanine
alandam *m1* alundum
alasairín *m4* (= **1,2-déhiodrocsa-antracuineon**) alizarine
albaimin *f2* albumin
albaimineach *a* albuminous
albaman *m1* albumen
alcaile *f4* alkali
alcaileach *a* alkaline
alcaileacht *f3* alkalinity
alcailifil *f2* alkalophile, alkaliphile
alcailiméadracht *f3* alkalimetry
alcalóideach *m1* alkaloid
alcalóideach *a* alkaloid
alcán *m1* alkane
alcánóch *a* (= **sailleach**) alkanoic
alcánólaimín *m4 (Ch.)* alkanolamine
alcocsaíd *f2* alkoxide
alcól *m1* alcohol
alcól *m1* **arbhair** grain alcohol
alcól *m1* **búitile** (= **bútán-1-ól**) butyl alcohol
alcól *m1* **eitile** (= **eatánól**) ethyl alcohol
alcól *m1* **iseapróipile** (= **própán-2-ól**) isopropyl alcohol
alcól *m1* **meitile** methyl alcohol
alcól *m1* **normalach próipile** (= **própán-1-ól**) normal propyl alcohol
aldocsaím*f2* aldoxime
aldól *m1* (= **3-hiodrocsabútánal**) aldol
aldós *m1* aldose
alfa *m4* alpha
alfa-cháithnín *m4 (Ncln. Ph.)* alpha particle
alfa-gha *m4* alpha ray
alfa-ghníomhach *a* alpha-active
alfa-mheath *m3* alpha decay
alfatrón *m1* alphatron
algartam *m1* algorithm
allabar *m1* allobar
allacrómacht *f3* allochromy
allatonach *a* allotonic
allatróp *m1* allotrope
allatrópach *a* allotropic
allatrópacht *f3* allotropy
allocsan *m1* alloxan
alm (= **aonad leictreamaighnéadach**) emu, electromagnetic unit
almóinn *f2* almond
als (= **aonad leictreastatach**) esu, electrostatic unit
alt *m1* **sceimhle** flange joint
alt *m1* **uilíoch** universal joint
-alú *suff m* (*gs* **-laithe**) (= **-ealú**) -olysis
alúm *m1* alum

alúmana *m4* alumina
alúmanach *a* aluminous
alúmanaigh *v* aluminize
alúmanaisileacáit *f2* aluminosilicate
alúmanam *m1* aluminium
alúmanú *m* (*gs* **-naithe**) aluminizing
am *m3* time
-am *suff m1* -um
AMA (= aonad maise adamhaí) AMU, atomic mass unit, atomic unit of mass
amagdailin *f2 (Ch.)* amygdalin
amaláis *f2* amylase
amaloipsin *f2* amylopsin
amalós *m1* amylose
amatól *m1 (Ch.)* amatol
ambhonn *m1* time base
ambhuaic *f2* time peak
amchóras *m1* **scoite** *(Ph.)* discrete time system
amchrios *m3* time zone
amchúlú *m* (*gs* **-laithe**) *(Ph.)* time reversal
am *m3* **chun buaice** time to peak
amfaból *m1* amphibole
amfailít *f2* ampholite
amfaiteireach *a* (**= amfaprótónach**) amphoteric
amfaiteireacht *f3* amphoterism
amfapatach *a* amphipathic
amfaprótónach *a* (**= amfaiteireach**) amphiprotic
amfataimín *m4* amphetamine
amfhearann *m1* time domain
amfhreagairt *f3* (*gs*-**artha**) time response
am-fhrithchaitheamh *m1* time reflection
am *m3* **gealaí** *(Ast.)* lunar time
amh *a* crude
amhaíl *f3* woofing
amhaire *m4* woofer
amharc *m1* (**= radharc**) vision
amharclíne *f4* line of sight
amharc *m1* **scotópach** scotopic vision
amhuisce *m4* raw water
amlasc *f2* time switch
amleathadh *m* (*gs* **-eata**) time dilation
AMN (= athshondas *m1* **maighnéadach núicléach)** NMR, nuclear magnetic resonance
amóinealú *m* (*gs* **-laithe**) ammonolysis
amóinia *f4* ammonia
amóiniam *m4* ammonium
amóiniciúil *a* ammoniacal
amónal *m1* ammonal
amscála *m4* **geolaíoch** geological time scale
amscálú *m* (*gs* **-laithe**) time scaling
amshraith *f2 (St.)* time series
am *m3* **stórála** storage time
amthairiseach *m1* time constant
amthairiseach *m1* **ardcheannasach** predominant time constant
amthairiseach *m1* **córais dara hord** time constant of second-order system
am *m3* **trasdula** *(Eln.)* transit time
am *m3* **tréimhsiúil** periodic time
-án *suff m1* -ane
anabalacht *f3* anabolism
anafairéis *f2* anaphoresis
anailgéiseach *m1* analgesic
anailgéiseach *a* analgesic
anailín *m4* aniline
anailís *f2* analysis
anailís *f2* **armónach** harmonic analysis
anailís *f2* **chainníochta** *(Ch.)* quantitative analysis
anailís *f2* **cheimiceach** chemical analysis
anailís *f2* **chineáil** *(Ch.)* qualitative analysis
anailís *f2* **chonformálach** *(Ch.)* conformational analysis
anailís *f2* **dhiafaintíneach** diophantine analysis
anailís *f2* **díraonacháin** diffraction

analysis
anailíseach *a* analytic(al)
anailíseoir *m3* analyser
anailíseoir *m3* **armónach** harmonic analyser
anailíseoir *m3* **ilchainéalach** multichannel analyser
anailíseoir *m3* **speictrim** spectrum analyser
anailís *f2* **feidhmeanna** (= **feidhmanailís**) function analysis
anailís *f2* **fheidhmeánach** *(Mth.)* functional analysis
anailís *f2* **ghníomhachtúcháin** activation analysis
anailísigh *v* analyse
anailís *f2* **íogaireachta** sensitivity analysis
anailís *f2* **mhinicíochta le trasfhoirm Fourier** frequency analysis by Fourier transform
anailís *f2* **nithiúil** concrete analysis
anailís *f2* **nithiúil an uimhris** concrete analysis of number
anailís *f2* **pharaiméadrach** parametric analysis
anailís *f2* **thoirtmhéadrach** volumetric analysis
anailís *f2* **thoiseach** *(Mth. Ph.)* dimensional analysis
anailís *f2* **x-ghathach** x-ray analysis
anaiméir *f2* anomer
anaistiogmat *m1* (= **lionsa anaistiogmatach**) anastigmat
anaistiogmatach *a* anastigmatic
anaithnid *a (Mth.)* unknown
analach *m1* analogy
analach *m1* **sópscannáin** soap film analogy
análaigh *v* respire
anallas *m1* **spíonta** spent wash
analóg *f2* analog, analogue
analógach *a (Ch.)* analogous
anarmóin *f2* anharmony
anarmónachas *m1 (Ph.)* anharmonicity
anaróideach *m1* (= **baraiméadar anaróideach**) aneroid
an-bhídeach *a* (= **rímhion**) infinitesimal
angstram *m1 (unit)* angstrom
-ann *suff f2* (= **-eann**) -and, -end
annamh *a (infrequent)* rare
ann as on-off
anóid *f2* anode
anóideach *a* anodic
anóidigh *v* anodize
anóidiú *m* (*gs* **-ithe**) anodizing
anóilít *f2* anolite
anord *m1* chaos
anord *m1* **móilíneach** molecular chaos
anscuithe *a* immovable
antaigin *f2* antigen
antamón *m1* antimony
antara- *pref* (= **antarai-**) antara-
antarai- *pref* (= **antara-**) antara-
antra- *pref* (= **antrai-**) anthra-
antrai- *pref* (= **antra-**) anthra-
antracuineon *m1* (= **antraicéindé-ón**) anthraquinone
antraicéin *f2* anthracene
antraicéindé-ón *m1* (= **antracuineon**) anthracene dione
antraicéin-1,10-dé-ón *m1* anthracene-1,10-dione
aois *f2* **an domhain** age of the earth
aoischruachan *f3* age hardening
aois *f2* **na cruinne** age of the universe
aois *f2* **radaighníomhach** radioactive age
aoisteoiric *f2* **Fermi** Fermi age theory
aol *m1* lime
aol *m1* **beo** quicklime
aolchloch *f2* limestone
aolchoinneal *f2* stalagmite
aolchuisne *m4* stalactite
aol *m1* **sóide** soda lime
aoluisce *m4* lime-water

aom *v (of magnet, etc.)* attract
aomachán *m1 (of magnet, etc.)* attraction
aomadh *m* (*gs* **-mtha**) *(of magnet, etc.)* attraction
aon- *pref* homo-, mono-, uni-
aon- *pref* (= **singil**) single
aonad *m1* unit
aonadach *a* unitary
aonad *m1* **achair** unit of area
aon-adamhach *a (Ch.)* monatomic
aonad *m1* **brú tomhsaire** unit of gauge pressure
aonadchill *f2* unit cell
aonadchóras *m1* **méadar cileagram agus soicind** metre-kilogram-second system of units, MKS system
aonad *m1* **faid** (= **fadaonad**) unit of length
aonad *m1* **faid adamhaigh** atomic unit of length
aonadfhad *m1* unit length
aonad *m1* **friotaíochta teirmí** unit of thermal resistance
aonad *m1* **fuinnimh adamhaigh** (= **hairtrí**) atomic unit of energy
aonad *m1* **leictreamaighnéadach** (= **alm**) electromagnetic unit, emu
aonad *m1* **leictreastatach** (= **als**) electrostatic unit, esu
aonad *m1* **maise adamhaí** (= **AMA**) atomic mass unit, AMU, atomic unit of mass
aonad *m1* **maise adamhaí aontaithe** unified atomic mass unit
aonadnormal *m1* unit normal
aonadnormalach *a* unit normal
aonadoibríocht *f3* unit operation
aonadpharabóil *f2* unit parabola
aonadphlána *m4* unit plane
aonadphointe *m4* unit point
aonadphol *m1* unit pole
aonadphróiseas *m1* unit process
aonad *m1* **SI** SI unit
aonad *m1* **strointiam** strontium unit, SU
aonadtadhall *m1 (Mth.)* unit tangent
aonadtadhlach *a* unit-tangent
aonad *m1* **tomhais** unit of measurement
aonadveicteoir *m3 (Mth.)* unit vector
aonaid *mpl* **impiriúla** imperial units
aonaid *mpl* **phearsanta** personal units
aonaiseach *a* uniaxial
aonártha *a* unary
aonbhunata *a (Ch.)* monobasic
aonchineálach *a (Mth.)* homogeneous
aonchineálach ó thaobh spáis spatially homogeneous
aonchineálacht *f3 (Mth. Ph.)* homogeneity
aonchineálacht *f3* **thoiseach** dimensional homogeneity
aonchiseal *m1* monolayer
aonchlaonasach *a* monoclinic
aonchobhsaí *a* monostable
aondéadach *a* monodentate, unidentate
aondeimhneach *(Ch.)* monopositive
aondénártha *a* undenary
aonfhiúsach *a* monovalent, univalent
aonfhoirmeach *a* uniform
aonghineach *a* monogenic
aon le haon *(Set.)* one to one
aonmhóilíneach *a* monomolecular, unimolecular
aonocsaíd *f2* **charbóin** carbon monoxide
aonocsaíd *f2* **sileacain** silicon monoxide
aonocsaíd *f2* **sulfair** sulphur monoxide
aonphléacs *m4* simplex
aonphléacsach *a* simplex
aonraigh *v* isolate
aonraitheoir *m3* isolator
aonrú *m* **creathach** vibration isolation
aontacht *f3* unity
aontas *m1* union

aontas *m1* **dhá thacar** union of two sets
aontéarmach *a* monomial
aontoiseach *a* one-dimension, unidimensional
aonton *m1* monotone
aontonach *a* monotone, monotonic
aontreoch *a* unidirectional
aosú *m* (*gs* **-saithe**) ageing
apaigí *m4 (Ast. Ph.)* apogee
apaitít *f2* apatite
APL (= athshondas paramaighnéadach leictreon, athshondas guairneach leictreon, AGL) electron paramagnetic resonance, EPR
aplánatach *a* aplanatic
apóidiú *m* (*gs* **-ithe**) apodization
aqua regia *(la)* aqua regia
ár *m1* are
araildít *f2* araldite
aramatach *a* aromatic
arc cos arc cos
arc sín arc sin
arc tan arc tan
ard ascent *(in phrase)* **an t-ard is géire** the steepest ascent
ardaigh *v* lift
ardairde *f4 (of sound)* high pitch
ardaitheach *a* ascending **in ord ardaitheach** in ascending order
ardaitheoir *m3 (apparatus)* lift
ardán *m1* platform
ardarmónaigh *mpl* (= **armónaigh arda**) higher harmonics
ardfholús *m1* high vacuum
ardghuairneach *a* high-spin
ardmhinicíocht *f3* high frequency
ardphéire *m4 (Set.)* couple
ardú *m* (*gs* **-daithe**) lift
ardú *m* **(an fhiuchphointe)** *(of boiling point)* elevation
ardú *m* **mólach an fhiuchphointe** molal elevation of boiling point
ardvoltas *m1* high voltage
argaintít *f2* argentite
argantaiciainíd *f2* argentocyanide
argóint *f2* argument
argón *m1* argon
armatúr *m1* armature
armónach *m1 (Mth.)* harmonic
armónach *a* harmonic
armónaigh *mpl* **arda** (= **ardarmónaigh**) *mpl* higher harmonics
armúrphláta *m4* armour plate
arsanach *a* arsenic
arsanaic *f2* arsenic
arsanúil *a* arsenious
-as *suff m1* (= **-eas**) -ance
asa- *pref* (= **asai-**) *(Ch.)* aza-, az-
asai- *pref* (= **asa-**) *(Ch.)* aza-, az-
asaibeinséin *f2 (Ch.)* azobenzene
asáitigh *v* dislocate
asáitiú *m* (*gs* **-ithe**) *(Cryst.)* dislocation
asamat *m1* azimuth
asamatach *a* azimuthal
asamtóit *f2* asymptote
asamtóiteach *a* asymptotic
asaruaim *f2 (Ch.)* azo-dye
asbheirt *f* (*gs* **-rthe**) *(Mth.)* deduction
ascain *v* migrate
ascalagraf *m1* oscillograph
ascalagram *m1* oscillogram
ascalaigh *v* oscillate
ascalascóp *m1* oscilloscope
ascalascóp *m1* **ga-chatóideach** *(Ph.)* cathode-ray oscilloscope
ascaltóir *m3* oscillator
ascaltóir *m3* **béim-mhinicíochta** beat-frequency oscillator
ascaltóir *m3* **cúltoinne** *(Eln.)* backward-wave oscillator
ascaltóir *m3* **sceigeach** squegging oscillator
ascaltóir *m3* **socrachta** relaxation oscillator
ascalú *m* (*gs* **-laithe**) oscillation
ascalúchán *m1* oscillation

ascalú *m* **fórsáilte** *(Mec. Ph.)* forced oscillation
ascalú *m* **plasma** plasma oscillation
ascalú *m* **seadánach** parasitic oscillation
ascalú *m* **socrachta** relaxation oscillation
aschur *m1* output
aschur *m1* **rialaithe** controlled output
ascnamh *m1* migration
ascnamh *m1* **na n-ian** migration of ions
ascorbach *a* ascorbic
asfalt *m1* asphalt
asó- *pref* (= **asói-**) azo-, az-
asói- *pref* (= **asó-**) azo-, az-
asól *m1* (= **pioról**) *(Ch.)* azole
aspairigín *m4* asparigine
aspairín *m4* (= **aigéad aicéitiol-salaicileach, aigéad 2-eatánóilocs-aibeansóch**) aspirin
astaigh *v (Ph.)* emit
astaíochas *m1* (= **comhéifeacht astúcháin**) emissivity
astaíocht *f3 (Ph.)* emittance
astaíocht *f3* **radanta** radiant emittance, radiant exitance
astaíre *m4 (Eln. Ph.)* emitter
astaireacht *f3 (Opt.)* asterism
astaitín *m4* astatine
astaróideach *m1* (= **mionphláinéad**) asteroid
astaróideach *a* asteroid(al)
astatach *a* astatic
astraláib *f2* astrolabe
astú *m* (*gs* **-taithe**) *(Ph.)* emission
astúchán *m1 (Ph.)* emission
astú *m* **fuar** (= **astú réimse**) cold emission
astú *m* **réimse** (= **astú fuar**) field emission
astú *m* **spreagtha** stimulated emission
astú *m* **tánaisteach** secondary emission
asú *m* (*gs* **asúite**) adsorption
asúchán *m1* adsorption
asúigh *v* adsorb
asúiléin *f2 (Ch.)* azulene
asúire *m4 (Ch. Ph.)* aspirator
asúiteán *m1* adsorbate
asúiteoir *m3* adsorbent, adsorber
-áta *suff m4* -ato
ata- *pref* (= **atai-**) atto-
atachtach *m1* atactic
atai- *pref* (= **ata-**) atto-
atáirgeadh *m* **steiréafónach** stereophonic reproduction
ateagmhas *m1 (Ph. etc.) (of event)* recurrence
ateilg *v* recast
athainmnigh *v* rename
athbhrí *f4* ambiguity
athbhríoch *a* ambiguous
athchalras *m1* recalescence
athchasadh *m* (*gs* **-sta**) *(Mth.)* inflexion
athchóirigh *v* rearrange
athchóiriú *m* (*gs* **-ithe**) rearrangement
athchriostalú *m* (*gs* **-laithe**) recrystallization
athchriostalúchán *m1* recrystallization
athchuingriú *m* (*gs* **-ithe**) recombination
athchúrsáil *v* recycle
athchúrsáilte *a* recycled
athfhill *v (Mth.)* circulate
athfhill *v (Mth.) (of decimals)* recur
athfhilleadh *m* (*gs* **-llte**) *(Mth.)* recurrence
athfhillteach *a (Mth.)* circulating
athghin *v* regenerate
athghiniúint *f3* (*gs* **-úna**) regeneration
athghníomhachtaigh *v* reactivate
athghrúpáil *v* regroup
athiontrálach *a (Comp.)* re-entrant
athlasadh *m* (*gs* **-sta**) inflammation
athléimneach *a (Mec.)* resilient

athléimneacht *f3 (Mec.)* resilience
athluchtaigh *v* recharge
athráid *f2* variate
athráideach *a* variate
athráid *f2* **normalach** *(Mth. St.)* normal variate
athraigh *v* vary
athraigh *v (Mth.)* reduce
athraitheach *m1* variant
athraitheach *a* variable, varying
athraitheas *m1* variance
athraon *v (Opt. Ph.)* refract
athraonach *a (Opt. Ph.)* refractive, refringent
athraonacht *f3 (Opt. Ph.)* refractivity, refringence
athraonadh *m* (*gs* **-nta**) *(Opt. Ph.)* refraction
athraonmhéadar *m1 (Ph.)* refractometer
athraonmhéadar *m1* **uillinne criticiúla** critical-angle refractometer
athreo *m4* regelation
athreoigh *v* regelate
athróg *f2* variable
athróg *f2* **choimpléacsach** complex variable
athróg *f2* **láimhsithe** manipulated variable
athróg *f2* **neamhspleách** *(Mth.)* independent variable
athróg *f2* **randamach** random variable
athróg *f2* **rialaithe** controlled variable
athróg *f2* **scaoilte** slack variable
athróg *f2* **scoite** *(Mth.)* discrete variable
athróg *f2* **shaorga** artificial variable
athróg *f2* **spleách** dependent variable
athróg *f2* **staide** variable of state
athróg *f2* **struchtúrach** structural variable
athróir *m3* **minicíochta** frequency changer
athrú *m* (*gs* **-aithe**) change
athrú *m* (*gs* **-raithe**) *(Mth.)* reducing
athrú *m* **aidiabatach staide** adiabatic change of state
athrú *m* **an chompáis** variation of the compass
athrú *m* **ar an bhfuinneamh núicléach** nuclear-energy change
athrú *m* **baratrópach staide** baratropic change of state
athrú *m* **ceimiceach** chemical change
athrúchán *m1 (Mth.)* variation
athrú *m* **dochúlaithe** *(Ch. Ph.)* irreversible change
athrú *m* **inchúlaithe** *(Ch. Ph.)* reversible change
athrú *m* **isiméadrach** isometric change
athrú *m* **maighnéadach** magnetic variation
athrú *m* **staide** change of state
athsheachadán *m1* relay
athsheachadán *m1* **cosantach** protective relay
athsheachadán *m1* **gáslíonta** gas-filled relay
athsheachadán *m1* **soladstaide** solid-state relay
athsheachaid *v* relay
athsholáthair *v (Geol.)* replace
athsholáthar *m1 (Geol.)* replacement
athshon *v* resonate
athshonadóir *m3* resonator
athshonadóir *m3* **cabhach** cavity resonator, resonant cavity
athshondach *a* resonating
athshondas *m1 (Ch. Ph.)* resonance
athshondas *m1* **baróin** *(NcPh.)* baryon resonance
athshondas *m1* **comhthreomhar** (**= frith-athshondas**) *(El.)* parallel resonance
athshondas *m1* **guairneach leictreon**

(**= AGL, athshondas paramaighnéadach leictreon, APL**) electron spin resonance, ESR

athshondas *m1* **maighnéadach núicléach** (**= AMN**) nuclear magnetic resonance, NMR

athshondas *m1* **méasón** meson resonance

athshondas *m1* **paramaighnéadach leictreon** (**= APL, athshondas guairneach leictreon, AGL**) electron paramagnetic resonance

atmaisféar *m1* atmosphere

atmaisféarach *a* atmospheric(al)

atmaisféar *m1* **ianach** ionic atmosphere

atmaisféar *m1* **uachtarach** upper atmosphere

atmalú *m* (*gs* **-laithe**) atmolysis

atoradh *m1* corollary

atrialacha *fpl (St.)* repeated trials

atriall *m3 (Comp. Mth.)* iteration

aufbau *m4 (de)* aufbau

avoirdupois *m4* avoirdupois

B

bá *f4* bay

bac *m1* barrier

bac-chumhacht *f3* **adamhach** atomic stopping power

bac *m1* **poitéinsiúil** *(Ph.)* potential barrier

bac *m1* **núicléach** nuclear barrier

bac *m1* **steireach** steric hindrance

baicliú *m* (*gs* **-ithe**) bunching

báicsít *f2* bauxite

baictéar *m1* bacterium

baictéarach *a* bacterial

bailchríoch *f2* finish

bailchríoch a chur (ar) *v* finish

bailchríochnaigh *v* finish

baill *mpl* **dholaghdaithe** *(Set.)* irreducible elements

bain *v (Mth.)* borrow

bain *v* **an díchineálacht (de)** *(Mth.)* lift the degeneracy

bairiam *m4* barium

bairít *f2* barytes

bairitéar *m1* (**= friotóir ballasta**) *(El.)* barretter

baisc *f2* batch

baisc-eastóscadh *m* (*gs* **-ctha**) *(ChEng.)* batch extraction

báisteach *f2* **aigéadach** acid rain

balaistíoch *a* ballistic

balaistíocht *f3* ballistics

balbhshamhail *f3* (*gs* **-mhla**) mock-up

ball *m1* member

ball *m1 (Set.)* element

balla *m4* **diaiteirmiúil** diathermanous wall

ballafhuinneamh *m1* wall energy

balla-iarmhairt *f3* wall effect

balla *m4* **maighnéadach** magnetic wall

ball *m1* **céannachta** *(Mth. Set.)* identity element

ball *m1* **ilfhórsa** multiforce member

ball *m1* **inbhéartach** *(Set.)* inverse element

ball *m1* **scoite** *(Mth. Ph. Set.)* discrete member

bálmhuileann *m1* ball mill

balún *m1* **instiúrtha** dirigible

balún *m1* **sondála** sounding balloon

bán *a* blank

bán-abhac *m1* white dwarf

bánán *m1* (**= spás bán**) blank

bánchinneadh *m* (*gs* **-nnte**) blank determination

banda *m4* band

banda *m4* **ceadaithe** allowed band

bandachoscán *m1* band brake

banda *m4* **díchumtha** *(Metal.)* deformation band

banda *m4* **ionsúcháin** absorption band

banda *m4* **minicíochta** frequency band

banda *m4* **seolta** *(El. Ph.)* conduction band
bandaspeictream *m1* band spectrum
bandatheoiric *f2* band theory
banda *m4* **trasnaíochta** band of interference
bán-toirtmheascadh *m* (*gs* **-ctha**) blank titration
baoi *m4* buoy
baoth-thonnán *m1 (Pharm.)* convulsant
bar *m1 (unit of pressure)* bar
barachlaonach *a* baroclinic
barachlaonacht *f3* baroclinicity
baragraf *m1* barograph
baraiméadar *m1* barometer
baraiméadar *m1* **anaróideach** (= **anaróideach**) aneroid barometer
baraiméadar *m1* **luaineach** change-barometer
baraiméadar *m1* **mearcair** mercury barometer
baraiméadrach *a* barometric
barainneoir *m3* economiser
baralár *m1* barycentre
barastat *m1* barostat
baratrópach *a* baratropic
barbatúráit *f2* barbiturate
barn *m1 (unit) (NcPh.)* barn
barón *m1 (NcPh.)* baryon
barr *m1 (of wavelength)* crest
barra *m4 (metal, etc.)* bar
barra-chairt *f2 (Mth.)* bar chart
barra-chairt *f2* **líneach** *(Mth.)* bar line chart
barraíocht *f3* (= **iomarca**) excess
barra-mhaighnéad *m1* bar magnet
barra *m4* **trasnánach** tie bar
barrchaolaigh *v* taper
barrchaolaithe *a* tapered
barrloisc *v* singe
barrloscadh *m* (*gs* **-sctha**) singeing
barrscoite *a* (= **maol**) *(Geom.)* truncated
barrscoith *v (Geom.)* truncate
barrtheilg *v* surject
barrtheilgeach *a* surjective
barrtheilgean *m1* surjection
barrthrom *a* (= **ceanntrom**) top-heavy
bata *m4* **scóir** tally stick
bataiméadracht *f3* bathymetry
bataisféar *m1* bathysphere
beacht *a* accurate
beachtas *m1* accuracy
Bealach *m1* **na Bó Finne** Milky Way
bealaigh *v* lubricate
bealaíocht *f3* lubricity
bealaitheoir *m3* lubricant
beansaildéad *m1* benzaldehyde
beansaimíd *f2* (= **beinséan-carbocsaimíd**) benzamide
beansal *m1* (= **beinsilidín**) benzal
beansóil *f2* benzoyl
beansóin *f2* benzoin
beansól *m1* benzole
bearna *f4* gap
bearr *v* (= **scimeáil**) skim
beart *m1 (Comp.)* byte
beartas *m1* **cinnidh** decision policy
beartas *m1* **optamach** *(Mth.)* optimal policy
beartas *m1* **optamach cinnidh** *(St.)* optimal decision policy
beibheatrón *m1* bevatron
beicireil (Bq) *f2 (unit)* becquerel, Bq
beil *f2 (unit)* bel
beilt *f2 (Mec.)* belt
beilt-tiomáint *f3* (*gs*-**ána**) belt drive, belt driving
béim *f2 (Ph.)* beat
béimascaltóir *m3* beat-oscillator
beinifísiú *m* (*gs* **-ithe**) benification
beinseacuineon *m1* (= **cioglaiheicsidhé-éin-1,4-dé-ón, cuineon**) benzoquinone
beinseafúrán *m1* benzofuran
beinséancarbocsaimíd *f2* (= **bean-saimíd**) benzenecarboxamide
beinséanóideach *a* benzenoid
beinséin *f2* benzene

beinséín *m4* benzyne
beinséin-1,4-dé-aimín *m4* benzene-1,4-diammine
beinséin-1,2-dé-charbocsaileach *a* (= **tálach**) benzene-1,2-dicarboxylic
beinséin-1,2-dé-ocsaimíd *f2* (= **tailimíd**) benzene-1,2-dioxamide
beinséin-1,3-dé-ól *m1* (= **reasairsíneol**) benzene-1,3-diol
beinséin-1,4-dé-ól *m1* (= **cuineol, hidreacuineon**) benzene-1,4-diol
beinsil *f2* benzyl
beinsíl *f2* (= **débheansóil, 1,2-défheinileatáindé-ón**) benzil
beinsilidín *m4* (= **beansal**) benzylidine
beinsín *m4* (= **4,4-dé-aimínidéfheinil**) benzine
beinsiolaimín *m4* (= **feinilmeitiol-aimín**) benzylamine
beircéiliam *m4* berkelium
beirginiú *m* (*gs* **-ithe**) berginization
beirginiúchán *m1* berginization
beiril *f2* beryl
beirilliam *m4* beryllium
beirtillídeach *a* berthollide
béite *f4* beta
béite-cháithnín *m4 (NcPh.)* beta particle
béite-gha *m4 (NcPh.)* beta ray
béite-mheath *m3 (NcPh.)* beta decay
béiteatrón *m1* betatron
béitín *m4* (= **lísín**) betaine
beo-ualach *m1 (Mec.)* live load
BeV (= **GeV, gigileictreon-volta**) BeV, billion electron volt
biachalraiméadar *m1* food calorimeter
bia-eolaíocht *f3* food science
bídeach *a* (= **mion**) minute
bileog *f2* (= **leathán**) sheet
bileog *f2* **pholarúcháin** polarizing sheet
billiún *m1* billion
billiún *m1* **leictreonvolta** (= **BeV, GeV, gigileictreonvolta**) billion electron volt, BeV
bíog *f2 (Ph.)* pulse
bíogaire *m4* pulsar
bíog-athghiniúint *f3* (*gs* **-úna**) *(El. Ph.)* pulse regeneration
bíogdhealbhóir *m3 (Eln. Ph.)* pulse shaper
bíog *f2* **fhuinnimh** *(Ph.)* pulse of energy
bíogóir *m3* pulsator
bíogshruth *m3* (= **sruth bíogach**) pulsating current
bíoma *m4 (Eng.)* beam
bíoma *m4* **ceann tuiní** *(MecEng.)* fixed-ended beam
bíoma *m4* **gorúnach** haunched beam
bíoma *m4* **leabaithe** encastre beam
bíoma *m4* **starrmhaide** cantilever beam
bíoma *m4* **tarchrochta** overhanging beam
biorán *m1* **diosctha** *(for dissecting)* pin
bior *m3* **sádrála** soldering-bit
bios- *pref (Ch.)* bis-
biosmat *m1* bismuth
biotáille *f4* spirit(s)
biotáille *f4* **bhán** white spirits
biotáille *f4* **mheitileach** methylated spirits
biotáille *f4* **mheitileach thionsclaíoch** industrial methylated spirit
biotáille *f4* **phrofa** proof spirit
biotáille *f4* **thionsclaíoch** industrial spirit
biotúman *m1* bitumen
birín *m4* **beo** *(Ch.)* glowing splinter
bís *f2* spiral
bíseach *a* spiral
bís *f2* **scoráin** toggle vice
biteicneolaíocht *f3* biotechnology
bith- *pref* bio-
bithcheimic *f2* biochemistry

bithcheimiceán *m1* biochemical
bith-dhíghrádaigh *v* biodegrade
bithealú *m* (*gs* **-laithe**) biolysis
bitheoinic *f2* bionics
bitheolaíocht *f3* biology
bitheolaíocht *f3* **fhorbarthach** developmental biology
bitheonach *a* bionic
bithfhisic *f2* biophysics
bladhaire *m4* (= **bladhm**) flare
bladhm *f3* (= **bladhaire**) flare
bladhm *f3* burst
blaincéad *m1* **dóiteáin** fire blanket
blaoscadh *m* (*gs* **-sctha**) *(Cryst.)* decrepitation
blás *m1 (Opt.)* bloom
blásaigh *v (Opt.)* bloom
blású *m* **lionsaí** blooming of lenses
bláthola *f4* essential oil
bliain *f3* year
bliain *f3* **bhisigh** leap year
bliain *f3* **féilire** calendar year
bliain *f3* **ghealaí** *(Ast.)* lunar year
bliantúil *a* annual
bloc *m1* block
bloc-ascaltóir *m3* blocking oscillator
bloc-chairt *f2* block chart
blocghraf *m1* block graph
blocléaráid *f2* block diagram
blocshocracht *f3* block relaxation
blogh *f3* (= **blúire**) fragment
blogh *v* fragmentate
bloghadh *m* (*gs* **-ghta**) fragmentation
bloic *mpl* **ilbhonn uimhríochta** multi-base arithmetic blocks
blonag *f2* lard
blúire *m4* (= **blogh**) fragment
bog *v* soften
bogadh *m* (*gs* **-gtha**) softening
bogaigéadaigh *v* acidulate
bogaigéadaithe *a* acidulated
bogearraí *mpl* software
bogfholús *m1* soft vacuum
bogfhras *f2* soft shower
bogthais *a* humid
bogthaise *f4* humidity
bogthóir *m3* softener
boguisce *m4* (= **uisce bog**) soft water
boilg *mpl* (*gpl* **bolg**) bellows
boilgearnach *f2* bubbling
boilgearnaigh *v* bubble
boilgeog *f2* bubble
bóilíd *f2* bolide
bóireatán *m1* (= **débhórán**) boroethane
bólaiméadar *m1* bolometer
bólaiméadrach *a* bolometric
bolcáinigh *v* vulcanize
bolcáinít *f2* vulcanite
bolcáiniú *m* (*gs* **-ithe**) vulcanization
bolcánóir *m3* vulcanizer
bolgán *m1 (El.)* bulb
bolgán *m1* **filiméid** filament bulb
bonn *m1 (vectors)* basis
bonn *m1 (Geom.)* base
bonn *m1 (Mth.) (of number system)* base, radix
bonn *m1* **aeir** (= **aerbhonn**) pneumatic tyre
bonnán *m1* siren
bonn *m1* **neamhlaofa** unbiased coin
bonn *m1* **ortanormalach** orthonormal basis
bonn *m1* **ortanormalach inchomhairthe** *(Mth.)* countable orthonormal basis
bonn *m1* **ortanormalach slán** complete orthonormal basis
bonnuillinn *f2* base angle
bonnveicteoir *m3* base vector, basis vector
bórach *a* boric
bóraihidríd *f2* (= **teitrihidríd-eabóráit**) borohydride
bóraisín *m4* (= **bórasól**) borazine
bóráit *f2* borate
bórán *m1* (= **hidríd bhóróin**) borane
bórás *m1* borax
bórásach *a* boracic
bórasól *m1* (= **bóraisín**) borazole
bórón *m1* boron
borradh *m* (*gs* **-rrtha**) surge

borrghineadóir *m3* surge generator
bósan *m1* **veicteora** vector boson
bosca *m4* **gathanna** ray box
bósón *m1* boson
both *f3* **mhacalla** echo chamber
Bq (= **beicireil**) *(unit)* Bq, becquerel
brac *m1* bracket
brachaisteacrón *m1 (Mec. Mth. Ph.)* brachistochrone
braich *f2* malt
braich *v* malt
brainse *m4 (Mth.)* branch
brainseach *a* branched
brainsephointe *m4 (Mth.)* branch point
braisle *f4 (Mth.)* cluster
braisleshuimeálaí *m4 (Mth.)* cluster integral
braite *a* detected
braiteoir *m3* sensor
braith *v* detect
braonbhuidéal *m1* dropping bottle
braonphípéad *m1* dropping pipette
braonsamhail *f3* **den núicléas** *(NcPh.)* liquid-drop model of the nucleus
braontonnadóir *m3* (= **tonnadóir deighilte**) dropping funnel
brat *m1* blanket
brath *m1* detection
brathadóir *m3* detector
brathadóir *m3* **earráide** error detector
brathadóir *m3* **leibhéil uisce** water-level detector
breac *v* plot
breacadh *m* (*gs* **-ctha**) plotting
breacadh *m1 (Mth.)* plot
breacadh *m1* **polach** *(Mth.)* polar plot
breac-chuntas *m1* (= **cnámhchuntas**) broad account
breacleanúnach *a* piecewise
bréagabairt *f2* (= **abairt bhréagach**) false sentence
bréagach *a* false
breasal *m1* raddle
breathnaigh *v* observe
breathnaithe *a* observed
breathnú *m* (*gs* **-naithe**) observation
breicnigh *v* stipple
breicniú *m* (*gs* **-ithe**) stippling
breisdúil *f2* addition element
breiseán *m1 (Ch.)* additive
breiseán *m1* **sintéiseach** synthetic additive
breisigh *v* (= **méadaigh**) increase
bremsstrahlung *m4 (de)* bremsstrahlung
breo *m4* glow
breochloch *f2* (= **cloch thine**) flint
breo *m4* **deimhneach** *(Ph.)* positive glow
breo *m4* **diúltach** *(Ph.)* negative glow
breogán *m1* crucible
breoigh *v* glow
breosla *m4* fuel
breoslaigh *v* fuel
breosla *m4* **iontaise** fossil fuel
bríce *m4* brick
bríce *m4* **tine** fire brick
brícín *m4* briquette
briochtcháithnín *m4* charmed particle
bríomhar *a* vigorous
briosc *a* brittle
briosc-scoilteadh *m* (*gs* **-ilte**) brittle fracture
broidearnach *f2 (Ch.)* effervescence
broidearnaigh *v (Ch.)* effervesce
broidearnúil *a (Ch.)* effervescent
bróimíd *f2* bromide
bróimín *m4* bromine
bróimíniú *m* (*gs* **-ithe**) bromination
bróma- *pref* (= **brómai-**) bromo-
brómach *a* bromic
brómaclóraithrífhluaireatán *m1* (= **haileatán**) bromochlorotri-fluorethane
brómai- *pref* (= **bróma-**) bromo-
brómáit *f2* bromate

brómóiniam *m4* bromonium
brú *m4* pressure
brú *m4* **an aeir** atmospheric pressure
brú *m4* **caighdeánach** standard pressure
brúcheann *m1 (FlMec.)* head, pressure head
brúcheann *m1* **gaile** head of steam
brúcheann *m1* **uisce** head of water
brú *m4* **criticiúil** critical pressure
brúfhuinneamh *m1* pressure energy
brú *m4* **intreach** intrinsic pressure
bruithnigh *v* smelt
bruithniú *m* (*gs* **-ithe**) smelting
brúitín *m4* mash
brúlár *m1* (= **lár brú**) centre of pressure
brúnghluaisne *f4* Brownian movement, Brownian motion
brú *m4* **radaíochta** radiation pressure
brusfheadán *m1 (Ph.)* dust-tube
brusghual *m1* duff coal
brúthomhsaire *m4* pressure gauge
brú *m4* **tomhsaire** gauge pressure
brú *m4* **tuaslagánach** solution pressure
buac *v* (= **láist**) lixiviate
buac *m1* lye
buacach *a* buoyant
buacacht *f3* buoyancy
buacadh *m* (*gs* **-ctha**) (= **láisteadh**) lixiviation
buacaire *m4* cock, stopcock
buaic *f2* apex, peak
buaic *f2 (Ast.)* zenith
buaic *f2* **athshondais** resonance peak
buaicfhachtóir *m3* (= **fachtóir buaice**) peak factor
buaicluach *m3* (= **luach buaice**) peak value
buail *v* strike
buaine *f4* permanence
buama *m4* bomb
buama *m1* **adamhach** atom bomb
buama-chalraiméadar *m1* bomb calorimeter
buama *m4* **eamhnach** fission bomb
buan *a (of dye, etc.)* fast
buan *a* (= **seasta**) permanent, fixed
buanaitheoir *m3* mordant
buanfas *m1* durability
buanghás *m1* permanent gas
buanmhaighnéad *m1* permanent magnet
buantéachtán *m1* permanent set
buarannach *a* laxative
búcláil *f3* buckling
búcláil *v* buckle
buidéal *m1* bottle
buidéal *m1* **dlúis** density bottle
buidéal *m1* **dlúis choibhneasta** (= **buidéal sainmheáchain**) relative-density bottle
buidéal *m1* **gásníocháin** gas-washing bottle
buidéal *m1* **glanta súl** eyewash bottle
buidéal *m1* **níocháin** wash-bottle
buidéal *m1* **sainmheáchain** (= **buidéal dlúis choibhneasta**) specific-gravity bottle
buille *m4* stroke
buille *m4* **díreach** *(El. Eng.)* direct stroke
buille *m4* **indíreach** indirect stroke
buille *m4* **tintrí** lightning stroke
buinne *m4* spout
buiréad *m1* burette
buiséal *m1* bushel
búitil *f2* butyl
búitiléin *f2* (= **bút-1-éin**) butylene
bun *m1 (Ch.)* base
bun *m1 (Eln.)* base
bun *m1 (Set.)* basis
bun- *pref* basic
bun-ais *f2* axis of origin
bunaonad *m1* basic unit
bunaonad *m1 (Ph.)* base unit
bunata *a (Ch.)* basic
bunatacht *f3 (Ch.)* basicity

bunathraigh *v (make important or basic change to)* modify
bunchaighdeán *m1* primary standard
buncháithnín *m4 (NcPh.)* elementary particle
bunfhadhb *f2* **ríomhchlárúcháin línigh** primal linear-programming problem
bun *m1* **lag** weak base
bun *m1* **láidir** strong base
bunlíne *f4 (Eln.)* base-line
bunphointe *m4 (Mth.)* origin
bunréiteach *m1* **indéanta** basic feasible solution
bunstaid *f2 (QuPh.)* ground state
buntacar *m1* fundamental set
buntáistíocht *f3* **innill** engine advantage
buntáistíocht *f3* **mheicniúil** mechanical advantage
buntáthú *m* (*gs* **-thaithe**) buttwelding
bunuimhir *f* (*gs* **-mhreach**) cardinal number
bunús *m1* origin
bunúsach *a* basic, fundamental
bunúsach *a (Mth.)* significant
bunúsach *a (Ph.)* elementary
bunús *m1* **ainmhíoch** *(of fibre, etc.)* animal origin
bunús *m1* **plandúil** vegetable origin
burtanaigh *v* burtonize
burtanú *m* (*gs* **-naithe**) burtonizing
busbarra *m4* busbar
bútaidhé-éin *f2* (= **bút-1,3-dé-éin**) butadiene
bútáindé-al *m1* (= **sucsanaildéad**) butanedial
bútáindé-ól *m1* butanediol
bútáindé-ón *m1* (= **dé-aicéitil**) butanedione
bútán *m1* butane
bútánóch *a* (= **bútarach**) butanoic
bútan-1-ól *m1* (= **alcól búitile**) butan-1-ol
bútánón *m1* butanone
bútarach *a* (= **bútánóch**) butyric
bút-1,3-dé-éin *f2* (= **bútaidé-éin**) but-1,3-diene
bút-1-éin *f2* (= **búitiléin**) but-1-ene
buthal *m1* fulcrum

C

cabhail *f* (*gs* **-bhlach**) *(of aeroplane)* body
cabhánú *m* (*gs* **-naithe**) cavitation
cabhra *m4* boss
cábla *m4* cable
cáblach *a* funicular
cábla *m4* **comhaiseach** co-axial cable
caeisiam *m4* caesium, cesium
caidéal *m1* **ardaitheach** lift pump
caidéal *m1* **ianfhaighteora** *(Eng. Ph.)* getter-ion pump
caidéal *m1* **idirleata** diffusion pump
caidéal *m1* **móilíneach** molecular pump
caidéal *m1* **spriúch-ian** sputter-ion pump
caidéal *m1* **trí ligean** three-throw pump
caidhpcharraig *f2* caprock
caidmiam *m4* cadmium
caiféin *f2* caffeine
caighdeán *m1* standard
caighdeánach *a* standard
caighean-chomhdhúil *f2* (= **clatráit**) cage compound
caigheanmhuileann *m1* cage mill
cailc *f2* chalk
cailceán *m1* calx
cailceon *m1* chalcone
cailciam *m4* calcium
cailcigh *v* calcify
cailcínigh *v* calcine
cailcíniú *m* (*gs* **-ithe**) calcination
cailcít *f2* calcite
cailciú *m* (*gs* **-ithe**) calcification
caillteanas *m1 (Ph.)* loss

caillteanas *m1* **flosctha** (= **caillteanas sa chroíleacán, caillteanas san iarann)** *(ElMag.)* excitation loss
caillteanas *m1* **gaotáiste** *(El.)* windage loss
caillteanas *m1* **le linn forleathadh** propagation loss
caillteanas *m1* **ómach** ohmic loss
caillteanas *m1* **sa chopar** copper loss
caillteanas *m1* **sa chroíleacán** (= **caillteanas flosctha, caillteanas san iarann)** *(ElMag.)* core loss
caillteanas *m1* **san iarann** (= **caillteanas sa chroíleacán, caillteanas flosctha)** *(ElMag.)* iron loss
caillteanas *m1* **sa tarchur** *(Ph.)* transmission loss
caillteanas *m1* **tréleictreach** dielectric loss
cailpéar *m1* calipers
caindéile *f4 (unit)* candela
cainéal *m1 (CivEng. Comm. Eln.)* channel
cainníocht *f3* quantity
cainníochtaigh *v* quantify
cainníocht *f3* **radanta** radiant quantity
cairbéin *f2* carbene
cairbéanóideach *m1* carbenoid
cairbéanóideach *a* carbenoid
cairbíd *f2* carbide
cairbín *m4* carbyne
cairbiolaimín *m4 (Ch.)* carbylamine
cairdeoideach *a (Mth.)* cardioid
cairdinéalacht *f3* cardinality
cairt *f2* chart
cairtanailís *f2* **Nichol** Nichol's chart analysis
cairtchlár *m1* cardboard
cairt *f2* **chnuas-suime** *(St.)* CUSUM chart
cairtdearadh *m* **Nichol** Nichol's chart design
cairtéiseach *a* cartesian
cairtphlota *m4* chart plot
cairtphlota *m4* **Nichol** Nichol's chart plot
cairt *f2* **rialaithe cáilíochta** quality control chart
cairt *f2* **rialúcháin** control chart
cairt *f2* **shionoptach** synoptic chart
caiséad *m1* cassette
caiseal *m1* (spinning-)top
caisealmhóilín *m4* top molecule
cáiséin *f2* casein
caisiteirít *f2* cassiterite
caitéanú *m* (*gs* **-naithe)** catenation
caitéanúchán *m1* catenation
caitéin *f2* catenary
caitéineach *a* catenary
caith *v* dissipate
cáithnín *m4* particle
cáithnín *m4* **bunúsach** *(Ph.)* fundamental particle
cáithnín *m4* **fíorúil** *(QuPh.)* virtual particle
cáithnín *m4* **damhnúil** *(Mec. Ph.)* material particle
cáithníneach *a (Mec. Ph.)* particulate
cáithnín *m4* **tulchnagtha** *(NcPh.)* knock-on particle
caitian *m1* cation
caitianach *a* cationic
caitianmhalartóir *m3* cation exchanger
caitianmhalartú *m* (*gs* **-taithe)** cation exchange
caitianmhalartúchán *m1* cation exchange
calabraigh *v (Ph.)* calibrate
calabrú *m* (*gs* **-braithe)** *(Ph.)* calibration
calafoirniam *m4* californium
calatrón *m1* calutron
calcalas *m1* calculus
calcalas *m1* **difreálach** differential calculus
calcalas *m1* **na n-athrúchán** calculus of variations
calcalas *m1* **suimeálach** integral

calculus
callaire *m4* loudspeaker
calmal *m1* calomel
calra *m4* calorie
calrach *a* calorific
calra *m4* **galtábla idirnáisiúnta** international steam-table calorie
calraiméadar *m1* calorimeter
calraiméadar *m1* **gaile (= galchalraiméadar)** *m1* steam calorimeter
calraiméadracht *f3* calorimetry
calraíocht *f3* calorescence
camera lucida camera lucida
camfar *m1* camphor
camhraithe *a* rancid
camóg *f2* **shaighdeach** sagittal comma
canáil *f3* canal
candam *m1* quantum
candamach *a* quantum
candam *m1* **solais (= solaschandam)** light quantum
candamú *m* (*gs* **-maithe)** *(QuPh.)* quantization
candamúchán *m1* *(QuPh.)* quantization
candamuimhir *f* (*gs* **-mhreach)** **(= uimhir chandamach)** quantum number
candamuimhir *f* **asamatach** azimuthal quantum number
candamuimhir *f* **chreathúil** vibrational quantum number
candamuimhir *f* **fithiseáin** *(Ch.)* orbital quantum number
candamuimhir *f* **ghuairneach** spin quantum number
candamuimhir *f* **mhaighnéadach** magnetic quantum number
candamuimhir *f* **rothlach** rotational quantum number
cannabas *m1* cannabis
canna *m4* **forsceite** displacement vessel, overflow can
cannaibin *f2* cannabin
canónta *a* canonical
caoch *v* flicker
caochaíl *f3* flickering
caochspota *m4* blind spot
caolaigh *v* dilute
caolaigh *v* constrict
caolaitheoir *m3* diluent
caolú *m* (*gs* **-laithe)** constriction
caolú *m* (*gs* **-laithe)** dilution
caolú *m* **iseatópach** isotopic dilution
capa *m4* kappa
caraitéin *f2* carotene
caraitéanóideach *a* carotenoid
carat *m1* carat
carba- *pref* (= **carbai-)** carbo-
carbách *m1* carboy
carbafháinneach *a* carbocyclic
carbai- *pref* (= **carba-)** carbo-
carbaihiodráis *f2* carbohydrase
carbaihiodráit *f2* carbohydrate
carbaimíd *f2* carbamide
carbainian *m1* carbanion
carbaisíd *f2* carbazide
carbamáit *f2* carbamate
carbaram *m1* carborundum
carbocsail *f2* carboxyl
carbocsaileach *a* carboxylic
carbóiniam *m4* carbonium
carbóinil *f2* carbonyl
carbóinil *f2* **nicile** nickel carbonyl
carbólach *a* carbolic
carbólaigh *v* carbolize
carbón *m1* carbon
carbónach *a* carbonic
carbónaigh *v* carbonize
carbónáit *f2* carbonate
carbónáit *f2* **chailciam** calcium carbonate
carbónáit *f2* **chopair** copper carbonate
carbónáitiú *m* (*gs* **-ithe)** carbonation
carbónáitiúchán *m1* carbonation
carbónáit *f2* **mhaignéisiam** magnesium carbonate
carbónáit *f2* **sóidiam** sodium carbonate
carbónáit *f2* **sóidiam-10-uisce**

sodium carbonate-10-water
carbónúil *a* carbonaceous
carbórán *m1* carborane
carbradóir *m3* carburettor
carbraigh *v (Ch.)* carburate, carburet
carbraigh *v (Metal.)* carburize
carn *m1 (heap)* pile
carnach *a* cumulative
carn *m1* **adamhach** atomic pile
carnaillít *f2* carnallite
carnóitít *f2 (Min.)* carnotite
carraigeolaíocht *f3* petrology
carráiste *m4* carriage
cárta *m4* **pollta** punched card
cas *v* turn, twist
cas- *pref* (= **casta**) twisted
cás *m1* case
casadh spin **cuir** *v* **ar casadh** spin
casadh *m* **leaisteach** elastic twisting
casadh *m* **Maxwell** *(ElMag.)* Maxwell turn
cásáil *f3 (Ph.)* jacket
cás *m1* **foircneach** *(Mth.)* extreme case
cascáid *f2 (El. Ph.)* cascade
cascáidigh *v (El. Ph.)* cascade
cascáidithe *a* in cascade
cascara *m4* cascara
caschlár *m1* turn-table
caschóimheas *m3* turns ratio
caschuar *m1* twisted curve
casmhóimint *f2* (= **torc**) *(Mec.)* torque
casta *a* (= **cas-**) *pref* twisted
cástach *a (Opt.)* caustic
casuillinn *f2* angle of twist
cata- *pref* (= **catai-**) cata-, kata-
catabalacht *f3* catabolism
catabatach *a* katabatic
catacástach *a (Opt.)* catacaustic
catacól *m1* cathecol
catafóiréis *f2* cataphoresis
catai- *pref* (= **cata-**) cata-, kata-
catalaíoch *m1* catalyst
catalaíoch *a* catalytic
catalú *m* (*gs* **-laithe**) catalysis
catamorfacht *f3* katomorphism
catastróf *f2* **ultraivialait** ultraviolet catastrophe
catataiméadar *m1* cathetometer
catóid *f2* cathode
catóideach *a* cathodic
catóid *f2* **fhíorúil** *(Eln.)* virtual cathode
catóid *f2* **fhuar** (= **fuarchatóid**) *f2* cold cathode
catóid *f2* **theirmianach** thermionic cathode
catoptraic *f2 (Opt.)* catoptrics
céad *m1* century
ceadaíocht *f3* permittivity
ceadaíocht *f3* **choibhneasta** relative permittivity
ceadaithe *a* permissible
céad *m1* **meáchain** hundredweight
cealaigh *v* cancel
ceallabós *m1* (= **ceallós**) cellobiose
ceallafán *m1* cellophane
ceallalós *m1* cellulose
ceallalósach *a* cellulose
ceallós *m1* (= **ceallabós**) cellose
ceallra *m4 (El.)* battery
cealú *m* (*gs* **-laithe**) cancellation
ceam *m3* cam
ceamara *m4* camera
ceamfhearsaid *f2* camshaft
ceangail *v* join
ceangail *v* (= **cónasc**) connect
ceangailte *a* (= **cónasctha**) connected
ceangailte *a* (= **suite**) *(of position)* fast
ceangal *m1* tie
ceanglóir *m3* binder
céanna *a* same
céannacht *f3 (Mth. Set.)* identity
ceannasach *a* dominant
ceann *m1* **toirsiúin** torsion head
ceanntrom *a* (= **barrthrom**) top-heavy

ceantróid *f2 (Mec. Ph.)* centrode
ceapachóir *m3* pawl
cearbhas *m1* caraway
cearchaill *f2* **fhrámáilte** framed girder
cearchaill *f2* **shnaidhmthe** braced girder
cearnach *a* square
cearnach *a* quadratic
cearnaic *f2* quadratics
cearnaigh *v* square
cearnaíocht *f3* quadrature **i gcearnaíocht** in quadrature
cearnóg *f2* square
cearnóg *f2* **dhraíochta** *(Mth.)* magic square
cearnóg *f2* **fhoirfe** *(Mth.)* perfect square
cearnóg *f2* **laidineach** latin square
cearnóg *f2* **Rómhánach** Roman square
cearnphlánach *a* square-planar
cearntonn *f2* square wave
cearntonnach *a* square-wave
cearnú *m* (*gs* **-naithe**) *(Ast. Mth. Ph.)* quadrature
cearr *a* (= **mícheart**) wrong
ceart *a (correct)* right
ceart- *pref* strict
ceárta *f4* forge
ceart-airde *f4* right ascension
ceart-aontonach *a* strictly monotonic
ceartaigh *v* correct
ceartaigh *v (Mth.) (of errors)* rectify
ceartaigh *v* adjust
ceartaitheoir *m3* corrector
ceartchodán *m1* proper fraction
ceartdealaigh *v (Ch.)* rectify
ceartdealú *m* (*gs* **-laithe**) *(Ch.)* rectifying
ceartdíreach *a* upright
ceartingear *m1* vertical
ceartingearach *a* plumb, vertical
ceartú *m* (*gs* **-taithe**) correction
ceartú *m* (*gs* **-taithe**) *(Mth.) (of errors)* rectifying
ceartú *m* (*gs* **-taithe**) *(of eye)* accommodation
ceartúchán *m1* **iarchurtha** deferred correction
céata- *pref* (= **céatai-**) keto-, ket-
céatadán *m1* percentage
céatadán *m1* **feidhme** availability percentage
céatadán *m1* **is lú** least per cent
céatai- *pref* (= **céata-**) keto-, ket-
ceathairdhuilleach *a* quatrefoil
ceathairéad *m1* quartet
ceathairfhiúsach *a* tetravalent
ceathairíl *f2* quartile
ceathairíleach *a* quartile
ceathairníon *m1* quaternion
ceathairphol *m1* quadripole, quadrupole
ceathairpholach *a* quadrupole
ceathairshleasach *a* quadrilateral
ceathairshleasán *m1* quadrilateral
ceathairshleasán *m1* **ciorclach** *(Mth.)* cyclic quadrilateral
ceathairshleasán *m1* **comhlán** complete quadrilateral
ceathairthéarmach *m1* quadrinomial
ceathairthéarmach *a* quadrinomial
ceathairthoiseach *a* four-dimensional
ceathairuilleog *f2* quadrangle
ceathartha *a* quaternary
ceathramhán *m1* quadrant
ceathrú *f* (*gs* **-ún,** *pl* **-úna**) *(El. Ph.)* quarter
ceathrúil *a* quadruple
ceathrúphas *m4* quarter phase
ceathrú *f* **pionta** gill
céatón *m1* ketone
ceiliúr *m1 (Ph.)* warble
ceilp *f2* kelp
ceilvin *m4* (= **K**) *(unit)* kelvin, K
céim *f2* degree
céim *f2 (stage of process, etc.)* step
céim *f2 (of screw)* pitch

céim *f2* **an tsnáithe** pitch of thread
céimbhac *m1* step-barrier
céimchiorcal *m1* pitch circle
céimdhing *f2* step wedge
ceimealonracht *f3* chemiluminescence
ceimealuadar *m1* chemotaxis
ceimeasú *m4* chemisorption
céimfheidhm *f2* step function
ceimic *f2* chemistry
ceimiceach *a* chemical
ceimiceán *m1* chemical
ceimic *f2* **fhisiceach** *(Ch.)* physical chemistry
ceimic *f2* **orgánach** organic chemistry
ceimic *f2* **theo-adamhach** hot-atom chemistry
céim *f2* **imoibriúcháin** *(Ch.)* reaction stage, reaction step
ceimisféar *m1* chemosphere
céimniú *m* (*gs* **-ithe**) *(Eln.) (of signal)* fading
céimniú *m* **aimplitiúide** amplitude fading
céimniú *m* **roghnaíoch** selective fading
céim *f2* **saoirse** degree of freedom
céimse *f4 (matrix theory)* rank
céimseata *f* (*gs* **-tan**) (= **geoiméadracht**) geometry
céimseata *f* **sholadach** (= **geoiméadracht sholadach**) solid geometry
céimseatúil *a* (= **geoiméadrach**) geometric
céimshrian *m1* (*pl* **-nta**) escapement
ceint- *pref* (= **ceintea-, ceinti-**) centi-
ceintea- *pref* (= **ceinti-, ceint-**) centi-
ceinteagrád *m1* centigrade
ceinteagrádach *a* centigrade
ceinteagram *m1* centigram
ceinteapoise *m4* centipoise
ceintearad *m1* centrad
ceinteastóc *m1* centistoke
ceinti- *pref* (= **ceintea-, ceint-**) centi-
ceintilítear *m1* centilitre
ceintiméadar *m1* centimetre
ceintiméadar *m1* **cearnach** square centimetre
céir *f* (*gs* **-éarach**) *(Ch.)* wax
ceireach *a* ceric
céirfhuíoll *m* (*gs* **-íll**) *(Ch.)* wax tailings
ceiriam *m4* cerium
ceirisín *m4* kerosine
ceiritin *f2* keratin
ceiriúil *a* cerous
ceirmeach *a* ceramic
ceirmeacht *f3* ceramics
céir *f* **phairifín** paraffin wax
ceitéin *f2* (= **eitéanón**) ketene
ceitil *f2* (= **heicsideicil**) cetyl
ceo *m4* fog
ceol *m1* **leictreonach** electronic music
céón *m1* (= **K-mhéasón**) kaon
CFC (= **clórafluaracarbón**) *(Ch.)* CFC, chlorofluorocarbon
chí *f4* chi
chí-méasón *m1* chi-meson
ciain- *pref* (= **ciana-, cianai-**) cyano-, cyan-
ciaineach *a* cyanic
ciainíd *f2* cyanide
ciainídiú *m* (*gs* **-ithe**) cyaniding, cyanization
cian *m1 (colour)* cyan
cian *a* remote
ciana- *pref* (= **cianai-, ciain-**) cyano-, cyan-
cianai- *pref* (= **ciana-, ciain-**) cyano-, cyan-
cianaigin *f2* cyanogen
cianaihidrin *f2* cyanohydrin
cianaimíd *f2* cyanamide
cianghloiní *fpl* field glasses
cian-infridhearg *m1* far infrared
cianrialú *m* (*gs* **-laithe**) remote control
ciantréimhseach *a* secular
ciarsúr *m1* **leighis** medical wipe

cibirnitic *f2* cybernetics
cil- *pref* (= **cilea-, cili-**) kilo-
cilea- *pref* (= **cili-, cil-**) kilo-
cileagram *m1* kilogram
cileavata *m4* (**kw**) kilowatt, kw
cileavatuair *f2* kilowatt hour
cili- *pref* (= **cilea-, cil-**) kilo-
cilichiogal *m1* kilocycle
cilileictreonvolta *m4* (= **KeV**) kilo-electron volt, keV
cililítear *m1* kilolitre
ciliméadar *m1* kilometer
cill *f2* cell
cill *f2* **chaighdeánach** standard cell
cill *f2* **deataigh** smoke cell
cill *f2* **fhótaileictreach** photoelectric cell
cill *f2* **fhótavoltach** photovoltaic cell
cill *f2* **sainmheáchain** gravity cell
cilltairiseach *m1* cell constant
cill *f2* **thirim** dry cell
cill *f2* **tiúchana** concentration cell
cinéa- *pref* (= **cinéi-**) kine-
cinéamaitic *f2* *(Mec.)* kinematics
cinéi- *pref* (= **cinéa-**) kine-
cinéiteach *a* kinetic
cinéitic *f2* kinetics
cinéitic *f2* **chógaisíochta** pharmokinetics
cinneadhriail *f* (*gs* **-alach**) (= **riail chinnidh**) decision rule
cinnte *a* (= **dearfa, deimhin**) certain
cinnte *a (Mth.)* definite
cinnteacht *f3* (= **dearfacht, deimhneacht**) certainty
ciogal *m1 (Mec. Ph.)* cycle
ciogal *m1* **teorantach** *(Mth.)* limit cycle
ciogl- *pref* (= **ciogla-, cioglai-**) cyclo-
ciogla- *pref* (= **ciogl-, cioglai**) cyclo-
cioglabúitéin *f2* cyclobutene
cioglach *a (Mec. Mth. Ph.)* cyclic
cioglai- *pref* (= **ciogl-, ciogla-**) cyclo-
cioglaiheacsán *m1* (= **heicsihidribeinséin**) cyclohexane
cioglaiheicsidhé-éin-1,4-dé-ón *m1* (= **beinseacuineon, cuineon**) cyclohexadiene-1,4-dione
cioglaiméadar *m1* cyclometer
cioglaipeintéin *f2* cyclopentene
cioglaipeintidhé-éin *f2* cyclopentadiene
cioglaisiméadrach *a* cyclosymmetric
cioglaithiontaire *m4 (El.)* cycloconverter
cioglatrón *m1* cyclotron
cioglochtaiteitréin *f2 (Ch.)* cyclo-octatetraene
cioglóideach *m1* cycloid
cioglóideach *a* cycloid
cioglú *m* (*gs* **-glaithe**) *(Ch.)* cyclization
cioglúchán *m1 (Ch.)* cyclization
cion *m3* **cothaitheach** nutrient content
cionnabar *m1* cinnabar
ciorcad *m1* circuit
ciorcad *m1* **analógach** analog circuit
ciorcad *m1* **coibhéiseach** equivalent circuit
ciorcad *m1* **cobhsaí** stable circuit
ciorcad *m1* **cuingithe** ganged circuit
ciorcad *m1* **digiteach** digital circuit
ciorcad *m1* **eisiatach OR** exclusive OR circuit
ciorcad *m1* **fáinneach** ring circuit
ciorcad *m1* **iata** closed circuit
ciorcad *m1* **idirghabhála** *(Eln.)* buffer circuit
ciorcad *m1* **iomlánaithe** *(Eln.)* integrated circuit, IC
ciorcad *m1* **iomlánaithe dépholach** bipolar integrated circuit
ciorcad *m1* **iomlánaithe leathsheoltóra ocsaíde miotail** metal oxide semiconductor integrated circuit, MOS integrated circuit
ciorcad *m1* **íon** *(El. Ph.)* pure circuit
ciorcad *m1* **líneach** *(El.)* linear circuit

ciorcad *m1* **loighce leathsheoltóra ocsaíde miotail** metal oxide semiconductor logic circuit, MOS logic circuit
ciorcadlosaid *f2* circuit board
ciorcad *m1* **NAND** NAND circuit
ciorcad *m1* **NOR** NOR circuit
ciorcad *m1* **OR** OR circuit
ciorcad *m1* **oscailte** open circuit
ciorcad *m1* **priontáilte** printed circuit
ciorcad *m1* **slíomacháin** smoothing circuit
ciorcad *m1* **tanascannáin** *(Eln.)* thin-film circuit
ciorcad *m1* **tiúnta** tuned circuit
ciorcad *m1* **tiúscannáin** *(Eln.)* thick-film circuit
ciorcadúil *a* circuital
ciorcal *m1* circle
ciorcal *m1* **an inbhéartaithe** circle of inversion
ciorcal *m1* **an íosmhearbhaill** circle of least confusion
ciorcal *m1* **cúnta** auxiliary circle
ciorcal *m1* **fadlíneach** meridian circle
ciorcalghraf *m1* circle graph
ciorcal *m1* **na naoi bpointe** nine-point circle
ciorcal *m1* **treorach** director circle
ciorclach *a* circular
cios- *pref* (= **cis-**) cis-
ciosóideach *a* cissoid
cíotóisín *m4* cytosine
ciotráit *f2* citrate
ciotráit *f2* **sóidiam** sodium citrate
ciriúil *a* chiral
ciriúlacht *f3* chirality
cis- *pref* (= **cios-**) cis-
ciseal *m1* layer
ciseal *m1* **dúbailte leictreach** electric double layer
ciseal-laitís *f2* layer lattice
cis-isiméir *f2* cis isomer
cíteaplasma *m4* cytoplasm
cítidín *f2* cytidine
citreach *a* citric
ciúb *m1* cube
ciúbach *a (Mth.)* cubic
ciúbóideach *a* cuboid
ciúbúil *a* cubical
ciúire *f4 (unit)* curie
ciúiriam *m4* curium
clais *f2* **gráin** ball race
clampa *m4* (= **teanntán**) clamp
claochladán *m1 (ElMag.)* transformer
claochladán *m1* **aonraíoch** *(El.)* isolating transformer
claochladán *m1* **aschuir** output transformer
claochladán *m1* **ceathrú tonnfhaid** quarter-wave transformer
claochladán *m1* **íoschéimneach** step-down transformer
claochladán *m1* **poitéinsil** (= **claochladán voltais**) *(El.)* potential transformer
claochladán *m1* **sceallchineálach** shell-type transformer
claochladán *m1* **uaschéimneach** step-up transformer
claochladán *m1* **voltais** (= **claochladán poitéinsil**) *(El.)* voltage transformer
claochlaigh *v (El.)* transform
claochlaigh *v* transmutate
claochlú *m* (*gs* **-chlaithe**) transmutation
claon *a* slant
claon *v* incline
claonadh *m* (*gs* **-nta**) inclination
claonadh *m* (*gs* **-nta**) *(of roof)* pitch
claonadh *m* **maighnéadach** magnetic inclination
claon-airde *f4* slant-height
claon-airde *f4* **cóin** slant-height of cone
claonán *m1* inclined plane
claonas *m1* dip
claonmhéadar *m1* clinometer,

inclinometer
claonta *a* inclined
clár *m1* **diosctha** dissecting board
clár *m1* **tairní** nail board
clasaiceach *a* classical
clatráit *f2* (= **caighean-chomhdhúil**) clathrate
cleachtadh *m* (*gs* as *s* **-chtaidh,** *gs* as *vn* **-chta**) exercise
cleandar *m1* *(of cloth, paper, etc.)* calender
cleandaraigh *v* *(of cloth, paper, etc.)* calender
clérothlach *a* laevorotatory
clib *f2* tag
clibadamh *m1* tagged atom
clib *f2* **radaíochta** *(Ncln. Ph.)* film badge
clingireacht *f3* ringing
cliseadh *m* (*gs* **-ste**) breakdown
clisphoitéinseal *m1* (= **clisvoltas**) *(El.)* breakdown potential
clisvoltas *m1* (= **clisphoitéinseal**) *(El.)* breakdown voltage
cloch *f2* stone
cloch *f2* **ghorm** blue-stone
clochraigh *v* petrify
cloch *f2* **shalainn** rock salt
cloch *f2* **thine** (= **breochloch**) flint
clog *m1* clock
clog *m1* (= **cloigín**) *(El.)* bell
clog *m1* blister
clogad *m1* bell-jar
clog *m1* **amóinia** ammonia clock
clogbhíog *f2* clock pulse
clog *m1* **caeisiam** caesium clock
clog-ghloine *f4* clock glass, watch glass
clog *m1* **grianchloiche** quartz clock
clóghrafaíocht *f3* typography
clogmhinicíocht *f3* clock frequency
clog *m1* **sioncrónach** synchronous clock
cloguimhríocht *f3* clock arithmetic
cloigín *m4* (= **clog**) *(El.)* bell
cloigín *m4* **leictreach** electric bell
clóir- *pref* (= **clóra-, clórai-**) chloro-, chlor-
clóiríd *f2* chloride
clóiríd *f2* **aicéitile** (= **clóirid eatánóile**) acetyl chloride
clóiríd *f2* **amóiniam** ammonium chloride
clóiríd *f2* **chailciam** calcium chloride
clóiríd *f2* **chailciam ghráinnithe leáite** fused granular calcium chloride
clóiríd *f2* **charbóinile** (= **foisgéin**) carbonyl chloride
clóiríd *f2* **chóbailt** cobalt chloride
clóiríd *f2* **eatánóile** (= **clóiríd aicéitile**) ethanoyl chloride
clóiríd *f2* **photaisiam** potassium chloride
clóiríd *f2* **sóidiam** sodium chloride
clóirín *m4* chlorine
clóiríneacht *f3* chlorinity
clóirínigh *v* chlorinate
clóiríniú *m* (*gs* **-ithe**) chlorination
clóiríniúchán *m1* chlorination
clóra- *pref* (= **clórai-, clóir-**) chloro-, chlor-
clórai- *pref* (= **clóra-, clóir-**) chloro-, chlor-
2-clórabúta-1,3-dé-éin *f2* (= **clórai-préin**) 2-chlorobuta-1,3-diene
clórach *a* chloric
clórafluaracarbón *m1* (= **CFC**) *(Ch.)* chlorofluorocarbon, CFC
clóraform *m1* (= **tríchlóraimeatán**) chloroform
clóraidín *m4* chlorodyne
clóraifill *f2* chlorophyll
clóraimín *m4* chloramine
clóraipréin *f2* (= **clórabúta-l,3-dé-éin**) chloroprene
clóraisiolán *m1* chlorosilane
clóráit *f2* chlorate
clóral *m1* (= **tríchlóireatánal**) chloral
clórasulfónach *a* chlorosulphonic
clórúil *a* chlorous

closmhinicíocht *f3* audiofrequency
clótóideach *m1* clothoid, Cornu's spiral
cluaisín *m4* lug
cluasán *m1* earphone, headphone
clúdghloine *f4* cover glass
cnádaigh *v* smoulder
cnádú *m* (*gs* **-daithe**) smouldering
cnagadh *m* (*gs* **-gtha**) knocking
cnagadh *m* (*gs* **-gtha**) *(Ch.)* cracking
cnaí *m4* erosion
cnámhchuntas *m1* (= **breac-chuntas**) broad account
cnámhghualach *m1* animal charcoal, bone charcoal
cnámhluaithreach *m1* bone ash
cnapóg *f2* nugget
cneas-iarmhairt *f3* skin effect
cniogóg *f2* tappet
cniogroth *m3* click wheel
cnó *m4* nut
cnó *m4* **eiteach** wing-nut
cnoga *m4 (Eln.)* head
cnuasach *m1* accumulation
cnuasaitheoir *m3 (MecEng.)* accumulator
cnuas-chomhdhúil *f2 (Ch.)* cluster compound
cnuasphointe *m4* accumulation point
cnuas-suim *f2* (= **CUSUM**) *(St.)* cumulative sum, CUSUM
cóbalt *m1* cobalt
cobhsaí *a* stable
cobhsaigh *v* stabilize
cobhsaí go coinníollach conditionally stable
cobhsaí go hasamtóiteach asymptotically stable
cobhsaí go huile-asamtóiteach globally asymptotically stable
cobhsaí maidir le stable to
cobhsaí maidir le mionchorraí stable to small disturbances
cobhsaíocht *f3* stability
cobhsaíocht *f3* **asamtóiteach** asymptotic stability
cobhsaíocht *f3* **choibhneasta** relative stability
cobhsaíocht *f3* **dhinimiciúil** dynamic stability
cobhsaíocht *f3* **imeallach** (= **imeall-chobhsaíocht**) marginal stability
cobhsaitheoir *m3* stabilizer
cobhsaitheoir *m3* **voltais** voltage stabilizer
cóc *m1* coke
cócaon *m1* cocaine
cochall *m1* capsule
cód *m1* code
codach *m1* fractal
cód *m1* **alfa-uimhriúil** alphanumeric code
codán *m1* fraction
codánach *a* fractional
codánaigh *v* fractionate
codán *m1* **coibhéiseach** equivalent fraction
codán *m1* **cothrom** equal fraction
codán *m1* **críochta** *(Mth.)* terminating fraction
codán *m1* **deachúil** decimal fraction
codán *m1* **leantach** continued fraction
codanna *fpl* **sa mhilliún (csm)** parts per million, ppm
codán *m1* **neamhchríochta** *(Mth.)* non-terminating fraction
codán *m1* **pacála** packing fraction
codán *m1* **simplí** simple fraction
cód *m1* **dénártha** binary code
codlaidín *m4* (= **óipiam**) opium
códoibríocht *f3* code operation
códón *m1* codon
cód *m1* **trí sa bhreis** excess-three code
cógaseolaíoch *a* pharmaceutical
cógaseolaíocht *f3* pharmacology
coibhéis *f2* equivalent
coibhéis *f2 (Ch. Mth.)* equivalence
coibhéis *f2* **cheimiceach** (= **meáchan coibhéiseach**) *(Ch.)* chemical equivalent

coibhéis *f2* **dháileogach** dose equivalent.
coibhéiseach *a* equivalent
coibhéiseach go toipeolaíoch topologically equivalent
coibhéis *f2* **mheicniúil an tsolais** mechanical equivalent of light
coibhéis *f2* **thoipeolaíoch** topological equivalent
coibhéis *f2* **uisce** water equivalent
coibhneas *m1 (Mth.)* relation
coibhneasacht *f3 (Mth. Ph.)* relativity
coibhneasacht *f3* **ghinearálta** general relativity
coibhneasacht *f3* **speisialta** special relativity
coibhneasaíoch *a (Ph.)* relativistic
coibhneas *m1* **aistreach** transitive relation
coibhneas *m1* **coibhéise** *(Mth.)* equivalence relation
coibhneas *m1* **cómhalartachta** commutation relation, commutator relation
coibhneas *m1* **cothroime** *(Mth.)* relation of equality
coibhneasta *a (of comparison)* relative
coigeartaigh *v* adjust
coigeartaigh *v (El.)* rectify
coigeartóir *m3 (El.)* rectifier
coigeartóir *m3* **droichid** bridge rectifier
coigeartóir *m3* **gaile mearcair** mercury-vapour rectifier
coigeartóir *m3* **lántonnach** full-wave rectifier
coigeartóir *m3* **meicniúil** mechanical rectifier
coigeartóir *m3* **miotail** metal rectifier
coigeartóir *m3* **sileacanrialaithe** silicon-controlled rectifier
coigeartú *m* (*gs* **-taithe**) adjustment
coigeartú *m* (*gs* **-taithe**) *(El.)* rectification, rectifying
coigeartú *m* **lántonnach** full-wave rectification
coigeartú *m* **leath-thonnach** half-wave rectification
coilín *m4* choline
cóiméad *m1* comet
coimeádaí *m4* keeper
cóiméad *m1* **Halley** Halley's comet
cóimeáil *f3 (of machine)* assembly
coimhdeach *a* ancillary
cóimheáchan *m1* counterpoise
cóimheas *m3* ratio
cóimheas *m3 (Mth.)* rationalization
cóimheas *v* rationalize
cóimheas *m3* **aiseach** axial ratio
cóimheas *m3* **an chró** *(Opt. Ph.)* aperture ratio
cóimheas *m3* **caidmiam** cadmium ratio
cóimheas *m3* **comhartha gníomhrúcháin** actuating signal ratio
cóimheas *m3* **comhartha le torann** signal-to-noise ratio
cóimheas *m3* **earráide** error ratio
cóimheas *m3* **fórsa** force ratio
cóimheas *m3* **gíreamaighnéadach** gyromagnetic ratio
cóimheas *m3* **maolúcháin** damping ratio
cóimheas *m3* **meascacháin** mixing ratio
cóimheas *m3* **pórúcháin** *(NcPh.)* breeding ratio
cóimheas *m3* **príomhúil aischothaithe** primary feedback ratio
cóimheasta *a (Mth.)* rational
cóimheastóir *m3* *(in control experiment)* control
cóimheas *m3* **voltais** voltage ratio
cóimhiotal *m1* alloy
cóimhiotalaigh *v* alloy
coimhthíoch *a* extraneous
coimhthiú *m* (*gs* **-ithe**) alienation

coimpléasc *m1* complex
coimpléasc *v* complex
coimpléascach *a* complex
coimpléasc *m1* **ardghuairneach** high-spin complex
coimpléasc *m1* **imfhithiseánach** outer orbital complex
coimpléasc *m1* **infhithiseánach** inner orbital complex
coimpléasc *m1* **ísealghuairneach** low-spin complex
coimpléasc-luacháilte *a (Mth.)* complex-valued
coinbhéarta *m4* converse
coinbhéartach *a* converse
coinbhéartú *m* (*gs* **-taithe**) *(Mth.)* conversion
coinbhéirseach *a (Mth.)* convergent
coinbhéirseacht *f3 (Mth.)* convergence, convergency
coinbhéirseacht *f3* **aonfhoirmeach** *(Mth.)* uniform convergence
coinbhéirseacht *f3* **lag** *(Mth.)* weak convergence
coinbhéirseacht *f3* **láidir** *(Mth.)* strong convergence
coinbhéirseacht *f3* **oibreoirí** convergence of operators
coinbhéirseacht *f3* **sa mheán** convergence in the mean
coinbhéirseacht *f3* **sa norm** convergence in the norm
coinbhéirsigh *v (Mth.)* converge
coincheap *m3* concept
coincheapúil *a* conceptual
coincréit *f2* concrete
coindrít *f2* chondrite
coindriúl *m1* chondrule
coinneálach *a* retentive
coinneálacht *f3* retentivity
coinneálaí *m4* holder
coinneálaí *m4* **ceallra** battery holder
coinneálaí *m4* **lionsa** lens holder
coinnealchlog *m1* candle clock
coinnealchumhacht *f3* candle-power
coinnealghual *m1* cannel coal
coinnigh *v (Set.)* contain
coinníoll *m1* condition
coinníollach *a* conditional
coinníollacha *mpl* **neamhdhiúltachta** non-negativity conditions
coinníollacha *mpl* **riachtanacha agus dóthanacha** necessary and sufficient conditions
coinníoll *m1* **sínis** sine condition
coinníoll *m1* **tosaigh** initial condition
coip *v* ferment
coipeadh *m* (*gs* **-pthe**) ferment
coipfearón *m1* cupferron
coirbéal *m1* corbel
coirceog *f2* beehive
coirceogach *a* beehive
coire *m4* boiler
cóireáil *f3* treatment
coirpín *m4* corpuscle
coirpíneach *a* corpuscular
coirt *f2 (of metal)* scale
coirt *f2* **choire** boiler scale
coirtigh *v (of metal)* scale
coirtiú *m* (*gs* **-ithe**) *(of metal)* scaling
coisc *v (Ch.)* inhibit
coisceas *m1* impedance
coisceas *m1* **aschuir** output impedance
coisceas *m1* **atriallach** *(Eln.)* iterative impedance
coisceas *m1* **comhchuingeach** conjugate impedance
coisceas *m1* **dinimiciúil** dynamic impedance
coisceas *m1* **meicniúil** mechanical impedance
coisceas *m1* **pointe tiomána** driving-point impedance
coisceas *m1* **radaíochta** radiation impedance
coisceas *m1* **traschuir** transfer impedance
coiscéim *f2 (step)* pace
collóideach *m1* colloid
collóideach *a* colloidal

collóidian *m1* collodion
colún *m1* column
colún *m1* **codánúcháin** fractionating column
colúnghraf *m1* column graph
colún *m1* **ianmhalartaithe** ion-exchange column
comh- *pref* co-, mutual(ly), equal
comhábhar *m1* constituent
comhábhar *m1* composite
comhábhar *m1 (Ch.)* component
comhacmhainn *f2 (Mec. Mth.)* equipollence
comhacmhainneach *a (Mec. Mth.)* equipollent
comhaicmeach *m1* congener
comhaicmeach *a* congener
comhainmneoir *m3 (Mth.)* common denominator
comhainmneoir *m3* **is lú** lowest common denominator
comhair *v* count
comhaireamh *m1* **cúlrach** background count
comhaireamh *m1* **uimhreacha** counting numbers
comhaiseach *a* co-axial
cómhalartach *a (Mth.)* commutative
cómhalartacht *f3 (Mth.)* commutativity
cómhalartaigh *v (Eln.)* commutate, commute
cómhalartaigh *v (Mth.)* commutate
cómhalartán *m1 (Mth.)* commutator
cómhalartú *m* **oibreoirí** *(Mth. Ph.)* commutation of operators
comhaltú *m* (*gs* **-taithe**) articulation
comhaontaithe *a* concerted
comhardaigh *v (of figures, etc.)* balance
comharsanacht *f3* neighbourhood
comhartha *m4* signal
comhartha *m4* (= **siombail**) symbol
comhartha *m4* **crómanais** chrominance signal
comhartha *m4* **gníomhrúcháin** actuating signal
comhartha *m4* **lonrais** *(Opt. Ph.)* luminance signal
comhartha *m4* **príomhúil aischothaithe** primary feedback signal
comhathraitheas *m1* covariance
comhathraitheas *m1* **samplach** sample covariance
comhathrú *m* (*gs* **-thraithe**) variation
comhbhailigh *v (Ph.)* aggregate
comhbhailiú *m* (*gs* **-ithe**) *(Ph.)* aggregate
comhbhailiúchán *m1 (Ph.)* aggregate, aggregation
comhbhall *m1* (= **comhpháirt**) *(El. MecEng.) (of device, etc.)* component
comhbhall *m1* **cumhachta** *(El.)* active component, power component
comhbhall *m1* **éighníomhach** *(El.)* passive component
comhbhraiteach *a* sympathetic
comhbhreis *f2 (Mth.)* common difference
comhbhrú *m4* compression
comhbhrúigh *v* compress
comhbhrúiteach *a* compressive
comhbhrúiteoir *m3* compressor
comhcheangailte *a* consertal
comhchioglach *a* concyclic
comhchosach *a* isosceles
comhchruinnithe *a* concentrated
comhchruinniú *m* (*gs* **-ithe**) concentration
comhchuingeach *m1* conjugate
comhchuingeach *a* conjugate(d)
comhchuingeach *m1* **coimpléascach** complex conjugate
comhchuingeacht *f3* **luchta** (= **paireacht luchta**) charge conjugation
comhchuingigh *v* conjugate
comhchumar *m1* confluence
comhchumarach *a* concurrent

comhchumaracht *f3* concurrence
comhchumhachtach *a* idempotent
comhdháileachán *m1* joint distribution
comhdhéanamh *m1* constitution, structure
comhdheascadh *m* (*gs* **-sctha)** *(process)* co-precipitation
comhdheascán *m1 (product)* co-precipitation
comhdhlúthadán *m1 (Ch. El.)* condenser
comhdhlúthadán *m1* **aife** reflux condenser
comhdhlúthadán *m1* **cairdeoideach** *(Opt. Ph.)* cardioid condenser
comhdhlúthadán *m1* **feistiúcháin** trimmer condenser
comhdhlúthadán *m1* **fócais inathraithe** variable focus condenser
comhdhlúthadán *m1* **Liebig** Liebig condenser
comhdhlúthadán *m1* **neamhchrómatach** *(Opt. Ph.)* achromatic condenser
comhdhlúthadán *m1* **sciathfháinneach** guard-ring condenser
comhdhlúthadán *m1* **slíomacháin** smoothing condenser
comhdhlúthaigh *v (Ch. Ph.)* condense
comhdhlúthú *m* (*gs* **-thaithe)** *(Ch. Ph.)* condensation
comhdhlúthú *m* **maighdeogach** pivotal condensation
comhdhóchúlacht *f3 (Mth.)* joint probability
comhdhúil *f2 (Ch.)* compound
comhdhúileach *a (Ch.)* compound
comhdhúil *f2* **mhalartach** substitution compound
comhdhúil *f2* **pholach** *(Ch.)* polar compound
comhdhúil *f2* **shlabhroscailte** open-chain compound
comhdhúil *f2* **shuimitheach** *(Ch.)* additive compound
comhéadan *m1* interface
comhéifeacht *f3 (Mth.)* coefficient
comhéifeacht *f3* **aonphléacsach** simplex coefficient
comhéifeacht *f3* **astúcháin (= astaíochas)** coefficient of emission
comhéifeacht *f3* **asúcháin** adsorption coefficient
comhéifeacht *f3* **athráide normalaí** *(St.)* coefficient for a normal variate
comhéifeacht *f3* **athraonta** index of refraction
comhéifeacht *f3* **barraíochta** coefficient of excess
comhéifeacht *f3* **cealúcháin línigh** linear extinction coefficient
comhéifeacht *f3* **chodánach** fractional coefficient
comhéifeacht *f3* **cinntiúcháin** coefficient of determination
comhéifeacht *f3* **comhathrúcháin** *(St.)* coefficient of variation
comhéifeacht *f3* **comhghaolaithe (= comhéifeacht comhghaolúcháin)** *(Mth. St.)* correlation coefficient
comhéifeacht *f3* **comhghaolúcháin (= comhéifeacht comhghaolaithe)** *(Mth. St.)* correlation coefficient
comhéifeacht *f3* **comhthiomsúcháin** *(St.)* coefficient of association
comhéifeacht *f3* **crapthachta** coefficient of contraction
comhéifeacht *f3* **cúitimh** coefficient of restitution
comhéifeacht *f3* **cúlaithe** *(Mth. St.)* regression coefficient
comhéifeacht *f3* **cúltarraingthe** drag coefficient
comhéifeacht *f3* **cúplála** coefficient of coupling
comhéifeacht *f3* **dáileacháin** coefficient of distribution

comhéifeacht *f3* **dáileacháin** (= **comhéifeacht rannach**) *(Ch.)* distribution coefficient
comhéifeacht *f3* **dhéthéarmach** binomial coefficient
comhéifeacht *f3* **díluchtaithe** discharge coefficient
comhéifeacht *f3* **feidhmiúcháin** coefficient of performance
comhéifeacht *f3* **folúntais** void coefficient
comhéifeacht *f3* **forbartha** coefficient of expansion
comhéifeacht *f3* **forbartha líní** coefficient of linear expansion
comhéifeacht *f3* **forleata** propagation coefficient
comhéifeacht *f3* **frithchaithimh** reflection coefficient
comhéifeacht *f3* **frithchuimilte** coefficient of friction
comhéifeacht *f3* **fuaimfhuinnimh fhrithchaite** sound-energy reflection coefficient
comhéifeacht *f3* **fuaim-ionsúcháin** acoustic absorption coefficient
comhéifeacht *f3* **galúcháin** vaporization coefficient
comhéifeacht *f3* **idirleata** diffusion coefficient
comhéifeacht *f3* **idirleatachta teirmí** coefficient of thermal diffusivity
comhéifeacht *f3* **ionsúite fuaime** sound absorption coefficient
comhéifeacht *f3* **leata** spreading coefficient
comhéifeacht *f3* **mais-ionsúcháin** mass-absorption coefficient
comhéifeacht *f3* **maolúcháin** damping coefficient
comhéifeacht *f3* **muiníne** confidence coefficient
comhéifeacht *f3* **neamhchinntithe** undetermined coefficient
comhéifeacht *f3* **rang-chomhghaolúcháin** *(Mth.)* rank-correlation coefficient
comhéifeacht *f3* **rannach** (= **comhéifeacht dáileacháin**) *(Ch.)* partition coefficient
comhéifeacht *f3* **saoil** life coefficient
comhéifeacht *f3* **sceabhachta** coefficient of skewness
comhéifeacht *f3* **scortha** detached coefficient
comhéifeacht *f3* **shamplach** sample coefficient
comhéifeacht *f3* **shreabhánach** fluid coefficient
comhéifeacht *f3* **slaodachta** *(Ph.)* coefficient of viscosity
comhéifeacht *f3* **tanúcháin** *(Ph.)* attenuation coefficient
comhéifeacht *f3* **tanúcháin línigh** linear attenuation coefficient
comhéifeacht *f3* **tarchuir** *(Ph.)* transmission coefficient
comhéifeacht *f3* **traschurtha na híomhá** *(Eln.)* image transfer coefficient
comhéifeacht *f3* **traschurtha teasa** *(Ph.)* coefficient of heat transfer, heat-transfer coefficient
comhéifeacht *f3* **uimhriúil** numerical coefficient
comhéifeacht *f3* **viriúil** virial coefficient
comhéigníocht *f3* coercivity
comheisiamh *m1* (= **comheisiatacht**) *(Ch.)* mutual exclusion
comheisiatach *a* mutually exclusive
comheisiatacht *f3* (= **comheisiamh**) *(Ch.)* mutual exclusion
comhfhachtóir *m3* co-factor
comhfhachtóir *m3* **is mó** greatest common factor
comhfhad *(in phrase)* **ar comhfhad ó** equidistant from
comhfhiúsach *a* covalent
comhfhiúsacht *f3* covalence, covalency
comhfhócasach *a* confocal

comhfhoirmiúil *a* conformal
comhfhreagair *v* (*pres* **-graíonn**) (= **freagair**) correspond
comhfhreagairt *f3* (*gs* **-artha**) (= **freagairt**) *(Mth. Set.)* correspondence
comhfhreagrach *a* corresponding
comhfhreagracht *f3* **aon le haon** one-to-one correspondence
comhghaol *m1* (= **comhghaolú**) *(Mth.)* correlation
comhghaolach *a (Mth.)* correlative
comhghaolaigh *v (Mth.)* correlate
comhghaolaithe *a (Mth.)* correlated
comhghaolú *m* (*gs* **-laithe**) (= **comhghaol**) *(Mth.)* correlation
comhghaolú *m* **déshrathach** biserial correlation
comhghaolú *m* **samplach** sample correlation
comhghéilleadh *m* (*gs* **-llte**) compromise
comh-ghinfheidhm *f2* joint generating function
comhghrádán *m1* co-gradient
comhghreamú *m* (*gs* **-maithe**) cohesion
comhianach *a* co-ionic
comhiolraí *m4 (Mth.)* common multiple
comhiolraitheoir *m3 (Mth.)* common ratio
comhiomlán *m1 (Mth.)* aggregate
comhiompar *m1* convection
comhiompar *m1* **fórsáilte** *(Mec. Ph.)* forced convection
comhiompar *m1* **nádúrtha** *(FlMec. Ph.)* natural convection
comhionann *a* identical
comhionduchtas *m1* mutual inductance
comhla *f4* valve
comhla *f4* **il-leictreoideach** *(Eln.)* multi-electrode valve
comhláine *f4* (= **iomláine, sláine**) completeness
comhlán *a* (= **iomlán, slán**) complete
comhlánaigh *v* complement
comhlántach *a* complementary
comhlántacht *f3* complementarity
comhlánú *m* (*gs* **-naithe**) complement
comhlánú *m* **ortagánach** orthogonal complement
comhlánú *m* **tacair** *(Mth.)* complement of set
comhlárnach *a* concentric
comhleá *m4 (NcPh.)* fusion
comhleáigh *v (NcPh.)* fuse
comhleáite *a (NcPh.)* fused
comhleantach *a* successive
comhleá *m4* **núicléach** nuclear fusion
comhleanúnach *a* coherent
comhleanúnachas *m1* coherence
comhlíneach *a* collinear
comhlínigh *v* colliniate
comhlínitheoir *m3* colliniator
comhlódáil *f3* combined loading
comhlogaíocht *f3* collocation
comhlogartam *m1* cologarithm
comhluascadán *m1* compound pendulum
comhoiriúnacht *f3 (Comp.)* compatibility
comhoiriúnaigh *v (Mth. St.)* match
comhoiriúnaithe *a (El. Mth. St.)* matched
comhoiriúnú *m* (*gs* **-naithe**) *(Eln.)* conditioning
comhoiriúnú *m* **coiscis** impedance matching
comhordanáid *f2 (Mth.)* coordinate
comhordanáideach *a (Ch. Mth.)* coordinate
comhordanáidí *fpl* **achair** areal coordinates
comhordanáidí *fpl* **cairtéiseacha** cartesian coordinates
comhordanáidí *fpl* **cuarlíneacha ortagánacha** orthogonal curvilinear coordinates

comhordanáidí *fpl* **dépholacha** bipolar coordinates
comhordanáidigh *v (Ch. Mth.)* coordinate
comhordanáidí *fpl* **ginearálaithe** generalized coordinates
comhordanáidí *fpl* **meandaracha** instantaneous coordinates
comhordanáidí *fpl* **reatha** current coordinates
comhordanáidí *fpl* **sféaróideacha oblátacha** oblate spheroidal coordinates
comhordanáidí *fpl* **sféaróideacha prólátacha** prolate spheroidal coordinates
comhordanáidiú *m* (*gs* **-ithe**) *(Ch. Mth.)* coordination
comhordanáid *f2* **neamhairde** ignorable coordinate
comhordanáid *f2* **pholach sféarúil** (= **comhordanáid sféarúil**) spherical polar coordinate
comhordanáid *f2* **sféarúil** (= **comhordanáid pholach sféarúil**) spherical coordinate
comhordanáid *f2* **shorcóireach pholach** *(Mth.)* cylindrical polar coordinate
comhordanáid *f2* **suímh** *(Mth.)* position coordinate
comhortagánach *a (Mth.)* mutually orthogonal
comhphas phase *(in phrases)* **as comhphas** out of phase **i gcomhphas** in phase
comhpháirt *f3* **chomhphasach** in-phase component
comhpháirt *f2* (= **comhbhall**) *(El. MecEng.) (of device, etc.)* component
comhphlánach *a* coplanar
comhphoitéinsil *gs* as *a (Ph.)* equipotential
comhpholaiméir *f2* copolymer
comhpholaiméiriú *m* (*gs* **-ithe**) copolymerization
comhpholaiméiriúchán *m1* copolymerization
comhraic *v* meet
comhréidh *a* (= **ré-, réidh**) *(of surface)* flat, level
comhréir *f2* proportion
comhréir *f2* **dhíreach** (= **dír-chomhréir**) direct proportion
comhréireach *a* proportional
comhréireacha *fpl* **iolracha** multiple proportions
comhréireacht *f3* proportionality
comhréir *f2* **inbhéartach** inverse proportion
comhréir *f2* **shimplí** simple proportion
comhréiteacht *f3* equal temperament
comhrian *m1 (Mth.)* contour
comhrian *m1* **iata** closed contour
comhrianta *mpl* **na spriocfheidhme** *(Mth.)* contours of objective function
comhroinnt *f2 (Ch. Ph.)* equipartition
comhroinnt *f2* **an fhuinnimh** *(Ch. Ph.)* equipartition of energy
comhroinnt *f2* **leictreon** sharing of electrons
comhrothlach *m1* conrotatory
comhrothlach *a* conrotatory
comhscartha *a* mutually disjoint
comhsheasmhach *a* consistent **comhsheasmhach le** consistent with
comhsheasmhacht *f3 (Mth.)* consistence
comhsheiceant *m1 (Trig.)* cosecant
comhsheoltas *m1* mutual conductance
comhshíneas *m1* cosine
comhshleasach *a* equilateral
comhshondas *m1 (Ph.)* consonance
comhshuigh *v (Ph.)* compound
comhshuíomh *m1* composition
comhshuíomh *m1 (Ph.)* compound

comhshuíomh *m1* **feidhmeanna** composition of functions
comhshuíomh *m1* **gaolta** composite of relations
comhshuite *a (Mth. Ph.)* compound
comhstrus *m1* combined stress
comhthacar *m1* coset
comhthadhlaí *m4 (Geom.)* cotangent
comhthangant *m1 (Trig.)* cotangent
comhtháthaigh *v* coalesce
comhtháthú *m* (*gs* **-thaithe**) coalescence
comhtheagmhálach *a* contiguous
comhtheascaí *m4 (Geom.)* cosecant
comhthimpeallach *a* ambient
comhthimpeallacht *f3* ambience
comhthiomsaigh *v* associate
comhthiomsaitheach *a (Ch. Mth.)* associative
comhthiomsaitheacht *f3 (Ch. Mth.)* associativity
comhthiomsán *m1* associate
comhthiomsú *m* (*gs* **-saithe**) *(Ch.)* association
comhthiomsúchán *m1 (Ch.)* association
comhthit *v* coincide
comhthitimeach *a* coincident
comhthiúin *v* (= **tiúin**) tune
comhthochraiste go difreálach *(ElEng.)* differentially compound-wound
comhthoilleas *m1* mutual capacitance
comhthoirt *f2* covolume
comhthoradh *m1* resultant
comhthreomhar *a* parallel
comhthreomharán *m1* parallelogram
comhthreomharóid *f2 (Mth.)* parallelepiped
comhthuaslagán *m1* solution mixture
comhuaineach *a* simultaneous
comhuaineacht *f3* simultaneity
comhuilleach *a* equiangular
comparadóir *m3* comparator
comparáid *f2* comparison
compás *m1* compass
compás *m1* **breactha** plotting compass
compás *m1* **gíreascópach** gyroscopic compass
cón *m1* cone
cónach *m1* conic
cónach *a* conic
conair *f2 (Mth. Ph.)* path
conaircheangailte *a* path-connected
conairneartú *m* (*gs* **-taithe**) path gain
conair *f2* **optúil** optical path
cónaitheach *a* stationary
cónasc *m1* connection
cónasc *v* (= **ceangail**) connect
cónascaire *m4* connector
cónasc *m1* **teirminéalach** terminal connection
cónasctha *a* (= **ceangailte**) connected
cón *m1* **barrscoite** *(Mth.)* truncated cone
conbhlóid *f2* convolution
conbhlóideach *m1* convolute
conbhlóideach *a* convolute
conclúid *f2* conclusion
conformáil *f3 (Ch.)* conformation, conformer
conformáil *f3* **uraithe** eclipsed conformation
cón *m1* **frithchuimilte** cone of friction
cónghearradh *m* (*gs* **-rrtha**) conic section
cónocht *m3* equinox
constantán *m1* constantan
contanaim *gs* as *a* continuum
contanam *m1* continuum
contanam *m1* **ceathairthoiseach** four-dimensional continuum
contrártha *a* contrary
cónúicléas *m1* compound nucleus
copar *m1* copper

coparás *m1* copperas
coprach *a* cupric
coprainicil *f2* cupro-nickel
copramóiniam *m4* cuprammonium
coprúil *a* cuprous
córais *mpl* **chúpláilte** coupled systems
corandam *m1* corundum
córas *m1* system
córasach *a* systematic
córas *m1* **aerógach** aerial system
córasaíocht *f3* systematics
córas *m1* **anamorfach** anamorphic system
córas *m1* **(an) dara hord** second order system
córas *m1* **aon-athraitheach** monovariant system
córas *m1* **astatach** astatic system
córas *m1* **Bablónach** Babylonian system
córas *m1* **cataidia-optrach** catadioptric system
córas *m1* **catoptrach** *(Opt.)* catoptric system, katoptric system
córas *m1* **cgs** cgs system
córas *m1* **cinntitheach** *(Mth. St.)* deterministic system
córas *m1* **ciúbach** *(Mth.)* cubic system
córas *m1* **comhthiomsaitheach** associative system
córas *m1* **cúisíoch** causal system
córas *m1* **dé-athraitheach** bivariant system
córas *m1* **deichnártha** denary system
córas *m1* **dia-optrach** dioptric system
córas *m1* **dóchúlachta carnaí** cumulative probability system
córas *m1* **Éigipteach** Egyptian system
córaseolaíocht *f3* systematology
córas *m1* **fórsa is cúpla** *(Mec.)* force-couple system
córas *m1* **fuaraithe** cooling system
córas *m1* **Gauss na n-aonad** *(ElMag.)* Gaussian system of units
córas *m1* **heicseagánach** hexagonal system
córas *m1* **iata** closed system
córas *m1* **idirnáisiúnta na n-aonad** international system of units
córas *m1* **imdhíonachta** immune system, immunity system
córas *m1* **impiriúil** imperial system
córas *m1* **inréadaithe go fisiceach** physically-realizable system
córas *m1* **líneach** linear system
córas *m1* **líneach breacleanúnach** piecewise linear system
córas *m1* **lionsaí** combination of lenses
córas *m1* **neamhfhócasach** afocal system
córas *m1* **neamhlíneach** non-linear system
córas *m1* **Newton** Newtonian system
córas *m1* **nodaireachta** system of notation
córas *m1* **ócáideach** casual system
córas *m1* **optúil lárnach** central optical system
córas *m1* **ortarombach** orthorhombic system
córas *m1* **polaphasach** polyphase system
córas *m1* **rialaithe (= córas rialúcháin)** control system
córas *m1* **rialaithe géire** *(Eln.)* definition control system
córas *m1* **rialúcháin (= córas rialaithe)** control system
córas *m1* **seascadúil** sexagesimal system
córas *m1* **SI** SI system
córas *m1* **siúil** walking system
córas *m1* **snáthoptaicc** fibre optics system
córas *m1* **támhúil** inertial system
córas *m1* **tearcmhaolaithe dara hord** underdamped second-order system

córas *m1* **teitreagánach** tetragonal system
córas *m1* **troí** *(Mec.)* troy system
corc *m1* cork
corcthollaire *m4* corkborer
corda *m4* chord
corda *m4* **teagmhála** chord of contact
corna *m4* coil
corna *m4* **coiscis** impedance coil
corna *m4* **cuardaigh** exploring coil, search coil
corna *m4* **freasaitheach** *(El.)* reactance coil, reactive coil
cornaí *mpl* **astatacha** astatic coils
corna *m4* **príomhúil** primary coil
corna *m4* **réimse (= tochrán réimse)** *(Ph.)* field coil
corna *m4* **tánaisteach** secondary coil
corn *m1* **easpónantúil** exponential horn
córóideach *a* choroid
coróin *f* (*gs* **-ónach)** corona
coróin *f* (*gs* **-ónach)** crown
corp *m1 (Mth. Ph.)* body
corp *m1* **ar snámh** *(Ph.)* floating body
corpcheantróid *f2 (Mec.)* body centrode
corpchón *m1 (Mth.)* body cone
corp *m1* **docht** *(Eng. Mec. Ph.)* rigid body
corpfhórsa *m4 (Mec.)* body force
corpfhórsa *m4* **imchoimeádach** conservative body force
corpláraithe *a (Ch. Cryst.)* body-centred
corp *m1* **lonrúil** luminous body
corp *m1* **saorthitime** *(Ph.)* freely-falling body
corp *m1* **titime** *(Mec.)* falling body
corp *m1* **trí fhórsa** *(Mec. Ph.)* three-force body
corr *a* odd
corraigh *v* **(= suaith)** stir
corraigh *v (Ph.)* perturb
corraíl *f3 (Ast. Mth. Ph.)* perturbation
corraíl *f3* **rialta** regular perturbation
corraíl *f3* **shingilteach** singular perturbation
corrán *m1* lune
corr *f2* **dhíreach** *(instrument)* straight edge
corrlach *m1 (St.)* odds **corrlach ar** odds on **corrlach in aghaidh** odds against
corrlach *m1* **neartúcháin** *(ContSys.)* gain margin
corrphaireacht *f3* odd parity
corrshleasach *a* scalene
cosain *v* guard
cosc *m1 (Ch.)* inhibition
coscaire *m4* inhibitor
coscán *m1* brake
cosc *m1* **athghiniúnach** regenerative braking
cosc *m1* **leictreach** electric braking
cosc *m1* **réastatach** rheostat braking
cosmach *a* cosmic
cosmagnaíocht *f3* cosmogony
cosmagrafaíocht *f3* cosmography
cosmatrón *m1* cosmotron
cosmeolaíocht *f3* cosmology
cosúil *a* like, similar
cosúlacht *f3* similitude, similarity
cosúlacht *f3* **dhinimiciúil** dynamic simularity
cothroime *f4* equality
cothrom *a* **(= comh-)** equal
cothromaigh *v* counterpoise
cothromaigh *v (Ac. Ch. El.)* balance
cothromaigh *v (Mth.)* equate
cothromaíocht *f3* equilibrium
cothromaíocht *f3 (Ac. El.)* balance
cothromaíocht *f3* **chiantréimhseach** secular equilibrium
cothromaíocht *f3* **chobhsaí** stable equilibrium
cothromaíocht *f3* **dhíomuan** *(Ncln.)* transient equilibrium
cothromaíocht *f3* **éagobhsaí**

unstable equilibrium
cothromaíocht *f3* **móimintim línigh** *(Mec.)* balance of linear momentum
cothromaíocht *f3* **neodrach** indifferent equilibrium, neutral equilibrium
cothromaithe *a (Mth.)* equated
cothromaitheach *m1* equilibrant
cothromán *m1* horizontal
cothrománach *a* horizontal
cothromóid *f2* equation
cothromóid *f2* **an leanúnachais** *(Ph.)* equation of continuity, continuity equation
cothromóid *f2* **chanónta** canonical equation
cothromóid *f2* **chomhdhéanmhach** constitutive equation
cothromóid *f2* **chomhlíneachais optaice** collineation equation of optics
cothromóid *f2* **chomhoiriúnachta** compatibility equation
cothromóid *f2* **chothromaíochta** *(Ch.)* balance equation
cothromóid *f2* **chothromaithe** balanced equation
cothromóid *f2* **chuingeach** *(Mth.)* adjoint equation
cothromóid *f2* **dhé-armónach** biharmonic equation
cothromóid *f2* **dhifreálach aonchineálach** homogeneous differential equation
cothromóid *f2* **dhifreálach comhéifeachta tairisí** constant-coefficient differential equation
cothromóid *f2* **dhifreálach líneach** linear differential equation
cothromóid *f2* **dhifreálach neamhlíneach** non-linear differential equation
cothromóid *f2* **difreálaigh is difríochta** differential-difference equation
cothromóid *f2* **earráide** error equation
cothromóid *f2* **fhótaileictreach Einstein** Einstein's photoelectric equation
cothromóid *f2* **hidreastatach** hydrostatic equation
cothromóid *f2* **i bhfoirm focal** *(Ch.)* word equation
cothromóidí *fpl* **comhuaineacha** simultaneous equations
cothromóid *f2* **idirleata** diffusion equation
cothromóid *f2* **inmheánach** inner equation
cothromóid *f2* **iomarcach** redundant equation
cothromóid *f2* **iompair chuilitheachta** vorticity-transport equation
cothromóid *f2* **laghdaithe staide** *(Ph.)* reduced equation of state
cothromóid *f2* **leanúnachais** *(Ph.)* continuity equation, equation of continuity
cothromóid *f2* **mhaighdeogach** pivotal equation
cothromóid *f2* **normalach** *(St.)* normal equation
cothromóid *f2* **pháirtdifreálach** *(Mth.)* partial-differential equation
cothromóid *f2* **réimse** field equation
cothromóid *f2* **slándifreálaigh** *(Mth.)* total-differential equation
cothromóid *f2* **shuimeálach** integral equation
cothromóid *f2* **staide** equation of state
cothromóid *f2* **trasfhoirmiúcháin** *(Mth.)* transformation equation
cothromóid *f2* **tharchéimniúil** transcendental equation
cothromóid *f2* **throitheach** pedal equation
cothromóid *f2* **viriúil** virial equation
c-phaireacht *f3* c-parity
craein *f* (*gs* **-aenach**) *(MecEng.)*

crane

crág *f2* clutch

crág *v (Ch.)* chelate

crágach *a (Ch.)* chelate

crágachróm *m1 (Ch.)* chelatochrome

crágadh *m* (*gs* **-gtha)** *(Ch.)* chelation

crágchoimpléasc *m1 (Ch.)* chelate complex

cráin *f* (*gs* **-ánach)** *(Metal.)* sow

craosadán *m1* thistle-funnel

crap *v* contract, shrink

crapadh *m* (*gs* **-ptha)** contraction, shrinkage

crapadh *m* **achtanóideach** actinoid contraction

crapadh *m* **lantanóideach** lanthanoid contraction

craplaigh *v* cripple

craplú *m* (*gs* **-laithe)** crippling

crapthach *m1 (Ch.)* astringent

crapthach *a (Ch.)* astringent

cré *f4* clay

cré *f4 (soil)* earth

créasóid *f2* creosote

créasól *m1* cresol

creat- *pref* (= **creatach)** skeletal

creatach *a* (= **creat-)** skeletal

creataeróg *f2* frame-aerial

creatchothromóid *f2* skeletal equation

creath *v* (= **crith)** vibrate

creathach *a* vibrating

creathadh *m1* (= **crith)** *(Mec. Ph.)* vibration

creathadh *m1* **lingeáin** *(Mec.)* vibration of a spring

creathadh *m1* **toirsiúnach** torsional vibration

creathadóir *m3* vibrator

creathánach *a* vibratory

creathóir *m3* trembler

creathúil *a* vibrational

creatlach *f2* skeleton

creim *v* corrode

creimeadh *m* (*gs* **-mthe)** corrosion

creimneach *a* corrosive

creimthe *a* corroded

cré *f4* **shíneach** kaolin

créthriantán *m1* pipeclay triangle

cré *f4* **úcaire** fuller's earth

cré-umha *m4* bronze

criathar *m1* sieve

criatharanailís *f2* sieve analysis

criatharmhogall *m1* sieve mesh

criathar *m1* **móilíneach** molecular sieve

criathraigh *v* sieve

crinn *v* fret

crinneadh *m* (*gs* **-nnte)** frettage, fretting

crinnsábh *m1* fretsaw

crió- *pref* (= **crióí-)** *(Ph.)* cryo-

críoch *f2 (finish)* end

críoch- *pref* final, terminal

críochlíne *f4* (*pl* **-nte)** terminal line

críochnaitheach *a* (= **críoch-, deiridh)** final

críochphointe *m4 (Ch.)* end-point

críochta *a (Mth.)* finite

críoch-threoluas *m1 (Mec.)* terminal velocity

criófórán *m1* cryophorus

crióí- *pref* (= **crió-)** *(Ph.)* cryo-

crióibhitheolaíocht *f3* cryobiology

crióigin *f2 (Ph.)* cryogen

crióigineach *a (Ph.)* cryogenic

crióiginic *f2 (Ph.)* cryogenics

crióihiodráit *f2 (Ph.)* cryohydrate

crióilít *f2 (Min.)* cryolite

crióiméadar *m1 (Ph.)* cryometer

crioptón *m1* krypton

crios *m3* belt

crios *m3 (Mth. Ph.)* zone

crios *m3* **ciúnais** zone of silence

crióscóp *m1 (Ph.)* cryoscope

crióscópach *a (Eng. Ph.)* cryoscopic

crios *m3* **leathpheiriadach** half-period zone

crios *m3* **ózóin** (= **ózónaisféar)** ozone layer

crios *m3* **radaíochta** (= **crios Van Allen)** radiation belt

criostailít *f2* crystallite
criostal *m1* crystal
criostaláiritheoir *m3* crystal counter
criostalanailís *f2* crystal analysis
criostal *m1* **aonair** single crystal
criostal *m1* **atá diúltach go hoptúil** optically-negative crystal
criostalbhun *m1* crystal base
criostalchlog *m1* crystal clock
criostalchóras *m1* crystal system
criostal *m1* **dé-aiseach** biaxial crystal
criostalfhoirm *f2* crystal form
criostalghlacaire *m4* crystal pick-up
criostalghnás *m1* crystal habit
criostalghrafaíocht *f3 (Ch. Ph.)* crystallography
criostalghrafaíocht *f3* **x-ghathach** x-ray crystallography
criostalghram *m1 (Ph.)* crystallogram
criostalghríl *f2* crystal grating
criostalmhicreafón *m1* crystal microphone
criostalóideach *m1* crystalloid
criostalóideach *a* crystalloid
criostalpharaiméadar *m1* crystal parameter
criostalphlána *m4* crystal plane
criostalréimse *m4* crystal field
criostalscagaire *m4* crystal filter
criostalspeictriméadar *m1* crystal spectrometer
criostalstruchtúr *m1* crystal structure
criostalta *a* crystalline
criostalú *m* (*gs* **-laithe**) crystallization
criostalúchán *m1* crystallization
crióstat *m1 (Eng. Ph.)* cryostat
crios *m3* **Van Allen** (= **crios radaíochta**) Van Allen belt
criótrón *m1 (Eln.)* cryotron
critéar *m1* criterion
critéar *m1* **aonphléacsach** simplex criterion
critéar *m1* **cobhsaíochta** stability criterion
critéar *m1* **cobhsaíochta codáin leantaigh** continued-fraction stability criterion
crith *m3* (= **creathadh**) *(Mec. Ph.)* vibration
crith *v* (= **creath**) vibrate
crith *m3* **fórsáilte** forced vibration
crith *m3* **maolaithe** damped vibration
crithmhéadar *m1* vibrometer
crith *m3* **ríochana** stretching vibration
crith *m3* **talún** earthquake
criticiúil *a* critical
cró *m4* bore
cró *m4 (Eln. Opt.)* aperture, stop
cró *m4* **bolgáin** bulb-holder
croch *v* suspend
crochadh *m* (*gs* **-chta**) suspension
ar crochadh suspended
crochadh *m* **aonsnáthach** *(Mec.)* unifilar suspension
crochta *a* (= **ar crochadh**) suspended
cró *m4* **comhla** *(Ph.)* valve-holder
croíleacán *m1 (Eln.)* core
cróimiam *m4* chromium
cróm *m1* chrome
cróma- *pref* (= **crómai-**) chromo-
crómafór *m1* chromophore
crómai- *pref* (= **cróma-**) chromo-
crómáit *f2* chromate
cromán *m1 (MecEng.)* crank
cromán *m1* **agus luamhán** *m1* **sliotánach** *(Eng.)* crank and slotted lever
crománach *a (Eng.)* cranked
crómanas *m1* chrominance
crómatach *a* chromatic
crómatachas *m1* chromatism
crómatacht *f3* chromaticity
crómatagrafaíocht *f3* chromatography
crómatagrafaíocht *f3* **gháis is leachta**

gas-liquid chromatography
crómatagrafaíocht *f3* **pháipéir** paper chromatography
crómatagram *m1* chromatogram
cromsheafta *m4 (Eng.)* crank-shaft
crónagraf *m1 (Ph.)* chronograph
crónaiméadar *m1 (Ph.)* chronometer
crónón *m1 (Ph.)* chronon
cros-chomhghaolú *m* (*gs* **-laithe**) *(Mth. St.)* cross correlation
cros-chomhghaolúchán *m1 (Mth. St.)* cross correlation
crosphriosmaí *mpl* **Nicol** *(Opt.)* crossed Nicols
cró *m4* **ribeach** bore capillary
cró *m4* **uimhriúil** numerical aperture
cruach *f2* stack
cruach *f4* steel
cruach *v* stack
cruachan *f3* hardening
cruach *f4* **ardluais** high-speed steel
crua-chruach *f4* hard steel
cruach *f4* **theallachoscailte** open-hearth steel
crua-earraí *spl* hardware
cruafholús *m1* hard vacuum
cruan *m1* enamel
cruan *v* enamel
cruanta *a* enamelled
crua-radaíocht *f3* hard radiation
cruas *m1* hardness
cruas *m1* **buan** *(of water)* permanent hardness
cruas *m1* **neamhbhuan** *(of water)* temporary hardness
cruas *m1* **uisce** *(Ch.)* water hardness
cruatóir *m3* hardener
crúbaire *m4 (MecEng.)* crab
cruinn *a* accurate, exact
cruinne *f4* universe
cruinneachán *m1* dome
cruinneas *m1* accuracy
cruinne *f4* **fhairsingíoch** expanding universe
cruinneogach *a* *(of shape)* globular
cruinnín *m4* globule
cruinníneach *a (having globules)* globular
cruiteach *a* humped
crú-mhaighnéad *m1* horseshoe magnet, U-magnet
crúsca *m4* jar
cruth *m3* shape
cruth *m3* **plánach** (= **plánchruth**) plane shape
cruth *m3* **soladach** solid shape
cruthú *m* (*gs* **-thaithe**) (= **cruthúnas**) *(Mth.)* proof
cruthúnas *m1* (= **cruthú**) *(Mth.)* proof
csm (= **codanna sa mhilliún**) ppm, parts per million
cuadrach *m1* quadric
cuadrach *m1* **struis** stress quadric
cuaille *m4 (Eng.)* post
cuaire *f4* curvature
cuaire *f4* **an réimse** curvature of field
cuaire *f4* **fhrithchlastach** anticlastic curvature
cuaire *f4* **na híomhá** curvature of image
cual *m1* bundle
cuantach *m1* quantic
cuar *m1* curve
cuar *a* (= **cuartha**) curved
cuar *v* curve
cuar *m1* **aonchúrsach** unicursal curve
cuarbhreacadh *m* (*gs* **-ctha**) curve plotting
cuarc *m1* quark
cuar *m1* **cástach** *(Opt.)* caustic curve
cuar *m1* **comhghaoil** *(Mth.)* correlogram
cuar *m1* **comhréidh** *(Mth.)* level curve
cuar *m1* **comhshíneasach** cosine curve
cuarcshamhail *f3* quark model
cuar *m1* **cúlaithe** *(Mth. St.)*

regression curve
cuardach *m1* search
cuardaigh *v* search
cuar *m1* **díláithriúcháin** displacement curve
cuar *m1* **fuaraithe** *(Ph.)* cooling curve
cuar *m1* **gluaisne** motion curve
cuar *m1* **iata** closed curve
cuar *m1* **intomhaiste** *(Mth.)* rectifiable curve
cuarlíne *f4 (on graph)* curved line
cuarlíneach *a* curvilinear
cuar *m1* **loighisticiúil** logistic curve
cuar *m1* **luasghéaraithe is ama** acceleration-time curve
cuar *m1* **maighnéadaíochta** magnetization curve
cuar-oiriúnú *m* (*gs* **-naithe**) curve-fitting
cuar *m1* **plánach** *(Mth.)* plane curve
cuarshuimeálaí *m4 (Mth.)* contour integral
cuar *m1* **soladúcháin** solidification curve
cuar *m1* **staid-dlúis** density-of-states curve
cuartach *a* quartic
cuartha *a* (= **cuar**) curved
cuar *m1* **treoluais loine** piston-velocity curve
cuar *m1* **troitheach** pedal curve
cuasa- *pref* (= **cuasai-**) quasi-
cuasach *a* concave
cuasai- *pref* (= **cuasa-**) quasi-
cuasailíneach *a* quasilinear
cuasairéaltach *a* quasistellar
cuasán *m1* **toirte** *(Eln. Ph.)* bulk chamber
cuasár *m1* (= **réad cuasairéaltach**) quasar
cuid *f3* part **an chuid inmheánach** (the) interior **codanna** *fpl* **sa mhilliún (csm)** parts per million, ppm
cuidí *m4 (Mth.)* component
cuidí *m4* **fórsa** component of force
cuidí *m4* **freasaitheach** *(El.)* reactive component
cuidí *m4* **struis** stress component
cuidithe *mpl* **an luasghéaraithe** components of acceleration
cúigfhiúsach *a (Ch.)* pentavalent
cúigiúil *a* quintuple
cúignártha *a* quinary
cúigréad *m1* quintet
cuilithe *f4* vortex
cuilitheacht *f3 (Mec.)* vorticity
cuilléid *f2* cullet
cúiméin *f2* (= **((1-meitileitil) beinséin)** cumene
cuimhne *f4 (Comp.)* memory
cuimhne *f4* **sholadstaide** solid-state memory
cuimse *f4 (Mth.)* bound
cuimse *f4* **íochtair** lower bound
cuimse *f4* **tacair** (= **tacarchuimse**) *f4* bound of set
cuimse *f4* **uachtair** upper bound
cuimsigh *v (Ph.)* concentrate
cuimsithe *a (Mth.)* bounded
cuimsithe *a (Ph.)* concentrate
cuimsitheach *a* (= **uile-**) global
cuimsithe laistíos bounded below
cuimsithe lastuas bounded above
cuineoilín *m4* quinoline
cuineol *m1* (= **beinséin-1,4-dé-ól, hidreacuineon**) quinol
cuineon *m1* (= **beinseacuineon, cioglaiheicsidhé-éin-1,4-dé-ón**) quinone
cuing *f2* yoke
cuing *f2 (of balance)* beam
cuing-chomhdhlúthadán *m1* gang condenser
cuingeach *m1 (Mth.)* adjoint
cuingeach *a (Mth.)* adjoint
cuingeach *m1* **oibreora** adjoint of an operator
cuingigh *v* yoke
cuingir *f* (*gs* **-greach**) *(Ch.)* combination

cuingir *f* **líneach** *(Ch.)* linear combination
cuingir *f* **líneach d'fhithiseáin adamhacha** *(Ch. Ph.)* linear combination of atomic orbitals, LCAO
cuingiú *m* (*gs* **-ithe**) *(Mth.)* adjunction
cuingriail *f* (*gs* **-alach**) chain rule
cuingrigh *v (Ch.)* combine
cuinhiodrón *m1* quinhydrone
cuinín *m4* quinine
cuinteach *a* quintic
cuir *v* **ar casadh** spin
cuir *v* **faghairt ar** (= **faghair**) temper
cuir *v* **in ionad** *(Ch.)* replace
cúisíoch *a* causal
cúisíocht *f3* causality
cúisíocht *f3* **mhicreascópach** microscopic causality
cuisliú *m* (*gs* **-ithe**) fluting
cuisneoir *m3 (Ph.)* refrigerator
cuisnigh *v (Ph.)* refrigerate
cuisniú *m* (*gs* **-ithe**) *(Ph.)* refrigeration
cúiteach *a* compensating, compensatory
cúiteamh *m1* compensation, restitution
cúiteamh *m1* **aischothaithe** feedback compensation
cúiteamh *m1* **cascáideach** *(ContSys.)* cascade compensation
cúiteamh *m1* **cealúcháin** cancellation compensation
cúiteamh *m1* **chun deiridh** *(Eln.)* lag compensation
cúiteamh *m1* **chun tosaigh** *(El. ContSys.)* lead compensation
cúiteamh *m1* **dópála** doping compensation
cúiteamh *m1* **inmheánach** internal compensation
cúiteamh *m1* **moille** (= **moillchúit-eamh**) compensation lag
cúitigh *v* compensate, restitute
cúititheoir *m3* compensator
cúititheoir *m3* **chun deiridh** *(Eln.)* lag compensator
cúititheoir *m3* **chun deiridh is chun tosaigh** *(Eln.)* lag-lead compensator
cúlaigh *v (Mth. St.)* regress
culaith *f2* **spáis** space suit
cúldifríocht *f3 (Mth.)* backward difference
cúlfhad *m1* **fócasach** *(Opt.)* back focal length
cúl-laofacht *f3 (Eln.)* reverse bias
cúlnasc *m1 (Ch.)* back bond
cúlnascadh *m* (*gs* **-sctha**) *(Ch.)* back bonding
cúlóiméadar *m1* coulometer
cúlóiméadrach *a* coulometric
cúlóiméadracht *f3* coulometry
cúlóm *m1 (unit)* coulomb
cúlosmóis *f2 (Ch.)* reverse osmosis
cúlra *m4* background
cúlrach *a* background
cúlscaipeadh *m* (*gs* **-pthe**) *(Ph.)* back radiation, backscatter, backscattering, backward scatter
cúlsplanc *f2 (ChEng.)* flash-back
cúlsruth *m3* slip stream
cúltarraingt *f* (*gs* **-ngthe**) *(Mec.)* drag
cúl-toirtmheascadh *m* (*gs* **-ctha**) *(Ch.)* back titration
cúlú *m* (*gs* **-laithe**) reversal
cúlú *m* (*gs* **-laithe**) *(Mth. St.)* regression
cúlú *m* **cuarlíneach** curvilinear regression
cúlú *m* **iltéarmach** *(Mth.)* polynomial regression
cúlú *m* **iolrach** *(Mth.)* multiple regression
cúlú *m* **líneach** *(Mth. St.)* linear regression
cúlú *m* **líne sóidiam** sodium-line reversal

cúlú *m* **neamhlíneach** *(Mth. St.)* non-linear regression
cúmaireach *a* coumaric, cumaric
cumalach *m1* cumulant
cumalach *a* cumulant
cumar *m1 (Eln.)* junction
cumar *m1* **cóimhiotalach** alloyed junction
cumar *m1* **fásta** *(Eln.)* grown junction
cumar *m1* **fuar** cold junction
cumar *m1* **idirleata** *(Eln.)* diffused junction
cúmarón *m1* coumarone, cumarone
cumar *m1* **pn** pn junction
cumarsáid *f2* communication(s)
cumar *m1* **te** *(Eln.)* hot junction
cumasc *m1 (in general)* compound
cumas *m1* **formhéadaithe** magnifying power
cumas *m1* **iompair** carrying capacity
cumas *m1* **scaipthe** scattering power
cumas *m1* **spréite** dispersive power
cumas *m1* **taifigh** *(Opt. Ph.)* resolving power
cumas *m1* **taifigh chrómataigh** chromatic resolving power
cumhacht *f3 (Mth.)* power **tríú cumhacht** third power
cumhacht *f3 (Ph.) (rate of work)* power
cumhacht *f3* **aschuir** output power
cumhacht *f3* **chatoptrach** *(Opt.)* catoptric power
cumhacht *f3* **dhealraitheach** *(El.)* apparent power
cumhacht *f3* **eisilte** emanating power
cumhachtfhachtóir *m3* (= **fachtóir cumhachta**) power factor
cumhacht *f3* **fhoirfe** *(Mth.)* perfect power
cumhacht *f3* **fhreasaitheach** *(El.)* reactive power
cumhacht *f3* **fhrithchaiteach** reflecting power
cumhachtghéag *f2* power arm
cumhacht *f3* **ghníomhach** active power
cumhacht *f3* **hidrileictreach** hydroelectric power
cumhacht *f3* **ionchuir** input power
cumhachtsraith *f2* power series
cumhachtstiúradh *m* (*gs* **-rtha**) power steering
cumhacht *f3* **stoptha línigh** linear-stopping power
cumhacht *f3* **stoptha maise** mass-stopping power
cumhacht *f3* **tarraingthe** *(Mec.)* tractive power
cumhdach *m1* cladding
cumhdaigh *v* clad
cumhdaithe *a* clad
cumhrán *m1* perfume
cumraíocht *f3* configuration
cúngaigh *v* restrict
cúnta *a* (= **cúntach**) auxiliary
cúntach *a* (= **cúnta**) auxiliary
cuntas *m1* (= **taifead**) record
cuóta *m4* quota
cup *m4 (Set.)* cup
cupa *m4* **(tástála)** cupel
cupalaigh *v (Metal.)* cupel
cupalú *m* (*gs* **-laithe**) *(Metal.)* cupellation
cúpla *m4* couple
cúpláil *f3* coupling
cúpláil *v* couple
cúpláil *f3* **guairne is fithise** spin-orbit coupling
cúpláil *f3* **guairne is guairne** spin-spin coupling
cúpláil *f3* **idirchéime** interstage coupling
cúpláil *f3* **ionduchtach** inductive coupling
cúpláil *f3* **thoilleasach** capacitive coupling
cúplaíocht *f3* twinning
cúplán *m1 (El. Mec.) (device)* coupling
cúr *m1 (FlMec.)* foam

curáire *m4* curare
cur *m* **in ionad** *(Ch.)* replacement
curla *m4 (Mth.)* curl
cúr *m1* **laitéise** *(Ch.)* latex foam
cúr-rubar *m1* foam-rubber
cúrshnámhacht *f3* froth flotation
cúrsóir *m3* cursor
cúrthionscnóir *m3* froth promoter
cuspa *m4* cusp
CUSUM *m4* (= **cnuas-suim**) *(St.)* CUSUM, cumulative sum

D

Da (= **daltún**) *(unit)* Da, dalton
dabhach *f2* (*gs* **daibhche,** *pl* **dabhcha**) bath, vat
dabhachruaim *f2* vat dye
dabhach *f2* **uisce** water bath
dáil *v* distribute
dáilchuar *m1* **normalach** *(St.)* normal curve of distribution, normal distribution curve
dáileach *a* distributive
dáileachán *m1* (= **dáileadh**) distribution
dáileachán *m1* **aonathráideach** univariate distribution
dáileachán *m1* **caighdeánaithe** standardized distribution
dáileachán *m1* **dronuilleogach** rectangular distribution
dáileachán *m1* **ilathráideach** multivariate distribution
dáileachán *m1* **iltéarmach** multinominal distribution
dáileachán *m1* **imeallach** marginal distribution
dáileachán *m1* **leanúnach** continuous distribution
dáileachán *m1* **samplála** sampling distribution
dáileachán *m1* **san fhuinneamh** distribution in energy
dáileachán *m1* **tríthéarmach** trinomial distribution
dáileadh *m* (*gs* **-lte**) (= **dáileachán**) distribution
dáileadh *m* **caighdeánaithe normalach** *(St.)* normal standardized distribution
dáileadh *m* **chí-chearnaithe** chi-squared distribution
dáileadh *m* **cothrom** equal distribution
dáileadh *m* **dé-athráideach** bivariate distribution
dáileadh *m* **démhodhach** bimodal distribution
dáileadh *m* **déthéarmach** *(St.)* binomial distribution
dáileadh *m* **dóchúlachta** probability distribution
dáileadh *m* **Gauss** Gaussian distribution
dáileadh *m* **maolaithe** tempered distribution
dáileadh *m* **minicíochta** frequency distribution
dáileadh *m* **minicíochta breathnaithe** observed frequency distribution
dáileadh *m* **normalach** *(St.)* normal distribution
dáileadh *m* **rialta** regular distribution
dáileadh *m* **scoite** *(Ph. St.)* discrete distribution
dáileog *f2* dose
dáileog *f2* **ionsúite** absorbed dose
dáileogmhéadar *m1* dosimeter
dáileogmhéadracht *f3* dosimetry
dáileogmhéadracht *f3* **pheirspéacs** perspex dosimetry
dáileogmhéadracht *f3* **scannánach** film dosimetry
dáileoir *m3* distributor
dáilte *a* **go leanúnach** continuously distributed
dais *f2* dash
daisphota *m4* dashpot
dall *v (Eln.)* blank

dallán *m1* bung, plug
dallrú *m* (*gs* **-raithe**) glare
daltún *m1* (= **Da**) *(unit)* dalton, Da
damhna *m4 (Ph.)* matter
damhna *m4* **spíonta** spent matter
damhnú *m* (*gs* **-naithe**) *(Ph.)* materialization
damhnúchán *m1 (Ph.)* materialization
daraf *m1 (unit)* daraf
dasaiméadar *m1* dasymeter
dath *m3* colour
dathamharc *m1* colour vision
dathanna *mpl* **an speictrim** spectral colours
dathcháilíocht *f3* colour quality
dathchóras *m1* colour system
dathchothromóid *f2* colour equation
dathchumasc *m1* colour mixture
dathdhaille *f4* colour blindness
dathfhachtóir *m3* colour factor
dath *m3* **fothonach** undertone colour
dathloinnir *f* (*gs* **-nnreach**) colour lustre
dathmhéadar *m1* colorimeter
dathmhéadrach *a* colorimetric
dathmhéadracht *f3* colorimetry
dath *m3* **príomhúil** primary colour
dath *m3* **tánaisteach** secondary colour
dath-thriantán *m1* colour triangle
datrón *m1* (= **feadán dathphictiúir**) colourtron
dátú *m* (*gs* **-taithe**) dating
dátú *m* **charbón 14** carbon-14 dating
dátú *m* **potaisiam/argóin** *(Ch. Geol. Ph.)* potassium-argon dating
dátú *m* **rúbaidiam/strointiam** rubidium strontium dating
dé- *pref* bi-, di-
deaca- *pref* (= **deacai-**) deca-, deka-
deacagán *m1* decagon
deacagram *m1* decagram
deacai- *pref* (= **deaca-**) deca-, deka-
deacaihéadrán *m1* decahedron
deacailin *f2* decalin
deacailítear *m1* decalitre
deacaiméadar *m1* decameter
deacán *m1* decane
déach *a* dual
déachas *m1 (Mth. Ph.)* dualism
déacht *f3 (Mth. Ph.)* duality
déacht *f3* **toinne is cáithnín** *(QuPh.)* wave-particle duality
deachúil *f3* decimal
déachúil *a (Mth. Ph.)* dualistic
deachúil *f3* **athfhillteach** *(Mth.)* recurring decimal, repeating decimal
deachúil *f3* **éigríochta** *(Mth.)* infinite decimal
deachúil *f3* **neamhchríochta** *(Mth.)* non-terminating decimal
deachúil *f3* **pheiriadach** *(Mth.)* periodic decimal
deachúlaigh *v* decimalize
déadacht *f3* denticity
dé-adamhach *a* diatomic
dé-aicéitil *f2* (= **bútáindé-ón**) diacetyl
dé-aimíd *f2* diamide
dé-aimíd *f2* **charbóinile** (= **úiré**) carbonyl diamide
4,4-dé-aimínidhéfheinil *f2* (= **beinsín**) 4,4-diaminobiphenyl
dea-iompartha *a (Mth.)* well-behaved
dealaigh *v* subtract
dealann *f2* subtrahend
dealú *m* (*gs* **-laithe**) subtraction
deamhan *m1* **Maxwell** Maxwell's demon
déan *v (of chemical compound)* form
déan *v* **brúitín (de)** mash
déan *v* **comparáid (idir)** compare
déanmhaíocht *f3 (Ch.)* formation
déanmhas *m1 (man-made object)* structure
deannach *m1* dust
dea-ordaithe *a (Mth.)* well-ordered
dearadh *m* **íosmheáchain** minimum-weight design
dearadh *m* **loighciúil** logical design

dearbh- *pref* absolute
dearbhaonad *m1 (Ph.)* absolute unit
dearbh-bhogthaise *f4 (Ph.)* absolute humidity
dearbhcheadaíocht *f3 (El. Ph.)* absolute permittivity
dearbhchóras *m1* **d'aonaid** *(Ph.)* absolute system of units
dearbh-earráid *f2 (Mth.)* absolute error
dearbhghluaisne *f4 (Mec. Ph.)* absolute motion
dearbh-luasghéarú *m* (*gs* **-raithe)** *(Mec. Ph.)* absolute acceleration
dearbhmhéid *f2 (Ast.)* absolute magnitude
dearbhnialas *m1 (Ph.)* absolute zero
dearbhscála *m4* **teochta** *(Ph.)* absolute scale, absolute temperature scale
dearbhspás *m1 (Ph.)* absolute space
dearbhtheocht *f3 (Ph.)* absolute temperature
dearbh-threoluas *m1 (Mec. Ph.)* absolute velocity
dearfa *a* (= **cinnte, deimhin)** certain
dearfacht *f3* (= **cinnteacht, deimhneacht)** certainty
deargaistriú *m* **imtharraingteach** *(Ph.)* gravitational red shift
deargtheocht *f3* red heat
deas *(in phrase)* **ó dheas** *(towards)* south
deas- *pref (Cryst. Opt.)* dextro-
dé-asa- *pref* (= **dé-asai-)** diazo-
dé-asai- *pref* (= **dé-asa-)** diazo-
dé-asaimeatán *m1* diazomethane
deasc *v* deposit, precipitate
deascadh *m1 (Ch.)* deposition, precipitation
deascadh *m* **leictreastatach** *(Ph.)* electrostatic precipitation
deascán *m1 (Ch.)* deposit, precipate
deascóir *m3 (Ch.)* precipitant
dea-shainithe *a (Mth.)* well-defined
deasrothlach *a* dextrorotatory
deastr- *pref* (= **deistrea-, deistri-, deistr-)** *(Ch.)* dextro-
deastran *m1* dextran
deastrós *m1* dextrose
dé-athraonadh *m* (*gs* **-nta)** double refraction
dé-athraontas *m1* bi-refringence
débheansóil *f2* (= **beinsíl, 1,2-défheinileatáindé-ón)** dibenzoyl
débhórán *m1* (= **bóireatán)** diborane
débhunata *a* dibasic
déchairbíd *f2* (= **aicéitilíd)** dicarbide
décharbónáit *f2* (= **hidrigin-charbónáit)** bicarbonate
déchlóraiteatráimíncóbalt *m1* dichlorotetramminecobalt
déchoinníollach *a* biconditional
déchrómach *a* dichroic
déchrómachas *m1* dichroism
déchrómachas *m1* **ciorclach** circular dichroism
déchrómáit *f2* dichromate
déchrómatacht *f3* dichromatism
déchuasach *a* biconcave
déchúigeach *a* biquinary
dédhéadach *a* bidentate
dédhronnach *a* biconvex
dé-éanón *m1* dienone
dé-eatocsa-eatán *m1* (= **aicéatal)** diethoxyethane
dé-éin *f2* diene
dé-éinifil *f2* dienophile
dé-eitil- *pref* diethyl-
dé-eitiléintríaimín *m4* diethylenetriamine
1,2-défheinileatáindé-ón *m1* (= **beinsíl, débheansóil)** 1,2-diphenylethanedione
défheinilín *m4* diphenyline
défhiúsach *a* bivalent, divalent
défhosfán *m1* diphosphane
défhréamh *f2* diradical
déghraf *m1* digraph
déhéadrán *m1 (Mth.)* dihedron
déhéidreach *a (Mth.)* dihedral

déhiodrúiridín *m4* dihydrouridine
1,2-déhiodrocsantracuineon *m1* (= **alasairín**) 1,2-dihydroxyanthraquinone
deibí *m4 (unit)* debye
deic- *pref* (= **deicea-, deici-**) deci-
deicea- *pref* (= **deici-, deic-**) deci-
deiceagram *m1* decigram
deiceamólarach *a* decimolar
deiceanormalach *a* decinormal
deichnártha *a* denary
deichniúr *m1* decade
deici- *pref* (= **deicea-, deic-**) deci-
deicibeil *f2* decibel
deicíl *f2* decile
deicilítear *m1* decilitre
deiciméadar *m1* decimetre
deicrimint *f2* decrement
deicrimint *f2* **logartamach** *(Mth. Ph.)* logarithmic decrement
deighil *v (Ch.)* separate
deighilt *f2* separation
deighilteoir *m3* separator
deighilt *f2* **na n-athróg** separation of variables
deighleog *f2 (in general)* segment
deil *f2* lathe
deil *f2* (= **deil-oibreoir, nabla**) *(Mth.)* del
deilín *m4* reciprocal
deilíneach *a* reciprocal
deilíneacht *f3* reciprocity
deil-oibreoir *m3* (= **deil, nabla**) *(Mth.)* del operator
deilte *f4* delta
deilte-fheidhm *f2* delta function
deilte-gha *m4* delta ray
deilte-radaíocht *f3* delta radiation
deil *f2* **thochardach** capstan lathe
deimhin *a* (= **cinnte, dearfa**) certain
deimhneach *a (El. Mth.)* positive
deimhneacht *f3* (= **cinnteacht, dearfacht**) certainty
dé-imín *m4* diimine
deindrít *f2* dendrite
deindríteach *a* dendritic
déine *f4 (El. Ph.)* intensity
déine *f4* **lonrúil** *(Opt. Ph.)* luminous intensity
déine *f4* **mhaighnéadach** magnetic intensity
déine *f4* **radanta** radiant intensity
déine *f4* **réimse** field intensity
déine *f4* **scoite** cutoff intensity
dé-inneallach *a* twin-engined
deiridh *gs* as *a* (= **críochnaitheach, críoch-**) final, ultimate
deiseal *a (of direction, etc.)* clockwise, right
deis *f2* **thuisleach** tripping device
deistr- *pref* (= **deistrea-, deistri-, deastr-**) *(Ch.)* dextro-
deistrea- *pref* (= **deistri-, deistr-, deastr-**) *(Ch.)* dextro-
deistri- *pref* (= **deistrea-, deistr-, deastr-**) *(Ch.)* dextro-
deistrin *f2* dextrin
deitéarmanant *m1 (Mth.)* determinant
deitéarmanant *m1* **comhartha** signal determinant
deitéarmanant *m1* **Jacobi** Jacobian, Jacobian determinant
délíneach *a* bilinear
démhéir *f2 (Ch.)* dimer
démheitilbeinséin *f2* (= **xiléin**) dimethylbenzene
démheitilgliocsaím *f2* dimethylglyoxime
2,3-dé-mheitiolbútán-2,3-dé-ól *m1* (= **pineacól**) 2,3-dimethylbutane-2,3-diol
démheitiolformaimíd *f2* dimethylformamide
démhiotalach *a* bimetallic
démhóilíneach *a* bimolecular
démhorfach *a* dimorphic, dimorphous
démhorfacht *f3* dimorphism
dénártha *a* binary
dénárthán *m1* binary
dénárthán *m1* **infheicthe** visual

binary
dénárthán *m1* **speictreascópach** spectroscopic binary
dénódach *a* binodal
dénormal *m1* binormal
dénormalach *a* binormal
dé-óáit *f2* dioate
-dé-óch *suff a* -dioic
dé-ocsa- *pref* (= **dé-ocsai-**) dioxy-
dé-ocsai- *pref* (= **dé-ocsa-**) dioxy-
dé-ocsaíd *f2* dioxide
dé-ocsaíd *f2* **charbóin** carbon dioxide
dé-ocsaíd *f2* **mhangainéise** manganese dioxide
dé-ocsán *m1* dioxane
dé-óid *f2* diode
dé-óid *f2* **chlampála** clamping diode
dé-óid *f2* **chúl-laofa** reversed biased diode
dé-óid *f2* **ghabhála** catching diode
dé-óidléasar *m1* **leathsheoltóra** semiconductor diode laser
dé-óid *f2* **leathsheoltóra** semiconductor diode
dé-óid *f2* **sholas-astaíoch** *(Eln.)* light-emitting diode, LED
dé-óid *f2* **varachtórach** (= **varachtóir**) *(Eln.)* varactor diode
deoitéarón *m1* deuteron
deoitéiriam *m4* deuterium
deoitéiriú *m* (*gs* **-ithe**) deuterization
-dé-ól *suff s* -diol
-dé-ón *suff s* -dione
deon-adamh *m1* donor atom
deonadh *m* (*gs* **-nta**) *(of electron)* donating
deontóir *m3* donor
deontóir *m3* **leictreon** electron donor
deontóir *m3* **leictreondíse** electron-pair donor
deorach *a* lachrymal
deorghás *m1* (= **deorthóir**) tear gas
deorghinteach *a* lachrymatory
deorthóir *m3* (= **deorghás**) lachrymator

déphasach *a* two-phase
déphiridil *f2* dipyridil
déphirimideach *a* bipyramidal
déphol *m1* dipole
dépholach *a* dipole
déphol *m1* **leath-thonnach** half-wave dipole
déphriosma *m4* biprism
déphrótónach *a* diprotic
déréalta *f4 (Ast.)* binary star
déroinn *v* bisect
déroinnt *f2* bisection
déroinnteoir *m3* bisector
déscaradh *m* (*gs* **-rtha**) dichotomy
déshiúicríd *f2* disaccharide
déshúileach *a* binocular
déshuilfíd *f2* disulphide
déshuilfít *f2* bisulphite
déshúiligh *mpl* **phriosmacha** prismatic binoculars
déshulfáit *f2* (= **hidriginsulfáit**) bisulphate
déthéarmach *m1* binomial
déthéarmach *a* binomial
détheilgean *m1 (Mth.)* bijection
déthianáit *f2* dithionate
déthoiseach *a* two-dimensional
DFC (= **dlúsfheidhm charnach**) CDF, cumulative density function
d-fhithiseán *m1 (Ch. Ph.)* d orbital
d-glúcatól *m1* d-glucitol
dí- *pref* dis-
dia- *pref* (= **diai-**) dia-
diacástach *a* diacaustic
diadach *a* dyadic
diai- *pref* (= **dia-**) dia-
diail *f2* dial
diaisteiréisiméir *f2* diastereoisomer
diaiteirmiúil *a* diathermanous
diall *m* (*gs* **-ta**) (St.) deviation
diall *v* deviate
diallaitphointe *m4* saddle point
diallas *m1* declination
diallas *m1* **maighnéadach** magnetic declination

diall *m1* **caighdeánach** standard deviation
diall *m* **ceathairíleach** quartile deviation
diallóir *m3* deviator
diallóir *m3* **struis** stress deviator
diamaighnéadach *a* diamagnetic
diamaighnéadas *m1* diamagnetism
diamant *m1* diamond
dianaigh *v (Eln.)* intensify
dianaitheoir *m3 (Eln.)* intensifier
dianaitheoir *m3* **íomhá** *(Eln.)* image intensifier
dianlaghdaitheach *a* decreasing strictly
dianscaoil *v* decompose
dianscaoileadh *m* (*gs* **-lte**) *(Ch.)* breakdown, decomposition
dianscaoileadh *m* **speictreach** spectral decomposition
dia-optar *m1* diopter, dioptre
dia-optar *m1* **priosma** prism dioptre
diastáis *f2* diastase
dí-asú m *m4* desorption
dí-asúchán *m1* desorption
diatonach *a* diatonic
díbhaicliú *m* (*gs* **-ithe**) debunching
dibhéirseach *a (Mth.)* divergent
dibhéirseacht *f3 (Mth.)* divergence
dibhéirsigh *v (Mth.)* diverge
dibhéirsiú *m* (*gs* **-ithe**) *(Mth.)* diverging
díbholcáinigh *v* devulcanize
díbir *v* eliminate
díbirt *f3* (*gs* **-beartha**) *(Mth.)* elimination
díbreach *m1 (Mth.)* eliminant
díbreoir *m3 (Eln. Mth.)* eliminator
díchineálach *a (Ph.)* degenerate
díchineálach faoi cheathair four-fold degenerate
díchineálach faoi dhó *(Ph.)* doubly degenerate
díchineálacht *f3 (Ph.)* degeneracy
díchineálacht *f3* **chúigfhillte** five-fold degeneracy
díchineálacht *f3* **thrífhillte** three-fold degeneracy
díchineálaigh *v (Ph.)* degenerate
díchobhsaigh *v* destabilize
díchódóir *m3* decoder
díchóimeáil *v* dismantle
díchoirtigh *v* descale
díchoirtiú *m* (*gs* **-ithe**) descaling
díchoirtiúchán *m1* descaling
díchuir *v* expel
díchum *v* distort
díchum *v (Mec. Mth.)* deform
díchumadh *m* (*gs* **-mtha**) distortion
díchumadh *m* (*gs* **-mtha**) *(Mec. Mth.)* deformation
díchumadh *m* **an chró** *(Opt. Ph.)* aperture distortion
díchumadh *m* **armónach** harmonic distortion
díchumadh *m* **bairilleach** barrel distortion
díchumadh *m* **geoiméadrach** geometrical distortion
díchumadh *m* **leaisteach** *(Mec.)* elastic deformation
díchumadh *m* **minicíochta** frequency distortion
díchumadh *m* **neamhlíneach** non-linear distortion
díchumadh *m* **pioncásach** pincushion distortion
díchumadh *m* **plaisteach** *(Mec.)* plastic deformation
díchumaracht *f3* diffluence
díchumtha *a* distorted
díchúpláil *f3* decoupling
dídhathaigh *v* decolourize
dí-éilligh *v* decontaminate
dí-éilliú *m* (*gs* **-ithe**) decontamination
dí-éilliúchán *m1* decontamination
difearchothromóid *f2* difference equation
dífheiriú *m* (*gs* **-ithe**) deferrization
dífheiriúchán *m1* deferrization
dífhlocasú *m* (*gs* **-saithe**) deflocculation

dífhlocasúchán *m1* deflocculation
dífhoirmigh *v (Eng.)* deform
dífhoirmíocht *f3 (Eng.) (of result)* deformation
dífhoirmiú *m* (*gs* **-ithe**) *(Eng.) (of process)* deformation
difreáil *f3 (Mth.)* differentiation
difreáil *v (Mth.)* differentiate
difreáil *f3* **feidhmeanna ginearálaithe** differentiation of generalised functions
difreálach *m1* differential
difreálach *a* differential
difreálaí *m4 (Eln. Mth.)* differentiator
difrigh *v* differ
difríocht *f3* difference **an chéad difríocht** (the) first difference **an dara difríocht** (the) second difference **an dara difríocht mhodhnaithe** (the) modified second difference
difríocht *f3* **chríochta** *(Mth.)* finite difference
difríocht *f3* **lárnach** central difference
difríocht *f3* **poitéinsil (= dp)** *(Ph.)* potential difference, pd
difríocht *f3* **roinnte** divided difference
difríocht *f3* **shiméadrach** symmetric difference
difriúil *a* dissimilar
díghabhsáil *f3* degaussing
díghloiniú *m* (*gs* **-ithe**) devitrification
díghloiniúchán *m1* devitrification
díghníomhachtaigh *v* deactivate
díghníomhachtú *m* (*gs* **-taithe**) deactivation
díghníomhachtúchán *m1* deactivation
díghrádaigh *v* degrade
díghrádú *m* (*gs* **-daithe**) degradation
díghrádúchán *m1* degradation
digit *f2 (Mth.)* digit
digiteoir *m3* digitizer
digitreon *m1* digitron
digit *f2* **seiceála (= seicdhigit)** check digit
díhidriginiú *m* (*gs* **-ithe**) dehydrogenation
díhidriginiúchán *m1* dehydrogenation
díhiodráitigh *v* dehydrate
dí-ianaigh *v* deionize
dí-ianaitheoir *m3* deionizer
dí-ilphléascóir *m3* demultiplexer
díláithrigh *v* displace
díláithriú *m* (*gs* **-ithe**) displacement
díláithriú *m* **fíorúil** *(Mec.)* virtual displacement
díláithriúchán *m1* **leictreach** electric displacement
díleáigh *v* digest
dílogánaigh *v* delocalize
dílogánú *m* (*gs* **-naithe**) delocalization
dílogánúchán *m1* delocalization
dílseacht *f3* fidelity
díluchtú *m* (*gs* **-taithe**) discharge
díluchtú *m* **breoch** *(Eln.)* glow discharge
díluchtú *m* **ciúin** silent discharge
díluchtú *m* **leictreach** electric discharge
díluchtú *m* **réabach** disruptive discharge
dímhaighnéadaigh *v* demagnetize
dímhaighnéadú *m* **aidiabatach** adiabatic demagnetization
dímhascóir *m3* demasker
dímheáchain *gs* as *a* weightless
dímheáchan *m1* weightlessness
dímhianrú *m* (*gs* **-raithe**) demineralizing
dímhodhnóir *m3* demodulator
dímhodhnú *m* (*gs* **-naithe**) demodulation
dímhodhnúchán *m1* demodulation
dímhorfach *a* amorphous
dín *f2 (Eng. Mec.)* dyne

dínádúraithe *a* denatured
dínádúróir *m3* denaturant
dineamó *m4* dynamo
dineamótar *m1* dynamotor
ding *f2* wedge
dingchruthach *a* cuneiform
dinimic *f2* dynamics
dinimiciúil *a* dynamic
dinimiméadar *m1* dynamometer
dinimiméadar *m1* **ionsúcháin** absorption dynamometer
dinimít *f2* dynamite
dínítriginiú *m* (*gs* **-ithe)** denitrification
dínítriginiúchán *m1* denitrification
dí-ocsa- *pref* (= **dí-ocsai-)** deoxy-
dí-ocsadanóisín *m4* deoxyadenosine
dí-ocsaguanóisín *m4* deoxyguanosine
dí-ocsai- *pref* (= **dí-ocsa-)** deoxy-
dí-ocsaicítidín *m4* deoxycytodine
dí-ocsaídeoir *m3 (Ch.)* reducing agent
dí-ocsaídigh *v (Ch.)* reduce
dí-ocsaídiú *m* (*gs* **-ithe)** *(Ch.)* reducing, reduction
dí-ocsaitímidín *m4* deoxythymidine
díolaim *f3 (Comp.)* assembly
diomaibhseach *a* negligible
díomhaoin *a* idle
díomuaine *f4* transience
díon *v* proof
díonach *a* proof
dionóid *f2* dynode
díonphriosma *m4* roof prism
díorthach *m1* derivative
díorthach *a* derivative
díorthach *m1* **comhathraitheach** covariant derivative
díorthach *m1* **frith-athraitheach** *(Mth.)* contravariant derivative
díorthach *m1* **normalach** *(Mth.)* normal derivative
díorthaigh *v* derive
díorthú *m* (*gs* **-thaithe)** derivation
díosal *m1* diesel
diosca *m4* disc, disk
diosca *m4* **maighnéadach** magnetic disk
díoscán *m1* squeak
diosca *m4* **neamhchothromaithe** unbalanced disk
diosc-chrág *f2* disk clutch
diospróisiam *m4* dysprosium
diostómach *a* dystomic
díothacht *f3* deficiency
díothaigh *v (Ph.)* annihilate
díothaithe *a (Ph.)* annihilated
díothú *m* (*gs* **-thaithe)** *(Ph.)* annihilation
díothúchán *m1 (Ph.)* annihilation
dípholaraigh *v* depolarize
dípholaróir *m3* depolarizer
dípholarúchán *m1* depolarization
dír- *pref* (= **díreach)** direct
díraon *v* diffract
díraonadh *m* (*gs* **-nta)** diffraction
díraonadh *m* **criostalach** crystal diffraction
díraonadh *m* **fuaime** diffraction of sound
díraonadh *m* **leictreon** (= **leictreon-díraonadh)** electron diffraction
díraonadh *m* **neodrónach** neutron diffraction
díraonadh *m* **solais** diffraction of light
díraonadh *m* **x-ghathach** x-ray diffraction
díraonmhéadar *m1* diffractometer
dír-chomhréir *f2* (= **comhréir dhíreach)** direct proportion
díreach *a* straight
díreach *a* (= **dír-)** direct
díréireach *a* disproportionate
díréiriúchán *m1* disproportionation
díreog *f2* jig
dírigh *v* direct
dírithe *a (in general)* directed
dírothlach *a* disrotatory

dír-rochtain *f3* direct access
dírsheolachán *m1* direct addressing
dírshuim *f2* direct sum
dírshuimeálaí *m4 (Mth.)* direct integral
dís *f2 (NcPh.)* pair
dís *f2* **aonair** *(Ch. Ph.)* lone pair
díscaoil *v* disintegrate
díscaoileadh *m* (*gs* **-lte)** disintegration
dís *f2* **chomhroinnte** shared pair
díscoir *v* disconnect
díscor *m1* disconnection
díscortha *a* disconnected
díscrobh *v* unscramble
díshalandú *m* (*gs* **-daithe)** desalination
díshiméadrach *a* dissymmetric
díshondas *m1* dissonance
dísigh *v (NcPh.)* pair
dísithe *a (NcPh.)* paired
dísiú *m* (*gs* **-ithe)** *(Ph.)* pair formation, pair production
dísle *m4* die
dís *m4* **leictreoin is poill** electron-hole pair
dís *f2* **nascach** *(Ch. Ph.)* bonding pair
dístatachú *m* (*gs* **-chaithe)** destaticization
dístatachúchán *m1* destaticization
díthiomsaigh *v (Ch. Ph.)* dissociate
díthiomsú *m* (*gs* **-saithe)** *(Ch. Ph.)* dissociation
díthreise *f4* de-emphasis
dí-uisciú *m* (*gs* **-ithe)** dewatering
dí-uisciúchán *m1* dewatering
diúltach *m1* negative
diúltach *a* negative
diúltaigh *v* reject
diúltóir *m3* rejector
diúracán *m1 (missile)* projectile
diúracán *m1* **balaistíoch** ballistic missile
diúracán *m1* **treoraithe** guided missile
dlí *m4* law
dlí *m4* **an chealúcháin** cancellation law
dlí *m4* **an chearnfhaid inbhéartaigh** *(Mth. Ph.)* inverse-square law, law of inverse square
dlí *m4* **an chomhshuímh thairisigh** law of constant composition, law of constant proportion, law of definite composition, law of definite proportion
dlí *m4* **an chomhthreomharáin** *(Mth. Ph.)* parallelogram law
dlí *m4* **an dáilte** distributive law
dlí *m4* **an gháis idéalaigh** ideal-gas law
dlí *m4* **an leaisteachais** elastic law
dlí *m4* **an lín** quotient law
dlí *m4* **Boyle** Boyle's law
dlí *m4* **comhthiomsaitheach** associative law
dlí *m4* **díláithriúcháin** displacement law
dlí *m4* **fórsa agus gluaisne** *(Mth. Ph.)* law of force and motion
dlí *m4* **imchoimeád an damhna** law of conservation of matter
dlí *m4* **imtharraingthe Newton** Newton's law of gravitation
dlí *m4* **lonrachais is maise** *(Ast. Ph.)* mass-luminosity law
dlí *m4* **na gcomhréir deilíneach** law of reciprocal proportions
dlí *m4* **na gcomhréir iolrach** *(Ch.)* law of multiple proportions
dlí *m4* **na n-ochtáibhí** law of octaves
dlí *m4* **na seansúlachta** *(Mth. St.)* law of chance
dlí *m4* **na staideanna comhfhreag-racha** law of corresponding states
dlí *m4* **nialasach** *(Ph.)* zeroth law
D-línte *fpl* **sóidiam** D-lines of sodium
dlí *m4* **T^3 Debye** Debye T^3 law
dlíthe *mpl* **an athraonta** laws of refraction

dlí *m4* **um theas-suimiúchán tairiseach** law of constant heat summation
dlí *m4* **viriúil** virial law
dlochtán *m1* sieve separator
dlúimh *f2* dense cloud
dlúite *a (Mth.)* compacted
dlús *m1* density
dlús *m1* **coibhneasta (= sainmheáchan)** *(Ch. Mec. Ph.)* relative density
dlús *m1* **dóchúlachta** *(Mth. St.)* probability density
dlúsfheidhm *f2* density function
dlúsfheidhm *f2* **charnach (= DFC)** cumulative density function, CDF
dlúsfheidhm *f2* **chomhdhóchúlachta** joint-probability density function
dlúsfheidhm *f2* **dóchúlachta coinníollaí** conditional-probability density function
dlúsfheidhm *f2* **dóchúlachta dé-athráidí** bivariate-probability density function
dlúsfheidhm *f2* **dóchúlachta imeallaí** marginal-probability density function
dlús *m1* **frithchaithimh** *(Opt.)* reflection density
dlúsmhéadar *m1* densitometer
dlús *m1* **moilliúcháin** slowing-down density
dlús *m1* **optúil** optical density
dlús *m1* **tarchuir inmheánaigh** internal transmission density
dlús *m1* **teasfhlosca** heat-flux density
dlúth *a* **(dlúth-)** compact, dense
dlúth- *pref* **(= dlúth)** compact, dense
dlúthfhearann *m1* dense domain
dlúthoibreoir *m3 (Mth.)* compact operator
dlúthoibreoir *m3* **féinchuingeach** compact self-adjoint operator
dlúthphacáilte *a* close-packed
dlúthspás *m1 (Mth.)* compact space
DNA (= aigéad dí-ocsairibeanúicléas-ach) DNA, deoxyribonucleic acid
DNA athchuingreach recombinant DNA
do-athraitheach *m1 (Mth. Ph.)* invariant
do-athraitheach *a* invariable, invariant
do-athraitheach *m1* **bunúsach** basic invariant
do-athraitheacht *f3* invariance
do-athraitheacht *f3* **maidir le haistriú** translation invariance
do-athraitheacht *f3* **iolraigh inmheánaigh** invariance of inner product
do-athraitheacht *f3* **noirm** invariance of norm
do-athróg *f2* invariable
dó *m4* **(= dóchán)** combustion
dobhrachán *m1* aquation
dóchán *m1* **(= dó)** combustion
dóchán *m1* **inmheánach** internal combustion
dochinntithe *a* indeterminate
dochinntitheacht *f3* indeterminacy
do-chomhbhrúiteacht *f3* incompressibility
do-chomhthomhaiste *a* incommensurable
dochrach *a (of substance)* harmful
docht *a (Eng. Mec.)* rigid
docht *a* **(= stalctha)** stiff
dochtchothromóid *f2* stiff equation
dóchúil *a* probable
dóchúlach *a* probabilistic
dóchúlacht *f3* probability
dóchúlacht *f3* **aicsímeach** axiomatic probability
dóchúlacht *f3* **athráideach dhronuilleogach** rectangular variate probability
dóchúlacht *f3* **choinníollach** conditional probability
dóchúlacht *f3* **chomhdhóchúil** equi-likely probability

dóchúlacht *f3* **chomhshuite** *(St.)* compound probability
dóchúlacht *f3* **dhé-athráideach normalach** bivariate normal probability
dóchúlacht *f3* **dlúsfheidhme** density- function probability
dóchúlacht *f3* **eimpíreach** empirical probability
dóchúlacht *f3* **imeallach** marginal probability
dóchúlacht *f3* **normalach athráideach thriantánach** triangular variate normal probability
dóchúlacht *f3* **theagmhasach** contingency probability
dochúlaithe *a (Ph.)* irreversible, non-reversible
dódheachúil *f3 (Mth.)* duodecimal
dódheachúlach *a (Mth.)* duodecimal
dódhíonach *a* fireproof
dodhóite *a* incombustible
dófheadán *m1* combustion tube
dófhriotaíoch *a* fire-resistant
do-ghalaithe *a (Ch. Ph.)* non-volatile
do-ghluaiste *a* immobile
doichte *f4* (= **stalcacht**) rigidity, stiffness
doichte *f4* **thoirsiúnach** torsional rigidity
dóideacagán *m1* dodecagon
dóideacaihéadrán *m1* dodecahedron, duodecahedron
dó-ídiú *m* (*gs* **-ithe**) burn-up
dó-ídiú *m* **núicléach** nuclear burn-up
doiléir *a* indistinct
doiléire *f4* indistinctness
doimhneacht *f3* depth
doimhneacht *f3* **fócais** depth of focus
dóire *m4* burner
dóire *m4* **Bunsen** Bunsen burner
doirteal *m1* sink
dolaghdaithe *a* irreducible
dolaimít *f2* dolomite
doleáite *a* infusible
dolúbtha *a* inflexible
domanó *m4* domino
domhan *m1* world **An Domhan** The (planet) Earth
domhanda *a* terrestrial
domhaneolaíocht *f3* earth science
domhanfhad *m1* longitude
domhanloinnir *f* (*gs* **-nnreach**) earthshine
domhantarraingt *f* (*gs* **-the**) *(Ph.)* gravity
domheasctha *a* immiscible
domheirgithe *a* rustless
domhillte *a* indestructible
domhillteacht *f3* indestructibility
dóp *m1* dope
dópán *m1* dopant
dóphointe *m4* fire point
dordánaí *m4* buzzer
dóthanach *a* sufficient
dothuaslagtha *a (Ch.)* insoluble
dothuaslagthacht *f3 (Ch.)* insolubility
dp (= difríocht poitéinsil) *(Ph.)* pd, potential difference
draein *f* (*gs* **-aenach**) *(El.)* drain
dranntán *m1* hum
draoibeáil *f3* spatter
dras *m1* dross
dreach *m3* complexion
dreige *f4* meteor
dreigeoideach *m1* meteoroid
dreigeoideach *a* meteoroid
dreigít *f2* meteorite
dréimire *m4* **insínte** extension ladder
driog *v* distil
driogadh *m* (*gs* **-gtha**) distillation
driogadh *m* **codánach** fractional distillation
driogadh *m* **deighilteach** *(OrgCh.)* destructive distillation
driogadh *m* **gaile (= galdriogadh)** steam distillation
driogadh *m* **móilíneach** molecular distillation
driogáit *f2* distillate

driogfhuíoll *m1* feints
drithleascóp *m1* scintilloscope
drithlemhéadar *m1* scintillometer
drithleoir *m3* scintillator
drithlíneach *a* scintillating
drithliú *m* (*gs* **-ithe**) scintillation
drithliú *m* (*gs* **-ithe**) twinkle
droichead *m1* bridge
droichead *m1* **dúbailte** double bridge
droichead *m1* **Maxwell** Maxwell's bridge
dromchla *m4* surface
dromchla *m4* **cástach** *(Opt.)* caustic surface
dromchla *m4* **cónúil** conical surface
dromchlafhórsa *m4* surface force
dromchlafhuinneamh *m1* (= **fuinneamh dromchla**) surface energy
dromchla *m4* **frithchlastach** anticlastic surface
dromchlaghníomhach *a* surface-active
dromchlaghníomhaí *m4* surface-active agent, surfactant
dromchla *m4* **inleata** developable surface
dromchla *m4* **íosta** minimal surface
dromchla *m4* **iseabarach** isobaric surface
dromchla *m4* **línithe** ruled surface
dromchla *m4* **neamhleanúnachais** surface of discontinuity
dromchla *m4* **plánach** plane surface
dromchla *m4* **tumtha** immersed surface
dron- *pref (of angle, etc.)* right
dronbhacart *m1* set square
dronchón *m1* right cone
dronchón *m1* **ciorclach** *(Mth.)* right circular cone
dronghluaisne *f4* motion in a straight line
dronlíne *f4* (= **líne dhíreach**) straight line
dronlíneach *a* rectilinear
dronlíne *f4* **is fearr** best straight line
dronn *f2* camber
dronnach *a* convex
dronsorcóir *m3* **ciorclach** *(Mth.)* right circular cylinder
dronuilleach *a* right-angled
dronuilleog *f2* oblong, rectangle
dronuilleogach *a* oblong, rectangular
dronuillinn *f2* (*pl* **-eacha**) right angle
drúchtphointe *m4* dew point
druga *m4* drug
druga *m4* **baoth-thonnach** *(Pharm.)* convulsant drug, convulsive drug
druga *m4* **frith-bhaoth-thonnach** *(Pharm.)* anticonvulsant drug, anticonvulsive drug
druid (le) *v* approach
druma *m4* drum
dual *m1* strand
dual- *pref (Mth.) (vectors)* characteristic
dualfheidhm *f2 (Mth.)* characteristic function, eigenfunction, proper function
dualfheidhm *f2* **mhóilíneach** molecular eigenfunction
dualfhuinneamh *m1 (QuPh.)* eigenenergy
dual-iltéarmach *m1 (Mth.)* characteristic polynomial
dual-luach *m3* ***(Mth.)*** characteristic number, characteristic value, proper value, eigenvalue
dual-luach *m3* **ceannasach** dominant eigenvalue
dual-luach *m3* **díchineálach** degenerate eigenvalue
dual-luach *m3* **ginearálaithe** generalized eigenvalue
dual-luach *m3* **neamh-dhíchineálach** non-degenerate eigenvalue
dual-luach *m3* **simplí** simple eigenvalue
dualstaid *f2 (Mth. QuPh.)* eigenstate

dualveicteoir *m3 (Mth.)* characteristic vector, eigenvector
dualveicteoirí *mpl* **ortanormalacha** orthonormal eigenvectors
dúbail *v* double
dúbailt *f2 (Mth.)* double
dúbailte *a* double
dubh *m1* **an charbóin** *(industrial)* carbon black
dúchorp *m1 (Ph.)* black body
dúibléad *m1 (Ph.)* doublet
dúil *f2* (*npl* **-e,** *gpl* **dúl)** *(Ch.)* element
dúilí *a (Ch.)* elementary
dúil *f2* **tearc-chré** rare-earth element
dúpholl *m1 (Ast.)* black hole
dúrabhán *m1* loam
dúshruth *m3 (Eln. Ph.)* dark current
dúspás *m1 (Eln. Ph.)* dark space

E

éabainnít *f2* ebonite
éabhlúid *f2* **(chuair)** evolute (of curve)
eablóideach *m1* emulsoid
-each *suff a* (= **-ach)** -ic, -ial
each-chumhacht *f3* horsepower
each-chumhacht *f3* **choiscthe** brake horsepower
-eacht *suff f3* (= **-acht, -aíocht, -íocht)** -ivity
eachtardhomhanda *a* extraterrestrial
eachtarshuigh *v* extrapolate
eachtarshuíomh *m1* extrapolation
éadan *m1 (Cryst.)* face
éadanláraithe *a (Cryst. Mth. Ph.)* face-centred
éadathach *a* colourless
éadlúite *a* rarefied
éadlúth *a (thin)* rare
éadlúthaigh *v* rarefy
éadlúthúchán *m1* rarefaction
éadoiseach *a (Mth. Ph.)* dimensionless
eadrannach *a* intermittent
eadrannacht *f3* intermittency
éadrom *a* light
éag *v (of sound, vision)* fade
eagar *m1 (Mth.)* array
eagar *m1* **aerógach** aerial array
eagar *m1* **cliathánach** broadside array
eagar *m1* **steiréashonrach** stereospecific arrangement
éagobhsaí *a* unstable
éagobhsaíocht *f3* instability
éagóimheasta *a* irrational
éagothroime *f4* inequality
éagothroime *f4* **thriantánach** triangular inequality
éagothrom *a (Mth.)* unequal
éagothromóid *f2* inequation
éaguimsithe *a (Mth.)* boundless, unbounded
éagumhachtach *a* nilpotent
éalaitheacht *f3* fugacity
éalárnach *a* eccentric
éalárnacht *f3* eccentricity
éalú *m* (*gs* **-laithe)** escape
-ealú *suff m* (*gs* **-laithe)** (= **-alú)** -olysis
éaluaithriúil *a* ashless
eamhnach *a* fission
eamhnach *a* (= **ineamhnaithe)** *(Ncln.)* fissile, fissionable
eamhnán *m1* fission product
eamhnú *m* (*gs* **-naithe)** *(NcPh.)* fission
eamhnú *m* **núicléach** nuclear fission
eamhnú *m* **trínártha** *(Ncln.)* ternary fission
eanantaiméir *f2* enantiomer
eanantamorfach *a* enantiomorphic
eanantamorfacht *f3* enantiomorphism
eanantatrófach *a* enantiotrophic
eang *f3* notch
-eann *suff f2* (= **-ann)** -and, -end
eanól *m1* enol
-eanól *suff m1* -enol

eanólúchán *m1* enolization
eantalpacht *f3* enthalpy
eantrópacht *f3 (Ch. Ph.)* entropy
eapa- *pref* (= **eapai-**) *(Ch.)* epo-
éapacht *f3* epact
eapai- *pref* (= **eapa-**) *(Ch.)* epo-
eapocsa- *pref* (= **eapocsai-**) *(Ch.)* epoxy-
eapocsach *a* epoxy
eapocsai- *pref* (= **eapocsa-**) *(Ch.)* epoxy-
eapocsaídiúchán *m1 (Ch.)* epoxidation
eapocsa-eatán *m1 (Ch.)* epoxyethane
éar *v* repel
éaradh *m* (*gs* **-rtha**) repulsion
earráid *f2* error
earráid *f2* **an tsaobhdhiallais** error of parallax
earráid *f2* **chaighdeánach** standard error
earráid *f2* **chalabrúcháin** calibration error
earráid *f2* **charnach** cumulative error
earráid *f2* **charntha** accumulated error
earráid *f2* **chéatadánach** percentage error
earráid *f2* **choibhneasta** *(Mth.)* relative error
earráid *f2* **chórasach** systematic error
earráid *f2* **dhóchúil** probable error
earráidfheidhm *f2* **chomhlántach** complementary error function
earráid *f2* **foistine** steady-state error
earráid *f2* **foistine d'aonad céime** steady-state error for unit step
earráid *f2* **foistine d'aonad fánáin** steady-state error for unit ramp
earráid *f2* **foistine d'aonad parabóile** steady-state error for unit parabola
earráid *f2* **innéacs** index error
earráid *f2* **mheán na gcearnóg** mean square error
earráid *f2* **mheasta** estimated error
earráid *f2* **mheasta chaighdeánach** standard estimated error
earráid *f2* **randamach** random error
earráid *f2* **slánúcháin** round-off error
earráid *f2* **teascacháin** *(Mth.)* truncation error
earráid *f2* **tomhais** error of measurement
earrcheartú *m* (*gs* **-rtaithe**) *(Mth.)* end correction
earrfhorluí *m4 (Ch.)* end on overlap, end overlap
éarthach *m1* repellant
éarthach *a* repellent
eas- *pref* (= **eisea-, eisi-, eis-**) exo-
-eas *suff m1* (= **-as**) -ance
easalannú *m (gs*-**nnaithe**) salting out
easbhrú *m4* extrusion
easbhrúigh *v* extrude
easchaitheamh *m1* **(na) naonna** casting-out nines
eascra *m4* beaker
easghlan *v (Ch.)* scavenge
easghlantóir *m3 (Ch.)* scavenger
easlár *m1* excentre, centre of escribed circle
easlárnach *a* excentral
easosmóis *f2* exosmosis
easpa *f4* **mianraí** mineral deficiency
easpónant *m1* exponent
easpónantúil *a* exponential
easraigh *v (Ch.) (of gas, particles, etc.)* disperse
easróir *m3* dispersant
easrú *m* (*gs* **-raithe**) *(Ch.) (of gas, particles, etc.)* dispersion
easrú *m* **rothlach** rotatory dispersion
eastósc *v (Ch. Eng.)* extract
eastóscach *a (Ch.)* extractive
eastóscadh *m* (*gs* **-ctha**) *(Ch.)* extraction
eastóscadh *m* **frithshreibhe** *(Ch. Eng.)* countercurrent extraction
eastóscadh *m* **leanúnach** *(Ch.)*

continuous extraction
eastóscadh *m* **le tuaslagóir** solvent extraction
eatáindé-al *m1* (= **gliocsal**) ethanedial
eatáindé-óáit *f2* (= **ocsaláit**) ethanedioate
eatáindé-óch *a* (= **ocsalach**) ethanedioic
eatáindé-ól *m1* ethanediol
eatáin-nítríl *f2* (= **aicéitinítríl**) ethanenitrile
eatán *m1* ethane
eatánaimíd *f2* (= **aicéataimíd**) ethanamide
eatánal *m1* (= **aicéataildéad**) ethanal
eatán-1,2-dé-aimín *m4* ethane-1,2-diamine
eatán-1,2-dé-ól *m1* ethane-1,2-diol
eatánóáit *f2* (= **aicéatáit**) ethanoate
eatánóáit *f2* **eitile** ethyl ethanoate
eatánóáit *f2* **luaidhe** (= **aicéatáit luaidhe**) lead ethanoate
eatánóch *a* (= **aicéiteach**) ethanoic
eatánóil *f2* ethanoyl
eatánól *m1* (= **alcól eitile**) ethanol
eatánón *m1* ethanone
eatocsa- *pref* (= **eatocsai-**) *(Ch.)* ethoxy-
eatocsa-eitéin *f2* (= **éitear dé-eitile**) ethoxyethene
eatocsai- *pref* (= **eatocsa-**) *(Ch.)* ethoxy-
eatocsaíd *f2* ethoxide
eatocsail *f2* ethoxyl
eatocsaileach *a* ethoxy
eatocsaimín *m4* ethoxy amine
eatraimh *mpl* **neadaithe** nested intervals
eatramh *m1* interim
eatramh *m1* *(Mth. Ph.)* interval
eatramhach *a* interim
eatramh *m1* **idir theagmhais** interval between events
eatramh *m1* **maighnéadach** *(El. Ph.)* magnetic interval
eatramh *m1* **muiníne** confidence interval
eatramh *m1* **teochta** *(Ph.)* temperature interval
E-chiseal *m1* E-layer
eibilleascópach *a (Ch.)* ebulloscopic
eibleacht *f3* emulsion
eibligh *v* emulsify
éiceachóras *m1* ecosystem
éiceolaíocht *f3* ecology
éiclipteach *m1 (Ast. Ph.)* ecliptic
éiclipteach *a (Ast. Ph.)* ecliptic
éifeacht *f3* (= **iarmhairt**) effect
éifeachtach *a* effective
éifeachtacht *f3* efficiency
éifeachtacht *f3* **bhitheolaíoch choibhneasta** relative biological effectiveness, rbe
éifeachtacht *f3* **lonrúil** *(Opt. Ph.)* luminous efficiency
éifeachtacht *f3* **lonrúil speictreach** spectral luminous efficiency
éifeachtacht *f3* **radanta** radiant efficiency
éifeachtúlacht *f3* efficacy
eifimiris *f2* ephemeris
éighníomhach *a (Ch. El.)* passive
éighníomhaigh *v (Ch. Eln.)* passivate
éighníomhaíocht *f3 (Ch. El.)* passivity
éiginnte *a* indefinite
éiginnteacht *f3* uncertainty
éigríoch *f2 (Mth. Ph.)* infinity **go héigríoch** ad infinitum, ad inf.
éigríoch *f2* **inchomhairthe** denumerable infinity
éigríochta *a* (= **infinideach**) infinite
éigríochtach *(in phrase)* **go héigríochtach** infinitely
éileapsóideach *m1* ellipsoid
éileapsóideach *a* ellipsoid
éileapsóideach *m1* **móiminteach** momental ellipsoid
éilim *f2* ylem
eilimint *f2 (El.)* element

eilimint *f2* **aontachta** unity element
eilimint *f2* **ciorcaid** circuit element
eilimintlíne *f4* element line
eilimint *f2* **mhaighnéadach** magnetic element
éilips *m4* ellipse
éilipseach *a* elliptical
éilipsiméadar *m1* ellipsometer
éilligh *v* contaminate
éilliú *m* (*gs* **-ithe**) contamination
éilliúchán *m1* contamination
éimear *m1* emery
eimpíreach *a* empiric(al)
-éin *suff f2* -ene
einceifilin *f2* enkephalin
einsím *f2* enzyme
éinstéiniam *m4* einsteinium
eip- *pref* (= **eipea-, eipi-**) epi-
eipea- *pref* (= **eipi-, eip-**) epi-
eipealár *m1* epicentre
eipeascóp *m1* episcope
eipeatacsach *a* epitaxial
eipeatacsacht *f3* epitaxy
eipeatóp *m1* epitope
eipi- *pref* (= **eipea-, eip-**) epi-
eipiciogłóideach *m1* epicycloid
eipiciogłóideach *a* epicycloid
eipidiascóp *m1* epidiascope
eipsealón *m1* epsilon
eirbiam *m4* erbium
eirg *f2* erg
-éis *suff f2* -esis
-éis *suff f2* -ex
eisceacht *f3* exception
eischiorcal *m1* escribed circle, excircle
eiscríobh *v* escribe
eiscríofa *a* escribed
eisea- *pref* (= **eisi-, eis-, eas-**) exo-
eiscadh *m1 (Mth.)* existence
eiseamláir *f2* (= **sampla**) example
eiseirge *f4* exergy
eiseirgeach *a* exoergic
eisi- *pref* (= **eisea-, eis-, eas-**) exo-
eisiaigh *v (Ch. Ph.)* exclude
eisiamh *m1 (Ch. Ph.)* exclusion
eisiatach *a (Mth.)* exclusive
eisídeach *m1 (Ph.)* ablative
eisídeach *a (Ph.)* ablative
eisídiú *m* (*gs* **-dithe**) ablation
eisil (ó) *v* emanate (from)
eisileadh *m* (*gs* **-lte**) emanation
eisilteach *m1* effluent
eisilteach *a* effluent
eisíontas *m1* impurity
eisiteirm *f2* exotherm
eisiteirmeach *a* exothermic
eisleath *v* effuse
eisleathadh *m* (*gs* **-ta**) effusion
eisleathadh *m* **teirmeach** thermal effusion
éisliún *m1 (Ph.)* echelon
éisliúnta *a (Ph.)* echeloned
eisréimneach *a (Ph.)* divergent
eisréimneacht *f3 (Ph.)* divergence
eisréimnigh *v (Ph.)* diverge
eisréimniú *m* (*gs* **-ithe**) fan-out
eisréimniú *m* (*gs* **-ithe**) *(Ph.)* diverging
eisteachas *m1* **lonrúil** luminous exitance
éisteacht *f3* hearing
eistear *m1* ester
eistearaigh *v* esterify
eistearúchán *m1* esterification
éite *f4* eta
éite-mhéasón *m1* eta-meson
eitealón *m1* etalon
eiteán *m1* coil-former
eiteán *m1 (Ph.)* former
eitéanón *m1* (= **ceitéin**) ethenone
éitear *m1* ether
éitear *m1* **dé-eitile** (= **eatocsa-eitéin**) diethyl ether
eitéin *f2* (= **eitiléin**) ethene
eithne *f4* kernel
eithne *f4* **thrasfhoirmiúcháin** kernel of transformation
eitil *f2* ethyl
eitiléin *f2* (= **eitéin**) ethylene
eitiléindé-aimín *m4* ethylenediamine
eitín *m4* (= **aicéitiléin**) ethyne

eitinil *f2* ethynyl
eitiolaimín *m4* ethylamine
eitleach *m1 (FlMec.)* flutter
eitleog *f2* kite
eitseáil *v* etch
eitseálaí *m4* etcher
eocaróit *f2* eucariote, eukaryote
eodaiméadar *m1* eudiometer
eoitéicteach *a* eutectic
eolaíocht *f3* **an nádúir** natural history
eolaíocht *f3* **bheatha** life science
eolaíocht *f3* **fheidhmeach** applied science
eolaíocht *f3* **na n-ábhar** materials science
eolas *m1* (= **faisnéis**) information
eoraipiam *m4* europium
E-réigiún *m1* E region
E-uimhir *f* (*gs* **-mhreach**) E number

F

fabhrach *a* favourable
fabhrú *m* **pórúcháin** *(NcPh.)* breeding gain
fabht *m4* flaw
facalach *m1* facula
fachtóir *m3* factor
fachtóir *m3* **aimpliúcháin** amplification factor
fachtóir *m3* **buaice** (= **buaicfhachtóir**) peak factor
fachtóir *m3* **cáilíochta** quality factor
fachtóir *m3* **caillteanais** *(El.)* loss factor
fachtóir *m3* **coinbhéartachta** *(Mth.)* conversion factor
fachtóir *m3* **coiteann** *(Mth.)* common factor
fachtóir *m3* **coiteann is airde** (= **FCA**) highest common factor, HCF
fachtóir *m3* **coiteann is ísle** (= **FCÍ**) lowest common factor, LCF
fachtóir *m3* **cumhachta** (= **cumhachtfhachtóir**) power factor
fachtóir *m3* **comhshuite** compound factor
fachtóirigh *v* factorize
fachtóir *m3* **iolrúcháin** multiplication factor
fachtóiriú *m* (*gs* **-ithe**) factorization
fachtóir *m3* **maolúcháin** damping factor
fachtóir *m3* **méadúcháin** magnificant factor
fachtóir *m3* **míbhuntáisteach** disadvantage factor
fachtóir *m3* **modhnúcháin** modulation factor
fachtóir *m3* **príomha** prime factor
fachtóir *m3* **sábháilteachta** factor of safety, safety factor
fachtóir *m3* **scoilteacháin** splitting factor
fachtóir *m3* **socrachta** relaxation factor
fachtóir *m3* **tarchuir** *(Ph.)* transmission factor
fachtóir *m3* **torainn** *(Eln.)* noise factor
fachtóir *m3* **tuliompair** carry-over factor
fad *m1* length
fad- *pref* longitudinal
fada *a* long
fadaigh *v* elongate, lengthen
fadaimseartha *a (St.)* longitudinal
fadaonad *m1* (= **aonad faid**) unit of length
fad *m1* **coibhéiseach maighnéid** equivalent length of a magnet
fadfheidhm *f2* distance function
fadghearradh *m* (*gs* **-rrtha**) longitudinal section
fadhb *f2* problem
fadhb *f2* **ceithre dhath** four-colour problem
fadhb *f2* **chumaisc** blending problem

fadhb *f2* **dhroichead Konigsberg** Konigsberg bridge problem
fadhb *f2* **fhóirluacha** boundary value problem
fadhb *f2* **iompair** transportation problem
fadhb *f2* **isipeirimméadrach** isoperimetric problem
fadhb *f2* **optamúcháin** *(Mth.)* optimization problem
fadhbréiteach *m1* problem solution
fadhb *f2* **sheiceála** check problem
fadhb *f2* **thús-fhóirluacha** initial-boundary value problem
fadhb *f2* **thúsluacha** initial value problem
fadhb *f2* **trí chorp** *(Mec. Ph.)* three-body problem
fad *m1* **idirleata** diffusion length
fad-iomrall *m1* longitudinal aberration
fad *m1* **laghdaithe** *(Opt.)* reduced distance
fadlíne *f4* meridian
fadmhais *f2* longitudinal mass
fad *m1* **optúil** optical distance
fadtonn *f2* longitudinal wave
fadú *m* (*gs* **-daithe**) elongation
faghair *v* (**= cuir faghairt ar**) temper
faghairt *f3* (*gs* **-artha**) temper, tempering
faghartha *a* tempered
fáideog *f2* taper
faighteoir *m3 (Ch. Ph.)* getter
fail *f2 (Mth.)* ring
fáinne *m4* annulus, ring
fáinneach *a* annular
fáinne *m4* **cuilithe** vortex ring
fáinne *m4* **Debye-Scherrer** Debye-Scherrer ring
fáinne *m4* **stuála** arcing ring
fáinne *m4* **tiomsaithe** *(Eln.)* collector ring
fairsingíoch *a* extensive
fairsingiú *m* **(na cruinne)** expansion (of universe)
fáisceán *m1* **eiteogach** fly press
fáisceán *m1* **hiodrálach** hydraulic press
fáiscín *m4* clip
fáiscín *m4* **crogaill** crocodile clip
faisnéis *f2* (**= eolas**) information
fálaigh *v (Ph.) (of insulation)* lag
fálú *m* (*gs* **-laithe**) *(Ph.) (insulation)* lagging
fána *f4* slope **an fhána is géire** the steepest descent
fánán *m1* ramp
faobhar *m1* **scine** knife-edge
faoilphlána *m4* glide plane
farad *m1* farad
faradmhéadar *m1* faradmeter
faraidé *m4* (*pl* **faraidéithe**) faraday
fás *m1* growth
FCA (**= fachtóir coiteann is airde**) HCF, highest common factor
F-chiseal *m1* F-layer
FCÍ (**= fachtóir coiteann is ísle**) LCF, lowest common factor
feá *m4* fathom
feabhas *m1* **na hoiriúnachta** goodness-of-fit
fead *f2* whistle
feadán *m1* tube
feadánach *a* tubular
feadán *m1* **ceamara** camera tube
feadán *m1* **comhairimh** counting tube
feadán *m1* **cruafholúis** hard-vacuum tube
feadán *m1* **dathphictiúir** (**= datrón**) colour picture tube
feadán *m1* **díluchtúcháin** discharge tube
feadán *m1* **fiuchta** boiling tube
feadán *m1* **ga-chatóideach** cathode-ray tube
feadán *m1* **gás-díluchtúcháin** gas-discharge tube
feadán *m1* **gáslíonta** gas-filled tube
feadán *m1* **íomhá** *(Eln.)* image tube

feadán *m1* **neoin (= neonfheadán)** neon tube
feadán *m1* **statach** static tube
feadán *m1* **stórála** storage tube
feadán *m1* **teochatóideach** hot-cathode tube
feadán *m1* **tonn taistil** travelling-wave tube
feadán *m1* **turrainge** shock tube
feadán *m1* **Venturi** venturi tube, venturi
feadán *m1* **x-ghathach** x-ray tube
feámhéadar *m1* fathometer
fean- *pref* (= **fein-**) phen-
feanantrailín *m4* phenanthroline
feanól *m1* phenol
feanóltailéin *f2* phenolphthalein
fearáit *f2* ferrate
fearamón *m1* pheromone
fearann *m1* domain
fearann *m1* **maighnéadach** magnetic domain
fearannteoiric *f2* **an mhaighnéadais** domain theory of magnetism
fearas *m1 (equipment)* installation
fearmón *m1* fermion
fearó- *pref* (= **fearói-**) ferro-
fearói- *pref* (= **fearó-**) ferro-
fearóicéin *f2* ferrocene
fearóiciainíd *f2* ferrocyanide
fearóileictreach *a* ferroelectric
fearóileictreachas *m1* ferroelectricity
fearómaighnéadach *a* ferromagnetic
fearómaighnéadas *m1* ferromagnetism
fearsaid *f2* shaft, spindle
féideartha *a* possible
féideartha *a* (= **indéanta**) feasible
féidearthacht *f3* possibility
feidhm *f2* function **as feidhm** obsolete
feidhm- *pref* (= **feidhmiúil**) functional
feidhm *f2* **a bhfuil trasfhoirm Laplace aici** Laplace transformable function
feidhm *f2* **ailgéabrach** algebraic function
feidhmanailís *f2* (= **anailís feidhmeanna**) function analysis
feidhm *f2* **aonluachach** single-valued function
feidhm *f2* **aonmhódach** *(Mth. St.)* unimodal function
feidhm *f2* **(atá) insuimeálaithe go logánta** *(Mth.)* locally-integrable function
feidhm *f2* **chéannachta** *(Mth. Set.)* identity function
feidhm *f2* **chearn-insuimeálaithe** square-integrable function
feidhm *f2* **chioglaisiméadrach** cyclosymmetric function
feidhm *f2* **chóimheasta** rational function
feidhm *f2* **chóimheasta ailgéabrach** rational algebraic function
feidhm *f2* **chomhiomlán** entire function
feidhm *f2* **chomhlántach** complementary function
feidhm *f2* **dháileacháin** distribution function
feidhm *f2* **dáileacháin charnaigh** cumulative distribution function
feidhm *f2* **dháileacháin dóchúlachta coinníollaí** conditional-probability distribution function
feidhm *f2* **dhearbh-insuimeálaithe** absolutely-integrable function
feidhm *f2* **dhearbhleanúnach** absolutely-continuous function
feidhm *f2* **dhélíneach** bilinear function
feidhm *f2* **dhétheilgeach** *(Mth.)* bijective function
feidhm *f2* **dhóchúlachta** probability function
feidhmeach *a* applied
feidhmeán *m1 (Mth.)* functional
feidhmeán *m1* **líneach** linear functional

feidhmeán *m1* **líneach leanúnach** *(Mth.)* continuous linear functional
feidhm *f2* **earráide** error function
feidhm *f2* **fhrithlíneach** antilinear function
feidhmghineadóir *m3* function generator
feidhm *f2* **ghinearálaithe** generalized function
feidhm *f2* **ghinearálaithe rialta** regular generalized function
feidhm *f2* **ghinearálaithe shingilteach** singular generalized function
feidhm *f2* **ghiniúna (= ginfheidhm)** generating function
feidhm *f2* **ghinte dóchúlachta** probability-generating function
feidhm *f2* **ghinte móiminte** moment-generating function
feidhmghrúpa *m4 (Ch.)* functional group
feidhm *f2* **holamorfach** holomorphic function
feidhmigh *v* apply
feidhm *f2* **il-luachach** multiple-valued function, multi-valued function
feidhm *f2* **iltéarmach** *(Mth.)* polynomial function
feidhm *f2* **inbhéartach** inverse function
feidhm *f2* **incheadaithe** admissible function
feidhm *f2* **infhillte** *(Mth.)* implicit function
feidhm *f2* **intomhaiste** measurable function
feidhmiú *m* (*gs* **-ithe**) performance
feidhmiú *m* **foistine** steady-state performance
feidhmiúil *a* (= **feidhm-**) functional
feidhmiúlacht *f3* functionality
feidhm *f2* **Lagrange** Lagrangian function
feidhm *f2* **lúbaistrithe** loop-transfer function
feidhm *f2* **mhallmhéadaitheach** slowly-increasing function
feidhm *f2* **mhinicíochta** frequency function
feidhm *f2* **minicíochta carnaí** cumulative-frequency function
feidhm *f2* **neamhiallaithe** unconstrained function
feidhm *f2* **oibre (= obairfheidhm)** work function
feidhm *f2* **oibreora** function of an operator
feidhm *f2* **phoitéinsil** *(Ph.)* potential function
feidhm *f2* **pointí** *(Mth. Ph.)* point function
feidhm *f2* **shiméadrach** symmetric function
feidhm *f2* **shingilteachta** singularity function
feidhm *f2* **shnámhaíochta** creep function
feidhmspás *m1* (*pl* **-anna**) function space
feidhm *f2* **tharlúcháin** warping function
feidhm *f2* **tharchéimniúil** transcendental function
feidhm *f2* **thraschuir** transfer function
feidhm *f2* **traschuir ainmniúil** nominal transfer function
feidhm *f2* **thraschuir aischothaithe** feedback transfer function
feidhm *f2* **thraschuir lúbiata** closed-loop transfer function
feidhm *f2* **thraschuir lúboscailte** open-loop transfer function
feidhmthréimhse *f4* (= **tréimhse feidhme)** *(of power station)* availability
feidhm *f2* **thuairisciúil** describing function
feidhm *f2* **thul-traschuir** *(ContSys. Mth.)* forward-transfer function
feidhm *f2* **ualúcháin** *(Mth. St.)*

weighting function
feidhm *f2* **ualúcháin córais chúisigh** *(Mth. St.)* weighting function of a causal system
feidhm *f2* **ualúcháin spásúil** spatial weighting function
feil *v* (= **oir**) fit
feiliúnach *a* (= **oiriúnach**) fit
féilire *m4* calendar
feimt- *pref* (= **feimtea-, feimti-**) *(Ph.)* femto-
feimtea- *pref* (= **feimti-, feimt-**) *(Ph.)* femto-
feimti- *pref* (= **feimtea-, feimt-**) *(Ph.)* femto-
fein- *pref* (= **fean-**) phen-
féin- *pref* self-
féinchuingeach *a* self-adjoint
féinfhloscach *a* self-exciting
féinfhlosctha *a* self-excited
féinghlasála *gs* as *a* self-locking
feinil *f2* phenyl
feinileatánaimíd *f2* phenylethanamide
feinileatánón *m1* (= **aicéitifeanón**) phenylethanone
feiniléin *f2* phenylene
feiniléindé-aimín *m4* (= **beinséin-1,4-dé-aimín**) phenylenediamine
feinileitéin *f2* (= **stiréin**) phenylethene
feinilhiodraisín *m4* phenylhydrazine
feinilmeitiolaimín *m4* phenylmethylamine
feiniméan *m1* **iompair** transport phenomenon
feiniolaimín *m4* phenylamine
feiniolasóibeinséin *f2* phenylazobenzene
féin-ionduchtú *m* (*gs* **-taithe**) self-induction
féin-ionsú *m4* self-absorption
féinlúb *f2* self-loop
féinpholach *a* self-polar
feir- *pref* (= **feirea-, feiri-**) ferri-
feirea- *pref* (= **feiri-, feir-**) ferri-
feireach *a* ferric
feireamaighnéadas *m1* ferrimagnetism
feiri- *pref* (= **feirea-, feir-**) ferri-
feiriciainíd *f2* ferricyanide
feirít *f2* ferrite
feiriúil *a* ferrous
feirmí *m4* (*pl* **feirmíonna**) *(unit)* fermi
feirmiam *m4* fermium
feiste *f4* device
feiste *f4* **buicéad** *(Eln.)* bucket-brigade device
feiste *f4* **frithinge** homing device
feiste *f4* **luchtaistriúcháin** charge-transfer device
feiste *f4* **luchtchúpláilte** charge-coupled device
feisteoir *m3* fitter, trimmer
feiste *f4* **stórála** storage device
feithideolaíocht *f3* entomology
f-fhithiseán *m1 (Ch. Ph.)* f orbital
-fhiúsach *suff a* -valent
fí *f4* phi
fiaclach *a* toothed
fiar *v* shear
fiarchomhordanáidí *fpl (Mth.)* oblique co-ordinates
fiarchón *m1 (Mth.)* oblique cone
fiarlán *m1* zig-zag
fiarmhoilliú *m* (*gs* **-ithe**) shear lag
fiartheilgean *m1 (Mth.)* oblique projection
fiarthrasna *a* crosswise
fibril *f2 (synthetic textiles)* fibril
figiúirí *mpl* **athfhillteacha** *(Mth.)* recurrent figures
figiúr *m1* (*pl* **-iúirí**) figure, numeral
figiúr *m1* **fiúntais** figure of merit
-fileach *suff a* -philic
filiméad *m1* filament
-fill *suff f2* -phyll
fill *v* fold
filleadh *m* (*gs* **-llte**) fold
filleadh *m* **páipéir** paper folding
fillteán *m1* winding-coil
fineach *a* affine

fínéadú *m* (*gs* **-daithe**) vignetting
fínéagar *m1* vinegar
finíocht *f3* affinity
fiobhiotáille *f4* wood spirit
fíochán *m1 (Bio.)* tissue
fiodh-alcól *m1* wood alcohol
fioghual *m1* wood charcoal
fíonfhuíoll *m1* vinasses
fionn *v* discover
fionnachtain *f3* discovery
fíor *f* (*gs* **-rach**) *(shape)* figure
fíor *a* true
fíoraigh *v* verify
fíoríomhá *f4* real image
fíorphlaisteach *a (Ph.)* perfectly plastic
fíor *f* **sholadach** solid figure
fíorú *m* (*gs* **-raithe**) verification
fíric *f2* fact
fís- *pref* video-
físeán *m1* video
fisic *f2* physics
fisic *f2* **chandamach** quantum physics
fisic- *pref* (= **fisicea-**, **fisici-**) physico-
fisicea- *pref* (= **fisici-**, **fisic-**) physico-
fisiceach *a* physical
fisici- *pref* (= **fisicea-**, **fisic-**) physico-
fisiciceimiceach *a* physicochemical
fisic *f2* **mhíochaine** medical physics
fisic *f2* **mhóilíneach** molecular physics
fisic *f2* **núicléach** nuclear physics
fisic *f2* **radaíochta** radiation physics
fisic *f2* **shláinte** *(Ncln.)* health physics
fisic *f2* **sholadstaide** solid-state physics
físmhinicíocht *f3* video frequency
físíocón *m1* (*Phot.*) videcon
fístéip *f2* (*pl* **-eanna**) video tape
fithis *f2* orbit
fithiseach *a (Ch.)* orbital
fithiseán *m1 (Ch.)* orbital
fithiseán *m1* **frithnascach** *(Ch. Ph.)* antibonding orbital
fithiseán *m1* **móilíneach neamhshealbhaithe is ísle** lowest unoccupied molecular orbital, LUMO
fithiseán *m1* **móilíneach sealbhaithe is airde** highest occupied molecular orbital, HOMO
fithisigh *v* orbit
fithis *f2* **shioncrónach** synchronous orbit
fiuch *v* boil
fiuchadh *m* (*gs* **-chta**) ebullition
fiuchphointe *m4* boiling point
fiús *m1 (El.)* fuse
fiús *m1 (Ch.)* valence, valency
fiúsbhanda *m4* valence band
fiúsleictreon *m1* valence electron, valency electron
fiúsnasc *m1* valence bond
fiús-sceall *m3* valence shell
fiús-uimhir *f* (*gs* **-mhreach**) valency number
flava- *pref* (= **flavai-**) flavo-
flavai- *pref* (= **flava-**) flavo-
flavón *m1* flavone
fleascán *m1* flask
fleascán *m1* **cónúil** conical flask
fleascán *m1* **driogtha** distillation flask
fleascán *m1* **réthónach** flat-bottomed flask
fleascán *m1* **toirtmhéadrach** volumetric flask
fleisc *f2* flex
fleisceadh *m* (*gs* **-scthe**) flexure
FLG (= **fórsa leictreaghluaisneach**) EMF, electromotive force
fliche *f4* wetness
F-líne *f4* F-line
fliosca *m4* blotch
fliuch *a* wet
fliuchluaithriú *m* (*gs* **-rithe**) wet ashing

fliuchphointe *m4* wet point
fliuchphróiseas *m1* wet process
flocas *m1* floc
flocasaigh *v* flocculate
flocasú *m* (*gs* **-saithe)** flocculation
flocasúchán *m1* flocculation
flógastón *m1* phlogiston
flosc *m3* flux
flosc *v* excite
floscacht *f3* (= **floscas)** fluence
floscadh *m* (*gs* **-sctha)** excitation
floscán *m1* exciton
floscas *m1* (= **floscacht)** fluence
flosc-athraonadh *m* (*gs* **-nta)** flux refraction
floscdhlús *m1* flux density
floscdhlús *m1* **leictreach** electric-flux density
floscdhlús *m1* **maighnéadach** magnetic flux density
floscfheadán *m1 (Eln.)* tube of flux, tube of force
flosc *m3* **leictreach** electric flux
flosc *m3* **ligin** *(ElMag. Ph.)* leakage flux
floscline *f4* line of flux
flosc *m3* **lonrúil** *(Opt. Ph.)* luminous flux
flosc *m3* **maighnéadach** magnetic flux
floscmhéadar *m1* fluxmeter
flosc *m3* **radanta** radiant flux
flosctha *a* excited
flosctha go leithleach separately excited
fluairíd *f2* fluoride
fluairídigh *v* fluoridate
fluairídithe *a* fluoridated
fluairín *m4* fluorine
fluairít *f2* fluorite, fluorspar
fluara- *pref* (= **fluarai-)** fluoro-, fluor-
fluarabóráit *f2* fluoroborate
fluarai- *pref* (= **fluara-)** fluoro-, fluor-
fluaraiseach *a* fluorescent
fluaraiseacht *f3* fluorescence
fluaraiseacht *f3* **x-ghathach** x-ray fluorescence
fluaraisin *f2* fluorescein
fo- *pref* sub-, subsidiary
fo- *pref* (= **hipea-, hipi-, hip-)** *(Ch.)* hypo-
fo-adamhach *a* subatomic
fo-adamhachas *m1* subatomics
fo-aicme *f4* subclass
fo-armónach *m1* sub-harmonic
-fóbach *suff a* -phobic
fobhróimít *f2 (Ch.)* hypobromite
fócas *m1* focus
fócasach *a* focal
fócasaigh *v* focus
fócaschumhacht *f3* **Vernier** vernier focus power
fócasfhad *m1* **coibhéiseach** equivalent focal length
fócasú *m* (*gs* **-saithe)** focusing
fócasúchán *m1* focusing
fócasú *m* **grádáin ailtéarnaigh** alternating-gradient focusing
fócasú *m* **láidir** strong focusing
fócasú *m* **leictreamaighnéadach** electromagnetic focusing
fócasú *m* **leictreastatach** electrostatic focusing
fochaighdeán *m1* substandard
fochaighdeánach *a* substandard
fochlóirít *f2 (Ch.)* hypochlorite
fochriticiúil *a* subcritical
fofhoisfít *f2* (= **foisfíonáit)** hypophosphite
fofhosfáit *f2* hypophosphate
foghnáthamh *m1* subroutine
foghrúpa *m4* subgroup
foilmhe *f4* vacuity
foinse *f4* source
foinsechoisceas *m1* source impedance
foinsephointe *m4* source point
foinse *f4* **solais** (= **solasfhoinse)** light source
foinse *f4* **solais chomhleanúnaigh**

coherent-light source
fo-iolraí *m4* submultiple
fo-iolrán *m1* subfactorial
fo-iompróir *m3* subcarrier
fóir *f* (*gs* **-reach**) *(Mth.)* boundary
foirb *f2* knurl
foirceann *m1* *(of line, etc.)* end
foirceann *m1* **réidh** *(Eln.)* flat, flat edge
foirceann *m1* **suimeála** *(Mth.)* limit of integration
fóirchiseal *m1* boundary-layer
fóirchoinníoll *m1* *(Mth.)* boundary condition
fóirchoinníoll *m1* **statach** statical boundary condition
fóirchoinníoll *m1* **trasnaíochta** transversality boundary condition
foircneán *m1* *(Mth.)* extremum
foircneán *m1* **coibhneasta** *(Mth.)* relative extremum
foircneán *m1* **coinníollach** *(Mth.)* conditional extremum
foircneán *m1* **faoi iallacha** *(Mth.)* extremum subject to constraints
foireann *m1* **uirlisí** tool kit
-fóiréis *suff f2* -phoresis
-fóiréiseach *suff a* -phoresic
foirfe *a (Mth.)* perfect
foirgneamh *m1* *(building)* structure
foirm *f2* *(Ch.)* *(of chemical)* form
foirm *f2* **chanónta** canonical form
foirm *f2* **dhronuilleogach** rectangular form
foirm *f2* **Hermite** Hermitian form
foirmiúil *a (Ph.)* formal
foirmle *f4* formula
foirmle *f4* **an lionsa** (= **foirmle lionsach**) lens formula
foirmle *f4* **cheimiceach** chemical formula
foirmle *f4* **dhifríochta** difference formula
foirmle *f4* **ghrafach** graphic formula
foirmle *f4* **inbhéartúcháin** inversion formula
foirmle *f4* **lionsach** (= **foirmle an lionsa)** lens formula
foirmle *f4* **shuimeála** integration formula
foirmle *f4* **thraschuir** transfer formula
foirmligh *v* formulate
foirmliú *m* (*gs* **-ithe**) *(Mth.)* formulation
foirm *f2* **pholach** polar form
foirm *f2* **sheiscilíneach** sesquilinear form
foirnéis *f2* furnace
foirnéis *f2* **soinneáin** blast furnace
foirnéis *f2* **theallachoscailte** open-hearth furnace
foisféin *f2* phosphene
foisfíd *f2* phosphide
foisfín *m4* phosphine
foisfíonáit *f2* (= **fofhoisfít**) *(Ch.)* phosphinate
foisfít *f2* phosphite
foisgéin *f2* (= **clóiríd charbóinile**) phosgene
foisteanach *a* steady
foistine *f4* steady state
foistine *gs* as *a* steady-state
folamh *a* empty, void
folcadán *m1* **gaile** (= **galfholcadán**) steam bath
folcadán *m1* **gníomhachtaithe** activated bath
follasach *a* (= **soiléir**) evident
folmhaigh *v* exhaust
folúntas *m1* void
folús *m1* vacuum
folúschaidéal *m1* vacuum pump
folúsfhleascán *m1* vacuum flask
folústomhsaire *m4* vacuum gauge
fo-mhicreastruchtúr *m1* sub-microstructure
fon *m1* phon
fóna- *pref* (= **fónai-**) phono-
fónai- *pref* (= **fóna-**) phono-
fónaiceimic *f2* phonochemistry
fonítrít *f2* *(Ch.)* hyponitrite

fónón *m1* phonon
fonormal *m1* subnormal
fonormalach *a* subnormal
fonsa *m4* hoop
fo-ocsaíd *f2* suboxide
-fór *m1 suff* -phore
for- *pref* superior, super-, supra-
fóraglúcanól *m1* phoroglucinol
forar *m1* climax
for-ardmhinicíocht *f3* superhigh frequency
-fórán *suff m1* -phorus
forbair *v (Mec. Mth. Ph.)* expand
forbairt *f3* (*gs* **-artha**) *(Ph.)* expansion
forbairt *f3* **cumraíochta** configurational expansion
forbairt *f3* **pháirtchodán** *(Mth.)* partial-fraction expansion
forbairt *f3* **thrínártha** *(Mth.)* ternary expansion
forbartha *a (Mec. Ph.)* expanded
forbróir *m3* expander
fordhath *m3 (Opt.)* hue
fordhocht *a* over-rigid
foréalta *a (Phot.)* underdeveloped
foréigiún *m1* subregion
foréimse *m4* subfield
forfhuaraigh *v* supercool
forimeall *m1* periphery
forimeallach *a* peripheral
forleacht *m3* supernatent liquid
forleath *v* propagate
forleathadh *m* (*gs* **-eata**) propagation
forleathadh *m* **dronlíneach** rectilinear propagation
forleathadh *m* **earráide** *(Mth.)* propagation of error
forleatóir *m3* propagator
forlíon *m1* supplement
forlíon *v* supplement
forlíonach *m1* supplementary
forloisc *v* (= **ruadhóigh**) scorch
forloscadh *m* (*gs* **-oiscthe**) (= **ruadhó**) scorching

forluí *m* (*gs* **forluite**) overlapping
forluí *m* **fithiseán** overlapping of orbitals
forluigh *v* overlap
forluite *a* (= **forluiteach**) overlapping
forluiteach *a* (= **forluite**) overlapping
forluiteacht *f3* overlapping
formach *a* (= **meatánóch**) formic
formaildéad *m1* (= **meatánal**) formaldehyde
formailin *f2* formalin
formailmeitiainín *m1* formylmethionine
formaimíd *f2* (= **meatánaimíd**) formamide
formalach *a (Ch.)* formal
formhaolaithe *a (Ph.)* overdamped
formhéadaigh *v* magnify
formhéadú *m* (*gs* **-daithe**) magnification
formhéadú *m* **cliathánach** *(Opt.)* lateral magnification
forocsaíd *f2* superoxide
fórsa *m4* force **faoi fhórsa** *(of flexibility of material)* under force
fórsa *m4* **aschuir** output force
fórsa *m4* **buacachta** buoyancy force
fórsa *m4* **comhchruinnithe** concentrated force
fórsa *m4* **comhéigneach** coercive force
fórsa *m4* **domhantarraingthe** force of gravity
fórsa *m4* **éarthach** repellent force
fórsa *m4* **éifeachtach** effective force
fórsa *m4* **fiartha** shearing force
fórsa *m4* **ginearálaithe** generalized force
fórsa *m4* **iallaigh** constraining force
fórsáil *v* force
fórsa *m4* **imchoimeádach** conservative force
fórsaí *mpl* **neamhchothromaithe** unbalanced forces

fórsa *m4* **inmheánach** internal force
fórsa *m4* **ionchuir** input force
fórsa *m4* **lárnach** central force
fórsa *m4* **leictreaghluaisneach** (= **FLG**) electromotive force, EMF
fórsa *m4* **lingeáin** spring force
fórsa *m4* **maighnéadghluaisneach** magnetomotive force
fórsa *m4* **meicneaghluaisneach** mechanomotive force
fórsa *m4* **Newton** Newtonian force
fórsa *m4* **ríogach** *(Mec. Ph.)* impulsive force
fórsa *m4* **támhúil** inertial force
fórsa *m4* **tuinsithe** impressed force
forsceith *v* overflow
forscript *f2* superscript
forsháithigh *v* supersaturate
forsháithithe *a* supersaturated
forsheoltach *a* superconductive
forsheoltacht *f3* superconductivity
forshonach *a* supersonic
forshuigh *v* (*pres* **-uíonn,** *vn* **-uí**) superimpose, superpose
forshuíomh *m1* superposition
forshuite *a* superimposed
forthéigh *v* (*pres* **-éann,** *vn* **-éamh**) superheat
forthéite *a* superheated
forthon *m1* overtone
forvoltas *m1* overvoltage
fos *m3* rest **ar fos** at rest **ó fhos** from rest
fosaigh *v (Ch. Phot.)* fix
fosaithe *a (of point, position, etc.)* fixed
fosceall *m3* subshell
foscript *f2* subscript
foscript *f2* **dumaí** *(Mth.)* dummy subscript
fosfáit *f2* phosphate
fosfáit *f2* **photaisiam** potassium phosphate
fosfar *m1* phosphorus
fosfarach *a* phosphoric
fosfar *m1* **bán** white phosphorus
fosfarúil *a* phosphorous
fosfhuinneamh *m1* rest energy
fosfóiniam *m4* phosphonium
fosfónach *a* phosphonic
fosfónáit *f2* phosphonate
fosheicheamh *m1* subsequence
foshonach *a* subsonic
foshraith *f2* substrate
foshruth *m3* undercurrent
foshuilfít *f2* (= **suilfíonáit**) hyposulphite
fosmhais *f2* rest mass
fospás *m1* subspace
fospás *m1* **do-athraitheach** invariant subspace
fosú *m* (*gs* **-saithe**) *(Phot.)* fixing
fosúchán *m1 (Ch.)* fixation
fosúchán *m1* **nítrigine** nitrogen fixation
fót *m1* phot
fóta- *pref* (= **fótai-**) photo-
fóta-astú *m* (*gs* **-taithe**) photoemission
fótacatóid *f2* photocathode
fótacrómachas *m1* photochromism
fóta-dhíscaoileadh *m* (*gs* **-lte**) *(NcPh.)* photodisintegration
fótagraf *m1* photograph
fótagrafach *a* photographic
fótagrafaíocht *f3* photography
fótagrafaíocht *f3* **fhuaimthonnach** sound-wave photography
fótagrafaíocht *f3* **rothlach** rotation photography
fótai- *pref* (= **fóta-**) photo-
fóta-ianúchán *m1* photo-ionization
fótaiceimic *f2* photochemistry
fótaiceimiceach *a* photochemical
fótaichill *f2* photocell
fótaichill *f2* **bhac-chisil** *(Eln.)* barrier-layer photocell
fótaichill *f2* **choigeartaithe** *(Eln.)* rectifier photocell
fótaichill *f2* **chúlchisil** *(Eln.)* back-layer photocell
fótaichill *f2* **tulchisil** *(Eln.)* front-

layer photocell
fótaidhé-óid *f2* photodiode
fótaifhriotán *m1* photoresist
fótaileaisteachas *m1* photoelasticity
fótaileictreach *a* photoelectric
fótaileictreon *m1* photoelectron
fótailiteagrafaíocht *f3* photolithography
fótaiméadar *m1* photometer
fótaiméadar *m1* **an gheirspota** *(Opt.)* grease-spot photometer
fótaiméadar *m1* **caochaíola** flicker photometer
fótaiméadar *m1* **suimeála** integrating photometer
fótaiméadracht *f3* photometry
fótaimicreagrafaíocht *f3* photomicrography
fóta-iolróir *m3* photomultiplier
fótaisféar *m1* photosphere
fótaisheoltacht *f3* photoconductivity
fótaisheoltóir *m3 (Ph.)* photoconductor
fótalú *m* (*gs* **-laithe**) photolysis
fótamaighnéadas *m1* photomagnetism
fótamhothálach *a* photosensitive
fótathrasraitheoir *m3* phototransistor
fótatrófach *a* phototrophic
fótavoltach *a* photovoltaic
fo-thacar *m1* sub, subset
fo-thacar *m1* **cóir** proper subset
fothadhlaí *m4* subtangent
fotháirge *m4* by-product
fothoradh *m1 (St.)* outcome
fótóinic *f2* photonics
fótón *m1* photon
frainciam *m4* francium
frainse *m4* fringe
frainse *m4* **trasnaíochta** interference fringe
fráma *m4* frame
fráma *m4* **comhairimh (= abacas)** *(Mth.)* abacus
fráma *m4* **comhairimh ingearach** *(Mth.)* upright abacus
fráma *m4* **rothlach** rotating frame
fráma *m4* **tagartha** frame of reference
fráma *m4* **tagartha Newton** Newtonian frame of reference
fras *f2* **Auger** Auger shower
fras *f2* **chascáideach** *(Ph.)* cascade shower
fras *f2* **mhór** extensive shower
Fr-chaillteanas *m1* Fr-loss
freagair *v* (*pres* **-graíonn)** respond
freagair *v* (*pres* **-graíonn)** **(= comhfhreagair)** correspond
freagairt *f3* (*gs* **-artha)** response
freagairt *f3* (*gs* **-artha)** (= **comhfhreagairt)** *(Mth. Set.)* correspondence
freagairt *f3* **aonadríoga** *(ContSys.)* unit impulse response
freagairt *f3* **fhórsáilte** forced response
fréamh *f2* (*pl* **-acha)** *(Mth.)* radix, root
fréamh *f2* (*pl* **-acha)** *(Ch.)* radical
fréamh- *pref* (= **fréamhaí)** *(Ch.)* radical
fréamhacha *fpl* **iltéarmach** *(Mth.)* roots of polynomials
fréamh *f2* **atrialla** iterated root
fréamh *f2* **chearnach** square root
fréamh *f2* **chearnach oibreora** square root of operator
fréamhaí *a* (= **fréamh-)** *(Ch.)* radical
fréamhlár *m1* radical centre
fréamh *f2* **leithleach** distinct root
freangán *m1* retort
freasaitheach *a (El.)* reactive
freasaitheacht *f3 (El.)* reactance
freasaitheacht *f3* **ionduchtach** inductive reactance
freasaitheacht *f3* **ligin** *(El. Ph.)* leakage reactance
freasaitheacht *f3* **thoilleasach** capacitive reactance
freasaitheoir *m3 (El.)* reactor

freasaitheoir *m3* **comhlach** *(El.)* valve reactor
freasaitheoir *m3* **insáithithe** *(El.)* saturable reactor
freasúrach *a* opposing
F-réigiún *m1* F-region
fréinil *f2 (unit)* fresnel
frídeoir *m3* pulley block
friotachas *m1* resistivity, specific resistance
friotaigh *v* resist
friotaíocht *f3 (El.)* resistance
friotaíocht *f3* **aerógach** aerial resistance
friotaíocht *f3* **choibhéiseach** *(El.)* equivalent resistance
friotaíocht *f3* **dhiúltach** negative resistance
friotaíocht *f3* **fána** slope resistance
friotaíocht *f3* **inmheánach** *(Ph.)* internal resistance
friotaíocht *f3* **insliúcháin** insulating resistance
friotaíocht *f3* **leata** spreading resistance
friotaíocht *f3* **mhaighnéadach** magnetic resistance
friotaíocht *f3* **rollach** *(Mec.)* rolling resistance
friotaíocht *f3* **sháithitheach** saturation resistance
friotaíocht *f3* **tarraingthe** *(Mec.)* tractive resistance
friotaíocht *f3* **teagmhála** contact resistance
friotaíocht *f3* **radaíochta** radiation resistance
friotán *m1* resist
friotóir *m3* resistor
friotóir *m3* **ballasta (= bairitéar)** *(El.)* ballast resistor
friotóir *m3* **fosaithe** fixed resistor
friotóir *m3* **inathraithe** variable resistor
friotóir *m3* **scannáin** *(Eln.)* film resistor
friotóir *m3* **solas-spleách** light-dependent resistor, LDR
frith- *pref* anti-
frith-athfhillteach *a* anti-reflexive
frith-athraitheas *m1 (Mth.)* contravariance
frith-athshondas *m1* (= **athshondas comhthreomhar**) *(El.)* anti-resonance
frith-bhaoth-thonnán *m1* anti-convulsant
frithchaiteacht *f3* reflectivity
frithchaiteas *m1* reflectance
frithchaiteoir *m3* reflector
frithchaith *v* reflect
frithchaitheamh *m1* reflection
frithchaitheamh *m1* **iolrach** multiple reflection
frithchaitheamh *m1* **roghnaíoch** selective reflection
frithcháithnín *m4 (Ncln. Ph.)* anti-particle
frithchatóid *f2* anticathode
frithchnagach *m1* antiknock
frithchnagach *a* antiknock
frithchódón *m1* anticodon
frith-chómhalartacht *f3* anti-commutation
frith-chómhalartaigh *v* anti-commute
frithchuimilt *f2* friction
frithchuimilt *f2* **acastóra** axle friction
frithchuimilt *f2* **chnis** skin friction
frithchuimilteach *a* frictional
frithchuimilt *f2* **dhinimiciúil** dynamic friction
frithchuimilt *f2* **rollach** rolling friction
frithchuimilt *f2* **shleamhnánach** sliding friction
frithchuimilt *f2* **statach** static friction
frithchuimilt *f2* **theorantach** *(El.)* limiting friction
frithdhamhna *m4* antimatter

frithdheimhneach *a (Mth.)* contrapositive
frithdhíorthach *m1* anti-derivative
frith-fhearómaighnéadas *m1 (Ph.)* antiferromagnetism
frithfhluairít *f2* antifluorite
frithfhórsa *m4* **leictreaghluaisneach** *(ElMag.)* back electromotive force, counter electromotive force
frithghníomhaigh *v (Mec.)* react
frithghníomhú *m* (*gs* **-mhaithe**) *(Mec.)* reaction
frithghníomhúchán *m1 (Mec.)* reaction
frithghrádán *m1 (Mth.)* contragradient
frith-ian *m1* counterion
frithingeach *a (Mec.)* reciprocating
frithingigh *v (Mec.)* reciprocate
frithiseamorfacht *f3* **isiméadrach** isometric anti-isomorphism
frithleictreon *m1* (= **leictreon deimhneach, posatrón**) antielectron
frithlogartam *m1* antilogarithm
frithloinnir *f* (*gs* **-nnreach**) *(Ast.)* counterglow, gegenschein
frithlúbthacht *f3* bending strength
frithnascach *a* antibonding
frithnascadh *m* antibonding
frithne *f4 (Opt.)* object
frithne *f4* **fhíorúil** *(Opt. Ph.)* virtual object
frithneodrón *m1* anti-neutron
frithnimh *f2 (Pharm.)* antidote
frithnód *m1* antinode
frithocsaídeoir *m3* antioxidant
frithoibrigh *v (Comp.)* negation
frithoibríocht *f3 (Comp.)* negate
frithphol *m1* antilogous pole
frith-phríomhphointe *m4* (= **príomhphointe diúltach**) *(Opt.)* antiprincipal point
frithphrótón *m1* anti-proton
frithscreabhán *m1* anti-foulant
frithsheipteán *m1* antiseptic
frithshiméadrach *a* anti-symmetric
frithshleamhnánach *a* anti-slip
frithshreabh *f2 (Eng.)* counter-current, countercurrent flow, counterflow
frithshreabh *f2* **leanúnach** continuous countercurrent
frithspré *f4 (of heat)* reverberation
frithspréigh *v (of heat)* reverberate
fritreo *m4 (of line)* sense
fritreomhar *a* anti-parallel
fruchtós *m1* fructose
frustam *m1 (of solution)* frustum
fuaidreamh suspension **ar fuaidreamh** suspended, in suspension
fuaidreán *m1 (Ch.)* suspension
fuaidrigh *v (Ch.)* suspend
fuaim *f2* sound
fuaimairíonna *mpl* acoustic(al) properties
fuaimbhac *m1* sound barrier
fuaimbhrú *m4* sound pressure
fuaimchoisceas *m1* acoustic impedance
fuaimdhéine *f4* sound intensity
fuaimeolaíocht *f3 (science)* acoustics
fuaimfhlosc *m3* sound flux
fuaimghéilliúntas *m1* acoustic compliance
fuaimghríl *f2* acoustic grating
fuaiminsliú *m* (*gs* **-ithe**) sound insulation
fuaimíocht *f3 (of building)* acoustics
fuaimiúil *a* acoustic, acoustical
fuaim-mhais *f2* acoustic mass
fuaimrian *m1* sound-track
fuaimscagaire *m4* acoustic filter
fuaimscannán *m1* sound film
fuaimstalcacht *f3* acoustic stiffness
fuaimtháimheas *m1* acoustic inertance
fuaimthoilleas *m1* acoustic capacitance
fuaimthonn *f2* sound-wave

fuarchatóid *f2* (**= catóid fhuar**) cold cathode
fuarfhaghartha *a (Metal.)* chilled
fuarfhaghair *v (Metal.)* chill
fuarghaiste *m4* (**= gaiste fuar**) cold trap
fuarthán *m1 (NcPh.)* coolant
fuarthóir *m3 (device)* chill
fuarú *m* **athghiniúnach** regenerative cooling
fuascailt *f2* **struis** stress relief
fuill *v* accrete
fuilleach *a* accrete
fuílleach *m1* remainder
fuilleamh *m1* accretion
f-uimhir *f* (*gs* **-mhreach**) f-number
fuinneamh *m1 (Ph.)* energy
fuinneamhachas *m1 (Ph.)* energetics
fuinneamh *m1* **adamhach** atomic energy
fuinneamh *m1* **ag an nialasphointe** zero-point energy
fuinneamh *m1* **aistriúcháin** translational energy
fuinneamhbhanda *m4* energy band
fuinneamhbhearna *f4* energy gap
fuinneamh *m1* **cinéiteach** *(Mec. Ph.)* kinetic energy
fuinneamh *m1* **cobhsaíochta an chriostalréimse** crystal-field stabilization energy
fuinneamhdhlús *m1* energy density
fuinneamh *m1* **dílogánúcháin** delocalization energy
fuinneamh *m1* **dromchla** (**= dromchlafhuinneamh**) surface energy
fuinneamh *m1* **éifeachtach** effective energy
fuinneamh *m1* **floscacháin** excitation energy
fuinneamh *m1* **fuaime** sound energy
fuinneamh *m1* **gníomhachtúcháin** *(Ph.)* activation energy
fuinneamh *m1* **ianúcháin** ionization energy
fuinneamh *m1* **iarmharach** *(Ph.)* residual energy
fuinneamh *m1* **leictreach** electric energy
fuinneamh *m1* **lonrúil** *(Opt. Ph.)* luminous energy
fuinneamh *m1* **nascach** binding energy
fuinneamh *m1* **poitéinsiúil** *(Mec. Ph.)* potential energy
fuinneamh *m1* **rotha lústair** energy of a flywheel
fuinneamh *m1* **solais** light energy
fuinneamh *m1* **straidhne** strain energy
fuinneamh *m1* **taiscthe** stored energy
fuinneamh *m1* **teasa** heat energy
fuinneog *f2* **atmaisféarach** atmospheric window
fuinneog *f2* **Brewster** Brewster window
fuinneog *f2* **infridhearg** infrared window
fuinneog *f2* **optúil** optical window
fuinnmhigh *v* energize
fuinnmhithe *a* energized
fuíoll *m1 (Eng.)* tailings
fullairéin *f2 (Ch.)* fullerene
fulmanach *a* fulminic

G

ga *m4* radius
ga *m4* ray
ga *m4* **achtanach** actinic ray
ga *m4* **anóideach** anode ray
gabh *v (NcPh.)* capture
gabh *v (in phrase)* **gabh thar** (**= sáraigh, téigh thar**) exceed
gabhailín *m4* fork
gabháil *f3* **sheadánach** parasitic capture
gabhálas *m1 (Mec.)* accessory
gabhdán *m1* receptacle

gabhdán *m1 (Ch.) (container)* receiver
gabhlóg *f2* **thiúnta** tuning-fork
gabhsa *m4 (unit)* gauss
gabhsmhéadar *m1* gaussmeter
ga-choibhneas *m1* radius ratio
gadailiniam *m4* gadolinium
ga *m4* **gíorála** radius of gyration
gaibhnigh *v* forge
gailéin *f2* galena
gailliam *m4* gallium
gaineamh *m1* sand
ga *m4* **ionsaitheach** incident ray
gaireas *m1* apparatus
gaireas *m1* **rabhaidh dhóiteáin** fire-warning device
gaireas *m1* **rabhaidh sheaca** frost-warning device
gaireas *m1* **seoltachta** conductivity apparatus
gaireas *m1* **úll agus fáinne** ball and ring apparatus
gaiste *m4* trap
gaiste *m4* **fuar** (= **fuarghaiste**) cold trap
gal *f2* vapour
galaigh *v* vaporize, evaporate
galaigh *v (Ch. Ph.)* volatilize
galaitheoir *m3* evaporator
galbhánaigh *v* galvanize
galbhánaiméadar *m1* galvanometer
galbhánaiméadar *m1* **astatach** astatic galvanometer
galbhánaiméadar *m1* **creathach** vibration galvanometer
galbhánaiméadar *m1* **crithghiolcaí** vibrating-reed galvanometer
galbhánaiméadar *m1* **difreálach** differential galvanometer
galbhánaiméadar *m1* **sínis** sine galvanometer
galbhánaiméadar *m1* **tadhaill** tangent galvanometer
galbhrú *m4* vapour pressure
gal-chalraiméadar *m1* (= **calraiméadar gaile**) steam calorimeter
galdlús *m1* vapour density
galdriogadh *m* (*gs* **-gtha**) (= **driogadh gaile**) steam distillation
gal *f2* **fhliuch** wet vapour
galfholcadán *m1* (= **folcadán gaile**) steam bath
gal *f2* **fhorsháithithe** supersaturated vapour
galghaiste *m4* steam trap
gallúnach *f2* soap
gallúnaigh *v* saponify
gallúnú *m* (*gs* **-naithe**) saponification
gal *f2* **neamhsháithithe** unsaturated vapour
galphointe *m4* steam point
gal *f2* **sháithithe** saturated vapour
galú *m* (*gs* **-laithe**) *(Ch. Ph.)* volatilization
gal *f2* **uisce** steam
galuisce *m4 (Ch. Ph.)* water vapour
galún *m1* gallon
gáma *m4* gamma
gáma-gha *m4* gamma-ray
ga *m4* **na cuaire** radius of curvature
gan lód no-load
gang *m3* gong
gangmhiotal *m1* gong metal
gaol *m1 (Mth.)* relationship
gaol *m1* **aonad** relationship of units
gaol *m1* **comhdhéanmhach** constitutive relation
gaol *m1* **foistine do thairisigh earráide** steady-state relation to error constants
gaolmhar *a (of affinity)* relative
gaol *m1* **neamhaistreach** intransitive relation
gaolta *mpl* **deilíneachta** recipirocity relations
gaotáiste *m4* windage
gaoth *f2* wind
gaoth *f2* **aigéastrófach** ageostrophic wind
gaoth *f2* **anabatach** anabatic wind

gaoth *f2* **chatabatach** katabatic wind
gaothrán *m1 (Eng. Mec.)* fan
gaoth-thollán *m1* wind tunnel
gaothuirlis *f2* wind instrument
ga *m4* **par-aiseach** *(Opt.)* paraxial ray
gar- *pref* (= **neas-**) *(Mth.)* approximate, rough
gás *m1* gas
gásach *a* gaseous
gásailín *m4* gasoline
gásaimpliú *m* (*gs* **-ithe**) gas amplification
gáschothromóid *f2* **dhinimiciúil** gas dynamical equation
gáschrúsca *m4* gas-jar
gásdlí *m4* gas law
gásdlús *m1* gas density
gásian *m1* (= **ian gásach**) gaseous ion
gás *m1* **idéalach** *(Ch. Ph.)* ideal gas, perfect gas
gásmhasc *m1* gas mask
gásmhéasar *m1* gas maser
gás *m1* **mianaigh** firedamp
ga *m4* **speictreach** spectral radius
gás *m1* **portaigh** marsh gas
gás *m1* **spíonta** spent gas
gás-steallaire *m4* gas syringe
gasta *a* (= **mear, tapa**) *(of speed)* fast
gás *m1* **táirgeora** producer gas
gástairiseach *m1* gas constant
gástairiseach *m1* **uilíoch** universal gas constant
gás *m1* **támh** (= **triathghás**) inert gas
gástáthú *m* (*gs* **-thaithe**) gas welding
gásteirmiméadar *m1* gas thermometer
gásteirmiméadar *m1* **brúthairiseach** constant-pressure gas thermometer
gásteirmiméadar *m1* **toirt-tairiseach** constant-volume gas thermometer
gástuirbín *m4* gas turbine
gás *m1* **uisce** (= **uisceghás**) *(Ch.)* water gas

gásumar *m1* pneumatic trough
gathach *a* radial
gathaigh *v* (= **radaigh**) radiate
gathanna *mpl* **canálacha** canal rays
gathlach *m1* (= **gathlach solais**) *(Opt.)* *(of light rays)* pencil
gathlach *m1* **armónach** *(Mth.)* harmonic pencil
gathlach *m1* **solais** *(Opt.)* pencil
ga *m4* **ultraivialait** ultraviolet ray, UV ray
géag *f2* arm
géag *f2* **chraenach** crane jib
géag *f2* **ualaigh** *(Mec.)* load arm
gealach *f2* **dhronnach** (= **gealach scothlán**) gibbous moon
gealach *f2* **scothlán** (= **gealach dhronnach**) gibbous moon
gealán *m1* **San Elmo** Saint Elmo's fire
gealbhruthaíl *f3* incandescence
gealra *m4* coruscation
geamhach *a* blurred
geamhchiorcal *m1* blur circle
géar *a* acute
géar *a* steep
géar *a* pungent
gearmáiniam *m4* germanium
gearradh *m* (*gs* **-rrtha**) section
gearradh *m* **plánach** (= **plán-ghearradh**) plane section
gearrchiorcad *m1* short, short-circuit
gearrchiorcad *v* short, short-circuit
gearr-radharc *m1* myopia
géaruillinn *f2* acute angle
geata *m4* gate
geilignít *f2* gelignite
geilitín *m4* gelatine
geilitíneach *a* gelatinous
géilliúntas *m1* compliance
géill-luach *m3* yield value
géilllphointe *m4* yield-point
géillstrus *m1* yield stress
geim- *pref* gem-
geiminigh *v* geminate

géin *f2* gene
géineas *m1* genus
-geinin *suff f2* -genin
géinitic *f2* genetics
géinspladhsáil *f3* gene splicing
géinteiripe *f4* gene therapy
geir *f2* tallow
géire *f4 (Opt.) (of image)* definition
geo- *pref* (= **geoi-**) geo-
geochlár *m1* geoboard
geocrónaiméadracht *f3* geochronometry
geodasach *a* geodesic
geodasaíocht *f3* geodesy
geoi- *pref* (= **geo-**) geo-
geoiceimic *f2* geo-chemistry
geoid *f2* geoid
geoifisic *f2* geophysics
geoiméadrach *a* (= **céimseatúil**) geometric
geoiméadracht *f3* (= **céimseata**) geometry
geoiméadracht *f3* **ghluaisne** motion geometry
geoiméadracht *f3* **neamh-Eoiclídeach** non-Euclidean geometry
geoiméadracht *f3* **phlánach** (= **plángheoiméadracht**) plane geometry
geoiméadracht *f3* **sholadach** (= **céimseata sholadach**) solid geometry
geoiméadracht *f3* **theilgeach** projective geometry
geoiméadracht *f3* **thuairisciúil** descriptive geometry
geois- *pref* (= **geoisteach**) gauche
geoisteach *a* (= **geois-**) gauche
geolaíocht *f3* geology
geolárnach *a* geocentric
geomaighnéadas *m1* (= **maighnéadas an domhain**) geomagnetism
gerade *m4 (unit) (de)* gerade
GeV (= **BeV, gigileictreonvolta**) GeV, giga-electronvolt
g-fhachtóir *m3* (= **g-fhachtóir Landé**) g factor
g-fhachtóir *m3* **Landé** (= **g-fhachtóir**) Landé g factor
giar *m1* gear
giaráil *f3* gearing
giar *m1* **pláinéadach** planetary gear
giarsa *m4* girder
gig- *pref* (= **gigea-, gigi-**) giga-
gigea- *pref* (= **gigi-, gig-**) giga-
gigi- *pref* (= **gigea-, gig-**) giga-
gigileictreonvolta *m4* (= **BeV, GeV**) giga-electronvolt, GeV
gilbirt *f2* (*pl* **-rtí**) *(ElMag.) (unit)* gilbert
gile *f4* brightness
gilliún *m1 (American billion, 10^9)* gillion
gin *v* generate
-gin *suff f2* -gen
gineadóir *m3* generator
gineadóir *m3* **comhartha** signal generator
gineadóir *m3* **heitreapolach** heteropolar generator
gineadóir *m3* **ísealmhinicíochta** low-frequency generator
gineadóir *m3* **maighnéada-plasmaidinimiciúil** magneto-plasmadynamic generator
gineadóir *m3* **sioncrónach srutha ailtéarnaigh** synchronous alternating-current generator
ginearálta *a* general
ginfheidhm *f2* (= **feidhm ghiniúna**) generating function
ginfheidhm *f2* **chumalach** cumulant generating function
giniúint *f3* (*gs* **-úna**) *(process)* generation
giodam *m1* jitter
giolcach *f2* reed
gíor- *pref* (= **gírea-, gíri-, gír-**) gyro-
gíoráil *f3 (Mec. Ph.)* gyration, gyrating
gíoráil *v (Mec. Ph.)* gyrate
gíoraitin *f2* gyratin

gíorálaí *m4 (Mec. Ph.)* gyrator
giorrúchán *m1* abbreviation
giosáil *f3* fizz
giosáil *v* fizz
giosta *m4* yeast
giotán *m1 (Comp.)* bit
gipseam *m1* gypsum
gír- *pref* (= **gírea-, gíri-, gíor-**) gyro-
gírea- *pref* (= **gíri-, gír-, gíor-**) gyro-
gíreachompás *m1 (Ph.)* gyrocompass
gíreamaighnéadach *a* gyromagnetic
gíreascóp *m1* gyroscope
gíreascópach *a* gyroscopic
gíreastat *m1* gyrostat
gíri- *pref* (= **gírea-, gír-, gíor-**) gyro-
giúl *m1* (= **J**) *(unit)* joule, J
giúlmhéadar *m1* joulometer
glacadh *m* (*gs* **-ctha**) reception
glacadh *m* **heitridíneach** heterodyne reception
glacadóir *m3 (Ph.)* receiver
glacadóir *m3* **sárheitridíneach** superheterodyne receiver
glacaire *m4 (El. NcPh.)* pick-up
glacóir *m3 (Ch.)* acceptor
glacóir *m3* **leictreon** *(Ch.)* electron acceptor
glacóir *m3* **leictreondíse** electron-pair acceptor
glan *a* (= **glan-**) net, nett
glan- *pref* (= **glan**) net, nett
glanlucht *m3* nett charge
glanmhatamaitic *f2* pure mathematics
glanmheáchan *m1* nett weight
glantach *m1* detergent
glantach *a* detergent
gléas *m1* utensil
gléas *m1* **aeroibrithe** *(Eng.)* pneumatic tool
gléas *m1* **diosctha** dissecting instrument
gléasra *m4 (Mec.)* plant
gléasra *m4* **treorach** (= **treoirghléasra**) pilot plant
gléas *m1* **tomhais** measuring instrument
gléigeal *a* brilliant
gléigile *f4* brilliance
glicigin *f2* glycogen
glicín *m4* (= **aigéad aimínaicéiteach**) glycine
glicríd *f2* glyceride
glicrín *m4* glycerine
gliocól *m1* glycol
gliocról *m1* glycerol
gliocsal *m1* (= **eatáindé-al**) glyoxal
gliocsalach *a* (= **ocsó-eatánóch**) glyoxalic
gliséid *f2* glissette
glóbailin *f2* globulin
gloine *f4* glass
gloine *f4* **bhreochloiche** *(Ch. Opt.)* flint glass
gloine *f4* **chorónach** crown-glass
gloine *f4* **formhéadúcháin** magnifying glass
gloine *f4* **mheilte** ground glass
gloine *f4* **optúil** optical glass
gloine *f4* **shnáithíneach** (= **snáthghloine**) fibreglass
gloiní *a* vitreous
gloinigh *v* vitrify
gloiní *fpl* **oíche** night glasses
gloiní *fpl* **sábháilteachta** safety spectacles
gloiniú *m* (*gs* **-ithe**) vitrification
gloiniúchán *m1* vitrification
glóthach *f2 (Ch.)* gel
glóthach *f2* **shilice** silica gel
glóthaigh *v (Ch.)* gel, gelate
glóthú *m* (*gs* **-thaithe**) gelation
gluaisne *f4* motion
gluaisneacht *f3* motivity
gluaisne *f4* **aidiabatach** adiabatic motion
gluaisne *f4* **anarmónach** *(Ph.)* anharmonic motion
gluaisne *f4* **armónach shimplí** simple harmonic motion, SHM
gluaisne *f4* **chioclónach** cyclonic

motion
gluaisne *f4* **choibhneasta** *(Mec. Ph.)* relative motion
gluaisne *f4* **chúlaitheach** *(Mec. Ph.)* reversing motion
gluaisne *f4* **coirp dhocht** *(Eng. Mec. Ph.)* rigid-body motion
gluaisne *f4* **dhronlíneach** *(Mth. Ph.)* rectilinear motion
gluaisne *f4* **lannach** laminar motion
gluaisne *f4* **neamhrothlach** irrotational motion
gluaisne *f4* **rollach** *(Mec.)* rolling motion
gluaisne *f4* **rothlach** rotational motion
gluaisne *f4* **shiméadrach i leith na haise** axially symmetrical motion
gluaisne *f4* **uilleach** angular motion
glúcóisíd *f2* glucoside
glúcónach *a* gluconic
glúcós *m1* glucose
glúcúrónach *a* glucuronic
glúin *f2 (NcPh.) (step in series)* generation
glúón *m1* gluon
glútaimín *m4* glutamine
glútaitión *m1* glutathione
glútan *m1* gluten
gnách *a* (= **gnáth-**) ordinary
gnás *m1* convention
gnás *m1* **na síneacha** *(Mth.)* convention of signs, sign convention
gnás *m1* **"réadach deimhneach"** real-is-positive convention
gnás *m1* **suimiúcháin** summation convention
gnáth- *pref* (= **gnách**) ordinary
gnáthamh *m1* **seiceála** check routine, checking procedure
gnáthamh *m1* **slánúcháin** round-off procedure
gnáthchodán *m1* vulgar fraction
gnáthchothromóidí *fpl* **difreálacha** ordinary differential equations
gnáth-thuaslagán *m1* **cothaitheach** nutrient media stock solution
gné *f4 (of electrical energy)* form
gnéas *m1* sex
gnéas-hormón *m1* sex hormone
gné *f4* **cháithnínéach** *(Ph.)* particulate aspect
gné *f4* **shuntasach** salient feature
gníomhach *a* active
gníomhachtaigh *v* activate
gníomhachtóir *m3* activator
gníomhachtú *m* (*gs* **-taithe)** activation
gníomhachtúchán *m1* activation
gníomhaí *m4 (Mec.)* agent
gníomhaíocht *f3* activity
gníomhlíne *f4* action line
gníomhraigh *v* actuate
gníomh *m1* **rialúcháin** control action
gníomhróir *m3* actuator
gníomhú *m* (*gs* **-mhaithe)** action
gnóthú *m* (*gs* **-thaithe)** *(of electron)* gaining
goirt *a* brackish
gónafótaiméadar *m1* goniphotometer
gónaiméadar *m1* goniometer
gónaiméadracht *f3* goniometry
gor *m1* incubation
gorm *m1* blue
gormchló *m4* blue-print
gorm *m1* **meitiléine** methylene blue
gorm *m1* **prúiseach** prussian blue
G-phaireacht *f3* G-parity
grad *m1* grad
grád *m1* grade
grádaigh *v* rate
grádaigh *v* graduate
grádán *m1* gradient
grádán *m1* **poitéinsil** *(Ph.)* potential gradient
grádú *m* (*gs* **-daithe)** rating
grádú *m* (*gs* **-daithe)** graduation
grádú *m* **cumhachta** *(of electrical appliance)* power rating
grae *m4* (= **Gy**) *(unit)* gray, Gy
graf *m1* graph

graf *v* graph
grafach *a* graphical
grafaic *f2* graphics
graf *m1* **dronlíneach** straight-line graph
graf *m1* **líne briste** broken-line graph
graibheatón *m1 (Ph.)* graviton
graifít *f2* graphite
gráinne *m4* (= **grán**) *(particle)* grain
gráinneach *a* granular
gráinneacht *f3* granularity
gram *m1* gram(me)
gram-adamh *m1* gram-atom
gramchalra *m4* gram-calorie
gramchoibhéis *f2* gram-equivalent
gramian *m1* gram-ion
gram-mhóilín *m4* gram-molecule
gram-mhóilíneach *a* gram-molecular
grán *m1* (= **gráinne**) *(particle)* grain
gránaigh *v* granulate
grán *m1* **iompair** *(item)* ball bearing
grán *m1* **luaidhe** lead shot
gránmhéid *f2* grain size
gránsampla *m4* shot sample
gránteorainn *f* (*gs* **-rann**) grain boundary
grántorann *m1* shot noise
gránú *m* (*gs* **-naithe**) granulation
gránúchán *m1* granulation
gránúlacht *f3* granularity
greallach *m1* slush
greamachán *m1* adhesive
greamaigh *v* adhere
greamaitheach *a* adhesive
greamaitheacht *f3 (of trait)* adhesion
greamán *m1 (Mec.)* adhesion
greamú *m* (*gs* **-maithe**) *(of process)* adhesion
grean *m1* grit
greanroiseadh (*gs* **-ste**) sandblasting
greanteilgean *m1* sand-casting
gréasán *m1* raster
greille *f4* grid
greilleligean *m1* grid leak
greillephointe *m4* grid point
gréine *gs* as *a* (= **grian-**) solar
grian- *pref* (= **gréine**) solar
grian-am *m3* solar time
grian-aonad *m1* solar unit
grianbhladhm *f3* solar flare
griancheallra *m4* solar battery
grianchill *f2* solar cell
grianchloch *f2* quartz
grianchóras *m1* solar system
grianfhuinneamh *m1* solar energy
grianghaoth *f2* solar wind
grianmhéadar *m1* solarimeter
grianphainéal *m1* solar panel
grianrú *m* (*gs* **-nraithe**) insolation
grianscagaire *m4* sunscreen
grian *f* **shuaimhneach** quiet sun
grianspota *m4* sunspot
grianstad *m4* solstice
griantéitheoir *m3* solar heater
gríl *f2* grating
gríl *f2* **díraonta** diffraction grating
gríl *f2* **éisleach** *(Ph.)* echelle grating
gríl *f2* **éisléadach** *(Ph.)* echellette grating
gríl *f2* **éisliúnach** *(Ph.)* echelon grating
gríl *f2* **laomtha** blazed grating
grodchriticiúil *a (Ncln.)* prompt critical
grod-driogadh *m* (*gs* **-gtha**) *(ChEng.)* flash distillation
grodloscadh *m* (*gs* **-oiscthe**) deflagration
grodneodrón *m1 (Ncln. Ph.)* prompt neutron
grúdaigh *v* brew
grúdaireacht *f3* brewing
grúpa *m4* group
grúpa *m4* **aibéalach** abelian group
grúpa *m4* **ailtéarnach** alternating group
grúpa *m4* **aonadach** unitary group
grúpa *m4* **cioglach** *(Mth.)* cyclic group
grúpa *m4* **cóimheasa** control group

grúpa *m4* **eatocsaileach** ethoxy group
grúpa *m4* **iolraíoch** multiplicative group
grúpa *m4* **oibreoirí aonadacha** group of unitary operators
grúpa *m4* **oibreoirí aonadaithe** group of unitized operators
grúpa *m4* **ortagánach** *(Mth.)* orthogonal group
grúpa *m4* **pointí** *(Mth.)* point group
grúpa *m4* **toipeolaíoch** topological group
grúpa *m4* **trasfhoirmiúcháin** *(Mth.)* transformation group
grúptheoiric *f2* group theory
gruth-theannas *m1* curd tension
guagadh *m* (*gs* **-gtha**) libration
guainidín *m4* guanidine
guainín *m4* guanine
guaire *m4* bristle
guairne *f4* spin
guairneach *a* spin, spinning
guairneáil *f3* spinning
guairneán *m1* eddy
guairní *fpl* **comhthreomhara** parallel spins
guairní *fpl* **fritreomhara** anti-parallel spins, opposed spins, opposite spins
guaislíne *f4* danger line
gual *m1* coal
gualach *m1* charcoal
gualaigh *v* char
gualán *m1* char
gualbhreoslaithe *a* coal-fired, coal-fueled
gualghás *m1* coal gas
guanóisín *m4* guanosine
guma *m4* gum
gumalacht *f3* mucilage
gumroisín *m4* gum resin
gunnachadás *m1* guncotton
gunnamhiotal *m1* gunmetal
guthmhinicíocht *f3* voice frequency
Gy (= **grae**) *(unit)* Gy, gray

H

hadrón *m4* hadron
haemaglóibin *f2* haemoglobin
haemaitít *f2* haematite
haemalú *m* (*gs* **-laithe**) haemolysis
haifniam *m4* hafnium
haileatán *m1* (= **brómaclóraithrífhluaireatán**) halothane
hailíd *f2* halide
hairtrí *m4* (= **aonad fuinnimh adamhaigh**) *(unit)* hartree
haisis *f2* hashish
halaigin *f2* halogen
halaiginiú *m* (*gs* **-ithe**) halogenation
halóideach *m1* haloid
halóideach *a* haloid
halón *m1* (= **hidreacarbón halaiginithe**) halon
hanraí *m4* *(ElMag.)* henry
H-bhuama *m4* H-bomb
heacs- *pref* (= **heicsea-, heicsi-, heics-**) hexa-
heacsáimíncóbalt *m1* hexamminecobalt
2,5-heacsáindé-ón *m1* (= **aicéatóiniolaicéatón**) 2,5-hexanedione
heacsós *m1* hexose
-héadrán *suff m1* -hedron
healmóls *m4* (*pl* **-anna**) *(unit)* helmoltz
heapt- *pref* (= **heiptea-, heipti-, heipt-**) hepta-, hept-
heaptán *m1* heptane
heaptóid *f2* heptode
heics- *pref* (= **heicsea-, heicsi-, heacs-**) hexa-
heicsea- *pref* (= **heicsi-, heics-, heacs-**) hexa-
heicseafluairíd *f2* hexafluoride
heicseafluaraisileacáit *f2* (= **sileacafluairíd**) hexa-fluorosilicate

heicseafluaralúmanáit *f2* hexafluoraluminate
heicseagánach *a* hexagonal
heicseagram *m1* hexagram
heicsi- *pref* (= **heicsea-, heics-, heacs-**) hexa-
heicsicianaifearáit *f2* hexacyanoferrate
heicsideicil *f2* (= **ceitil**) hexadecyl
heicsihéadrán *m1* hexahedron
heicsihidribeinséin *f2* (= **cioglaiheacsán**) hexahydrobenzene
heicsihidripiridín *m4* (= **pipiridín**) hexahydropyridine
heicsil- *pref* (= **heicsiol-**) hexyl-
heicsinítreacóbaltáit *f2* hexanitrocobaltate
heicsiol- *pref* (= **heicsil-**) hexyl-
heict- *pref* (= **heictea-, heicti-**) hecto-
heictea- *pref* (= **heicti-, heict-**) hecto-
heicteagram *m1* hectogram
heicteár *m4* hectare
heicti- *pref* (= **heictea-, heict-**) hecto-
heictilítear *m1* hectolitre
heictiméadar *m1* hectometre
héiliam *m4* helium
héiliciúil *a* helical
héilics *m4* helix
heim- *pref* (= **heimea-, heimi-**) hemi-
heimea- *pref* (= **heimi-, heim-**) hemi-
heimi- *pref* (= **heimea-, heim-**) hemi-
heipt- *pref* (= **heiptea-, heipti-, heapt-**) hepta-, hept-
heiptea- *pref* (= **heipti-, heipt-, heapt-**) hepta-, hept-
heipteagán *m1* heptagon
heipti- *pref* (= **heiptea-, heipt-, heapt-**) hepta-, hept-
heiptihéadrán *m1* heptahedron
heiptil *f2* heptyl
heiptil- *pref* (= **heiptiol-**) heptyl-
heiptiol- *pref* (= **heiptil-**) heptyl-
heirméiteach *a* hermetic(al)
heirts *m4 (unit)* hertz
heitr- *pref* (= **heitrea-, heitri-**) hetero-
heitrea- *pref* (= **heitri-, heitr-**) hetero-
heitreachumar *m1 (Eln.)* heterojunction
heitreafháinneach *a (Geom.)* heterocyclic
heitrealú *m* (*gs* **-laithe**) heterolysis
heitri- *pref* (= **heitrea-, heitr-**) hetero-
heitridín *m4* heterodyne
hibrid *f2 (Ch. Ph.)* hybrid
hibrideach *a (Ch. Ph.)* hybrid
hibridigh *v* hybridize
hibridiú *m* (*gs* **-ithe**) hybridization
hibridiúchán *m1* hybridization
hidr- *pref* (= **hidrea-, hidri-, hiodr-**) hydro-
hidrea- *pref* (= **hidri-, hidr-, hiodr-**) hydro-
hidreabrómach *a* hydrobromic
hidreacarbón *m1* hydrocarbon
hidreacarbón *m1* **halaiginithe** (= **halón**) halogenated hydrocarbon
hidreacuineon *m1* (= **beinséin-1,4-dé-ól, cuineol**) hydroquinone
hidreafluarach *a* hydrofluoric
hidreafóbach *a* hydrophobic
hidreafón *m1* hydrophone
hidrealaigh *v* hydrolyse
hidrealú *m* (*gs* **-laithe**) hydrolysis
hidreasóch *a* hydrazoic
hidreastatach *a* hydrostatic
hidreasuilfíd *f2* hydrosulphide
hidreolaíocht *f3* hydrology
hidri- *pref* (= **hidrea-, hidr-, hiodr-**) hydro-
hidricianach *a* hydrocyanic
hidríd *f2* hydride

hidríd *f2* **bhóróin (= bórán)** boron hydride
hidridinimic *f2* hydrodynamics
hidrifileach *a* hydrophylic
hidrigin *f2* hydrogen
hidrigincharbónáit *f2* **(= décharbónáit)** hydrogen carbonate
hidrigincharbónáit *f2* **chailciam** calcium hydrogen carbonate
hidrigincharbónáit *f2* **mhaignéisiam** magnesium hydrogen carbonate
hidrigincharbónáit *f2* **sóidiam** sodium hydrogen carbonate
hidrigineach *a* hydrogenous
hidriginfhosfáit *f2* hydrogenphosphate
hidriginigh *v* hydrogenate
hidriginiú *m* (*gs* **-ithe)** hydrogenation
hidriginiúchán *m1* hydrogenation
hidrigin-nasc *m1* hydrogen bond
hidriginsulfáit *f2* **(= déshulfáit)** hydrogensulphate
hidrigin *f2* **throm (= trom-hidrigin)** heavy hydrogen
hidrileictreach *a* hydroelectric
hidriméadar *m1* hydrometer
hidriméadar *m1* **dírléimh** direct-reading hydrometer
hidrisféar *m1* hydrosphere
hidriúil *a* hydrous
higridíc *f2* hygrodeik
higriméadar *m1* **fliuch is tirim** wet-and-dry-bulb hygrometer
hiodr- *pref* **(= hidrea-, hidri-, hidr-)** hydro-
hiodraisín *m4* hydrazine
hiodráit *f2* hydrate
hiodráitigh *v* hydrate
hiodráitithe *a* hydrated
hiodráitiú *m* (*gs* **-ithe)** hydrating, hydration
hiodráitiúchán *m1* hydrating, hydration
hiodrálach *a* hydraulic
hiodrálaic *f2* hydraulics
hiodrocsa- *pref* **(= hiodrocsai-)** hydroxy-
3-hiodrocsabútánal *m1* **(= aldól)** 3-hydroxybutanal
hiodrocsacuineoilín *m4* hydroxyquinoline
8-hiodrocsacuineoilín *m4* **(= ocsaín)** 8-hydroxyquinoline
hiodrocsai- *pref* **(= hiodrocsa-)** hydroxy-
2-hiodrocsaibeansaildéad *m1* **(= salaiciolaildéad)** 2-hydroxybenzaldehyde
2-hiodrocsaibeansóáit *f2* **(= salaicioláit)** 2-hydroxybenzoate
hiodrocsaibeansóch *a* hydroxybenzoic
hiodrocsaíd *f2* hydroxide
hiodrocsaíd *f2* **chailciam** calcium hydroxide
hiodrocsaíd *f2* **photaisiam** potassium hydroxide
hiodrocsaíd *f2* **sóidiam** sodium hydroxide
hiodrocsail *f2* hydroxyl
hiodrocsail- *pref* **(= hiodrocsal-)** hydroxyl-
hiodrocsal- *pref* **(= hiodrocsail-)** hydroxyl-
hiodrocsalaimín *m4* hydroxylamine
hiodrocsaprópánóch *a* hydroxypropanoic
hiodrocsóiniam *m4* hydroxonium
hiodróiniam *m4* hydronium
hip- *pref* **(= hipea-, hipi-, fo-)** *(Ch.)* hypo-
hipea- *pref* **(= hipi-, hip-, fo-)** *(Ch.)* hypo-
hipear- *pref* **(= hipir-)** hyper-
hipearbóil *f2* *(Mth.)* hyperbola
hipearbóileach *a* *(Mth.)* hyperbolic
hipearbolóideach *m1* *(Mth.)* hyperboloid
hipearbolóideach *a* *(Mth.)* hyperboloid

hipear-chomhchuingiú *m* (*gs* **-ithe**) *(Ch.)* hyperconjugation
hipearlucht *m3 (QuMec.)* hypercharge
hipearluchtaigh *v* hypercharge
hipearnúicléas *m1 (NcPh.)* hypernucleus
hipeartonach *a* hypertonic
hipeatonach *a* hypotonic
hipi- *pref* (= **hipea-, hip, fo-**) *(Ch.)* hypo-
hipicioglóideach *m1 (Mth.)* hypocycloid
hipileaisteach *a (Ph.)* hypoelastic
hipir- *pref* (= **hipear-**) hyper-
hipir-ilphléad *m1 (Ph.)* hypermultiplet
hipirleaisteach *a (Ph.)* hyperelastic
hipitéis *f2* hypothesis
hipitéis *f2* **eantrópachta Boltzmann** Boltzmann entropy hypothesis
hipitéis *f2* **nialasach** null hypothesis
hipseacrómach *a* hypsochromic
hipsiméadar *m1* hypsometer
hipsiméadrach *a* hypsometrical
hist- *pref* (= **histea-, histi-**) histo-, hist-
histea- *pref* (= **histi-, hist-**) histo-, hist-
histeagram *m1* histogram
histéiréis *f2* hysteresis
histéiréis *f2* **mhaighnéadach** magnetic hysteresis
histéiréis *f2* **thréleictreach** dielectric hysteresis
histéiréis *f2* **thoirsiúnach** torsional hysteresis
histi- *pref* (= **histea-, hist-**) histo-, hist-
hodagraf *m1* hodograph
hodascóp *m1* hodoscope
hoilmiam *m4* holmium
hoiméa- *pref* (= **hoiméi-**) homeo-, homoeo-, homoe-
hoiméamorfacht *f3* homeomorphism
hoiméamorfacht *f3* **líneach** linear homeomorphism
hoiméi- *pref* (= **hoiméa-**) homeo-, homoeo-, homoe-
hola- *pref* (= **holai-**) holo-
holagrafaíocht *f3* holography
holagram *m1* hologram
holai- *pref* (= **hola-**) holo-
holamorfach *a* holomorphic
holanómach *a* holonomic
homa- *pref* (= **homai-, aon-**) homo-
homai- *pref* (= **homa-, aon-**) homo-
homaitéiteach *a* homothetic
homalaíoch *a* homolytic
homalárnach *a* homocentric
homalóg *f2* homologue
homalógach *a* homologous
homalú *m* (*gs* **-laithe**) homolysis
homamorfach *a* homomorphous
homamorfacht *f3* homomorphism
homapolaiméir *f2* homopolymer
hormón *m1* hormone
húimin *f2* humin
húmach *a* humic
húmáit *f2* humate
húmas *m1* humus

I

iada- *pref* (= **iadai-**) iodo-
iadach *a* iodic
iadaform *m1* (= **trí-iadaimeatán**) iodoform
iadai- *pref* (= **iada-**) iodo-
iadáit *f2* iodate
iadáitigh *v* iodate
iadóiniam *m4* iodonium
iaidíd *f2* iodide
iaidíd *f2* **photaisiam** potassium iodide
iaidín *m4* iodine
iallach *m1* constraint
iallach *m1* **comhlán** complete restraint
iallach *m1* **neamhionannais** inequality constraint

iallach *m1* **neamhlíneach** non-linear constraint
iallach *m1* **páirteach** *(Mth.)* partial constraint
iallach *m1* **suimeálach** integral constraint
-iam *suff m4* -ium
iamh *m1* closure
iamh-aga *m4* downtime
iamh *m1* **an tacair** closure of a set
iamh is oscailt make-and-break
iamh *m1* **oibreora** closure of an operator
iamhshruth *m3* making-current
ian *m1* ion
ianach *a* ionic
ianaigh *v* ionize
ianaíoch *a* ionizing
ianaisféar *m1* ionosphere
ianchaidéal *m1* ion pump
ian *m1* **díomhaoin** spectator ion
iandís *f2* ion pair
ian-eisiatacht *f3* ion exclusion
ian *m1* **feiriúil níotrósach** ferrous nitroso ion
ian *m1* **gásach (= gásian)** gaseous ion
ianghaiste *m4* ion trap
ianiarmhairt *f3* ion effect
ianinneall *m1* ion engine
ian-ionchlannú *m* (*gs* **-nnaithe)** ion implantation
ianleictreoid *f2* ion electrode
ian *m1* **liáiteach** lyate ion
ianmhalartóir *m3* ion exchanger
ianmhalartú *m* (*gs* **-taithe)** ion exchange
iantoradh *m1* ion product
ianú *m* (*gs* **-naithe)** ionization
ianúchán *m1* ionization
ianúchán *m1* **réimse (= réimse-ianúchán)** *m1* field ionization
iarann *m1* iron
iarann *m1* **múnla (= iarann teilgthe)** cast iron
iarann *m1* **saoirsithe** wrought iron
iarann *m1* **teilgthe (= iarann múnla)** cast iron
iarchúram *m1* aftercare
iardhó *m4 (in jet engine, etc.)* afterburning
iardhóchúlacht *f3* posterior probability
iarfhachtóir *m3* postfactor
iarghal *f2* afterdamp
iarlaom *m3* afterglow
iarleasú *m* (*gs* **-saithe)** post-cure
iarmhairt *f3 (logic)* consequent
iarmhairt *f3* **(= éifeacht)** effect
iarmhairt *f3* **cheaptha teasa** greenhouse effect
iarmhairt *f3* **chomhianach** *(Ch.)* common-ion effect
iarmhairt *f3* **chúngúcháin** pinch effect
iarmhairt *f3* **diamantfháinne** diamond-ring effect
iarmhairt *f3* **díshuímh (= iarmhairt Wigner)** discomposition effect
iarmhairt *f3* **eadrannachta** intermittency effect
iarmhairt *f3* **fháinneach** annular effect
iarmhairt *f3* **fhótaileictreach** photoelectric effect
iarmhairt *f3* **ghíreamaighnéadach** gyromagnetic effect
iarmhairt *f3* **inbhéartach Zeeman** inverse Zeeman effect
iarmhairt *f3* **Joule-Thomson** Joule-Thomson effect
iarmhairt *f3* **mhaighnéadach** magnetic effect
iarmhairt *f3* **mhaighnéadacalrach** magnetocaloric effect
iarmhairt *f3* **mhaighnéatróin** magnetron effect
iarmhairt *f3* **na támhdhíse** *(Ch.)* inert-pair effect
iarmhairt *f3* **phísileictreach** piezoelectric effect
iarmhairt *f3* **soir-siar** east-west

effect
iarmhairt *f3* **theirmeamaighnéadach** thermomagnetic effect
iarmhairt *f3* **tolláin** tunnel effect
iarmhairt *f3* **tulchnagtha** *(NcPh.)* knock-on effect
iarmhairt *f3* **Wigner (= iarmhairt díshuímh)** Wigner effect
iarmhar *m1 (Mth.)* residue
iarmharach *a* remanent
iarmharach *a (Eng. Mth.)* residual
iarmharacht *f3* remanence
iarmhar *m1* **d'fheidhm** *(Mth.)* residue of function
iarmhartach *a* consequent
iarnach *a* chalybeate
iarnaí *a* ferruginous
iarracht *f3* effort
iarshéideán *m1* afterblow
iartheachtach *a* subsequent
iarthéarma *m4* term consequent
iatraiceimic *f2* iatrochemistry
ibh *v* imbibe
iciseadóideacaihéadrán *m1* icosidodecahedron
icisihéadrán *m1* icosahedron
-íd *suff f2* -ide
idéal *m1* ideal
idéalach *a (Ch. Ph.)* perfect, ideal
ídigh *v (consume)* exhaust
idirdhealaí *m4* discriminant
idirdhealaitheoir *m3* **bíog-airde** *(Eln.)* pulse-height discriminator
idirdhealaitheoir *m3* **Foster-Seeley** Foster-Seeley discriminator
idirdhealaitheoir *m3* **minicíochta** frequency discriminator
idirghabhála *a (Eln.)* buffer
idirghníomhú *m* (*gs* **-mhaithe)** *(Ph.)* interaction
idirghníomhú *m* **guairne is guairne** spin-spin interaction
idirghníomhú *m* **lag** weak interaction
idirghníomhú *m* **láidir** strong interaction
idirghníomhú *m* **leictreamaighnéadach** electromagnetic interaction
idirghníomhú *m* **malartúcháin** exchange interaction
idirhalaigin *f2* interhalogen
idirleatacht *f3 (Ph.)* diffusivity
idirleatacht *f3* **theirmeach** thermal diffusivity
idirleatáit *f2 (Ph.)* diffusate
idirleath *v (Ph.) (of particles)* diffuse
idirleathadh *m* (*gs* **-eata)** *(Ph.) (of particles)* diffusion
idirleathadh *m* (*gs* **-eata)** *(MecEng.)* diffusion
idirleatóir *m3 (Eng.) (of fluid)* diffuser
idirlíne *f4 (Mth.)* intercept
idirlíne *f4* **chóimheasta** rational intercept
idirmhalartaigh *v* interchange
idirmhalartú *m* (*gs* **-taithe)** interchange
idirmheánach *a* intermediate
idirmhiotalach *a* intermetallic
idirmhír *f2* **dhá thacar** intersection of two sets
idirphláinéadach *a* interplanetary
idir-réaltach *a* interstellar
idirscoir *v* interrupt
idirscor *m1* interruption
idirscorthóir *m3* interruptor
idirshuigh *v* interpolate
idirshuíomh *m1* interpolation
idirshuíomh *m1* **inbhéartúcháin** inversion interpolation
idirthiontú *m* **fuinnimh** energy interconversion
ídiú *m* (*gs* **-ithe)** dissipation
ídiú *m* **leictreoide** electrode dissipation
igneatrón *m1* ignitron
il- *pref* multi , multiple
il- *pref* **(= pola-, polai-, poil-)** poly-
-il *suff f2* -il
-il *suff f2* -yl

-íl *suff f2* -ile
iladamhach *a* poly-atomic
ilbhunata *a (Ch.)* polybasic
ilchéime *gs* as *a* (= **ilchéimneach**) multistage
ilchéimneach *a* (= **ilchéime**) multistage
ilchineálach *a (Mth. Ph.)* heterogeneous
ilchodach *a* composite
il-chomhlíneacht *f3* multi-collinearity
ilchreathadóir *m3* multivibrator
ilchreathadóir *m3* **déchobhsaí** bistable multivibrator
ildéadach *a (Ch.)* polydentate
ileamhnú *m* (*gs* **-naithe**) multiple fission
ilfhiúsach *a (Ch.)* polyvalent
ilfhiúsacht *f3 (Ch.)* polyvalence
ilfhréamh *f2* (*pl* **-acha**) *(Mth.)* multiple root, repeated root
il-ionchur *m1* (*pl* **il-ionchuir**) multiple input
ilmhéadar *m1* multimeter
ilminít *f2 (Ch. Min.)* ilmenite
ilnascadh *m* (*gs* **-ctha**) (= **nascadh iolrach**) multiple bonding
ilphléacs *m3* multiplex
ilphléacsach *a* multiplex
ilphléacsacht *f3* **amroinnte** time-division multiplexing
ilphléacsóir *m3* multiplexer
ilphléacsú *m* (*gs* **-saithe**) multiplexing
ilphléacsú *m* **roinnte minicíochta** frequency-division multiplexing
ilphléad *m1* multiplet
ilpholach *a* multipolar
il-scriúshnáitheanna *mpl* multiple screw threads
ilteagmhas *m1* compound event
iltéarmach *m1 (Mth.)* polynomial
iltéarmach *a (Mth.)* multinomial, polynomial
iltéarmach *m1* **comhlogaíochta** collocation polynomial
iltéarmach *m1* **idirshuíomhach** interpolating polynomial
imbhualadh *m* (*gs* **-uailte,** *pl* **-uailtí**) collision
imbhualadh *m* **neamhleaisteach** inelastic collision
imbhualadh *m* **radaighníomhach** radioactive collision
imbhualadh *m* **tulchnagtha** *(NcPh.)* knock-on collision
imchiorcal *m1* circumcircle
imchlúdach *m1* envelope
imchlúdaigh *v* envelop
imchoimeád *m1 (Ph.)* conservation
imchoimeádach *a (Ph.)* conservative
imchoimeád *m1* **na maise** conservation of mass
imdhíonach *a* immune
imdhíonacht *f3* immunity
imdhíon-mheas *m3* immuno-assay
imeachtar *m1* exterior
imeachtrach *a* (= **seachtrach**) exterior
imeall *m1* border, margin
imeallchobhsaíocht *f3* (= **cobhsaíocht imeallach**) marginal stability
imeanach *a* immanent
imeanacht *f3* immanence
-imíd *suff f2* -imide
-imín *suff m4* -imine
imir *f2* tint
imirmhéadar *m1* tintometer
imlár *m1* circumcentre
imlíne *f4* circumference, perimeter
imoibreán *m1* reactant
imoibreán *m1* **Benedict** Benedict's reagent
imoibreoir *m3 (Ch. NcPh.)* reactor
imoibreoir *m3* **aonchineálach** *(Ncln.)* homogeneous reactor
imoibreoir *m3* **comhleá** fusion reactor
imoibreoir *m3* **cumhachta** power reactor
imoibreoir *m3* **éadromuisce** light-water reactor

imoibreoir *m3* **eamhnach** fission reactor
imoibreoir *m3* **gásfhuaraithe** gas-cooled reactor
imoibreoir *m3* **gásfhuaraithe forbartha** advanced gas-cooled reactor
imoibreoir *m3* **ilchineálach** *(Ph.)* heterogeneous reactor
imoibreoir *m3* ***magnox*** magnox reactor
imoibreoir *m3* **núicléach** nuclear reactor
imoibreoir *m3* **pórúcháin** *(NcPh.)* breeder reactor
imoibreoir *m3* **teirmeach** *(Ch. Ncln.)* thermal reactor
imoibreoir *m3* **tromuisce** heavy-water reactor
imoibreoir *m3* **uisce bhrúchóirithe** pressurized-water reactor
imoibreoir *m3* **uisce fiuchaidh** boiling-water reactor, BWR
imoibrí *m4* reagent
imoibrigh *v (Ch.)* react
imoibríoch *a (Ch.)* reactive
imoibríocht *f3 (Ch.)* reactivity
imoibriú *m* (*gs* **-ithe**) *(Ch. NcPh.)* reaction
imoibriúchán *m1 (Ch. NcPh.)* reaction
imoibriú *m* **(an) dara hord** second-order reaction
imoibriú *m* **céad oird** first-order reaction
imoibriú *m* **eisiteirmeach** exothermic reaction
imoibriú *m* **foirtil** *(Ch.)* violent reaction
imoibriú *m* **fótanúicléach** photonuclear reaction
imoibriú *m* **inchúlaithe** reversible reaction
imoibriú *m* **inteirmeach** endothermic reaction
imoibriú *m* **nialas-oird** *(Ch.)* zero-order reaction
imoibriú *m* **ocsaídiúcháin is dí-ocsaídiúcháin** oxidation-reduction reaction
imoibriú *m* **slabhrúil** chain reaction
imoibriú *m* **suimiúcháin** addition reaction
imoibriú *m* **teirmíte** thermite reaction
imphléasc *v (Ast.)* collapse
imphléascadh *m* (*gs* **-ctha**) *(Ast.)* collapse
imrothlach *a* revolving
imrothlaigh *v* revolve
imrothlú *m* (*gs* **-laithe**) revolution
imscríobh *v* circumscribe
imscríofa *a* circumscribed
imsféar *m1* outer sphere
imsféarach *a* outer-sphere
imshruthú *m* (*gs* **-thaithe**) *(physiology)* circulation
imthaca *m4 (Mec.)* bearing
imthaca *m4* **agáite** agate bearing
imthaca *m4* **giurnálach** journal bearing
imthaca *m4* **gránach** *(assembly)* ball bearing
imthaca *m4* **rollach** roller bearing
imtharraing (ar) *v (Mec. Ph.)* gravitate
imtharraingt *f* (*gs* **-the**) *(Mec. Ph.)* gravitation
imtharraingt *f* **an domhain** terrestrial gravitation
imtharraingteach *a (Mec. Ph.)* gravitational
in- *pref* (= **inmheánach**) inner, interior, internal
in- *pref* (= **ion-**) endo-
-in *suff f2* -in
-ín *suff m4* -ine, -yne
ináirithe *a* (= **inchomhairthe, inchomhairimh**) *(Mth.)* countable, denumerable, enumerable
in-athluchtaithe *a* rechargeable

inathraithe *a (capable of being changed)* variable
inathraitheacht *f3* variability
inbhéarta *m4* inverse
inbhéartach *a* inverse
inbhéarta *m4* **ciorcail** inverse of a circle
inbhéartaigh *v* invert
inbhéartaíocht *f3* **teochta** temperature inversion
inbhéarta *m4* **oibríochta** inverse of operation
inbhéartóir *m3* invertor
inbhéartóir *m3* **digiteach** digital inverter
inbhéartóir *m3* **líneach** linear invertor
inbhéartú *m* (*gs* **-taithe**) inversion
inbhéartú *m* **cliathánach** *(Opt.)* lateral inversion
inbhraite *a* observable
inbhraiteach *m1* observable
inchiorcal *m1* incircle
inchloiste *a* audible
inchloisteacht *f3* audibility
inchomhairimh *a* (= **ináirithe, inchomhairthe**) *(Mth.)* countable, denumerable, enumerable
inchomhairthe *a* (= **ináirithe, inchomhairimh**) *(Mth.)* countable, denumerable, enumerable
in-chomhbhrúite *a* compressible
in-chomhbhrúiteacht *f3* compressibility
in-chomhthomhaiste *a* commensurable
incrimint *f2 (Mth.)* increment
indeagó *m4* indigo
indéanta *a* (= **féideartha**) feasible
indeighilte *a* separable
indiam *m4* indium
indifreálacht *f3* differentiability
indifreálaithe *a* differentiable
indifreálaithe faoi dhó twice differentiable
indifreálaithe go breacleanúnach piecewisely differentiable, piecewise differentiable
indifreálaithe go breacleanúnach faoi dhó *(Mth.)* piecewise twicely differentiable
indifreálaithe go leanúnach continuously differentiable
indifreálaithe go leanúnach faoi dhó twice-continuously differentiable
indíreach *a* indirect **go hindíreach** indirectly
indóite *a* combustible
ineamhnaithe *a* (= **eamhnach**) *(Ncln.)* fissile, fissionable
infeireas *m1* (= **infeiriú**) inference
infeireas *m1* **staitistiúil** statistical inference
infeirigh *v* infer
infeiriú *m* (*gs* **-ithe**) (= **infeireas**) inference
infheidhme *a* available
infheistigh *v* invest
infheistiú *m* (*gs* **-ithe**) investment
infhliuchtacht *f3* wettability
infinideach *a* (= **éigríochta**) infinite
infr- *pref* (= **infrea-, infri-**) infra-
infrea- *pref* (= **infri-, infr-**) infra-
infreafhuaim *f2* infrasound
infri- *pref* (= **infrea-, infr-**) infra-
infridhearg *a* infrared
ingear *m1* perpendicular
ingearach *a* perpendicular
ingearacht *f3* perpendicularity
ingearchló *m4 (of drawing)* elevation
ingearlár *m1 (Mth.)* orthocentre
inghluaisteacht *f3* motility
iniaigh *v* enclose
iniamh *m1* enclosure
iniamh *m1 (Set.)* inclusion
iniamh *m1* **teochta aonfhoirmí** *(Ph.)* uniform-temperature enclosure
iniata *a* enclosed
in-inbhéartaithe *a* invertible
iniompartha *a* portable
iníon *f2* daughter

inlasta *a* flammable, inflammable
inlastacht *f3* flammability
inleabú *m* **canónta** canonical imbedding
inleata *a (of a twisted curve)* developable
inmheánach *a* (= **in-**) inner, interior, internal
inmheasctha miscible
innéacs *m4* index
innéacsaigh *v* index
innéacsfheidhmiú *m* (*gs* **-ithe**) index performance
innéacs *m4* **lánscáileach** umbral index
innéacs *m4* **úsáide cainéal** channel-utilization index
inneall *m1* engine
inneall *m1* (= **meaisín**) machine
inneall *m1* **inchúlaithe** *(Eng. Mec. Ph.)* reversible engine
innealtóireacht *f3* engineering
innealtóireacht *f3* **cheimiceach** chemical engineering
innealtóireacht *f3* **leictreach** electrical engineering
innealtóireacht *f3* **mheicniúil** mechanical engineering
innealtóireacht *f3* **phróitéineach** protein engineering
innealtóireacht *f3* **shibhialta** civil engineering
inphléasc *v* implode
inpholaracht *f3* polarizability
inréimneach *a (Ph.)* convergent
inréimneacht *f3 (Ph.)* convergence, convergency
inréimnigh *v* **(chuig)** *(Opt. Ph.)* converge
inréimniú *m* (*gs* **-ithe**) fan-in
inréiteacht *f3* solvability
inréitithe *a* solvable
inroinnteacht *f3* divisibility
insamhail *v* simulate
insamhladh *m* (*gs* **-mhalta**) simulation
insamhlóir *m3* simulator
inscortha *a* detachable
inscríobh *v* inscribe
inscríofa *a* inscribed
insínte *a* extensible
insínte *a (Ph.)* ductile
insínteacht *f3* extensibility
insínteacht *f3 (Ph.)* ductility
insligh *v* insulate
inslin *f2* insulin
inslithe *a* insulated
inslitheoir *m3* insulator
insliú *m* (*gs* **-ithe**) insulation
insliú *m* **teirmeach** thermal insulation
instiúrtha *a* dirigible
insuimeálacht *f3 (Mth.)* integrability
insuimeálaithe *a (Mth.)* integrable
in-tarchurthacht *f3 (Opt. Ph.)* transmissibility
inteachtas *m1* immittance
inteannta *a (Eng. Mec. Ph.)* tensile
inteilgean *m1 (Mth. Ph.)* injection
inteirféarón *m1* interferon
inteirmeach *a* endothermic
intomhaiste *a* measurable
intreach *a* intrinsic
intuargainte *a* malleable
intuargainteacht *f3* malleability
intuaslagtha *a* soluble
in vitro *(la)* in vitro
in vivo *(la)* in vivo
-íocht *suff f3* (= **-acht, -eacht, -aíocht**) -ivity
íochtair *gs* as *a* (= **íochtarach**) inferior, lower
íochtarach *a* (= **íochtair**) inferior, lower
íocónascóp *m1* iconoscope
íogair *a* sensitive, delicate
íogaireacht *f3* sensitivity
íograigh *v* sensitize
íogróir *m3* sensitizer
iolarthán *m1* **líneach** linear manifold
iolrach *m1 (Mth. St.)* product
iolrach *a* (= **il-**) multi-, multiple

iolrach *m1* **díreach** direct product
iolrach *m1* **inmheánach** inner product
iolrach *m1* **leantach** continued product
iolrach *m1* **oibreoirí** product of operators
iolrach *m1* **scálach (= ponciolrach)** scalar product
iolrach *m1* **spásanna líneacha toipeolaíocha** product of topological linear spaces
iolracht *f3* multiplicity
iolrach *m1* **triarach scálach** scalar triple product
iolrach *m1* **triarach veicteoireach** vector triple product
iolrach *m1* **veicteoireach (= trasiolrach)** vector product
iolraí *m4* multiple
iolraigh *v* multiply
iolraí *m4* **scálach** scalar multiple
iolraí *m4* **scálach oibreora** scalar multiple of operator
iolraitheoir *m3* multiplier
iolraitheoir *m3* **minicíochta** frequency multiplier
iolrán *m1* factorial
iolrann *f2* multiplicand
iolrú *m* (*gs* **-raithe)** multiplication
iolrú *m* **fada** long multiplication
iolrú *m* **le scálach** multiplication by scalar
iolrú *m* **Rúiseach** Russian multiplication
iomaire *m4* ridge
iomalartaigh *v* permute
iomalartú *m* (*gs* **-taithe)** permutation, permuting
iomalartú *m* **cioglach** *(Mth.)* cyclic permutation
iomalartuithe *mpl* **agus teaglamaí** permutations and combinations
iomalartú *m* **oibreoirí** permuting of operators
iomarca *f4* **(= barraíocht)** excess
iomarcach *a* excessive, redundant
iomarcaíocht *f3* redundancy
iomas *m1* intuition
iomasach *a* intuitive
iomchuí (do) *a* **(= in iomchuibheas le)** congruent (to)
iomchuibheas *m1* congruence **in iomchuibheas le (= iomchuí do)** congruent (to)
iomchuibheas *m1* **líneach** *(Mth.)* linear congruence
íomhá *f4* image
íomhá *f4* **fhíorúil** *(Opt. Ph.)* virtual image
íomhá *f4* **gheoiméadrach** geometric image
íomhá-oirtíocón *m1 (Eln.)* image orthicon
íomhá *f4* **scáthánach** mirror image
iomláine *f4* **(= comhláine, sláine)** completeness
iomlán *a* **(= comhlán, slán)** complete
iomlaoid *f2* fluctuation
iomlaoideach *a* fluctuating
iomlaoidigh *v* fluctuate
iompair *v* transport
iompair *v* subtend
iompar *m1* transport
iompar *m1 (in general)* behaviour
iompraíocht *f3 (Ch.)* behaviour
iompróir *m3 (Ncln.)* carrier
iompróir *m3* **luchta** charge carrier
iompróir *m3* **mionlaigh** *(Eln.)* minority carrier
iompróir *m3* **tromlaigh** *(Eln.)* majority carrier
iomrall *m1* aberration
iomrallach *m1* aberrant
iomrallach *a* aberrant
iomrall *m1* **cliathánach** *(Opt.)* lateral aberration
íon *a* pure
ion- *pref* **(= in-)** endo-
íonacht *f3* purity
íonacht *f3* **floscacháin** excitation purity

ionad *m1 (Mth.) (notation)* position **cuir** *v* **in ionad** *(Ch.)* replace **cur** *m* **in ionad** *(Ch.)* replacement
ionadaigh *v (Mth.)* substitute
ionadán *m1 (Mth.)* substituent, substitute
ionadchoinneálaí *m4* place-holder
ionad *m1* **cóireála uisce** water-treatment plant
ionad *m1* **fosa** rest position
ionadaíocht *f3* (= **ionadú**) *(Mth.)* substitution
ionadluach *m3* place value
ionadú *m* (*gs* **-daithe**)(= **ionadaíocht**) *(Mth.)* substitution
ionbhlóideach *m1* involute
ionbhlóideach *a* involute
ionchais *gs* as *a* expected
ionchas *m1* expectation
ionchlannaigh *v* implant
ionchlannán *m1* implant
ionchlannú *m* (*gs* **-nnaithe**) implantation
ionchur *m1* input
ionchur *m1* **cuimsithe** bounded input
ionchur *m1* **tagartha** reference input
iondoirfin *f2* endorphin
ionduchtach *a* inductive
ionduchtacht *f3* inductivity
ionduchtaigh *v* induce
ionduchtaiméadar *m1* inductometer
ionduchtaithe *a* induced
ionduchtas *m1* inductance
ionduchtóir *m3* inductor
ionduchtóir *m3* **teannchúpláilte** *(El.)* tight-coupled inductor
ionduchtú *m* (*gs* **-taithe**) induction
ionduchtú *m* **leictreamaighnéadach** electromagnetic induction
ionduchtú *m* **leictreastatach** electrostatic induction
íonghlan *v* purify
ionladh *m* (*gs* **ionnalta**) elution
ionlár *m1* incentre
ionlán *m1* eluent
ionnail *v* (*pres* **ionlann**) elute
ionóisín *m4* inosine
ionosmóis *f2* endosmosis
ionradaigh *v* irradiate
ionradaíocht *f3* irradiation
ionradas *m1 (ElMag.)* irradiance
ionraon *m1* inlet
ionsá *m4* insertion
ionsáigh *v* insert
ionsáite *a* inserted
ionsaitheach *a* incident
ionsaitheacht *f3* incidence
ionsalannú *m* (*gs* **-nnaithe**) salting in
ionstraim *f2* instrument
ionstraim *f2* **choigeartaithe** *(El.)* rectifier instrument
ionstraim *f2* **ionduchtúcháin** induction instrument
ionstraimiú *m* (*gs* **-ithe**) instrumentation
ionstraim *f2* **leictreafónach** electrophonic instrument
ionstraim *f2* **leictridinimiciúil** electrodynamic instrument
ionstraim *f2* **luailchorna** moving-coil instrument
ionstraim *f2* **luailiarainn** moving-iron instrument
ionsú *m4* absorption
ionsú *m* **atmaisféarach** atmospheric absorption
ionsúchán *m1* absorption
ionsúigh *v* absorb
ionsuimeáil *f3 (Mth.)* integrand
ionsú *m4* **íosta** absorption minimum
ionsúire *m4* absorber
ionsúiteach *a* absorbent
ionsúiteacht *f3 (Ch. Ph.)* absorbance, absorbency, absorptivity
ionsúiteán *m1* absorbent
ionsúiteas *m1* absorptance
ionsú *m4* **líneach** linear absorption
ionsúmhéadar *m1* absorptiometer
ionsú *m4* **roghnaíoch** selective absorption

ionsú *m4* **uasta** absorption maximum
iontrálas *m1 (El.)* admittance
íos- *pref* least
íos- *pref* (= **íosta**) minimal, minimum
íoschearnóga *fpl (Mth. St.)* least squares
íoschéimneach *a* step-down
íoschéimnigh *v* step down
íoschéimniú *m* (*gs* **-ithe**) step down
íoschuimse *f4* **íochtair** least lower bound
íoschuimse *f4* **uachtair** least upper bound
íosfhuinneamh *m1* least energy
íosghníomhú *m* (*gs* **-mhaithe**) least action, minimum action
íoslaghdaigh *v* minimize
íoslaghdú *m* (*gs* **-daithe**) minimization, minimizing
íosluach *m3* minimum
íosluach *m3* **coibhneasta** relative minimum
íosluach *m3* **lag** weak minimum
íosluach *m3* **láidir** strong minimum
íosta *a* (= **íos-**) minimal, minimum
íosuasach *m1* minimax
íosuasach *a* minimax
ióta *m4* iota
iridiam *m4* iridium
isea- *pref* (= **isi-**) iso-
iseabar *m1* isobar
iseabarach *a* isobaric
iseabat *m1* isobath
iseabúitil *f2* (= **2-meitiolpróipil**) isobutyl
iseabúitiléin *f2* (= **2-meitiolpróipéin**) isobutylene
iseabútán *m1* (= **2-meitiolprópán**) isobutane
iseacaihéadrán *m1* isocahedron
iseacór *m1* isochore
iseacórach *a* isochoric
iseacrómatach *a* isochromatic
iseacrón *m1* isochrone
iseacrónach *a* isochronic
iseacrónúil *a* isochronous
iseafót *m1* isophot, isophote, isolux
iseaghuairne *f4* isospin
iseahailín *m4* isohaline
ísealairde *f4 (of sound)* low pitch
iseallabar *m1* isallobar
ísealmhinicíocht *f3* low frequency
ísealvoltas *m1* low voltage
iseamorfach *a* isomorphic
iseamorfacht *f3* isomorphism
iseamorfacht *f3* **isiméadrach** isometric isomorphism
iseamorfacht *f3* **thoipeolaíoch** topological isomorphism
iseantalpach *a* isenthalpic
iseantrópach *a* isentropic
iseapolaigéad *m1* isopoly acid
iseapróipil *f2* (= **1-meitileitil**) isopropyl
iseatachtach *a* isotactic
iseaton *m1 (NcPh.)* isotone
iseatonach *a* isotonic
iseatóp *m1* isotope
iseatópach *a* isotopic
iseatrópach *a* isotropic
isi- *pref* (= **isea-**) iso-
isibeisteach *a* isobestic
isiciainíd *f2* isocyanide
isiciana- *pref* (= **isicianai-**) isocyano-
isicianai- *pref* (= **isiciana-**) isocyano-
isicianáit *f2* **mheitile** methyl isocyanate
isi-dhémhorfacht *f3* isodimorphism
isidiaisféar *m1* isodiasphere
isidinimiciúil *a* isodynamic
isileictreach *a* isoelectric
isileictreonach *a* isoelectronic
isiméadrach *a* isometric
isiméadracht *f3* isometry
isiméir *f2 (Ch.)* isomer
isiméireach *a (Ch.)* isomeric
isiméireacht *f3 (Ch.)* isomerism
isiméireacht *f3* **chiostrasach** *(Ch.)* cistrans isomerism
isipiaisteach *a* isopiestic
isipréin *f2* (= **meitiolbúta-1,3-dé-éin**) isoprene

isiseismeach *m1* isoseismal
isiseismeach *a* isoseismal
isisteireachas *m1* isosterism
isiteirm *f2* isotherm
isiteirmeach *m1* isothermal
isiteirmeach *a* isothermal
isiteirmeach *m1* **criticiúil** critical isothermal
ísligh *v* lower
ísligh *v (Mth.)* descend
ísliú *m* (*gs* **-ithe**) lowering
ísliú *m* (*gs* **-ithe**) *(Opt.)* depression
ísliú *m* **mólach an reophointe** molal depression of freezing point
-ít *suff f2* -ite
íteacanach *a* itaconic
itéirbiam *m4* ytterbium

J

J (= **giúl**) *(unit)* J, joule

K

K (= **ceilvin**) *(unit)* kelvin, K
KeV (= **cilileictreonvolta**) KeV, kilo-electron volt
K-ghabháil *f3* K-capture
K-leictreon *m1* K-electron
K-mhéasón *m1* (= **céón**) K-meson
kw (= **cileavata**) kw, kilowatt

L

lá *m* (*gs* **lae** *pl* **laethanta**) day
lá *m* **meigeavata** megawatt day
lachtach *a* lactic
lachtáit *f2* lactate
lachtmhéadar *m1* lactometer
lachtón *m1* lactone
lachtós *m1* lactose
lag *a* weak
lagchúpláil *f3* weak coupling
laghdaigh *v* decrease, diminish
laghdaitheach *a* decreasing
laghdaitheach go haontonach monotonic decreasing
laghdú *m* (*gs* **-daithe**) decrease, diminution
laghdú *m* **coiscis** impedance drop
lagshruth *m3* **neodrach** neutral weak current
lagthoipeolaíocht *f3* weak topology
láib *f2* **anóideach** anode slime, anode mud
laibhín *m4* leaven
laibhínigh *v* leaven
laicear *m1* lacquer
lainglí *m4 (unit)* langley
laíon *m1* pith, pulp
láirinciam *m4* lawrencium
láisteachán *m1* leach liquor
láisteadh *m* (*gs* **-ste**) (= **buacadh**) lixiviation
laistigh *a (Ast.)* inferior
láistigh *v* leach
laitéis *f2 (Ch.)* latex
láithreacht *f3* ubiety
laitís *f2* lattice
laitís *f2* **chiúbach éadanláraithe** *(Cryst. Mth. Ph.)* face-centred cubic lattice
laitís *f2* **chomhordanáidithe** coordination lattice
laitís *f2* **chriostail** crystal lattice
laitís *f2* **dheilíneach** reciprocal lattice
lamanáirin *f2* laminarin
lambda *m4* lambda
lambda-cháithnín *m4* lambda particle
lambda-phointe *m4* lambda point
lámh *f2* hand
lamháil *f3* **earráide** margin of error
lámhainnbhosca *m4* glove box
lamháltas *m1* tolerance
lampa *m4* **comhartha** signal lamp
lampa *m4* **filiméid** filament lamp
lampa *m4* **gealbhruthach**

incandescent lamp
lampa *m4* **iaidín grianchloiche** quartz iodine lamp
lana- *pref* (= **lanai-**) lano-
lanai- *pref* (= **lana-**) lano-
lanailin *f2* (= **úsc olla**) lanolin
lánán *m1* *(of cartridge)* charge
lán-astú *m* (*gs* **-taithe**) *(Ph.)* total emission
lánlód *m1* *(El.)* full load
lann *f2* lamina
lannach *a* laminar, laminated
lannaíocht *f3* lamination
lánradaitheoir *m3* full radiator
lánscáil *f2* umbra
lantainíd *f2* (= **lantanóideach**) lanthanide
lantainídeach *a* (= **lantanóideach**) lanthanide
lantanam *m1* lanthanum
lantanóideach *m1* (= **lantainíd**) lanthanoid
lantanóideach *a* (= **lantainídeach**) lanthanoid
lánteas *m3* *(Ph.)* total heat
laofa *a (St.)* biased
laofacht *f3* bias
laofacht *f3* **greille** grid bias
laom *m3* (= **léaspach**) blaze
LAP (= **láraonad próiseála**) CPU, central processing unit
lár *m1* centre
láraimsitheach *a* centripetal
lár *m1* **an inbhéartaithe** centre of inversion
láraonad *m1* **próiseála** (= **LAP**) central processing unit, CPU
lárbharach *a* centrobaric
lár *m1* **brú** (= **brúlár**) centre of pressure
lár *m1* **buacachta** centre of buoyancy
lár *m1* **comhbhailiúcháin** aggregation centre
lár *m1* **comhlíneachais** *(Ph.)* centre of collineation
lár *m1* **cuaire** centre of curvature
lár *m1* **fíorach** centre of figure
lár *m1* **grúpa** centre of group
lár *m1* **homaitéiteach** homothetic centre
lárlíne *f4 (centre line)* diameter
lárlínte *fpl* **comhchuingeacha** conjugate diameters
lárnach *a* central
lárphointe *m4* middle point, mid-point
lárphointe *m4* **cosúlachta** centre of similitude
lárshiméadracht *f3* centrosymmetry
lár *m1* **táimhe** centre of inertia
lártheifeach *a* centrifugal
lártheifneoir *m3* centrifuge
las *v* (= **adhain**) light
lasair *f* (*gs* **-srach**) flame
lasairdhíon *v* flameproof
lasairdhíonach *a* flameproof
lasairdhíonadh *m* (*gs* **-nta**) flameproofing
lasc *f2* switch
lasc *v* switch
lasc *f2* **aon phoil aon bhealaigh** single-pole single-throw switch
lasc *f2* **aon phoil dhébhealaigh** single-pole double-throw switch
lasc *f2* **bhrúchnaipe** push-button switch
lasc *f2* **mhaolaithe** dimmer switch
lasc *f2* **mhearcair** mercury switch
lasc *f2* **scine** knife switch
lasc *f2* **scoráin** toggle switch
lasc *f2* **sholasrialaithe** light-controlled switch
lasc *f2* **theochtrialaithe** temperature-controlled switch
lasc *f2* **thruslógach** *(El.)* tumbler, tumbler switch
lasc *f2* **thuisleach** trip switch
leá *m4 (melting) (Ch.)* fusion
léabhalós *m1* laevulose
leac *f2* slab
leac *f2* *(Opt.)* flat

leacht *f3* liquid
leachtach *a* liquid
leachtaigh *v* liquefy
leachtaitheoir *m3* liquefier
leachtaitheoir *m3* **cascáideach** *(Ph.)* cascade liquefier
leachtchumar *m1* liquid junction
leachtdealaigh *v* liquate
leachtdealú *m* (*gs* **-laithe)** liquation
leachtiompair *v* entrain
leachtiompar *m1* entrainment
leachtleibhéal *m1* spirit level
leacht *m3* **pairifín** paraffin liquid
leachtú *m* (*gs* **-taithe)** liquefaction
leachtú *m* **cascáideach** *(Ph.)* cascade liquefaction
leac *f2* **optúil** optical flat
leaic *f2* lac
leaicruaim *f2* lac dye
leáigh *v* melt
leáigh *v (Ch.) (melt)* fuse
leaisteach *a* elastic
leaisteachas *m1* elasticity
leaisteachas *m1* **cumraíochta** configurational elasticity
leaisteachas *m1* **toirte** *(Mec.)* volume elasticity
leaisteas *m1* elastance
leaisteastataic *f2* elastostatics
leaistic *f2* elastic
leaisticinéitic *f2* elastokinetics
leaistidinimic *f2* elastodynamics
leaistifhriotaíocht *f3 (El. Ph.)* elastoresistance
leáite *a* melted
léama *m4* lemma
léamh *m1* reading
leamhaol *m1* distemper
lean ar *v (Geom.)* produce
leantach *a* consecutive
leantóir *m3* **catóide** cathode follower
leanúint *(in phrase)* **arna leanúint** *(Geom.)* produced
leanúnach *a* continuous
leanúnachas *m1 (El. Mth.)* continuity
leanúnán *m1* continuant
leáphointe *m4* melting point
leáphointe *m4 (Ch.)* fusion point
leaptón *m1* lepton
léaráid *f2* diagram, illustration
léaráid *f2* **d'fhiaradh** shear diagram
léaráid *f2* **díláithriúcháin is ama** displacement-time diagram
léaráid *f3* **luais is ama** speed-time diagram
léaráid *f2* **móiminte lúbthachta** *(Mec.)* bending-moment diagram
léaráid *f2* **saorchoirp** *(Ph.)* free-body diagram
léaráid *f2* **struis is straidhne** stress-strain diagram
léaráid *f2* **treoluais is ama** velocity-time diagram
léaráid *f2* **treoluais is asáitithe** velocity-displacement diagram
léarscáil *f2* **(= mapa)** map
léas *m1 (Opt.)* beam
leasaigh *v* cure
léasar *m1* laser
leaschodán *m1 (Mth.)* improper fraction
léaschúpláil *f3* beam coupling
léaslíne *f4* horizon
léaslíne *f4* **theagmhais** *(Ph.)* event horizon
léas *m1* **móilíneach** molecular beam
léaspach *m1* **(= laom)** blaze
léas-sruth *m3* beam current
leasú *m* (*gs* **-saithe)** curing
leatacht *f3* dilatation
leátán *m1 (fused mass)* melt
leatas *m1* dilatancy
leath *v* spread
leath *v* dilate
leath- *pref* hemi-, semi-
leathadán *m1* dilatometer
leathadh *m* (*gs* **-ta)** spread, dilation
leathadh *m* **sonraí** spread of data
leathan *a* broad
leathán *m1* **(= bileog)** sheet
leathán *m1* **nicile** nickel sheet

leathard *m1 (Eng.)* bank
leathard *m1* **a chur ar rud** to bank sth
leathardú *m* (*gs* **-daithe**) *(Eng.)* banking
leathbheag *a* semiminor
leathcharbaisíd *f2* semicarbazide
leathchill *f2* half-cell
leathchiorcal *m1* semicircle
leathchuing *f2* arm of balance
leathleithead *m1 (Mth.)* half-width
leathlíne *f4* half-line
leath-mhiocranailís *f2* semi-micro-analysis
leathmhór *a* semimajor
leathnú *m* **línte speictreacha** broadening of spectral lines
leathphas *m4* half-phase
leathpholach *a* semipolar
leathphraitinn *f2* foolscap
leathré *f4* half-life
leathscáil *f2* penumbra
leathsféar *m1* hemisphere
leathsheoltóir *m3* semiconductor
leathsheoltóir *m3* **díchineálach** degenerate semiconductor
leathsheoltóir *m3* **eistreach** extrinsic semiconductor
leathsheoltóir *m3* **ianach** ionic semiconductor
leathsheoltóir *m3* **i-chineálach** (= **leathsheoltóir intreach**) i-type semiconductor
leathsheoltóir *m3* **inslitheora miotail** metal-insulator semiconductor, MIS
leathsheoltóir *m3* **intreach** (= **leathsheoltóir *i*-chineálach**) intrinsic semiconductor
leathsheoltóir *m3* **n-chineálach** n-type semiconductor
leathsheoltóir *m3* **ocsaíde miotail** *(Eln.)* metal oxide semiconductor, MOS
leathsheoltóir *m3* **p-chineálach** *(Eln.)* p-type semiconductor
leath-thon *m1* semitone
leath-thréscaoilteach *a* semi-permeable
leibhéal *m1* level
leibhéal *m1* **bandabhrú** band-pressure level
leibhéal *m1* **dópála** doping level
leibhéal *m1* **fuaimbhrú** sound pressure level
leibhéal *m1* **mothúcháin** sensation level
leibhéal *m1* **na súl** eyelevel
leibhéal *m1* **scoite** *(Ph.)* discrete level
leibhéal *m1* **treise** *(Ac. Ph.)* loudness level
leibhéalú *m* **hipsiméadrach** hypsometrical levelling
léibheann *m1 (on graph)* plateau
léic *f2 (colour)* lake
leicitin *f2* lecithin
leicneán *m1* washer
leictr- *pref* (= **leictrea-, leictri-**) electro-
leictrea- *pref* (= **leictri-, leictr-**) electro-
leictreacairdeagraf *m1* electrocardiograph
leictreach *a* electric(al)
leictreachas *m1* electricity
leictreachas *m1* **atmaisféarach** atmospheric electricity
leictreachas *m1* **frithchuimilteach** frictional electricity
leictreachas *m1* **statach** static electricity
leictreachrapadh *m* (*gs* **-ptha**) *(Mec. Ph.)* electrostriction
leictreafóiréis *f2* electrophoresis
leictreafóiréiseach *a* electrophoretic
leictreafórán *m1* electrophorus
leictreaghluaisneach *a* electromotive
leictrealaigh *v* electrolyse
leictrealaíoch *a* electrolytic
leictrealonracht *f3 (Eln.)* electroluminescence

leictrealú *m* (*gs* **-laithe**) electrolysis
leictreamaighnéad *m1* electromagnet
leictreamaighnéadach *a* electromagnetic
leictreamaighnéadas *m1* electromagnetism
leictreamótar *m1* electromotor
leictrea-optaic *f2* electro-optics
leictrea-osmóis *f2* electrosmosis
leictreaphlátáil *f3* electroplating
leictreaphlátáil *v* electroplate
leictrea-scagdhealú *m* (*gs* **-laithe**) *(Ch. Ph.)* electrodialysis
leictreascóp *m1* electroscope
leictreascóp *m1* **órdhuille** gold-leaf electroscope
leictreashlaodacht *f3* electroviscosity
leictreastatach *a* electrostatic
leictreastataic *f2* electrostatics
leictréid *f2* electret
leictreinceifealagraf *m1* electroencephalagraph
leictreoid *f2* electrode
leictreoid *f2* **chalmail** calomel electrode
leictreoid *f2* **dhépholach** bipolar electrode
leictreoid *f2* **mhodhnúcháin** modulator electrode
leictreoid *f2* **mhósáiceach** mosaic electrode
leictreon *m1* electron
leictreonach *a* electron, electronic
leictreonaic *f2* electronics
leictreon *m1* **deimhneach** (= **frithleictreon, posatrón**) *(Ph.)* positive electron
leictreon-díraonadh *m* (*gs* **-nta**) (= **díraonadh leictreon**) electron diffraction
leictreondís *f2* electron pair
leictreon *m1* **diúltach** (= **neigeatrón**) *(Ph.)* negative electron
leictreonfheadán *m1* electron tube
leictreonfhiníocht *f3* electron affinity
leictreonfhisic *f2* electron physics
leictreonghabháil *f3* electron capture
leictreonghás *m1* electron gas
leictreonghuairne *f4* electron spin
leictreonghunna *m4* electron gun
leictreon *m1* **hiodráitithe** hydrated electron
leictreoniolraitheoir *m3* electron multiplier
leictreonlionsa *m4* electron lens
leictreonmhicreascóp *m1* electron microscope
leictreonmhicreascóp *m1* **scanacháin** scanning electron microscope
leicreonmhicreascóp *m1* **scanacháin is tarchuir** scanning-transmission electron microscope
leictreonoptaic *f2* electron optics
leictreon *m1* **pláinéadach** planetary electron
leictreon *m1* **polaiméireach** polymeric electron
leictreon *m1* **príomhúil** primary electron
leictreonsceall *m3* electron shell
leictreon *m1* **seolta** *(El. Ph.)* conduction electron
leictreonsincreatrón *m1* electron synchrotron
leictreonsmál *m1* electron stain
leictreonspeictreascópacht *f3* electron spectroscopy
leictreonteileascóp *m1* electron telescope
leictreonteocht *f3* electron temperature
leictreon *m1* **tiontaithe** *(Ph.)* conversion electron
leictreontóireadóir *m3* *(Ch. Ph.)* electron probe
leictreonuireasach *a* electron-deficient
leictreonvolta *m4* electron volt
leictri- *pref* (= **leictrea-, leictr-**)

electro-
leictriceimic *f2* electrochemistry
leictriceimiceach *a* electrochemical
leictrichioglach *a* electrocyclic
leictricinéitic *f2* electrokinetics
leictridheimhneach *a* electropositive
leictri-dhíscaoileadh *m* (*gs* **-lte**) electrodisintegration
leictridhiúltach *a* electronegative
leictridhiúltacht *f3* electronegativity
leictridinimic *f2* **chandamach** quantum electrodynamics
leictrifhiúsach *a* electrovalent
leictrifileach *a* electrophilic
leictrigh *v* electrify
leictrigin *f2* electrogen
leictrileagan *m1 (Ch. Ph.)* electrodeposition
leictrilít *f2* electrolyte
leictriméadar *m1* electrometer
leictriméadar *m1* **ceathramhánach** quadrant electrometer
leictriméadar *m1* **dioscaí aomtha** attracted-disc electrometer
leictriméadar *m1* **ribeach** capillary electrometer
leictrimhiotalóireacht *f3* electrometallurgy
leictrionosmóis *f2* electroendosmosis
leictriteicniúil *a* electrotechnical
leictriú *m* (*gs* **-ithe**) electricization
leictriúchán *m1* electricization
léig *f2 (measurement)* league
léigh *v* read
leigheas *m1* medicine
léim *f2* jump
léimchoinníollacha *mpl* jump conditions
leimneascáid *f2* lemniscate
léir *a* explicit
léirfheidhm *f2* explicit function
léirghaol *m1* explicit relation
léirigh *v* illustrate
léiriú *m* (*gs* **-ithe**) *(process)* illustration
léiriú *m* **pictiúrtha** pictorial representation
léiriú *m* **rialta** regular representation
léiriú *m* **speictreach** spectral representation
leithead *m1* breadth, latitude, width
leithead *m1* **banda** bandwidth
leithead *m1* **cothrom** equal width
leithleach *a* distinct
leithliseach *a (Ch.)* sequestering
leithliseoir *m3 (Ch.)* sequestering agent
leithlisigh *v (Ch.)* sequester
leithscar *v* segregate
leo *m4* slick
leo *m4* **ola** oil slick
leoca- *pref* (= **leocai-**) leuco-
leocai- *pref* (= **leoca-**) leuco-
leochailiú *m* (*gs* **-ithe**) vulnerating
leoicín *m4* (= **aigéad aimínimeitilpeantánóch**) leucine
lí *f4* pigment
liabró *f* (*gs* **-ón**) whetstone
lián *m1* propeller
liathchorcra *a* mauve
licéar *m1* liquor
licéar *m1* **spíonta** spent liquor
lig *v (Ph.)* leak
ligeach *a* leaky
ligean *m1 (El. Ph.)* leak, leakage
ligean *m1* play
ligean *m1* **maighnéadach** *(ElMag. Ph.)* magnetic leakage
lignin *f2* lignin
lignít *f2* lignite
ligreoin *f2 (Ch.)* ligroin
líne *f4* line
líneach *a* linear
líneachaigh *v (ContSys. Mth.)* linearize
líneacht *f3* linearity
líneacht *f3* **inbhéartach thrasfhoirm Laplace** inverse linearity of Laplace transform
líneachú *m* (*gs* **-chaithe**) *(ContSys. Mth.)* linearization
líne *f4* **aindiallais** agonic line

líne *f4* **ceathrú tonnfhaid** quarter-wave line
líne *f4* **chomhchlaonais** isoclinal, isoclinic line
líne *f4* **chomhdhiallais** isogonic line
líne *f4* **dhíreach (= dronlíne)** straight line
líne *f4* **éaglaonais** aclinic line
líneghraf *m1* line graph
líne *f4* **ingir** *(Mec.)* plumb line
líne *f4* **iseamaighnéadach** isomagnetic line
líne *f4* **isidinimiciúil** isodynamic line
línelocht *m3* line defect
líne *f4* **locsadrómach** loxodromic line
línemhinicíocht *f3* line frequency
líne *f4* **na lár** line of the centres
líne *f4* **nódach (= nódlíne)** nodal line
línephrintéir *m3* line printer
líneshiméadracht *f3* line symmetry
línespeictream *m1* line spectrum
líne *f4* **thagra** datum line
líne *f4* **tharchuir** *(El.)* transmission line
línetheascán *m1* line segment
líne *f4* **threoch** *(Mth.)* directed line
línevoltas *m1* line voltage
lingeán *m1* spring
lingeán *m1* **bíseach** spiral spring
lingeán *m1* **ribeach** *(Ph.)* hairspring
lingmheátán *m1* spring balance
liníocht *f3* **scála** scale drawing
línte *fpl* **comhphoitéinsil** *(El. Mec. Ph.)* equipotential lines
línte *fpl* **flosca mhaighnéadaigh** lines of magnetic flux
línte *fpl* **fórsa mhaighnéadaigh** magnetic lines of force
lió- *pref* **(= liói-)** lyo-
liófóbach *a* lyophobic
ligoann *f2* ligand
ligoannréimse *m4* ligand field
liói- *pref* **(= liói-)** lyo-
lióifileach *a* lyophilic
lióiniam *m4* lyonium
lióisféar *m1* lyosphere
líomasan *m1* *(Mth.)* limaçon
líomatáiste *m4* **ascnaimh** migration area
líomh *v* *(Mec.)* file
líofa *a* *(Mec.)* filed
líomhán *m1* *(Mec.)* file
líon *m1* net
líon *m1* quotation, quotient
líonach *m1* filler
líon *m1* **difreálach teibí** abstract differential quotient
líonmhaireacht *f3* abundance
líon *m1* **na bpol** number of poles
líonra *m4* network
líonra *m4* **coibhéiseach** equivalent network
líonra *m4* **éighníomhach** *(Eln.)* passive network
líonra *m4* **leictreach** electric network
líonra *m4* **trasach** crossover network
lionsa *m4* lens
lionsa *m4* **aistiogmatach (= aistiogmat)** astigmatic lens
lionsa *m4* **anaistiogmatach (= anaistiogmat)** anastigmatic lens
lionsa *m4* **anamorfach** anamorphic lens
lionsa *m4* **apacrómatach** apochromatic lens
lionsa *m4* **breise** supplementary lens
lionsach *a* lenticular
lionsa *m4* **comhchruinnithe** lens condenser
lionsa *m4* **crosach** *(Opt.)* crossed lens
lionsa *m4* **désféarach** bispherical lens
lionsa *m4* **láimhe** hand lens
lionsa *m4* **leictreastatach** electrostatic lens
lionsa *m4* **maighnéadach** magnetic lens
lionsa *m4* **na súile (= súil-lionsa)** eye lens

lionsa *m4* **neamhchrómatach** achromat, achromatic lens
lionsa *m4* **réimse** *(Opt. Ph.)* field-lens
lionsa *m4* **sféarúil** spherical lens
lionsa *m4* **tadhaill** contact lens
lionsa *m4* **teileafóta** telephoto lens
líon *m1* **scuabach** sweep net
líonspás *m1* quotient space
líontán *m1 (Opt.)* graticule
líontán *m1* **garbh** coarse net
líontán *m1* **féileacáin** butterfly net
líontoipeolaíocht *f3* quotient topology
líosól *m1* liosol
liósú *m4* lyosorption
liotáirse *f4* litharge
liótrópach *a* lyotropic
lipéad *m1* label
lipid *f2* lipid
líseirgeach *a* lysergic
lísín *m4* (= **béitín**) lysine
lit- *pref* (= **litea-, liti-**) litho-
litea- *pref* (= **liti-, lit-**) litho-
lítear *m1* litre
liti- *pref* (= **litea-, lit-**) litho-
litiam *m4* lithium
litiú *m* (*gs* **-ithe**) lithification
litmeas *m1* litmus
lm (= **lúman**) *(unit)* lm, lumen
locáil *v* localize
locáilte *a* localized
lócais *mpl* **bhuanphas** constant-phase loci
lócais *mpl* **méide tairisí** loci of constant magnitude
lócais *mpl* **pas thairisigh** loci of constant phase
lócas *m1* locus
loc-chomhla *f4* sluice-gate
locsadróm *m1* loxodrome
locsadrómach *a* loxodrome, loxodromic
lód *m1 (El.)* load
lód *m1* **ailtéarnach** alternating load
lódáil *f3 (El.)* loading
lódchoisceas *m1 (El.)* load impedance
lód *m1* **chun deiridh** *(El.)* lagging load
lód *m1* **chun tosaigh** *(El.)* leading load
lód *m1* **comhchruinnithe** concentrated load
lód *m1* **freasaitheach** *(El.)* reactive load
lódlíne *f4 (Eln.)* load line
lód *m1* **ionduchtach** inductive load
lód *m1* **neamhfhreasaitheach** *(El.)* non-reactive load
log *m1 (Ph.)* well
log *m1 (of wavelength)* trough
logánta *a* local
logartam *m1* logarithm
logartamach *a* logarithmic
log *m1* **maighnéadach** magnetic well
log *m1* **poitéinsiúil** potential well
logshleamhnán *m1 (Micros.)* cavity slide
log *m1* **toinne** *(Mec. Ph.)* wave-trough
loic *v* stall
loiceadh *m* (*gs* **-cthe**) stalling
loighic *f2* (*gs* **-ghce**) logic
loighicbhloic *mpl* logic blocks
loighic-chiorcad *m1* logic circuit
loighic *f2* **dheimhneach** *(Eln.)* positive logic
loighic *f2* **dhiúltach** negative logic
loighic *f2* **friotóra is trasraitheora** *(Eln.)* resistor-transistor logic
loighic *f2* **thrasraitheora dé-óide** *(Eln.)* diode transistor logic
loighic *f2* **thrasraitheora is trasraitheora** *(Eln.)* transistor-transistor logic
loighistic *f2* logistic
loighisticiúil *a* logistic
loigit *f2* logit
loine *f4* piston
loine *f4 (of explosive)* plunger
loinethomhsaire *m4* piston gauge

loinnir *f* (*gs* **-nnreach**) *(Metal. Opt.)* lustre
lóis *f2* lotion
loiscneach *a (Ch.)* caustic
lomra *m4* **amh** raw fleece
longadán *m1* wobble, wobbling
longadán *m1* **a dhéanamh** to wobble
longadánaí *m4 (Eln.)* wobbulator
lonrach *a (Ch. Ph.)* luminescent
lonrachas *m1 (Ch. Ph.)* luminosity
lonracht *f3 (Ch. Ph.)* luminescence
lonras *m1 (Opt. Ph.)* luminance
lonrúil *a (Opt. Ph.)* luminous
loran *m1* loran
lorg *m* (*gs* **-rgtha**) *(ContSys.)* hunting
lorg *v (Ncln.)* track
lorgán *m1* **radhairc** *(Opt. Ph.)* view-finder
lorgbhiorán *m1* finder pin
luach *m3* value
luachach *a* valued
luacháil *f3* evaluation
luacháil *v* evaluate
luachanna *mpl* **ainmniúla paraiméadar** nominal values of parameters
luach *m3* **breathnaithe** *(St.)* observation, observed value
luach *m3* **buaice (= buaicluach)** peak value
luach *m3* **cónaitheach** stationary value
luach *m3* **éifeachtach** effective value
luach *m3* **fhréamh mheán na gcearnóg (= luach fmc)** *(Mth. Ph. St.)* root-mean-square value, rms value
luach *m3* **fmc (= luach fhréamh mhéan na gcearnóg)** *(Mth. Ph. St.)* rms value, root-mean-square value
luach *m3* **fuinnimh** energy value
luach *m3* **ionchais** expectation value, expected value
luach *m3* **mheán na gcearnóg** mean square value
luach *m3* **rialta oibreora** regular value of an operator
luach *m3* **speictreach** spectral value
luach *m3* **toga** tog value
luach *m3* **tríspreagach** tristimulus value
luach *m3* **uimhriúil** *(Mth.)* absolute magnitude, absolute value
luaidhe *f4 (metal)* lead
luainigh *v* precess
luainíocht *f3* precession
luainíocht *f3* **ais an domhain** precession of earth's axis
luainíocht *f3* **na gcónocht** precession of the equinoxes
luaith *f3* **(= luaithreach)** ash
luaithreach *m1* **(= luaith)** ash
luaithriú *m* (*gs* **-ithe**) ashing
luamhán *m1* lever
luamhán *m1* **crománach** *(MecEng.)* cranked lever
luamhán *m1* **ilchodach** compound lever
luan *m1* halo
luanú *m* (*gs* **-naithe**) halation
luas *m1* speed
luasaire *m4* accelerator
luasc *v* swing
luascadán *m1* pendulum
luascadán *m1* **cúitithe** compensated pendulum
luascáil *v* yaw
luascroth *m3 (Ph.)* balance-wheel
luas *m1* **forleata an tsolais** speed of propagation of light
luasghéaraigh *v (Ph.) (of motion)* accelerate
luasghéarú *m* (*gs* **-raithe**) *(Ph.) (of motion)* acceleration
luasghéarú *m* **de bharr domhan-tarraingthe** acceleration due to gravity
luasghéarú *m* **saorthitime** acceleration of free fall
luasghéarú *m* **uilleach** angular acceleration

luasmhéadar *m1* velocimeter
luasmhoilligh *v (of motion)* decelerate
luasmhoilliú *m* (*gs* **-ithe**) *(of motion)* deceleration
luas *m1* **loicthe** stalling speed
luas *m1* **sioncrónach** synchronous speed
luathaigh *v (Ch.) (of process)* accelerate
luathaigh *v (Mec.)* advance
luathú *m* (*gs* **-thaithe**) *(Ch.) (of process)* acceleration
luathú *m* (*gs* **-thaithe**) *(Mec.)* advance
luathú *m* **coinbhéirseachta** *(Mth.)* acceleration of convergence
lúb *f2* bend, loop
lúb *v* bend
lúba *fpl (of coil)* turns
lúbaeróg *f2* loop aerial
lúb *f2* **aischothaithe** feedback loop
lúb *f2* **histéiréiseach** hysteresis loop
lúb *f2* **iata** closed loop
lúbiata *a* closed-loop
lúbneartú *m* (*gs* **-taithe**) *(ContSys. Eln.)* loop gain
lúb *f2* **oscailte** open loop
lúboscailte *a* open-loop
lúb *f2* **rialúcháin** *(Comp.)* control loop
lucht *m3 (El.)* charge
luchtaigh *v (El.)* charge
luchtaire *m4* charger
luchtaire *m4* **ceallra** battery charger
luchtaistriú *m* (*gs* **-ithe**) charge transfer
luchtaistriúchán *m1* charge transfer
lucht *m3* **deimhneach** *(of atom)* positive charge
lucht *m3* **diúltach** *(of atom)* negative charge
luchtdlús *m1* charge density
luchtdlús *m1* **dromchla** surface density of charge
lucht *m3* **leictreach** electric charge
lucsa *m4* (= **méadarchoinneal**) lux
lúibín *m4 (Mth.)* bracket
lúibín *m4* **slabhrach** *(Mth.)* brace, chain bracket
lúibíní *mpl* parentheses **idir lúibíní** in parentheses
lúibíní *mpl* **cearnógacha** square brackets
lúicifeirin *f2* luciferin
lúide *prep* less, minus
luí *m4* **éagothroime** sense of inequality
luí *m4* **fórsa** sense of (a) force
lúitéitiam *m4* lutetium
luí *m4* **treoshuímh** sense of orientation
luí *m4* **veicteora** sense of vector
lúman *m1* (= **lm**) *(unit)* lumen, lm

M

MAA (= **minicíocht an-ard**) VHF, very high frequency
macalla *m4* echo
macasamhlú *m* (*gs* **-laithe**) replication
machmhéadar *m1* Mach meter
mach-uillinn *f2* Mach angle
machuimhir *f* (*gs* **-mhreach**) Mach number
macra- *pref* (= **macrai-, maicr-**) macro-
macrai- *pref* (= **macra-, maicr-**) macro-
macraimheátán *m1 (Ch. Ph.) (instrument)* macro-balance
macrascópach *a* macroscopic
macrastaid *f2* macrostate
macsual *m1* (*pl* **-uail**) *(unit)* maxwell
madhmadh *m* (*gs* **-mtha**) detonation
maicr- *pref* (= **macra-, macrai-**) macro-
maidhm *v* detonate
maidhmbhriseadh *m* (*gs* **-ste**) avalanche breakdown

maidhm-mhodal *m1* modulus of rupture
maigeanta *m4* magenta
maighdeog *f2* pivot
maighnéad *m1* magnet
maighnéada- *pref* (= **maighnéadai-**) magneto-
maighnéadach *a* magnetic
maighnéadai- *pref* (= **maighnéada-**) magneto-
maighnéadaigh *v* magnetize
maighnéadaiméadar *m1* magnetometer
maighnéadaiméadar *m1* **coiscis** impedance magnetometer
maighnéadaiméadar *m1* **creathach** vibration magnetometer
maighnéadaiméadar *m1* **sáithitheach** saturation magnetometer
maighnéadaiméadar *m1* **sraonta** deflection magnetometer
maighnéadaíocht *f3* magnetization
maighnéadaplasmaidinimic *f2* magnetoplasmadynamics
maighnéadas *m1* magnetism
maighnéadas *m1* **an domhain** (= **geomaighnéadas**) terrestrial magnetism
maighnéadas *m1* **iarmharach** *(Ph.)* residual magnetism
maighnéadfhriotaíocht *f3* magnetoresistance
maighnéadghluaisneach *a* magnetomotive
maighnéadmhaolú *m* (*gs* **-laithe**) *(Cryst. Ph.)* magneto damping
maighnéadón *m1* magneton
maighnéadón *m1* **núicléach** nuclear magneton
maighnéadstraidhn *f2* magnetostriction
maighnéadstraidhn *f2* **sáithiúcháin chriostal** crystal-saturation magnctostriction
maighnéadú *m* **iarmharach** *(GeoPh.)* remanent magnetization
maighnéatrón *m1* magnetron
maighnéidít *f2* magnetite
maignéató *m4* magneto
maignéisiam *m4* magnesium
mailéáit *f2 (Ch.)* maleate
mailéáitigh *v* maleate
mailéáitiú *m* (*gs* **-ithe**) *(Ch.)* maleation
mailéáitiúchán *m1 (Ch.)* maleation
maintíse *f4* mantissa
mais *f2* mass
mais *f2* **adamhach** atomic mass
mais *f2* **adamhach choibhneasta** relative atomic mass
mais *f2* **choibhneasaíoch** *(Ph.)* relativistic mass
maischothromaíocht *f3 (Ch. Eng.)* mass balance
mais *f2* **éifeachtach** effective mass
maisfhriotachas *m1 (El. Ph.)* mass resistivity
maisfhuinneamh *m1 (Ph.)* mass energy
mais *f2* **ghníomhach** active mass
maisghníomhaíocht *f3* mass action
maislár *m1* (= **meánlár**) *(Mec. Ph.)* centre of mass
mais *f2* **leictreamaighnéadach** electromagnetic mass
mais *f2* **mhóilíneach choibhneasta** relative molecular mass
maismhóimint *f2* mass moment
mais-speictreagraf *m1* mass spectrograph
mais-speictriméadar *m1* mass spectrometer
mais *f2* **thámhúil** inertial mass
máistirascaltóir *m3* master oscillator
maisuimhir *f* (*gs* **-mhreach**) mass number
mais-uireasa *f4 (NcPh.)* mass defect
maitrís *f2* matrix
maitrís *f2* **bhandaithe** banded matrix
maitrís *f2* **bhlocthrasnánach** block diagonal matrix

maitrís *f2* **chéannachta** *(Mth.)* identity matrix
maitrís *f2* **chuingeach** adjoint matrix
maitríseán *m1* matrizant
maitrís *f2* **dheilíneach** reciprocal matrix
maitrís *f2* **fhrithshiméadrach** antisymmetric matrix
maitrís *f2* **Hermite** Hermitian matrix
maitrís *f2* **Hess** Hessian matrix
maitrís *f2* **inbhéartach** inverse matrix
maitrís *f2* **in-chomhoiriúnaithe** conformable matrix
maitrís *f2* **mhéadaithe** augmented matrix
maitrís *f2* **neamhshingilteach** non-singular matrix
maitrís *f2* **nialasach** null matrix, zero matrix
maitrís *f2* **ortagánach** *(Mth.)* orthogonal matrix
maitrís *f2* **ranga** rank matrix
maitrís *f2* **rannach** *(Mth.)* partitioned matrix
maitrís *f2* **scáineach** sparse matrix
maitrís *f2* **sceabhshiméadrach** skew-symmetric matrix
maitrís *f2* **tacair ghearrtha** *(Set.)* cut-set matrix
maitrís *f2* **thrasnánach** diagonal matrix
maitrís *f2* **thriantánach** triangular matrix
maitrís *f2* **thriantánach íochtarach** lower triangular matrix
maitrís *f2* **thriantánach uachtarach** upper triangular matrix
maitrís *f2* **trasuímh** transpose matrix
malaicít *f2* malachite
malairt *f2* **hipitéise** alternative hypothesis
malartaí *m4 (Ch.)* substituent
malartaigh *v* exchange
malartaigh *v (Ch.)* substitute
malartaíocht *f3* **(= malartú)** *(Ch.)* substitution
malartóir *m3* exchanger
malartóir *m3* **teasa (= teasmhalartóir)** heat exchanger
malartú *m* (*gs* **-rtaithe) (= malartaíocht)** *(Ch.)* substitution
malgam *m1* amalgam
malgamaigh *v* amalgamate
malgamú *m* (*gs* **-maithe)** amalgamation
malgamúchán *m1* amalgamation
mall *a* slow
mallneodrón *m1* slow neutron
malma *m4* malm
malónach *a* **(= própáindé-óch)** malonic
maltáis *f2* maltase
maltós *m1* maltose
manaiméadar *m1* manometer
manaiméadar *m1* **leachtcholúin** liquid-column manometer
manaiméadar *m1* **snáithín grianchloiche** quartz-fibre manometer
mangainéis *f2* manganese
manganáit *f2* **photaisiam** potassium manganate
mannatól *m1* mannitol
maoile *f4 (of curve)* flatness
maol *a* obtuse
maol *a (of curve)* flat
maol *a* **(= barrscoite)** *(Geom.)* truncated
maolaigh *v* damp
maolaigh *v (Ch.) (in solution, etc.)* moderate
maolaigh *v (Ncln.) (in reactor)* moderate, modify
maolaire *m4* damper
maolaire *m4* shock-absorber
maolaire *m4 (Ch.) (in solution, etc.)* moderator
maolaire *m4 (Ncln) (in reactor)* moderator
maolaithe *a* damped

maolaithe go criticiúil critically damped
maolán *m1 (Ch.)* buffer
maolánach *a (Ch.)* buffer
maolánaigh *v (Ch.)* buffer
maolú *m* (*gs* **-laithe**) damping
maolú *m* **aerógach** aerial attenuation
maolú *m* **criticiúil** *(Ph.)* critical damping
maolú *m* **leictreamaighnéadach** electromagnetic damping
maolú *m* **slaodach** viscous damping
maoluillinn *f2* obtuse angle
maoschlár *m1 (Ch. Ph.)* water table
maothaigh *v* soak
mapa *m4* (= **léarscáil**) map
mapáil *f3* mapping
mapáil *v* map
mapáil *f3* **bharrtheilgeach** surjective mapping
mapáil *f3* **chanónta** canonical mapping
mapáil *f3* **chéannachta** *(Mth. Set.)* identity mapping
mapáil *f3* **chomhfhoirmiúil** conformal mapping
mapáil *f3* **mórán le haon** many-one mapping
mapathagairt *f3 (gs-***artha***)* map reference
mapathomhsaire *m4* map measurer
marbh-aga *m4* dead time
marbhántacht *f3* lethargy
marbh-bhéim *f2* deadbeat
marbhlód *m1* dead load
marc *m1* mark
marla *m4* marl
marmar *m1* marble
marthanacht *f3* persistence
masc *m1* mask
mascoibreán *m1* masking agent
matach *a* mat
matamaitic *f2* mathematics
matamaiticiúil *a* mathematical
matamaitic *f2* **thraidisiúnta** traditional mathematics

máthair- *pref* parent
máthair-iseatóp *m1* parent isotope
máthairlicéar *m1* mother liquor
máthairmhiotal *m1* parent metal
meá *f4* (= **meátán**) *(device)* balance
meá- *pref* (= **meá-mhéadrach**) gravimetric
meá-anailís *f2 (Ch. Ph.)* gravimetric analysis
meá *f4* **rómhánach** steelyard
meabhalscáil *f2* mirage
meáchan *m1* weight
meáchan *m1* **adamhach** atomic weight
meáchan *m1* **coibhéiseach** (= **coibhéis cheimiceach**) *(Ch.)* equivalent weight
meáchan *m1* **dealraitheach** apparent weight
meáchanlár *m1 (Mec.)* centre of gravity
meáchan *m1* **móilíneach** molecular weight
meáchan *m1* **troí** *(Mec.)* troy weight
meá-chomhshuíomh *m1 (Ph.)* gravimetric composition
méadaigh *v* enlarge
méadaigh *v* augment
méadaigh *v* (= **breisigh**) increase
méadaigh faoi thrí treble
méadaithe *a* enlarged
méadaitheach *a* increasing
méadaitheach go haontonach monotonic increasing
méadaithe faoi thrí treble
méadar *m1 (unit)* metre
méadar *m1 (gauge)* meter
méadar *m1* **cearnach** square metre
méadarchoinneal *f2* (*gs* **-nnle**) metre-candle (= **lux**)
méadar *m1* **domhantarraingthe** *(GeoPh.)* gravity meter
méadar *m1* **minicíochta** frequency meter
méadar *m1* **seoltachta leictrí** electrical conductivity meter

méadarshlat *f2* metre stick
méadar *m1* **suimeála** integrating meter
méadar *m1* **taispeántais** demonstration meter
méadar *m1* **Venturi** venturi meter
meá *f4* **dheachúil** decimal balance
méadrach *a* metric
méadrach *m1* **do-athraitheach** invariant metric
méadrú *m* (*gs* **-raithe**) metrication
méadú *m* (*gs* **-daithe**) enlargement
meag- *pref* (= **meigea-, meigi-, meig-**) mega-
meághéag *f2* weigh beam
meagóm *m1* megohm
meá *f4* **hidreastatach** *(Mec. Ph.)* hydrostatic balance
meáigh *v* weigh
meaisín *m4* (= **inneall**) *(Ph.)* machine
meaisín *m4* **comhthochraiste** compound-wound machine
meaisín *m4* **frídeora sporghiaráilte** spur-geared pulley-block machine
meaisín *m4* **níocháin** washing machine
meaisín *m4* **péist-tiomáinte frídeora** worm-driven pulley-block machine
meaisín *m4* **sraith-thochraiste** series-wound machine
meaisín *m4* **tonntochraiste** wave-wound machine
meá-mhéadar *m1 (Eng.)* gravimeter, gravity meter
meá-mhéadrach *a* (= **meá-**) *(Ch.)* gravimetric
meán *m1 (St.)* average, mean
meán *m1* medium
meán- *pref* medial
méan *m1* gape
meana *m4* awl
meánach *a* mean, median
meán-am *m3* **Greenwich** Greenwich mean time
meánbhrú *m4* **éifeachtach** mean effective pressure
meánchiorcal *m1* equator
meánchiorcal *m1* **neamhaí** celestial equator
meandar *m1 (Ph.)* instant
meán-déine *f4* **sféarach** mean spherical intensity
meándiall *m* (*gs* **-llta**) *(Mth. St.)* mean deviation
meán *m1* **geoiméadrach** geometric mean
meánghrian *f2* mean sun
meán *m1* **lae** mid-day
meánlár *m1* (= **maislár**) *(Mec. Ph.)* centroid
meánlárach *a (Mec. Ph.)* centroidal
meánlíne *f4 (Geom.)* median
meánmhinicíocht *f3* average frequency
meánré *f4 (Ph.)* average lifetime, average life, mean life
meán *m1* **samplaí** sample mean
meán-saorchonair *f2* mean free path
meantán *m1* menthane
meán-treoluas *m1* mean velocity
meantól *m1* menthol
meán *m1* **ualaithe** weighted average, weighted mean
meán *m1* **uimhríochtúil** arithmetic mean
mear *a* (= **gasta, tapa**) *(of speed)* fast
méaráireamh *m1* finger calculation
mearbhlú *m* (*gs* **-laithe**) confounding
mearcair *m4* (= **airgead beo**) mercury
mearcaptan *m1* (= **tiól**) mercaptan
mearcarach *a* mercuric
mearcarúil *a* mercurous
mear-imoibreoir *m3* fast reactor
mear-imoibreoir *m3* **pórúcháin** fast breeder reactor
méarnáil *f3* (= **tine ghealáin**) *(Ch. Ph.)* phosphorescence

méarnálach *a* (= **tineghealánach)** *(Ch. Ph.)* phosphorescent
mearneodrón *m1* (= **neodrón mear)** fast neutron
meas *v* estimate
méasar *m1* maser
méasathrasraitheoir *m3* mesa transistor
meascán *m1* mixture
meascán *m1* **fiuchthairiseach** constant boiling mixture
meascthóir *m3* mixer
méasón *m1* meson
meastachán *m1 (St.)* estimate, estimation
meastachán *m1* **agus infeireas** *m1* estimation and inference *(St.)*
meastachán *m1* **earráide caighdeánaí** estimate of standard error
meastachán *m1* **na n-íoschearnóg** least-squares estimate *(Mth. St.)*
meastachán *m1* **neamhlaofa** unbiased estimate
meastóir *m3 (St.)* estimator
meastóir *m3* **comhsheasmhach** consistent estimator
meastóir *m3* **éifeachtach** efficient estimator
meastóir *m3* **íosathraithis** minimum-variance estimator
meastóir *m3* **laofa** biased estimator
meastóir *m3* **na n-íoschearnóg** *(Mth. St.)* least-squares estimator
meastóir *m3* **neamhéifeachtach** inefficient estimator
meastóir *m3* **neamhlaofa** unbiased estimator
meastóir *m3* **neamhlaofa íosathraithis** minimum-variance unbiased estimator
measúnacht *f3* assay
measúnaigh *v* assay
meat- *pref* (= **meitea-, meiti-, meit-)** meta-
meataildéad *m1* methaldehyde
meatáiníd *f2* methanide
meatán *m1* methane
meátán *m1* (= **meá)** *(device)* balance
meatánaimíd *f2* (= **formaimíd)** methanamide
meatánal *m1* (= **formaildéad)** methanal
meátán *m1* **buacachta** buoyancy balance
meátán *m1* **domhantarraingthe** *(Ph.)* gravity balance
meátán *m1* **leictreonach** electronic balance
meátán *m1* **maighdeoige** pivot balance
meatánóch *a* (= **formach)** methanoic
meatánól *m1* methanol
meátán *m1* **trí chuing** triple-beam balance
meath *m3* decay
meath *v* decay
meath *m3* **easpónantúil** exponential decay
meath-thairiseach *m1* decay constant
meatocsa- *pref* (= **meatocsai-)** methoxy-
meatocsai- *pref* (= **meatocsa-)** methoxy-
meatocsaibeinséin *f2* methoxybenzene
meicnic *f2* mechanics
meicnic *f2* **chandamach** quantum mechanics
meicnic *f2* **chontanaim** continuum mechanics
meicnic *f2* **mhaitríseach** matrix mechanics
meicnic *f2* **neamhaí** celestial mechanics
meicnic *f2* **shreabhánach** fluid mechanics
meicníoch *a* mechanistic
meicníocht *f3* mechanism
meicníocht *f3* **raicíneach** ratchet mechanism

meicniúil *a* mechanical
méid *m4* amount
méid *f2* magnitude
méid-dáileachán *m1* **na gcáithníní** *(Ph.)* particle-size distribution
méid *f2* **dhealraitheach** *(Ast.)* apparent magnitude
méid *m4* **sampla** sample size
meig- *pref* (= **meigea-, meigi-, meag-**) mega-
meigea- *pref* (= **meigi-, meig-, meag-**) mega-
meigeafón *m1* megaphone
meigeavata *m4* megawatt
meigi- *pref* (= **meigea-, meig-, meag-**) mega-
meigichiogal *m1* (= **meigiheirts**) *(Ph.)* megacycle
meigiheirts *m4* (= **meigichiogal**) *(Ph.)* megahertz
meigileictreonvolta *m4* (= **milliún leictreonvolta, MeV**) mega-electron volt, MeV
meil *v* grind
meil- *pref* (= **meilea-, meili-**) mela-
meilea- *pref* (= **meili-, meil-**) mela-
meili- *pref* (= **meilea-, meil-**) mela-
meilte *a* ground
meindiléiviam *m4* mendelevium
meinisceas *m1* meniscus
meintéin *f2* menthene
meintil *f2* menthyl
-méir *suff f2 (Ch.)* -mer
-méireach *suff a (Ch.)* -meric
-méireacht *suff f3 (Ch.)* -merism
meireamorfach *a* meromorphic
meirg *f2* rust
meirgiú *m* (*gs* **-ithe**) rusting
méis- *pref* (= **méisea-, méisi-**) meso-
méisea- *pref* (= **méisi-, méis-**) meso-
méisi- *pref* (= **méisea-, méis-**) meso-
méisiméireach *a (Ch.)* mesomeric
méisiméireacht *f3 (Ch.)* mesomerism
méisisféar *m1* mesosphere
meisiteiléin *f2* (= **trímheitilbeinséin**) mesithylene
meit- *pref* (= **meitea-, meiti-, meat-**) meta-
meitea- *pref* (= **meiti-, meit-, meat-**) meta-
meiteachobhsaí *a (Ph.)* labile, metastable
meitealár *m1* metacentre
meiteamorfach *a* metamorphic
meitéareolaíocht *f3* meteorology
meiti- *pref* (= **meitea-, meit-, meat-**) meta-
meitiainín *m4 (Ch.)* methionine
meitibileacht *f3* metabolism
meitidín *m4* metadyne
meitil *f2* methyl
meitil- *pref* (= **meitiol-**) methyl-
meitilbeansóch *a* (= **tolúach**) methylbenzoic
meitilbeinséin *f2* (= **tolúéin**) methylbenzene
meitiléin *f2* methylene
1-meitileitil *f2* (= **iseapróipil**) 1-methylethyl
(1-meitileitil)beinséin *f2* (= **cúiméin**) (1-methylethyl)benzene
meitilfeiniolaimín *m4* methylphenylamine
meitilinisín *m4* methylinosine
meitín *m4* methine
meitiol- *pref* (= **meitil-**) methyl-
meitiolaimín *m4* methylamine
meitiolbúta-1,3-dé-éin *f2* (= **isipréin**) methylbuta-1,3-diene
meitiolguanóisín *m4* methylguanosine
2-meitiolpróipéin *f2* (= **iseabúitiléin**) 2-methylpropene
2-meitiolpróipil *f2* (= **iseabúitil**) 2-methylpropyl
2-meitiolprópán *m1* (= **iseabútán**) 2-methylpropane
meitiolprópánóch *a* methylpropanoic
MeV (= **meigileictreonvolta, milliún leictreonvolta**) MeV, mega-electron volt, million electron volt

mí *f* (*gs* **míosa**) month
mianghrean *m1* gangue
mianra *m4* mineral
mianrach *a* mineral
mianreolaíocht *f3* mineralogy
mias *f2* **fosaithe** fixing-bath
mias *f2* **ghalaithe** evaporating basin
mias *f2* **Petri** Petri dish
mias *f2* **Petri shochaite** disposable Petri dish
mícheart *a* (= **cearr**) wrong
míchumadh *m* (*gs* **-mtha**) malformation
micile *m4* micelle
micr- *pref* (= **micrea-, micri-, miocr-**) micro-
micrea- *pref* (= **micri-, micr-, miocr-**) micro-
micreacalraiméadar *m1* microcalorimeter
micreachanónta *a* microcanonical
micrea-dhomhantarraingt *f* (*gs* **-ngthe**) *(Mec. Ph.)* microgravity
micrea-dhlúsmhéadar *m1* microdensitometer
micreafón *m1* microphone
micreafón *m1* **carbóin** carbon microphone
micreafón *m1* **luailchorna** moving-coil microphone
micreafón *m1* **ribíneach** ribbon microphone
micreafón *m1* **teoshreangach** hot-wire microphone
micreamanaiméadar *m1* micromanometer
micrearadagrafaíocht *f3* microradiography
micreascóp *m1* microscope
micreascópacht *f3* microscopy
micreascópacht *f3* **x-ghathach** x-ray microscopy
micreascóp *m1* **comhshuite** compound microscope
micreascóp *m1* **frithchaiteach** reflecting microscope
micreascóp *m1* **gluaisteach** *(Opt.)* travelling microscope
micreascóp *m1* **olathumthach** oil-immersion microscope
micreascóp *m1* **paschodarsnachta** *(Opt.)* phase-contrast microscope
micreascóp *m1* **réimse-astaíoch** field-emission microscope
micreascóp *m1* **réimse-ianaíoch** field-ion microscope
micreascóp *m1* **steiréascópach** stereoscopic microscope
micreascóp *m1* **simplí** simple microscope
micreascóp *m1* **spota gluaiseachta** flying-spot microscope
micreastaid *f2* microstate
micreastruchtúr *m1* microstructure
micreathonn *f2* microwave
micreathonnach *a* microwave
micreatóm *m1* microtome
micri- *pref* (= **micrea-, micr-, miocr-**) micro-
micriciúire *m4* microcurie
micriméadar *m1* micrometer
micrimheátán *m1* microbalance
mí *f* **ghealaí** *(Ast.)* lunar month
míle *m4* thousand
míle *m4 (unit)* mile
míle *m4* **reachtúil** statute mile
mill- *pref* (= **millea-, milli-, mioll-**) milli-
millea- *pref* (= **milli-, mill-, mioll-**) milli-
milleabar *m1* millibar
milleachoibhéis *f2 (Ch.)* milliequivalent, meq
milleagram *m1* milligram
milleahanraí *m4 (ElMag.)* millihenry
millearointgin *f2* milliroentgen, milliröntgen
milleasoicind *m4* millisecond
milli- *pref* (= **millea-, mill-, mioll-**) milli-
milliciúire *f4* millicurie

millilítear *m1* millilitre
milliméadar *m1* millimetre
milliméadar *m1* **mearcair (= mmHg)** millimetre of mercury, mmHg
millimiocrón *m1* millimicron
millín *m4* **laín** pithball
millisíveart *m1* **(*pl* -virt)** millisievert
milliún *m1* million
milliún *m1* **leictreonvolta (= meigileictreonvolta, MeV)** million electron volt, MeV
milseoir *m3* sweetener
mín *a* fine
mínbhrus *m1* fines
min *f2* **chnámh** bone meal
míneas *m1* minus
mínghlan *v* refine
mínghlanadh *m* **criosach** *(Ch.)* zone melting, zone refining
mínghráinneach *a* fine-grain
mínghrán *m1* fine grain
mín go breacleanúnach piecewise smooth
minicíocht *f3* frequency
minicíocht *f3* **an-ard** very high frequency
minicíocht *f3* **athshondach** resonant frequency
minicíocht *f3* **bhreathnaithe** observed frequency
minicíocht *f3* **bhunúsach** fundamental, fundamental frequency
minicíocht *f3* **chiorclach** circular frequency
minicíocht *f3* **choibhneasta** relative frequency
minicíocht *f3* **dáileacháin** distribution frequency
minicíocht *f3* **fhorard** superhigh frequency
minicíocht *f3* **fhórsáilte** *(Ph.)* forced frequency
minicíocht *f3* **imbhuailte** collision frequency
minicíocht *f3* **ionchais** expected frequency
minicíocht *f3* **mheánach** medium frequency (MF)
minicíocht *f3* **mheandarach** instantaneous frequency
minicíocht *f3* **nádúrtha** *(Eln. Ph.)* natural frequency
minicíocht *f3* **nádúrtha mhaolaithe** damped natural frequency
minicíocht *f3* **nádúrtha neamh-mhaolaithe** undamped natural frequency
minicíocht *f3* **rí-ard** *(Ph)* extremely high frequency
minicíocht *f3* **ríochana** stretching frequency
minicíocht *f3* **rothlach** rotational frequency
minicíocht *f3* **scoite** cutoff frequency
minicíocht *f3* **tábla teagmhasachta** contingency-table frequency
minicíocht *f3* **tairsí** threshold frequency
minicíocht *f3* **thrasach** crossover frequency
minicíocht *f3* **thrasach neartúcháin** gain crossover frequency
minicíocht *f3* **ultra-ard** ultrahigh frequency
mínsiosúr *m1* fine scissors
mínstruchtúr *m1* fine structure
mínteanchair *f2* fine forceps
míoca *m4* mica
míochaine *f4* **núicléach** nuclear medicine
miocr- *pref* **(= micrea-, micri-, micr-)** micro-
miocraimpmhéadar *m1* microammeter
miocranailís *f2* micro-analysis
miocranailís *f2* **le leictreontóireadóir** *(Ch. Ph.)* electron-probe microanalysis
miocrón *m1* micron
mí-oiriúnú *m* (*gs* **-naithe)** mismatch
mioll- *pref* **(= millea-, milli-, mill-)** milli-

miollaimpéar *m1* milli-ampere
mion *a* (= **bídeach**) minute
mion- *pref* mini-
mionadach *m1* miniature
mionadach *a* miniature
mion-ais *f2 (Mth.)* minor axis
mionann *f2* minuend
mionathraigh *v (alter without transforming)* modify
mionchorraíl *f3* small disturbance
mion-dúpholl *m1* mini black hole
mioneangach *f2 (Opt.)* reticle
mionphláinéad *m1* (= **astaróideach**) asteroid
mionrabh *f2* **iarainn** iron filings
mionúr *m1 (Mth.) (of determinant)* minor
miosúireacht *f3* mensuration
miosúr *m1* **tirim** dry measure
miotal *m1* metal
miotalach *a* metallic
miotalaigh *v* metallize
miotal *m1* **alcaile** alkali metal
miotal *m1* **cré-alcaileach** alkaline earth metal
miotal *m1* **eisíon** impure metal
miotaleolaíocht *f3* metallurgy
miotal *m1* **féinainéalach** self-annealing metal
miotal *m1* **íobartach** sacrificial metal
miotal *m1* **mona** coinage metal
miotalóideach *m1 (Ch.)* metalloid
miotalóideach *a* metalloid
miotal *m1* **trasdultach** transition metal
miotalú *m* (*gs* **-laithe**) metallizing
-mír *suff f2 (Bio.)* -mere
-míreach *suff a (Bio.)* -meric
-míreacht *suff f3 (Bio.)* -merism
míréireach *a* incongruent
mirleán *m1* bob
mírlíne *f4 (of line)* segment
mírlíne *f4* **threoch** *(Mth.)* directed segment
mispicil *f2* mispickel
míthuillteanas *m1* demerit

mmHg (= **milliméadar mearcair**) mmHg, millimetre of mercury
mó *m4* (= **símin**) *(unit)* mho
mód *m1 (St.)* mode
modal *m1* modulus
modal *m1* **an fhiartha** shear modulus
modal *m1* **doichte** modulus of rigidity
modal *m1* **leaisteachais** modulus of elasticity
modal *m1* **toirsiúin** modulus of torsion
modal *m1* **toirte** *(Ph.)* bulk modulus
modartha *a (of liquid)* cloudy
modh *m3* (*pl* **-anna**) method
modh *m3* (*pl* **-anna**) *(ElMag. Mth.)* mode
modh *m3* **aimsiúcháin** shooting method
modh *m3* **an aird is géire** method of steepest ascent
modh *m3* **an cheartúcháin iarchurtha** deferred correction method
modh *m3* **an mhóimint-achair** moment-area method
modhanna *mpl* **cuardaigh** search methods
modhanna *mpl* **optamacha cuardaigh** *(Mth. St.)* optimal search methods
modh *m3* **an tangaint fhosaithe** *(Mth.)* fixed-tangent method
modh *m3* **an tsiopadóra** shopkeeper method
modh *m3* **aonphléacsach** simplex method
modh *m3* **athrúchánach** variational method
modh *m3* **athrú na bparaiméadar** method of variation of parameters
modh *m3* **atriallach** *(Mth.)* iterative method
modh *m3* **díreach difríochtaí finideacha** *(Mth.)* direct finite-difference method

modh *m3* **fuaraithe** cooling method
modh *m3* **na bhfánán is géire** method of steepest descents
modh *m3* **na haonchéime** single-step method
modh *m3* **na hathraitheachta leanúnaí** continuous-variation method
modhnaigh *v* modulate
modh *m3* **na neastachán seicheamhacha** method of successive approximations
modh *m3* **na n-eilimintí críochta** *(Eng. Mth.)* finite-element method
modh *m3* **na n-íoschearnóg** *(Mth. St.)* least-squares method, method of least squares
modh *m3* **na meascán** method of mixtures
modh *m3* **na sainchuar** method of characteristic curves, method of characteristics
modh *m3* **na siúntaí** method of joints
modh *m3* **na trialach agus na hearráide** trial and error method
modh *m3* **nialasach** null method
modhnóir *m3* modulator
modhnú *m* (*gs* **-naithe)** modulation
modhnú *m* **déine** *(Ph.)* intensity modulation
módúil *a* modal
modúl *m1 (Eln.)* module
mogall *m1* mesh
mogallchodán *m1* mesh fraction
mogall *m1* **líonra** network mesh
mogallnasc *m1* mesh connection
Moho *m4* Moho
móideim *m4* modem
móilín *m4* molecule
móilíneach *a* molecular
móilíneacht *f3* molecularity
móilín *m4* **polach** *(Ch.)* polar molecule
moill *f2* **ama** *(Ph.)* time delay
moillchúiteamh *m1* **(= cúiteamh moille)** compensation lag
moilligh *v* retard
moilliú *m* (*gs* **-ithe)** retardation
moill-líne *f4 (Eln.)* delay line
moill-líne *f4* **fhuaimiúil** acoustic delay line
móimint *f2* moment
móimint *f2* **chothromúcháin** *(Ph.)* balancing moment
móimint *f2* **dhépholach** dipole moment
móimint *f2* **dhépholach bhuan** permanent dipole moment
móimint *f2* **dhépholach leictreach** electric dipole moment
móimint *f2* **dhépholach mhaighnéadach** magnetic dipole moment
móiminteam *m1* momentum
móiminteam *m1* **uilleach (= móimint mhóimintim)** angular momentum
móimint *f2* **gheoiméadrach táimhe** geometrical moment of inertia
móimintí *fpl* **ceathairpholacha** quadrupole moments
móimintiúil *a* momentary
móimint *f2* **lúbthachta** *(Mec.)* bending moment
móimint *f2* **mhaighnéadach** magnetic moment
móimint *f2* **mhóimintim (= móiminteam uilleach)** moment of momentum
móimint *f2* **na táimhe** moment of inertia
móin *f3* peat
moirt *f2 (Ch.)* sediment
moirt *f2* lees
moirtéar *m1* **agus tuairgnín** *m4* mortar-and-pestle
moirtiú *m* (*gs* **-ithe)** sedimentation
moirtiúil *a* turbid
moirtiúlacht *f3* turbidity
moirtmhéadracht *f3* turbidimetry
mól *m1 (Ch.)* mole
molabdáit *f2* molybdate

mólach *a* molal
mólacht *f3* molality
molaibdéineam *m1* molybdenum
mólarach *a* molar
mólaracht *f3 (Ch.)* molarity
mólchodán *m1 (Ch.)* mole fraction
mól-luach *m3 (Ch.)* mole value
móltoirt *f2* mole-volume
mona- *pref* (= **monai-, aon-**) mono-
monacrómatach *a* monochromatic
monacrómatóir *m3* monochromator
monai- *pref* (= **mona-, aon-**) mono-
monailit *f2* monolith
monailiteach *a* monolithic
monaiméir *f2* monomer
monaiméireach *a* monomeric
monaíocht *f3* coinage
monaishiúicríd *f2* monosaccharide
monaisít *f2* monazite
monal *m1 (Metal.)* Monel metal, monel
monaprótónach *a* monoprotic
monatóir *m3* monitor
monatóirigh *v* monitor
monatrópach *a* monotropic
mónóg *f2 (drop)* bead
mór *a* great **níos mó ná** greater than
mór- *pref* major
mór-ais *f2* major axis
mórtheoiric *f2* **aontaithe réimsí** grand unified field theory
mósáic *f2* mosaic
mósáiceach *a* mosaic
mótar *m1* motor
mótar *m1* **aisioncrónach** *(El. Ph.)* asynchronous motor
mótar *m1* **leictreach** electric motor
mótar *m1* **sioncrónach ionduchtúcháin** synchronous induction motor
mótar *m1* **uilíoch** universal motor
mothú *m* (*gs* **-thaithe**) sensation
mothúchán *m1* sensation
mRNA (= teachtaire RNA) mRNA, messenger RNA
mú *m4* mu
múch *f2* fume
múch *v* quench
múchadh *m* (*gs* **-chta**) quenching
múch *f2* **a dhéanamh** to fume
múchadh *m* **tánaisteach** secondary extinction
múchlann *f2* fume-chamber
múchphointe *m4* black-out point
múch *f2* **thachtach** choking fumes
múchtóir *m3* quencher
muciarann *m1* pig iron
mufal *m1* muffle
mufalfhoirnéis *f2* muffle furnace
múicin *f2* mucin
muileann *m1* **stampála** stamp mill
muileann *m1* **uilíoch** universal mill
M-uimhir *f* (*gs* **-mhreach**) M-number
muinchille *f4* sleeve, sleeving
muinín *f2* confidence
múirín *m4* mulch
muirmhíle *m4* nautical mile
muislín *m4* muslin
mulla *m4* mull
mullach *m1* (*pl* **-llaí**) summit
mulláil *v* mull
mú-mhéasón *m1* (= **muón**) mu-meson
múnla *m4* mould
múnlaigh *v* mould
muón *m1* (= **mú-mhéasón**) muon
murlán *m1* knob
murtallach *a* dull
múta- *pref* (= **mútai-**) muta-
mútai- *pref* (= **múta-**) muta-
mútarothlú *m* (*gs* **-laithe**) mutarotation

N

N (= niútan) *(unit)* N, newton
nabla *m4* (= **deil, deil-oibreoir**) nabla
nadair *f2* nadir
nádúr *m1* nature

nafta *m4* naphtha
naftailéin *f2* naphthalene
naftóch *a* naphthoic
náid *f2* nought
naiftil *f2* naphthyl
naitriam *m4* natrium
nana- *pref* (= **nanai-**) nano-
nanai- *pref* (= **nana-**) nano-
naonagán *m1* nonagon
naonán *m1* nonane
naonártha *a* nonary
napailm *f2* napalm
nasc *m1* link
nasc *m1 (Ch. Ph.)* bond
nasc *m1 (Ch.)* linkage
nasc *v* bind
nascadh *m* (*gs* **-ctha**) binding
nascadh *m* **iolrach** (= **ilnascadh**) multiple bonding
nascáil *f3 (Mth. Ph.)* linkage
nasc-chineál *m1 (Ch.)* bond character
nasc-chreathadh *m1* (= **nasc-chrith**) *(Ch.)* bond vibration
nasc-chrith *m3* (= **nasc-chreathadh**) *(Ch.)* bond vibration
nasc *m1* **comhfhiúsach** covalent bond
nasc *m1* **comhordanáideach** *(Ch.)* coordinate bond
nasc *m1* **dúbailte** double bond
nasc *m1* **dúbailte comhchuingeach** conjugated double bond
nascfhad *m1 (Ch. Ph.)* bond length
nascfhuinneamh *m1 (Ch. Ph.)* bond energy
nasc *m1* **ianach** ionic bond
nasc *m1* **leictrifhiúsach** electrovalent bond
nasc *m1* **meiteachobhsaí** *(Ch.)* labile bond
nascord *m1 (Ch.)* bond order
nascshearradh *m* (*gs* **-rrtha**) *(Ch.)* bond-stretching
nasc *m1* **singil** single bond
nasc *m1* **triarach** triple bond
nasc *m1* **trílárach** three-centre bond
nascuillinn *f2 (Ch. Ph.)* bond angle
neach *m4* **eachtardhomhanda** extraterrestrial being
néalaigh *v* sublimate, sublime
néaláit *f2* sublimate
néalchonair *f2* cloud track
néal *m1* **flocasach** floccular cloud
néal *m1* **leictreon** electron cloud
néalphointe *m4* cloud-point
néalsoitheach *m1* cloud chamber
néalsoitheach *m1* **idirleata** diffusion cloud chamber
néalú *m* (*gs* **-laithe**) sublimation
néalúchán *m1* sublimation
neamhaí *a* celestial
neamhathraitheacht *f3* **(an) uimhris** *(Mth.)* conservation of number
neamhbhiotocsain *f2* abiotoxin
neamhchinntithe *a* undetermined
neamhchoibhneasaíoch *a (Mec. Ph.)* non-relativistic
neamhchoitianta *a* (= **neamhghnách**) extraordinary
neamh-chomhchumarach *a* non-concurrent
neamh-chomhleanúnach *a* incoherent
neamhchothrom *a* (= **neamhchothromaithe**) non-balanced, unbalanced
neamhchothromaithe *a* (= **neamhchothrom**) non-balanced, unbalanced
neamhchrómatach *a* achromatic
neamhchrómatacht *f3 (Ph.)* achromatism
neamhchuingrithe *a* uncombined
neamh-dhíchineálach *a* non-degenerate
neamh-dhíchineálacht *f3* non-degeneracy
neamhdhocht *a* non-rigid
neamhfhabhrach *a* unfavourable
neamhfhreasaitheach *a (El.)* non-reactive

neamhghnách *a* (= **neamhchoitianta**) extraordinary
neamh-holanómach *a* non-holonomic
neamhiallaithe *a* unconstrained
neamhianach *a* non-ionic
neamhidéalach *a* non-ideal
neamh-imchoimeádach *a* non-conservative
neamh-imoibríoch *a (Ch.)* non-reactive, unreactive
neamh-intreáiteacht *f3* impenetrability
neamhiomlán *a* incomplete
neamhlaofa *a* unbiased
neamhleaisteachas *m1* inelasticity
neamhleanúnach *a* discontinuous
neamhleanúnachas *m1* discontinuity
neamh-mhacallach *a* anechoic
neamh-mhaolaithe *a* undamped
neamh-mhiotal *m1* non-metal
neamh-mhiotalach *a* non-metallic
neamhnascach *a* non-bonding
neamh-Niútanach *a* non-Newtonian
neamh-ocsaídeach *a* non-oxidizing
neamhorgánach *a* inorganic
neamhpholach *a* non-polar
neamhphrótónach *a (Ch.)* aprotic
neamhréireach *a* inconsistent
neamhrialta *a* irregular
neamhríogach *a* non-impulsive
neamhrothlach *a* irrotational
neamhscoite *a (Mth.)* indiscrete
neamhsháithithe *a* unsaturated
neamhshiméadrach *a* asymmetric(al), non-symmetric, unsymmetric
neamhshiméadracht *f3* asymmetry, non-symmetry
neamhshníofa *a* unspun
neamhspleách *a (Mth.)* independent
neamhspleáchas *m1* **líneach** linear independence
neamhspleáchas *m1* **luchta** charge independence
neamhthadhlach *a* non-touching
neamhtheoranta *a (Mth.)* unlimited
neamhuathúlacht *f3* non-uniqueness
neamhuiscí *a* non-aqueous
neamhvisciúil *a* inviscid
neap *m4* nappe
néarón *m1* neuron
neart *m1* strength
neartaigh *v* build up
neart *m1* **deiridh** ultimate strength
neartfhachtóir *m3* **cúitimh** compensation gain factor
neart *m1* **réabach** disruptive strength
neart *m1* **réimse leictrigh** electric-field strength
neart *m1* **teanntachta** *(Eng. Mec.)* tensile strength
neart *m1* **turrainge** shock strength
neartú *m* (*gs* **-taithe**) *(Eln.)* gain
neartúchán *m1* *(Eln.)* gain
neartú *m* **aerógach** aerial gain
neartú *m* **inbhéartach** *(Eln.)* inverse gain
neas- *pref* (= **gar-**) *(Mth.)* approximate, rough
neasach *(in phrase)* **go neasach** approximately
neasaigh *v* approximate
neasghaolmhar *a* closely related
neas-infridhearg *m1* near-infrared
neasluach *m3* approximate value
neasphointe *m4* near point
neas-suigh *v* juxtapose
neas-suíomh *m1* juxtaposition
neastachán *m1* approximation
neastachán *m1* **iltéarmach** *(Mth.)* polynomial approximation
neastachán *m1* **íosuasach** minimax approximation
neastachán *m1* **polnialasach ceannasach** dominant pole-zero approximation
neastachán *m1* **tosaigh** first approximation
neasuithe *mpl* **comhleantacha** successive approximations

neifeascóp *m1* nephoscope
neifiliméadar *m1* nephelometer
neigeatrón *m1* (= **leictreon diúltach**) *(Ph.)* negatron
néipear *m1 (unit)* napier, neper
neiptiúiniam *m4* neptunium
neo- *pref* (= **neoi-, nua-**) neo-
neodrach *a* neutral
neodraigh *v* neutralize
neodrón *m1* neutron
neodrónghabháil *f3* neutron capture
neodrón *m1* **mear** (= **mearneodrón**) fast neutron
neodrón *m1* **moillithe** delayed neutron
neodrónréalta *f4* neutron star
neodrón *m1* **teirmeach** thermal neutron
neodrónuimhir *f* (*gs* **-mhreach**) neutron number
neodrú *m* (*gs* **-raithe**) neutralization
neodrúchán *m1* neutralization
neoi- *pref* (= **neo-, nua-**) neo-
neoidimiam *m4* neodymium
neoidríonó *m4* neutrino
neoiheacsán *m1* neohexane
neoipréin *f2* (= **pola(2-clórabúta-1,3-dé-éin)**) neoprene
neomatach *a* (= **aer-**) pneumatic
neomataic *f2* pneumatics
neon *m1* neon
neonfheadán *m1* (= **feadán neoin**) neon tube
N-feinileatánaimíd *f2* (= **aicéatainilíd**) N-phenylethanamide
niaibiam *m4* niobium
nialas *m1* zero
nialasach *a* null
nialasfhiúsach *a* zero-valent
nialasfhórsa *m4* zero-force
niamh *f2* sheen
nicil *f2* nickel
nicitín *m4* nicotine
nigriméadar *m1* nigrometer
ninhidrin *f2* ninhydrin
niocróm *m1* nichrome
níotr- *pref* (= **nítrea-, nítri-, nítr-**) nitro-
níotráit *f2* nitrate
níotráit *f2* **amóiniam** ammonium nitrate
níotráit *f2* **chailciam** calcium nitrate
níotráitiú *m* (*gs* **-ithe**) nitration
níotráit *f2* **photaisiam** potassium nitrate
níotróiniam *m4* nitronium
níotróisil *f2* nitrosyl
níotrósach *a* nitroso
nítear *m1* nitre
nítr- *pref* (= **nítrea-, nítri-, níotr-**) nitro-
nítrea- *pref* (= **nítri-, nítr-, níotr-**) nitro-
nítreach *a* nitric
nítréin *f2* nitrene
nítri- *pref* (= **nítrea-, nítr-, níotr-**) nitro-
nítribeinséin *f2* nitrobenzene
nítríd *f2* nitride
nítrigin *f2* nitrogen
nítrigineach *a* nitrogenous
nítriginigh *v* nitrogenize
nítriginiú *m* (*gs* **-ithe**) nitrification
nítriglicrín *m4* (= **própán-1,2,3-trí-il tríníotráit**) nitroglycerine
nítril *f2* nitryl
nítríl *f2* nitrile
nítrít *f2* nitrite
nítriúil *a* nitrous
niútan *m1* (= **N**) *(unit)* newton, N
nóbailiam *m4* nobelium
nocht *v* expose
nochtadh *m* (*gs* **-chta**) exposure
nochtadh *m* **don solas** light exposure
nochtadh *m* **radanta** radiant exposure
nochtmhéadar *m1* exposure meter
nód *m1* node
nódach *a* nodal
nodaireacht *f3* notation
nodaireacht *f3* **suimiúcháin** additive notation

nód *m1* **aschuir** output node
nód-ionchur *m1* node input
nódlíne *f4* (= **líne nódach**) nodal line
nód *m1* **líonra** network node
nódphointe *m4* (= **pointe nódach**) nodal point
nódvoltas *m1* node voltage
nóiméad *m1* minute
nómagraf *m1* nomograph
nómagram *m1* nomogram
nóman *m1 (Mth.)* gnomon
norm *m1* norm
normaigh *v* norm
normal *m1 (Mth. St.)* normal
normalach *a (Mth. St.)* normal
normalacht *f3 (Ch. Mth.)* normality
normalaigh *v (Mth.)* normalize
normálta *a (common, average)* normal
normalú *m* (*gs* **-laithe**) *(Mth.)* normalization
normalúchán *m1 (Mth.)* normalization
norm *m1* **aonfhoirmeach** *(Mth.)* uniform norm
norm *m1* **d'fheidhmeán líneach leanúnach** norm of a continuous linear functional
norm *m1* **oibreora** norm of operator
nós *m1* **imeachta** procedure
nóta *m4* note
nóva *m4* nova
nú *m4* nu
nua- *pref* (= **neo-, neoi-**) neo-
nuaghinte *a* nascent
nuamhatamaitic *f2* modern mathematics
núicléa- *pref* (= **núicléi-**) nucleo-
núicléach *a* nuclear
núicléapróitéin *f2* nucleoprotein
núicléas *m1* nucleus
núicléasach *a* nucleic
núicléatú *m* (*gs* **-taithe**) nucleation
núicléi- *pref* (= **núicléa-**) nucleo-
núicléifileach *a* nucleophilic
núicléighiniúint *f3* nucleogenesis
núicléisíd *f2* nucleoside
núicléisintéis *f2* nucleosynthesis
núicléis *mpl* **scáthánacha** mirror nuclei
núicléitíd *m1* nucleotide
núicléóinic *f2* nucleonics
núicléón *m1* nucleon
núiclíd *f2* nuclide
núiclídí *fpl* **scáthánacha** mirror nuclides
nútaigh *v (Ast. Mec.)* nutate
nútú *m* (*gs* **-taithe**) *(Ast. Mec.)* nutation

O

-óáit *suff f2* -oate
obair *f2* work
obair *f2* **aschuir** output work
obairfheidhm *f2* (= **feidhm oibre**) work function
obair *f2* **fhíorúil** *(Mec.)* virtual work
obair *f2* **phraiticiúil** *(in laboratory)* practical work
oblátach *a* oblate
ócar *m1* ochre
-óch *suff a* -oic
ochta- *pref* (= **ochtai-**) octa-
ochtagán *m1* octagon
ochtai- *pref* (= **ochta-**) octa-
ochtáibh *f2* octave
ochtaihéadrán *m1* octahedron
ochtaihéidreach *a* octahedral
ochtamhán *m1* octant
ochtán *m1* octane
ochtnártha *a* octonal, octonary
ochtóid *f2* octode
ochtréad *m1* octet
ocsa- *pref* (= **ocsai-**) oxy-
ocsá- *pref* (= **ocsái-**) oxa-
ocsahaemaglóibin *f2* oxyhaemoglobin
ocsai- *pref* (= **ocsa-**) oxy-
ocsái- *pref* (= **ocsá-**) oxa-

ocsaicéitiléin *f2* oxyacetylene
ocsaíd *f2* oxide
ocsaíd *f2* **bhunata** basic oxide
ocsaíd *f2* **chailciam** calcium oxide
ocsaídeach *a* oxidizing
ocsaídeoir *m3* oxidizer
ocsaídigh *v* oxidize
ocsaídiú *m* (*gs* **-ithe)** oxidation
ocsaídiúchán *m1* oxidation
ocsaigéad *m1* oxyacid
ocsaigin *f2* oxygen
ocsaiginphointe *m4* oxygen point
ocsaihidrigin *f2* oxyhydrogen
ocsaím *f2* oxime
ocsaím *f2* **eatánail (= aicéataldocsaím)** ethanal oxime
ocsaín *m4* **(= 8-hiodrocsacuineoilín)** oxine
ocsainian *m1* oxyanion
ocsala- *pref* **(= ocsalai-)** oxalo-
ocsalach *a* **(= eatáindé-óch)** oxalic
ocsalai- *pref* **(= ocsala-)** oxalo-
ocsaláit *f2* **(= eatáindé-óáit)** oxalate
ocsó- *pref* **(= ocsói-)** oxo-
ocsó-eatánóch *a* **(gliocsalach)** oxoethanoic
ocsói- *pref* **(= ocsó-)** oxo-
ocsóiniam *m4* oxonium
odaiméadar *m1* odometer
Oe (= orstad) *(unit)* Oe, oersted
óghmhiotal *m1* virgin metal
óghneodrón *m1* virgin neutron
oibreán *m1 (Ch.)* agent
oibreán *m1* **crágtha** *(Ch.)* chelating agent
oibreann *f2* operand
oibreoir *m3* operator
oibreoir *m3* **aistriúcháin** *(Mth.)* shift operator, translation operator
oibreoir *m3* **aonadach** unitary operator
oibreoir *m3* **céannachta** *(Mth.)* identity operator
oibreoir *m3* **comhchumhachtach** *(Mth.)* idempotent operator
oibreoir *m3* **cruthúcháin** creation operator
oibreoir *m3* **cúldifríochta** *(Mth.)* backward-difference operator
oibreoir *m3* **deimhneach** *(Mth.)* positive operator
oibreoir *m3* **diadach** dyadic operator
oibreoir *m3* **difreálach** differential operator
oibreoir *m3* **difreálach n-oird** n-order differential operator
oibreoir *m3* **difríochta** difference operator
oibreoir *m3* **dolaghdaithe** irreducible operator
oibreoir *m3* **féinchuingeach** self-adjoint operator
oibreoir *m3* **féinchuingeach cuimsithe** *(Mth.)* bounded self-adjoint operator
oibreoir *m3* **féinchuingeach éaguimsithe** *(Mth.)* unbounded self-adjoint operator
oibreoir *m3* **Hamilton** Hamiltonian operator
oibreoir *m3* **Hermite** Hermitian operator
oibreoir *f3* **iata** closed operator
oibreoir *m3* **inbhéartach** inverse operator
oibreoir *m3* **in-inbhéartaithe** invertible operator
oibreoir *m3* **iolrúcháin** multiplication operator
oibreoir *m3* **ionaid** *(Mth. QuPh.)* position operator
oibreoir *m3* **isiméadrach** isometric operator
oibreoirí *mpl* **teilgin ortagánaigh** *(Mth.)* orthogonal-projection operators
oibreoir *m3* **líneach** linear operator
oibreoir *m3* **líneach leanúnach** *(Mth.)* continuous linear operator
oibreoir *m3* **móimintim** momentum operator
oibreoir *m3* **neamhshingilteach** non-singular operator

oibreoir *m3* **nialasach** null operator
oibreoir *m3* **normalach** normal operator
oibreoir *m3* **poitéinsil** *(Ph.)* potential operator
oibreoir *m3* **singilteach** singular operator
oibreoir *m3* **slán-inlaghdaithe** complete reducible operator
oibreoir *m3* **slánleanúnach** completely continuous operator
oibreoir *m3* **suimeálach** integral operator
oibreoir *m3* **taifigh** *(Mth.)* resolvent, resolvent operator
oibreoir *m3* **teilgin** projection operator
oibrigh *v* operate
oibríoch *a (Mth.)* operational
oibríocht *f3 (Mth.)* operation
oibríocht *f3* **chéannachta** *(Mth.)* identity operation
oibríocht *f3* **dhénártha** binary operation
oibríocht *f3* **dhéphléacsach** *(Ph.)* duplex operation
oibríocht *f3* **ilphléacsach** multiplex operation
oibríocht *f3* **sá is tarraingthe** *(Comp. Eln.)* push-pull operation
oibriú *m* (*gs* **-ithe)** operation
oibriú *m* **ar líne** *(Comp.)* on-line working
oibriú *m* **as líne** *(Comp.)* off-line working
-óid *suff f2* -ode
-óideach *suff m1* -oid
-óideach *suff a* -oid
oighear *m1* ice
oighearchalraiméadar *m1* ice calorimeter
oighearchalraiméadar *m1* **Bunsen** Bunsen ice calorimeter
oighearlíne *f4* ice line
oighearphointe *m4* ice point
oighear *m1* **tirim** dry ice
oighreach *a (Ch.)* glacial
oighreata *a* icy
oighrigh *v* ice
oighrithe *a* iced
-óil *suff f2* -oyl
oimeacrón *m1* omicron
óimige *f4* omega
óimigeatrón *m1* omegatron
óimigemíneas *m1* omega-minus
óipiam *m4* (= **codlaidín)** opium
oir *v* (= **feil)** fit
oirear *m1* frontier
oiriúint *f3* (*gs* **-úna)** fitting
oiriúnach *a* (= **feiliúnach)** fit
oiriúnacht fit *(in phrase)* **feabhas** *m1* **na hoiriúnachta** goodness-of-fit
oismiam *m4* osmium
-ól *suff m1* -ol
ola *f4* oil
ola-bhraon *m1* oil-drop
ola *f4* **bhreosla** fuel oil
olabhreoslaithe *a* oil-fired, oil-fueled
ola *f4* **olóige** olive oil
ola *f4* **threáiteach** penetrating oil
olaga- *pref* (= **olagai-, olaig-)** oligo-
olagai- *pref* (= **olaga-, olaig-)** oligo-
olagaiméir *f2* oligomer
olaig- *pref* (= **olaga-, olagai-)** oligo-
olaifín *m4* olefine
olaivín *m4* olivine
olann *f* **ghloine** glass wool
ollphláinéad *m1* giant planet
ollréalta *f4* giant star
olltailm *f2* big bang
olltionól *m1* **canónta** *(Mec. Ph. St.)* grand canonical ensemble
óm *m1 (unit)* ohm
óm-mhéadar *m1* ohm-meter
ómra *m4* amber
ómrach *a* amber
-ón *suff m1* -one
-ón *suff m1 (Ch.)* -on
opasaiméadar *m1* opisometer
optach *a* optic
optaic *f2* optics

optaic *f2* **fhisiceach** *(Opt.)* physical optics
optaic *f2* **gheoiméadrach** geometric optics
optamach *a (Mth.)* optimal, optimum
optamaigh *v (Mth. Ph.)* optimize
optamam *m1* optimum
optamú *m* (*gs* **-maithe**) *(Mth.)* optimization
optamúchán *m1 (Mth.)* optimization
optúil *a* optical
ór *m1* gold
óraiciainíd *f2* auricyanide
ord *m1* order
ordanáid *f2* ordinate
ord *m1* **ardaitheach** ascending order **in ord ardaitheach** in ascending order
ord *m1* **fadraoin** long-range order
ordghaol *m1* order relation
ordghaol *m1* **d'oibreoirí féinchuingeacha** order relation for self-adjoint operators
órdhuille *m4* gold leaf
ord *m1* **imoibriúcháin** *(Ch.)* order of reaction
ord *m1* **íslitheach** *(Mth.)* descending order
ord *m1* **méide** *(Ph.)* order of magnitude
ordphéire *m4 (Mth.)* ordered pair
ordréimse *m4* order field
ordtacar *m1* ordered set
ord *m1* **trasnaíochta nó ord díraonta** order of interference or diffraction
ordú *m* (*gs* **-daithe**) command
ór *m1* **dúchais** native gold
ordú *m* **díreach** direct command
ordúil *a* ordered
orduimhir *f* (*gs* **-mhreach**) ordinal
orduimhriúil *a* ordinal
orgánach *a* organic
orgánaimhiotalach *a* organometallic
órghreadadh *m* (*gs* **-dta**) gold beating
orláiste *m4* egg-timer
orstad *m1* (**= Oe**) *(unit)* oersted, Oe
orta- *pref* (**= ortai-**) ortho-
ortacrómatach *a (Ph.)* orthochromatic
ortagánach *a (Mth.)* orthogonal
ortagánacht *f3 (Mth.)* orthogonality
ortagánú *m* (*gs* **-naithe**) *(Mth.)* orthogonalization
ortai- *pref* (**= orta-**) ortho-
ortaidhírúcháin *gs* as *a (Mth.)* orthodirecting
ortaihéiliam *m4* orthohelium
ortaihidrigin *f2* orthohydrogen
ortanormal *m1* orthonormal
ortanormalach *a* orthonormal
ortatómach *a* orthotomic
-ós *suff m1* -ose
oscailte *a* open
osmóis *f2* osmosis
osmóiseach *a* osmotic
ózóiníd *f2* ozonide
ózón *m1* ozone
ózónaisféar *m1* (**= crios ózóin**) ozonosphere
ózónalú *m* (*gs* **-laithe**) ozonolysis
ózónóir *m3* ozonizer

P

paca *m4* **céadchabhrach** first-aid kit
paca *m4* **de shamhlacha móilíní** molecular-model kit
pacáil *v* pack
pachaiméadar *m1* pachimeter
pachóideach *a (Ch. Ph.)* pachoid
pailéamaighnéadas *m1 (Geol.)* palaeomagnetism
páipéar *m1* **cearnógach** square(d) paper
páipéar *m1* **scagtha** filter paper
páipéar *m1* **táscaire uilíoch** universal indicator paper
paireacht *f3 (Mth. QuMec.)* parity

paireacht *f3* **luchta** (= **comhchuingeacht luchta**) charge parity
pairifín *m4* paraffin
páirt- *pref* partial
páirtbhrú *m4 (Ch. Ph.)* partial pressure
páirtchodán *m1 (Mth.)* partial fraction
páirtdíorthach *m1 (Mth.)* partial derivative
páirteach *a* partial
páirt-isiméadracht *f3 (Mth.)* partial isometry
páirtiú *m* (*gs* **-ithe**) sharing out
páirtsuimeálaí *m4 (Mth.)* partial integral
páirt-toradh *m1 (Mth.)* partial product
paisteáil *f3 (Comp.)* patching
paistéar- *pref* pasteur-
paistéarachán *m1* pasteurization
pallaidiam *m4* palladium
pancrómatach *a* panchromatic
panna *m4* pan
pantagraf *m1* pantograph
papávairín *m4 (Ch.)* papaverine
papier-maché *m4* papier-maché
para- *pref* (= **parai-**) para-
parabóil *f2* parabola
parabóileach *a* parabolic
parabólóideach *m1* paraboloid
parabólóideach *a* paraboloid
parabólóideach *m1* **sábháilteachta** paraboloid of safety
paracór *m1* parachor
paradacsa *m4* paradox
paraformaildéad *m1* paraformaldehyde
parai- *pref* (= **para-**) para-
paraihéiliam *m4* parahelium
paraihidrigin *f2* parahydrogen
paraildéad *m1 (Ch.)* paraldehyde
paraiméadar *m1* parameter
paraiméadar *m1* **carntha** lumped parameter
paraiméadar *m1* **mionchomharthaí** small-signal parameter
paraiméadar *m1* **trasraitheora** transistor parameter
paramaighnéadach *a* paramagnetic
paramaighnéadas *m1* paramagnetism
parsoic *m4* (= **saobhdhiallas soicind**) *(Ast.)* parsec
pas *m4 (Ch. El. Mth. Ph.)* phase
pasaistriú *m* (*gs* **-ithe**) *(El. QuPh.)* phase shift
pascal *m1 (unit)* pascal
paschonair *f2 (Ph.)* phase path
paschúiteamh *m1 (Ph.)* phase compensation
paschúlú *m* (*gs* **-laithe**) *(Ph.)* phase reversal
pasdifríocht *f3 (Ph.)* phase difference
pasfhóir *f* (*gs* **-reach**) *(Ph.)* phase boundary
pasghrúpa *m4 (Mth. Ph.)* phase group
pas-imeall *m1 (Ph.)* phase margin
pas *m4* **meiteachobhsaí** metastable phase
pas *m4* **néimiteach** nematic phase
pasphlána *m4 (Ph.)* phase plane
pasriail *f* (*gs* **-rialach**) *(Ch. Ph.)* phase rule
pas-ruthag *m1 (Ph.)* phase trajectory
pas-spás *m1 (Mth. Ph.)* phase space
pas-trasdul *m3 (Ph.)* phase transition
patrún *m1* pattern
patrún *m1* **díraonacháin** diffraction pattern
patuar *a* tepid
p-chineál *m1 (Eln.)* p-type
p-chineálach *a (Eln.)* p-type
peant- *pref* (= **peintea-, peinti-, peint-**) penta-
peantán *m1* pentane
peantán-2,4-dé-ón *m1* (= **aicéitiolaicéatón**) pentane-2,4-dione

peantánóch *a* (= **vailéarach**) pentanoic
peantocsaíd *f2* **fhosfair** phosphorus pentoxide
peantóid *f2* pentode
peantós *m1* pentose
péarlag *f2 (compost)* perlag
peic *f2* peck
peidiméadar *m1* pedometer
peileargónach *a* pelargonic
peileatrón *m1* pelletron
péint *f2* paint
peint- *pref* (= **peintea-, peinti-, peant-**) penta-
peintea- *pref* (= **peinti-, peint-, peant-**) penta-
peinteaclóiríd *f2* **fhosfair** phosphorus pentachloride
peinteagán *m1* pentagon
peinteagram *m1* pentagram
peintéin *f2* pentene
peinti- *pref* (= **peintea-, peint-, peant-**) penta-
peintideacagán *m1* pentadecagon
peintihéadrán *m1* pentahedron
peintihiodráit *f2* **sulfáit chopair** copper sulphate pentahydrate
peiptísigh *v* peptize
peircintíl *f2* percentile
péire *m4 (in general)* pair
peir- *pref* (= **peirea-, peiri-**) peri-
peirea- *pref* (= **peiri-, peir-**) peri-
peireagán *m1* perigon
péireáil *v (in general)* pair
péireáilte *a (in general)* paired
peireascóp *m1* periscope
péire *m4* **earrfhada** *(El.)* long-tail pair, longtailed pair
péire *m4* **homalógach** homologous pair
peiri- *pref* (= **peirea-, peir-**) peri-
peiriad *m1 (Ch. Ph.)* period
peiriadach *a (Ch. Mth. Ph.)* periodic
peiriadacht *f3 (Ch.)* periodicity
peiricioglóideach *a* pericycloid
péirlít *f2 (compost)* perlite
peirspéacs *m4* perspex
peirspéacs *m4* **aicéatáite** acetate perspex
peirspictíocht *f3* perspective
péistghiar *m1 (Eng.)* worm gear
péistghiarlach *m1 (Eng.)* worm gearing
peitreal *m1* petrol
peitriceimiceán *m1* petrochemical
peitriliam *m4* petroleum
p-fhithiseán *m1 (Ch. Ph.)* p orbital
pH pH
pH-luach *m3* pH value
pí *f4* pi
pic *f2 (substance)* pitch
pic- *pref* (= **picea-, pici-**) pico-
picea- *pref* (= **pici-, pic-**) pico-
píchairt *f2* (= **píghraf**) pie chart
pici- *pref* (= **picea-, pic-**) pico-
picil *f2* pickle
piciligh *v* pickle
picleoir *m3* pickling agent
picniméadar *m1* pycnometer
picreach *a* picric
picteagrafaíocht *f3* pictography
pí-fhithiseán *m1 (Ch.)* pi-orbital
píghraf *m1* (= **píchairt**) pie graph
píle *m4 (CivEng.)* pile
piléar *m1* pillar
pillín *m4* pad
pí-mhéasón *m1* (= **pión**) *(NcPh.)* pi meson
pineacól *m1* (= **2,3-démheitiolbútán-2,3-dé-ól**) *(Ch.)* pinacol
pinniún *m1* **is raca** *m4* pinion- and-rack
píobán *m1* (= **píopa**) pipe
piochán *m1* pore
piochspás *m1* pore space
piochuisce *m4* pore water
piollaire *m4* pill, pellet
píolóta *m4* pilot
pión *m1* (= **pí-mhéasón**) *(NcPh.)* pion
pionna *m4* peg

pionna *m4* **is brac** *(Mec.)* pin-and-bracket
pionnachlár *m1* pegboard
pionósfheidhm *f2* penalty function
pionsúirín *m4* tweezers
píopa *m4* (= **píobán**) pipe
pior- *pref* (= **pirea-, piri-, pir-**) pyro-
pioranaiméadar *m1* pyranometer
pioról *m1* (= **asól**) *(Ch.)* pyrrole
piorúvach *a* pyruvic
pípéad *m1* pipette
pípéad *m1* **bolgáin** bulb pipette
pipioraisín *m4 (Ch.)* piperazine
pipiridín *m4* (= **heicsihidripiridín**) *(Ch.)* piperidine
pir- *pref* (= **pirea-, piri-, pior-**) pyro-
pirea- *pref* (= **piri-, pir-, pior-**) pyro-
pireagallól *m1* (= **aigéad pireagallach**) pyrogallol
pirealú *m* (*gs* **-laithe**) pyrolysis
piréin *f2* pyrene
piréis *f2* pyrex
pirhéiliméadar *m1* pyrheliometer
piri- *pref* (= **pirea-, pir-, pior-**) pyro-
piridín *m4* pyridine
pirileictreachas *m1* pyroelectricity
piriméadar *m1 (Eng. Ph.)* pyrometer
piriméadar *m1* **filiméid théaltaithigh** disappearing-filament pyrometer
piriméadar *m1* **friotaíochta** *(Ph.)* resistance pyrometer
piriméadar *m1* **lánradaíochta** *(Ph.)* total-radiation pyrometer
piriméadar *m1* **lánradaíochta Fery** Fery total-radiation pyrometer
piriméadar *m1* **optúil** optical pyrometer
piriméadar *m1* **polarúcháin** polarizing pyrometer
piriméadar *m1* **radaíochta** radiation pyrometer
pirimid *f2* pyramid
pirimidín *m4* pyrimidine
pirít *f2* pyrite
pirixéin *f2* pyroxene
pirixín *m4* pyroxine
pís- *pref* (= **písea-, písi-**) piezo-
písea- *pref* (= **písi-, pís-**) piezo-
písi- *pref* (= **písea-, pís-**) piezo-
pK pK
pláinéad *m1* planet
pláinéadach *a* planetary
pláinéadlann *f2 (Ast.)* planetarium
plaisteach *m1* plastic
plaisteach *a* plastic
pláitín *m4* **micreascóip** stage of microscope
plána *m4* plane
plánach *a* plane, planar
plána *m4* **coimpléascach** complex plane
plánaiméadar *m1* planimeter
plána *m4* **na siméadrachta** plane of symmetry
plána *m4* **na snámhachta** plane of flotation
plána *m4* **sárthadhlach** osculating plane
plánchruth *m3* (= **cruth plánach**) plane shape
plánghearradh *m* (*gs* **-rrtha**) (= **gearradh plánach**) plane section
plángheoiméadracht *f3* (= **geoiméadracht phlánach**) plane geometry
plánghluaisne *f4* plane motion
plánghluaisne *f4* **iallaigh** constrained plane motion
plánpholarú *m* (*gs* **-raithe**) (= **polarú plánach**) plane polarization
plántábla *m4* (= **tábla plánach**) plane table
plánuillinn *f2* plane angle
plasma *m4* plasma
plasmaid *f2* plasmid
plasma *m4* **imtharraingteach** *(Ph.)* gravitational plasma

plasmalú *m* (*gs* **-laithe**) plasmolysis
plasmatrón *m1* plasmatron
plástar *m1* plaster
plástar *m1* **Pháras** plaster of Paris
pláta *m4* plate
pláta *m4* **ceartúcháin** correcting plate
pláta *m4* **ceathrú toinne** *(Opt. Ph.)* quarter-wave plate
pláta *m4* **criosach** *(Opt.)* zone plate
pláta *m4* **leath-thonnach** half-wave plate
platanaithe *a* platinized
platanam *m1* platinum
pláta *m4* **steiriúil agair** sterile agar plate
pléacróch *a* pleochroic
pléacrómachas *m1* pleochromism
plean *m4* plan
pléasc *f2 (explosion)* blast
pléascach *m1* (= **pléascán**) explosive
pléascach *a* explosive
pléascadh *m* (*gs* **-sctha**) explosion
pléascán *m1* (= **pléascach**) explosive
plé *m4* **cáilíochtúil** qualitative treatment
plocóid *f2 (El.)* plug
plúchadh *m* (*gs* **-chta**) jamming
plugáil *v* **isteach** plug in
pluimbít *f2* plumbite
plumbacan *m1* plumbicon
plumbach *a* plumbic
plumbáit *f2* plumbate
plumbúil *a* plumbous
plúrach *a* efflorescent
plúraigh *v* effloresce
plúrú *m* (*gs* **-raithe**) efflorescence
plus *m4* plus
plútóiniam *m4* plutonium
pobal *m1 (St.)* population
pobalaigh *v* populate
poil- *pref* (= **pola-, polai-, il-, iol-**) poly-
poil *mpl* **iarmhartacha** poles consequent
poileatánól *m1* polyethanol
poileistear *m1* polyester
poileitiléin *f2* (= **polaitéin**) polyethylene
pointe *m4 (Mth. Ph.)* point
pointe *m4* **ag an éigríoch** point at infinity
pointe *m4* **ceathrúil** quadruple point
pointe *m4* **coibhéise** *(Mth.)* equivalence point
pointe *m4* **comhaltúcháin** articulation point
pointe *m4* **comhleá** *(NcPh.)* fusion point
pointe *m4* **cónaitheach** stationary point
pointe *m4* **cothromaíochta** *(Ph.)* point of balance
pointe *m4* **criticiúil** critical point
pointe *m4* **féideartha** feasible point
pointe *m4* **fócasach** focal point
pointe *m4* **fosaithe** *(Mth.)* fixed point
pointe *m4* **frithnódach** (= **pointe nódach diúltach**) *(Opt.)* antinodal point
pointe *m4* **frithphódach** antipodal point
pointe *m4* **Gauss** Gauss point, Gaussian point
pointe *m4* **loicthe** stalling point
pointe *m4* **marbhántachta** stagnation point
pointe *m4* **nódach** (= **nódphointe**) nodal point
pointe *m4* **nódach diúltach** (= **pointe frithnódach**) *(Opt.)* negative nodal point
pointe *m4* **oibriúcháin** operating point
pointeoir *m3 (Comp.)* pointer
pointe *m4* **samplach** sample point
pointe *m4* **scoite** cutoff point
pointe *m4* **scoite** *(Mth. Ph. Set.)* discrete point
pointe *m4* **singilteach** singular point
pointe *m4* **soil/glóthaí** sol-gel point

pointe *m4* **suimiúcháin** summing point

pointe *m4* **tadhaill** *(Mth.)* point of contact of tangent

pointe *m4* **teagmhála** contact point

pointe *m4* **teorann** limiting point

pointe *m4* **tobthitime** slump point

pointí *mpl* **coibhéiseacha** equivalent points

poirceallán *m1* porcelain

póiriúlacht *f3 (GeoPh.) (pore volume per unit volume)* porosity

poise *m4 (Ph.) (unit)* poise

poitéinseal *m1 (El. Ph.)* potential

poitéinseal *m1* **idirghníomhaithe** *(Ph.)* interaction potential

poitéinseal *m1* **imtharraingteach** *(Mec. Ph.)* gravitational potential

poitéinseal *m1* **íomhá** *(Eln.)* image potential

poitéinseal *m1* **lártheifneorúcháin** centrifugation potential

poitéinseal *m1* **leictreach** electric potential

poitéinseal *m1* **leictreoide** electrode potential

poitéinseal *m1* **luasghéarúcháin** acceleration potential

poitéinseal *m1* **maighnéadach veicteoireach** *(ElMag.)* magnetic vector potential

poitéinseal *m1* **nochta** *(Ph.)* appearance potential

poitéinseal *m1* **tairsí** threshold potential

poitéinseal *m1* **teagmhála** contact potential

poitéinseal *m1* **teirmidinimiciúil** thermodynamic potential

poitéinseal *m1* **treoluais** velocity potential

poitéinsiméadar *m1 (Ph.)* potentiometer

poitéinsiméadrach *a (Ph.)* potentiometric

poitéinsiúil *a* potential

pol *m1* pole

pola- *pref* (= **polai-, poil-, il-**) poly-

polach *a* polar

polach *m1* **inleata** *(of a twisted curve)* developable polar

polaclóireatán *m1* polychloroethane

pola(2-clórabúta-1,3-dé-éin) *f2* (= **neoipréin**) poly(2-chlorobuta-1,3-diene)

polacrómatach *a* polychromatic

polafosfáit *f2* polyphosphate

polagán *m1* polygon

polagán *m1* **minicíochta** frequency polygon

polai- *pref* (= **pola-, poil-, il-**) poly-

polaihéadrán *m1* polyhedron

polaihidreach *a* polyhydric

polaiméaráis *f2* polymerase

polaiméir *f2 (Ch.)* polymer

polaiméir *f2* **chomhdhlúthúcháin** *(Ch.)* condensation polymer

polaiméireach *a (Ch.)* polymer, polymeric

polaiméireacht *f3 (Ch.)* polymerism

polaiméiriúchán *m1* polymerisation

polaiméir *f2* **shuimiúcháin** addition polymer

polaishiúicríd *f2* polysaccharide

polaistiréin *f2* polystyrene

polaitéin *f2* (= **poileitiléin**) polythene

polaiteitreafluaireitéin *f2* (= **polaiteitreafluaireitiléin, PTFE**) polytetrafluoroethene, PTFE

polaiteitreafluaireitiléin *f2* (= **polaiteitreafluaireitéin, PTFE**) polytetrafluoroethylene, PTFE

polaivinil *f2* polyvinyl

polaiviniolclóiríd *f2* (= **PVC**) polyvinyl chloride, PVC

polamorfach *a (Ch.)* polymorphic

polamorfacht *f3 (Ch.)* polymorphism

polapróipéin *f2 (Ch.)* polypropene

polapróipiléin *f2 (Ch.)* polypropylene

polaprótónach *a* polyprotic
polaragraf *m1* polarograph
polaragram *m1* polarogram
polaraigh *v* polarize
polaraiméadar *m1* polarimeter
polaraíocht *f3* polarity
polaraitheoir *m3* polarizer
polarón *m1* polaron
polarú *m* (*gs* **-raithe**) polarization
polarú *m* **éilipseach** elliptic polarization
polarú *m* **ciorclach** circular polarization
polarú *m* **leictrealaíoch** electrolytic polarization
polarú *m* **líneach** linear polarization
polarú *m* **mólarach** *(Ch.)* molar polarization
polarú *m* **plánach** (= **plánpholarú**) plane polarization
polarú *m* **tréleictreach** dielectric polarization
polasóm *m1* polysome
pol *m1* **dúbailte** double pole
pol-éadan *m1* pole face
pol *m1* **iarmhartach** consequent pole
poll *m1* hole, vent
pollseoladh *m* (*gs* **-lta**) hole conduction
pol *m1* **maighnéadach** magnetic pole
pol *m1* **neamhaí** celestial pole
polneart *m1* pole strength
polóiniam *m4* polonium
polphíosa *m4* pole piece
polsamhail *f3* **Regge** Regge pole model
polúireatán *m1* polyurethane
ponc *m1* dot
ponciolrach *m1* (= **iolrach scálach**) dot product
póraitheoir *m3 (NcPh.)* breeder
porfairin *f2* porphyrin
pórú *m* (*gs* **-raithe**) *(NcPh.)* breeding
pórúchán *m1 (NcPh.)* breeding
posatróiniam *m4* positronium
posatrón *m1* (= **frithleictreon, leictreon deimhneach**) positron
postaláid *f2* postulate
postaláidigh *v* postulate
potais *f2* potash
potaisiam *m4* potassium
praiséidimiam *m4* praseodymium
praiticiúil *a* practical
praitic *f2* **shimplí** simple practice
prás *m1* brass
prás *m1* **teilgthe** cast brass
pratainn *f2* parchment
preabarnach *f2* **(leachta)** *(of liquid)* bumping
priacal *m1* (= **riosca**) risk
prímeáil *v* prime
príomh- *pref* major
príomha *a* prime
príomhaird *f2* cardinal point *(of compass)*
príomh-ais *f2* principal axis
príomh-chandamuimhir *f* (*gs* **-mhreach**) principal quantum number
príomhgha *m4* (*pl* **-thanna**) chief ray, principal ray
príomhlíonra *m4* mains
príomhlíonra *m4* **fáinneach** ring mains
príomhphointe *m4 (Opt.)* principal point
príomhphointe *m4* **diúltach** (= **frith-phríomhphointe**) *(Opt.)* negative principal point
príomhsheicheamh *m1* main sequence
príomhsheicheamhach *a* main-sequence
príomhstóras *m1 (Comp.)* main store
príomhúil *a* primary
prionsabal *m1* principle
prionsabal *m1* **an eisiaimh** *(Mth. Ph.)* exclusion principle
prionsabal *m1* **an fhoircneáin** *(Mth.)* extremum principle

prionsabal *m1* **an fhorshuímh** superposition principle, principle of superposition
prionsabal *m1* **an íos-ama** least-time principle, principle of least time
prionsabal *m1* **an íosfhuinnimh** least-energy principle, principle of least energy
prionsabal *m1* **an íosghníomhaithe** least-action principle, principle of least action
prionsabal *m1* **an leanúnachais** *(Mth.)* continuity principle
prionsabal *m1* **an uasluacha** maximum principle
prionsabal *m1* **na coibhéise** *(Mec. Mth. Ph.)* principle of equivalence
prionsabal *m1* **na cosúlachta** similarity principle
prionsabal *m1* **na cúisíochta** causality principle
prionsabal *m1* **na do-chinntitheachta** principle of indeterminacy
prionsabal *m1* **na gcomhéifeachtaí neamhchinntithe** principle of undetermined coefficients
prionsabal *m1* **na hargóna** principle of the argument
prionsabal *m1* **na héideimhne** principle of uncertainty
prionsabal *m1* **na héiginnteachta** *(Mth. QuMec.)* uncertainty principal
prionsabal *m1* **na hinchúlaitheachta** *(Opt. Ph.)* reversibility principle
priosma *m4* prism
priosmach *a* prismatic
priosma *m4* **neamhchrómatach** *(Opt. Ph.)* achromatic prism
priosma *m4* **Nicol** Nicol prism
priosmatóideach *a* prismatoid
priosmóideach *a* prismoid
próca *m4* **bairr chasta** screw-top jar
próca *m4* **Kilner** Kilner jar
ródruga *m4* prodrug
profa *m4 (of alcohol)* proof
próiméitiam *m4* promethium
próipéanal *m1* **(= acroiléin)** propenal
próipéin *f2* propene
próipéin-nítríl *f2* **(= aicrilinítríl)** propenenitrile
próipianach *a* propionic
próipianaildéad *m1* **(= própánal)** propionaldehyde
próipil *f2* propyl
próipiléin *f2* propylene
próiseáil *v* process
próiseáil *f3* **sonraí** data processing
próiseálaí *m4* **sonraí** data processor
próiseas *m1* process
próiseas *m1* **aidiabatach** adiabatic process
próiseas *m1* **breisiúcháin** *(Opt.)* additive process
próiseas *m1* **dealúcháin** subtractive process
próiseas *m1* **dóchúlach** probabilistic process
próiseas *m1* **dochúlaithe** irreversible process
próiseas *m1* **eastósctha** *(Ch.)* extraction process
próiseas *m1* **ilchéimneach** multistage process
próiseas *m1* **iseantalpach** isenthalpic process
próiseas *m1* **iseantrópach** isentropic process
próiseas *m1* **isiteirmeach** isothermal process
próiseas *m1* **leanúnach** continuous process
próiseas *m1* **plánach** planar process
próiseas *m1* **randamach** random process
próiseas *m1* **teagmhála** contact process
próiseas *m1* **tríphléacsach** *(Ch. Metal.)* triplex process
próitéalaíoch *a* proteolytic
próitéin *f2* protein

próitiam *m4* protium
prólátach *a* prolate
promhadán *m1* (= **triaileadán**) test tube
promhadán *m1* **fiuchta** boiling test-tube
promhadh *m1 (of test)* proof
promhadh *m* **cnapbhóráis** borax-bead test
promhán *m1* proof-plane
própaidhé-éin *f2* (= **ailléin**) propadiene
própáindé-óch *a* (= **malónach**) propanedioic
própán *m1* propane
própánal *m1* (= **próipianaildéad**) propanal
própánóch *a* propanoic
própán-1-ól *m1* (= **alcól normalach próipile**) propan-1-ol
própán-2-ól *m1* (= **alcól iseapróipile**) propan-2-ol
própánón *m1* (= **aicéatón**) propanone
prostaglaindin *f2* prostaglandin
próta- *pref* (= **prótai-**) proto-
prótachtainiam *m4* protactinium
prótai- *pref* (= **próta-**) proto-
prótaifileach *a* protophilic
prótaigineach *a* protogenic
prótairéalta *f4 (Ast.)* protostar
prótalú *m* (*gs* **-laithe**) protolysis
prótaplasma *m4* protoplasm
prótón *m1* proton
prótónáitithe *a* protonated
prótónáitiú *m* (*gs* **-ithe**) protonation
prótón-athshondas *m1* proton resonance
prótónmicreascóp *m1* proton microscope
prótónsincreatrón *m1* proton synchrotron
prótónuimhir *f* (*gs* **-mhreach**) proton number
prúiseach *a* prussic
PTFE (= **polaiteitreafluaireitéin**) PTFE, polytetrafluoroethene
púdar *m1* powder
púdar *m1* **agair is cothaitheach** agar-nutrient powder
púdar *m1* **alúmanaim** aluminium powder
púdar *m1* **copair** copper powder
púdar *m1* **graifíte** graphite powder
púdar *m1* **líceapóidiam** lycopodium powder
púdar *m1* **litmis** litmus powder
púdar *m1* **maignéisiam** magnesium powder
púdarphatrún *m1 (Ph.)* powder pattern
púdar *m1* **saothráin uisce** water-culture powder
púdar *m1* **tuartha** bleaching powder
púdraigh *v* pulverize
púdraithe *a* pulverized
púirín *m4* purine
puití *m4* putty
pulsár *m1 (AstPh.)* pulsar
punt *m1* pound
puntal *m1* poundal
puzal *m1* **cúig déag** fifteen puzzle
PVC (= **polaiviniolclóiríd**) PVC, polyvinyl chloride

Q

Q-fhachtóir *m3* (=**Q-luach**) Q factor
Q-luach *m3* (=**Q-fhachtóir**) Q value

R

rabail *f2* rabble
rabaileáil *f3* rabbling
raca *m4* rack
rad *m1 (Ncln.) (unit)* rad
rada- *pref* (= **radai-, raid-**) radio-
radacann *f2* radicand
radacarbón *m1* radiocarbon
radachothromaíocht *f3* radiobalance
radachur *m1 (radioactive)* fallout

radafhoinse *f4 (Ast. Ph.)* radio source
radafhuinneog *f2 (GeoPh. Ph.)* radio window
radagónaiméadar *m1* radiogoniometer
radagraf *m1* radiograph
radagrafaíocht *f3* radiography
radagram *m1* radiogram
radai- *pref* (= **rada-, raid-**) radio-
radaí *m4* radiant
radaigh *v* (= **gathaigh**) radiate
radaighníomhach *a* radioactive
radaighníomhaíocht *f3* radioactivity
radaighníomhaíocht *f3* **shaorga** artificial radioactivity
radaigineach *a* radiogenic
radaiméadar *m1* radiometer
radaiméadar *m1* **Crooks** Crooks radiometer
radaiméadar *m1* **eangaí** net radiometer
radaiméadrach *a* radiometric
radaimhiniciócht *f3* radio frequency
radaimicriméadar *m1* radiomicrometer
radaíocht *f3* radiation
radaíocht *f3* ***bremsstrahlung*** bremsstrahlung radiation
radaíocht *f3* **chúlrach** background radiation
radaíocht *f3* **chúlrach chosmach** cosmic background radiation
radaíocht *f3* **díothúcháin** *(Ncln.)* annihilation radiation
radaíocht *f3* **dúchoirp** black-body radiation
radaíocht *f3* **ianaíoch** ionizing radiation
radaíocht *f3* **ilchineálach** *(Ph.)* heterogeneous radiation
radaíocht *f3* **mhonacrómatach** monochromatic radiation
radaíocht *f3* **phríomhúil** primary radiation
radaíocht *f3* **roghnaíoch** selective radiation
radaíocht *f3* **thánaisteach** secondary radiation
radaíocht *f3* **theirmeach** thermal radiation
radairianaire *m4* (= **rianaire radaighníomhach**) *(Ncln.)* radiotracer
radaispeictreascóp *m1* radiospectroscope
radaiteileafónaíocht *f3* radiotelephony
radaiteileagrafaíocht *f3* radiotelegraphy
radaiteileascóp *m1 (Ast. Ph.)* radio telescope
radaitheoir *m3* radiator
radaitheoir *m3* **teirmeach** thermal radiator
rádal *m1* lap
radalonrach *a (Ph.)* radioluminescent
radalonracht *f3 (Ph.)* radioluminescence
rádaltochraiste *a* lap-wound
radalú *m* (*gs* **-laithe**) radiolysis
radanta *a* radiant
radantach *a* radiative
radantas *m1* radiance
radanúiclíd *f2* radionuclide
radar *m1* radar
radashoilseach *a (Ph.)* radiolucent
radathonn *f2 (Ph.)* radio wave
rada-thrasnamhéadar *m1 (Ph.)* radio interferometer
radharc *m1* (= **amharc**) vision
radharc *m1* **fótoptach** photoptic vision
radón *m1* radon
rafanáit *f2* raffinate
raicéimeach *a* racemic
raicéimigh *v* racemize
raicéimiú *m* (*gs* **-ithe**) racemization
raicéimiúchán *m1* racemization
raicín *m4* ratchet

raid- *pref* (= **rada-, radai-**) radio-
raideolaíocht *f3* radiology
raidiam *m4* radium
raidian *m1* radian
raidió *m4* radio
raidió *m4* **sondála** *(Meteor.)* radiosonde
raidiseatóp *m1 (NcPh.)* radio-isotope
raimhre *f4* (= **téagar**) *(of substance)* consistency
ramnós *m1* rhamnose
randamach *a* random **go randamach** at random
randamaigh *v* randomize
rang *m3* (*pl* **-anna**) rank
rangaigh *v* rank
rang-chomhghaolú *m* (*gs* **-laithe**) *(St.)* rank correlation
rann *m1 (Mth. Ph. St.)* partition
rannadóir *m3 (instrument)* dividers
rannann *f2 (Mth.)* dividend
raon *m1* range
raonaimsitheoir *m3* range-finder
raon *m1* **dinimiciúil** dynamic range
raon *m1* **forshonach** supersonic range
raon *m1* **gléradhairc** distance of distinct vision
raon *m1* **idircheathairíle** interquartile range
ráta *m4* rate
ráta *m4* **athchuingrithe** *(Ph.)* recombination rate
ráta *m4* **athraithe comhiomprach** convective rate of change
rátachinntitheach *a* rate-determining
rátachothromóid *f2* rate equation
ráta *m4* **comhiomprach** convective rate
rátáil *f3* **mhíthuillteanais** demerit rating
ráta *m4* **imoibrithe** rate of reaction
ráta *m4* **scoite** cutoff rate
ráta *m4* **straidhne** strain rate
ráta *m4* **teas-sreafa** *(Ph.)* heat-flow rate
rátathairiseach *m1* rate constant
rátatheorantach *a* rate-limiting
ráta *m4* **titime** lapse rate
ré *f4 (Ph.)* life, lifetime
ré- *pref* (= **comhréidh, réidh**) *(of surface)* flat, level
réa- *pref* (= **réi-**) rheo-
réad *m3* (= **rud**) *(discrete thing)* object
réadach *a* objective
réadaigh *v* realize
réad *m1* **atá luchtaithe go deimhneach** *(El.)* positively-charged body
réad *m3* **atá luchtaithe go diúltach** *(El.)* negatively-charged body
réad *m3* **cuasairéaltach** (= **cuasár**) quasistellar object
réadlann *f2* observatory
réadlionsa *m4 (Opt.)* objective, object-lens
réadlionsa *m4* **tumthach** immersion objective lens
réadluachach *a* real valued
réad *m3* **neamhrialta** *(in scientific measurement)* irregular object
réad *m1* **rialta** *(in scientific measurement)* regular object
réaduimhir *f* (*gs*-**mhreach**) (= **uimhir réadach**) real number
réa-eolaíocht *f3* rheology
réal *v (Phot.)* develop
réaladh *m (Phot)* development
réalóir *m3 (Phot)* developer
réalta *f4* star
réalta *a (Phot.)* developed
réalta *f4* **bhíogach** pulsating star
réaltach *a* stellar
réalt-am *m3 (Ast.)* stellar time
réalta *f4* **thimpholach** circumpolar star
réalta *f4* **x-ghathach** x-ray star
réalt-bhitheolaíocht *f3* astrobiology
réaltbhuíon *f2* constellation

réaltcheangal *m1 (El.)* star connection
réaltcheimic *f2* astrochemistry
réaltchompás *m1* astrocompass
réaltchruthach *a* star-shaped
réalteolaíoch *a* astronomical
réalteolaíocht *f3* astronomy
réalteolaíocht *f3* **x-ghathach** x-ray astronomy
réaltfhisic *f2* astrophysics
réaltgheolaíocht *f3* astrogeology
réalt-luibheolaíocht *f3* astrobotany
réaltmhéadracht *f3* astrometry
réamh- *pref* pre-, preliminary
réamhaimplitheoir *m3* pre-amplifier
réamhchóireáil *f3* pretreatment
réamhchóirigh *v* preset
réamhchúram *m1* (*pl* **-aimí**) precaution
réamhdhóchúlacht *f3* prior probability
réamheolas *m1* (= **réamhléiriú**) introduction
réamhfhachtóir *m3* prefactor
réamhléiritheach *a* introductory
réamhléiriú *m* (*gs* **-ithe**) (= **réamheolas**) introduction
réamhtheachtach *m1* antecedent
réamhtheachtach *a* antecedent
réamhtheachtaí *m4* precursor
réamhthreise *f4* pre-emphasis
réanómach *a* rheonomic
reasairsíneol *m1* (= **béinséin-1,3-dé-ól**) resorcinol
reasasúirin *f2* resazurin
réastat *m1* rheostat
réasúnach *a* rational
réchas *v (of machines, etc.)* idle
réchasadh *m* (*gs* **-asta**) idling
réchastóir *m3* idler
réi- *pref* (= **réa-**) rheo-
réidh *a* (= **comhréidh, ré-**) *(of surface)* flat, level
réidh *a (Mth.) (of number)* even
réigiún *m1* region
réigiún *m1* **aoncheangailte** simply-connected region
réigiún *m1* **comhréireach** proportional region
réigiún *m1* **díchumarach** diffluence region
réigiún *m1* **féideartha** feasible region
réigiún *m1* **ilcheangailte** multiple-connected region
réigiún *m1* **íomhá** *(Eln. Opt.)* image region
réigiún *m1* **méadaithe** augmented region
réim *f2 (Ch.) (of reaction)* extent
reim *f2* (*pl* **-meanna**) *(Ncln.) (unit)* rem
réiméadar *m1* rheometer
réimse *m4* field
réimse *m4* **aonfhoirmeach** *(Ph.)* uniform field
réimse *m4* **cuilitheach** vortical field
réimse *m4* **dímhaighnéadúcháin** demagnetizing field
réimse *m4* **dípholarúcháin** depolarization field
réimsefheadán *m1* field tube
réimse-ianúchán *m1* (= **ianúchán réimse**) field ionization
réimse *m4* **imchoimeádach** conservative field
réimse *m4* **leictreach** electric field
réimse *m4* **maighnéadach** magnetic field
réimse *m4* **maighnéadach an domhain** earth's magnetic field
réimse-mhaighnéad *m4* field magnet
réimse *m4* **neamhchuilitheach** non-vortical field
réimse *m4* **radhairc** field of view
réimse *m4* **rothlach** rotational field
réimse *m4* **scoilteacháin** splitting field
réimsetheoiric *f2* field theory
réimse *m4* **veicteoireach** vector field
réiniam *m4* rhenium

réise *f4* span
réisigh *v* span
réisiú *m* (*gs* **-ithe**) spanning
réiteach *m1 (Mth.)* solution
réiteach *m1* **athraithis scaoilte** slack-variance solution
réiteach *m1* **beagbhríoch** *(Mth. Ph.)* trivial solution
réiteach *m1* **geoiméadrach** geometric solution
réiteach *m1* **féideartha** feasible solution
réiteacht *f3* temperament
reitine *f4* retina
rélingeán *m1* flat spring
rélingeán *m1* **corntha** coiled flat spring
reo *m4* freezing
reoigh *v* freeze
reomheascán *m1* freezing mixture
réón *m1* rayon
reophointe *m4* freezing point
réphaireacht *f3 (Mth. QuPh.)* even parity
réríomhaire *m4* ready reckoner
réscaip *v (Opt.) (of light)* diffuse
réscaipeadh *m* (*gs* **-pthe**) *(Opt.) (of light)* diffusion
réscaiptheoir *m3* **(solais)** *(Opt.) (of light)* diffuser
résheoid *f2* moonstone
ré *f4* **toirte** *(Eln. Ph.)* bulk lifetime
ré-uimhir *f* (*gs* **-mhreach**) even number
riachtanach *a* necessary
riachtanas *m1* **comhoiriúnúcháin** *(El. Ph.)* matching requirement
riail *f* **an ochtréid** octet rule
riail *f* **an tsuimiúcháin** addition rule
riail *f* **chinnidh (= cinneadhriail)** decision rule
riailchóras *m1* **bitheolaíoch** biological control system
riailchóras *m1* **lúboscailte** open-loop control system
riailchóras *m1* **neamhlíneach** non-linear control system
riailchóras *m1* **oiriúnaitheach** adaptive control system
riailchóras *m1* **optamach** *(Mth. Ph.)* optimal control system
riail *f* **iolrúcháin** multiplication rule
riail-leictreoid *f2* control electrode
riailmhaide *m4* control-rod
riail *f* **na ciotóige** *(ElMag. Ph.)* left-hand rule
riail *f* **na deasláimhe** *(ElMag. Ph.)* right-hand rule
riail *f* **thraipéasóideach** trapezoidal rule
rialacha *fpl* **roghnúcháin** selection rules
rialaigh *v* control, regulate
rialaitheoir *m3 (of device)* control
rialaitheoir *m3* controller
rialaitheoir *m3* **adhainte** ignition control
rialaitheoir *m3* **fuaime** *(on radio, etc.)* volume control
rialaitheoir *m3* **minicíochta** frequency control
rialóir *m3* **sleamhnáin** slide rule
rialta *a* regular
rialtaigh *v* **(= tabhair chun rialtachta)** regularize
rialtaitheach *a* regularizing
rialtán *m1* regulator
rialtán *m1* **inchríneach** endocrine regulator
rialtóir *m3* governor
rialtóir *m3* **lártheifeach** centrifugal governor
rialú *m* (*gs* **-laithe**) control
rialúchán *m1* regulation
rialú *m* **díorthach** derivative control
rialú *m* **teochta** temperature control
rian *m1 (Ch.)* trace
rian *m1 (Eln. Mth.)* path, trace
rianaigh *v (Mth. NcPh.)* trace
rianaire *m4 (Mth.)* tracer
rianaire *m4 (Ch. NcPh.)* tracer, tracer element

rianaire *m4* **radaighníomhach** (= **radairianaire**) radioactive tracer
rian-chomhdhúil *f2 (Ch.)* tracer compound
riandúil *f2 (Ch.)* trace element
rian-iseatóp *m1 (Ch. NcPh.)* tracer isotope
rianú *m* **radaighníomhach** radioactive tracing
riar *m4* (= **soláthar**) supply
ribe *m4* hair
ribeach *a* capillary
ribeadas *m1* capillarity
ribeasóm *m1* ribosome
ribín *m4* **maignéisiam** magnesium ribbon
ribitimidín *m4* ribothymidine
righ *v* (*pres* **ríonn,** *vn* **ríochan**) stretch, tauten
righneas *m1 (Mec.)* toughness
rímhion *a* (= **an-bhídeach**) infinitesimal
rinn *m3 (Ast.)* body
rinn *m3* **neimhe** celestial body
rinnuillinneacha *fpl* **urchomhaireacha** vertically-opposite angles
rinse *m4* wrench
riobós *m1* ribose
ríochan *f3* stretching
ríog *f2 (El. Mec. Ph.)* impulse
ríogach *a (El.)* impulsive
ríog-ghineadóir *m3 (El.)* impulse generator
ríogshruth *m3 (El. Mec.)* impulse current
ríog *f2* **uilleach** angular impulse
ríogvoltas *m1 (El. Ph.)* impulse voltage
ríomh *v* calculate, compute
ríomhaire *m4* computer
ríomhaireacht *f3* calculation, computing
ríomhaire *m4* **analógach** analog computer
ríomhaire *m4* **digiteach** digital computer
ríomhchlár *m1 (Comp.)* program, programme
ríomhchlárú *m* (*gs* **-raithe**) *(Comp.)* programming
ríomhchlárú *m* **líneach** *(Comp.)* linear programming
ríomhchlárú *m* **líneach slánuimhriúil** integral linear programming
ríomhchlárú *m* **neamhlíneach** *(Comp.)* non-linear programming
riosca *m4* (= **priacal**) risk
rite *a* stretched, taut
riteacht *f3* tautness
rith *m3* run
rith *m3 (Eng.) (of screw)* lead
rithuillinn *f2 (Ph.)* lead angle
RNA (= **aigéad ribeanúicléasach**) RNA, ribonucleic acid
RNA traschuir transfer RNA, tRNA
RNA ribeasómach ribosomal RNA
ró *m4* rho
ró *m4* **maighdeogach** pivot row
róbat *m1* robot
róbataic *f2* robotics
róbhogadh *m* **comhleantach** successive over-relaxation
roc *m1 (Mec.)* kink
roc *v* corrugate
rocadh *m* (*gs* **-ctha**) corrugation
roc-éagobhsaíocht *f3 (Mec.)* kink instability
rochtain *f3* **randamach** random access
roctha *a* corrugated, puckered
roghnaigh *v* select
roghnaíoch *a* selective
roghnaíocht *f3* selectivity
roghnú *m* (*gs* **-naithe**) selection
roghnú *m* **randamach** random selection
róidiam *m4* rhodium
roimb- *pref* (= **romba-, rombai-**) rhomb-
roimbiciseadóideacaihéadrán *m1* rhombicosidodecahedron

roinn *f3* division
roinn *v* divide
roinnt *f2 (Mth.)* division
roinnteoir *m3 (Mth.)* divider, divisor
roinnteoir *m3* **minicíochta** frequency divider
roinnteoir *m3* **poitéinsil (= ronnteoir voltais)** *(El.)* potential divider
roinnteoir *m3* **voltais (= roinnteoir poitéinsil)** *(El.)* voltage divider
roinnt *f2* **fhada** long division
roinnt *f2* **ghearr** short division
roinnt *f2* **órga** golden section *(Mth.)*
rointgin *f2* (*pl* **-í**) röntgen, roentgen
rois *f2 (of abrasive material)* blast
roisghlanadh *m* (*gs* **-nta**) blast cleaning
roisín *m4* resin
roisín *m4* **ianmhalartaithe** ion-exchange resin
roll *v* roll
rolla *m4* roll
rolla-dhlúthú *m* (*gs* **-thaithe**) roll compacting
rollashulfar *m1* roll sulphur
rólódáil *f3 (of electrical circuit)* overloading
romba- *pref* (= **rombai-, roimb-**) rhomb-
rombach *a* rhombic
rombai- *pref* (= **romba-, roimb-**) rhomb-
rombaihéadrán *m1* rhombohedron
rombas *m1* rhombus
rótaiméadar *m1* rotameter
rótar *m1* rotor
rótar *m1* **ioracháis** squirrel-cage rotor
rótar *m1* **sciorrfháinne** slip-ring rotor
rothlach *a* rotational, rotary, rotatory
rothlaigh *v* rotate
roth *m3* **landair** trundle wheel
rothlóir *m3* rotator
rothlú *m* (*gs* **-laithe**) rotation
rothlú *m* **an phlána polarúcháin** rotation of plane of polarization
rothlúchán *m1* rotation
roth *m3* **lústair** flywheel
rothlú *m* **trínártha** ternary rotation
roth *m3* **raicíneach** ratchet wheel
roth *m3* **réchasaidh** idle wheel
rothshraith *f2* (= **sraith rothaí**) train of wheels
ró-ualach *m1* over-burden
ró-ualaigh *v* over-burden
ruadhó *m4* (= **forloscadh**) scorching
ruadhóigh *v* (= **forloisc**) scorch
ruaim *f2* dye
ruaimneoir *m3* dyer
ruaimneoireacht *f3* dyeing
ruaimniú *m* **Leishman** Leishman stain
rúbaidiam *m4* rubidium
rubar *m1* rubber
rud *m3* (= **réad**) *(discrete thing)* object
rúibín *m4* ruby
rúibíneach *a* rubeanic
rúiléid *f2* roulette
ruitéiniam *m4* ruthenium
rúitíl *f2* rutile
rum *m4* rhumb
rumlíne *f4* rhumb line
ruthag *m1 (Mec. Ph.)* trajectory
ruthag *m1* **sa phasphlána** *(Mec.)* trajectory in phase plane

S

SA (= **sruth ailtéarnach**) AC, alternating current
sá *m4 (Mec. Ph.)* thrust
sá *m4* **aníos** upthrust
sábháilteacht *f3* safety
sádar *m1* solder
sádráil *f3* soldering
sádráil *v* solder
saibhrigh *v* enrich
saibhriú *m* (*gs* **-ithe**) enrichment
saifír *f2* sapphire

saigheadghraf *m1* arrow graph
saigheadlíne *f4* arrow line
saighneán *m1* (= **splanc thintrí**) lightning flash
sail *f2* scum
sáile *m4* brine
sail *f2* **iarainn** iron-mould
saill *f2* fat
sailleach *a* (= **alcánóch**) fatty
sailpítear *m1* saltpetre
sain- *pref* (= **sainiúil**) characteristic
sain- *pref* (= **sonrach**) specific
sain-bhogthaise *f4* specific humidity
sainchoisceas *m1* **fuaime** specific acoustic impedance
sain-chorpfhórsa *m4* specific body force
sainchothromóid *f2 (Mth.)* characteristic equation
sainchuar *m1 (Mth.)* characteristic, characteristic curve
sainchuar *m1* **oibriúcháin** operating characteristic, operating characteristic curve
sainchumhacht *f3* **rothlach optúil** specific optical rotary power
saineantrópacht *f3* specific entropy
saineisint *f2* quintessence
sainfhad *m1 (Mth.)* characteristic length
sainfheidhm *f2 (Mth. Ph. St.)* characteristic function
sainfheidhm *f2* **chomhartha** signal characteristic function
sainfhréamh *f2* characteristic root
sainfhreasaitheacht *f3* **fuaime** specific acoustic reactance
sainfhriotaíocht *f3* **fuaime** specific acoustic resistance
sainfhuinneamh *m1* specific energy
sainghníomhaíocht *f3* specific activity
sainigh *v (Mth.) (of parameters, etc.)* define
sainiú *m* (*gs* **-ithe**) *(Mth.) (of parameters, etc.)* definition
sainiúil *a* (= **sain-**) characteristic
sainleisceas *m1* specific reluctance
sainmheáchan *m1* (= **dlús coibhneasta**) *(Ch. Mec. Ph.)* specific gravity
sainmhínigh *v (Mth.) (of explanation)* define
sainmhíniú *m* (*gs* **-ithe**) *(Mth.) (of explanation)* definition
sainmhíniú *m* **ar fheidhm thraschuir** transfer-function definition
sainmhíniú *m* **cobhsaíochta** stability definition
sainphointe *m4 (Opt.) (of system of lenses)* cardinal point
sainríog *f2* specific impulse
sainteas *m1* **folaigh** specific latent heat
sainteas *m3* **folaigh galúcháin** specific latent heat of vaporization
sainteas *m3* **folaigh léaite** specific latent heat of fusion
sainteas *m3* **folaigh néalúcháin** specific latent heat of sublimation
sainteocht *f3 (Ph.)* characteristic temperature, Debye temperature
saintoilleadh *m* **ionduchtach** specific inductive capacity
saintoilleadh *m* **teirmeach** specific heat capacity
saintréith *f2* **dhinimiciúil** dynamic characteristic
saintréith *f2* **statach** static characteristic
sainuimhir *f* (*gs* **-mhreach**) *(Mth.)* characteristic
sain-x-radaíocht *f3* characteristic x-radiation
sáiteoir *m3* **pílí** pile-driver
sáithigh *v* saturate
sáithithe *a* saturated
sáithiú *m* (*gs* **-ithe**) saturation
sáithiú *m* **anóideach** anode saturation
sáithiú *m* **maighnéadach** magnetic saturation

salacaldocsaím *f2* salicaldoxime
salaicil *f2* salicyl
salaicileach *a* salicylic
salaiciolaildéad *m1* (= **2-hiodrocsaibeansaildéad**) salicylaldehyde
salaicioláit *f2* (= **2-hiodrocsaibeansóáit**) salicylate
salanda *a* saline
salandacht *f3* salinity
salandán *m1* saline
salann *m1* salt
salann *m1* **amóiniach** sal-ammoniac, native ammonium chloride
salanncháca *m4* salt cake
salanndroichead *m1* salt bridge
salann *m1* **Epsom** Epsom salts
salann *m1* **folctha** bath salts
salannmhéadar *m1* salinometer
salann *m1* **mianrach** mineral salt
samairiam *m4* samarium
samhail *f3* (*gs* **samhla,** *pl* **samhlacha**) *(Ch. Ph.)* model
samhail *f3* **anatamaíoch** anatomical model
samhail *f3* **blocléaráidí** block diagrams model
samhail *f3* **chinéiteach** *(of molecules)* kinetic model
samhail *f3* **choincheapúil** conceptual model
samhail *f2* **chontanaim** continuum model
samhail *f3* **mhatamaiticiúil** mathematical model
samhail *f3* **sreabhghraf comhartha** signal flow graphs model
samhailteach *a (Mth.)* imaginary
samhaltú *m* (*gs* **-taithe**) *(Ch. Ph.)* modelling
sámhshruth *m3* quiescent current
sámhstaid *f2* quiescent state
sampla *m4* sample
sampla *m4* (= **eiseamláir**) example
samplach *a* sample
sampláil *f3* sampling
sampláil *v* sample
sampláil *f3* **charnach** *(St.)* cumulative sampling
sampláil *f3* **leanúnach** continuous sampling
samplaí *mpl* **péireáilte** *(St.)* paired samples
sampla *m4* **randamach** random sample
sampla *m4* **randamach simplí** simple random sample
sampla *m4* **srathaithe** stratified sample
sann *v* assign **luach a shannadh do x** to assign a value to x
santainin *f2* santonin
saobhdhiallas *m1 (Opt.)* parallax
saobhdhiallas *m1* **soicind** (= **parsoic**) parallax-second
saoirse *f4* freedom
saoirsithe *a* wrought
saolré *f4 (Ast.) (of star)* life cycle
saor *a* (= **snámh-, ar snámh**) floating
saorascalú *m* (*gs* **-laithe**) free oscillation
saor-chomhiompar *m1* free convection
saorchrith *m3* free vibration
saorfhreagairt *f3* (*gs* **-artha**) free response
saorfhréamh *f2* free radical
saorfhuinneamh *m1* free energy
saorfhuinneamh *m1* **dromchlach** free surface energy
saorga *a* artificial
saorleictreon *m1* free electron
saorluainíocht *f3* free precession
saormhaighnéadas *m1* free magnetism
saorshreabhadh *m* (*gs* **-eafa**) free flow
saorspás *m1* free space
saorthitim *f2* free fall
saotharchruachan *f3* work-hardening

saotharchruaigh *v* work-harden
saotharlann *f2* laboratory
saotharlann *f2* **chóireála uisce** water-treatment laboratory
saotharlann *f2* **spáis** space laboratory
saothar *m1* **uaire duine** man-hour
saothrachán *m1* sternutator
saothrán *m1 (of product)* culture
saothrú *m* (*gs* **-raithe**) *(of process)* culture
saothrúchán *m1 (of process)* culture
saothrú *m* **cothaitheach** nutriculture
sapainin *f2* saponin
sár- *pref (Ch.)* per-, super-
saraban *m1* soroban
sáraigh *v* (= **gabh thar, téigh thar**) exceed
sárchlóireatán *m1* perchloroethane
sárchlóráit *f2* perchlorate
sarcóma *m4* sarcoma
sárfhosfáit *f2* superphosphate
sárheitridín *m4* superheterodyne
sármhanganáit *f2* permanganate
sármhanganáit *f2* **photaisiam** potassium permanganate
sármhín *a (Ph.)* hyperfine
sárocsaíd *f2* peroxide
sárocsaíd *f2* **hidrigine** hydrogen peroxide
sárshulfáit *f2* persulphate
sárthadhaill *v (pres*-**dhlaíonn***)* osculate
sárthadhall *m1* osculation
sásaigh *v* satisfy
satailít *f2* satellite
satailít *f2* **aimsire** weather satellite
satailít *f2* **chumarsáide** communications satellite
sá-thaca *m4 (Mec.)* thrust bearing
scag *v* filter, screen
scagach *a (Ph.)* porous
scagachán *m1* filtration
scagacht *f3 (Ph.)* porosity
scagadh *m* (*gs* **-gtha**) filtering, screening
scagaire *m4* filter, screen
scagaire *m4* **bandabhealaigh** band-pass filter
scagaire *m4* **dathanna** colour filter
scagaire *m4* **dréimreach** ladder filter
scagaire *m4* **ísealphasach** low-pass filter
scagaire *m4* **neodrach** neutral filter
scagaire *m4* **rothlach** rotary filter
scagáit *f2* filtrate
scagchaidéal *m1* filter pump
scagdhealaigh *v* dialyse
scagdhealaithe *a* dialysed
scagdhealaitheach *a (Ch.)* dialytic
scagdhealaitheoir *m3* dialyser
scagdhealú *m* (*gs* **-laithe**) dialysis
scagfháisceán *m1* filter press
scagpháipéar *m1* **éaluaithriúil** ashless filter paper
scagtha *a* filtered
scáil *f2* (= **scáth**) shadow
scáileán *m1 (cinema, etc.)* screen
scáileán *m1* **dianúcháin** *(Eln.)* intensifying screen
scáileán *m1* **gloine meilte** ground-glass screen
scáil-líne *f4* ghost-line
scaindiam *m4* scandium
scáineadh *m* (*gs* **- nte,** *pl* **-ntí**) interstice
scaip *v* scatter
scaipeadh *m* (*gs* **-pthe**) scattering
scaipeadh *m* **athshondais** resonance scattering
scaipeadh *m* **leaisteach** elastic scattering
scaipeadh *m* **neamhleaisteach** inelastic scattering
scaipeadh *m* **poitéinsil** *(QuPh.)* potential scattering
scaipléaráid *f2* scatter diagram, scattergram
scaipthe *a* scattered
scair *f2 (Ch. Eng.)* bed
scaird *f2* jet
scairdton *m1* jet tone

scair *f2* **luaileach** *(Ch. Eng.)* moving bed
scair *f2* **roisín** resin bed
scair *f2* **shreabhach** *(ChEng.)* fluidized bed
scála *m4 (of grading, etc.)* scale
scála *m4 (of music)* scale
scála *m4* **ceinteagrádach** centigrade scale
scála *m4* **Celsius** Celsius scale
scálach *m1* scalar
scálach *a* scalar
scála *m4* **crómatach** chromatic scale
scála *m4* **diatonach** diatonic scale
scála *m4* **idirmhalartaithe** interchangeable scale
scálaigh *v* scale
scálaithe *a* scaled
scála *m4* **lántonach** wholetone scale
scála *m4* **peinteatonach** pentatonic scale
scála *m4* **Vernier** vernier scale
scálóir *m3 (Eln.)* scaler
scálú *m* (*gs* **-laithe**) scaling
scálú *m* **ríomhaire analógaigh** analog-computer scaling
scamh *v* exfoliate, peel
scamhachán *m1* turnings
scamhachán *m1* **deile copair** copper turnings
scamhneart *m1* peel strength
scan *v* scan
scannán *m1* film
scannán *m1 (Ac.)* diaphragm
scannán *m1 (Ch. Ph.)* membrane
scannán *m1 (ElMag.)* diaphragm, iris
scannán *m1 (MecEng.)* diaphragm
scannán *m1* **fluaraiseach** fluorescent screen
scanóir *m3* scanner
scaoileadh *m* (*gs* **-lte**) release
scaoileadh *m* **forshrutha** *(El.)* overcurrent release
scaoileadh *m* **forvoltais** *(El.)* overvoltage release
scaoileadh *m* **foshrutha** *(El.)* undercurrent release
scaoileadh *m* **fovoltais** *(El.)* undervoltage release
scaoilteán *m1* **comhla** shutter-release
scarbh *m1* scarf
scarbhaigh *v* scarf
scartha *a* disjoint
scáth *m3* (= **scáil**) shadow
scáthán *m1* mirror
scáthbhanda *m4* shadow band
scáthfhótaiméadar *m1* shadow photometer
scáthlínigh *v (of drawing)* shade
scáthlínithe *a (of drawing)* shaded
scáthlíniú *m* (*gs* **-ithe**) *(of drawing)* shading
scáthmhasc *m1* shadow mask
scáthscaipeadh *m* (*gs* **-pthe**) shadow scattering
sceabh- *pref* (= **sceabhach**) skew
sceabhach *a* (= **sceabh-**) skew
sceabhacht *f3* skewness
sceabhdháileadh *m* (*gs* **-lte**) skew distribution
sceabhlínte *fpl* skew lines
sceabhshiméadrach *a* skew-symmetric
sceall *m3* shell
sceall *m3* **maighnéadach** magnetic shell
scealllsamhail *f3* (*gs* **-mhla,** *pl* **-mhlacha**) shell model
scealp *f2* splinter
sceanóg *f2* scalpel
scéim *f2* scheme
sceimheal *f2* (*gs* **-mhle,** ***pl*** **-mhleacha**) *(of vessel, etc.)* flange, rim
scéimléaráid *f2* schematic diagram
scéimreach *a* schematic
sceitheadh *m* (*gs* **-ite**) bleeding
sceitheadh *m* (*gs* **-te**) exhaust
sceitheadh *m* **cuilithí** vortex shedding
sceithphíopa *m4* exhaust pipe
sceitse *m4* sketch

S-chumar *m1* S-junction
sciata *a* screened
sciath *f2* baffle
sciath *f2 (grid)* screen
sciath *v* baffle
sciath *v* screen, shield
sciathadh *m* (*gs* **-ta**) baffling
sciathadh *m* (*gs* **-ta**) screening, shielding
sciathadh *m* **maighnéadach** magnetic screening
sciathchlár *m1* baffle board
sciathfháinne *m4* guard ring
sciathghreille *f4* screen grid
sciathphláta *m4* baffle plate
sciatrón *m1* skiatron
scil *f2* **fiosraithe** enquiry skill
scimeáil *v* (= **bearr**) skim
scimín *m4* skimmer
scinceáil *v* decant
sciorr *v* glance, skid, slip
sciorradh *m* (*gs* **-rrtha**) glancing
sciorrbhanda *m4* slip band
sciorrfháinne *m4* slip ring
sciorrphointe *m4* slip point
sciorrscoilt *f2* slip crack
sciot *v* snip
sciotaire *m4* snip
sciúr *v* scour
sciúradh *m* (*gs* **-rtha**) scouring
sciúrthóir *m3* scrubber
sciúrthóir *m3* **Venturi** venturi scrubber
scléar- *pref* (= **scléirea-, scléiri-, scléir-**) sclero-, scler-
scléir- *pref* (= **scléirea-, scléiri-, scléar-**) sclero-, scler-
scléirea- *pref* (= **scléiri-, scléir-, scléar-**) sclero-, scler-
scléireanómach *a* sclerenomic
scléireascóp *m1* sclerescope
scléiri- *pref* (= **scléirea-, scléir-, scléar-**) sclero-, scler-
scléiriméadar *m1* sclerometer
sclóin *f2* swivel
scóig *f2* throttle
scóigchomhla *f4* throttle-valve
scoiltbhrath *m1* **maighnéadach** magnetic crack detection
scoilteacht *f3* cleavage
scoilteadh *m* (*gs* **-lte**) splitting
scoilteadh *m* **le criostalréimse** crystal-field splitting
scoiltfhuinneamh *m1* **an chriostalréimse** crystal-field splitting energy
scoiltín *m4* slit
scoiltlionsa *m4* split lens
scóip *f2* clearance
scóipthoirt *f2* (= **toirt scóipe**) clearance volume
scoir *v* detach
scoir *v (El.)* break
scoite *a (Mth.)* discrete
scoith *v* pinch off
scoith *v (Eln.)* cut off
scoitheadh *m* (*gs* **-te**) pinch off
scoitheadh *m* (*gs* **-te**) *(Eln.)* cutoff
sconna *m4* tap
scór *m1* score
scoradán *m1 (El.)* breaker, contact breaker
scoradán *m1* **ciorcaid** circuit breaker
scorán *m1* toggle
scorán *m1 (El.)* key
scortha *a* detached
scothlán *a* gibbous
scrabhmhodh *m3* (*pl* **-anna**) scratch method
scragall *m1* foil
scragall *m1* **alúmanaim** aluminium foil
scragall *m1* **copair** copper foil
scragall *m1* **luaidhe** lead foil
scragall *m1* **stáin** tinfoil
screabhaigh *v (of ship's bottom)* foul
screamh *f2* scurf
scríob *v* score
scríobach *a (Mec.)* abrasive
scríobadh *m* (*gs* **-btha**) *(Mec.)* abrasion
scríobaire *m4* scriber

scriú *m4* screw
scriú-asáitiú *m* (*gs* **-ithe**) screw dislocation
scriú *m4* **micriméadair** *(Eng. Ph.)* micrometer screw
scriúghearradh *m* (*gs* **-rrtha**) screw cutting
scrobh *v* scramble
scrobhóir *m3* scrambler
scuab *f2* (= **scuaibín**) brush
scuabadh *m* (*gs* **-btha**) *(Eln.)* sweep
scuab *f2* **bhuidéal** bottlebrush
scuab-dhíluchtú (*gs* **-taithe**) brush discharge
scuab *f2* **phromhadán** test-tube brush
scuaibín *f4* (= **scuab**) brush
scuaibín *f4* **charbóin** carbon brush
SD (= **sruth díreach**) DC, direct current
seach-chonair *f2* bypass
seachmall *m1* illusion
seachmall *m1* **radhairc** optical illusion
seachmhótar *m1 (El.)* shunt motor
seachród *m1 (El.)* shunt
seachródaigh *v (El.)* shunt
seachród *m1* **uilíoch** universal shunt
seachthochraiste *a* shunt-wound
seachthreoraigh *v* bypass
seachtnártha *a* septenary
seachtrach *a* (= **imeachtrach**) exterior
seachtraigh *v* exteriorise
séadaire *m4* pacemaker
seafta *m4* **sceimhle** flanged shaft
seafta *m4* **tiomána** driving-shaft
seaicéad *m1* **fálaithe** *(insulation)* lagging jacket
séalaigh *v* seal
seallspiara *m4 (Opt. Phot.)* iris, iris diaphragm
seamaí *m4* chamois
séan *m1 (Mth.)* index
séan *v (Mth.)* negate
séanadh *m* (*gs* **-nta**) *(Mth.)* negation
séanadh *m* **na tairisceana** *(Mth.)* negation of proposition
seangacht *f3* slenderness
seans *m4* chance
searradh *m* **leaisteach** elastic stretching
seascadúil *a* sexagesimal
seasta *a* (= **buan**) fixed, permanent
seastán *m1* **freangáin agus teanntán** retort stand and clamp
séasúr *m1* season
séasúrach *a* seasonal
seicdhigit *f2* (= **digit seiceála**) check digit
seiceáil *f3* check
seiceáil *f3* **iomarcaíochta** redundancy check
seiceáil *f3* **phaireachta** *(QuMec.)* parity check
seiceáil *f3* **ríomhchláraithe** *(Comp.)* programmed check
seiceant *m1 (Trig.)* secant
seiceant *m1* **athraitheach** variable secant
seicheamh *m1* sequence
seicheamh *m1 (Mth.)* progression
seicheamhach *a* sequential
seicheamh *m1* **Fibonacci** Fibonacci sequence
seicheamh *m1* **iolraíoch** geometric progression, geometric sequence
seicheamh *m1* **uimhríochtúil** arithmetic progression
séideadán *m1* blowpipe
séideadán *m1* **ocsaicéitiléine** oxyacetylene blowpipe
séidire *m4* blower
séidire *m4* **gloine** glass-blower
seileaic *f4* shellac
seiléineagrafaíocht *f3* selenography
seiléineolaíocht *f3* selenology
seiléiniam *m4* selenium
seilf *f2* **choirceogach** beehive shelf
seirbhea-aimplitheoir *m3* servo-amplifier
seirbheamótar *m1* servomotor

seirbhimheicníocht *f3* servomechanism
seirbhimheicníocht *f3* **treoluais** velocity servomechanism
seirbhís *f2* **tointeála** shuttle service
seireardaigh *v* sherardize
seireardú *m* (*gs* **-daithe**) sherardizing
séireatoinin *f2* serotonin
seisc- *pref* (= **seiscea-, seisci-**) sesqui-
seiscea- *pref* (= **seisci-, seisc-**) sesqui-
seisce-ocsaíd *f2* sesquioxide
seisci- *pref* (= **seiscea-, seisc-**) sesqui-
seiseamhán *m1* sextant
seismeagraf *m1* seismograph
sénártha *a* senary
seoilít *f2* zeolite
seol *v* conduct
seolachán *m1* **indíreach** indirect addressing
seoladh *m* (*gs* **-lta**) address
seoladh *m* (*gs* **-lta**) *(Ch. Ph.)* conduction
seoladh *m* **ianach** ionic conduction
seolán *m1 (El.)* lead
seolán *m1* **anóide** anode lead
seolán *m1* **catóide** cathode lead
seolán *m1* **sciata** screened lead
seolfheadán *m1* delivery-tube
seoltacht *f3* conductivity
seoltacht *f3* **leictreach** (= **SL**) electrical conductivity, EC
seoltacht *f3* **leictrealaíoch** electrolytic conductivity
seoltacht *f3* **p-chineálach** *(Eln.)* p-type conductivity
seoltas *m1* conductance
seoltas *m1* **teirmeach** thermal conductance
seoltóir *m3* conductor
seoltóir *m3* **caillteanach** *(El.)* lossy conductor
seoltóir *m3* **tintrí** lightning conductor
seomra *m4* **aisfhuaimniúcháin** reverberation chamber
seomra *m4* **luaidhe** lead chamber
seomra *m4* **neamh-mhacallach** anechoic chamber
sféar *m1* sphere
sféaraiméadar *m1* spherometer
sféarbhearna *f4* sphere gap
sféar *m1* **neamhaí** celestial sphere
sféaróideach *m1* spheroid
sféaróideach *a* spheroid
sféarúil *a* spherical
sféirín *m4* spherule
s-fhithiseán *m1 (Ch.Ph.)* s orbital
sí *f4* psi
siabhraigin *f2* hallucinogen
siabhránach *a* hallucinatory
siabhránacht *f3* hallucination
siabhránaigh *v* hallucinate
sian *f2* (= **sianaíl**) squeal
sianaíl *f3* (= **sian**) squeal
sí-cháithnín *m4* psi particle
sícriméadar *m1* psychrometer
sícriméadracht *f3* psychrometry
sigme *f4* sigma
sigme-cháithnín *m4* sigma particle
sigme-charn *m1* sigma pile
sigme-fhithiseán *m1* sigma orbital
sileacafluairíd *f2* (= **heicseafluar-aisileacáit**) silicofluoride
sileacáit *f2* silicate
sileacan *m1* silicon
sileacón *m1* silicone
silice *f4* silica
silicíd *f2* silicide
silil *f2* silyl
silioláitiú *m* (*gs* **-ithe**) silylation
sil-luchtaire *m4* trickle charger
silphointe *m4* drop point
siméadrach *a* symmetrical
siméadracht *f3* symmetry
siméadracht *f3* **aonadach** unitary symmetry
siméadrachtcheadaithe *a* symmetry-allowed

siméadrachtchoiscthe *a* symmetry-forbidden
siméadracht *f3* **dhéthaobhach** bilateral symmetry
siméadracht *f3* **rothlach** rotational symmetry
siméadracht *f3* **scáthánach** mirror symmetry
siméadracht *f3* **spás-fhrithchaithimh** space-reflection symmetry
símin *m4* (*pl* **-ní**) (= **mó**) *(unit)* siemens
simplí *a* simple
simpligh *v* simplify
simplithe *a* simplified
simpliú *m* (*gs* **-ithe**) simplification
sin- *pref* (= **sion-**) syn-
sín *v* extend
sín *f2 (Mth.)* sign
sinc *f2* zinc
sincreatrón *m1* synchrotron
sincricioglatrón *m1* synchrocyclotron
sindéatachtach *a* syndiotactic
sine *f4* nipple
síneadh *m* (*gs* **-nte**) extension
síneadh *m* **anailíseach** analytic continuation
síneadh *m* **Hermite** Hermitian extension
síneas *m1* sine
síneasóideach *a* sinusoidal
síneastonn *f2* **choibhéiseach** equivalent sine wave
sineirgeach *a* synergic
sineirgeachas *m1* synergism
sineirgisteach *m1* synergistic
sineirgisteach *a* synergistic
sínghnás *m1* **cairtéiseach** cartesian sign convention
sínghnás *m1* **optach** optic sign convention
singil *a* (= **aon-**) single
singilteach *a* singular
singilteacht *f3* singularity
singilteacht *f3* **aonraithe** isolated singularity
singilteacht *f3* **inaistrithe** removable singularity
singléad *m1* singlet
síniméadar *m1* extensometer
siniréis *f2* syneresis
síniú *m* (*gs* **-ithe**) signature
sintéarú *m* (*gs* **-raithe**) sintering
sintéis *f2* synthesis
sintéiseach *a* synthetic
sintéiseoir *m3* **Moog** Moog synthesizer
sintéisigh *v* synthesize
síob *f2* drift
síob *v* drift
síobfheadán *m1* drift tube
síobthrasraitheoir *m3 (Eln.)* drift transistor
siocreoigh *v (Ch. Ph.)* freeze-dry
siofón *m1* siphon
siofón *v* siphon
siolán *m1* silane
síolchriostal *m1* seed crystal
síomáis *f2* zymasse
siombail *f2* (= **comhartha**) symbol
siombaileach *a* symbolic
sion- *pref* (= **sin-**) syn-
sioncrónach *a* synchronous
sioncrónaigh *v* synchronize
siorcóiniam *m4* zirconium
siorcón *m1* zircon
siorcónal *m1* zirconal
síothlaigh *v* settle
síothlán *m1* strainer
sistéal *m1* cistern
siúcra *m4* sugar
siúcra- *pref* (= **siúcrai-**) sacchar-
siúcra *m4* **cána** cane sugar
siúcrach *a* saccharic
siúcrai- *pref* (= **siúcra-**) sacchar-
siúcramhéadar *m1* saccharimeter
siúcrós *m1* sucrose
siúicrín *m4* saccharine
siúit *f2* jute
siúlóid *f2* **randamach** random walk
siúnta *m4* joint

siúnta *m4* **seamaithe** riveted joint
síveart *m1* **(= Sv)** *(unit)* sievert, Sv
SL (= seoltacht leictreach) EC, electrical conductivity
slabhra *m4* chain
slabhra *m4* **ardaitheach** *(Mth.)* ascending chain
slabhra *m4* **íslitheach** *(Mth.)* descending chain
slabhrathiomáint *f3* (*gs* **-ána**) chain drive
slaig *f2* slag
sláine *f4* **(= comhláine, iomláine)** completeness
sláine *f4* **feidhmspásanna ginearálaithe** completeness of generalized function spaces
slán *a* round
slán *a* **(= comhlán, iomlán)** complete
slán *a (Ch.)* aliquot
slán- *pref (Ch.)* aliquot
slánaigh *v* round, round off
slánaigh *v* complete
slánchuid *f3* aliquot, aliquot part
slándifreálach *m1 (Mth.)* total differential
slánfhearann *m1* integral domain
slánfheidhm *f2* integral function
slán-inlaghdaitheacht *f3* complete reducibility
slánspás *m1* complete space
slánspás *m1* **méadrach** complete metric space
slánú *m* (*gs* **-naithe**) completion
slánuimhir *f* (*gs* **-mhreach**) *(Mth.)* integer, whole number
slánuimhir *f* **dheimhneach** *(Mth.)* positive integer
slaodach *a* viscous
slaodacht *f3* viscosity
slaodacht *f3* **aimhrialta** anomalous viscosity
slaodacht *f3* **chinéimiteach** kinematic viscosity
slaodacht *f3* **dhinimiciúil** dynamic viscosity
slaodacht *f3* **gáis** viscosity of a gas
slaodacht *f3* **ghuairneánach** eddy viscosity
slaodacht *f3* **mhaighnéadach** magnetic viscosity
slaodleaisteach *a* visco-elastic
slaodleaisteachas *m1* visco-elasticity
slaodmhéadar *m1* viscometer
slaodphlaisteach *a* visco-plastic
slat *f2* yard
slata *fpl* **agus cóin** *(Opt.)* rods and cones
slat *f2* **alúmanaim** aluminium rod
slata *fpl* **Napier** Napier's bones
slat *f2* **cheangail** connecting rod
slat *f2* **chearnach** square yard
slat *f2* **chopair** copper rod
slat *f2* **chruach** steel rod
slat *f2* **ghloine** glass rod
sláthach *m1* slime
slat *f2* **iarainn** iron rod
slat *f2* **luaidhe** lead rod
slatsraith *f2* train of rods
sleamhnaigh *v* slide
sleamhnán *m1* slide
sleamhnán *m1* **micreascóip** microscope slide
slim *a* smooth
sliogánach *a* conchoidal
sliogart *m1* pumice
slíomadh *m* (*gs* **-mtha)** smoothing
slíomachán *m1* smoothing
slios *m3* (*gs, pl* **sleasa) (= taobh)** side
slioschló *m4* side elevation
sliotán *m1* slot
slis *f2* chip
slis *v* chip
sliseog *f2* **chlúdaigh** cover slip
slisirníneach *m1* swarf
slis *f2* **sileacain** silicon chip
sloda *m4* sludge
sloinn *v* express
slonn *m1* expression
slonn *m1* **aontéarmach** monomial expression

slonn *m1* **tríthéarmach** trinomial expression
sluga *m4* slug
smaointurgnamh *m1 (Ph.)* thought experiment
smúrabhán *m1* lampblack
snaidhm *f2* knot
snaidhmeán *m1 (CivEng.)* brace
snáithe *m4* thread
snáithín *m4* fibre
snáithíneach *a* fibrous
snáithlíonraigh *v* craze
snáithlíonrú *m* (*gs* **-raithe**) crazing
snámh *(in phrase)* **ar snámh** (= **saor, snámh-**) floating
snámh *v* float
snámh- *pref* (= **saor, ar snámh**) floating
snámhacht *f3 (ChEng.)* flotation
snámhacht *f3* **dhifreálach** differential flotation
snámhán *m1* float
snámhaíocht *f3* creep, creeping
snámhphointe *m4* floating point
snas *m3* gloss
snasán *m1* polish
snasta *a* glossy
snáthadán *m1* acicular
snáthaid *f2 (Eng.)* pointer
snáthaid *f2 (for syringe)* needle
snáthaid *f2* **choise** *(for dissecting)* mounted needle
snáthaidiúil *a* acicular
snáthghloine *f4* (= **gloine shnáithíneach**) fibreglass
snáthoptaic *f2* fibre optics
sniogadh *m* (*gs* **-gtha**) *(Ch.)* stripping
sniogphas *m4* strip-phase
snoite *a* worked
so-ghabhálach *a* susceptible
so-ghabhálacht *f3 (El.)* susceptibility
so-ghabhálacht *f3* **mhaighnéadach** *(ElMag.)* magnetic susceptibility
so-ghabhálas *m1 (El.)* susceptance
so-ghalaithe *a (Ch. Ph.)* volatile
so-ghalaitheacht *f3 (Ch. Ph.)* volatility
sobal *m1* lather
sobalfhachtóir *m3* lather factor
soc *m1* nozzle, jet
socair *a* still
socht *v* suppress
sochtghreille *f4* suppressor grid
sochtóir *m3 (Ch. Eng.)* depressor, suppressor
sócmhainneach *a (Mth.)* solvent
socracht *f3* relaxation
soghluaiste *a* mobile
soghluaisteacht *f3* mobility
soghluaisteacht *f3* **draenach** *(Ph.)* drain mobility
soghluaisteacht *f3* **ianach** ionic mobility
soghluaisteacht *f3* **intreach** intrinsic mobility
soicéad *m1* socket
soicéad *m1* **cumhachta** power socket
soicind *m4* second
sóid *f2* soda
sóidiam *m4* sodium
sóid *f2* **níocháin** washing soda
soiléir *a* (= **follasach**) evident
soilseán *m1* illuminant
soilseán *m1* **caighdeánach** standard illuminant
soilseas *m1* illuminance
soilsigh *v* illuminate, illumine
soilsiú *m* (*gs* **-ithe**) illumination
soilsiú *m* **dúréimse** dark-field illumination
soinneán *m1 (of air)* blast
soitheach *m1* **boilgeog** *(Ph.)* bubble chamber
soitheach *m1* **imoibriúcháin** *(Ch. Eng.)* reactor
soitheach *m1* **néal-ian** cloud-ion chamber
sol *m1* sol
solad *m1* solid
soladach *a* solid

soladaigh *v* solidify
soladas *m1 (Ch. Ph.)* separatrix, solidus
solad *m1* **platónach** platonic solid
solad *m1* **rialta** regular solid
soladstaid *f2* solid state
soladú *m* (*gs* **-daithe**) solidification
solanóideach *m1* solenoid
solanóideach *a* solenoidal
solas *m1* light
solas *m1* **bán** white light
solasbhliain *f3* light year
solaschandam *m1* (**= candam solais**) light quantum
solasdeimhneach *a* light-positive
solasdiúltach *a* light-negative
solasfhoinse *f4* (**= foinse solais**) light source
solasmhéadar *m1* light meter
solaspheann *m1* light pen
solas *m1* **plánpholaraithe** plane-polarized light
solas *m1* **polaraithe go ciorclach** circular(ly) polarized light
solas *m1* **polaraithe go héilipseach** elliptically polarized light
solas *m1* **polaraithe go líneach** linearly polarized light
solas-spleách *a* light-dependent
solastreoir *f* (*gs* **-eorach**) light guide
soláthair *v (pres*-**thraíonn***)* supply
soláthar *m1* (**= riar**) supply
soláthar *m1* **cumhachta** power supply
solatón *m1* soliton
solúbtha *a* flexible, pliable
sómachiúb *m1* soma cube
sonach *a* sonic
sonaiceimic *f2* sono chemistry
sonaiméadar *m1* sonometer
sondáil *v (Eng.)* sound
sondáil *f3* **ó mhacalla** echo sounding
sonóir *m3* sonar
sonra *m4* datum
sonrach *a* (**= sain-**) specific
sonraigh *v* specify
sonraí *mpl* **leanúnacha** continuous data
sonraí *mpl* **neamhghrúpáilte** *(St.)* ungrouped data
sonraíocht *f3* (**= sonrú**) specification
sonraíochtaí *fpl* **amfhearainn** time-domain specifications
sonraíochtaí *fpl* **feidhmiúcháin** performance specifications
sonraí *mpl* **samplacha** sample data
sonraí *mpl* **scoite** discrete data
sonrú *m* (*gs* **-raithe**) (**= sonraíocht**) specification
sorcóir *m3* cylinder
sorcóir *m3* **ciorclach éilipseach** elliptic circular cylinder
sorcóir *m3* **crosach** *(Opt.)* crossed cylinder
sorcóir *m3* **tomhais** measuring cylinder
spadal *m1* spatula
spallaigh *v* spall
spallú *m* (*gs* **-llaithe**) spallation
spallúchán *m1* spallation
spás *m1* space
spásaire *m4* astronaut
spásaireacht *f3* astronautics
spásaireachta *gs* as *a* astronautical
spás-am *m3* space-time
spás-am *m3* **Minkowski** Minkowski space-time
spás *m1* **bán** (**= bánán**) blank
spáschandamú *m* (*gs* **-maithe**) space quantization
spáscheimic *f2* space chemistry
spás *m1* **déach** dual space, **an dara spás déach** (the) second dual space
spásghrúpa *m4* space group
spás *m1* **indeighilte** separable space
spás *m1* **indeighilte iolraigh inmheánaigh** inner product separable space
spás *m1* **íomhá** *(Eln. Opt.)* image space
spásléiriú *m* (*gs* **-ithe**) (**= spástuairisc**) spatial description

spás *m1* **líneach** linear space
spás *m1* **líneach méadrach** metric linear space
spás *m1* **líneach normaithe** normed linear space
spás *m1* **líneach toipeolaíoch** topological linear space
spáslucht *m3* space charge
spás *m1* **méadrach** metric space
spás *m1* **nialasach** null space
spás-samhail *f3 (gs* **-mhla**, *pl* – **mhlacha***)* space model
spás *m1* **samplach** *(St.)* sample space
spás *m1* **triailfheidhme** *(Mth.)* test-function space
spástuairisc *f2* (= **spásléiriú**) spatial description
spás *m1* **veicteoireach** vector space
spéacalam *m1* speculum
spéaclach *a* specular
speictreach *a* spectral
speictreafótaiméadar *m1* spectrophotometer
speictreafótaiméadracht *f3* spectrophotometry
speictreagraf *m1* spectrograph
speictream *m1* spectrum
speictream *m1* **crithrothlúcháin** *(Ph.)* vibration-rotation spectrum
speictream *m1* **díraonacháin** diffraction spectrum
speictream *m1* **gáma-ghathach** gamma-ray spectrum
speictream *m1* **hidrigine** hydrogen spectrum
speictream *m1* **iarmharach** *(Opt.)* residual spectrum
speictream *m1* **infheicthe** visible spectrum
speictream *m1* **ionsúcháin** absorption spectrum
speictream *m1* **leanúnach** continuous spectrum
speictream *m1* **leictreonach** electronic spectrum
speictream *m1* **minicíochta** frequency spectrum
speictream *m1* **rothlúcháin** rotation spectrum
speictream *m1* **scoite** *(Ph.)* discrete spectrum
speictream *m1* **x-ghathach** x-ray spectrum
speictreascóp *m1* spectroscope
speictreascópacht *f3* **bhéite-ghathach** *(NcPh.)* beta-ray spectroscopy
speictreascópacht *f3* **fhótaileictreonach** photoelectron spectroscopy
speictreascópacht *f3* **ultraivialait folúis** vacuum ultraviolet spectroscopy
speictreascóp *m1* **díramhairc** direct-vision spectroscope
speictrihéileagram *m1* spectroheliogram
speictrihéileagraf *m1* spectro-heliograph
speictriméadar *m1* spectrometer
speictrim *mpl* **réaltacha** *(Ast.)* stellar spectra
spéirthonn *f2* sky wave
spiara *m4 (Opt. Phot.)* diaphragm
spíce *m4* spike
spíceáil *v* spike
spícechairt *f2* spike chart
spinéal *m1* spinel
spíonta *a* spent
spiontarascóp *m1* spinthariscope
spir- *pref* (= **spirea-, spiri-**) spiro-
spirea- *pref* (= **spiri-, spir-**) spiro-
spiri- *pref* (= **spirea-, spir-**) spiro-
spirisiméadracht *f3* spiro-symmetry
splanc *f2 (Ch.)* flash
splancbhacainn *f2* flash barrier
splancfhótalú *m* (*gs* **-laithe**) *(Ch.)* flash photolysis
splancphointe *m4 (ChEng.)* flash point
splanctháthú *m* (*gs* **-thaithe**) *(Eng.)* flash welding

splanc *f2* **thintrí (= saighneán)** lightning flash
spleách *a* dependent
spleáchas *m1* dependence
spleáchas *m1* **ciantréimhseach** secular dependence
spleáchas *m1* **leanúnach** continuous dependence
spleáchas *m1* **líneach** linear dependence
spleáchas *m1* **staitistiúil** statistical dependence
splíona *m4* spline
splíona *m4* **idirshuíomhach** interpolating spline
spóca *m4* spoke
spól *m1* spool
spontáineach *a* **(= uath-)** spontaneous
sporghiaráil *f3* spur gearing
spota *m4* spot
spot-tástáil *f3* spot test
sprae *m4* spray
spraeáil *v* spray
spraeghunna *m4* spray gun
spraethriomú *m* (*gs* **-maithe)** spray-drying
spré *m4 (of light, etc.)* dispersion
spré *m4* **aimhrialta** anomalous dispersion
spréach *f2* spark
spréach *v* spark
spréachach *a* ignescent
spréacháiritheoir *m3* spark counter
spréachbhearna *f4* spark gap
spréach-dhíluchtú *m* (*gs* **-taithe)** spark discharge
spréachphlocóid *f2* spark plug
spréachshoitheach *m1* spark chamber
spreagadh *m* (*gs* **-gtha)** stimulus
spréfhoirmle *f4* **Cauchy** Cauchy dispersion formula
spréigh *v (of light, etc.)* disperse
sprioc *f2 (aim, goal)* objective
sprioc *f2* **(= staic)** stake
spriocfheidhm *f2* objective function
spriocfheidhm *f2* **neamhlíneach** non-linear objective function
spriúch *v* sputter
spuaiceán *m1* vesicant
spuaiceánach *a* vesicatory
spúinse *m4* sponge
spúnóg *f2* **ghrodloiscthe** deflagrating spoon
srac *m3* jerk
srac *v* jerk
sraith *f2* series
sraith *f2* stratum
sraith *f2* **asamtóiteach** asymptotic series
sraith *f2* **ascalach choinbhéirseach** oscillating convergent series
sraith *f2* **ascalach dhibhéirseach** oscillating divergent series
sraithcheangal *(in phrase)* **i sraithcheangal** in series
sraithchiorcad *m1* series circuit
sraith *f2* **chomhbhreise** arithmetical series
sraith *f2* **chomhshuímh** composition series
sraith *f2* **ghníomhaíochta** *(Metal.)* activity series
sraith *f2* **homalógach** homologous series
sraith *f2* **iltéarmach** multinominal series
sraithnasc *m1* series connection
sraith *f2* **neiptiúiniam** neptunium series
sraith *f2* **radaighníomhach** radioactive series
sraithréiteach *m1* series solution
sraith *f2* **rothaí (= rothshraith)** train of wheels
sraith *f2* **theasctha** *(Mth.)* truncated series
sraith *f2* **theirmileictreach** thermoelectric series
sraith-theorainn *f* (*gs* **-rann)** series limit

sraith-thochraiste *a* series-wound
sraith *f2* **úráiniam** uranium series
sraith *f2* **veicteoireach** vector series
srannchomhla *f4* snort valve
sraoilleán *m1* streamer
sraon *v* deflect
sraonadh *m* (*gs* **-nta**) deflection
sraonadh *m* **leictreamaighnéadach** electromagnetic deflection
sraonadh *m* **leictreastatach** electrostatic deflection
sreabh *f2* (= **sreabhadh**) flow
sreabh *v* flow
sreabhach *a* fluid
sreabhach *a* (= **sreabhaithe**) fluidized
sreabhadh *m* (*gs* **-eafa**) (= **sreabh**) flow
sreabhadh *m* **cioglastrófach** (= **sreabh chioglastrófach**) cyclostrophic flow
sreabhadh *m* **domhantarraingthe** *(FlMec. Ph.)* gravity flow
sreabhadh *m* **foisteanach** steady flow
sreabhadh *m* **forshonach** supersonic flow
sreabhadh *m* **lannach** laminar flow
sreabhadh *m* **móilíneach** molecular flow
sreabhadh *m* **plaisteach** plastic flow
sreabhadh *m* **slaodach** viscous flow
sreabhadh *m* **sreabháin** fluid flow
sreabhadh *m* **sruthlíneach** streamlined flow
sreabhadh *m* **suaite** (= **suaiteacht**) *(Mec.)* turbulent flow
sreabhaithe *a* (= **sreabhach**) fluidized
sreabhán *m1* fluid
sreabhán *m1* **baratrópach** baratropic fluid
sreabhán *m1* **idéalach** *(Ph.)* perfect fluid
sreabhán *m1* **neamh-Niútanach** non-Newtonian fluid
sreabhán *m1* **Newton** Newtonian fluid
sreabhán *m1* **srathaithe** stratified fluid
sreabhchairt *f2* flow chart
sreabh *f2* **chioglastrófach** (= **sreabhadh cioglastrófach**) cyclostrophic flow
sreabhchlár *m1* flow sheet
sreabh-dhé-athraontas *m1* flow bi-refringence
sreabhghraf *m1* **comhartha** signal flow graph
sreabhléaráid *f2* flow diagram
sreabhléaráid *f2* **ríomhaire** computer flow diagram
sreabhmhéadar *m1* **ionduchtúcháin** induction flow meter
sreang *f2* wire
sreang *f2 (Mec.)* string
sreang *f2* **chónaisc** connecting wire
sreang *f2* **chumhdaigh** guard wire
sreang *f2* **cloig** bell wire
sreang *f2* **fiúis** fuse wire
sreang-ghalbhánaiméadar *m1* string galvanometer
sreangpholagán *m1* string polygon
sreang *f2* **rite** stretched string
sreangú *m* (*gs* **-gaithe**) wiring
sreang-uige *f4* (= **uige shreinge**) wire gauze
sriantóir *m3* restrainer
sroicheadh *m* (*gs* **-chte**) attainment
sruth *m3* current
sruth *m3* stream
sruth *m3* **ailtéarnach** (= **SA**) alternating current, AC
sruth *m3* **bíogach** (= **bíogshruth**) pulsating current
sruthchlaochladán *m1 (El.)* current transformer
sruth *m3* **chun deiridh** *(El.)* lagging current
sruth *m3* **chun tosaigh** *(El.)* leading current
sruth *m3* **coigeartóra leath-thonnaigh** half-wave rectifier current

sruth *m3* **comhiompair** convection current
sruthdhlús *m1 (El. Ph.)* current density
sruth *m3* **díláithriúcháin** displacement current
sruth *m3* **díreach (= SD)** direct current, DC
sruth *m3* **fáin** stray current
sruth *m3* **fáinneach** ring current
sruthfheidhm *f2* stream function
sruthfhiliméad *m1* stream filament
sruth *m3* **freasaitheach** reactive current
sruth *m3* **guairneáin** eddy current
sruth *m3* **idirleata** diffusion current
sruthlaigh *v* rinse
sruthleictreachas *m1* current electricity
sruth *m3* **ligin** *(El. Ph.)* leakage current
sruthlíne *f4* (*pl* **-nte**) streamline
sruthlíneach *a* streamlined
sruthlínigh *v* streamline
sruthmheátán *m1 (El.)* current balance
sruth *m3* **neodrach** neutral current
sruthphoitéinseal *m1* streaming potential
sruth *m3* **sáithitheach** saturation current
sruth *m3* **seolta** *(El. Ph.)* conduction current
sruth *m3* **teorantach** *(El.)* limiting current
sruth *m3* **tiomsaitheora** collector current
stagh *m4* stay
staic *f2* **(= sprioc)** stake
staid *f2* state
staid-athróg *f2* state variable
staid *f2* **choibhneasaíoch** *(Ph.)* relativistic state
staid *f2* **dhúibléadach** *(Ph.)* doublet state
staidéar *m1* **treorach** pilot study
staid *f2* **eiliminteach na dúile** elemental state of element
staid *f2* **eisíon** impure state
staid *f2* **shingléadach** singlet state
staid *f2* **thripléadach** *(Ph.)* triplet state
stáirse *m4* starch
stáisiún *m1* **cumhachta teirmeach** thermal power station
stáisiún *m1* **spáis** space station
staitisteach *a* statistic
staitistic *f2* statistics
staitistic *f2* **chandamach** quantum statistics
staitistic *f2* **thástála** *(St.)* test statistic
staitistiúil *a* statistical
stálaigh *v* season
stalc *v* stiffen
stalcacht *f3* **(= doichte)** stiffness
stalctha *a* **(= docht)** stiff
stampa *m4* stamp
stampáil *v* stamp
stampáin *mpl* stampings
stán *m1* tin
stánach *a* stannic
stang *v* sag
stangadh *m1* sag
stánúil *a* stannous
starraiceacht *f3 (Ast.)* prominence
starrmhaide *m4* cantilever
starrmhaide *m4* **frapáilte** propped cantilever
statach *a* static
stataic *f2* statics
státar *m1* stator
steallaire *m4* syringe
steallóg *f2* splash
steanc *m4* squirt
steanc *v* squirt
stéara- *pref* **(= stéarai-)** stearo-
stéarach *a* stearic
stéarai- *pref* **(= stéara-)** stearo-
stearaidian *m1* steradian
steiréa- *pref* **(= steiréi-)** stereo-
steireach *a* steric
steiréaroghnaíoch *a* stereoselective

steiréascóp *m1* stereoscope
steiréascópach *a* stereoscopic
steiréi- *pref* (= **steiréa-**) stereo-
steiréiceimic *f2* stereochemistry
steiré-isiméireacht *f3 (Ch.)* stereoisomerism
stiall *f2* strip
stiall *f2* **alúmanaim** aluminium strip
stiall *f2* **dhémhiotalach** bimetallic strip, bimetal strip
stiallfhótagrafaíocht *f3* schlieren photography
stiall *f2* **iarainn** iron strip
stiall *f2* **Mobius** Mobius strip
stiallscannán *m1* film strip
stiall *f2* **since** zinc strip
stibín *m4* stibine
stil *f2* still
stilb *f2* stilb
stileáiste *m4* stillage
stiréin *f3* (= **feinileitéin**) styrene
stócaiméadrach *a* stoichiometric
stócaiméadracht *f3* stoichiometry
stocthuaslagán *m1* stock solution
stoidiaca *m4* zodiac
stoidiacach *a* zodiacal
stoirm *f2* **mhaighnéadach** magnetic storm
stól *m1* stool
stop *m4* stop
stopallán *m1* stopper
stopfholcadh *m* (*gs* **-ctha**) stop bath
stopuimhir *f* (*gs* **-mhreach**) stop number
stóráil *f3* **chainéalach** *(Eln.)* channel storage
straidhn *f2* strain
straidhn *f2* **fiartha** shearing strain
straidhn *f2* **ilchineálach** *(Ph.)* heterogeneous strain
straidhnmhéadar *m1* strainometer
straidhnráta *m4* **Almansi** Almansi's strain rate
straidhntomhsaire *m4* **friotaíochta** *(Eng.)* resistance strain gauge
straitéis *f2* strategy
straitéis *f2* **íosuasach** minimax strategy
straitéis *f2* **optamach** *(Mth.)* optimal strategy
strataisféar *m1* stratosphere
stratam *m1* **atmaisféarach** atmospheric layer
stricnín *m4* strychnine
stríoc *f2* streak, stria
stríocach *a* streaked
stríocacht *f3* striation
stríoclíne *f4* (*pl* **-nte**) streakline
stróbascóp *m1* stroboscope
strofóideach *m1* strophoid
stroighin *f2* (= **suimint**) *(Ch. CivEng.)* cement
stroighnigh *v* (= **suimintigh**) *(Ch. CivEng.)* cement
strointiam *m4* strontium
struchtón *m1* structon
struchtúr *m1 (form)* structure
struchtúrach *a* structural
struchtúr *m1* **bíseach** spiral structure
struchtúr *m1* **ciúbach corpláraithe** *(Ch. Cryst.)* body-centred cubic structure
struchtúr *m1* **dlúthphacáilte** close-packed structure
struchtúr *m1* **dlúthphacáilte heicseagánach** hexagonal close-packed structure
struchtúr *m1* **inbhéartach spinéil** inverse spinel structure
struchtúr *m1* **sármhín** *(Ph.)* hyperfine structure
struchtúr *m1* **scáineach** *(Cryst.)* interstitial structure
struchtúr *m1* **spinéalach** spinel structure
struchtúrú *m* (*gs* **-raithe**) structurization
strus *m1* stress
struschreimeadh *m* (*gs* **-mthe**) stress corrosion
strus *m1* **cóimeála** assembly stress

strus *m1* **deiridh** ultimate stress
strus *m1* **díreach** *(Mec. Ph.)* direct stress
strus *m1* **fiartha** shearing stress
strus *m1* **fonsa** hoop stress
strus *m1* **suaite** turbulent stress
strus *m1* **táthúcháin** welding stress
strustuirse *f4 (of materials)* fatigue
stua *m4* arc
stua *m4* **cantana** singing arc
stuaic *f2 (Mth. Opt.)* vertex
stuáil *f3* arcing
stuáil *v* arc
stua *m4* **leictreach** electric arc
stuatháthú *m* (*gs* **-áthaithe**) arc welding
stucó *m4* stucco
sú *m4* suction
sú *m4 (Ch.)* occlusion
suaiteacht *f3* (= **sreabhadh suaite**) *(Mec.)* turbulence
suaith *v* (= **corraigh**) agitate, stir
suaitheadh *m* (*gs* **-ite**) agitation
suathaire *m4* agitator
substaint *f2* substance
substaint *f2* **fhótacrómach** photochromic substance
substaint *f2* **imoibríoch** *(Ch.)* reactive substance
súchaidéal *m1* sorption pump
sucsanaildéad *m1* (= **bútáindé-al**) succinaldehyde
súdahalaigin *f2 (Ch.)* pseudohalogen
súdaigéad *m1 (Ch.)* pseudo-acid
súdaireacht *f3* tanning
súdaiteinseoir *m3 (Eng. Mth. Ph.)* pseudotensor
súdascálach *a (Mth. Ph.)* pseudo-scalar
súigh *v* (*pres* **súnn,** *vn* **sú**) *(Ch.)* occlude
suilfíd *f2* sulphide
suilfíd *f2* **luaidhe** lead sulphide
suilfíonáit *f2* (= **foshuilfít**) sulphinate
suilfít *f2* sulphite
suilfít *f2* **sóidiam** sodium sulphite
súilí *a* ocular
súil-lionsa *m4* (= **lionsa na súile**) eye lens
súilphíosa *m4* eyepiece
súilphíosa *m4* **cúiteach** compensating eyepiece
súilphíosa *m4* **Gauss** Gaussian eyepiece
súilphíosa *m4* **micriméadair** micrometer eyepiece
suim *f2* sum
suimeáil *f3 (Mth.)* integration
suimeáil *v (Mth.)* integrate
suimeáil *f3* **éiginnte** indefinite integration
suimeálaí *m4* integral
suimeálaí *m4* **conbhlóideach** convolution integral
suimeálaí *m4* **dúbailte** double integral
suimeálaí *m4* **líne** line integral
suimeálaí *m4* **míchuí** *(Mth.)* improper integral
suimeálaí *m4* **teibí** abstract integral
suimeann *f2* addend
suímh *mpl* **choibhéiseacha** equivalent positions
suimigh *v* add, sum
suimint *f2* (= **stroighin**) *(Ch. CivEng.)* cement
suimintigh *v* (= **stroighnigh**) *(Ch. CivEng.)* cement
suimintít *f2 (Metal.)* cementite
suimintiú *m* (*gs* **-ithe**) *(Metal.)* cementation
suimintiúchán *m1 (Metal.)* cementation
suimiú *m* (*gs* **-ithe**) addition, summation
suimiúchán *m1* addition, summation
suimiú *m* **comhlántach** *(Arith.)* complementary addition
suimiú *m* **cothrom** equal addition
suimiú *m* **inbhéartach** inverse addition

suimiú *m* **leantach** repeated addition
suimiú *m* **scálach** scalar addition
suimiú *m* **sínte** extended addition
suimiú *m* **teinseoirí** addition of tensors
suimiú *m* **veicteoirí** addition of vectors
suim *f2* **na n-oibreoirí** operator sum
suíomh *m1 (Mth.) (in space)* position
suíomh *m1* **cliathánach** broadside-on position
suíomhveicteoir *m3 (Mth.)* position vector
suite *a* (= **ceangailte**) *(of position)* fast
suiteach *a* sessile
suite ar mhaighdeog pivoted
suiteáil *f3 (process)* installation
súiteán *m1* sorbent
sulfainilimíd *f2* (= **4-aimínibeinséansulfónaimíd**) sulphanilimide
sulfáit *f2* sulphate
sulfáit *f2* **chopair chriostalta** crystalline copper sulphate
sulfáit *f2* **chopair-5-uisce** copper sulphate-5-water
sulfaitiasól *m1* sulphathiazole
sulfáit *f2* **mhaignéisiam** magnesium sulphate
sulfáit *f2* **photaisiam** potassium sulphate
sulfar *m1* sulphur
sulfarach *a* sulphuric
sulfarúil *a* sulphurous
sulfónach *a* sulphonic
sulfónaimíd *f2* sulphonamide
sulfónaimíd *f2* **aimínibeinséine** aminobenzene sulphonamide
sulfónáit *f2* sulphonate
sulfónáitiú *m (gs* **-tithe***)* sulphonation
suncaire *m4 (of pump)* plunger
suntasach *a* salient
suntasacht *f3* significance
surda *m4* surd
sú *m4* **ribeach** capillary attraction
suthain *a* perpetual
suthaine *f4* perpetuity
Sv (= **síveart**) *(unit)* Sv, sievert
svitirian *m1* zwitterion

T

T (= **teisle**) *(unit)* T, tesla
TAB (= **teas-aonad Briotanach**) BTU, British thermal unit
tabhair *v* **chun rialtachta** (= **rialtaigh**) regularize
tábla *m4* table
táblach *a* tabular
tábla *m4* **dáilte minicíochta** frequency-distribution table
táblaigh *v* tabulate
tábla *m4* **minicíochta** frequency table
tábla *m4* **peiriadach** *(Ch.)* periodic table
tábla *m4* **plánach** (= **plántábla**) plane table
tábla *m4* **teagmhasachta** contingency table
tábla *m4* **thrasfhoirm inbhéartach Laplace** table of inverse Laplace transform
tabló *m4* tableau
tabló *m4* **simpléacsach tosaigh** initial simplex tableau
taca *m4* prop, support
tacair *mpl* **chomhchumasacha** *(Mth. Set.)* equipotent sets
tacair *mpl* **fhorluiteacha** overlapping sets
tacair *mpl* **neadaithe** nested sets
tacair *mpl* **scartha** disjoint sets
tacar *m1 (Mth.)* set
tacarchuimse *f4* (= **cuimse tacair**) bound of set
tacar *m1* **dronnach** convex set
tacar *m1* **éigríochta inchomhairthe** *(Set.)* countably infinite set

tacar *m1* **fírinne** truth set
tacar *m1* **folamh (= tacar nialasach)** empty set
tacar *m1* **gearrtha** *(Set.)* cut set
tacar *m1* **iata** closed set
tacar *m1* **inchomhairthe** *(Set.)* countable set
tacar *m1* **iomlán** complete set
tacar *m1* **iomlán feidhmeanna** complete set of functions
tacar *m1* **nialasach (= tacar folamh)** null set
tacar *m1* **ortanormalach** orthonormal set
tacar *m1* **ortanormalach inchomhairthe** *(Mth.)* countable orthonormal set
tacar *m1* **ortanormalach slán** complete orthonormal set
tacar *m1* **sonraí** data set
tacar *m1* **speictreach** spectral set
tacar *m1* **taifigh** *(Mth.)* resolvent set
tacartheoiric *f2* set theory
tacastór *m1 (Comp.)* backing store
taca *m4* **teanntachta** *(Eng. Ph.)* tensile rest
tacht *v* choke
tacht- *pref* (= **tachtach**) choking
tachtach *a* (= **tacht-**) choking
tachtaire *m4* choke
tachtchorna *m4* choking-coil
tacóiméadar *m1* tachometer
tacón *m1 (Ph.)* tachyon
tacsanomaíocht *f3* taxonomy
tadhaill *gs* as *a* tangent
tadhallchóma *m4* tangential coma
tadhallchuidí *m4* tangential component
tadhlaí *m4 (Geom.)* tangent
tadhlaíocht *f3* tangency
tagair *v* refer
tagairt *f3* (*gs* **-artha)** reference
taicéiméadar *m1* tacheometer, tachymeter
taifeach *m1 (Mth. Opt. Ph.)* resolution
taifeach *m1* **na céannachta** *(Mth.)* resolution of the identity
taifeach *m1* **speictreach** spectral resolution
taifead *a* (= **cuntas)** record
taifeadadh *m* **maighnéadach** magnetic recording
taifigh *gs* as *a* resolvent
taifigh *v* (*vn* **-feach)** *(Mth.)* resolve
taifigh *v* **ina fhachtóirí** *(Mth.)* resolve into factors
taighde *m4* research
taighde *m4* **ar oibríochtaí** operations research
tailimíd *f2* (= **beinséin-1,2-dé-ocsaimíd)** phthalimide
tailliam *m4* thallium
tailm *f2* bang
táimhe *f4* inertia
táimheas *m1* inertance
tainnin *f2* tannin
táirg *v* produce
táirge *m4 (Ch.)* product
táirge *m4* **tuaslagthachta** solubility product
táirgthe *a* produced
tairiscint *f3* (*gs* **-ceana)** proposition
tairiseach *m1* constant
tairiseach *m1* **cobhsaíochta** stability constant
tairiseach *m1* **crióscópach** *(Ph.)* cryoscopic constant
tairiseach *m1* **criticiúil** critical constant
tairiseach *m1* **dáileacháin** distribution constant
tairiseach *m1* **deighilte** separation constant
tairiseach *m1* **díthiomsúcháin** *(Ch.)* dissociation constant
tairiseach *m1* **earráide** error constant
tairiseach *m1* **earráide céime** step-error constant
tairiseach *m1* **earráide ionaid** *(Mth.)* position-error constant

tairiseach *m1* **eibilleascópach** *(Ch.)* ebulloscopic constant
tairiseach *m1* **forleata** propagation constant
tairiseach *m1* **fórsa** *(Ch. Mec.)* force constant
tairiseach *m1* **fótaileictreach** photoelectric constant
tairiseach *m1* **galbhánaiméadair** galvanometer constant
tairiseach *m1* **Gauss** Gaussian constant
tairiseach *m1* **iolrúcháin** multiplication constant
tairiseach *m1* **laitíseach** lattice constant
tairiseach *m1* **leaisteach** elastic constant
tairiseach *m1* **leictreach** electric constant
tairiseach *m1* **lingeáin** spring constant
tairiseach *m1* **Madelung** *(Ch.)* madelung, Madelung constant
tairiseach *m1* **maighnéadach** magnetic constant
tairiseach *m1* **mínstruchtúir** fine-structure constant
tairiseach *m1* **na comhréire** constant of proportionality
tairiseach *m1* **na himtharraingthe** *(Mec. Ph.)* gravitational constant
tairiseach *m1* **na suimeála** constant of integration
tairiseach *m1* **Planck** Planck's constant
tairiseach *m1* **tonnfhaid** wavelength constant
tairisigh *mpl* **adamhacha** atomic constants
táirmhiotal *m1* base metal
tairseach *f2* threshold
tairseach *f2* **na héisteachta** threshold of hearing
tais *a* damp, moist
tais- *pref* hygro-
taisc-cheallra *m4 (El.)* accumulator, accumulator battery, accumulator storage battery, secondary battery, storage battery
taisc-cheallra *m4* **pláta luaidhe** *(El. Ph.)* lead-plate accumulator
taisc-chill *f2 (El.)* accumulator, accumulator cell, accumulator storage cell, secondary cell, storage cell
taiscéalaí *m4* **spáis** space probe
taiscfháinne *m4* **trasnaíoch** intersecting storage ring
taiscumar *m1* reservoir
taise *f4* dampness, moisture
taisligh *v* deliquesce
taislíoch *a* deliquescent
taisliú *m* (*gs* **-ithe**) deliquescence
taismhéadar *m1* hygrometer
taismhéadar *m1* **ceimiceach** chemical hygrometer
taismhéadar *m1* **ribeach** hair hygrometer
taismhéadracht *f3* hygrometry
taispeáin *v* demonstrate
taispeántas *m1* demonstration
taispeántóir *m3* demonstrator
tais-scóp *m1* hygroscope
tais-scópach *a* hygroscopic
táite *a* welded
talach *a* (= **beinséin-1,2-dé-charbocsaileach**) phthalic
talmhaigh *v (El.)* earth
talmhú *m* (*gs* **-mhaithe**) *(El.)* earth(ing), ground(ing)
támh *a* inert
támhchill *f2* inert cell
támhdhís *f2 (Ch.)* inert pair
támhúil *a* inertial
tanaigh *v* attenuate
tánaisteach *a* secondary
tanaitheoir *m3 (Eln.)* attenuator
tangant *m1* (= **tan**) *(Trig.)* tangent, tan
tangram *m1* tangram
tantalam *m1* tantalum

tanú *m* (*gs* **-naithe**) *(thinning)* attenuation
tanúchán *m1* *(thinning)* attenuation
taobh *m1* (= **slios**) side
taobhagán *m1* hypotenuse
taobh-bhanda *m4* sideband
taobh-bhanda *m4* **íochtair** lower sideband
taobh-fhorluí *m4* side overlap
taobhmhinicíocht *f3* side frequency
taobhshlabhra *m4* side chain
taoide *f4* tide
taos *m1* paste
tapa *a* (= **mear, gasta**) *a (of speed)* fast
tar- *pref* trans-
taraimsigh *v (ElMag.)* overshoot
taraimsiú *m* (*gs* **-ithe**) *(ElMag.)* overshoot
tarchéimniúil *a* transcendental
tarchuir *v* (*vn* **-chur**) *(Ph.)* transmit
tarchur *m* (*gs* **as** *s* **-uir,** *gs* **as** *vn* **-urtha**) *(Ph.)* transmission
tarchur *m1* **macasamhlach** facsimile transmission
tarchur *m1* **taobh-bhanda shingil** single-sideband transmission
tarchur *m1* **teasa** *(Ph.)* transmission of heat
tarchurthacht *f3* *(Ph.)* transmissivity
tarchuradóir *m3* transmitter
tarchuras *m1* *(Ph.)* transmittance
tarchuras *m1* **inmheánach** internal transmittance
tarchuras *m1* **solais** light transmittance
tarchurasacht *f3* *(Ph.)* transmittancy
targaid *f2* *(NcPh.)* target
tarlú *m* (*gs* **-laithe**) *(of ship)* warping
tarra *m4* **guail** coal tar
tarraingt *f* **dhromchlach** surface traction
tarraingt *f* **dhromchlach veicteoireach** vector surface traction
tarshreabh *v* flow past
tarshreabhadh *m* (*gs* **-eafa**) flow past
tarspréach *f2* sparkover
tartráit *f2* **sóidiam potaisiam** potassium sodium tartrate
tásc *m1* indication
táscaire *m4* indicator
táscaire *m4* **leibhéil uisce** water-level indicator
táscaire *m4* **pleanláithreach** plan-position indicator
táscaire *m4* **uilíoch** universal indicator
táscaitrís *f2* indicatrix
táscfheadán *m1* indicator tube
táscléaráid *f2* indicator diagram
tástáil *f3* **aonfhoircneach** *(Mth. St.)* one-tailed test
tástáil *f3* **dhéfhoircneach** *(St.)* two-tailed test
tástáil *f3* **mhaighneafhloscach** magnaflux test
tástáil *f3* **saor ó dháileachán** distribution-free test
tástáil *f3* **suntasachta** *(St.)* significance test, significance testing, test of significance
tástálacha *fpl* **le haghaidh coinbhéirseachta** *(Mth. St.)* tests for convergence
tástálacha *fpl* **le haghaidh cúlú** *(St.)* tests for regression
tátaiméir *f2* *(Ch.)* tautomer
tátaiméireach *a* *(Ch.)* tautomeric
tátaiméireacht *f3* *(Ch.)* tautomerism
tathag *m1* robustness
táthaigh *v* weld
táthaire *m4* welder
táthán *m1* weld
táthmheathlú *m* (*gs* **-laithe**) weld decay
táthú *m* (*gs* **-thaithe**) welding
táthú *m* **rádail** lap weld
TBC (= **teocht agus brú caighdeánach**) *(Ph.)* normal

temperature and pressure, NTP, standard temperature and pressure, STP
te *a* hot
téacht *v (Ch.)* coagulate, set
teachtaire *m4* **RNA (= mRNA)** messenger RNA, mRNA
téachtán *m1 (Ch.)* coagulate, set
téadchoscán *m4* rope brake
téadriteoir *m3 (Mec.)* rope stretcher
téadtiomáint *f3 (gs-***ána***)* rope driving
téagar *m1* **(= raimhre)** *(of substance)* consistency
teaghrán *m1 (Comp.)* string
teaglaim *f3 (Mth.)* combination
teagmhaigh *v* contact
teagmháil *f3 (El.)* contact
teagmháil *f3* **leictreach** electrical contact
teagmháil *f3* **ómach** ohmic contact
teagmháil *f3* **sleamhnáin** sliding contact
teagmháil *f3* **stuála** arcing contact
teagmhais *mpl* **chomheisiatacha** mutually exclusive events
teagmhálaí *m4* contactor
teagmhas *m1 (Mth. Ph. St.)* event
teagmhas *m1 (St.)* incidence, incident
teagmhas *m1* **annamh** *(St.)* rare event
teagmhas *m1* **cinntitheach** *(Mth. St.)* deterministic event
teagmhas *m1* **comhdhóchúil** equilikely event
teagmhas *m1* **dóchúlach** probabilistic event
teagmhas *m1* **do-tharlaitheach** impossible event
teagmhas *m1* **fabhrach** favourable event
teagmhas *m1* **neamhfhabhrach** unfavourable event
teagmhas *m1* **neamhspleách** *(Mth. Ph. St.)* independent event
teagmhas *m1* **randamach** random event
teagmhas *m1* **simplí** simple event
teagmhas *m1* **spleách** dependent event
teallach *m1* hearth
teallach *m1* **oscailte** open hearth
teallúiriam *m4* tellurium
téamh *m1* **radaimhinicíochta** *(NcPh.)* radio-frequency heating
teanchair *f2* forceps
teann *v* inflate
teannas *m1* tension
teannas *m1* **dromchla** surface tension
teannas *m1* **fonsa** hoop tension
teannas *m1* **ribeach** capillary tension
teannta *a* inflated
teanntán *m1* **(= clampa)** clamp
teanntán *m1* **molcheannach** boss-head clamp
teanntóg *f2* strut
tear- *pref* **(= teirea-, teiri-, teir-)** tera-
tearc *a (uncommon)* rare
tearc-chré *f4* rare earth
tearcmhaolaithe *a* underdamped
téarma *m4* term
téarmaí *mpl* **is ísle** lowest terms
téarma *m4* **líneach** linear term
téarma *m4* **neamhspleách** *(Mth.)* independent term
téarma *m4* **saor** *(Mth.)* absolute term
téarma *m4* **spleách** dependent term
teas *m3* heat
teas *m3* **adamhach** atomic heat
teas *m3* **adamhúcháin** heat of atomization
teas-aonad *m1* **Briotanach (=TAB)** British thermal unit, BTU
teasbhás *m1* **na cruinne** *(Ph.)* heat death (of the universe)
teasc *v (Arith. St.)* truncate
teascaí *m4 (Geom.)* secant
teascán *m1 (of circle)* segment
teaschaidéal *m1* heat pump
teascóg *f2* sector

teascóg *f2* **rothlach** rotating sector
teasctha *a (Arith. St.)* truncated
teas *m3* **déanmhaíochta** *(Ch.)* heat of formation
teasdíonach *a* heat-proof
teas *m3* **dócháin** *(Ch.)* heat of combustion
teasdoirteal *m1* heat sink
teasfhulangach *a (Ch. Ph.)* refractory
teas *m3* **folaigh** latent heat
teas *m3* **folaigh mólarach** *(Ch.)* molar latent heat
teasghaiste *m4* heat trap
teasiarmhairt *f3 (Ph.)* heating effect
teas *m3* **imoibriúcháin** *(Ch.)* heat of reaction
teas *m3* **imoibriúcháin núicléach** heat of nuclear reaction
teasinneall *m1* heat engine
teasmhalartóir *m3* (= **malartóir teasa**) heat exchanger
teasmhalartú *m* (*gs* **-taithe**) heat exchange
teas *m3* **neodrúcháin** heat of neutralization
teas-sciath *f2* heat shield
teas-sreabhadh *m* (*gs* **-eafa**) heat flow
teas-suimiúchán *m1* heat summation
teasteimhneach *a (Ph.)* athermanous
teasteimhneacht *f3 (Ph.)* athermancy
teas *m3* **tuaslagáin** *(Ch.)* heat of solution
teatr- *pref* (= **teitrea-, teitri-, teitr-**) tetra-
teatraimín *m4* tetramine
teatráimín *m4* tetrammine
teatráimínchopar *m1* tetramminecopper
teatróid *f2* tetrode
teibí *a* abstract
teibigh *v* abstract
teicnéitiam *m4* technetium
teicneoir *m3* technician
teicneolaí *m4* technologist
teicneolaíocht *f3* technology
teicnic *f2* technics
teicníocht *f3* technique
teicniúil *a* technical
teicstíl *f2* textile
teictít *f2* tektite
téigh *v* **(thar)** (= **gabh thar, sáraigh**) exceed
teil- *pref* (= **teilea-, teili-**) tele-
teilea- *pref* (= **teili-, teil-**) tele-
teileachlóire *m4* teleprinter
teileachumarsáid *f2* telecommunications
teileafóta *m4* telephoto
teileafótagrafaíocht *f3* telephotography
teileagraf *m1* telegraph
teileagrafaíocht *f3* telegraphy
teileagram *m1* telegram
teileascóp *m1* telescope
teileascópach *a* telescopic
teileascóp *m1* **athraonta** *(Opt.)* refraction telescope
teileascóp *m1* **frithchaiteach** reflecting telescope
teilg *v* cast
teilg *v* project
teilg *v* slake
teilgcheárta *f4* foundry
teilgeach *a* projective
teilgean *m1* cast
teilgean *m1* projection
teilgeán *m1 (Mth. Ph.)* projectile
teilgean *m1* **isiméadrach** isometric projection
teilgean *m1* **nómanach** *(Mth.)* gnomonic projection
teilgean *m1* **peirspictíoch** perspective projection
teilgean *m1* **pictiúrtha** pictorial projection
teilgean *m1* **steiréagrafach** stereographic projection
teilgeoir *m3* projector
teili- *pref* (= **teilea-, teil-**) tele-

teilifís *f2 (system)* television
teilifís *f2* **dhaite** colour television
teilifíseán *m1 (set)* television
teiliméadar *m1* telemeter
teimhneach *a* opaque
teimpléad *m1* templet, template
teinseoir *m3* tensor
teinseoir *m3* **ailtéarnach** alternating tensor
teinseoir *m3* **cairtéiseach** cartesian tensor
teinseoir *m3* **comhathraitheach** covariant tensor
teinseoir *m3* **frithshiméadrach** anti-symmetric tensor
teinseoir *m3* **straidhne** strain tensor
teinseoir *m3* **struis** stress tensor
téip *f2* **pháipéir** paper tape
téip *f2* **phollta** punched tape
téip *f2* **insliúcháin** insulating tape
teirbiam *m4* terbium
teirea- *pref* (= **teiri-, teir-, tear-**) tera-
teirea- *pref* (= **teiri-, teir-, tear-**) tera-
teiri- *pref* (= **teirea-, teir-, tear-**) tera-
teiripeach *a* therapeutic
teirm *f2* therm
teirm- *pref* (= **teirmea-, teirmi-**) thermo-
teirmea- *pref* (= **teirmi-, teirm-**) thermo-
teirmea-aimpmhéadar *m1* thermoammeter
teirmeach *a* thermal
teirmeacharn *m1* thermopile
teirmeachúpla *m4* thermocouple
teirmeafón *m1* thermophone
teirmeagalbhánaiméadar *m1* thermogalvanometer
teirmealonrach *a* thermoluminescent
teirmealonracht *f3* thermoluminescence
teirmeanúicléach *a* thermonuclear
teirmeaplaisteach *a* thermoplastic
teirmeas *m1* thermos flask
teirmeastar *m1* thermistor
teirmeastat *m1* thermostat
teirmeastatach *a* thermostatic
teirmeastataic *f2* thermostatics
teirmeatrópacht *f3* thermotropy
teirmi- *pref* (= **teirmea-, teirm-**) thermo-
teirmianach *a* thermionic
teirmiceimic *f2* thermochemistry
teirmiceimiceach *a* thermochemical
teirmidinimic *f2* thermodynamics
teirmidinimiciúil *a* thermodynamic
teirmileictreach *a* thermoelectric
teirmileictreachas *m1* thermoelectricity
teirmiméadar *m1* thermometer
teirmiméadar *m1* **alcóil** alcohol thermometer
teirmiméadar *m1* **cliniciúil** clinical thermometer
teirmiméadar *m1* **friotaíochta** *(Ph.)* resistance thermometer
teirmiméadar *m1* **galbhrú** vapour-pressure thermometer
teirmiméadar *m1* **friotaíochta platanaim** platinum resistance thermometer
teirmiméadar *m1* **mearcair i ngloine** mercury-in-glass thermometer
teirmiméadar *m1* **uasta is íosta** maximum and minimum thermometer
teirmiméadracht *f3* thermometry
teirmi-mheá-mhéadrach *a* thermogravimetric
teirminéal *m1 (El.)* terminal
teirminéal *m1* **inslithe** insulated terminal
teirminéalach *a (El.) (of a terminal)* terminal
teirmít *f2* thermit, thermite
teirmithéachtach *a (Ch. Ph.)* thermosetting
teisiliú *m* (*gs* **-ithe**) tesselation

teisle (= T) *m4 (unit)* tesla, T
téite *f4* theta
téite-chúngú *m* (*gs* **-gaithe**) theta pinch
téitheoir *m3* **comhiompair** convector heater
teitr- *pref* (= **teitrea-, teitri, teatr-**) tetra-
teitrea- *pref* (= **teitri-, teitr-, teatr-**) tetra-
teitreacarbóinilnicil *f2* tetracarbonylnickel
teitreaclóiríd *f2* tetrachloride
teitreaclóiríd *f2* **charbóin** (= **teitreaclóraimeatán**) carbon tetrachloride
teitreaclóraimeatán *m1* (= **teitreaclóiríd charbóin**) tetrachloromethane
teitri- *pref* (= **teitrea-, teitr-, teatr-**) tetra-
teitreitil *f2* tetraethyl
teitrihéadrán *m1* tetrahedron
teitrihéidreach *a* tetrahedral
teitrihidríodalúmanáit *f2* tetrahydridoaluminite
teitrihidrídeabóráit *f2* (= **bóraihidríd**) tetrahydridoborate
TÉLDFS (= teoiric éartha leictreondís an fhiús-scealla) *(Ch.)* VSEPRT, valence shell electron-pair repulsion theory
teo- *pref* hot
teo-adamh *m1* hot atom
teocheimic *f2* hot chemistry
teocht *f3* temperature
teocht *f3* **agus brú** *m4* **caighdeánach** (= **TBC**) *(Ph.)* normal temperature and pressure, NTP, standard temperature and pressure, STP
teocht-chomhéifeacht *f3* **friotaíochta** temperature coefficient of resistance
teocht *f3* **Curie** Curie point, Curie temperature
teocht *f3* **dúchoirp** black-body temperature
teocht *f3* **shingilteach** singular temperature
teocht *f3* **theirmidinimiciúil** thermodynamic temperature
teodailít *f2* theodolite
teoiric *f2* theory
teoiric *f2* **adamhach** atomic theory
teoiric *f2* **an bhrógstrapa** bootstrap theory
teoiric *f2* **an chandaim** quantum theory
teoiric *f2* **an chriostalréimse** crystal-field theory
teoiric *f2* **an díthiomsúcháin leictrealaíoch** theory of electrolytic dissociation
teoiric *f2* **an eolais** information theory
teoiric *f2* **an fhiúsnaisc** valence-bond theory
teoiric *f2* **an fhordhlúis** superdense theory
teoiric *f2* **an idirleata** diffusion theory
teoiric *f2* **athshondais na héisteachta** resonance theory of hearing
teoiric *f2* **Bohr faoi leictreoin san adamh** Bohr theory of electrons in the atom
teoiric *f2* **chalrach** caloric theory
teoiric *f2* **Debye ar shainteasanna** Debye theory of specific heats
teoiric *f2* **Debye ar thoilltí teasa** Debye theory of heat capacities
teoiric *f2* **éartha leictreondís an fhiús-scealla (= TÉLDFS)** *(Ch.)* valence shell electron-pair repulsion theory, VSEPRT
teoiric *f2* **na bhfithiseán móilíneach** (= **TFM**) molecular orbital theory, MOT
teoiric *f2* **na catastróife** catastrophe theory
teoiric *f2* **na coibhneasachta** theory of relativity

teoiric *f2* **na corraíola** *(Mth. Ph.)* perturbation theory
teoiric *f2* **na foistine** steady-state theory
teoiric *f2* **na holltailme** big-bang theory
teoiric *f2* **na hoptamachta** optimality theory
teoiric *f2* **na ndáileachán** distribution theory
teoiric *f2* **na straidhne** strain theory
teoiric *f2* **réimsí aontaithe** unified-field theory
teoiriciúil *a* theoretical
teoirim *f2* theorem
teoirim *f2* **an chríochluacha** final-value theorem
teoirim *f2* **an ghraif iata** closed-graph theorem
teoirim *f2* **an iarmhair** *(Mth.)* residue theorem
teoirim *f2* **an iompair** transport theorem
teoirim *f2* **an mheánluacha** mean-value theorem
teoirim *f2* **an teilgin** *(Mth.)* projection theorem
teoirim *f2* **bhunúsach** fundamental theorem
teoirim *f2* **coinbhéirseachta aontonaí** monotone-convergence theorem
teoirim *f2* **dheilíneach** reciprocal theorem
teoirim *f2* **eisidh** *(Mth.)* existence theorem
teoirim *f2* **na dibhéirseachta** divergence theorem
teoirim *f2* **na huilíochta** universality theorem
teoirim *f2* **na n-aiseanna comhthreomhara** parallel-axis theorem, theorem of parallel axes
teoirim *f2* **na teorann lárnaí** central-limit theorem
teorainn *f* (*gs* **-rann,** *pl* **-rainneacha**) *(Mth. Set.)* limit
teorainn *f* **láidir** strong limit
teorainn *f* **leaisteach** *(Mec. Ph.)* elastic limit
teorainn *f* **mhuiníne** confidence limit
teorainn *f* **na comhréireachta** *(MecEng.)* limit of proportionality
teorainn *f* **seichimh** sequence limit
teorannú *m* (*gs* **-nnaithe**) limiting
teorantach *a* limiting
teorantóir *m3 (Eln.)* limiter
TFM (= **teoiric na bhfithiseán móilíneach**) MOT, molecular orbital theory
theas *a* south, **ó dheas** *(towards)* south
thuaidh *a* north, **ó thuaidh** *(towards)* north
tia- *pref* (= **tiai-**) thio-
tiacarbaimíd *f2* thiocarbamide
tiai- *pref* (= **tia-**) thio-
tiaiciainíd *f2* thiocyanide
tiaicianáit *f2* thiocyanate
tiasól *m1* thiazole
tiasulfáit *f2* thiosulphate
tia-úiré *f4* thiourea
ticseatrópach *a* thixotropic
ticseatrópacht *f3* thixotropy
tíliú *m* (*gs* **-ithe**) tiling
tímín *m4* thymine
timpeallú *m* (*gs* **-llaithe**) encirclement
timthriall *m3 (Ch.)* cycle
timthriall *m3* **carbóin** carbon cycle
timthriall *m3* **nítrigine** *(Ch.)* nitrogen cycle
timthriallach *a (of time)* cyclic
tine *f4* **ghealáin** (= **méarnáil**) *(Ch. Ph.)* phosphorescence
tineghealánach *a* (= **méarnálach**) *(Ch. Ph.)* phosphorescent
tiníl *f* (*gs* **-leach**) (= **áith aoil, tornóg aoil**) limekiln
tintiúr *m1* tincture
tintreach *f2* lightning
tiól *m1* (= **mearcaptan**) thiol

tiomáint *f3* (*gs* **-ána**) *(Eln.)* drive
tiománaí *m4* driver
tiomántán *m1* **aerasóil** aerosol propellant
tíomól *m1* thymol
tiomsaitheoir *m3 (Comp.)* compiler
tiomsaitheoir *m3 (Eln.)* collector
tiomsúch *a (Ch.)* colligative
tionól *m1* **canónta** canonical ensemble
tionscain *v* initiate
tionsclaíoch *a* industrial
tionscnóir *m3* promotor
tiontaigh *v (energy)* convert
tiontaire *m4 (Ncln.)* converter, convertor
tiontaire *m4* **íomhá** *(Eln. Opt.)* image converter
tiontú *m* (*gs* **-taithe**) *(Ch. Ph.)* conversion
tiontú *m* **fuinnimh** energy conversion
tíotáiniam *m4* titanium
tíotáinil *f2* titanyl
tíotraiméadrach *a* titrimetric
tíotraiméadracht *f3* titrimetry
tíreatrón *m1 (Eln.)* thyratron
tit *v* fall
títear *m1* titre
titim *f2* **anóideach** anode drop, anode fall
titim *f2* **freasaitheachta** *(El.)* reactance drop
titim *f2* **friotaíochta** *(El.)* resistance drop
titim *f2* **voltais** voltage drop
tiubh *a* thick
tiubhaigh *v (Ch.)* concentrate
tiubhaithe *a (Ch.)* concentrated
tiúchan *f3 (Ch. St.)* concentration
tiúchán *m1 (Ch.)* concentrate
tiúin *f2* tune
tiúin *v* (*pres* **-únann,** *vn* **-únadh**) (= **comhthiúin**) tune
tiúlíne *f4* (*pl* **-nte**) thick stroke
tiúlionsa *m4* thick lens
tiúnadh *m* **ionduchtach** inductive tuning
tiúnadh *m* **toilleasach** capacitive tuning
tiúnadh *m* **varachtórach** *(Eln.)* varactor tuning
tiúnadóir *m3 (Eln.)* tuner
tiúscáthán *m1* thick mirror
tiús *m1* **leathluachach** half-value thickness
tiúsóir *m3 (Eng.) (sedimentation)* thickener
tláthán *m1 (Pharm.)* demulcent
tlú *m4* **breogáin** crucible tongs
tó *m4* tau
tobthitim *f2* slump
tochard *m1* capstan
tochrais *v* wind
tochrán *m1 (El.)* coil-winding, winding
tochrán *m1* **an armatúir** armature winding
tochrán *m1* **déshnáitheach** bifilar winding
tochrán *m1* **diosca** *(Ph.)* disc winding
tochrán *m1* **druma** *(El.)* drum winding
tochrán *m1* **fáinneach** ring winding
tochrán *m1* **príomhúil** *(El.)* primary winding
tochrán *m1* **réimse** (= **corna réimse**) *(Ph.)* field winding
tochrán *m1* **sorcóireach** cylindrical winding
tochrán *m1* **tánaisteach** secondary winding
tochrán *m1* **tóróideach** toroidal winding
tocsafór *m1* toxophore
tocsain *f2* toxin
tocsaineach *a* toxic
tocsaineacht *f3* toxicity
tocsaineolaíoch *a* toxicological
tocsaineolaíocht *f3* toxicology
tóg ar randam take at sample

toilleadh *m1* capacity, content
toilleadh *m1* **teasa** (= **toilleadh teirmeach**) heat capacity
toilleadh *m1* **teirmeach** (= **toilleadh teasa**) thermal capacity
toilleas *m* capacitance
toilleas *m1* **fáin** stray capacitance
toilleoir *m3* capacitor
toilleoir *m3* **sioncrónach** synchronous capacitor
toimhde *f* (*gs* **toimhdean**) presumption
toimhdigh *v* presume
tóimín *m4* ptomaine
tointeálaí *m4* **spáis** space shuttle
toipeolaíoch *a* topological
toipeolaíocht *f3* topology
toipeolaíocht *f3* **láidir** strong topology
toircheas *m1* pregnancy
tóireadóir *m3* *(ElMag. Ph.)* probe
tóireadóir *m3* **diosctha** mounted seeker
tóiriam *m4* thorium
toirsiún *m1* torsion
toirsiúnach *a* torsional
toirsiúnmhéadar *m1* torsion meter
toirsiúnmheátán *m1* torsion balance
toirt *f2* volume
toirt *f2* **folúntais** void volume
toirt *f2* **ghram-mhóilíneach** gram-molecular volume
toirtmhéadrach *a* volumetric
toirtmheasc *v (Ch.)* titrate
toirtmheascadh *m* (*gs* **-ctha**) titration
toirtmheascthóir *m3 (Ch.)* titrant
toirt *f2* **scóipe** (= **scóipthoirt**) clearance volume
toirtsreabhadh *m* (*gs* **-eafa**) volume flow
toise *m4 (Mth. Ph.)* dimension **an ceathrú toise** the fourth dimension
toiseach *a (Mth.)* dimensional
toise *m4* **ailgéabrach** algebraic dimension
toise *m4* **ortagánach** *(Mth.)* orthogonal dimension
toitcheo *m4* smog
toitphointe *m4* smoke point
tol *m1* tol
toll *v* bore
tollaire *m4* borer
tollán *m1* tunnel
tolúch *a* (= **meitilbeansóch**) toluic
tolúéin *f2* (= **meitilbeinséin**) toluene
tolúidéin *f2* toluidene
tomagrafaíocht *f3* tomography
tomhais *v* gauge, measure
tomhais *v (Mth.) (arc of curve)* rectify
tomhas *m1* (= **miosúr**) measure, measurement
tomhas *m1* (= **tuairim**) guess
tomhas *m1 (Mth.) (arc of curve)* rectifying
tomhas *m1* **cearnach** square measure
tomhas *m1* **coimpléascach** complex measure
tomhasghrúpa *m4* gauge group
tomhas *m1* **inmheánach** inner measure
tomhas *m1* **leachta** *(Mec.)* liquid measure
tomhas *m1* **seachtrach** outer measure
tó-mhéasón *m1* tau-meson
tomhsaire *m4* gauge
tomhsaire *m4* **caighdeánach sorcóireach** standard cylindrical gauge
tomhsaire *m4* **deicriminte** decrement gauge
tomhsaire *m4* **friotaíochta** *(Eng.)* resistance gauge
tomhsaire *m4* **ianúcháin** ionization gauge
tomhsaire *m4* **móilíneach** molecular gauge
tomhsaire *m4* **saorloineach** free-piston gauge

tomhsaire *m4* **slaodachta** viscosity gauge
tomhsaire *m4* **teoshreangach** hot-wire gauge
ton *m1* tone
tona *m4* (= **tonna méadrach**) tonne
ton *m1* **comhthoraidh** resultant tone
tondath *m3* timbre
ton *m1* **difríochta** difference tone
tonn *f2* wave
tonna *m4* ton
tonnadóir *m3* funnel
tonnadóir *m3* **Buchner** Buchner funnel
tonnadóir *m3* **deighilte** (= **braontonnadóir**) separating funnel
tonnadóir *m3* **scagtha** filter funnel
tonna *m4* **méadrach** (= **tona**) metric ton
tonnán *m1* *(El.)* ripple, wavelet
tonn-anailíseoir *m3* wave analyser
tonn *f2* **ascnamhach** progressive wave
tonnbharr *m1* wave-crest
tonnbhráid *f* (*gs* **-ád**) *(Ph.)* wavefront
tonnbhrathadóir *m3* wave-detector
tonn *f2* **chomhbhrú** compression wave
tonn *f2* **chónaitheach** (= **tonn sheasta**) stationary wave
tonnchothromóid *f2* wave equation
tonnchruth *m3* waveform
tonnchruth *m3* **sábhfhiaclach** sawtooth waveform
tonn *f2* **dhamhnach** *(QuMec.)* matter wave
tonn *f2* **díchumthachta** distortional wave
tonn *f2* **domhantarraingthe** gravity wave
tonn *f2* **dromchla** ground wave, surface wave
tonndromchla *m4* wave surface
tonnfhad *m1* wavelength
tonnfhad *m1* **ceannasach** dominant wavelength
tonnfhad *m1* **éifeachtach** effective wavelength
tonnfheidhm *f2* wave function
tonn *f2* **fhrithchaite** reflected wave
tonnghaiste *m4* wave trap
tonnghluaiseacht *f3* *(Ph.)* wave motion
tonn *f2* **Hertz** Hertzian wave
tonn *f2* **iompair** carrier-wave
tonnlos *m3* *(Eln.)* wave tail
tonnmhéadar *m1* wave-meter
tonnmheicnic *f2* wave mechanics
tonn *f2* **mhodhnaithe** modulated wave
tonn *f2* **mhodhnúcháin** modulating wave
tonnphaicéad *m1* wave packet
tonn *f2* **phlánach** plane wave
tonn *f2* **sheasta** (= **tonn chónaitheach**) standing wave
tonn *f2* **sínis** sine wave
tonn *f2* **solais** light wave
tonnsraith *f2* *(Ph.)* wave train
tonn *f2* **taistil** travelling wave
tonnteoiric *f2* wave theory
tonnteoiric *f2* **an tsolais** wave theory of light
tonn *f2* **thánaisteach** secondary wave
tonn *f2* **tharchurtha** *(Ph.)* transmitted wave
tonn *f2* **thoirsiúnach** torsional wave
tonntreoraí *m4* waveguide
tonn *f2* **turrainge** shock wave
tonnuimhir *f* (*gs* **-mhreach**) wave number
tonnumar *m1* *(Ph.)* ripple-tank, wave-tank
tonrialú *m* (*gs* **-laithe**) tone control
ton *m1* **suimiúcháin** summation tone
ton *m1* **tagartha** reference tone
toradh *m1* (*pl* **-rthaí**) result
toradh *m1* (*pl* **-rthaí**) *(Arith.)* product

toradh *m1* **táimhe** product of inertia
torann *m1 (Ac. El.)* noise
torann *m1* **bán** *(Ph.)* white noise
torann *m1* **bándearg** pink noise
torann *m1* **cúlrach** background noise
torann *m1* **randamach** random noise
torann *m1* **teirmeach** thermal noise
tóras *m1* torus
torc *m1* (= **casmhóimint**) *(Mec.)* torque
torcmhéadar *m1* torquemeter
tórlionsa *m4* toric lens
tormán *m1* **sonach** sonic boom
tornóg *f2* kiln
tornóg *f2* **aoil** (= **áith aoil, tiníl**) limekiln
torr *m1* torr
tosaigh *gs* as *a* front, initial
trádmharc *m1* trade mark
traipéasóideach *m1* trapezoid
traipéasóideach *a* trapezoid(al)
traipéisiam *m4* trapezium
tralaí *m4* trolley
traoith *v (Mth.)* deflate
traoitheadh *m* (*gs* **-aoite**) *(Mth.)* deflation
tras- *pref* trans-
tras- *pref* (= **trasnach**) *(Mth.)* transverse
trasaimíniú *m* (*gs* **-ithe**) transamination
traschóimheas *m3 (Mth.)* cross ratio
traschrith *m3 (Ph.)* transverse vibration
traschur *m1* transference
traschur *m1* **maise** *(Ast. Ph.)* mass-transfer
traschur *m1* **teasa** heat transfer
trascrioptáis *f2* transcriptase
trasduchtán *m1 (Eln. ElMag.)* transductor
trasduchtóir *m3 (Ph.)* transducer
trasduchtóir *m3* **ionchuir** input transducer
trasduchtóir *m3* **leictricinéiteach** electrokinetic transducer
trasdul *m3 (Ch. Ph. QuMec.)* transition
trasdul *m3* **toirmiscthe** forbidden transition
trasdultach *a (Ch. Mec. Ph.)* transitional
trasfaráis *f2* transferase
trasfhoirm *f2 (Mth.)* transform
trasfhoirm *f2* **chomhshínis** cosine transform
trasfhoirmigh *v (Mth.)* transform
trasfhoirm *f2* **inbhéartach** inverse transform
trasfhoirm *f2* **inbhéartach Laplace** inverse Laplace transform
trasfhoirmiú *m* (*gs* **-ithe**) *(Mth.)* transformation
trasfhoirmiú *m* **gáma-ghathach** gamma-ray transformation
trasfhoirmiú *m* **homaitéiteach** homothetic transformation
trasfhoirmiú *m* **líneach** linear transformation
trasfhoirmiú *m* **líneach leanúnach** *(Mth.)* continuous linear transformation
trasfhoirmiú *m* **na cosúlachta** *(Mth.)* transformation of similitude
trasfhoirmiú *m* **suimeálach** integral transformation
trasfhoirmiú *m* **teagmhála** contact transformation
trasfhoirm *f2* **Laplace** Laplace transform
trasfhoirm *f2* **shínis** sine transform
trasghalú *m* **teirmeach** thermal transpiration
trasghearradh *m* **athshondais** resonance cross-section
trasghearradh *m* **gabhála** capture cross-section
trasghearradh *m* **imbhuailte** *(NcPh.)* collision cross-section
trasghlacadóir *m3* transceiver

trasiarmhairt *f3* trans-effect
trasiolrach *m1* (= **iolrach veicteoireach**) *(Mth.)* cross product
trasiolrú *m* (*gs* **-laithe**) *(Mth.)* cross multiplication
trasiolrúchán *m1 (Mth.)* cross multiplication
trasiompar *m1* advection
tras-iseatrópach *a (Ch. Ph.)* transversely isotropic
tras-isiméir *f2* trans-isomer
trasmhais *f2 (Ph.)* transverse mass
trasnach *a* (= **tras-**) *(Mth.)* transverse
trasnaí *m4* transversal
trasnaigh *v* intersect
trasnáil *f3* traverse
trasnaíocht *f3* interference
trasnaíocht *f3* transversality
trasnamhéadar *m1* interferometer
trasnamhéadar *m1* **Fabry-Perot** Fabry-Perot interferometer
trasnán *m1* diagonal
trasnánach *a* diagonal
trasnánaigh *v* diagonalize
trasnánú *m* (*gs* **-naithe**) diagonalization, diagonalizing
trasnánúchán *m1* diagonalization, diagonalizing
trasnasc *m1 (Ch.)* cross-linkage
trasnú *m* (*gs* **-naithe**) intersection
trasplanc *f2 (El.)* flashover
trasraitheoir *m3* transistor
trasraitheoir *m3* **aon chumair** *(Eln.)* unijunction transistor
trasraitheoir *m3* **aonpholach** *(Eln.)* unipolar transistor
trasraitheoir *m3* **cumair** *(Eln.)* junction transistor
trasraitheoir *m3* **cumhachta** power transistor
trasraitheoir *m3* **dépholach** bipolar transistor
trasraitheoir *m3* **(dépholach) cumair npn** npn junction (bipolar) transistor
trasraitheoir *m3* **dromchla-bhaic** surface-barrier transistor
trasraitheoir *m3* **dromchlaluchta** surface-charge transistor
trasraitheoir *m3* **éifeachta réimse cumair** *(Eln.)* junction field-effect transistor
trasraitheoir *m3* **grádbhunach** graded-base transistor
trasraitheoir *m3* **iarmharta réimse** field-effect transistor, FET
trasraitheoir *m3* **iarmharta réimse leathsheoltóra miotail** *(Eln.)* metal semiconductor field-effect transistor, MESFET
trasraitheoir *m3* **iarmharta réimse leathsheoltóra ocsaíde miotail** *(Eln.)* field-effect transistor, metal oxide semiconductor field-effect transistor, MOSFET, MOS transistor, MOS
trasraitheoirí *mpl* **comhlántacha** complementary transistors
trasraitheoir *m3* **npn** npn transistor
trasraitheoir *m3* **pnp** pnp transistor
trasraitheoir *m3* **pointe teagmhála** *(Eln.)* point-contact transistor
trastomhas *m1 (length of centre line)* diameter
trastonn *f2 (Ph.)* transverse wave
trasuigh *v* transpose
trasuíomh *m1* transpose, transposition
trasúráinic *f2* transuranics
trasúránach *a* transuranic
treáigh *v* (*pres* **-ánn,** *vn* **treá)** penetrate
trealamh *m1* equipment
trealamh *m1* **tiontaithe fuinnimh Malvern** Malvern energy-conversion kit
treallach *a* arbitrary
trealmhaigh *v* equip
tréan *a* loud

treas- *pref* tert-
treasach a tertiary
treátán *m1* penetrant
treátrón *m1* penetron
trédhearcach *a* transparent
tréig *v (of colour)* fade
tréimhse *f4 (of time)* period
tréimhse *f4* **feidhme (= feidhmthréimhse)** *(of power station)* availability
treise *f4 (Ac. Ph.)* loudness
treiseoir *m3* booster
treisigh *v* boost, reinforce
treisithe *a* reinforced
tréleictreach *m1* dielectric
tréleictreach *a* dielectric
treo *m4 (Mth.)* direction
treo *m4* sense
treo *m4* **an aird is géire** steepest-ascent direction
treoch *a* directional
treoch *a (Mth.)* directed
treocheangailte *a* **(= i dtreocheangal)** in parallel
treocheangal *(in phrase)* **i dtreocheangal (= treocheangailte)** in parallel
treo-chomhshíneas *m1* direction cosine
treocht *f3 (Ph. St.)* trend
treo *m4* **cuardaigh** search direction
treodhíorthach *m1* directional derivative
treoir- *pref* **(= treorach)** pilot
treoirghléasra *m4* **(= gléasra treorach)** pilot plant
treoirlíne *f4* directrix
treoirlínte *fpl* guide-lines
treoirscéim *f2* pilot scheme
treoirsholas *m1* **(***pl* **-oilse)** pilot light
treolíne *f4* **fórsa** *(MecEng. Ph.)* line of force
treoluas *m1* velocity
treoluas *m1* **athchuingrithe dromchla** surface recombination velocity
treoluas *m1* **cáithnín** *(Ac.)* particle velocity
treoluas *m1* **coibhneasta** *(Eng. Mec. Ph.)* relative velocity
treoluas *m1* **dócháin** *(Ch.)* burning velocity
treoluas *m1* **éalaithe** escape velocity
treoluas *m1* **grúpa** group velocity
treoluas *m1* **hipearsonach** *(FlMec. Ph.)* hypersonic velocity
treoluas *m1* **líneach** linear velocity
treoluas *m1* **randamach** random velocity
treoluas *m1* **síbe** drift velocity
treoluas *m1* **toinne** *(Ph.)* phase velocity, wave velocity
treoluas *m1* **uilleach** angular velocity
treo *m4* **mallchreatha** slow-vibration direction
treonasc *m1 (El.)* parallel connection
treorach *a* **(= treoir-)** pilot
treoraí *m4* director
treoraí *m4 (Ph.)* guide
treoraigh *v* guide
treoraíocht *f3* **frithinge** homing guidance
treoraíocht *f3* **thámhúil** inertial guidance
treoraithe *a* guided
treo-réimse *m4* direction field
treoshuigh *v* orientate, orient
treoshuíomh *m1* orientation
treoshuite *a* orientated
treo-uillinn *f2 (direction)* bearing
treo-uillinn *f2* **lánchiorcail** whole-circle bearing
treo-uillinn *f2* **mhuirí** nautical bearing
tréscaoilteach *a* permeable
tréscaoilteach *a (of radiation)* transparent
tréscaoilteacht permeability
tréshoilseach *a* translucent
triad *m1 (Ch.)* triad
triad *m1* **trasdultach** transitional triad

triail *f* (*gs* **-alach**) trial
triaileadán *m1* (= **promhadán**) test tube
trian *m1* third
triantáin *mpl* **ar cosúil suíomh dóibh** similarly situated triangles
triantán *m1* triangle
triantánach *a* triangular
triantánacht *f3* trigonometry
triantán *m1* **frithphódach** antipodal triangle
triantán *m1* **iomchuí** congruent triangle
triantán *m1* **troitheach** pedal triangle
triantánú *m* (*gs* **-naithe**) triangulation
triantánúil *a* trigonometrical
triarach *a* triple
triathghás *m1* (= **gás támh**) *(Ch.)* noble gas, rare gas
triathmhiotal *m1 (Ch.)* noble metal
trib- *pref* (= **tribea-, tribi-**) tribo-
tribea- *pref* (= **tribi-, trib-**) tribo-
tribealonracht *f3* triboluminescence
tribi- *pref* (= **tribea-, trib-**) tribo-
tríbhunata *a* tribasic
tribileictreachas *m1* triboelectricity
tribimhéarnáil *f3* tribophosphorescence
tríceatóime *f4* trichotomy
tríchlóireatán *m1* trichloroethane
tríchlóireatánal *m1* (= **clóral**) trichloroethanal
tríchlóraimeatán *m1* (= **clóraform**) trichloromethane
tríchosach *m1* (= **troiste**) tripod
tríchrómatach *a* trichromatic
trídhéadach *a* tridentate
trí diúltach negative three
trí-eatánólaimín *m4* (= **tris(2-hiodrocsa-eitil)aimín**) triethanolamine
tríéin *f2* triene
trí-eitiléinteatraimín *m4* triethylenetetramine
trífhiúsach *a* tervalent, trivalent
tríhéidreach *a* trihedral
trí-iadaimeatán *m1* (= **iadaform**) triiodomethane
trílíneach *a* trilinear
trílire *m4* tweeter
trímhéir *f2* trimer
trímheitilbeinséin *f2* (= **meisiteiléin**) trimethylbenzene
trínártha *a* ternary
tríníotráit *f2* **phrópán-1,2,3-trí-ile** (= **nítriglicrín**) propane-1,2,3-triyl trinitrate
trióch *a* trioic
tríogánach *a* trigonal
tríogánach *m1* **déphirimideach** bipyramidal trigonal
trióid *f2* triode
trióid-heacsóid *f2* triode hexode
-triól *suff m1* -triol
triomadán *m1* desiccator
triomaigh *v* desiccate
triomaitheoir *m3* desiccant
triomúcháin *gs* as *a* desiccant
tríotón *m1* triton
tríphasach *a* three-phase
tríphointe *m4 (Ch.)* triple point
tripléid *f2 (Opt. Ph.)* triplet
tríroinn *v (Mth.)* trisect
tríroinnt *f* (*gs* **-te,** *pl* **-rannta**) *(Mth.)* trisection
tríroinnteoir *m3 (Mth.)* trisectrix
tris- *pref* tris-
tríshiliolaimín *m4* trisilylamine
tris(2-hiodrocsa-eitiol)aimín *m4* (= **trí-eatánólaimín**) tris(2-hydroxyethyl)amine
tríthéarmach *a* trinomial
tríthoiseach *a* three-dimensional
tríthrasnánach *a* tridiagonal
tritiam *m4* tritium
trítil *f2* trityl
-trófach *suff a* -trophic
-trófacht *suff f3* -trophy
troigh *f2* (*pl* **-ithe**) foot
troighchoinneal *f2* foot-candle

troighphunt *m1* foot-pound
troiste *m4* (= **tríchosach**) tripod
troitheach *a* pedal
trom *a* heavy
tromán *m1* sinker
tromanó *m4* tromino
trom-hidrigin *f2* (= **hidrigin throm**) heavy hydrogen
tromuisce *m4* (= **usice trom**) heavy water
-trón *suff m1* -tron
-tróp *suff m1* -trope
-trópach *suff a* -tropic
-trópacht *suff f3* -tropy
trópastad *m4* tropopause
truaill *f2* sheath
truailleán *m1* pollutant
truailligh *v* pollute
truailliú *m* (*gs* **-ithe**) pollution
truaillmheasc *v* adulterate
truaillmheascadh *m* (*gs* **-sctha**) adulteration
truipchorna *m4* trip coil
trus *m4* truss
trusáilte *a* trussed
trus *m4* **dín** roof truss
tuairgneáil *v* bombard
tuairim *f2* (= **tomhas**) guess
tuar *v* bleach
tuar *m1* **ceatha** rainbow
tuarthóir *m3* bleach, bleaching agent
tuaslagaíocht *f3* dissolution
tuaslagáit *f2* solute
tuaslagáiteach *a* solute
tuaslagán *m1* *(Ch.)* solution
tuaslagán *m1* **amóinia** ammonia solution
tuaslagán *m1* **caol** dilute solution
tuaslagán *m1* **cothaitheach ilfheidhmeach** general-purpose nutrient solution
tuaslagán *m1* **Fehling** Fehling's solution
tuaslagán *m1* **fosaithe** fixer
tuaslagán *m1* **leibhéalaíochta** levelling solution
tuaslagán *m1* **maolánaithe** *(Ch.)* buffered solution
tuaslagán *m1* **normalach** *(Ch.)* normal solution
tuaslagán *m1* **tiubhaithe** concentrated solution
tuaslagán *m1* **uiscí** *(Ch.)* aqueous solution
tuaslagóir *m3* *(Ch.)* resolvent, solvent
tuaslagtha *a* dissolved
tuaslagthacht *f3* solubility
tuaslaig *v* dissolve
tuasláit *f2* solvate
tuasláitigh *v* solvate
tuasláitiú *m* (*gs* **-ithe**) solvation
tuaslalú *m* (*gs* **-laithe**) solvolysis
tuathal *a* anticlockwise, counter-clockwise
tuil *v* impregnate
tuile *f2* impregnation
túiliam *m4* thulium
tuímigh *v (Micros.)* embed
tuímithe *a (Micros.)* embedded
tuinseamh *m1 (Mec. Ph.)* impact
tuirbín *m4* turbine
túirín *m4* turret
tuirpintín *m4* turpentine
tuisligh *v (Ch.)* stagger
tuislithe *a* staggered
tul- *pref* front
tul-laofacht *f3* forward bias
tulchnagadh *m* (*gs* **-gtha**) *(NcPh.)* knock-on
tulchonair *f2 (ContSys.)* forward path
tuldifríocht *f3 (Mth.)* forward difference
tuliompar *m1* carry-over
tulionadú *m* (*gs* **-daithe**) *(Mth.)* forward substitution
tulsuíomh *m1* end-on position
tulvoltas *m1* forward voltage
tulvoltas *m1* **dé-óide** diode forward voltage
tum *v* dive

tum *v* immerse
tumadh *m* (*gs* **-mtha**) dive
tumadh *m* (*gs* **-mtha**) immersion
tungstan *m1* tungsten, wolfram
turba- *pref* (= **turbai-**) turbo-
turbai- *pref* (= **turba-**) turbo-
turbailtéarnóir *m3* turbo-alternator
turdhriogadh *m* (*gs* **-gtha**) dry distillation
tur-fhrithchuimilt *f2* dry friction
turgnamh *m1* experiment
turgnamhach *a* experimental
turgnamh *m1* **an phláta titime** dropping-plate experiment
turgnamh *m1* **an scairdeáin** fountain experiment
turgnamh *m1* **déthéarmach** *(St.)* binomial experiment
turgnamh *m1* **guaiseach** dangerous experiment
turgnamh *m1* **ola-bhraonach** oil-drop experiment
túrmailín *m4* tourmaline
turraing *f2* shock
turraing *f2* **leictreach** electric shock
turraingmhúnlú *m* (*gs* **-laithe**) shock moulding
tús- *pref* initial
tús-chomhordanáidí *fpl* initial coordinates

U

u (= **ungerade**) *(unit) (de)* u, ungerade
uachtarchuimsithe *a (Mth. Set.)* upper bounded
UAÉ (= **uimhir adamhach éifeachtach**) EAN, effective atomic number
uaill *f2* wow
uaine *f4* **mhalaicíteach** malachite green
uair *f2* **an chloig** hour
uairuillinn *f2* hour-angle
ualach *m1 (Mec. Ph.)* load
ualach *m1* **anóideach** anode load
ualach *m1* **búclála** buckling load
ualach *m1* **deiridh** ultimate load
ualaithe *a* weighted
ualú *m* (*gs* **-laithe**) *(Mec. Ph.)* loading
ualú *m* (*gs* **-laithe**) *(Mth. St.)* weighting
uas- *pref* (= **uasta**) maximal, maximum
uaschéimneach *a* step-up
uaschéimnigh *v* step up
uaschéimniú *m* (*gs* **-ithe**) step-up
uaschuimse *f2* **íochtair** greatest lower bound
uasdlús *m1* **uisce** maximum density of water
uas-fhoghrúpa *m4* maximal subgroup
uasíosach *m1* maximin
uasíosach *a* maximin
uasluach *m3 (Mth.)* maximum
uasluach *m3* **coibhneasta** relative maximum
uasluach *m3* **láidir** strong maximum
uasluach *m3* **logánta** local maximum
uasluachanna *mpl* **agus íosluachanna** *mpl* maxima and minima
uasmhéadaigh *v* maximize
uasmhéadú *m* (*gs* **-daithe**) maximizing, maximization
uasta *a* (= **uas-**) maximal, maximum
uath- *pref* auto-, automatic
uath- *pref* (= **spontáineach**) spontaneous
uathach *a* autistic
uathachas *m1* autism
uathastú *m* (*gs* **-taithe**) autoemission
uathastúchán *m1* autoemission
uathchlábh *m1* autoclave
uath-chomhchoibhneas *m1* autocorrelation
uathchrinneadh *m* (*gs* **-nnte**) autofrettage

uathdháileoir *m3* autodispenser
uathdhín *m4* autodyne
uathdhó *m4* spontaneous combustion
uathianúchán *m1* autoionization
uathmhorfacht *f3* automorphism
uathmhorfacht *f3* **isiméadrach** isometric automorphism
uathnómach *a* autonomous
uathoibríoch *a* automatic
uathoibriú *m* (*gs* **-ithe**) *(Eng. Ph.)* automation
uathphíolóta *m4* autopilot
uathrialú *m* **minicíochta** *(Eln.)* automatic frequency control
uathrialú *m* **neartúcháin** *(Eng.)* automatic gain control
uathsheiceáil *f3 (Comp.)* automatic check
uathúlacht *f3* uniqueness
uatrasduchtán *m3 (Eln.)* autotransductor
ubhchruth *m3* oval
ubhchruthach *a* oval
uige *f4* gauze
uigeacht *f3* texture
uige *f4* **shreinge** (= **sreang-uige**) wire gauze
uile- *pref* omni-
uile- *pref* (= **cuimsitheach**) global
uile-aeróg *f2* omni-aerial
uile-aerógach *a* omni-aerial
uileghabhálach *a* comprehensive
uileláithreacht *f3* ubiquity
uilethacar *m1* universal set
uilíoch *a* universal
uilíocht *f3* universality
uilleach *a* angular
uillinn *f2* angle
uillinn *f2* **airde** angle of elevation
uillinn *f2* **aisfhillteach** *(Eng.)* re-entrant angle
uillinn *f2* **an chró** *(Opt. Ph.)* aperture angle
uillinn *f2* **athfhillteach** *(Mth.)* reflex angle
uillinn *f2* **dhéhéidreach** *(Mth.)* dihedral angle
uillinn *f2* **dhíreach** straight angle
uillinn *f3* **chaillteanais** *(El.)* loss angle
uillinnchritéar *m1* angle criterion
uillinn *f2* **freagartha** angle of response
uillinn *f2* **frithchaithimh** angle of reflection
uillinn *f2* **imeachta** departure angle
uillinn *f2* **ionsaithe** *(Opt.)* angle of attack, angle of incidence
uillinn *f2* **íslithe** *(Opt.)* angle of depression
uillinn *f2* **na frithchuimilte** angle of friction
uillinn *f2* **pholaihéidreach** polyhedral angle
uillinn *f2* **pholarúcháin** polarizing angle
uillinn *f2* **rochtana** arrival angle
uillinn *f2* **sciorrtha** glancing angle
uillinn *f2* **sholadach** solid angle
uillinn *f2* **teagmhála** angle of contact, contact angle
uillinn *f2* **theorantach** *(El.)* limiting angle
uillinntomhas *m1* protractor
uimhir *f* (*gs* **-mhreach**) number
uimhir-abairt *f2* number sentence
uimhir *f* **adamhach** atomic number
uimhir *f* **adamhach éifeachtach** (= **UAÉ**) effective atomic number, EAN
uimhir *f* **aiceanta** *(Mth.)* natural number
uimhirbhonn *m1 (Mth.)* number base
uimhir *f* **chandamach** (= **candamuimhir**) quantum number
uimhir *f* **chaoimhiúil** *(Mth.)* amicable number
uimhir *f* **chearnach** square number
uimhir *f* **chioglamatach** cyclomatic number

uimhir *f* **chóimheasta** rational number
uimhir *f* **choimpléascach** complex number
uimhirchóras *m1* number system
uimhirchóras *m1* **deichnártha** denary number system
uimhir *f* **dhraíochta** *(NcPh.)* magic number
uimhir *f* **éagóimheasta** irrational number
uimhir *f* **fhoirfe** *(Mth.)* perfect number
uimhir *f* **iompair** transport number
uimhir *f* **ionchais** expected number
uimhirlíne *f4* number line
uimhirmheá *f4* number balance
uimhir *f* **nómanach** gnomonic number
uimhir *f* **ocsaídiúcháin** oxidation number
uimhir *f* **phríomha** prime number
uimhir *f* **réadach (= réaduimhir)** real number
uimhir-réimse *m4* number field
uimhir *f* **shlánaithe** rounded number
uimhirtheoiric *f2* number theory
uimhir *f* **thrasfhinideach** transfinite number
uimhir *f* **threoch** directed number
uimhir *f* **thriantánach** triangular number
uimhreacha *fpl* **Arabacha** arabic numerals
uimhreacha *fpl* **comhchuingeacha** conjugate numbers
uimhreacha *fpl* **dronuilleogacha** rectangular numbers
uimhreacha *fpl* **measctha** mixed numbers
uimhreacha *fpl* **Rómhánacha** Roman numerals
uimhreoir *m3* numerator
uimhríocht *f3* arithmetic
uimhríocht *f3* **mhódúlach** modular arithmetic
uimhríocht *f3* ***modulo*** *(Mth.)* modulo arithmetic
uimhríocht *f3* **shóisialta** *(Mth.)* social arithmetic
uimhríochtúil *a* arithmetic(al)
uimhriúil *a* numerical
úiré *f4* **(= dé-aimíd charbóinile)** urea
úireatán *m1* urethane
úiridín *m4* uridine
uisce *m4* water
uisce *m4* **báistí** rainwater
uisce *m1* **bog (= boguisce)** soft water
uisce *m4* **criostalúcháin** *(Ch.)* water of crystallization
uisce *m1* **crua** hard water
uiscedhíonach *a* waterproof
uisce *m4* **don phobal** consumer water
uisce-éarthach *a* water-repellent
uisce *f4* **fotha coire** *(Eng.)* boiler feed-water
uisceghás *m1* **(= gás uisce)** *(Ch.)* water gas
uisceghloine *f4* *(Ch.)* water glass
uisce *m4* **trom (= tromuisce)** heavy water
uiscí *a* aqueous
úll *m1* **is cuas** *(Mec.)* ball-and-socket
ullmhaigh *v* prepare
ullmhóid *f2* *(of substance)* preparation
ullmhúchán *m1* *(in general)* preparation
úllsclóin *f2* ball swivel
ulóg *f2* pulley
ulóg *f2* **shuite agus scaoilte** fast and loose pulley
ultra- *pref* **(= ultrai-)** ultra-
ultrafhuaim *f2* ultrasound
ultrai- *pref* **(= ultra-)** ultra-
ultraichriostalach *a* ultracrystalline
ultraimicreascóp *m1* ultramicroscope
ultraimicreascópacht *f3* ultramicroscopy

ultraivialait *a* ultraviolet
ultra-lártheifneoir *m3* ultracentrifuge
ultramairín *m4* ultramarine
ultrasonach *a* ultrasonic
ultrasonaic *f2* ultrasonics
U-luach *m3* U-value
umar *m1* tank
umar *m1* **leictrealaíoch** electrolytic tank
umar *m1* **hidreaponaice** hydroponicum box
ungerade *m4* (= **u**) *(unit) (de)* ungerade, u
unnailheicsiam *m4* unnilhexium
unnailpeintiam *m4* unnilpentium
unnalcuaidiam *m4* unnilquadium
upsalón *m1* upsilon
úraicil *f2* uracil
úráiniam *m4* uranium
úránaicéin *f2* uranocene
úráinil *f2* uranyl
úráininít *f2* uraninite
úránáit *f2* uranate
urbhruith *f2* decoction
urbhruith *v* decoct
urchóideacht *f3* malignancy
urchóideacht *f3* **radaigineach** radiogenic malignancy
urchomhaireach *a (of angles)* opposite
úruisce *m4* fresh water
úsáid *f2* **na n-ábhar** use of materials
úsc *m1* **olla** (= **lanailin**) lanolin
úscra *f4 (Ch.)* essence

V

vailéarach *a* (= **peantánóch**) valeric
vanaidiam *m4* vanadium
vanaidil *f2* vanadyl
varachtóir *m3* (= **dé-óid varachtórach**) *(Eln.)* varactor
varastar *m1 (Eln.)* varistor
vata *m4* watt
vatacht *f3* wattage
vatamhéadar *m1* watt meter
vatashoicind *m4* watt second
vatuair *f2* watt-hour
vatuair-mhéadar *m1* watt-hour meter
vearnais *f2* varnish
veasailín *m4* vaseline
veicteoir *m3* vector
veicteoir *m3* **aiseach** axial vector
veicteoir *m3* **colúin** column vector
veicteoir *m3* **díláithriúcháin leictrigh** electric-displacement vector
veicteoir *m3* **gathach** radius vector
veicteoir *m3* **móimintim** momentum vector
veicteoir *m3* **struis** stress vector
veicteoir *m3* **teasfhlosca** heat-flux vector
veirmicilít *f2* vermiculite
veirseoir *m3* versor
vena contracta *(la)* vena contracta
vialait *f2* violet
vic- *pref* (= **vioc-**) vic-
vic-dhéchlóireatán *m1* vicdichloroethane
vinil *f2* vinyl
vioc- *pref* (= **vic-**) vic-
víol- *pref* viol-
vioscós *m1* viscose
viriúil *a* virial
viriúlach *m1* virial
vitimín *m4* vitamin
vitrial *m1* vitriol
volta *m4* volt
voltach *a* voltaic
voltaiméadar *m1* voltameter
voltaimpéar *m1* volt-ampere
volt-aimpmhéadar *m1 (El.)* voltammeter
voltas *m1* voltage
voltas *m1* **coiscis** impedance voltage
voltas *m1* **dé-óide** diode voltage
voltas *m1* **dianscaoilteach** decomposition voltage

voltas *m1* **freasaitheach** *(El.)* reactive voltage
voltas *m1* **idir línte** voltage between lines
voltas *m1* **sáithitheach** saturation voltage
voltas *m1* **tairsí** threshold voltage
voltas *m1* **trasplancach** flashover voltage
voltas *m1* **tréthollta** punch-through voltage
voltmhéadar *m1 (Eng.)* voltmeter
voltmhéadar *m1* **comhlach** *(Ph.)* valve voltmeter
voltmhéadar *m1* **digiteach** digital voltmeter
voltmhéadar *m1* **nialais láir** centre zero voltmeter
voltmhéadracht *f3 (Ch. Ph.)* voltametry

X

xaint- *pref* (= **xant-**) xanth-
xainteach *a* xanthic
xaintéin *f2* xanthene
xaintín *m4* xanthine
x-ais *f2* x-axis
xant- *pref* (= **xaint-**) xanth-
xantáit *f2* xanthate
x-chomhordanáid *f2* x-coordinate
x-gha *m4* (*pl* **-thanna**) x-ray
x-radaíocht *f3* x-radiation
xeanón *m1* xenon
xéaragrafaíocht *f3* xerography
xí *f4* xi
xiléin *f2* (= **démheitilbeinséin**) xylene
xiolán *m1* xylan

Y

Y-nasc *m1* Y connection

Z

Z-mhodhnú *m* (*gs* **-naithe**) Z-modulation
Z-thrasfhoirm *f2* Z-transform
zéite *f4* zeta
zéite-chúngú *m* (*gs* **-gaithe**) *(Ph.)* zeta pinch
zéite-phoitéinseal *m1* zeta potential

TÁBLA PEIRIADACH NA nDÚL

I	II											III	IV	V	VI	VII	0
1 H 1.008																	2 He 4.003
3 Li 6.940	4 Be 9.013											5 B 10.82	6 C 12.010	7 N 14.008	8 O 16.00	9 F 19.00	10 Ne 20.183
11 Na 22.997	12 Mg 24.32											13 Al 26.97	14 Si 28.06	15 P 30.98	16 S 32.006	17 Cl 35.457	18 Ar 39.944
19 K 39.096	20 Ca 40.08	21 Sc 45.10	22 Ti 47.90	23 V 50.95	24 Cr 52.01	25 Mn 54.93	26 Fe 55.85	27 Co 58.94	28 Ni 58.69	29 Cu 63.54	30 Zn 65.38	31 Ga 69.72	32 Ge 72.60	33 As 74.91	34 Sc 78.96	35 Br 79.916	36 Kr 83.7
37 Rb 85.48	38 Sr 87.63	39 Y 88.92	40 Zr 91.22	41 Nb 92.91	42 Mo 95.95	43 Tc 99	44 Ru 101.7	45 Rh 102.91	46 Pd 106.7	47 Ag 107.88	48 Cd 112.41	49 In 114.76	50 Sn 118.70	51 Sb 121.76	52 Te 127.61	53 I 126.92	54 Xe 131.3
55 Cs 132.91	56 Ba 137.36	57 La 138.92	72 Hf 178.6	73 Ta 180.88	74 W 183.92	75 Re 186.31	76 Os 190.2	77 Ir 193.1	78 Pt 195.23	79 Au 197.2	80 Hg 200.61	81 Tl 204.39	82 Pb 207.21	83 Bi 209	84 Po (210)	85 At (210)	86 Rn 222
87 Fr (223)	88 Ra 226.05	89 Ac (227)															

Tá na Dúile Tearc-Chré agus na hAchtainídí fágtha ar lár.

Béarla–Gaeilge

(ord aibítre litir-ar-litir)

A

abacus *s (Mth.)* abacas *m1*, fráma *m4* comhairimh

abbreviation *s* giorrúchán *m1*

abelian group grúpa *m4* aibéalach

abelite *s* aibéilít *f2*

aberrant *s* iomrallach *m1*

aberrant *a* iomrallach *a*

aberration *s* iomrall *m1*

abiotoxin *s* neamhbhiotocsain *f2*

ablation *s* eisídiú *m* (*gs* -dithe)

ablative *s (Ph.)* eisídeach *m1*

ablative *a (Ph.)* eisídeach *a*

abrasion *s (Mec.)* scríobadh *m* (*gs* -btha)

abrasive *a (Mec.)* scríobach *a*

abscissa *s (Mth.)* aibsíse *f4*

absolute *a* dearbh- *pref*

absolute acceleration *(Mec. Ph.)* dearbh-luasghéarú *m* (*gs* -raithe)

absolute error *(Mth.)* dearbh-earráid *f2*

absolute humidity *(Ph.)* dearbh-bhogthaise *f4*

absolutely-continuous function feidhm *f2* dhearbhleanúnach

absolutely-integrable function feidhm *f2* dhearbh-insuimeálaithe

absolute magnitude *(Ast.)* dearbhmhéid *f2*

absolute magnitude (= absolute value) *(Mth.)* luach *m3* uimhriúil

absolute motion *(Mec. Ph.)* dearbhghluaisne *f4*

absolute permittivity *(El. Ph.)* dearbhcheadaíocht *f3*

absolute scale (= absolute temperature scale) *(Ph.)* dearbhscála *m4* teochta

absolute space *(Ph.)* dearbhspás *m1*

absolute system of units *(Ph.)* dearbhchóras *m1* d'aonaid

absolute temperature *(Ph.)* dearbhtheocht *f3*

absolute temperature scale (= absolute scale) *(Ph.)* dearbhscála *m4* teochta

absolute term *(Mth.)* téarma *m4* saor

absolute unit *(Ph.)* dearbhaonad *m1*

absolute value (= absolute magnitude) *(Mth.)* luach *m3* uimhriúil

absolute velocity *(Mec. Ph.)* dearbh-threoluas *m1*

absolute zero *(Ph.)* dearbhnialas *m1*

absorb *v* ionsúigh *v*

absorbance *s* **(= absorbency)** *(Ch. Ph.)* ionsúiteacht *f3*

absorbed dose dáileog *f2* ionsúite

absorbency *s* **(= absorbance)** *(Ch. Ph.)* ionsúiteacht *f3*

absorbent *s* ionsúiteán *m1*

absorbent *a* ionsúiteach *a*

absorber *s* ionsúire *m4*

absorptance *s* ionsúiteas *m1*

absorptiometer *s* ionsúmhéadar *m1*

absorption *s* ionsú *m4*, ionsúchán *m1*

absorption band banda *m4* ionsúcháin

absorption dynamometer dinimiméadar *m1* ionsúcháin

absorption maximum ionsú *m4* uasta

absorption minimum ionsú *m4* íosta

absorption spectrum speictream *m1* ionsúcháin

absorptivity *s (Ph.)* ionsúiteacht *f3*

abstract *a* teibí *a*

abstract *v* teibigh *v*

abstract differential quotient líon *m1* difreálach teibí

abstract integral suimeálaí *m4* teibí
abundance *s* líonmhaireacht *f3*
AC (= alternating current) SA, sruth *m3* ailtéarnach
acaroid *a* acaróideach *a*
accelerate *v (Ch.) (of process)* luathaigh *v*
accelerate *v (Ph.) (of motion)* luasghéaraigh *v*
acceleration *s (Ch.) (of process)* luathú *m* (*gs* -thaithe)
acceleration *s (Ph.) (of motion)* luasghéarú *m* (*gs* -raithe)
acceleration due to gravity luasghéarú *m* de bharr domhantarraingthe
acceleration of convergence *(Mth.)* luathú *m* coinbhéirseachta
acceleration of free fall luasghéarú *m* saorthitime
acceleration potential poitéinseal *m1* luasghéarúcháin
acceleration-time curve cuar *m1* luasghéaraithe is ama
accelerator *s* luasaire *m4*
acceptor *s (Ch.)* glacóir *m3*
accessory *s (Mec.)* gabhálas *m1*
accommodation *(of eye)* ceartú *m* (*gs* -taithe)
accrete *a* fuilleach *a*
accrete *v* fuill *v*
accretion *s* fuilleamh *m1*
accumulated error earráid *f2* charntha
accumulation *s* cnuasach *m1*
accumulation point cnuasphointe *m4*
accumulator *s (MecEng.)* cnuasaitheoir *m3*
accumulator *s* **(= accumulator battery, accumulator storage battery, secondary battery, storage battery)** *s (El.)* taisc-cheallra *m4*
accumulator *s* **(= accumulator cell, accumulator storage cell, secondary cell, storage cell)** *(El.)* taisc-chill *f2*
accumulator battery (= accumulator, accumulator storage battery, secondary battery, storage battery) *(El.)* taisc-cheallra *m4*
accumulator cell (= accumulator, accumulator storage cell, secondary cell, storage cell) *(El.)* taisc-chill *f2*
accumulator storage battery (= accumulator, accumulator battery, secondary battery, storage battery) *(El.)* taisc-cheallra *m4*
accumulator storage cell (= accumulator, accumulator cell, secondary cell, storage cell) *(El.)* taisc-chill *f2*
accuracy *s* beachtas *m1*, cruinneas *m1*
accurate *a* beacht *a*, cruinn *a*
acetal *s* aicéatal *m1*
acetaldehyde *s* **(= ethanal)** aicéataildéad *m1*
acetaldoxime *s* **(= ethanal oxime)** aicéataldocsaím *f2*
acetamide *s* **(= ethanamide)** aicéataimíd *f2*
acetanilide *s* **(= N-phenylethanamide)** aicéatainilíd *f2*
acetate *s* **(= ethanoate)** aicéatáit *f2*
acetate perspex peirspéacs *m4* aicéatáite
acetex *s* aicéitéis *f2*
acetic *a* **(= ethanoic)** aicéiteach *a*
acetic acid (= ethanoic acid) aigéad m1 aicéiteach
aceto- *pref* aicéitea-, aicéiti-, aicéit-, aicéat- *pref*
acetone *s* **(= propanone)** aicéatón *m1*
acetonitrile *s* **(= ethanenitrile)** aicéitinítríl *f2*
acetonylacetone *s* **(= 2,5-hexanedione)** aicéatóiniolaicéatón *m1*

acetophenone *s* (= **phenylethanone**) aicéitifeanón *m1*
acetoxime *s* aicéatocsaím *f2*
acetyl *s* aicéitil *f2*
acetylacetone *s* (= **pentane-2,4-dione**) aicéitiolaicéatón *m1*
acetylation *s* aicéitiliú *m* (*gs* -ithe), aicéitiliúchán *m1*
acetyl chloride (= **ethanoyl chloride**) clóiríd *f2* aicéitile
acetylene *s* (= **ethyne**) aicéitiléin *f2*
acetylide *s* (= **dicarbide**) aicéitilíd *f2*
acetylsalicylic acid (= **aspirin, 2-ethanoyloxybenzoic acid**) aigéad *m1* aicéitiolsalaicileach
achromat *s* (= **achromatic lens**) lionsa *m4* neamhchrómatach
achromatic *a* neamhchrómatach *a*
achromatic condenser *(Opt. Ph.)* comhdhlúthadán *m1* neamhchrómatach
achromatic lens (= **achromat**) lionsa *m4* neamhchrómatach
achromatic prism *(Opt. Ph.)* priosma *m4* neamhchrómatach
achromatism *s (Ph.)* neamhchrómatacht *f3*
acicular *s* snáthadán *m1*
acicular *a* snáthaidiúil *a*
acid *s* aigéad *m1*
acid drift aigéadsíob *f2*
acidic *a* aigéadach *a*
acidify *v* aigéadaigh *v*
acidity *s* aigéadacht *f3*
acid number aigéaduimhir *f* (*gs* -mhreach)
acidolysis *s* aigéadalú *m* (*gs* -laithe)
acid radical (= **acid radicle**) aigéadfhréamh *f2*
acid radicle (= **acid radical**) aigéadfhréamh *f2*
acid rain báisteach *f2* aigéadach
acid-resisting *a* aigéad-díonach *a*
acidulate *v* bogaigéadaigh *v*
acidulated *a* bogaigéadaithe *a*
aclinic line líne *f4* éaglaonais
acnode *s* acnód *m1*
acoustic *a* (= **acoustical**) fuaimiúil *a*
acoustic absorption coefficient comhéifeacht *f3* fuaim-ionsúcháin
acoustical *a* (= **acoustic**) fuaimiúil *a*
acoustical properties fuaimairíonna *mpl*
acoustic capacitance fuaimthoilleas *m1*
acoustic compliance fuaimghéilliúntas *m1*
acoustic delay line moill-líne *f4* fhuaimiúil
acoustic filter fuaimscagaire *m4*
acoustic grating fuaimghríl *f2*
acoustic impedance fuaimchoisceas *m1*
acoustic inertance fuaimtháimheas *m1*
acoustic mass fuaim-mhais *f2*
acoustic properties (= **acoustical properties**) fuaimairíonna *mpl*
acoustics *spl (of building)* fuaimíocht *f3*
acoustics *spl (science)* fuaimeolaíocht *f3*
acoustic stiffness fuaimstalcacht *f3*
acrolein *s* (= **propenal**) acroiléin *f2*
acrylic acid (= **propenoic acid**) aigéad *m1* aicrileach
acrylonitrile *s* (= **propenenitrile**) aicrilinítríl *f2*
actini- *pref* (= **actino-**) achtana-, achtanai- *pref*
actinic *a* achtanach *a*
actinic ray ga *m4* achtanach
actinide *s* (= **actinoid**) achtainíd *f2*
actinism *s* achtanacht *f3*
actinium *s* achtainiam *m4*
actino- *pref* (= **actini-**) achtana-, achtanai- *pref*
actinoid *s* (= **actinide**) achtanóideach *m1*
actinoid contraction crapadh *m* achtanóideach
actinometer *s* achtanaiméadar *m1*

actinometry *s* achtanaiméadracht *f3*
actinotherapy *s* achtanaiteiripe *f4*
action *s* gníomhú *m* (*gs* -mhaithe)
action line gníomhlíne *f4*
activate *v* gníomhachtaigh *v*
activated bath folcadán *m1* gníomhachtaithe
activation *s* gníomhachtú *m* (*gs* -taithe), gníomhachtúchán *m1*
activation analysis *(Ncln.)* anailís *f2* ghníomhachtúcháin
activation energy *(Ph.)* fuinneamh *m1* gníomhachtúcháin
activator *s* gníomhachtóir *m3*
active *a* gníomhach *a*
active component (= power component) *(El.)* comhbhall *m1* cumhachta
active mass mais *f2* ghníomhach
active power cumhacht *f3* ghníomhach
activity *s* gníomhaíocht *f3*
activity series *(Metal.)* sraith *f2* ghníomhaíochta
actuate *v* gníomhraigh *v*
actuating signal comhartha *m4* gníomhrúcháin
actuating signal ratio cóimheas *m3* comhartha gníomhrúcháin
actuator *s* gníomhróir *m3*
acute *a* géar *a*
acute angle géaruillinn *f2*
acyl *s* aicil *f2*
acylium *s* aiciliam *m4*
adaptive control system riailchóras *m1* oiriúnaitheach
add *v* suimigh *v*
addend *s* suimeann *f2*
addition *s* suimiú *m* (*gs* -ithe)
addition element breisdúil *f2*
addition of tensors suimiú *m* teinseoirí
addition of vectors suimiú *m* veicteoirí
addition polymer polaiméir *f2* shuimiúcháin
addition reaction imoibriú *m* suimiúcháin
addition rule riail *f* an tsuimiúcháin
additive *s (Ch.)* breiseán *m1*
additive compound *(Ch.)* comhdhúil *f2* shuimitheach
additive notation nodaireacht *f3* suimiúcháin
additive process *(Opt.)* próiseas *m1* breisiúcháin
address *s* seoladh *m* (*gs* -lta)
adduct *s* aducht *m3*
adenine *s* adainín *m4*
adenosine *s* adanóisín *m4*
adenylic acid aigéad *m1* adainileach
adhere *v* greamaigh *v*
adhesion *s (Mec.)* greamán *m1*
adhesion *s (of process)* greamú *m* (*gs* -maithe)
adhesion *s (of trait)* greamaitheacht *f3*
adhesive *s* greamachán *m1*
adhesive *a* greamaitheach *a*
adiabatic *a* aidiabatach *a*
adiabatic change of state athrú *m* aidiabatach staide
adiabatic demagnetization dímhaighnéadú *m* aidiabatach
adiabatic motion gluaisne *f4* aidiabatach
adiabatic process próiseas *m1* aidiabatach
adiathermal *a* aidiaiteirmeach *a*
ad inf. (= ad infinitum) go héigríoch
ad infinitum (= ad inf.) go héigríoch
adipic acid (= hexanedioic acid) aigéad *m1* adaipeach
adjoint *s (Mth.)* cuingeach *m1*
adjoint *a (Mth.)* cuingeach *a*
adjoint equation *(Mth.)* cothromóid *f2* chuingeach
adjoint matrix maitrís *f2* chuingeach
adjoint of an operator cuingeach *m1* oibreora
adjunction *(Mth.)* cuingiú *m* (*gs* -ithe)

adjust *v* ceartaigh *v*, coigeartaigh *v*
adjustment *s* coigeartú *m* (*gs* -taithe)
admissible function feidhm *f2* incheadaithe
admittance *s (El.)* iontrálas *m1*
adsorb *v* asúigh *v*
adsorbate *s* asúiteán *m1*
adsorbent *s* (= **adsorber**) asúiteoir *m3*
adsorber *s* (= **adsorbent**) asúiteoir *m3*
adsorption *s* asú (*gs* asúite), asúchán *m1*
adsorption coefficient comhéifeacht *f3* asúcháin
adulterate *v* truaillmheasc *v*
adulteration *s* truaillmheascadh *m* (*gs* -sctha)
advance *s (Mec.)* luathú *m* (*gs* -thaithe)
advance *v (Mec.)* luathaigh *v*
advanced gas-cooled reactor imoibreoir *m3* gásfhuaraithe forbartha
advection *s* trasiompar *m1*
aeolotropic *a* (= **anisotropic**) aeólatrópach *a*
aeolotropy *s* aeólatrópacht *f3*
aerate *v* aeraigh *v*
aerial *s* (= **antenna**) aeróg *f2*
aerial *a* aerga *a*
aerial array eagar *m1* aerógach
aerial attenuation maolú *m* aerógach
aerial gain neartú *m* aerógach
aerial resistance friotaíocht *f3* aerógach
aerial system córas *m1* aerógach
aerobic *a* aeróbach *a*
aerofoil *s* (= **airfoil**) aereiteog *f2*
aerogram *s* aeragram *m1*
aerolite *s* aerailít *f2*
aerophysics *s* aeraifisic *f2*
aerosol *s* aerasól *m1*
aerosol propellant tiomántán *m1* aerasóil
affine *a* fineach *a*
affinity *s* finíocht *f3*
afocal system córas *m1* neamhfhócasach
afterblow *s* iarshéideán *m1*
afterburning *s (in jet engine, etc.)* iardhó *m4*
aftercare *s* iarchúram *m1*
afterdamp *s* iarghal *f2*
afterglow *s* iarlaom *m3*
agar *s* agar *m1*
agar-nutrient powder púdar *m1* agair is cothaitheach
agate *s* agáit *f2*
agate bearing imthaca *m4* agáite
age hardening aoischruachan *f3*
ageing *s* aosú *m* (*gs* -saithe)
agent *s (Ch.)* oibreán *m1*
agent *s (Mec.)* gníomhaí *m4*
age of the earth aois *f2* an domhain
age of the universe aois *f2* na cruinne
ageostrophic wind gaoth *f2* aigéastrófach
aggregate *s (Mth.)* comhiomlán *m1*
aggregate *s (Ph.)* comhbhailiú *m* (*gs* -ithe), comhbhailiúchán *m1*
aggregate *v (Ph.)* comhbhailigh *v*
aggregation *s (Ph.)* comhbhailiúchán *m1*
aggregation centre lár *m1* comhbhailiúcháin
agitate *v* suaith *v*
agitation *s* suaitheadh *m* (*gs* -ite)
agitator *s* suathaire *m4*
agonic *a* aindiallasach *a*
agonic line líne *f4* aindiallais
air *s* aer *m1*
aircell *s (Eln.)* aerchill *f2*
air equivalent aerchoibhéis *f2*
airfoil *s* (= **aerofoil**) aereiteog *f2*
air lock aerbhac *m1*
air pump *s* aerchaidéal *m1*
airscrew *s* aerscriú *m3*
airtight *a* aerobach *a*
-al *suff s (Ch.)* -al *suff m1*

alanine *s* (= **2-aminopropanoic acid**) alainín *m4*
albedo *s* ailbéideacht *f3*
albumen *s* albaman *m1*
albumin *s* albaimin *f2*
albuminous *a* albaimineach *a*
alcohol *s* alcól *m1*
alcohol thermometer teirmiméadar *m1* alcóil
aldehyde *s* aildéad *m1*
aldol *s* (= **3-hydroxybutanal**) aldól *m1*
aldose *s* aldós *m1*
aldoxime *s* aldocsaím *f2*
aleurone *s* aileorón *m1*
algebra *s* ailgéabar *m1*
algebraic *a* ailgéabrach *a*
algebraic dimension toise *m4* ailgéabrach
algebraic function feidhm *f2* ailgéabrach
algebra of bounded operators ailgéabar *m1* oibreoirí cuimsithe
algin *s* ailgin *f2*
alginate *s* ailgionáit *f2*
alginic *a* ailgineach *a*
alginic acid aigéad *m1* ailgineach
algorithm *s* algartam *m1*
aliasing *s* ailiasáil *f3*
alienation *s* coimhthiú *m* (*gs* -ithe)
aliphatic *a* alafatach *a*
aliquot *s* (= **aliquot part**) slánchuid *f3*
aliquot *a (Ch.)* slán *a*, slán- *pref*
aliquot part (= **aliquot**) slánchuid *f3*
alite *s* ailít *f2*
alizarine *s* (= **1,2-dihydroxy-anthraquinone**) alasairín *m4*
alkali *s* alcaile *f4*
alkali metal miotal *m1* alcaile
alkalimetry *s* alcailiméadracht *f3*
alkaline *a* alcaileach *a*
alkaline earth metal miotal *m1* cré-alcaileach
alkalinity *s* alcaileacht *f3*
alkaliphile (= **alkalophile**) *s* alcailifil *f2*
alkaloid *s* alcalóideach *m1*
alkaloid *a* alcalóideach *a*
alkalophile *s* (= **alkaliphile**) alcailifil *f2*
alkane *s* alcán *m1*
alkanoic *a* (= **fatty**) alcánóch *a*
alkanolamine *s (Ch.)* alcánólaimín *m4*
alkene *s* ailcéin *f2*
alkoxide *s* alcocsaíd *f2*
alkyl *s* ailcil *f2*
alkylation *s* ailciliú *m* (*gs* -ithe)
alkyne *s* ailcín *m4*
allene *s* (= **propadiene**) *(Ch.)* ailléin *f2*
allergen *s* ailléirgin *f2*
allergy *s* ailléirge *f4*
allobar *s* allabar *m1*
allochromy *s* allacrómacht *f3*
allotonic *a* allatonach *a*
allotrope *s* allatróp *m1*
allotropic *a* allatrópach *a*
allotropy *s* allatrópacht *f3*
allowed band banda *m4* ceadaithe
alloxan *s* allocsan *m1*
alloy *s* cóimhiotal *m1*
alloy *v* cóimhiotalaigh *v*
alloyed junction cumar *m1* cóimhiotalach
allylic *a* aillileach *a*
Almansi's strain rate straidhnráta *m4* Almansi
almond *s* almóinn *f2*
alnico *s (Ch.)* ailniocó *m4*
alpha *s* alfa *m4*
alpha-active *a* alfa-ghníomhach
alpha decay alfa-mheath *m3*
alphanumeric code cód *m1* alfa-uimhriúil
alpha particle *(Ncln. Ph.)* alfa-cháithnín *m4*
alpha ray alfa-gha *m4*
alphatron *s* alfatrón *m1*
alternate *a* ailtéarnach *a*
alternate *v* ailtéarnaigh *v*

alternating *a* ailtéarnach *a*
alternating current (= **AC**) sruth *m3* ailtéarnach, SA
alternating-gradient focusing fócasú *m* grádáin ailtéarnaigh
alternating group grúpa *m4* ailtéarnach
alternating load lód *m1* ailtéarnach
alternating tensor teinseoir *m3* ailtéarnach
alternation *s* ailtéarnú *m* (*gs* -naithe)
alternation of multiplicities ailtéarnú *m* iolrachtaí
alternative hypothesis malairt *f2* hipitéise
alternator *s* ailtéarnóir *m3*
altimeter *s* airdemhéadar *m1*
altitude *s* airde *f4*
alum *s* alúm *m1*
alumina *s* alúmana *m4*
aluminium *s* alúmanam *m1*
aluminium foil scragall *m1* alúmanaim
aluminium powder púdar *m1* alúmanaim
aluminium rod slat *f2* alúmanaim
aluminium strip stiall *f2* alúmanaim
aluminize *v* alúmanaigh *v*
aluminizing *s* alúmanú *m* (*gs* -naithe)
aluminosilicate *s* alúmanaisileacáit *f2*
aluminous *a* alúmanach *a*
alundum *s* alandam *m1*
amalgam *s* malgam *m1*
amalgamate *v* malgamaigh *v*
amalgamation *s* malgamú *m* (*gs* -maithe), malgamúchán *m1*
amatol *s (Ch.)* amatól *m1*
amber *s* ómra *m4*
amber *a* ómrach *a*
ambience *s* comhthimpeallacht *f3*
ambient *a* comhthimpeallach *a*
ambiguity *s* athbhrí *f4*
ambiguous *a* athbhríoch *a*
americium *s* aimeiriciam *m4*
amicable number *(Mth.)* uimhir *f* chaoimhiúil
amide *s* aimíd *f2*
amination *s* aimíniú *m* (*gs* -ithe), aimíniúchán *m1*
amine *s* aimín *m4*
amino- *pref* aimínea-, aimíni-, aimín- *pref*
aminoacetic acid (= **glycine**) aigéad *m1* aimínaicéiteach
amino acid aimínaigéad *m1*
aminobenzene sulphonamide sulfónaimíd *f2* aimínibeinséine
4-aminobenzenesulphonamide *s* (= **sulphanilimide**) 4-aimínibeinséansulfónaimíd *f2*
aminobutanedioic *a* aimíneabútáindé-óch *a*
aminoethanoic *a* aimíneatánóch *a*
aminoethylpentanoic *a* aimíneitilpeantánóch *a*
amino group aimínghrúpa *m4*
aminomethylpentanoic acid (= **leucine**) aigéad *m1* aimínimeitilpeantánóch
2-aminopentanedioic acid (= **glutamic acid**) aigéad *m1* aimínipeantáindé-óch
2-aminopropanoic acid (= **alanine**) aigéad *m1* 2-aimíneaprópánóch
aminosulphonic acid (= **sulphamic acid**) aigéad *m1* aimíneasulfónach
ammeter *s* aimpmhéadar *m1*
ammine *s* áimín *m4*
ammonal *s* amónal *m1*
ammonia *s* amóinia *f4*
ammoniacal *a* amóiniciúil *a*
ammonia clock clog *m1* amóinia
ammonia solution tuaslagán *m1* amóinia
ammonium *s* amóiniam *m4*
ammonium chloride clóiríd *f2* amóiniam
ammonium nitrate níotráit *f2* amóiniam

ammonolysis *s* amóinealú *m* (*gs* -laithe)
amorphous *a* dímhorfach *a*
amount *s* méid *m4*
amperage *s* aimpéaras *m1*
ampere *s (unit)* aimpéar *m1*
ampere-hour *s* aimpéaruair *f2*
ampere turn aimpéarlúb *f2*
amperometric *a* aimpéarmhéadrach *a*
amphetamine *s* amfataimín *m4*
amphibole *s* amfaból *m1*
amphipathic *a* amfapatach *a*
amphiprotic *a* (= **amphoteric**) amfaprótónach *a*
ampholite *s* amfailít *f2*
amphoteric *a* (= **amphiprotic**) amfaiteireach *a*
amphoterism *s* amfaiteireacht *f3*
amplidyne *s* aimplidín *m4*
amplification *s* aimpliú *m* (*gs* -ithe)
amplification factor fachtóir *m3* aimpliúcháin
amplifier *s* aimplitheoir *m3*
amplify *v* aimpligh *v*
amplitude *s* aimplitiúid *f2*
amplitude fading céimniú *m* aimplitiúide
AMU (= **atomic mass unit, atomic unit of mass**) aonad *m1* maise adamhaí, AMA
amygdalin *s (Ch.)* amagdailin *f2*
amyl *s* aimil *f2*
amyl *a* aimileach *a*
amyl acetate aicéatáit *f2* aimile
amylase *s* amaláis *f2*
amylopsin *s* amaloipsin *f2*
amylose *s* amalós *m1*
anabatic wind gaoth *f2* anabatach
anabolism *s* anabalacht *f3*
analgesic *s* anailgéiseach *m1*
analgesic *a* anailgéiseach *a*
analog *s* (= **analogue**) analóg *f2*
analog circuit ciorcad *m1* analógach
analog computer ríomhaire *m4* analógach
analog-computer scaling scálú *m* ríomhaire analógaigh
analogous *a (Ch.)* analógach *a*
analogue *s* (= **analog**) analóg *f2*
analogy *s* analach *m1*
analyse *v* anailísigh *v*
analyser *s* anailíseoir *m3*
analysis *s* anailís *f2*
analytic(al) *a* anailíseach *a*
analytic continuation síneadh *m* anailíseach
anamorphic lens lionsa *m4* anamorfach
anamorphic system córas *m1* anamorfach
anaphoresis *s* anafairéis *f2*
anastigmat *s* (= **anastigmatic lens**) anaistiogmat *m1*
anastigmatic *a* anaistiogmatach *a*
anastigmatic lens (= **anastigmat**) lionsa *m4* anaistiogmatach
anatomical model samhail *f3* anatamaíoch
-ance *suff s* -(e)as *suff m1*
ancillary *a* coimhdeach *a*
-and *suff s* (= **-end**) -(e)ann, *suff f2*
-ane *suff s* -án *suff m1*
anechoic *a* neamh-mhacallach *a*
anechoic chamber seomra *m4* neamh-mhacallach
anelastic *a* ainleaisteach *a*
anelasticity *s* ainleaisteachas *m1*
anelastic material ábhar *m1* ainleaisteach
anemograph *s* ainéimeagraf *m1*
anemometer *s* ainéimiméadar *m1*
aneroid *s* (= **aneroid barometer**) anaróideach *m1*
aneroid barometer (= **aneroid**) baraiméadar *m1* anaróideach
angle *s* uillinn *f2*
angle criterion uillinnchritéar *m1*
angle of attack (= **angle of incidence**) *(Opt.)* uillinn *f2* ionsaithe
angle of contact uillinn *f2* teagmhála

angle of depression *(Opt.)* uillinn *f2* íslithe
angle of elevation uillinn *f2* airde
angle of friction uillinn *f2* na frithchuimilte
angle of incidence (= angle of attack) *(Opt.)* uillinn *f2* ionsaithe
angle of reflection uillinn *f2* frithchaithimh
angle of response uillinn *f2* freagartha
angle of twist casuillinn *f2*
angstrom *s (unit)* angstram *m1*
angular *a* uilleach *a*
angular acceleration luasghéarú *m* uilleach
angular impulse ríog *f2* uilleach
angular momentum (= moment of momentum) móiminteam *m1* uilleach
angular motion gluaisne *f4* uilleach
angular velocity *(Mec. Ph.)* treoluas *m1* uilleach
anharmonicity *s (Ph.)* anarmónachas *m1*
anharmonic motion *(Ph.)* gluaisne *f4* anarmónach
anharmony *s* anarmóin *f2*
anhydride *s* ainhidríd *f2*
anhydrite *s* ainhidrít *f2*
anhydrous *a* ainhidriúil *a*
anhysteretic *s* ainhistéiréiseach *a*
aniline *s* anailín *m4*
animal charcoal cnámhghualach *m1*
animal origin *(of fibre, etc.)* bunús *m1* ainmhíoch
anion *s* ainian *m1*
anion exchange ainianmhalartú *m* (*gs* -taithe), ainianmhalartúchán *m1*
anion exchanger ainianmhalartóir *m3*
anionic *a* ainianach *a*
anisometric *a* ainisiméadrach *a*
anisotropic *a* **(= aeolotropic)** ainiseatrópach *a*
anisotropy *s* ainiseatrópacht *f3*

ankerite *s* ainceirít *f2*
anneal *v* ainéal *v*
annealed *a* ainnéalta *a*
annihilate *v (Ph.)* díothaigh *v*
annihilated *a (Ph.)* díothaithe *a*
annihilation *s (Ph.)* díothú *m* (*gs* -thaithe), díothúchán *m1*
annihilation radiation *(Ncln.)* radaíocht *f3* díothúcháin
annual *a* bliantúil *a*
annular *a* fáinneach *a*
annular effect iarmhairt *f3* fháinneach
annulus *s* fáinne *m4*
anode *s* anóid *f2*
anode drop (= anode fall) titim *f2* anóideach
anode fall (= anode drop) titim *f2* anóideach
anode lead seolán *m1* anóide
anode load ualach *m1* anóideach
anode mud (= anode slime) láib *f2* anóideach
anode ray ga *m4* anóideach
anode saturation sáithiú *m* anóideach
anode slime (= anode mud) láib *f2* anóideach
anodic *a* anóideach *a*
anodize *v* anóidigh *v*
anodizing *s* anóidiú *m* (*gs* -ithe)
anolite *s* anóilít *f2*
anomalous *a* aimhrialta *a*
anomalous dispersion spré *m4* aimhrialta
anomalous viscosity slaodacht *f3* aimhrialta
anomaly *s* aimhrialtacht *f3*
anomer *s* anaiméir *f2*
antara- *pref* antara-, antarai- *pref*
antecedent *s* réamhtheachtach *m1*
antecedent *a* réamhtheachtach *a*
antenna *s* **(= aerial)** *(Comm.)* aeróg *f2*
anthra- *pref* antra-, antrai- *pref*
anthracene *s* antraicéin *f2*

anthracene dione (= anthraquinone) antraicéindé-ón *m1*
anthracene-1,10-dione *s* antraicéin-1,10-dé-ón *m1*
anthraquinone *s* **(= anthracene dione)** antracuineon *m1*
anti- *pref* frith- *pref*
antibonding *s* frithnascadh *m* (*gs* -sctha)
antibonding *a* frithnascach *a*
antibonding orbital *(Ch. Ph.)* fithiseán *m1* frithnascach
anticathode *s* frithchatóid *f2*
anticlastic curvature cuaire *f4* fhrithchlastach
anticlastic surface dromchla *m4* frithchlastach
anticlockwise *a* tuathal *a*
anticodon *s* frithchódón *m1*
anticommutation *s* frith-chómhalartacht *f3*
anticommute *v* frith-chómhalartaigh *v*
anticonvulsant *s* frith-bhaoth-thonnán *m1*
anticonvulsant drug (= anticonvulsive drug) druga *m4* frith-bhaoth-thonnach
anticonvulsive drug (= anticonvulsant drug) druga *m4* frith-bhaoth-thonnach
anti-derivative *s* frithdhíorthach *m1*
antidote *s (Pharm.)* frithnimh *f2*
anti-electron *s* **(= positive electron, positron)** frithleictreon *m1*
antiferromagnetism *s (Ph.)* frith-fhearómaighnéadas *m1*
antifluorite *s* frithfhluairít *f2*
anti-foulant *s* frithscreabhán *m1*
antigen *s* antaigin *f2*
antiknock *s* frithchnagach *m1*
antiknock *a* frithchnagach *a*
antilinear function feidhm *f2* fhrithlíneach
antilogarithm *s* frithlogartam *m1*
antilogous pole frithphol *m1*
antimatter *s* frithdhamhna *m4*
antimony *s* antamón *m1*
anti-neutron *s* frithneodrón *m1*
antinodal point (= negative nodal point) *(Opt.)* pointe *m4* frithnódach
antinode *s* frithnód *m1*
antioxidant *s* frithocsaídeoir *m3*
antiparallel *a* fritreomhar *a*
antiparallel spins (= opposed spins, opposite spins) guairní *fpl* fritreomhara
antiparticle *s (Ncln. Ph.)* frithcháithnín *m4*
antipodal point pointe *m4* frithphódach
antipodal triangle triantán *m1* frithphódach
antiprincipal point (= negative principal point) *(Opt.)* frith-phríomhphointe *m4*
anti-proton *s* frithphrótón *m1*
anti-reflexive *a* frith-athfhillteach *a*
anti-resonance *s* **(= parallel resonance)** *(El.)* frith-athshondas *m1*
antiseptic *s* frithsheipteán *m1*
anti-slip *a* frithshleamhnánach *a*
anti-symmetric *a* frithshiméadrach *a*
anti-symmetric matrix maitrís *f2* fhrithshiméadrach
anti-symmetric tensor teinseoir *m3* frithshiméadrach
apatite *s* apaitít *f2*
aperiodic *a* aipeiriadach *a*
aperture *s (Eln. Opt.)* cró *m4*
aperture angle *(Opt. Ph.)* uillinn *f2* an chró
aperture distortion *(Opt. Ph.)* díchumadh *m* an chró
aperture ratio *(Opt. Ph.)* cóimheas *m3* an chró
apex *s* buaic *f2*
aphelion *s (Ast. Ph.)* aiféilean *m1*
aplanatic *a* aplánatach *a*

apochromatic lens lionsa *m4* apacrómatach
apodization *s* apóidiú *m* (*gs* -ithe)
apogee *s (Ast. Ph.)* apaigí *m4*
apparatus *s* gaireas *m1*
apparent magnitude *(Ast.)* méid *f2* dhealraitheach
apparent power *(El.)* cumhacht *f3* dhealraitheach
apparent weight meáchan *m1* dealraitheach
appearance potential *(Ph.)* poitéinseal *m1* nochta
applied *a* feidhmeach *a*
applied science eolaíocht *f3* fheidhmeach
apply *v* feidhmigh *v*
approach *v* druid (le) *v*
approximate *a* neas- *pref*
approximate *v* neasaigh *v*
approximately *adv* go neasach
approximate value neasluach *m3*
approximation *s* neastachán *m1*
aprotic *a (Ch.)* neamhphrótónach *a*
apsis *s* aipsis *f2*
aqua regia *(la)* *aqua regia*
aquation *s (Ch.)* dobhrachán *m1*
aqueous *a* uiscí *a*
aqueous solution *(Ch.)* tuaslagán *m1* uiscí
arabic numerals uimhreacha *fpl* Arabacha
araldite *s* araildít *f2*
arbitrary *a* treallach *a*
arc *s* stua *m4*
arc *v* stuáil *v*
arc cos arc cos
arch *s* áirse *f4*
archeomagnetism *s* aircéamaighnéadas *m1*
arcing *s* stuáil *f3*
arcing contact teagmháil *f3* stuála
arcing ring fáinne *m4* stuála
arc sin arc sín
arc tan arc tan
arc welding stuatháthú *m* (*gs* -áthaithe)
are *s* ár *m1*
area *s (Mth.)* achar *m1*
areal coordinates comhordanáidí *fpl* achair
arene *s* airéin *f2*
argentite *s* argaintít *f2*
argentocyanide *s* argantaiciainíd *f2*
argentometric *a* airgeadmhéadrach *a*
argon *s* argón *m1*
argument *s* argóint *f2*
arithmetic *s* uimhríocht *f3*
arithmetic(al) *a* uimhríochtúil *a*
arithmetical series sraith *f2* chomhbhreise
arithmetic mean meán *m1* uimhríochtúil
arithmetic progression seicheamh *m1* uimhríochtúil
arm *s* géag *f2*
armature *s* armatúr *m1*
armature winding tochrán *m1* an armatúir
arm of balance leathchuing *f2*
armour plate armúrphláta *m4*
aromatic *a* aramatach *a*
array *s (Mth.)* eagar *m1*
arrival angle uillinn *f2* rochtana
arrow graph saigheadghraf *m1*
arrow line saigheadlíne *f4*
arsenic *s* arsanaic *f2*
arsenic *a* arsanach *a*
arsenious *a* arsanúil *a*
arsine *s* airsín *m4*
artesian *a* airtéiseach *a*
articulation *s* comhaltú *m* (*gs* -taithe)
articulation point pointe *m4* comhaltúcháin
artificial *a* saorga *a*
artificial radioactivity radaighníomhaíocht *f3* shaorga
artificial variable athróg *f2* shaorga
aryl *s* airil *f2*
asbestos *s* aispeist *f2*
ascending *a* ardaitheach *a*

ascending chain *(Mth.)* slabhra *m4* ardaitheach
ascending order ord *m1* ardaitheach
ascorbic *a* ascorbach *a*
ascorbic acid aigéad *m1* ascorbach
-ase *suff s* -áis *suff f2*
ash *s* luaith *f3*, luaithreach *m1*
ashing *s* luaithriú *m* (*gs* -ithe)
ashless *a* éaluaithriúil *a*
ashless filter paper scagpháipéar *m1* éaluaithriúil
asparigine *s* aspairigín *m4*
aspartic acid *(Ch.)* aigéad *m1* aspartach
asphalt *s* asfalt *m1*
aspirator *s (Ch. Ph.)* asúire *m4*
aspirin *s* (= **acetylsalicylic acid, 2-ethanoyloxybenzoic acid**) aspairín *m4*
assay *s* measúnacht *f3*
assay *v* measúnaigh *v*
assembly *s (of machine)* cóimeáil *f3*
assembly *s (Comp.)* díolaim *f3*
assembly stress strus *m1* cóimeála
assign *v* sann *v to* **assign a value to x** luach *m3* a shannadh do x
associate *s* comhthiomsán *m1*
associate *v* comhthiomsaigh *v*
association *s (Ch.)* comhthiomsú *m* (*gs* -saithe), comhthiomsúchán *m1*
associative *a (Ch. Mth.)* comhthiomsaitheach *a*
associative law dlí *m4* comhthiomsaitheach
associative property airí *m4* comhthiomsaitheach
associative system córas *m1* comhthiomsaitheach
associativity *s (Ch. Mth.)* comhthiomsaitheacht *f3*
astatic *a* astatach *a*
astatic coils cornaí *mpl* astatacha
astatic galvanometer galbhánaiméadar *m1* astatach
astatic system córas *m1* astatach
astatine *s* astaitín *m4*
asterism *s (Opt.)* astaireacht *f3*
asteroid *s* astaróideach *m1*, mionphláinéad *m1*
asteroid(al) *a* astaróideach *a*
astigmat *s* (= **astigmatic lens**) aistiogmat *m1*
astigmatic *a* aistiogmatach *a*
astigmatic lens (= **astigmat**) lionsa *m4* aistiogmatach
astigmatism *s* aistiogmatacht *f3*
astringent *s (Ch.)* crapthach *m1*
astringent *a (Ch.)* crapthach *a*
astrobiology *s* réalt-bhitheolaíocht *f3*
astrobotany *s* réalt-luibheolaíocht *f3*
astrochemistry *s* réaltcheimic *f2*
astrocompass *s* réaltchompás *m1*
astrogeology *s* réaltgheolaíocht *f3*
astrolabe *s* astraláib *f2*
astrometry *s* réaltmhéadracht *f3*
astronaut *s* spásaire *m4*
astronautical *a* spásaireachta *gs* as *a*
astronautics *spl* spásaireacht *f3*
astronomical *a* réalteolaíoch *a*
astronomy *s* réalteolaíocht *f3*
astrophysics *spl* réaltfhisic *f2*
asymmetric(al) *a* neamhshiméadrach *a*
asymmetry *s* neamhshiméadracht *f3*
asymptote *s* asamtóit *f2*
asymptotic *a* asamtóiteach *a*
asymptotically stable cobhsaí go hasamtóiteach
asymptotic series sraith *f2* asamtóiteach
asymptotic stability cobhsaíocht *f3* asamtóiteach
asynchronous *a (Ph.)* aisioncrónach *a*
asynchronous motor *(El. Ph.)* mótar *m1* aisioncrónach
atactic *s* atachtach *m1*
-ate *suff s* -áit *suff f2*

athermancy *s (Ph.)* teasteimhneacht *f3*
athermanous *a (Ph.)* teasteimhneach *a*
atmolysis *s* atmalú *m* (*gs* -laithe)
atmosphere *s* atmaisféar *m1*
atmospheric *a* atmaisféarach *a*
atmospheric absorption ionsú *m* atmaisféarach
atmospherical *a* atmaisféarach *a*
atmospheric electricity leictreachas *m1* atmaisféarach
atmospheric layer stratam *m1* atmaisféarach
atmospheric pressure brú *m4* an aeir
atmospherics *spl* aerthormán *m1*
atmospheric window fuinneog *f2* atmaisféarach
-ato *suff s* -áta *suff m4*
atom *s* adamh *m1*
atom bomb buama *m1* adamhach
atomic *a* adamhach *a*
atomic constants tairisigh *mpl* adamhacha
atomic energy fuinneamh *m1* adamhach
atomic heat teas *m3* adamhach
atomicity *s* adamhacht *f3*
atomic mass mais *f2* adamhach
atomic mass unit (= AMU, atomic unit of mass) aonad *m1* maise adamhaí, AMA
atomic number uimhir *f* adamhach
atomic pile carn *m1* adamhach
atomic stopping power bac-chumhacht *f3* adamhach
atomic theory an teoiric *f2* adamhach
atomic unit of energy (= hartree) aonad *m1* fuinnimh adamhaigh
atomic unit of length aonad *m1* faid adamhaigh
atomic unit of mass (= atomic mass unit, AMU) aonad *m1* maise adamhaí, AMA
atomic weight meáchan *m1* adamhach
atomization *s* adamhú *m* (*gs* -mhaithe), adamhúchán *m1*
atomize *v* adamhaigh *v*
atomizer *s* adamhóir *m3*
atomolysis *s* adamhlú *m* (*gs* -laithe)
at random *adv* go randamach *adv*
at rest *adv* ar fos *adv*
attainment *s* sroicheadh *m* (*gs* -chte)
attenuate *v* tanaigh *v*
attenuation *s (thinning)* tanú *m* (*gs* -naithe), tanúchán *m1*
attenuation coefficient *(Ph.)* comhéifeacht *f3* tanúcháin
attenuator *s (Eln.)* tanaitheoir *m3*
atto- *pref* ata-, atai- *pref*
attract *v (of magnet, etc.)* aom *v*
attracted-disc electrometer leictriméadar *m1* dioscaí aomtha
attraction *s (of magnet, etc.)* aomadh *m* (*gs* -mtha), aomachán *m1*
attribute *s* airí *m4* (*pl* -onna)
audibility *s* inchloisteacht *f3*
audible *a* inchloiste *a*
audiofrequency *s* closmhinicíocht *f3*
aufbau *s (de)* *aufbau m4*
Auger shower fras *f2* Auger
augment *v* méadaigh *v*
augmented matrix maitrís *f2* mhéadaithe
augmented region réigiún *m1* méadaithe
auricyanide *s* óraiciainíd *f2*
autism *s* uathachas *m1*
autistic *a* uathach *a*
auto- *pref* uath- *pref*
autoclave *s* uathchlábh *m1*
autocorrelation *s* uath-chomhchoibhneas *m1*
autodispenser *s* uathdháileoir *m3*
autodyne *s* uathdhín *f2*
autoemission *s* uathastú *m* (*gs* -taithe), uathastúchán *m1*
autofrettage *s* uathchrinneadh *m* (*gs* -nnte)
autoionization *s* uathianúchán *m1*

automatic *a* uathoibríoch *a*, uath- *pref*
automatic check *(Comp.)* uathsheiceáil *f3*
automatic frequency control *(Eln.)* uathrialú *m* minicíochta
automatic gain control *(Eng.)* uathrialú *m* neartúcháin
automation *s (Eng. Ph.)* uathoibriú *m* (*gs* -ithe)
automorphism *s* uathmhorfacht *f3*
autonomous *a* uathnómach *a*
autopilot *m* uathphíolóta *m4*
autotransductor *s (Eln.)* uatrasduchtán *m3*
auxiliary *a* cúnta *a*, cúntach *a*
auxiliary circle ciorcal *m1* cúnta
auxochrome *s* ácsacróm *m1*
availability *s (of power station)* tréimhse *f4* feidhme, feidhmthréimhse *f4*
availability percentage céatadán *m1* feidhme
available *a* infheidhme *a*
avalanche breakdown maidhmbhriseadh *m* (*gs* -ste)
average *s (St.)* meán *m1*
average frequency meánmhinicíocht *f3*
average life (= average lifetime, mean life) *(Ph.)* meánré *f4*
average lifetime (= average life, mean life) *(Ph.)* meánré *f4*
avoirdupois *s* *avoirdupois m4*
awl *s* meana *m4*
axi- *pref* **(= axo-)** aicsea-, aicsi-, aics-, acs- *pref*
axial *a* aiseach *a*
axially symmetrical motion gluaisne *f4* shiméadrach i leith na haise
axial ratio cóimheas *m3* aiseach
axial vector veicteoir *m3* aiseach
axiom *s* aicsím *f2*
axiomatic *a* aicsímeach *a*
axiomatic probability dóchúlacht *f3* aicsímeach
axis *s* ais *f2*
axis of origin bun-ais *f2*
axis of reference ais *f2* tagartha
axis of symmetry ais *f2* na siméadrachta
axis of wrench ais *f2* rinse
axisymmetrical *a* aicsisiméadrach *a*
axle *s* acastóir *m3*
axle friction frithchuimilt *f2* acastóra
axo- *pref* **(= axi-)** aicsea-, aicsi-, aics-, acs- *pref*
aza- *pref* asá-, asái-
azeotrope *s* aiseotróp *m1*
azeotropic *a* aiseotrópach *a*
azeotropy *s* aiseotrópacht *f3*
azido- *pref* aisídea-, aisídi-, aisíd-, aisíod-
azidothymidine (= azt) *s* aisíditímidín *m4*
azimuth *s* asamat *m1*
azimuthal *a* asamatach *a*
azimuthal quantum number candamuimhir *f* asamatach
azo- *pref (Ch.)* asa-, asai-, as-, ais- *pref*
azobenzene *s (Ch.)* asaibeinséin *f2*
azo-dye *s (Ch.)* asaruaim *f2*
azole *s* **(= pyrrole)** *(Ch.)* asól *m1*
azt (= azidothymidine) aisíditímidín *m4*
azulene *s (Ch.)* asúiléin *f2*

B

Babylonian system córas *m1* Bablónach
back bond cúlnasc *m1*
back bonding *(Ch.)* cúlnascadh *m* (*gs* -sctha)
back electromotive force (= counter electromotive force) *(ElMag.)* frithfhórsa *m4* leictreaghluaisneach
back focal length *(Opt.)* cúlfhad *m1* fócasach

background *s* cúlra *m4*
background *a* cúlrach *a*
background count comhaireamh *m1* cúlrach
background noise torann *m1* cúlrach
background radiation radaíocht *f3* chúlrach
backing store *(Comp.)* tacastór *m1*
back-layer photocell *(Eln.)* fótaichill *f2* chúlchisil
back radiation (= backscatter, backscattering, backward scatter) *(Ph.)* cúlscaipeadh *m* (*gs* -pthe)
backscatter *s* **(= back radiation, backscattering, backward scatter)** *(Ph.)* cúlscaipeadh *m* (*gs* -pthe)
backscattering *s* **(= back radiation, backscatter, backward scatter)** *(Ph.)* cúlscaipeadh *m* (*gs* -pthe)
back substitution *s (Mth.)* aisionadú *m* (*gs* -daithe)
back titration *(Ch.)* cúl-toirtmheascadh *m* (*gs* -ctha)
backward difference *(Mth.)* cúldifríocht *f3*
backward-difference operator *(Mth.)* oibreoir *m3* cúldifríochta
backward scatter (= backscatter, backscattering, back radiation) *(Ph.)* cúlscaipeadh *m* (*gs* -pthe)
backward-wave oscillator *(Eln.)* ascaltóir *m3* cúltoinne
bacterial *a* baictéarach *a*
bacterium *s* baictéar *m1*
baffle *s* sciath *f2*
baffle *v* sciath *v*
baffle board sciathchlár *m1*
baffle plate sciathphláta *m4*
baffling *s* sciathadh *m* (*gs* -ta)
balance *s (device)* meá *f4*, meátán *m1*
balance *s (Ac. El.)* cothromaíocht *f3*
balance *v (Ac. Ch. El.)* cothromaigh *v*
balance *v (of figures, etc.)* comhardaigh *v*
balanced amplifier *(Eln.)* aimplitheoir *m3* cothromaithe
balanced equation cothromóid *f2* chothromaithe
balance equation *(Ch.)* cothromóid *f2* chothromaíochta
balance of linear momentum *(Mec.)* cothromaíocht *f3* móimintim línigh
balance-wheel *s (Ph.)* luascroth *m3*
balancing moment *(Ph.)* móimint *f2* chothromúcháin
ball-and-ring apparatus gaireas *m1* úll agus fáinne
ball-and-socket *s (Mec.)* úll *m1* is cuas
ballast resistor (= barretter) *(El.)* friotóir *m3* ballasta
ball bearing *(item)* grán *m1* iompair
ball bearing *(assembly)* imthaca *m4* gránach
ballistic *a* balaistíoch *a*
ballistic missile diúracán *m1* balaistíoch
ballistics *spl* balaistíocht *f3*
ball mill bálmhuileann *m1*
ball race clais *f2* gráin
ball swivel úllsclóin *f2*
band *s* banda *m4*
band brake bandachoscán *m1*
banded matrix maitrís *f2* bhandaithe
band of interference banda *m4* trasnaíochta
band-pass filter scagaire *m4* bandabhealaigh
band-pressure level leibhéal *m1* bandabhrú
band spectrum bandaspeictream *m1*
band theory bandatheoiric *f2*
bandwidth *s* leithead *m1* banda
bang *s* tailm *f2*
bank *s (Eng.)* leathard *m1*
bank *v* leathard *m1* a chur ar rud
banking *s (Eng.)* leathardú *m* (*gs* -daithe)
bar *s (metal , etc.)* barra *m4*
bar *s (unit of pressure)* bar *m1*

baratropic *a* baratrópach *a*
baratropic change of state athrú *m* baratrópach staide
baratropic fluid sreabhán *m1* baratrópach
barbiturate *s* barbatúráit *f2*
bar chart *(Mth.)* barra-chairt *f2*
barium *s* bairiam *m4*
bar line chart *(Mth.)* barra-chairt *f2* líneach
bar magnet barra-mhaighnéad *m1*
barn *s (unit) (NcPh.)* barn *m1*
baroclinic *a* barachlaonach *a*
baroclinicity *s* barachlaonacht *f3*
barograph *s* baragraf *m1*
barometer *s* baraiméadar *m1*
barometric *a* baraiméadrach *a*
barostat *s* barastat *m1*
barrel distortion díchumadh *m* bairilleach
barretter *s* (= **ballast resistor**) *(El.)* bairitéar *m1*
barrier *s* bac *m1*
barrier-layer photocell *(Eln.)* fótaichill *f2* bhac-chisil
barycentre *s* baralár *m1*
baryon *s (NcPh.)* barón *m1*
baryon resonance *(NcPh.)* athshondas *m1* baróin
barytes *s* bairít *f2*
base *s (Ch.)* bun *m1*
base *s (Eln.)* bun *m1*
base *s (Geom.)* bonn *m1*
base *s* (= **radix**) *(Mth.) (of number system)* bonn *m1*
base angle bonnuillinn *f2*
base-line *s (Eln.)* bunlíne *f4*
base metal táirmhiotal *m1*
base unit *(Ph.)* bunaonad *m1*
base vector bonnveicteoir *m3*
basic *a (in general)* bunúsach *a*, bun- *pref*
basic *a (Ch.)* bunata *a*
basic feasible solution bunréiteach *m1* indéanta
basic invariant do-athraitheach *m1* bunúsach
basicity *s (Ch.)* bunatacht *f3*
basic oxide ocsaíd *f2* bhunata
basic unit bunaonad *m1*
basis *s (Set.)* bun *m1*
basis *s (vectors)* bonn *m1*
basis vector bonnveicteoir *m3*
batch *s* baisc *f2*
batch extraction *(ChEng.)* baisc-eastóscadh *m* (*gs* -ctha)
bath *s* dabhach *f2* (*gs* daibhche, *pl* dabhcha)
bath salts salann *m1* folctha
bathymetry *s* bataiméadracht *f3*
bathysphere *s* bataisféar *m1*
battery *s (El.)* ceallra *m4*
battery charger luchtaire *m4* ceallra
battery holder coinneálaí *m4* ceallra
bauxite *s* báicsít *f2*
bay *s* bá *f4*
bead *s (drop)* mónóg *f2*
beaker *s* eascra *m4*
beam *s (of balance)* cuing *f2*
beam *s (Eng.)* bíoma *m4*
beam *s (Opt.)* léas *m1*
beam coupling léaschúpláil *f3*
beam current léas-sruth *m3*
bearing *s (direction)* treo-uillinn *f2*
bearing *s (Mec.)* imthaca *m4*
beat *s (Ph.)* béim *f2*
beat-frequency oscillator ascaltóir *m3* béim-mhinicíochta
beat-oscillator *s* béimascaltóir *m3*
becquerel (= **Bq**) *s (unit)* beicireil *f2*, Bq
bed *s (Ch. Eng.)* scair *f2*
beehive *s* coirceog *f2*
beehive *a* coirceogach *a*
beehive shelf seilf *f2* choirceogach
behaviour *s (in general)* iompar *m1*
behaviour *s (Ch.)* iompraíocht *f3*
bel *s (unit)* beil *f2*
bell *s (El.)* clog *m1*, cloigín *m4*
bell-jar *s* clogad *m1*
bellows *s* boilg *mpl* (*gpl* bolg)
bell wire sreang *f2* cloig

belt *s* crios *m3*
belt *s (Mec.)* beilt *f2*
belt drive beilt-tiomáint *f3* (*gs* -ána)
belt driving beilt-tiomáint *f3* (*gs* -ána)
bend *s* lúb *f2*
bend *v* lúb *v*
bending moment *(Mec.)* móimint *f2* lúbthachta
bending-moment diagram *(Mec.)* léaráid *f2* móiminte lúbthachta
bending strength frithlúbthacht *f3*
Benedict's reagent imoibreán *m1* Benedict
benification *s* beinifísiú *m* (*gs* -ithe)
benzal *s* (= **benzylidine**) beansal *m1*
benzaldehyde *s* beansaildéad *m1*
benzamide *s* (= **benzenecarboxamide**) beansaimíd *f2*
benzene *s* beinséin *f2*
benzenecarboxamide *s* (= **benzamide**) beinséancarbocsaimíd *f2*
benzenecarboxylic acid (= **benzoic acid**) aigéad *m1* beinséancarbocsaileach *a*
benzene-1,4-diammine *s* (= **phenylenediamine**) beinséin-1,4-dé-aimín *m4*
benzene-1,2-dicarboxylic *a* (= **phthalic**) beinséin-1,2-décharbocsaileach *a*
benzene-1,3-diol *s* (= **resorcinol**) beinséin-1,3-dé-ól *m1*
benzene-1,4-diol *s* (= **hydroquinone, quinol**) beinséin-1,4-dé-ól *m1*
benzene-1,2-dioxamide *s* (= **phthalimide**) beinséin-1,2-déocsaimíd *f2*
benzenehexacarboxylic acid aigéad *m1* beinséinheicseacarbocsaileach
benzenoid *a* beinséanóideach *a*
benzil *s* (= **l,2-diphenylethane dione, dibenzoyl**) beinsíl *f2*
benzine *s* (= **4,4-diaminobiphenyl**) beinsín *m4*
benzofuran *s* beinseafúrán *m1*
benzoic acid (= **benzenecarboxylic acid**) aigéad *m1* beansóch
benzoin *s* beansóin *f2*
benzole *s* beansól *m1*
benzoquinone *s* (= **cyclohexadiene-1,4-dione, quinone**) beinseacuineon *m1*
benzoyl *s* beansóil *f2*
benzyl *s* beinsil *f2*
benzylamine *s* (= **phenylmethylamine**) beinsiolaimín *m4*
benzylidine *s* (= **benzal**) beinsilidín *m4*
benzyne *s* beinséín *m4*
berginization *s* beirginiú *m* (*gs* -ithe), beirginiúchán *m1*
berkelium *s* beircéiliam *m4*
berthollide *a* beirtillídeach *a*
beryl *s* beiril *f2*
beryllium *s* beirilliam *m4*
best straight line dronlíne *f4* is fearr
beta *s* béite *f4*
beta decay *(NcPh.)* béite-mheath *m3*
betaine *s* (= **lysine**) béitín *m4*
beta particle *(NcPh.)* béite-cháithnín *m4*
beta ray *(NcPh.)* béite-gha *m4*
beta-ray spectroscopy *(NcPh.)* speictreascópacht *f3* bhéite-ghathach
betatron *s* béiteatrón *m1*
BeV (= **billion electron volt, GeV, giga-electronvolt**) BeV, billiún *m1* leictreonvolta
bevatron *s* beibheatrón *m1*
bi- *pref* dé- *pref*
bias *s* laofacht *f3*
biased *a (St.)* laofa *a*
biased estimator meastóir *m3* laofa
biaxial crystal criostal *m1* déaiseach
bicarbonate *s* (= **hydrogencarbonate**) décharbónáit *f2*
biconcave *a* déchuasach *a*
biconditional *a* déchoinníollach *a*
biconvex *a* dédhronnach *a*

bidentate *a* dédhéadach *a*
bifilar winding tochrán *m1* déshnáitheach
big bang olltailm *f2*
big-bang theory teoiric *f2* na holltailme
biharmonic equation cothromóid *f2* dhé-armónach
bijection *s (Mth.)* détheilgean *m1*
bijective function *(Mth.)* feidhm *f2* dhétheilgeach
bilateral symmetry siméadracht *f3* dhéthaobhach
bilinear *a* délíneach *a*
bilinear function feidhm *f2* dhélíneach
billion *s* billiún *m1*
billion electron volt (= BeV, GeV, giga-electronvolt) billiún *m1* leictreonvolta, BeV
bimetallic *a* démhiotalach *a*
bimetallic strip (= bimetal strip) stiall *f2* dhémhiotalach
bimetal strip (= bimetallic strip) stiall *f2* dhémhiotalach
bimodal distribution dáileadh *m* démhodhach
bimolecular *a* démhóilíneach *a*
binary *s* dénárthán *m1*
binary *a* dénártha *a*
binary code cód *m1* dénártha
binary operation oibríocht *f3* dhénártha
binary star *(Ast.)* déréalta *f4*
bind *v* nasc *v*
binder *s* ceanglóir *m3*
binding *s* nascadh *m* (*gs* -sctha)
binding energy fuinneamh *m1* nascach
binocular *a* déshúileach *a*
binodal *a* dénódach *a*
binomial *s* déthéarmach *m1*
binomial *a* déthéarmach *a*
binomial coefficient comhéifeacht *f3* dhéthéarmach
binomial distribution *(St.)* dáileadh *m* déthéarmach
binomial experiment *(St.)* turgnamh *m1* déthéarmach
binormal *s* dénormal *m1*
binormal *a* dénormalach *a*
bio- *pref* bith- *pref*
biochemical *s* bithcheimiceán *m1*
biochemistry *s* bithcheimic *f2*
biodegrade *v* bith-dhíghrádaigh *v*
biological control system riailchóras *m1* bitheolaíoch
biology *s* bitheolaíocht *f3*
biolysis *s* bithealú *m* (*gs* -laithe)
bionic *a* bitheonach *a*
bionics *spl* bitheoinic *f2*
biophysics *spl* bithfhisic *f2*
biotechnology *s* biteicneolaíocht *f3*
bipolar coordinates comhordanáidí *fpl* dépholacha
bipolar electrode leictreoid *f2* dhépholach
bipolar integrated circuit ciorcad *m1* iomlánaithe dépholach
bipolar transistor trasraitheoir *m3* dépholach
biprism *s* déphriosma *m4*
bipyramidal *a* déphirimideach *a*
bipyramidal trigonal tríogánach *m1* déphirimideach
biquinary *a* déchúigeach *a*
bi-refringence *s* dé-athraontas *m1*
bis- *pref (Ch.)* bios- *pref*
bisect *v* déroinn *v*
bisection *s* déroinnt *f2*
bisector *s* déroinnteoir *m3*
biserial correlation comhghaolú *m* déshrathach
bismuth *s* biosmat *m1*
bispherical lens lionsa *m4* désféarach
bistable multivibrator ilchreathadóir *m3* déchobhsaí
bisulphate *s* (= **hydrogensulphate**) déshulfáit *f2*
bisulphite *s* déshuilfít *f2*
bit *s (Comp.)* giotán *m1*

bitumen *s* biotúman *m1*
bivalent *a* (= **divalent**) défhiúsach *a*
bivariant system córas *m1* dé-athraitheach
bivariate distribution dáileadh *m* dé-athráideach
bivariate normal probability dóchúlacht *f3* dhé-athráideach normalach
bivariate-probability density function dlúsfheidhm *f2* dóchúlachta dé-athráidí
black body *(Ph.)* dúchorp *m1*
black-body radiation radaíocht *f3* dúchoirp
black-body temperature teocht *f3* dúchoirp
black hole *(Ast.)* dúpholl *m1*
black-out point múchphointe *m4*
blank *s* bánán *m1*, spás *m1* bán
blank *a* bán *a*
blank *v (Eln.)* dall *v*
blank determination bánchinneadh *m* (*gs* -nnte)
blanket *s* brat *m1*
blank titration bán-toirtmheascadh *m* (*gs* -ctha)
blast *s (explosion)* pléasc *f2*
blast *s (of air)* soinneán *m1*
blast *s (of abrasive material)* rois *f2*
blast cleaning roisghlanadh *m* (*gs* -nta)
blast furnace foirnéis *f2* soinneáin
blaze *s* léaspach *m1*, laom *m3*
blazed grating gríl *f2* laomtha
bleach *s* (= **bleaching agent**) tuarthóir *m3*
bleach *v* tuar *v*
bleaching agent (= **bleach**) tuarthóir *m3*
bleaching powder *s* púdar *m1* tuartha
bleeding *s* sceitheadh *m* (*gs* -ite)
blending problem fadhb *f2* chumaisc
blind spot caochspota *m4*
blister *s* clog *m1*
block *s* bloc *m1*
block chart bloc-chairt *f2*
block diagonal matrix maitrís *f2* bhlocthrasnánach
block diagram blocléaráid *f2*
block diagrams model samhail *f3* blocléaráidí
block graph blocghraf *m1*
blocking oscillator bloc-ascaltóir *m3*
block relaxation blocshocracht *f3*
bloom *s (Opt.)* blás *m1*
bloom *v (Opt.)* blásaigh *v*
blooming of lenses blású *m* lionsaí
blotch *s* fliosca *m4*
blower *s* séidire *m4*
blowpipe *s* séideadán *m1*
blue *s* gorm *m1*
blue-print *s* gormchló *m4*
blue-stone *s* cloch *f2* ghorm
blur circle geamhchiorcal *m1*
blurred *a* geamhach *a*
bob *s* mirleán *m1*
body *s (of aeroplane)* cabhail *f* (*gs* -bhlach)
body *s (Ast.)* rinn *m3*
body *s (Mth. Ph.)* corp *m1*
body-centred *a (Ch. Cryst.)* corpláraithe *a*
body-centred cubic structure *(Ch. Cryst.)* struchtúr *m1* ciúbach corpláraithe
body centrode *(Mec.)* corpcheantróid *f2*
body cone *(Mth.)* corpchón *m1*
body force *(Mec.)* corpfhórsa *m4*
Bohr theory of electrons in the atom teoiric *f2* Bohr faoi leictreoin san adamh
boil *v* fiuch *v*
boiler *s* coire *m4*
boiler feed-water *(Eng.)* uisce *f4* fotha coire
boiler scale coirt *f2* choire
boiling point *s* fiuchphointe *m4*

boiling test-tube promhadán *m1* fiuchta
boiling tube feadán *m1* fiuchta
boiling-water reactor (= BWR) imoibreoir *m3* uisce fiuchaidh
bolide *s* bóilíd *f2*
bolometer *s* bólaiméadar *m1*
bolometric *a* bólaiméadrach *a*
Boltzmann entropy hypothesis hipitéis *f2* eantrópachta Boltzmann
bomb *s* buama *m4*
bombard *v* tuairgneáil *v*
bomb calorimeter buama-chalraiméadar *m1*
bond *s (Ch. Ph.)* nasc *m1*
bond angle *(Ch. Ph.)* nascuillinn *f2*
bond character *(Ch.)* nasc-chineál *m1*
bond energy *(Ch. Ph.)* nascfhuinneamh *m1*
bonding pair *(Ch. Ph.)* dís *f2* nascach
bond length *(Ch. Ph.)* nascfhad *m1*
bond order *(Ch.)* nascord *m1*
bond-stretching *(Ch.)* nascshearradh *m* (*gs* -rrtha)
bond vibration *(Ch.)* nasc-chreathadh *m1*, nasc-chrith *m3*
bone ash cnámhluaithreach *m1*
bone charcoal cnámhghualach *m1*
bone meal min *f2* chnámh
boost *v* treisigh *v*
booster *s* treiseoir *m3*
bootstrap theory teoiric *f2* an bhrógstrapa
boracic *a* bórásach *a*
borane *s* (= **boron hydride**) bórán *m1*
borate *s* bóráit *f2*
borax *s* bórás *m1*
borax-bead test promhadh *m* cnapbhóráis
borazine *s* (= **borazole**) bóraisín *m4*
borazole *s* (= **borazine**) bórasól *m1*
border *s* imeall *m1*
bore *s* cró *m4*
bore *v* toll *v*
bore capillary cró *m4* ribeach
borer *s* tollaire *m4*
boric *a* bórach *a*
boric acid aigéad *m1* bórach
boroethane *s* (= **diborane**) bóireatán *m1*
borohydride *s* (= **tetrahydridoborate**) bóraihidríd *f2*
boron *s* bórón *m1*
boron hydride (= **borane**) hidríd *f2* bhóróin
borrow *v (Mth.)* bain *v*
boson *s* bósón *m1*
boss *s* cabhra *m4*
boss-head clamp teanntán *m1* molcheannach
bottle *s* buidéal *m1*
bottlebrush scuab *f2* bhuidéal
bound *s (Mth.)* cuimse *f4*
boundary *s (Mth.)* fóir *f* (*gs* -reach)
boundary condition *(Mth.)* fóirchoinníoll *m1*
boundary-layer fóirchiseal *m1*
boundary value problem fadhb *f2* fhóirluacha
bounded *a (Mth.)* cuimsithe *a*
bounded above cuimsithe lastuas
bounded below cuimsithe laistíos
bounded input ionchur *m1* cuimsithe
bounded self-adjoint operator *(Mth.)* oibreoir *m3* féinchuingeach cuimsithe
boundless *a (Mth.)* éaguimsithe *a*
bound of set cuimse *f4* tacair, tacarchuimse *f4*
Boyle's law dlí *m4* Boyle
Bq (= becquerel) *(unit)* Bq, beicireil *f2*
brace *s (CivEng.)* snaidhmeán *m1*
brace *s (Mth.)* lúibín *m4* slabhrach
braced girder cearchaill *f2* shnaidhmthe
brachistochrone *s (Mec. Mth. Ph.)* brachaisteacrón *m1*

bracket *s* brac *m1*
bracket *s (Mth.)* lúibín *m4*
brackish *a* goirt *a*
brake *s* coscán *m1*
brake horsepower each-chumhacht *f3* choiscthe
branch *s (Mth.)* brainse *m4*
branched *a* brainseach *a*
branch point *(Mth.)* brainsephointe *m4*
brass *s* prás *m1*
breadth *s* leithead *m1*
break *v (El.)* scoir *v*
breakdown *s* cliseadh *m* (*gs* -ste)
breakdown *s* (**= decomposition**) *(Ch.)* dianscaoileadh *m* (*gs* -lte)
breakdown potential (**= breakdown voltage**) *(El.)* clisphoitéinseal *m1*
breakdown voltage (**= breakdown potential**) *(El.)* clisvoltas *m1*
breaker *s* (**= contact breaker**) *(El.)* scoradán *m1*
breeder *s (NcPh.)* póraitheoir *m3*
breeder reactor *(NcPh.)* imoibreoir *m3* pórúcháin
breeding *s (NcPh.)* pórú *m* (*gs* -raithe), pórúchán *m1*
breeding gain *(NcPh.)* fabhrú *m* pórúcháin
breeding ratio *(NcPh.)* cóimheas *m3* pórúcháin
bremsstrahlung *s (de)* *bremsstrahlung m4*
bremsstrahlung radiation radaíocht *f3 bremsstrahlung*
brew *v* grúdaigh *v*
brewing *s* grúdaireacht *f3*
Brewster window fuinneog *f2* Brewster
brick *s* bríce *m4*
bridge *s* droichead *m1*
bridge rectifier coigeartóir *m3* droichid
brightness *s* gile *f4*
brilliance *s* gléigile *f4*
brilliant *a* gléigeal *a*
brine *s* sáile *m4*
briquette *s* brícín *m4*
bristle *s* guaire *m4*
British thermal unit (**= BTU**) teas-aonad *m1* Briotanach, TAB
brittle *a* briosc *a*
brittle fracture briosc-scoilteadh *m* (*gs* -ilte)
broad *a* leathan *a*
broad account breac-chuntas *m1*, cnámhchuntas *m1*
broadening of spectral lines leathnú *m* línte speictreacha
broadside array eagar *m1* cliathánach
broadside-on position suíomh *m1* cliathánach
broken-line graph graf *m1* líne briste
bromate *s* brómáit *f2*
bromic *a* brómach *a*
bromic acid aigéad *m1* brómach
bromide *s* bróimíd *f2*
bromination *s* bróimíniú *m* (*gs* -ithe)
bromine *s* bróimín *m4*
bromo- *pref* bróma-, brómai- *pref*
bromochlorotrifluorethane *s* (**= halothane**) brómaclóraithrí-fhluaireatán *m1*
bromonium *s* brómóiniam *m4*
bronze *s* cré-umha *m4*
Brownian motion (**= Brownian movement**) brúnghluaisne *f4*
Brownian movement (**= Brownian motion**) brúnghluaisne *f4*
brush *s* scuab *f2*, scuaibín *f4*
brush discharge scuab-dhíluchtú (*gs* -taithe)
BTU (**= British thermal unit**) TAB, teas-aonad *m1* Briotanach
bubble *s* boilgeog *f2*
bubble *v* boilgearnaigh *v*
bubble chamber *(Ph.)* soitheach *m1* boilgeog
bubbling *s* boilgearnach *f2*

Buchner funnel tonnadóir *m3* Buchner
bucket-brigade device *(Eln.)* feiste *f4* buicéad
buckle *v* búcláil *v*
buckling *s* búcláil *f3*
buckling load ualach *m1* búclála
buffer *s (Ch.)* maolán *m1*
buffer *a (Ch.)* maolánach *a*
buffer *a (Eln.)* idirghabhála *a*
buffer *v (Ch.)* maolánaigh *v*
buffer circuit *(Eln.)* ciorcad *m1* idirghabhála
buffered solution *(Ch.)* tuaslagán *m1* maolánaithe
build up *v* neartaigh *v*
bulb *s (El.)* bolgán *m1*
bulb-holder cró *m4* bolgáin
bulb pipette pípéad *m1* bolgáin
bulk chamber *(Eln. Ph.)* cuasán *m1* toirte
bulk lifetime *(Eln. Ph.)* ré *f4* toirte
bulk modulus *(Ph.)* modal *m1* toirte
bumping *s (of liquid)* preabarnach *f2* (leachta)
bunching *s* baicliú *m* (*gs* -ithe)
bundle *s* cual *m1*
bung *s* dallán *m1*
Bunsen burner dóire *m4* Bunsen
Bunsen ice calorimeter oighearchalraiméadar *m1* Bunsen
buoy *s* baoi *m4*
buoyancy *s* buacacht *f3*
buoyancy balance meátán *m1* buacachta
buoyancy force fórsa *m4* buacachta
buoyant *a* buacach *a*
burette *s* buiréad *m1*
burner *s* dóire *m4*
burning velocity *(Ch.)* treoluas *m1* dócháin
burn-up *s* dó-ídiú *m* (*gs* -ithe)
burst *s* bladhm *f3*
burtonize *v* burtanaigh *v*
burtonizing *s* burtanú *m* (*gs* -naithe)
busbar *s* busbarra *m4*
bushel *s* buiséal *m1*
butadiene *s* (= **but-1,3-diene**) bútaidhé-éin *f2*
butane *s* bútán *m1*
butanedial *s* (= **succinaldehyde**) bútáindé-al *m1*
butanedioic acid (= **succinic acid**) aigéad *m1* bútáindé-óch
butanediol *s* bútáindé-ól *m1*
butanedione *s* (= **diacetyl**) bútáindé-ón *m1*
butanoic *a* bútánóch *a*
butan-1-ol *s* (= **butyl alcohol**) bútan-1-ól *m1*
butanone *s* bútánón *m1*
but-1,3-diene *s* (= **butadiene**) bút-1,3-dé-éin *f2*
but-1-ene *s* (= **butylene**) bút-1-éin *f2*
butterfly net líontán *m1* féileacáin
buttwelding *s* buntáthú *m* (*gs* -thaithe)
butyl *s* búitil *f2*
butyl alcohol (= **butan-1-ol**) alcól *m1* búitile
butylene *s* (= **but-l-ene**) búitiléin *f2*
butyric *a* (= **butanoic**) bútarach *a*
buzzer *s* dordánaí *m4*
bypass *s* seach-chonair *f2*
bypass *v* seachthreoraigh *v*
by-product *s* fotháirge *m4*
byte *s (Comp.)* beart *m1*

C

cable *s* cábla *m4*
cadmium *s* caidmiam *m4*
cadmium ratio cóimheas *m3* caidmiam
caesium *s* (= **cesium**) caeisiam *m4*
caesium clock clog *m1* caeisiam
caffeine *s* caiféin *f2*
cage compound (= **clathrate**) caighean-chomhdhúil *f2*
cage mill caigheanmhuileann *m1*
calcification *s* cailciú *m* (*gs* -ithe)

calcify *v* cailcigh *v*
calcination *s* cailcíniú *m*
calcine *v* cailcínigh *v*
calcite *s* cailcít *f2*
calcium *s* cailciam *m4*
calcium carbonate carbónáit *f2* chailciam
calcium chloride clóiríd *f2* chailciam
calcium hydrogen carbonate hidrigincharbónáit *f2* chailciam
calcium hydroxide hiodrocsaíd *f2* chailciam
calcium nitrate níotráit *f2* chailciam
calcium oxide ocsaíd *f2* chailciam
calculate *v* ríomh *v*
calculation *s* ríomhaireacht *f3*
calculus *s* calcalas *m1*
calculus of variations calcalas *m1* na n-athrúchán
calendar *s* féilire *m4*
calendar year bliain *f3* féilire
calender *s (of cloth, paper, etc.)* cleandar *m1*
calender *v (of cloth, paper, etc.)* cleandaraigh
calibrate *v (Ph.)* calabraigh *v*
calibration *s (Ph.)* calabrú *m* (*gs* -braithe), calabrúchán *m1*
calibration error *(Ph.)* earráid *f2* chalabrúcháin
californium *s* calafoirniam *m4*
calipers *spl* cailpéar *m1*
calomel *s* calmal *m1*
calomel electrode leictreoid *f2* chalmail
calorescence *s* calraíocht *f3*
caloric theory teoiric *f2* chalrach
calorie *s* calra *m4*
calorific *a* calrach *a*
calorimeter *s* calraiméadar *m1*
calorimetry *s* calraiméadracht *f3*
calutron *s* calatrón *m1*
calx *s* cailceán *m1*
cam *s* ceam *m3*
camber *s* dronn *f2*
camera *s* ceamara *m4*
camera lucida *camera lucida*
camera tube feadán *m1* ceamara
camphor *s* camfar *m1*
camshaft *s* ceamfhearsaid *f2*
canal *s* canáil *f3*
canal rays gathanna *mpl* canálacha
cancel *v* cealaigh *v*
cancellation *s* cealú *m* (*gs* -laithe)
cancellation compensation cúiteamh *m1* cealúcháin
cancellation law dlí *m4* an chealúcháin
candela *s (unit)* caindéile *f4*
candle clock coinnealchlog *m1*
candle-power *s* coinnealchumhacht *f3*
cane sugar *s* siúcra *m4* cána
cannabin *s* cannaibin *f2*
cannabis *s* cannabas *m1*
cannel coal coinnealghual *m1*
canonical *a* canónta *a*
canonical ensemble tionól *m1* canónta
canonical equation cothromóid *f2* chanónta
canonical form foirm *f2* chanónta
canonical imbedding inleabú *m* canónta
canonical mapping mapáil *f3* chanónta
cantilever *s* starrmhaide *m4*
cantilever beam bíoma *m4* starrmhaide
capacitance *s* toilleas *m1*
capacitive coupling cúpláil *f3* thoilleasach
capacitive reactance freasaitheacht *f3* thoilleasach
capacitive tuning tiúnadh *m* toilleasach
capacitor *s* toilleoir *m3*
capacity *s* toilleadh *m1*
capillarity *s* ribeadas *m1*
capillary *a* ribeach *a*
capillary attraction sú *m4* ribeach

capillary electrometer leictriméadar *m1* ribeach
capillary tension teannas *m1* ribeach
caprock *s* caidhpcharraig *f2*
caproic acid (= hexanoic acid) aigéad *m1* capróch
capstan *s* tochard *m1*
capstan lathe deil *f2* thochardach
capsule *s* cochall *m1*
capture *v (NcPh.)* gabh *v*
capture cross-section trasghearradh *m* gabhála
carat *s* carat *m1*
caraway *s* cearbhas *m1*
carbamate *s* carbamáit *f2*
carbamide *s* carbaimíd *f2*
carbanion *s* carbainian *m1*
carbazide *s* carbaisíd *f2*
carbene *s* cairbéin *f2*
carbenoid *s* cairbéanóideach *m1*
carbenoid *a* cairbéanóideach *a*
carbide *s* cairbíd *f2*
carbo- *pref* carba-, carbai- *pref*
carbocyclic *a* carbafháinneach *a*
carbohydrase *s* carbaihiodráis *f2*
carbohydrate *s* carbaihiodráit *f2*
carbolic *a* carbólach *a*
carbolize *v* carbólaigh *v*
carbon *s* carbón *m1*
carbonaceous *a* carbónúil *a*
carbonate *s* carbónáit *f2*
carbonation *s* carbónáitiú *m* (*gs* -ithe), carbónáitiúchán *m1*
carbon black *(industrial)* dubh *m1* an charbóin
carbon brush scuaibín *f4* charbóin
carbon cycle timthriall *m3* carbóin
carbon-14 dating dátú *m* charbón 14
carbon dioxide dé-ocsaíd *f2* charbóin
carbonic *a* carbónach *a*
carbonium *s* carbóiniam *m4*
carbonize *v* carbónaigh *v*
carbon microphone micreafón *m1* carbóin
carbon monoxide aonocsaíd *f2* charbóin
carbon tetrachloride (= tetrachloromethane) teitreaclóiríd *f2* charbóin
carbonyl *s* carbóinil *f2*
carbonyl chloride (= phosgene) clóiríd *f2* charbóinile
carbonyl diamide (= urea) dé-aimíd *f2* charbóinile
carborane *s* carbórán *m1*
carborundum *s* carbaram *m1*
carboxyl *s* carbocsail *f2*
carboxylic *a* carbocsaileach *a*
carboy *s* carbách *m1*
carburate *v* (= **carburet**) *(Ch.)* carbraigh *v*
carburet *v* (= **carburate**) *(Ch.)* carbraigh *v*
carburettor *s* carbradóir *m3*
carburize *v (Metal.)* carbraigh *v*
carbylamine *s (Ch.)* cairbiolaimín *m4*
carbyne *s* cairbín *m4*
cardboard *s* cairtchlár *m1*
cardinality *s* cairdinéalacht *f3*
cardinal number bunuimhir *f* (*gs* -mhreach)
cardinal point *(of compass)* príomhaird *f2*
cardinal point *(of system of lenses) (Opt.)* sainphointe *m4*
cardioid *a (Mth.)* cairdeoideach *a*
cardioid condenser *(Opt. Ph.)* comhdhlúthadán *m1* cairdeoideach
carnallite *s* carnaillít *f2*
carnotite *s (Min.)* carnóitít *f2*
carotene *s* caraitéin *f2*
carotenoid *a* caraitéanóideach *a*
carriage *s* carráiste *m4*
carrier *s (Ncln.)* iompróir *m3*
carrier-wave *s* tonn *f2* iompair
carrying capacity cumas *m1* iompair
carry-over *s* tuliompar *m1*
carry-over factor fachtóir *m3* tuliompair
cartesian *a* cairtéiseach *a*
cartesian coordinates comhordanáidí *fpl* cairtéiseacha

cartesian sign convention sínghnás *m1* cairtéiseach
cartesian tensor teinseoir *m3* cairtéiseach
cascade *s (El. Ph.)* cascáid *f2*
cascade *v (El. Ph.)* cascáidigh *v*
cascade compensation *(ContSys.)* cúiteamh *m1* cascáideach
cascade liquefaction *(Ph.)* leachtú *m* cascáideach
cascade liquefier *(Ph.)* leachtaitheoir *m3* cascáideach
cascade shower *(Ph.)* fras *f2* chascáideach
cascara *s* cascara *m4*
case *s* cás *m1*
casein *s* cáiséin *f2*
cassette *s* caiséad *m1*
cassiterite *s* caisiteirít *f2*
cast *s* teilgean *m1*
cast *v* teilg *v*
cast brass prás *m1* teilgthe
casting-out nines easchaitheamh *m1* (na) naonna
cast iron iarann *m1* teilgthe, iarann *m1* múnla
casual system córas *m1* ócáideach
cata- *pref* cata-, catai- *pref*
catabolism *s* catabalacht *f3*
catacaustic *a (Opt.)* catacástach *a*
catadioptric system córas *m1* cataidia-optrach
catalysis *s* catalú *m* (*gs* -laithe)
catalyst *s* catalaíoch *m1*
catalytic *a* catalaíoch *a*
cataphoresis *s* catafóiréis *f2*
catastrophe theory teoiric *f2* na catastróife
catching diode dé-óid *f2* ghabhála
catenary *s* caitéin *f2*
catenary *a* caitéineach *a*
catenation *s* caitéanú *m* (*gs* -naithe), caitéanúchán *m1*
cathecol *s* catacól *m1*
cathetometer *s* catataiméadar *m1*
cathode *s* catóid *f2*
cathode follower leantóir *m3* catóide
cathode lead seolán *m1* catóide
cathode-ray oscilloscope *(Ph.)* ascalascóp *m1* ga-chatóideach
cathode-ray tube feadán *m1* ga-chatóideach
cathodic *a* catóideach *a*
cation *s* caitian *m1*
cation exchange caitianmhalartú *m* (*gs* -taithe), caitianmhalartúchán *m1*
cation exchanger caitianmhalartóir *m3*
cationic *a* caitianach *a*
catoptric power *(Opt.)* cumhacht *f3* chatoptrach
catoptrics *spl (Opt.)* catoptraic *f2*
catoptric system (= katoptric system) *(Opt.)* córas *m1* catoptrach
Cauchy dispersion formula spréfhoirmle *f4* Cauchy
causal *a* cúisíoch *a*
causality *s* cúisíocht *f3*
causality principle prionsabal *m1* na cúisíochta
causal system córas *m1* cúisíoch
caustic *a (Ch.)* loiscneach *a*
caustic *a (Opt.)* cástach *a*
caustic curve *(Opt.)* cuar *m1* cástach
caustic surface *(Opt.)* dromchla *m4* cástach
cavitation *s* cabhánú *m* (*gs* -naithe)
cavity resonator (= resonant cavity) athshonadóir *m3* cabhach
cavity slide *(Micros.)* logshleamhnán *m1*
CDF (= cumulative density function) DFC, dlúsfheidhm *f2* charnach
celestial *a* neamhaí *a*
celestial body *s* rinn *m3* neimhe
celestial equator meánchiorcal *m1* neamhaí
celestial mechanics meicnic *f2* neamhaí
celestial pole pol *m1* neamhaí
celestial sphere sféar *m1* neamhaí
cell *s* cill *f2*

cell constant cilltairiseach *m1*
cellobiose *s* (= **cellose**) ceallabós *m1*
cellophane *s* ceallafán *m1*
cellose *s* (= **cellobiose**) ceallós *m1*
cellulose *s* ceallalós *m1*
cellulose *a* ceallalósach *a*
Celsius scale scála *m4* Celsius
cement *s (Ch. CivEng.)* stroighin *f2*, suimint *f2*
cement *v (Ch. CivEng.)* stroighnigh *v*, suimintigh *v*
cementation *s (Metal.)* suimintiú *m* (*gs* -ithe), suimintiúchán *m1*
cementite *s (Metal.)* suimintít *f2*
centi- *pref* ceintea-, ceinti-, ceint- *pref*
centigrade *s* ceinteagrád *m1*
centigrade *a* ceinteagrádach *a*
centigrade scale scála *m4* ceinteagrádach
centigram *s* ceinteagram *m1*
centilitre *s* ceintilítear *m1*
centimetre *s* ceintiméadar *m1*
centipoise *s* ceinteapoise *m4*
centistoke *s* ceinteastóc *m1*
centrad *s* ceintearad *m1*
central *a* lárnach *a*
central difference difríocht *f3* lárnach
central force fórsa *m4* lárnach
central-limit theorem teoirim *f2* na teorann lárnaí
central optical system córas *m1* optúil lárnach
central processing unit (= **CPU**) láraonad *m1* próiseála, LAP
centre *s* lár *m1*
centre of area acharlár *m1*
centre of buoyancy lár *m1* buacachta
centre of collineation *(Ph.)* lár *m1* comhlíneachais
centre of curvature lár *m1* cuaire
centre of escribed circle easlár *m1*
centre of figure lár *m1* fíorach
centre of gravity *(Mec.)* meáchanlár *m1*
centre of group lár *m1* grúpa
centre of inertia lár *m1* táimhe
centre of inversion lár *m1* an inbhéartaithe
centre of mass (= **centroid**) *(Mec. Ph.)* maislár *m1*
centre of pressure brúlár *m1*, lár *m1* brú
centre of similitude lárphointe *m4* cosúlachta
centre zero voltmeter voltmhéadar *m1* nialais láir
centrifugal *a* lártheifeach *a*
centrifugal governor rialtóir *m3* lártheifeach
centrifugation potential poitéinseal *m1* lártheifneorúcháin
centrifuge *s* lártheifneoir *m3*
centripetal *a* láraimsitheach *a*
centrobaric *a* lárbharach *a*
centrode *s (Mec. Ph.)* ceantróid *f2*
centroid *s* (= **centre of mass**) *(Mec. Ph.)* meánlár *m1*
centroidal *a (Mec. Ph.)* meánlárach *a*
centrosymmetry *s* lárshiméadracht *f3*
century *s* céad *m1*
ceramic *a* ceirmeach *a*
ceramics *spl* ceirmeacht *f3*
ceric *a* ceireach *a*
cerium *s* ceiriam *m4*
cerous *a* ceiriúil *a*
certain *a* cinnte *a*, dearfa *a*, deimhin *a*
certainty *s* cinnteacht *f3*, dearfacht *f3*, deimhneacht *f3*
cesium *s* (= **caesium**) caeisiam *m4*
cetyl *s* (= **hexadecyl**) ceitil *f2*
CFC (= **chlorofluorocarbon**) *(Ch.)* CFC, clórafluaracarbón *m1*
cgs system córas *m1* cgs
chain *s* slabhra *m4*
chain bracket lúibín *m4* slabhrach
chain drive slabhrathiomáint *f3* (*gs* -ána)

chain reaction imoibriú *m* slabhrúil
chain rule cuingriail *f* (*gs* -alach)
chalcone *s* cailceon *m1*
chalk *s* cailc *f2*
chalybeate *a* iarnach *a*
chamois *s* seamaí *m4*
chance *s* seans *m4*
change *s* athrú *m* (*gs* -aithe)
change-barometer *s* baraiméadar *m1* luaineach
change of state athrú *m* staide
channel *s (CivEng. Comm. Eln.)* cainéal *m1*
channel storage *(Eln.)* stóráil *f3* chainéalach
channel-utilization index innéacs *m4* úsáide cainéal
chaos *s* anord *m1*
char *s* gualán *m1*
char *v* gualaigh *v*
characteristic *s (Mth.)* sainuimhir *f* (*gs* -mhreach)
characteristic *s* (= **characteristic curve**) *(Mth.)* sainchuar *m1*
characteristic *a* sain- *pref*, sainiúil *a*
characteristic *a (Mth.) (vectors)* dual- *pref*
characteristic curve (= **characteristic**) *(Mth.)* sainchuar *m1*
characteristic equation *(Mth.)* sainchothromóid *f2*
characteristic function *(Mth. Ph. St.)* sainfheidhm *f2*
characteristic function (= **eigenfunction, proper function**) *(Mth.)* dualfheidhm *f2*
characteristic length *(Mth.)* sainfhad *m1*
characteristic number (= **characteristic value, eigenvalue, proper value**) *(Mth.)* dual-luach *m3*
characteristic polynomial *(Mth.)* dual-iltéarmach *m1*
characteristic root sainfhréamh *f2*
characteristic temperature (= **Debye temperature**) *(Ph.)* sainteocht *f3*
characteristic value (= **characteristic number, eigenvalue, proper value**) *(Mth.)* dual-luach *m3*
characteristic vector (= **eigenvector**) *(Mth.)* dualveicteoir *m3*
characteristic x-radiation sain-x-radaíocht *f3*
charcoal *s* fioghual *m1*, gualach *m1*
charge *s (of cartridge)* lánán *m1*
charge *s (El.)* lucht *m3*
charge *v (El.)* luchtaigh *v*
charge carrier iompróir *m3* luchta
charge conjugation (= **charge parity**) comhchuingeacht *f3* luchta
charge-coupled device feiste *f4* luchtchúpláilte
charge density luchtdlús *m1*
charge independence neamhspleáchas *m1* luchta
charge parity (= **charge conjugation**) paireacht *f3* luchta
charger *s* luchtaire *m4*
charge transfer luchtaistriú *m* (*gs* -ithe), luchtaistriúchán *m1*
charge-transfer device feiste *f4* luchtaistriúcháin
charmed particle briochtcháithnín *m4*
chart *s* cairt *f2*
chart plot cairtphlota *m4*
check *s* seiceáil *f3*
check digit digit *f2* seiceála, seicdhigit *f2*
checking procedure gnáthamh *m1* seiceála
check problem fadhb *f2* sheiceála
check routine gnáthamh *m1* seiceála
chelate *a (Ch.)* crágach *a*
chelate *v (Ch.)* crág *v*
chelate complex *(Ch.)* crágchoimpléasc *m1*
chelating agent *(Ch.)* oibreán *m1* crágtha
chelation *s (Ch.)* crágadh *m* (*gs* -gtha)

chelatochrome *s (Ch.)* crágachróm *m1*
chemical *s* ceimiceán *m1*
chemical *a* ceimiceach *a*
chemical analysis anailís *f2* cheimiceach
chemical change athrú *m* ceimiceach
chemical engineering innealtóireacht *f3* cheimiceach
chemical equivalent (= equivalent weight) *(Ch.)* coibhéis *f2* cheimiceach
chemical formula foirmle *f4* cheimiceach
chemical hygrometer taismhéadar *m1* ceimiceach
chemical shift aistriú *m* ceimiceach
chemiluminescence *s* ceimealonracht *f3*
chemisorption *s* ceimeasú *m4*
chemistry *s* ceimic *f2*
chemosphere *s* ceimisféar *m1*
chemotaxis *s* ceimealuadar *m1*
chi *s* chí *f4*
chief ray príomhgha *m4*
chill *s (device)* fuarthóir *m3*
chill *v (Metal.)* fuarfhaghair *v*
chilled *a (Metal.)* fuarfhaghartha *a*
chi-meson *s* chí-méasón *m1*
chip *s* slis *f2*
chip *v* slis *v*
chiral *a* ciriúil *a*
chirality *s* ciriúlacht *f3*
chi-squared distribution dáileadh *m* chí-chearnaithe
chloral *s* (= **trichlorethanal**) clóral *m1*
chloramine *s* clóraimín *m4*
chlorate *s* clóráit *f2*
chloric *a* clórach *a*
chloric acid aigéad *m1* clórach
chloride *s* clóiríd *f2*
chlorinate *v* clóirínigh *v*
chlorination *s* clóiríniú *m* (*gs* -ithe), clóiríniúchán *m1*
chlorine *s* clóirín *m4*
chlorinity *s* clóiríneacht *f3*
chloro- *pref* clóra-, clórai-, clóir- *pref*
2-chlorobuta-1,3-diene *s* (= **chloroprene**) 2-clórabúta -1,3 -dé-éin *f2*
chlorodyne *s* clóraidín *m4*
chlorofluorocarbon (= CFC) *s (Ch.)* clórafluaracarbón *m1*, CFC
chloroform *s* (= **trichloromethane**) clóraform *m1*
chlorophyll *s* clóraifill *f2*
chloroprene *s* (= **2-chlorobuta-1,3-diene**) clóraipréin *f2*
chlorosilane *s* clóraisiolán *m1*
chlorosulphonic *a* clórasulfónach *a*
chlorous *a* clórúil *a*
choke *s* tachtaire *m4*
choke *v* tacht *v*
choking *a* tachtach *a*, tacht- *pref*
choking-coil *s* tachtchorna *m4*
choking fumes múch *f2* thachtach
choline *s* coilín *m4*
chondrite *s* coindrít *f2*
chondrule *s* coindriúl *m1*
chord *s* corda *m4*
chord of contact corda *m4* teagmhála
choroid *a* córóideach *a*
chromate *s* crómáit *f2*
chromatic *a* crómatach *a*
chromaticity *s* crómatacht *f3*
chromatic resolving power cumas *m1* taifigh chrómataigh
chromatic scale scála *m4* crómatach
chromatism *s* crómatachas *m1*
chromatogram *s* crómatagram *m1*
chromatography *s* crómatagrafaíocht *f3*
chrome *s* cróm *m1*
chrominance *s* crómanas *m1*
chrominance signal comhartha *m4* crómanais
chromium *s* cróimiam *m4*
chromo- *pref* cróma-, crómai- *pref*
chromophore *s* crómafór *m1*
chronograph *s (Ph.)* crónagraf *m1*

chronometer *s (Ph.)* crónaiméadar *m1*
chronon *s (Ph.)* crónón *m1*
cinnabar *s* cionnabar *m1*
cinnamic acid (= 3-phenylpropenoic acid) aigéad *m1* cionnamach
circle *s* ciorcal *m1*
circle graph ciorcalghraf *m1*
circle of inversion ciorcal *m1* an inbhéartaithe
circle of least confusion ciorcal *m1* an íosmhearbhaill
circuit *s* ciorcad *m1*
circuital *a* ciorcadúil *a*
circuit board ciorcadlosaid *f2*
circuit breaker *s* scoradán *m1* ciorcaid
circuit element eilimint *f2* ciorcaid
circular *a* ciorclach *a*
circular dichroism déchrómachas *m1* ciorclach
circular frequency minicíocht *f3* chiorclach
circular polarization polarú *m* ciorclach
circular(ly) polarized light solas *m1* polaraithe go ciorclach
circulate *v (Mth.)* athfhill *v*
circulating *a (Mth.)* athfhillteach *a*
circulation *s (physiology)* imshruthú *m* (*gs* -thaithe)
circumcentre *s* imlár *m1*
circumcircle *s* imchiorcal *m1*
circumference *s* imlíne *f4*
circumpolar star réalta *f4* thimpholach
circumscribe *v* imscríobh *v*
circumscribed *a* imscríofa *a*
cis- *pref* cis-, cios- *pref*
cis isomer cis-isiméir *f2*
cis-octadec-9-enoic acid (= oleic acid) aigéad *m1* cios-ochtaideic-9-éanóch
cissoid *a* ciosóideach *a*
cistern *s* sistéal *m1*
cistrans isomerism *(Ch.)* isiméireacht *f3* chiostrasach

citrate *s* ciotráit *f2*
citric *a* citreach *a*
citric acid aigéad *m1* citreach
civil engineering innealtóireacht *f3* shibhialta
clad *a* cumhdaithe *a*
clad *v* cumhdaigh *v*
cladding *s* cumhdach *m1*
clamp *s* clampa *m4*, teanntán *m1*
clamping diode dé-óid *f2* chlampála
class *s* aicme *f4*
class A amplifier aimplitheoir *m3* aicme A
class AB amplifier aimplitheoir *m3* aicme AB
class B amplifier aimplitheoir *m3* aicme B
class C amplifier aimplitheoir *m3* aicme C
class D amplifier aimplitheoir *m3* aicme D
classical *a* clasaiceach *a*
classification *s* aicmiú *m* (*gs* -ithe)
classify *v* aicmigh *v*
clathrate *s* **(= cage compound)** clatráit *f2*
clay *s* cré *f4*
clearance *s* scóip *f2*
clearance volume toirt *f2* scóipe, scóipthoirt *f2*
cleavage *s* scoilteacht *f3*
click wheel cniogroth *m3*
climax *s* forar *m1*
clinical thermometer teirmiméadar *m1* cliniciúil
clinometer *s* claonmhéadar *m1*
clip *s* fáiscín *m4*
clock *s* clog *m1*
clock arithmetic cloguimhríocht *f3*
clock frequency clogmhinicíocht *f3*
clock glass (= watch glass) clog-ghloine *f4*
clock pulse clogbhíog *f2*
clockwise *a* **(= right)** *(of direction, etc.)* deiseal *a*
closed circuit ciorcad *m1* iata

closed contour comhrian *m1* iata
closed curve cuar *m1* iata
closed-graph theorem teoirim *f2* an ghraif iata
closed loop *s* lúb *f2* iata
closed-loop *a* lúbiata *a*
closed-loop transfer function feidhm *f2* thraschuir lúbiata
closed operator oibreoir *f3* iata
closed set tacar *m1* iata
closed system córas *m1* iata
closely related neasghaolmhar *a*
close-packed *a* dlúthphacáilte *a*
close-packed structure struchtúr *m1* dlúthphacáilte
closure *s* iamh *m1*
closure of an operator iamh *m1* oibreora
closure of a set iamh *m1* an tacair
clothoid *s* (= **Cornu's spiral**) clótóideach *m1*
cloud chamber néalsoitheach *m1*
cloud-ion chamber soitheach *m1* néal-ian
cloud-point *s* néalphointe *m4*
cloud track néalchonair *f2*
cloudy *a (of liquid)* modartha *a*
cluster *s (Mth.)* braisle *f4*
cluster compound *(Ch.)* cnuas-chomhdhúil *f2*
cluster integral *(Mth.)* braisleshuimeálaí *m4*
clutch *s* crág *f2*
coagulate *s* téachtán *m1*
coagulate *v* téacht *v*
coal *s* gual *m1*
coalesce *v* comhtháthaigh *v*
coalescence *s* comhtháthú *m* (*gs* -thaithe)
coal-fired *a* (= **coal-fueled**) gualbhreoslaithe *a*
coal-fueled *a* (= **coal-fired**) gualbhreoslaithe *a*
coal gas *s* gualghás *m1*
coal tar *s* tarra *m4* guail
coarse net líontán *m1* garbh
co-axial *a* comhaiseach *a*
co-axial cable cábla *m4* comhaiseach
cobalt *s* cóbalt *m1*
cobalt chloride clóiríd *f2* chóbailt
cocaine *s* cócaon *m1*
cock *s* buacaire *m4*
code *s* cód *m1*
code operation códoibríocht *f3*
codon *s* códón *m1*
coefficient *s (Mth.)* comhéifeacht *f3*
coefficient for a normal variate *(St.)* comhéifeacht *f3* athráide normalaí
coefficient of association *(St.)* comhéifeacht *f3* comhthiomsúcháin
coefficient of contraction comhéifeacht *f3* crapthachta
coefficient of coupling comhéifeacht *f3* cúplála
coefficient of determination comhéifeacht *f3* cinntiúcháin
coefficient of distribution comhéifeacht *f3* dáileacháin
coefficient of emission (= **emissivity**) comhéifeacht *f3* astúcháin
coefficient of excess comhéifeacht *f3* barraíochta
coefficient of expansion comhéifeacht *f3* forbartha
coefficient of friction comhéifeacht *f3* frithchuimilte
coefficient of heat transfer *(Ph.)* comhéifeacht *f3* traschurtha teasa
coefficient of linear expansion comhéifeacht *f3* forbartha líní
coefficient of performance comhéifeacht *f3* feidhmiúcháin
coefficient of restitution comhéifeacht *f3* cúitimh
coefficient of skewness comhéifeacht *f3* sceabhachta
coefficient of thermal diffusivity comhéifeacht *f3* idirleatachta teirmí
coefficient of variation *(St.)* comhéifeacht *f3* comhathrúcháin
coefficient of viscosity *(Ph.)* comhéifeacht *f3* slaodachta

coercive force fórsa *m4* comhéigneach
coercivity *s* comhéigníocht *f3*
co-factor *s* comhfhachtóir *m3*
co-gradient *s* comhghrádán *m1*
coherence *s* comhleanúnachas *m1*
coherent *a* comhleanúnach *a*
coherent-light source foinse *f4* solais chomhleanúnaigh
cohesion *s* comhghreamú *m* (*gs* -maithe)
coil *s* corna *m4*
coiled flat spring rélingeán *m1* corntha
coil-former *s* eiteán *m1*
coil-winding *s* tochrán *m1*
coinage metal miotal *m1* mona
coincide *v* comhthit *v*
coincident *a* comhthitimeach *a*
co-ionic *a* comhianach *a*
coke *s* cóc *m1*
cold cathode catóid *f2* fhuar, fuarchatóid *f2*
cold emission (= field emission) astú *m* fuar
cold junction cumar *m1* fuar
cold trap gaiste *m4* fuar, fuarghaiste *m4*
collapse *s (Ast.)* imphléascadh *m* (*gs* -sctha)
collapse *v (Ast.)* imphléasc *v*
collector *s (Eln.)* tiomsaitheoir *m3*
collector current sruth *m3* tiomsaitheora
collector ring *(Eln.)* fáinne *m4* tiomsaithe
colligative *a (Ch.)* tiomsúch *a*
collinear *a* comhlíneach *a*
collineation equation of optics cothromóid *f2* chomhlíneachais optaice
colliniate *v* comhlínigh *v*
colliniator *s* comhlínitheoir *m3*
collision *s* imbhualadh *m* (*gs* -uailte, *pl* -uailtí)
collision cross-section *(NcPh.)* trasghearradh *m* imbhuailte
collision frequency minicíocht *f3* imbhuailte
collocation *s* comhlogaíocht *f3*
collocation polynomial iltéarmach *m1* comhlogaíochta
collodion *s* collóidian *m1*
colloid *s* collóideach *m1*
colloidal *a* collóideach *a*
cologarithm *s* comhlogartam *m1*
colorimeter *s* dathmhéadar *m1*
colorimetric *a* dathmhéadrach *a*
colorimetry *s* dathmhéadracht *f3*
colour *s* dath *m3*
colour blindness dathdhaille *f4*
colour equation dathchothromóid *f2*
colour factor dathfhachtóir *m3*
colour filter scagaire *m4* dathanna
colourless *a* éadathach *a*
colour lustre dathloinnir *f* (*gs* -nnreach)
colour mixture dathchumasc *m1*
colour picture tube (= colourtron) feadán *m1* dathphictiúir
colour quality dathcháilíocht *f3*
colour system dathchóras *m1*
colour television teilifís *f2* dhaite
colour triangle dath-thriantán *m1*
colourtron *s* **(= colour picture tube)** datrón *m1*
colour vision dathamharc *m1*
column *s* colún *m1*
column graph colúnghraf *m1*
column vector veicteoir *m3* colúin
combination *s (Mth.)* teaglaim *f3*
combination *s (Ch.)* cuingir *f* (*gs* -greach)
combination of lenses córas *m1* lionsaí
combine *v (Ch.)* cuingrigh *v*
combined loading comhlódáil *f3*
combined stress comhstrus *m1*
combustible *a* indóite *a*
combustion *s* dó *m4*, dóchán *m1*
combustion tube dófheadán *m1*
comet *s* cóiméad *m1*

command *s* ordú *m* (*gs* -daithe)
commensurable *a* in-chomhthomhaiste *a*
common denominator *(Mth.)* comhainmneoir *m3*
common difference *(Mth.)* comhbhreis *f2*
common factor *(Mth.)* fachtóir *m3* coiteann
common-ion effect *(Ch.)* iarmhairt *f3* chomhianach
common multiple *(Mth.)* comhiolraí *m4*
common ratio *(Mth.)* comhiolraitheoir *m3*
communication *s* cumarsáid *f2*
communications *spl* cumarsáid *f2*
communications satellite satailít *f2* chumarsáide
commutate *v (Mth.)* cómhalartaigh *v*
commutate *v* **(= commute)** *(Eln.)* cómhalartaigh *v*
commutation of operators *(Mth. Ph.)* cómhalartú *m* oibreoirí
commutation relation (= commutator relation) coibhneas *m1* cómhalartachta
commutative *a (Mth.)* cómhalartach *a*
commutative property *(Mth.)* airí *m4* cómhalartach
commutativity *s (Mth.)* cómhalartacht *f3*
commutator *s (Mth.)* cómhalartán *m1*
commutator relation (= commutation relation) coibhneas *m1* cómhalartachta
commute *v* **(= commutate)** *(Eln.)* cómhalartaigh *v*
compact *a* dlúth *a*, dlúth- *pref*
compacted *a (Mth.)* dlúite *a*
compact operator *(Mth.)* dlúthoibreoir *m3*
compact self-adjoint operator dlúthoibreoir *m3* féinchuingeach
compact space *(Mth.)* dlúthspás *m1*
comparator *s* comparadóir *m3*
compare *v* déan *v* comparáid (idir)
comparison *s* comparáid *f2*
compass *s* compás *m1*
compatibility *s (Comp.)* comhoiriúnacht *f3*
compatibility equation cothromóid *f2* chomhoiriúnachta
compensate *v* cúitigh *v*
compensated air thermometer aertheirmiméadar *m1* cúitithe
compensated pendulum luascadán *m1* cúitithe
compensating *a* cúiteach *a*
compensating eyepiece súilphíosa *m4* cúiteach
compensation *s* cúiteamh *m1*
compensation gain factor neartfhachtóir *m3* cúitimh
compensation lag cúiteamh *m1* moille, moillchúiteamh *m1*
compensator *s* cúiteoir *m3*
compensatory *a* cúiteach *a*
compiler *s (Comp.)* tiomsaitheoir *m3*
complement *s* comhlánú *m* (*gs* -naithe)
complement *v* comhlánaigh *v*
complementarity *s* comhlántacht *f3*
complementary *a* comhlántach *a*
complementary addition *(Arith.)* suimiú *m* comhlántach
complementary error function earráidfheidhm *f2* chomhlántach
complementary function feidhm *f2* chomhlántach
complementary transistors trasraitheoirí *mpl* comhlántacha
complement of set *(Mth.)* comhlánú *m* tacair
complete *a* comhlán *a*, iomlán *a*, slán *a*
complete *v* slánaigh *v*
completely continuous operator oibreoir *m3* slánleanúnach

complete metric space slánspás *m1* méadrach
completeness *s* comhláine *f4*, iomláine *f4*, sláine *f4*
completeness of generalized function spaces sláine *f4* feidhmspásanna ginearálaithe
complete orthonormal basis bonn *m1* ortanormalach slán
complete orthonormal set tacar *m1* ortanormalach slán
complete quadrilateral ceathairshleasán *m1* comhlán
complete reducibility slán-inlaghdaitheacht *f3*
complete reducible operator oibreoir *m3* slán-inlaghdaithe
complete restraint iallach *m1* comhlán
complete set tacar *m1* iomlán
complete set of functions tacar *m1* iomlán feidhmeanna
complete space slánspás *m1*
completion *s* slánú *m* (*gs* -naithe)
complex *s* coimpléasc *m1*
complex *a* coimpléascach *a*
complex *v* coimpléasc *v*
complex conjugate comhchuingeach *m1* coimpléascach
complexion *s* dreach *m3*
complex measure tomhas *m1* coimpléascach
complex number uimhir *f* choimpléascach
complex plane plána *m4* coimpléascach
complex translation aistriú *m* coimpléascach
complex-valued *(Mth.)* coimpléasc-luacháilte *a*
complex variable athróg *f2* choimpléacsach
compliance *s* géilliúntas *m1*
component *s (Ch.)* comhábhar *m1*
component *s (El.) (of device)* comhbhall *m1*
component *s (MecEng.)* comhpháirt *f2*, comhbhall *m1*
component *s (Mth.)* cuidí *m4*
component of force cuidí *m4* fórsa
components of acceleration cuidithe *mpl* an luasghéaraithe
composite *s* comhábhar *m1*
composite *a* ilchodach *a*
composite area achar *m1* ilchodach
composite of relations comhshuíomh *m1* gaolta
composition *s* comhshuíomh *m1*
composition of functions comhshuíomh *m1* feidhmeanna
composition series sraith *f2* chomhshuímh
compound *s (in general)* cumasc *m1*
compound *s (Ch.)* comhdhúil *f2*
compound *s (Ph.)* comhshuíomh *m1*
compound *a (Ch.)* comhdhúileach *a*
compound *a (Mth. Ph.)* comhshuite *a*
compound *v (Ph.)* comhshuigh *v*
compound event ilteagmhas *m1*
compound factor fachtóir *m3* comhshuite
compound lever luamhán *m1* ilchodach
compound microscope micreascóp *m1* comhshuite
compound nucleus cónúicléas *m1*
compound pendulum comhluascadán *m1*
compound probability *(St.)* dóchúlacht *f3* chomhshuite
compound-wound machine meaisín *m4* comhthochraiste
comprehensive *a* uileghabhálach *a*
compress *v* comhbhrúigh *v*
compressibility *s* in-chomhbhrúiteacht *f3*
compressible *a* in-chomhbhrúite *a*
compression *s* comhbhrú *m4*
compression wave tonn *f2* chomhbhrú
compressive *a* comhbhrúiteach *a*

compressor *s* comhbhrúiteoir *m3*
compromise *s* comhghéilleadh *m* (*gs* -llte)
compute *v* ríomh *v*
computer *s* ríomhaire *m4*
computer flow diagram sreabhléaráid *f2* ríomhaire
computing *s* ríomhaireacht *f3*
concave *a* cuasach *a*
concentrate *s (Ch.)* tiúchán *m1*
concentrate *v (Ch.)* tiubhaigh *v*
concentrate *v (Ph.)* cuimsigh *v*
concentrated *a (Ph.)* cuimsithe *a*
concentrated *a (Ch.)* tiubhaithe *a*
concentrated *a (El.)* comhchruinnithe *a*
concentrated force fórsa *m4* comhchruinnithe
concentrated load lód *m1* comhchruinnithe
concentrated solution tuaslagán *m1* tiubhaithe
concentration *s* comhchruinniú *m* (*gs* -ithe)
concentration *s (Ch. St.)* tiúchan *f3*
concentration cell cill *f2* tiúchana
concentric *a* comhlárnach *a*
concept *s* coincheap *m3*
conceptual *a* coincheapúil *a*
conceptual model samhail *f3* choincheapúil
concerted *a* comhaontaithe *a*
conchoidal *a* sliogánach *a*
conclusion *s* conclúid *f2*
concrete *s* coincréit *f2*
concrete analysis *(Mth.)* anailís *f2* nithiúil
concrete analysis of number anailís *f2* nithiúil an uimhris
concurrence *s* comhchumaracht *f3*
concurrent *a* comhchumarach *a*
concyclic *a* comhchioglach *a*
condensation *s (Ch. Ph.)* comhdhlúthú *m* (*gs* -thaithe)
condensation polymer *(Ch.)* polaiméir *f2* chomhdhlúthúcháin
condense *v (Ch. Ph.)* comhdhlúthaigh *v*
condenser *s (Ch. El.)* comhdhlúthadán *m1*
condition *s* coinníoll *m1*
conditional *a* coinníollach *a*
conditional extremum *(Mth.)* foircneán *m1* coinníollach
conditionally stable cobhsaí go coinníollach
conditional probability dóchúlacht *f3* choinníollach
conditional-probability density function dlúsfheidhm *f2* dóchúlachta coinníollaí
conditional-probability distribution function feidhm *f2* dháileacháin dóchúlachta coinníollaí
conditioning *s (Eln.)* comhoiriúnú *m* (*gs* -naithe)
conduct *v* seol *v*
conductance *s* seoltas *m1*
conduction *s (Ch. Ph.)* seoladh *m* (*gs* -lta)
conduction band *(El. Ph.)* banda *m4* seolta
conduction current *(El. Ph.)* sruth *m3* seolta
conduction electron *(El. Ph.)* leictreon *m1* seolta
conductivity *s* seoltacht *f3*
conductivity apparatus gaireas *m1* seoltachta
conductor *s* seoltóir *m3*
cone *s* cón *m1*
cone of friction cón *m1* frithchuimilte
confidence *s* muinín *f2*
confidence coefficient comhéifeacht *f3* muiníne
confidence interval eatramh *m1* muiníne
confidence limit teorainn *f* mhuiníne
configuration *s* cumraíocht *f3*
configurational elasticity leaisteachas *m1* cumraíochta

configurational expansion forbairt *f3* cumraíochta
confluence *s* comhchumar *m1*
confocal *a* comhfhócasach *a*
conformable matrix maitrís *f2* in-chomhoiriúnaithe
conformal *a* comhfhoirmiúil *a*
conformal mapping mapáil *f3* chomhfhoirmiúil
conformation *s* (= **conformer**) *(Ch.)* conformáil *f3*
conformational analysis *(Ch.)* anailís *f2* chonformálach
conformer *s* (= **conformation**) *(Ch.)* conformáil *f3*
confounding *s* mearbhlú *m* (*gs* -laithe)
congener *s* comhaicmeach *m1*
congener *a* comhaicmeach *a*
congruence *s* iomchuibheas *m1*
congruent (to) *a* iomchuí (do) *a*, in iomchuibheas *m1* le
congruent triangle triantán *m1* iomchuí
conic *s* cónach *m1*
conic *a* cónach *a*
conical flask fleascán *m1* cónúil
conical surface dromchla *m4* cónúil
conic section cónghearradh *m* (*gs* -rrtha)
conjugacy class *(Mth.)* aicme *f4* chomhchuingis
conjugate *s* comhchuingeach *m1*
conjugate *v* comhchuingigh *v*
conjugate(d) *a* comhchuingeach *a*
conjugated double bond nasc *m1* dúbailte comhchuingeach
conjugate diameters lárlínte *fpl* comhchuingeacha
conjugate impedance coisceas *m1* comhchuingeach
conjugate numbers uimhreacha *fpl* comhchuingeacha
connect *v* ceangail *v*, cónasc *v*
connected *a* cónasctha *a*, ceangailte *a*
connecting rod slat *f2* cheangail
connecting wire sreang *f2* chónaisc
connection *s* cónasc *m1*
connector *s* cónascaire *m4*
conrotatory *s* comhrothlach *m1*
conrotatory *a* comhrothlach *a*
consecutive *a* leantach *a*
consequence *s* iarmhairt *f3*
consequent *s (logic)* iarmhairt *f3*
consequent *a* iarmhartach *a*
consequent pole pol *m1* iarmhartach
consertal *a* comhcheangailte *a*
conservation *s (Ph.)* imchoimeád *m1*
conservation of mass imchoimeád *m1* na maise
conservation of number *(Mth.)* neamhathraitheacht *f3* (an) uimhris
conservative *a (Ph.)* imchoimeádach *a*
conservative body force corpfhórsa *m4* imchoimeádach
conservative field réimse *m4* imchoimeádach
conservative force fórsa *m4* imchoimeádach
consistence *s (Mth.)* comhsheasmhacht *f3*
consistency *s (of substance)* raimhre *f4*, téagar *m1*
consistent *a* comhsheasmhach *a*
consistent with comhsheasmhach le
consistent estimator meastóir *m3* comhsheasmhach
consonance *s (Ph.)* comhshondas *m1*
constant *s* tairiseach *m1*
constantan *s* constantán *m1*
constant boiling mixture meascán *m1* fiuchthairiseach
constant-coefficient differential equation cothromóid *f2* dhifreálach comhéifeachta tairisí
constant of integration tairiseach *m1* na suimeála
constant of proportionality tairiseach *m1* na comhréire

constant-phase loci lócais *mpl* bhuanphas
constant-pressure gas thermometer gásteirmiméadar *m1* brúthairiseach
constant-volume gas thermometer gásteirmiméadar *m1* toirt-tairiseach
constellation *s* réaltbhuíon *f2*
constituent *s* comhábhar *m1*
constituent atom adamh *m1* comhdhéanaimh
constitution *s* comhdhéanamh *m1*
constitutive equation cothromóid *f2* chomhdhéanmhach
constitutive relation gaol *m1* comhdhéanmhach
constrained plane motion plánghluaisne *f4* iallaigh
constraining force fórsa *m4* iallaigh
constraint *s* iallach *m1*
constrict *v* caolaigh *v*
constriction *s* caolú *m* (*gs* -laithe)
consumer water uisce *m4* don phobal
contact *s (El.)* teagmháil *f3*
contact *v* teagmhaigh *v*
contact angle uillinn *f2* teagmhála
contact binary dénárthán *m1* teagmhála
contact breaker (= breaker) *(El.)* scoradán *m1*
contact lens lionsa *m4* tadhaill
contact point pointe *m4* teagmhála
contact potential poitéinseal *m1* teagmhála
contact process próiseas *m1* teagmhála
contact resistance friotaíocht *f3* teagmhála
contact transformation trasfhoirmiú *m* teagmhála
contactor *s* teagmhálaí *m4*
contain *v (Set.)* coinnigh *v*
contaminate *v* éilligh *v*
contamination *s* éilliú *m*, éilliúchán *m1*
cotangent *s (Geom.)* comhthadhlaí *m4*
cotangent *s (Trig.)* comhthangant *m1*
content *s* toilleadh *m1*
contiguous *a* comhtheagmhálach *a*
contingency probability dóchúlacht *f3* theagmhasach
contingency table tábla *m4* teagmhasachta
contingency-table frequency minicíocht *f3* tábla teagmhasachta
continuant *s* leanúnán *m1*
continued fraction codán *m1* leantach
continued-fraction stability criterion critéar *m1* cobhsaíochta codáin leantaigh
continued product iolrach *m1* leantach
continuity *s (El. Mth.)* leanúnachas *m1*
continuity equation *(Ph.)* cothromóid *f2* leanúnachais
continuity principle *(Mth.)* prionsabal *m1* an leanúnachais
continuous *a* leanúnach *a*
continuous countercurrent frithshreabh *f2* leanúnach
continuous data sonraí *mpl* leanúnacha
continuous dependence spleáchas *m1* leanúnach
continuous distribution dáileachán *m1* leanúnach
continuous extraction *(Ch.)* eastóscadh *m* leanúnach
continuous linear functional *(Mth.)* feidhmeán *m1* líneach leanúnach
continuous linear operator *(Mth.)* oibreoir *m3* líneach leanúnach
continuous linear transformation *(Mth.)* trasfhoirmiú *m* líneach leanúnach
continuously differentiable indifreálaithe *a* go leanúnach
continuously distributed dáilte *a* go leanúnach

continuous process próiseas *m1* leanúnach
continuous sampling sampláil *f3* leanúnach
continuous spectrum speictream *m1* leanúnach
continuous-variation method modh *m3* na hathraitheachta leanúnaí
continuum *s* contanam *m1*
continuum *a* contanaim *a*
continuum mechanics meicnic *f2* chontanaim
continuum model samhail *f2* chontanaim
contour *s (Mth.)* comhrian *m1*
contour integral *s (Mth.)* cuarshuimeálaí *m4*
contours of objective function *(Mth.)* comhrianta *mpl* na spriocfheidhme
contract *v* crap *v*
contraction *s* crapadh *m* (*gs* -ptha)
contragradient *s (Mth.)* frithghrádán *m1*
contrapositive *a (Mth.)* frithdheimhneach *a*
contrary *a* contrártha *a*
contravariance *s (Mth.)* frith-athraitheas *m1*
contravariant derivative *(Mth.)* díorthach *m1* frith-athraitheach
control *s* rialú *m* (*gs* -laithe)
control *s (in control experiment)* cóimheastóir *m3*
control *s (of device)* rialaitheoir *m3*
control *v* rialaigh *v*
control action gníomh *m1* rialúcháin
control chart cairt *f2* rialúcháin
control electrode riail-leictreoid *f2*
control group grúpa *m4* cóimheasa
controlled output aschur *m1* rialaithe
controlled variable athróg *f2* rialaithe
controller *s* rialaitheoir *m3*
control loop *(Comp.)* lúb *f2* rialúcháin
control-rod *s* riailmhaide *m4*
control system córas *m1* rialaithe, córas *m1* rialúcháin
convection *s* comhiompar *m1*
convection current sruth *m3* comhiompair
convective rate ráta *m4* comhiomprach
convective rate of change ráta *m4* athraithe comhiomprach
convector heater téitheoir *m3* comhiompair
convention *s* gnás *m1*
convention of signs *(Mth.)* gnás *m1* na síneacha
converge *v (Mth.)* coinbhéirsigh *v*
converge *v (Opt. Ph.)* inréimnigh *v* (chuig)
convergence *s (Mth.)* coinbhéirseacht *f3*
convergence *s (Ph.)* inréimneacht *f3*
convergence in the mean coinbhéirseacht *f3* sa mheán
convergence in the norm coinbhéirseacht *f3* sa norm
convergence of operators coinbhéirseacht *f3* oibreoirí
convergency *s (Mth.)* coinbhéirseacht *f3*
convergency *s (Ph.)* inréimneacht *f3*
convergent *a (Mth.)* coinbhéirseach *a*
convergent *a (Ph.)* inréimneach *a*
converse *s* coinbhéarta *m4*
converse *a* coinbhéartach *a*
conversion *s (Ch. Ph.)* tiontú *m* (*gs* -taithe)
conversion *s (Mth.)* coinbhéartú *m* (*gs* -taithe)
conversion electron *(Ph.)* leictreon *m1* tiontaithe
conversion factor *(Mth.)* fachtóir *m3* coinbhéartachta
conversion of energy tiontú *m* fuinnimh
convert *v (energy)* tiontaigh *v*

converter *s* (= **convertor**) *(Ncln.)* tiontaire *m4*
convertor *s* (= **converter**) *(Ncln.)* tiontaire *m4*
convex *a* dronnach *a*
convex set tacar *m1* dronnach
convolute *s* conbhlóideach *m1*
convolute *a* conbhlóideach *a*
convolution *s* conbhlóid *f2*
convolution integral suimeálaí *m4* conbhlóideach
convulsant *s (Pharm.)* baoth-thonnán *m1*
convulsant drug (= **convulsive drug**) *(Pharm.)* druga *m4* baoth-thonnach
convulsive drug (= **convulsant drug**) *(Pharm.)* druga *m4* baoth-thonnach
coolant *s (NcPh.)* fuarthán *m1*
cooling curve *(Ph.)* cuar *m1* fuaraithe
cooling lag *(Ph.)* aga *m4* fuaraithe
cooling method modh *m3* fuaraithe
cooling system córas *m1* fuaraithe
coordinate *s (Mth.)* comhordanáid *f2*
coordinate *a (Ch. Mth.)* comhordanáideach *a*
coordinate *v (Ch. Mth.)* comhordanáidigh *v*
coordinate axes aiseanna *fpl* comhordanáideacha
coordinate bond *(Ch.)* nasc *m1* comhordanáideach
coordination *s (Ch. Mth.)* comhordanáidiú *m* (*gs* -ithe)
coordination lattice laitís *f2* chomhordanáidithe
coplanar *a* comhphlánach *a*
copolymer *s* comhpholaiméir *f2*
copolymerization *s* comhpholaiméiriú *m* (*gs* -ithe), comhpholaiméiriúchán *m1*
copper *s* copar *m1*
copperas *s* coparás *m1*
copper carbonate carbónáit *f2* chopair
copper foil scragall *m1* copair
copper loss caillteanas *m1* sa chopar
copper powder púdar *m1* copair
copper rod slat *f2* chopair
copper sulphate pentahydrate peintihiodráit *f2* sulfáit chopair
copper sulphate-5-water sulfáit *f2* chopair-5-uisce
copper turnings scamhachán *m1* deile copair
co-precipitation *s (process)* comhdheascadh *m* (*gs* -sctha)
co-precipitation *s (product)* comhdheascán *m1*
corbel *s* coirbéal *m1*
core *s (Eln.)* croíleacán *m1*
core loss (= **excitation loss, iron loss**) *(ElMag.)* caillteanas *m1* sa chroíleacán
cork *s* corc *m1*
corkborer *s* corcthollaire *m4*
Cornu's spiral (= **clothoid**) clótóideach *m1*
corollary *s* atoradh *m1*
corona *s* coróin *f* (*gs* -ónach)
corpuscle *s* coirpín *m4*
corpuscular *a* coirpíneach *a*
correct *v* ceartaigh *v*
correcting plate pláta *m4* ceartúcháin
correction *s* ceartú *m* (*gs* -taithe)
corrector *s* ceartaitheoir *m3*
correlate *v (Mth.)* comhghaolaigh *v*
correlated *a (Mth.)* comhghaolaithe *a*
correlation *s (Mth.)* comhghaol *m1*, comhghaolú *m* (*gs* -laithe)
correlation coefficient *(Mth. St.)* comhéifeacht *f3* comhghaolaithe, comhéifeacht *f3* comhghaolúcháin
correlative *a (Mth.)* comhghaolach *a*
correlogram *s (Mth.)* cuar *m1* comhghaoil
correspond *v* comhfhreagair *v*, freagair *v*
correspondence *s (Mth. Set.)* comhfhreagairt *f3* (*gs* -artha) freagairt *f3* (*gs* -artha)

corresponding *a* comhfhreagrach *a*
corrode *v* creim *v*
corroded *a* creimthe *a*
corrosion *s* creimeadh *m* (*gs* -mthe)
corrosive *a* creimneach *a*
corrugate *v* roc *v*
corrugated *a* roctha *a*
corrugation *s* rocadh *m* (*gs* -ctha)
corundum *s* corandam *m1*
coruscation *s* gealra *m4*
cosecant *s (Geom.)* comhtheascaí *m4*
cosecant *s (Trig.)* comhsheiceant *m1*
coset *s* comhthacar *m1*
cosine *s* comhshíneas *m1*
cosine curve cuar *m1* comhshíneasach
cosine transform trasfhoirm *f2* chomhshínis
cosmic *a* cosmach *a*
cosmic background radiation radaíocht *f3* chúlrach chosmach
cosmogony *s* cosmagnaíocht *f3*
cosmography *s* cosmagrafaíocht *f3*
cosmology *s* cosmeolaíocht *f3*
cosmotron *s* cosmatrón *m1*
coulomb *s (unit)* cúlóm *m1*
coulometer *s* cúlóiméadar *m1*
coulometric *a* cúlóiméadrach *a*
coulometry *s* cúlóiméadracht *f3*
coumaric *a* (= **cumaric**) cúmaireach *a*
coumarone *s* (= **cumarone**) cúmarón *m1*
count *v* áirigh *v*, comhair *v*
countable *a* (= **denumerable, enumerable**) *(Mth.)* ináirithe *a*, inchomhairthe *a*, inchomhairimh *a*
countable orthonormal basis *(Mth.)* bonn *m1* ortanormalach inchomhairthe
countable orthonormal set *(Mth.)* tacar *m1* ortanormalach inchomhairthe
countable set *(Set.)* tacar *m1* inchomhairthe
countably infinite set *(Set.)* tacar *m1* éigríochta inchomhairthe
counter *s (Ncln.)* áiritheoir *m3*
counter-clockwise *a* tuathal *a*
countercurrent (= **countercurrent flow, counterflow**) *(Eng.)* frithshreabh *f2*
countercurrent extraction *(Ch. Eng.)* eastóscadh *m* frithshreibhe
countercurrent flow (= **countercurrent, counterflow**) *(Eng.)* frithshreabh *f2*
counter electromotive force (= **back electromotive force**) *(ElMag.)* frithfhórsa *m4* leictreaghluaisneach
counterflow (= **countercurrent, countercurrent flow**) *(Eng.)* frithshreabh *f2*
counterglow *s* (= **gegenschein**) *(Ast.)* frithloinnir *f* (*gs* -nnreach)
counterion *s* frith-ian *m1*
counterpoise *s* cóimheáchan *m1*
counterpoise *v* cothromaigh *v*
counting numbers comhaireamh *m1* uimhreacha
counting tube feadán *m1* comhairimh
couple *s* cúpla *m4*
couple *s (Set.)* ardphéire *m4*
couple *v* cúpláil *v*
coupled systems córais *mpl* chúpláilte
coupling *s* cúpláil *f3*
coupling *s (El. Mec.) (device)* cúplán *m1*
covalence *s* (= **covalency**) comhfhiúsacht *f3*
covalency *s* (= **covalence**) comhfhiúsacht *f3*
covalent *a* comhfhiúsach *a*
covalent bond nasc *m1* comhfhiúsach
covariance *s* comhathraitheas *m1*
covariant derivative díorthach *m1* comhathraitheach
covariant tensor teinseoir *m3* comhathraitheach

cover glass clúdghloine *f4*
cover slip sliseog *f2* chlúdaigh
covolume *s* comhthoirt *f2*
c-parity *s* c-phaireacht *f3*
CPU (= central processing unit) LAP, láraonad *m1* próiseála
crab *s (MecEng.)* crúbaire *m4*
cracking *s (Ch.)* cnagadh *m* (*gs* -gtha)
crane *s (MecEng.)* craein *f* (*gs* -aenach)
crane jib géag *f2* craenach
crank *s (MecEng.)* cromán *m1*
crank and slotted lever *(Eng.)* cromán *m1* agus luamhán *m1* sliotánach
cranked *a (Eng.)* crománach *a*
cranked lever *(MecEng.)* luamhán *m1* crománach
crank-shaft *s (Eng.)* cromsheafta *m4*
craze *v* snáithlíonraigh *v*
crazing *s* snáithlíonrú *m* (*gs* -raithe)
creation operator oibreoir *m3* cruthúcháin
creep *s* snámhaíocht *f3*
creep function feidhm *f2* shnámhaíochta
creeping *s* snámhaíocht *f3*
creosote *s* créasóid *f2*
cresol *s* créasól *m1*
crest *s (of wavelength)* barr *m1*
cripple *v* craplaigh *v*
crippling *s* craplú *m* (*gs* -laithe)
criterion *s* critéar *m1*
critical *a* criticiúil *a*
critical-angle refractometer athraonmhéadar *m1* uillinne criticiúla
critical constant tairiseach *m1* criticiúil
critical damping *(Ph.)* maolú *m* criticiúil
critical isothermal isiteirmeach *m1* criticiúil
critically damped maolaithe go criticiúil
critical point pointe *m4* criticiúil
critical pressure brú *m4* criticiúil
crocodile clip fáiscín *m4* crogaill
Crooks radiometer radaiméadar *m1* Crooks
cross correlation *(Mth. St.)* cros-chomhghaolú *m* (*gs* -laithe), cros-chomhghaolúchán *m1*
crossed cylinder *(Opt.)* sorcóir *m3* crosach
crossed lens *(Opt.)* lionsa *m4* crosach
crossed Nicols *(Opt.)* crosphriosmaí *mpl* Nicol
cross-linkage *s (Ch.)* trasnasc *m1*
cross multiplication *(Mth.)* trasiolrú *m* (*gs* -laithe), trasiolrúchán *m1*
crossover frequency minicíocht *f3* thrasach
crossover network líonra *m4* trasach
cross product (= vector cross product, vector product) *(Mth.)* trasiolrach *m1*
cross ratio *(Mth.)* traschóimheas *m3*
crosswise *a* fiarthrasna *a*
crotonic acid (= trans-but-2-enoic acid) aigéad *m1* crotónach
crown *s* coróin *f* (*gs* -ónach)
crown-glass gloine *f4* chorónach
crucible *s* breogán *m1*
crucible tongs tlú *m4* breogáin
crude *a* amh *a*
cryo- *pref (Ph.)* crió-, crióí- *pref*
cryobiology *s* crióibhitheolaíocht *f3*
cryogen *s (Ph.)* crióigin *f2*
cryogenic *a (Ph.)* crióigineach *a*
cryogenics *spl (Ph.)* crióiginic *f2*
cryohydrate *s (Ph.)* crióihiodráit *f2*
cryolite *s (Min.)* crióilít *f2*
cryometer *s (Ph.)* crióiméadar *m1*
cryophorus *s* criófórán *m1*
cryoscope *s (Ph.)* crióscóp *m1*
cryoscopic *a (Eng. Ph.)* crióscópach *a*
cryoscopic constant *(Ph.)* tairiseach *m1* crióscópach

cryostat *s (Eng. Ph.)* crióstat *m1*
cryotron *s (Eln.)* criótrón *m1*
crystal *s* criostal *m1*
crystal analysis criostalanailís *f2*
crystal base criostalbhun *m1*
crystal clock criostalchlog *m1*
crystal counter criostaláiritheoir *m3*
crystal diffraction díraonadh *m* criostalach
crystal field criostalréimse *m4*
crystal-field splitting scoilteadh *m* le criostalréimse
crystal-field splitting energy scoiltfhuinneamh *m1* an chriostalréimse
crystal-field stabilization energy fuinneamh *m1* cobhsaíochta an chriostalréimse
crystal-field theory teoiric *f2* an chriostalréimse
crystal filter criostalscagaire *m4*
crystal form criostalfhoirm *f2*
crystal grating criostalghríl *f2*
crystal habit criostalghnás *m1*
crystal lattice laitís *f2* chriostail
crystalline *a* criostalta *a*
crystalline copper sulphate sulfáit *f2* chopair chriostalta
crystallite *s* criostailít *f2*
crystallization *s* criostalú *m* (*gs* -laithe), criostalúchán *m1*
crystallogram *s (Ph.)* criostalghram *m1*
crystallography *s (Ch. Ph.)* criostalghrafaíocht *f3*
crystalloid *s* criostalóideach *m1*
crystalloid *a* criostalóideach *a*
crystal microphone criostalmhicreafón *m1*
crystal parameter criostalpharaiméadar *m1*
crystal pick-up criostalghlacaire *m4*
crystal plane criostalphlána *m4*
crystal-saturation magnetostriction maighnéadstraidhn *f2* sáithiúcháin chriostal
crystal spectrometer criostalspeictriméadar *m1*
crystal structure criostalstruchtúr *m1*
crystal system criostalchóras *m1*
cube *s* ciúb *m1*
cubic *a (Mth.)* ciúbach *a*
cubical *a* ciúbúil *a*
cubic system *(Mth.)* córas *m1* ciúbach
cuboid *a* ciúbóideach *a*
cullet *s* cuilléid *f2*
culture *s (of process)* saothrú *m* (*gs* -raithe), saothrúchán *m1*
culture *s (of product)* saothrán *m1*
cumaric *a* (= **coumaric**) cúmaireach *a*
cumarone *s* (= **coumarone**) cúmarón *m1*
cumene *s* (= **((1-methylethyl) benzene)**) cúiméin *f2*
cumulant *s* cumalach *m1*
cumulant *a* cumalach *a*
cumulant generating function ginfheidhm *f2* chumalach
cumulative *a* carnach *a*
cumulative density function (= CDF) dlúsfheidhm *f2* charnach, DFC
cumulative-distribution function feidhm *f2* dáileacháin charnaigh
cumulative error earráid *f2* charnach
cumulative-frequency function feidhm *f2* minicíochta carnaí
cumulative-probability system córas *m1* dóchúlachta carnaí
cumulative sampling *(St.)* sampláil *f3* charnach
cumulative sum (= CUSUM) *(St.)* cnuas-suim *f2*, CUSUM
cuneiform *a* dingchruthach *a*
cup *s (Set.)* cup *m4*
cupel *s* cupa *m4* (tástála)
cupel *v (Metal.)* cupalaigh *v*
cupellation *s (Metal.)* cupalú *m* (*gs* -laithe)

cupferron *s* coipfearón *m1*
cuprammonium *s* copramóiniam *m4*
cupric *a* coprach *a*
cupro-nickel *s* coprainicil *f2*
cuprous *a* coprúil *a*
curare *s* curáire *m4*
curd tension gruth-theannas *m1*
cure *v* leasaigh *v*
curie *s (unit)* ciúire *f4*
Curie point (= Curie temperature) teocht *f3* Curie
Curie temperature (= Curie point) teocht *f3* Curie
curing *s* leasú *m* (*gs* -saithe)
curium *s* ciúiriam *m4*
curl *s (Mth.)* curla *m4*
current *s* sruth *m3*
current balance *(El.)* sruthmheátán *m1*
current coordinates comhordanáidí *fpl* reatha
current density *(El. Ph.)* sruthdhlús *m1*
current electricity sruthleictreachas *m1*
current transformer *(El.)* sruthchlaochladán *m1*
cursor *s* cúrsóir *m3*
curvature *s* cuaire *f4*
curvature of field cuaire *f4* an réimse
curvature of image cuaire *f4* na híomhá
curve *s* cuar *m1*
curve *v* cuar *v*
curved *a* cuar *a*, cuartha *a*
curved line *(on graph)* cuarlíne *f4*
curve-fitting *s* cuar-oiriúnú *m* (*gs* -naithe)
curve plotting cuarbhreacadh *m* (*gs* -ctha)
curvilinear *a* cuarlíneach *a*
curvilinear regression cúlú *m* cuarlíneach
cusp *s* cuspa *m4*
CUSUM (= cumulative sum) *(St.)* cnuas-suim *f2*
CUSUM chart *(St.)* cairt *f2* chnuas-suime
cutoff *s (Eln.)* scoitheadh *m* (*gs* -te)
cut off *v (Eln.)* scoith *v*
cutoff frequency minicíocht *f3* scoite
cutoff intensity déine *f4* scoite
cutoff point pointe *m4* scoite
cutoff rate ráta *m4* scoite
cut set *(Set.)* tacar *m1* gearrtha
cut-set matrix *(Set.)* maitrís *f2* tacair ghearrtha
cyan *s (colour)* cian *m1*
cyanamide *s* cianaimíd *f2*
cyanic *a* ciaineach *a*
cyanide *s* ciainíd *f2*
cyaniding *s* ciainídiú *m* (*gs* -ithe)
cyanization *s* ciainídiú *m* (*gs* -ithe)
cyano- *pref* ciana-, cianai-, cian-, ciain- *pref*
cyanogen *s* cianaigin *f2*
cyanohydrin *s* cianaihidrin *f2*
cybernetics *spl* cibirnitic *f2*
cycle *s (Mec. Ph.)* ciogal *m1*
cycle *s (Ch.)* timthriall *m3*
cyclic *a (Mec. Mth. Ph.)* cioglach *a*
cyclic *a (of time)* timthriallach *a*
cyclic group *(Mth.)* grúpa *m4* cioglach
cyclic permutation *(Mth.)* iomalartú *m* cioglach
cyclic quadrilateral *(Mth.)* ceathairshleasán *m1* ciorclach
cyclization *s (Ch.)* cioglú *m* (*gs* -glaithe), cioglúchán *m1*
cyclo- *pref* ciogl-, ciogla-, cioglai- *pref*
cyclobutene *s* cioglabúitéin *f2*
cycloconverter *s (El.)* cioglaithiontaire *m4*
cyclohexadiene-1,4-dione *s* **(= benzoquinone, quinone)** cioglaiheicsidhé-éin-1,4-dé-ón *m1*
cyclohexane *s* **(= hexahydrobenzene)** cioglaiheacsán *m1*

cycloid *s* cioglóideach *m1*
cycloid *a* cioglóideach
cyclomatic number uimhir *f* chioglamatach
cyclometer *s* cioglaiméadar *m1*
cyclonic motion gluaisne *f4* chioclónach
cyclo-octatetraene *s (Ch.)* ciogl-ochtaiteitréin *f2*
cyclopentadiene *s* cioglaipeintidhé-éin *f2*
cyclopentene *s* cioglaipeintéin *f2*
cyclostrophic flow sreabh *f2* chioglastrófach, sreabhadh *m* cioglastrófach
cyclosymmetric *a* cioglaisiméadrach *a*
cyclosymmetric function feidhm *f2* chioglaisiméadrach
cyclotron *s* cioglatrón *m1*
cylinder *s* sorcóir *m3*
cylindrical polar coordinate *(Mth.)* comhordanáid *f2* shorcóireach pholach
cylindrical winding tochrán *m1* sorcóireach
cytidine *s* cítidín *m4*
cytoplasm *s* cíteaplasma *m4*
cytosine *s* cíotóisín *m4*

D

Da (= dalton) *(unit)* Da, daltún *m1*
dalton (= Da) *(unit)* daltún *m1*, Da
damp *a* tais *a*
damp *v* maolaigh *v*
damped *a* maolaithe *a*
damped natural frequency minicíocht *f3* nádúrtha mhaolaithe
damped vibration crith *m3* maolaithe
damper *s* maolaire *m4*
damping *s* maolú *m* (*gs* -laithe)
damping coefficient comhéifeacht *f3* maolúcháin
damping factor fachtóir *m3* maolúcháin
damping ratio cóimheas *m3* maolúcháin
dampness *s* taise *f4*
danger line guaislíne *f4*
dangerous experiment turgnamh *m1* guaiseach
daraf *s (unit)* daraf *m1*
dark current *(Eln. Ph.)* dúshruth *m3*
dark-field illumination soilsiú *m* dúréimse
dark space *(Eln. Ph.)* dúspás *m1*
dash *s* dais *f2*
dashpot *s* daisphota *m4*
dasymeter *s* dasaiméadar *m1*
data processing próiseáil *f3* sonraí
data processor próiseálaí *m4* sonraí
data set tacar *m1* sonraí
dating *s* dátú *m* (*gs* -taithe)
datum *s* sonra *m4*
datum line *s* líne *f4* thagra
daughter *s* iníon *f2*
day *s* lá *m* (*gs* lae *pl* laethanta)
DC (= direct current) SD, sruth *m3* díreach
deactivate *v* díghníomhachtaigh *v*
deactivation *s* díghníomhachtú *m* (*gs* -taithe), díghníomhachtúchán *m1*
deadbeat marbh-bhéim *f2*
dead load marbhlód *m1*
dead time marbh-aga *m4*
debunching *s* díbhaicliú *m* (*gs* -ithe)
debye *s (unit)* deibí *m4*
Debye-Scherrer ring fáinne *m4* Debye-Scherrer
Debye temperature (= characteristic temperature) sainteocht *f3*
Debye theory of heat capacities teoiric *f2* Debye ar thoilltí teasa
Debye theory of specific heats teoiric *f2* Debye ar shainteasanna
Debye T^3 law dlí *m4* T^3 Debye
deca- *pref* **(= deka-)** deaca-, deacai- *pref*
decade *s* deichniúr *m1*

decagon *s* deacagán *m1*
decagram *s* deacagram *m1*
decahedron *s* deacaihéadrán *m1*
decalin *s* deacailin *f2*
decalitre *s* deacailítear *m1*
decameter *s* deacaiméadar *m1*
decane *s* deacán *m1*
decant *v* scinceáil *v*
decay *s* meath *m3*
decay *v* meath *v*
decay constant meath-thairiseach *m1*
decelerate *v (of motion)* luasmhoilligh *v*
deceleration *s (of motion)* luasmhoilliú *m* (*gs* -ithe)
deci- *pref* deicea-, deici-, deic- *pref*
decibel *s* deicibeil *f2*
decigram *s* deiceagram *m1*
decile *s* deicíl *f2*
decilitre *s* deicilítear *m1*
decimal *s* deachúil *f3*
decimal balance meá *f4* dheachúil
decimal fraction codán *m1* deachúil
decimalize *v* deachúlaigh *v*
decimetre *s* deiciméadar *m1*
decimolar *a* deiceamólarach *a*
decinormal *a* deiceanormalach *a*
decision policy beartas *m1* cinnidh
decision rule cinneadhriail *f* (*gs* -alach), riail *f* chinnidh
declination *s* diallas *m1*
decoct *v* urbhruith *v*
decoction *s* urbhruith *f2*
decoder *s* díchódóir *m3*
decolourize *v* dídhathaigh *v*
decompose *v* dianscaoil *v*
decomposition *s* **(= breakdown)** dianscaoileadh *m* (*gs* -lte)
decomposition voltage voltas *m1* dianscaoilteach
decontaminate *v* dí-éilligh *v*
decontamination *s* dí-éilliú *m* (*gs* -ithe), dí-éilliúchán *m1*
decoupling *s* díchúpláil *f3*
decrease *s* laghdú *m* (*gs* -daithe)
decrease *v* laghdaigh *v*
decreasing *a* laghdaitheach *a*
decreasing strictly dianlaghdaitheach *a*
decrement *s* deicrimint *f2*
decrement gauge tomhsaire *m4* deicriminte
decrepitation *s (Cryst.)* blaoscadh *m* (*gs* -sctha)
deduction *s (Mth.)* asbheirt *f* (*gs* -rthe)
de-emphasis *s* díthreise *f4*
deferred correction ceartúchán *m1* iarchurtha
deferred correction method modh *m3* an cheartúcháin iarchurtha
deferrization *s* dífheiriú *m* (*gs* -ithe), dífheiriúchán *m1*
deficiency *s* díothacht *f3*
define *v (Mth.) (of explanation)* sainmhínigh *v*
define *v (Mth.) (of parameters, etc.)* sainigh *v*
definite *a (Mth.)* cinnte *a*
definition *s (Mth.) (of explanation)* sainmhíniú *m* (*gs* -ithe)
definition *s (Mth.) (of parameters, etc.)* sainiú *m* (*gs* -ithe)
definition *s (Opt.) (of image)* géire *f4*
definition control system *(Eln.)* córas *m1* rialaithe géire
deflagrating spoon spúnóg *f2* ghrodloiscthe
deflagration *s* grodloscadh *m* (*gs* -oiscthe)
deflate *v (Mth.)* traoith *v*
deflation *s (Mth.)* traoitheadh *m* (*gs* -aoite)
deflect *v* sraon *v*
deflection *s* sraonadh *m* (*gs* -nta)
deflection magnetometer maighnéadaiméadar *m1* sraonta
deflocculation *s* dífhlocasú *m* (*gs* -saithe), dífhlocasúchán *m1*
deform *v (Eng.)* dífhoirmigh *v*
deform *v (Mec. Mth.)* díchum *v*

deformation *s (Eng.) (of process)* dífhoirmiú *m* (*gs* -ithe)
deformation *s (Eng.) (of result)* dífhoirmíocht *f3*
deformation *s (Mec. Mth.)* díchumadh *m* (*gs* -mtha)
deformation band *(Metal.)* banda *m4* díchumtha
degaussing *s* díghabhsáil *f3*
degeneracy *s (Ph.)* díchineálacht *f3*
degenerate *a (Ph.)* díchineálach *a*
degenerate *v (Ph.)* díchineálaigh *v*
degenerate eigenvalue dual-luach *m3* díchineálach
degenerate semiconductor leathsheoltóir *m3* díchineálach
degradation *s* díghrádú *m* (*gs* -daithe), díghrádúchán *m1*
degrade *v* díghrádaigh *v*
degree *s* céim *f2*
degree of freedom céim *f2* saoirse
dehydrate *v* díhiodráitigh *v*
dehydrogenation *s* díhidriginiú *m* (*gs* -ithe), díhidriginiúchán *m1*
deionize *v* dí-ianaigh *v*
deionizer *s* dí-ianaitheoir *m3*
deka- *pref* (= **deca-**) deaca-, deacai- *pref*
del *s* (= **del operator, nabla**) *(Mth.)* deil *f2*
delayed neutron neodrón *m1* moillithe
delay line *(Eln.)* moill-líne *f4*
delay time *(ContSys. Eln.)* aga *m4* moille
delicate *a* íogair *a*
deliquesce *v* taisligh *v*
deliquescence *s* taisliú *m* (*gs* -ithe)
deliquescent *a* taislíoch *a*
delivery-tube *s* seolfheadán *m1*
delocalization *s* dílogánú *m* (*gs* -naithe), dílogánúchán *m1*
delocalization energy fuinneamh *m1* dílogánúcháin
delocalize *v* dílogánaigh *v*
del operator (= del, nabla) *(Mth.)* deil-oibreoir *m3*
delta *s* deilte *f4*
delta function deilte-fheidhm *f2*
delta radiation deilte-radaíocht *f3*
delta ray deilte-gha *m4*
demagnetize *v* dímhaighnéadaigh *v*
demagnetizing field réimse *m4* dímhaighnéadúcháin
demasker *s* dímhascóir *m3*
demerit *s* míthuillteanas *m1*
demerit rating rátáil *f3* mhíthuillteanais
demineralizing *s* dímhianrú *m* (*gs* -raithe)
demodulation *s* dímhodhnú *m* (*gs* -naithe), dímhodhnúchán *m1*
demodulator *s* dímhodhnóir *m3*
demonstrate *v* taispeáin *v*
demonstration *s* taispeántas *m1*
demonstration meter méadar *m1* taispeántais
demonstrator *s* taispeántóir *m3*
demulcent *s (Pharm.)* tláthán *m1*
demultiplexer *s* dí-ilphléascóir *m3*
denary *a* deichnártha *a*
denary number system uimhirchóras *m1* deichnártha
denary system córas *m1* deichnártha
denaturant *s* dínádúróir *m3*
denatured *a* dínádúraithe *a*
dendrite *s* deindrít *f2*
dendritic *a* deindríteach *a*
denitrification *s* dínítriginiú *m* (*gs* -ithe), dínítriginiúchán *m1*
denominator *s* ainmneoir *m3*
dense *a* dlúth *a*, dlúth- *pref*
dense cloud dlúimh *f2*
dense domain dlúthfhearann *m1*
densitometer *s* dlúsmhéadar *m1*
density *s* dlús *m1*
density bottle buidéal *m1* dlúis
density function dlúsfheidhm *f2*
density-function probability dóchúlacht *f3* dlúsfheidhme
density of states curve cuar *m1* staid-dlúis

denticity *s* déadacht *f3*
denumerable *a* (= **countable, enumerable)** *(Mth.)* ináirithe *a*, inchomhairimh *a*, inchomhairthe *a*
denumerable infinity éigríoch *f2* inchomhairthe
deoxy- *pref* dí-ocsa-, dí-ocsai- *pref*
deoxyadenosine *s* dí-ocsadanóisín *m4*
deoxycytodine *s* dí-ocsaicítidín *m4*
deoxyguanosine *s* dí-ocsaguanóisín *m4*
deoxyribonucleic acid (= DNA) aigéad *m1* dí-ocsairibeanúic-léasach
deoxythymidine *s* dí-ocsaitímidín *m4*
departure angle uillinn *f2* imeachta
dependence *s* spleáchas *m1*
dependent *a* spleách *a*
dependent event teagmhas *m1* spleách
dependent term téarma *m4* spleách
dependent variable athróg *f2* spleách
depolarization *s* dípholarúchán *m1*
depolarization field réimse *m4* dípholarúcháin
depolarize *v* dípholaraigh *v*
depolarizer *s* dípholaróir *m3*
deposit *s (Ch.)* deascán *m1*
deposit *v* deasc *v*
deposition *s (Ch.)* deascadh *m1*
depression *s (Opt.)* ísliú *m* (*gs* -lithe)
depressor *s (Ch. Eng.)* sochtóir *m3*
depth *s* doimhneacht *f3*
depth of focus doimhneacht *f3* fócais
derivation *s* díorthú *m* (*gs* -thaithe)
derivative *s* díorthach *m1*
derivative *a* díorthach *a*
derivative control rialú *m* díorthach
derivative feedback aischothú *m* díorthach
derive *v* díorthaigh *v*
desalination *s* díshalandú *m* (*gs* -daithe)
descale *v* díchoirtigh *v*
descaling *s* díchoirtiú *m* (*gs* -ithe), díchoirtiúchán *m1*
descend *v (Mth.)* ísligh *v*
descending chain *(Mth.)* slabhra *m4* íslitheach
descending order *(Mth.)* ord *m1* íslitheach
describing function feidhm *f2* thuairisciúil
descriptive geometry geoiméadracht *f3* thuairisciúil
desiccant *s* triomaitheoir *m3*
desiccant *a* triomúcháin *gs* as *a*
desiccate *v* triomaigh *v*
desiccator *s* triomadán *m1*
desk calculator áireamhán *m1* deisce
desorption *s* dí-asú *m4*, dí-asúchán *m1*
destabilize *v* díchobhsaigh *v*
destaticization *s* dístatachú *m* (*gs* -chaithe), dístatachúchán *m1*
destructive distillation *(OrgCh.)* driogadh *m* deighilteach
detach *v* scoir *v*
detachable *a* inscortha *a*
detached *a* scortha *a*
detached coefficient comhéifeacht *f3* scortha
detect *v* braith *v*
detected *a* braite *a*
detection *s* brath *m1*
detector *s* brathadóir *m3*
detergent *s* glantach *m1*
detergent *a* glantach *a*
determinant *s (Mth.)* deitéarmanant *m1*
determine *v* aimsigh *v*
deterministic event *(Mth. St.)* teagmhas *m1* cinntitheach
deterministic system *(Mth. St.)* córas *m1* cinntitheach
detonate *v* maidhm *v*
detonation *s* madhmadh *m* (*gs* -mtha)
deuterium *s* deoitéiriam *m4*

deuterization *s* deoitéiriú *m* (*gs* -ithe)
deuteron *s* deoitéarón *m1*
develop *v (Phot.)* réal *v*
developable *a (of a twisted curve)* inleata *a*
developable polar *(of a twisted curve)* polach *m1* inleata
developable surface dromchla *m4* inleata
developed *a (Phot.)* réalta *a*
developer *s (Phot.)* réalóir *m3*
development *s (Phot.)* réaladh *m* (*gs* -lta)
developmental biology bitheolaíocht *f3* fhorbarthach
deviate *v* diall *v*
deviation *s (St.)* diall *m* (*gs* -ta)
deviator *s* diallóir *m3*
device *s* feiste *f4*
devitrification *s* díghloiniú *m* (*gs* -ithe), díghloiniúchán *m1*
devulcanize *v* díbholcáinigh *v*
dewatering *s* dí-uisciú *m* (*gs* -ithe), dí-uisciúchán *m1*
dew-point *s* drúchtphointe *m4*
dextran *s* deastran *m1*
dextrin *s* deistrin *f2*
dextro- *pref (Ch.)* deistrea-, deistri-, deistr-, deastr-*pref*
dextro- *pref (Cryst. Opt.)* deas- *pref*
dextrorotatory *a* deasrothlach *a*
dextrose *s* deastrós *m1*
d-glucitol *s* d-glúcatól *m1*
di- *pref* dé- *pref*
dia- *pref* dia-, diai- *pref*
diacaustic *a* diacástach *a*
diacetyl *s* (= **butanedione**) dé-aicéitil *f2*
diagonal *s* trasnán *m1*
diagonal *a* trasnánach *a*
diagonal matrix maitrís *f2* thrasnánach
diagonalization *s* trasnánú *m* (*gs* -naithe), trasnánúchán *m1*
diagonalize *v* trasnánaigh *v*
diagonalizing *s* trasnánú *m* (*gs* -naithe), trasnánúchán *m1*
diagram *s* léaráid *f2*
dial *s* diail *f2*
dialyse *v* scagdhealaigh *v*
dialysed *a* scagdhealaithe *a*
dialyser *s* scagdhealaitheoir *m3*
dialysis *s* scagdhealú *m* (*gs* -laithe)
dialytic *a (Ch.)* scagdhealaitheach *a*
diamagnetic *a* diamaighnéadach *a*
diamagnetism *s* diamaighnéadas *m1*
diameter *s (centre line)* lárlíne *f4*
diameter *s (length of centre line)* trastomhas *m1*
diamide *s* dé-aimíd *f2*
4,4-diaminobiphenyl *s* (= **benzine**) 4,4-dé-aimínidhéfheinil *f2*
diamond *s* diamant *m1*
diamond-ring effect iarmhairt *f3* diamantfháinne
diaphragm *s (Ac.)* scannán *m1*
diaphragm *s* (= **iris**) *(ElMag.)* scannán *m1*
diaphragm *s (MecEng.)* scannán *m1*
diaphragm *s (Opt. Phot.)* spiara *m4*
diastase *s* diastáis *f2*
diastereoisomer *s* diaisteiréisiméir *f2*
diathermanous *a* diaiteirmiúil *a*
diathermanous wall balla *m4* diaiteirmiúil
diatomic *a* dé-adamhach *a*
diatonic *a* diatonach *a*
diatonic scale scála *m4* diatonach
diazo- *pref* dé-asa-, dé-asai- *pref*
diazomethane *s* dé-asaimeatán *m1*
dibasic *a* débhunata *a*
dibenzoyl *s* (= **benzil, 1,2-diphenylethanedione**) débheansóil *f2*
diborane *s* (= **boroethane**) débhórán *m1*
dicarbide *s* (= **acetylide**) déchairbíd *f2*
dichlorotetramminecobalt *s* déchlóraiteatráimíncóbalt *m1*

dichotomy *s* déscaradh *m* (*gs* -rtha)
dichroic *a* déchrómach *a*
dichroism *s* déchrómachas *m1*
dichromate *s* déchrómáit *f2*
dichromatism *s* déchrómatacht *f3*
die *s* dísle *m4*
dielectric *s* tréleictreach *m1*
dielectric *a* tréleictreach *a*
dielectric hysteresis histéiréis *f2* thréleictreach
dielectric loss caillteanas *m1* tréleictreach
dielectric polarization polarú *m* tréleictreach
diene *s* dé-éin *f2*
dienone *s* dé-éanón *m1*
dienophile *s* dé-éinifil *f2*
diesel *s* díosal *m1*
diethoxyethane *s* (= **acetal**) dé-eatocsa-eatán *m1*
diethyl- *pref* dé-eitil- *pref*
diethylenetriamine *s* dé-eitiléintríaimín *m4*
diethyl ether (= **ethoxyethene**) éitear *m1* dé-eitile
differ *v* difrigh *v*
difference *s* difríocht *f3*
difference equation difearchothromóid *f2*
difference formula foirmle *f4* dhifríochta
difference operator oibreoir *m3* difríochta
difference tone ton *m1* difríochta
differentiability *s* indifreálacht *f3*
differentiable *a* indifreálaithe *a*
differential *s* difreálach *m1*
differential *a* difreálach *a*
differential air thermometer aertheirmiméadar *m1* difreálach
differential amplifier aimplitheoir *m3* difreálach
differential axle acastóir *m3* difreálach
differential calculus calcalas *m1* difreálach
differential-difference equation cothromóid *f2* difreálaigh is difríochta
differential flotation snámhacht *f3* dhifreálach
differential galvanometer galbhánaiméadar *m1* difreálach
differentially compound-wound *(ElEng.)* comhthochraiste go difreálach
differential operator oibreoir *m3* difreálach
differentiate *v (Mth.)* difreáil *v*
differentiation *s (Mth.)* difreáil *f3*
differentiation of generalised functions difreáil *f3* feidhmeanna ginearálaithe
differentiator *s (Eln. Mth.)* difreálaí *m4*
diffluence *s* díchumaracht *f3*
diffluence region réigiún *m1* díchumarach
diffract *v* díraon *v*
diffraction *s* díraonadh *m* (*gs* -nta)
diffraction analysis anailís *f2* díraonacháin
diffraction grating gríl *f2* díraonta
diffraction of light díraonadh *m* solais
diffraction of sound díraonadh *m* fuaime
diffraction pattern patrún *m1* díraonacháin
diffraction spectrum speictream *m1* díraonacháin
diffractometer *s* díraonmhéadar *m1*
diffusate *s (Ph.)* idirleatáit *f2*
diffuse *v (Opt.) (of light)* réscaip *v*
diffuse *v (Ph.) (of particles)* idirleath *v*
diffused junction *(Eln.)* cumar *m1* idirleata
diffuser *s (Eng.) (of fluid)* idirleatóir *m3*
diffuser *s (Opt.) (of light)* réscaiptheoir *m3* (solais)

diffusion *s (MecEng.)* idirleathadh *m* (*gs* -eata)
diffusion *s (Opt.) (of light)* réscaipeadh *m* (*gs* -pthe)
diffusion *s (Ph.) (of particles)* idirleathadh *m* (*gs* -eata)
diffusion cloud chamber néalsoitheach *m1* idirleata
diffusion coefficient comhéifeacht *f3* idirleata
diffusion current sruth *m3* idirleata
diffusion equation cothromóid *f2* idirleata
diffusion length fad *m1* idirleata
diffusion pump caidéal *m1* idirleata
diffusion theory teoiric *f2* an idirleata
diffusivity *s (Ph.)* idirleatacht *f3*
digest *v* díleáigh *v*
digit *s (Mth.)* digit *f2*
digital circuit ciorcad *m1* digiteach
digital computer ríomhaire *m4* digiteach
digital inverter inbhéartóir *m3* digiteach
digital voltmeter voltmhéadar *m1* digiteach
digitizer *s* digiteoir *m3*
digitron *s* digitreon *m1*
digraph *s* déghraf *m1*
dihedral *a (Mth.)* déhéidreach *a*
dihedral angle *(Mth.)* uillinn *f2* dhéhéidreach
dihedron *s (Mth.)* déhéadrán *m1*
dihydrouridine *s* déhiodrúiridín *m4*
1,2-dihydroxyanthraquinone *s* (**= alizarine**) déhiodrocsantracuineon *m1*
(-)**-2,3-dihydroxybutanedioic acid** (**= tartaric acid**) aigéad *m1* (⁻)2,3-déhiodrocsabútáindé-óch
diimine *s* dé-imín *m4*
dilatancy *s* leatas *m1*
dilatation *s* leatacht *f3*
dilate *v* leath *v*
dilation *s* leathadh *m* (*gs* leata)
dilatometer *s* leathadán *m1*
diluent *s* caolaitheoir *m3*
dilute *v* caolaigh *v*
dilute solution tuaslagán *m1* caol
dilution *s* caolú *m* (*gs* -laithe)
dimension *s (Mth. Ph.)* toise *m4*
dimensional *a (Mth.)* toiseach *a*
dimensional analysis *(Mth. Ph.)* anailís *f2* thoiseach
dimensional homogeneity aonchineálacht *f3* thoiseach
dimensionless *a (Mth. Ph.)* éadoiseach *a*
dimer *s (Ch.)* démhéir *f2*
dimethylbenzene *s* (**= xylene**) démheitilbeinséin *f2*
2,3-dimethylbutane-2,3-diol *s* (**= pinacol**) 2,3-démheitiolbútán-2,3-dé-ól *m1*
dimethylformamide *s* démheitiolformaimíd *f2*
dimethylglyoxime *s* démheitilgliocsaím *f2*
diminish *v* laghdaigh *v*
diminution *s* laghdú *m* (*gs* -daithe)
dimmer switch lasc *f2* mhaolaithe
dimorphic *a* démhorfach *a*
dimorphism *s* démhorfacht *f3*
dimorphous *a* démhorfach *a*
dioate *s* dé-óáit *f2*
diode *s* dé-óid *f2*
diode forward voltage tulvoltas *m1* dé-óide
diode transistor logic loighic *f2* thrasraitheora dé-óide
diode voltage voltas *m1* dé-óide
-dioic *suff a* -dé-óch *suff a*
-diol *suff a* -dé-ól *suff a*
-dione *suff a* -dé-ón *suff a*
diophantine analysis anailís *f2* dhiafaintíneach
diopter *s* (**= dioptre**) dia-optar *m1*
dioptre *s* (**= diopter**) dia-optar *m1*
dioptric system córas *m1* dia-optrach
dioxane *s* dé-ocsán *m1*
dioxide *s* dé-ocsaíd *f2*

dioxy- *pref* dé-ocsa-, dé-ocsai- *pref*
dip *s* claonas *m1*
1,2-diphenylethanedione *s* (= **benzil, dibenzoyl)** 1,2-défheinileatáindé-ón *m1*
diphenyline *s* défheinilín *m4*
diphosphane *s* défhosfán *m1*
dipole *s* déphol *m1*
dipole *a* dépholach *a*
dipole aerial aeróg *f2* dhépholach
dipole moment móimint *f2* dhépholach
diprotic *a* déphrótónach *a*
dipyridil *s* déphiridil *f2*
diradical *s* défhréamh *f2*
direct *a* díreach *a*, dír- *pref*
direct *v* dírigh *v*
direct access dír-rochtain *f3*
direct addressing dírsheolachán *m1*
direct command ordú *m* díreach
direct-coupled amplifier aimplitheoir *m3* dírchúpláilte
direct current (= DC) sruth *m3* díreach, SD
direct-current restorer aischuradóir *m3* srutha dhírigh
directed *a (Mth.)* treoch *a*
directed *a (in general)* dírithe *a*
directed line *(Mth.)* líne *f4* threoch
directed number *(Mth.)* uimhir *f* threoch
directed segment *(Mth.)* mírlíne *f4* threoch
direct finite-difference method *(Mth.)* modh *m3* díreach difríochtaí finideacha
direct integral *(Mth.)* dírshuimeálaí *m4*
direction *s (Mth.)* treo *m4*
directional *a* treoch *a*
directional derivative treodhíorthach *m1*
direction cosine treo-chomhshíneas *m1*
direction field treo-réimse *m4*
directive aerial aeróg *f2* threoch
director *s* treoraí *m4*
director circle ciorcal *m1* treorach
direct product iolrach *m1* díreach
direct proportion comhréir *f2* dhíreach, dír-chomhréir *f2*
direct-reading hydrometer hidriméadar *m1* dírléimh
directrix *s* treoirlíne *f4*
direct stress *(Mec. Ph.)* strus *m1* díreach
direct stroke *(El. Eng.)* buille *m4* díreach
direct sum dírshuim *f2*
direct-vision spectroscope speictreascóp *m1* díramhairc
dirigible *s* balún *m1* instiúrtha
dirigible *a* instiúrtha *a*
dis- *pref* dí- *pref*
disaccharide *s* déshiúicríd *f2*
disadvantage factor fachtóir *m3* míbhuntáisteach
disappearing-filament pyrometer piriméadar *m1* filiméid théaltaithigh
disc *s* (**= disk)** diosca *m4*
discharge *s* díluchtú *m* (*gs* -taithe)
discharge coefficient comhéifeacht *f3* díluchtaithe
discharge tube feadán *m1* díluchtúcháin
discomposition effect (= Wigner effect) iarmhairt *f3* díshuímh
disconnect *v* díscoir *v*
disconnected *a* díscortha *a*
disconnection *s* díscor *m1*
discontinuity *s* neamhleanúnachas *m1*
discontinuous *a* neamhleanúnach *a*
discover *v* fionn *v*
discovery *s* fionnachtain *f3*
discrete *a (Mth.)* scoite *a*
discrete atom *(Ch. Ph.)* adamh *m1* scoite
discrete data sonraí *mpl* scoite
discrete distribution *(Ph. St.)* dáileadh *m* scoite

discrete level *(Ph.)* leibhéal *m1* scoite
discrete member *(Mth. Ph. Set.)* ball *m1* scoite
discrete point *(Mth. Ph. Set.)* pointe *m4* scoite
discrete spectrum *(Ph.)* speictream *m1* scoite
discrete time system *(Ph.)* amchóras *m1* scoite
discrete variable *(Mth.)* athróg *f2* scoite
discriminant *s* idirdhealaí *m4*
disc winding *(Ph.)* tochrán *m1* diosca
disintegrate *v* díscaoil *v*
disintegration *s* díscaoileadh *m* (*gs* -lte)
disjoint *a* scartha *a*
disjoint sets tacair *mpl* scartha
disk *s* (= **disc**) diosca *m4*
disk clutch diosc-chrág *f2*
dislocate *v* asáitigh *v*
dislocation *s (Cryst.)* asáitiú *m* (*gs* -ithe)
dismantle *v* díchóimeáil *v*
dispersant *s* easróir *m3*
disperse *v (of light, etc.)* spréigh *v*
disperse *v (Ch.) (of gas, particles, etc.)* easraigh *v*
dispersion *s (of light, etc.)* spré *m4*
dispersion *s (Ch.) (of gas, particles, etc.)* easrú *m* (*gs* -raithe)
dispersive power cumas *m1* spréite
displace *v* díláithrigh *v*
displacement *s* díláithriú *m* (*gs* -ithe)
displacement current sruth *m3* díláithriúcháin
displacement curve cuar *m1* díláithriúcháin
displacement law dlí *m4* díláithriúcháin
displacement-time diagram léaráid *f2* díláithriúcháin is ama
displacement vessel (= overflow can) canna *m4* forsceite
disposable Petri dish mias *f2* Petri shochaite
disproportionate *a* díréireach *a*
disproportionation *s* díréiriúchán *m1*
disrotatory *a* dírothlach *a*
disruptive discharge díluchtú *m* réabach
disruptive strength neart *m1* réabach
dissecting board clár *m1* diosctha
dissecting instrument gléas *m1* diosctha
dissimilar *a* difriúil *a*
dissipate *v* caith *v*
dissipation *s* ídiú *m* (*gs* -ithe)
dissociate *v (Ch. Ph.)* díthiomsaigh *v*
dissociation *s (Ch. Ph.)* díthiomsú *m* (*gs* -saithe)
dissociation constant *(Ch.)* tairiseach *m1* díthiomsúcháin
dissolution *s* tuaslagaíocht *f3*
dissolve *v* tuaslaig *v*
dissolved *a* tuaslagtha *a*
dissonance *s* díshondas *m1*
dissymmetric *a* díshiméadrach *a*
distance function fadfheidhm *f2*
distance of distinct vision raon *m1* gléradhairc
distemper *s* leamhaol *m1*
distil *v* driog *v*
distillate *s* driogáit *f2*
distillation *s* driogadh *m* (*gs* -gtha)
distillation flask fleascán *m1* driogtha
distinct *a* leithleach *a*
distinct root fréamh *f2* leithleach
distort *v* díchum *v*
distorted *a* díchumtha *a*
distortion *s* díchumadh *m* (*gs* -mtha)
distortional wave tonn *f2* díchumthachta
distribute *v* dáil *v*
distribution *s* dáileadh *m* (*gs* -lte), dáileachán *m1*

distribution coefficient (= partition coefficient) *(Ch.)* comhéifeacht *f3* dáileacháin
distribution constant tairiseach *m1* dáileacháin
distribution-free test tástáil *f3* saor ó dháileachán
distribution frequency minicíocht *f3* dáileacháin
distribution function feidhm *f2* dháileacháin
distribution in energy dáileachán *m1* san fhuinneamh
distribution theory teoiric *f2* na ndáileachán
distributive *a* dáileach *a*
distributive law dlí *m4* an dáilte
distributor *s* dáileoir *m3*
disulphide *s* déshuilfíd *f2*
dithionate *s* déthianáit *f2*
dithionic acid aigéad *m1* déthianach
divalent *a* **(= bivalent)** défhiúsach *a*
dive *s* tumadh *m* (*gs* -mtha)
dive *v* tum *v*
diverge *v (Mth.)* dibhéirsigh *v*
diverge *v (Ph.)* eisréimnigh *v*
divergence *s (Mth.)* dibhéirseacht *f3*
divergence *s (Ph.)* eisréimneacht *f3*
divergence theorem teoirim *f2* na dibhéirseachta
divergent *a (Mth.)* dibhéirseach *a*
divergent *a (Ph.)* eisréimneach *a*
diverging *s (Mth.)* dibhéirsiú *m* (*gs* -ithe)
diverging *s (Ph.)* eisréimniú *m* (*gs* -ithe)
divide *v* roinn *v*
divided difference difríocht *f3* roinnte
dividend *s (Mth.)* rannann *f2*
divider *s (Mth.)* roinnteoir *m3*
dividers *spl (instrument)* rannadóir *m3*
divisibility *s* inroinnteacht *f3*
division *s* roinn *f3*
division *s (Mth.)* roinnt *f2*
divisor *s (Mth.)* roinnteoir *m3*
D-lines of sodium D-línte *fpl* sóidiam
DNA (= deoxyribonucleic acid) DNA, aigéad *m1* dí-ocsairibea-núicléasach
dodecagon *s* dóideacagán *m1*
dodecahedron *s* **(= duodecahedron)** dóideacaihéadrán *m1*
dolomite *s* dolaimít *f2*
domain *s* fearann *m1*
domain theory of magnetism fearannteoiric *f2* an mhaighnéadais
dome *s* cruinneachán *m1*
dominant *a* ceannasach *a*
dominant eigenvalue dual-luach *m3* ceannasach
dominant pole-zero approximation neastachán *m1* polnialasach ceannasach
dominant wavelength tonnfhad *m1* ceannasach
domino *s* domanó *m4*
donating *s (of electron)* deonadh *m* (*gs* -nta)
donor *s* deontóir *m3*
donor atom deon-adamh *m1*
dopant *s* dópán *m1*
dope *s* dóp *m1*
doping compensation cúiteamh *m1* dópála
doping level leibhéal *m1* dópála
Doppler shift aistriú *m* Doppler
dose *s* dáileog *f2*
dose equivalent coibhéis *f2* dháileogach
dosimeter *s* dáileogmhéadar *m1*
dosimetry *s* dáileogmhéadracht *f3*
dot *s* ponc *m1*
dot product (= scalar product) ponciolrach *m1*
double *s (Mth.)* dúbailt *f2*
double *a* dúbailte *a*
double *v* dúbail *v*
double bond nasc *m1* dúbailte
double bridge droichead *m1* dúbailte

double integral suimeálaí *m4* dúbailte
double pole pol *m1* dúbailte
double refraction dé-athraonadh *m* (*gs* -nta)
doublet *s (Ph.)* dúibléad *m1*
doublet state *(Ph.)* staid *f2* dhúibléadach
doubly degenerate *(Ph.)* díchineálach faoi dhó
downtime *s* iamh-aga *m4*
drag *s (Mec.)* cúltarraingt *f* (*gs* -ngthe)
drag coefficient comhéifeacht *f3* cúltarraingthe
drain *s (El.)* draein *f* (*gs* -aenach)
drain mobility *(Ph.)* soghluaisteacht *f3* draenach
drift *s* síob *f2*
drift *v* síob *v*
drift transistor *(Eln.)* síobthrasraitheoir *m3*
drift tube síobfheadán *m1*
drift velocity treoluas *m1* síbe
drive *s (Eln.)* tiomáint *f3* (*gs* -ána)
driver *s* tiománaí *m4*
driving-point impedance coisceas *m1* pointe tiomána
driving-shaft *s* seafta *m4* tiomána
dropping bottle braonbhuidéal *m1*
dropping funnel (= separating funnel) braontonnadóir *m3*
dropping pipette braonphípéad *m1*
dropping-plate experiment turgnamh *m1* an phláta titime
drop point silphointe *m4*
dross *s* dras *m1*
drug *s* druga *m4*
drum *s* druma *m4*
drum winding *(El.)* tochrán *m1* druma
dry cell cill *f2* thirim
dry distillation turdhriogadh *m* (*gs* -gtha)
dry friction tur-fhrithchuimilt *f2*
dry ice oighear *m1* tirim
dry measure miosúr *m1* tirim
dual *a* déach *a*
dualism *s (Mth. Ph.)* déachas *m1*
dualistic *a (Mth. Ph.)* déachúil *a*
duality *s (Mth. Ph.)* déacht *f3*
ductile *a (Ph.)* insínte *a*
ductility *s (Ph.)* insínteacht *f3*
duff coal brusghual *m1*
dull *a* murtallach *a*
dummy subscript *(Mth.)* foscript *f2* dumaí
duodecahedron *s* **(= dodecahedron)** dóideacaihéadrán *m1*
duodecimal *s (Mth.)* dódheachúil *f3*
duodecimal *a (Mth.)* dódheachúlach *a*
duplex operation *(Ph.)* oibríocht *f3* dhéphléacsach
durability *s* buanfas *m1*
dust *s* deannach *m1*
dust-tube *s (Ph.)* brusfheadán *m1*
dyadic *a* diadach *a*
dyadic operator oibreoir *m3* diadach
dye *s* ruaim *f2*
dyeing *s* ruaimneoireacht *f3*
dyer *s* ruaimneoir *m3*
dynamic *a* dinimiciúil *a*
dynamic characteristic saintréith *f2* dhinimiciúil
dynamic friction frithchuimilt *f2* dhinimiciúil
dynamic impedance coisceas *m1* dinimiciúil
dynamic range raon *m1* dinimiciúil
dynamics *s* dinimic *f2*
dynamic simularity cosúlacht *f3* dhinimiciúil
dynamic stability cobhsaíocht *f3* dhinimiciúil
dynamic viscosity slaodacht *f3* dhinimiciúil
dynamite *s* dinimít *f2*
dynamo *s* dineamó *m4*
dynamometer *s* dinimiméadar *m1*
dynamotor *s* dineamótar *m1*
dyne *s (Eng. Mec.)* dín *f2*

dynode *s* dionóid *f2*
dysprosium *s* diospróisiam *m4*
dystomic *a* diostómach *a*

E

EAN (= effective atomic number) UAÉ, uimhir *f* adamhach éifeachtach
earphone *s* cluasán *m1*
earth *s (planet)* an domhan *m1*
earth *s (soil)* cré *f4*
earth *s* **(= ground)** *(El.)* talmhú *m* (*gs* -mhaithe)
earth *v (El.)* talmhaigh *v*
earthing *s* **(= grounding)** *(El.)* talmhú *m* (*gs* -mhaithe)
earthquake *s* crith *m3* talún
earth science domhaneolaíocht *f3*
earthshine domhanloinnir *f* (*gs* -nnreach)
earth's magnetic field réimse *m4* maighnéadach an domhain
east-west effect iarmhairt *f3* soir-siar
ebonite *s* éabainnít *f2*
ebullition *s* fiuchadh *m* (*gs* -chta)
ebulloscopic *a (Ch.)* eibilleascópach *a*
ebulloscopic constant *(Ch.)* tairiseach *m1* eibilleascópach
eccentric *a* éalárnach *a*
eccentric anomaly aimhrialtacht *f3* éalárnach
eccentricity *s* éalárnacht *f3*
echelle grating *(Ph.)* gríl *f2* éisleach
echellette grating *(Ph.)* gríl *f2* éisléadach
echelon *s (Ph.)* éisliún *m1*
echeloned *a (Ph.)* éisliúnta
echelon grating *(Ph.)* gríl *f2* éisliúnach
echo *s* macalla *m4*
echo chamber both *f3* mhacalla
echo location aimsiú *m* ó mhacalla
echo sounding sondáil *f3* ó mhacalla
eclipsed conformation conformáil *f3* uraithe
ecliptic *s (Ast. Ph.)* éiclipteach *m1*
ecliptic *a (Ast. Ph.)* éiclipteach *a*
ecology *s* éiceolaíocht *f3*
economiser *s* barainneoir *m3*
ecosystem *s* éiceachóras *m1*
eddy *s* guairneán *m1*
eddy current sruth *m3* guairneáin
eddy viscosity slaodacht *f3* ghuairneánach
effect *s* éifeacht *f3*, iarmhairt *f3*
effective *a* éifeachtach *a*
effective atomic number (= EAN) uimhir *f* adamhach éifeachtach, UAÉ
effective energy fuinneamh *m1* éifeachtach
effective force fórsa *m4* éifeachtach
effective mass mais *f2* éifeachtach
effective value luach *m3* éifeachtach
effective wavelength tonnfhad *m1* éifeachtach
effervesce *v (Ch.)* broidearnaigh *v*
effervescence *s (Ch.)* broidearnach *f2*
effervescent *a (Ch.)* broidearnúil *a*
efficacy *s* éifeachtúlacht *f3*
efficiency *s* éifeachtacht *f3*
efficient estimator meastóir *m3* éifeachtach
effluent *s* eisilteach *m1*
effluent *a* eisilteach *a*
effloresce *v* plúraigh *v*
efflorescence *s* plúrú *m* (*gs* -raithe)
efflorescent *a* plúrach *a*
effort *s* iarracht *f3*
effuse *v* eisleath *v*
effusion *s* eisleathadh *m* (*gs* -ta)
egg-timer *s* orláiste *m4*
Egyptian system córas *m1* Éigipteach
eigenenergy *s (QuPh.)* dualfhuinneamh *m1*
eigenfunction *s* **(= characteristic function, proper function)** *(Mth.)* dualfheidhm *f2*
eigenstate *s (Mth. QuPh.)* dualstaid *f2*

eigenvalue *s* (= **characteristic number, characteristic value, proper value)** *(Mth.)* dual-luach *m3*
eigenvector *s* (= **characteristic vector)** *(Mth.)* dualveicteoir *m3*
einsteinium *s* éinstéiniam *m4*
Einstein's photoelectric equation cothromóid *f2* fhótaileictreach Einstein
elastance *s* leaisteas *m1*
elastic *s* leaistic *f2*
elastic *a* leaisteach *a*
elastic constant tairiseach *m1* leaisteach
elastic deformation *(Mec.)* díchumadh *m* leaisteach
elasticity *s* leaisteachas *m1*
elastic law dlí *m4* an leaisteachais
elastic limit *(Mec. Ph.)* teorainn *f* leaisteach
elastic scattering scaipeadh *m* leaisteach
elastic stretching searradh *m* leaisteach
elastic twisting casadh *m* leaisteach
elastodynamics *spl* leaistidinimic *f2*
elastokinetics *spl* leaisticinéitic *f2*
elastoresistance *s (El. Ph.)* leaistifhriotaíocht *f3*
elastostatics *spl* leaisteastataic *f2*
E layer *s* E-chiseal *m1*
electret *s* leictréid *f2*
electric(al) *a* leictreach *a*
electrical conductivity (EC) seoltacht *f3* leictreach, SL
electrical conductivity meter méadar *m1* seoltachta leictrí
electrical contact teagmháil *f3* leictreach
electrical engineering innealtóireacht *f3* leictreach
electric arc stua *m4* leictreach
electric bell cloigín *m4* leictreach
electric braking cosc *m1* leictreach
electric charge lucht *m3* leictreach
electric constant tairiseach *m1* leictreach
electric dipole moment móimint *f2* dhépholach leictreach
electric discharge díluchtú *m* leictreach
electric-displacement díláithriúchán *m1* leictreach
electric-displacement vector veicteoir *m3* díláithriúcháin leictrigh
electric double layer ciseal *m1* dúbailte leictreach
electric energy fuinneamh *m1* leictreach
electric field réimse *m4* leictreach
electric-field strength neart *m1* réimse leictrigh
electric flux flosc *m3* leictreach
electric-flux density floscdhlús *m1* leictreach
electricity *s* leictreachas *m1*
electricization leictriú *m* (*gs* -ithe), leictriúchán *m1*
electric motor mótar *m1* leictreach
electric network líonra *m4* leictreach
electric potential poitéinseal *m1* leictreach
electric shock turraing *f2* leictreach
electrify *v* leictrigh *v*
electro- *pref* leictrea-, leictri-, leictr- *pref*
electrocardiograph *s* leictreacairdea-graf *m1*
electrochemical *a* leictriceimiceach *a*
electrochemistry *s* leictriceimic *f2*
electrocyclic *a* leictrichioglach *a*
electrode *s* leictreoid *f2*
electrode dissipation ídiú *m* leictreoide
electrodeposition *s (Ch. Ph.)* leictrileagan *m1*
electrode potential poitéinseal *m1* leictreoide
electrodialysis *s (Ch. Ph.)* leictrea-scagdhealú *m* (*gs* -laithe)

electrodisintegration *s* leictri-dhíscaoileadh *m* (*gs* -lte)
electrodynamic instrument ionstraim *f2* leictridinimiciúil
electroencephalograph leictreinceifealagraf *m1*
electroendosmosis *s* leictrionosmóis *f2*
electrogen *s* leictrigin *f2*
electrokinetics *spl* leictricinéitic *f2*
electrokinetic transducer trasduchtóir *m3* leictricinéiteach
electroluminescence *s (Eln.)* leictrealonracht *f3*
electrolyse *v* leictrealaigh *v*
electrolysis *s* leictrealú *m* (*gs* -laithe)
electrolyte *s* leictrilít *f2*
electrolytic *a* leictrealaíoch *a*
electrolytic conductivity seoltacht *f3* leictrealaíoch
electrolytic polarization polarú *m* leictrealaíoch
electrolytic tank umar *m1* leictrealaíoch
electromagnet *s* leictreamaighnéad *m1*
electromagnetic *a* leictreamaighnéadach *a*
electromagnetic damping maolú *m* leictreamaighnéadach
electromagnetic deflection sraonadh *m* leictreamaighnéadach
electromagnetic focusing fócasú *m* leictreamaighnéadach
electromagnetic induction ionduchtú *m* leictreamaighnéadach
electromagnetic interaction idirghníomhú *m* leictreamaighnéadach
electromagnetic mass mais *f2* leictreamaighnéadach
electromagnetic unit (= emu) aonad *m1* leictreamaighnéadach, alm
electromagnetism *s* leictreamaighnéadas *m1*
electrometallurgy leictrimhiotalóireacht *f3*
electrometer *s* leictriméadar *m1*
electromotive *a* leictreaghluaisneach *a*
electromotive force (= EMF) fórsa *m4* leictreaghluaisneach, FLG
electromotor *s* leictreamótar *m1*
electron *s* leictreon *m1*
electron *a* leictreonach *a*
electron acceptor *(Ch.)* glacóir *m3* leictreon
electron affinity leictreonfhiníocht *f3*
electron capture leictreonghabháil *f3*
electron cloud néal *m1* leictreon
electron-deficient leictreonuireasach *a*
electron diffraction díraonadh *m* leictreon, leictreondíraonadh *m* (*gs* -nta)
electron donor deontóir *m3* leictreon
electronegative *a* leictridhiúltach *a*
electronegativity *s* leictridhiúltacht *f3*
electron gas leictreonghás *m1*
electron gun leictreonghunna *m4*
electron-hole pair dís *f2* leictreoin is poill
electronic *a* leictreonach *a*
electronic balance meátán *m1* leictreonach
electronic music ceol *m1* leictreonach
electronics *spl* leictreonaic *f2*
electronic spectrum speictream *m1* leictreonach
electron lens leictreonlionsa *m4*
electron microscope leictreonmhicreascóp *m1*
electron multiplier leictreoniolraitheoir *m3*
electron optics leictreonoptaic *f2*
electron pair leictreondís *f2*
electron-pair acceptor glacóir *m3* leictreondíse

electron-pair donor deontóir *m3* leictreondíse
electron paramagnetic resonance (= electron spin resonance, ESR) athshondas *m1* paramaighnéadach leictreon, APL
electron physics leictreonfhisic *f2*
electron probe *(Ch. Ph.)* leictreontóireadóir *m3*
electron-probe microanalysis *(Ch. Ph.)* miocranailís *f2* le leictreontóireadóir
electron recoil aisléim *f2* leictreon
electron shell leictreonsceall *m3*
electron spectroscopy leictreonspeictreascópacht *f3*
electron spin leictreonghuairne *f4*
electron spin resonance (= ESR, electron paramagnetic resonance) athshondas *m1* guairneach leictreon (AGL)
electron stain leictreonsmál *m1*
electron synchrotron leictreonsincreatrón *m1*
electron telescope leictreonteileascóp *m1*
electron temperature leictreonteocht *f3*
electron tube leictreonfheadán *m1*
electron volt leictreonvolta *m4*
electro-optics leictrea-optaic *f2*
electrophilic *a* leictrifileach *a*
electrophonic instrument ionstraim *f2* leictreafónach
electrophoresis *s* leictreafóiréis *f2*
electrophoretic *a* leictreafóiréiseach *a*
electrophorus *s* leictreafórán *m1*
electroplate *v* leictreaphlátáil *v*
electroplating *s* leictreaphlátáil *f3*
electropositive *a* leictridheimhneach *a*
electroscope *s* leictreascóp *m1*
electrosmosis *s* leictrea-osmóis *f2*
electrostatic *a* leictreastatach *a*
electrostatic deflection sraonadh *m* leictreastatach
electrostatic focusing fócasú *m* leictreastatach
electrostatic induction ionduchtú *m* leictreastatach
electrostatic lens lionsa *m4* leictreastatach
electrostatic precipitation *(Ph.)* deascadh *m* leictreastatach
electrostatics *spl* leictreastataic *f2*
electrostatic unit (= esu) aonad *m1* leictreastatach, als
electrostriction *s (Mec. Ph.)* leictreachrapadh *m* (*gs* -ptha)
electrotechnical *a* leictriteicniúil *a*
electrovalent *a* leictrifhiúsach *a*
electrovalent bond nasc *m1* leictrifhiúsach
electroviscosity *s* leictreashlaodacht *f3*
element *s (El.)* eilimint *f2*
element *s (Ch.)* dúil *f2* (*npl* -e, *gpl* dúl)
element *s (Set.)* ball *m1*
elemental state of element staid *f2* eiliminteach na dúile
elementary *a (Ch.)* dúilí *a*
elementary *a (Ph.)* bunúsach *a*
elementary particle *(NcPh.)* buncháithnín *m4*
element line eilimintlíne *f4*
elevation *s (of boiling point)* ardú *m* (an fhiuchphointe)
elevation *s (of drawing)* ingearchló *m4*
eliminant *s (Mth.)* díbreach *m1*
eliminate *v* díbir *v*
elimination *s (Mth.)* díbirt *f3* (*gs* -beartha)
eliminator *s (Eln. Mth.)* díbreoir *m3*
ellipse *s* éilips *m4*
ellipsoid *s* éileapsóideach *m1*
ellipsoid(al) *a* éileapsóideach *a*
ellipsometer *s* éilipsiméadar *m1*
elliptical *a* éilipseach *a*
elliptically polarized light solas *m1* polaraithe go héilipseach

elliptic circular cylinder sorcóir *m3* ciorclach éilipseach
elliptic polarization polarú *m* éilipseach
elongate *v* fadaigh *v*
elongation *s* fadú *m* (*gs* -daithe)
eluent *s* ionlán *m1*
elute *v* ionnail *v* (*pres* ionlann)
elution *s* ionladh *m* (*gs* ionnalta)
emanate (from) *v* eisil (ó) *v*
emanating power cumhacht *f3* eisilte
emanation *s* eisileadh *m* (*gs* -lte)
embed *v (Micros.)* tuímigh *v*
embedded *a (Micros.)* tuímithe *a*
emery *s* éimear *m1*
EMF (= electromotive force) FLG, fórsa *m4* leictreaghluaisneach
emission *s (Ph.)* astú *m* (*gs* -taithe), astúchán *m1*
emissivity *s* **(= coefficient of emmision)** *(Ph.)* astaíochas *m1*
emit *v (Ph.)* astaigh *v*
emittance *s (Ph.)* astaíocht *f3*
emitter *s (Eln. Ph.)* astaíre *m4*
empiric(al) *a* eimpíreach *a*
empirical probability dóchúlacht *f3* eimpíreach
empty *a* folamh *a*
empty set (= null set) tacar *m1* folamh
emu (= electromagnetic unit) alm, aonad *m1* leictreamaighnéadach
emulsify *v* eibligh *v*
emulsion *s* eibleacht *f3*
emulsoid *s* eablóideach *m1*
enamel *s* cruan *m1*
enamel *v* cruan *v*
enamelled *a* cruanta *a*
enantiomer *s* eanantaiméir *f2*
enantiomorphic *a* eanantamorfach *a*
enantiomorphism *s* eanantamorfacht *f3*
enantiotrophic *a* eanantatrófach *a*
encastre beam bíoma *m4* leabaithe
encirclement *s* timpeallú *m* (*gs* -llaithe)
enclose *v* iniaigh *v*
enclosed *a* iniata *a*
enclosure *s* iniamh *m1*
end *s (of line, etc.)* foirceann *m1*
end *s (finish)* críoch *f2*
-end *suff s* **(= -and)** -ann, -eann *suff f2*
end correction *(Mth.)* earrcheartú *m* (*gs* -rtaithe)
end on overlap (= end overlap) *(Ch.)* earrfhorluí *m4*
end-on position tulsuíomh *m1*
end overlap (= end on overlap) *(Ch.)* earrfhorluí *m4*
endo- *pref* in-, ion- *pref*
endocrine regulator rialtán *m1* inchríneach
endorphin *s* iondoirfin *f2*
endosmosis *s* ionosmóis *f2*
endothermic *a* inteirmeach *a*
endothermic reaction imoibriú *m* inteirmeach
end-point *s (Ch.)* críochphointe *m4*
-ene *suff s* -éin *suff f2*
energetics *spl (Ph.)* fuinneamhachas *m1*
energize *v* fuinnmhigh *v*
energized *a* fuinnmhithe *a*
energy *s (Ph.)* fuinneamh *m1*
energy band fuinneamhbhanda *m4*
energy conversion tiontú *m* fuinnimh
energy density fuinneamhdhlús *m1*
energy gap fuinneamhbhearna *f4*
energy interconversion idirthiontú *m* fuinnimh
energy of a flywheel fuinneamh *m1* rotha lústair
energy value luach *m3* fuinnimh
engine *s* inneall *m1*
engine advantage buntáistíocht *f3* innill
engineering *s* innealtóireacht *f3*
enkephalin *s* einceifilin *f2*
enlarge *v* méadaigh *v*
enlarged *a* méadaithe *a*

enlargement *s* méadú *m* (*gs* -daithe)
enol *s* eanól *m1*
-enol *suff s* -eanól *suff m1*
enolization *s* eanólúchán *m1*
enquiry skill scil *f2* fiosraithe
enrich *v* saibhrigh *v*
enrichment *s* saibhriú *m* (*gs* -ithe)
enthalpy *s* eantalpacht *f3*
entire function feidhm *f2* chomhiomlán
entomology *s* feithideolaíocht *f3*
entrain *v* leachtiompair *v*
entrainment *s* leachtiompar *m1*
entropy *s (Ch. Ph.)* eantrópacht *f3*
E number *s* E-uimhir *f* (*gs* -mhreach)
enumerable *a* (= **countable, denumerable**) *(Mth.)* ináirithe *a*, inchomhairimh *a*, inchomhairthe *a*
enumerate *v* áirigh *v*
envelop *v* imchlúdaigh *v*
envelope *s* imchlúdach *m1*
enzyme *s* einsím *f2*
epact *s* éapacht *f3*
ephemeris *s* eifimiris *f2*
epi- *pref* eipea-, eipi-, eip- *pref*
epicentre *s* eipealár *m1*
epicycloid *s* eipicioglóideach *m1*
epicycloid *a* eipicioglóideach *a*
epidiascope *s* eipidiascóp *m1*
episcope *s* eipeascóp *m1*
epitaxial *a* eipeatacsach *a*
epitaxy *s* eipeatacsacht *f3*
epitope *s* eipeatóp *m1*
epo- *pref (Ch.)* eapa-, eapai- *pref*
epoxidation *s (Ch.)* eapocsaídiúchán *m1*
epoxy *a* eapocsach *a*
epoxy- *pref (Ch.)* eapocsa-, eapocsai- *pref*
epoxyethane *s (Ch.)* eapocsa-eatán *m1*
epsilon *s* eipsealón *m1*
Epsom salts salann *m1* Epsom
equal *a* cothrom *a*, comh- *pref*
equal addition suimiú *m* cothrom
equal distribution dáileadh *m* cothrom
equal fraction codán *m1* cothrom
equality *s* cothroime *f4*
equal temperament comhréiteacht *f3*
equal width leithead *m1* cothrom
equate *v (Mth.)* cothromaigh *v*
equated *a (Mth.)* cothromaithe *a*
equation *s* cothromóid *f2*
equation of continuity (= **continuity equation**) *(Ph.)* cothromóid *f2* an leanúnachais
equation of state cothromóid *f2* staide
equator *s* meánchiorcal *m1*
equiangular *a* comhuilleach *a*
equidistant *a* **(from)** ar comhfhad ó
equilateral *a* comhshleasach *a*
equilibrant *s* cothromaitheach *m1*
equilibrium *s* cothromaíocht *f3*
equilikely event teagmhas *m1* comhdhóchúil
equilikely probability dóchúlacht *f3* chomhdhóchúil
equinox *s* cónocht *m3*
equip *v* trealmhaigh *v*
equipartition *s (Ch. Ph.)* comhroinnt *f2*
equipartition of energy *(Ch. Ph.)* comhroinnt *f2* an fhuinnimh
equipment *s* trealamh *m1*
equipollence *s (Mec. Mth.)* comhacmhainn *f2*
equipollent *a (Mec. Mth.)* comhacmhainneach *a*
equipotent sets *(Mth. Set.)* tacair *mpl* chomhchumasacha
equipotential *a (Ph.)* comhphoitéinsil *gs* as *a*
equipotential lines *(El. Mec. Ph.)* línte *fpl* comhphoitéinsil
equivalence *s (Ch. Mth.)* coibhéis *f2*
equivalence point *(Mth.)* pointe *m4* coibhéise
equivalence relation *(Mth.)* coibhneas *m1* coibhéise
equivalent *s* coibhéis *f2*

equivalent *a* coibhéiseach *a*
equivalent circuit ciorcad *m1* coibhéiseach
equivalent focal length fócasfhad *m1* coibhéiseach
equivalent fraction codán *m1* coibhéiseach
equivalent length of a magnet fad *m1* coibhéiseach maighnéid
equivalent network líonra *m4* coibhéiseach
equivalent points pointí *mpl* coibhéiseacha
equivalent positions suímh *mpl* choibhéiseacha
equivalent resistance *(El.)* friotaíocht *f3* choibhéiseach
equivalent sine wave síneastonn *f2* choibhéiseach
equivalent weight (= chemical equivalent) *(Ch.)* meáchan *m1* coibhéiseach
erbium *s* eirbiam *m4*
E region *s* E-réigiún *m1*
erg *s* eirg *f2*
erosion *s* cnaí *m4*
error *s* earráid *f2*
error constant tairiseach *m1* earráide
error detector brathadóir *m3* earráide
error equation cothromóid *f2* earráide
error function feidhm *f2* earráide
error of measurement earráid *f2* tomhais
error of parallax earráid *f2* an tsaobhdhiallais
error ratio cóimheas *m3* earráide
escape *s* éalú *m* (*gs* -laithe)
escapement *s* céimshrian *m1* (*pl* -nta)
escape velocity treoluas *m1* éalaithe
escribe *v* eiscríobh *v*
escribed *a* eiscríofa *a*
escribed circle eischiorcal *m1*
-esis *suff s* -éis *suff f2*
essence *s (Ch.)* úscra *f4*
essential oil bláthola *f4*
ester *s* eistear *m1*
esterification *s* eistearúchán *m1*
esterify *v* eistearaigh *v*
estimate *s (St.)* meastachán *m1*
estimate *v* meas *v*
estimated error earráid *f2* mheasta
estimate of standard error meastachán *m1* earráide caighdeánaí
estimation *s (St.)* meastachán *m1*
estimation and inference *(St.)* meastachán *m1* agus infeireas *m1*
estimator *s (St.)* meastóir *m3*
esu (= electrostatic unit) als, aonad *m1* leictreastatach
eta *s* éite *f4*
eta-meson *s* éite-mhéasón *m1*
etalon *s* eitealón *m1*
etch *v* eitseáil *v*
etcher *s* eitseálaí *m4*
ethanal *s* **(= acetaldehyde)** eatánal *m1*
ethanal oxime (= acetaldoxime) ocsaím *f2* eatánail
ethanamide *s* **(= acetamide)** eatánaimíd *f2*
ethane *s* eatán *m1*
ethane-1,2-diamine *s* eatán-1,2-dé-aimín *m4*
ethanedial *s* **(= glyoxal)** eatáindé-al *m1*
ethanedioate *s* **(= oxalate)** eatáindé-óáit *f2*
ethanedioic *a* **(= oxalic)** eatáindé-óch *a*
ethanediol *s* eatáindé-ól *m1*
ethane-1,2-diol *s* eatán-1,2-dé-ól *m1*
ethanenitrile *s* **(= acetonitrile)** eatáin-nítríl *f2*
ethanoate *s* **(= acetate)** eatánóáit *f2*
ethanoic *a* **(= acetic)** eatánóch *a*
ethanol *s* **(= ethyl alcohol)** eatánól *m1*
ethanone *s* eatánón *m1*
ethanoyl *s* eatánóil *f2*

ethanoyl chloride (= acetyl chloride) clóiríd *f2* eatánóile
2-ethanoyloxybenzoic acid (= acetylsalicylic acid, aspirin) aigéad *m1* 2-eatánóilocsaibeansóch
ethene *s* (= **ethylene**) eitéin *f2*
ethenone *s* (= **ketene**) eitéanón *m1*
ether *s* éitear *m1*
ethoxide *s* eatocsaíd *f2*
ethoxy *a* eatocsaileach *a*
ethoxy- *pref (Ch.)* eatocsa-, eatocsai- *pref*
ethoxy amine eatocsaimín *m4*
ethoxyethene *s* (= **diethyl ether**) eatocsa-eitéin *f2*
ethoxy group grúpa *m4* eatocsaileach
ethoxyl *s* eatocsail *f2*
ethyl *s* eitil *f2*
ethyl alcohol (= ethanol) alcól *m1* eitile
ethylamine *s* eitiolaimín *m4*
ethylene *s* (= **ethene**) eitiléin *f2*
ethylenediamine *s* eitiléindé-aimín *m4*
ethylenediaminetetracetic acid aigéad *m1* eitiléindé-aimínteatraicéiteach
ethyl ethanoate eatánóáit *f2* eitile
ethyne *s* (= **acetylene**) eitín *m4*
ethynyl *s* eitinil *f2*
eucariote *s* (= **eukaryote**) eocaróit *f2*
eudiometer *s* eodaiméadar *m1*
eukaryote *s* (= **eucariote**) eocaróit *f2*
europium *s* eoraipiam *m4*
eutectic *a* eoitéicteach *a*
evaluate *v* luacháil *v*
evaluation *s* luacháil *f3*
evaporate *v* galaigh *v*
evaporating basin mias *f2* ghalaithe
evaporator *s* galaitheoir *m3*
even *a (Mth.) (of number)* réidh *a*
even number ré-uimhir *f* (*gs* -mhreach)
even parity *(Mth. QuPh.)* réphaireacht *f3*
event *s (Ph.)* teagmhas *m1*
event horizon *(Ph.)* léaslíne *f4* theagmhais
evident *a* follasach *a*, soiléir *a*
evolute (of curve) éabhlúid *f2* (chuair)
-ex *suff s* -éis *suff f2*
exact *a* cruinn *a*
example *s* eiseamláir *f2*, sampla *m4*
exceed *v* sáraigh *v*, gabh *v* thar, téigh *v* thar
excentral *a* easlárnach *a*
excentre *s* eauslár *m1*
exception *s* eisceacht *f3*
excess *s* barraíocht *f3*, iomarca *f4*
excessive *a* iomarcach *a*
excess-three code cód *m1* trí sa bhreis
exchange *v* malartaigh *v*
exchange interaction idirghníomhú *m* malartúcháin
exchanger *s* malartóir *m3*
excircle *s* eischiorcal *m1*
excitation *s* floscadh *m* (*gs* -sctha)
excitation energy fuinneamh *m1* floscacháin
excitation loss (= core loss, iron loss) *(ElMag.)* caillteanas *m1* flosctha
excitation purity íonacht *f3* floscacháin
excite *v* flosc *v*
excited *a* flosctha *a*
exciton *s* floscán *m1*
exclude *v (Ch. Ph.)* eisiaigh *v*
exclusion *s (Ch. Ph.)* eisiamh *m1*
exclusion principle *(Mth. Ph.)* prionsabal *m1* an eisiaimh
exclusive *a (Mth.)* eisiatach *a*
exclusive OR circuit ciorcad *m1* eisiatach OR
exercise *s* cleachtadh *m* (*gs* as *s* -chtaidh, *gs* as *vn* -chta)
exergy *s* eiseirge *f4*
exfoliate *v* scamh *v*
exhaust *s* sceitheadh *m* (*gs* -te)
exhaust *v (consume)* ídigh *v*
exhaust *v* folmhaigh *v*

exhaust pipe *s* sceithphíopa *m4*
existence *(Mth.)* eiseadh *m1*
existence theorem *(Mth.)* teoirim *f2* eisidh
exo- *pref* eisea-, eisi-, eis-, eas- *pref*
exoergic *a* eiseirgeach *a*
exosmosis *s* easosmóis *f2*
exotherm *s* eisiteirm *f2*
exothermic *a* eisiteirmeach *a*
exothermic reaction imoibriú *m* eisiteirmeach
exotic atom adamh *m1* coimhthíoch
expand *v (Mec. Mth. Ph.)* forbair *v*
expanded *a (Mec. Ph.)* forbartha *a*
expander *s* forbróir *m3*
expanding universe *(Ph.)* an chruinne *f4* fhairsingíoch
expansion *s (Ph.)* forbairt *f3* (*gs* -artha)
expansion *s (***of universe***)* fairsingiú *m* (na cruinne)
expectation *s* ionchas *m1*
expectation value luach *m3* ionchais
expected *a* ionchais *gs* as *a*
expected frequency minicíocht *f3* ionchais
expected number uimhir *f* ionchais
expected value luach *m3* ionchais
expel *v* díchuir *v*
experiment *s* turgnamh *m1*
experimental *a* turgnamhach *a*
explicit *a* léir *a*
explicit function léirfheidhm *f2*
explicit relation léirghaol *m1*
exploring coil (= search coil) corna *m4* cuardaigh
explosion *s* pléascadh *m* (*gs* -sctha)
explosive *s* pléascach *m1*, pléascán *m1*
explosive *a* pléascach *a*
exponent *s* easpónant *m1*
exponential *a* easpónantúil *a*
exponential decay meath *m3* easpónantúil
exponential horn corn *m1* easpónantúil
expose *v* nocht *v*
exposure *s* nochtadh *m* (*gs* -chta)
exposure meter nochtmhéadar *m1*
express *v* sloinn *v*
expression *s* slonn *m1*
extend *v* sín *v*
extended addition suimiú *m* sínte
extensibility *s* insínteacht *f3*
extensible *a* insínte *a*
extension *s* síneadh *m* (*gs* -nte)
extension ladder dréimire *m4* insínte
extensive *a* fairsingíoch *a*
extensive shower fras *f2* mhór
extensometer *s* síniméadar *m1*
extent *s (Ch.) (of reaction)* réim *f2*
exterior *s* imeachtar *m1*
exterior *a* imeachtrach *a*, seachtrach *a*
exteriorize *v* seachtraigh *v*
extract *v (Ch. Eng.)* eastósc *v*
extraction *s (Ch.)* eastóscadh *m* (*gs* -ctha)
extraction process *(Ch.)* próiseas *m1* eastósctha
extractive *a (Ch.)* eastóscach *a*
extraneous *a* coimhthíoch *a*
extraordinary *a* neamhghnách *a*, neamhchoitianta *a*
extrapolate *v* eachtarshuigh *v*
extrapolation *s* eachtarshuíomh *m1*
extraterrestrial *a* eachtardhomhanda *a*
extraterrestrial being neach *m4* eachtardhomhanda
extreme case *(Mth.)* cás *m1* foircneach
extremely high frequency *(Ph.)* minicíocht *f3* *m* rí-ard
extremum *(Mth.)* foircneán *m1*
extremum principle *(Mth.)* prionsabal *m1* an fhoircneáin
extremum subject to constraints *(Mth.)* foircneán *m1* faoi iallacha
extrinsic semiconductor leathsheoltóir *m3* eistreach
extrude *v* easbhrúigh *v*

extrusion *s* easbhrú *m4*
eye lens súil-lionsa *m4*, lionsa *m4* na súile
eyelevel *s* leibhéal *m1* na súl
eyepiece *s* súilphíosa *m4*
eyewash bottle buidéal *m1* glanta súl

F

Fabry-Perot interferometer trasnamhéadar *m1* Fabry-Perot
face *s (Cryst.)* éadan *m1*
face-centred *a (Cryst. Mth. Ph.)* éadanláraithe *a*
face-centred cubic lattice *(Cryst. Mth. Ph.)* laitís *f2* chiúbach éadanláraithe
facsimile transmission tarchur *m1* macasamhlach
fact *s* fíric *f2*
factor *s* fachtóir *m3*
factorial *s* iolrán *m1*
factorization *s* fachtóiriú *m* (*gs* -ithe)
factorize *v* fachtóirigh *v*
factor of safety fachtóir *m3* sábháilteachta
facula *s* facalach *m1*
fade *v (of colour)* tréig *v*
fade *v (of sound, vision)* éag *v*
fading *s (Eln.) (of signal)* céimniú *m* (*gs* -ithe)
fall *v* tit *v*
falling body *(Mec.)* corp *m1* titime
fallout *s (radioactive)* radachur *m1*
false *a* bréagach *a*
false sentence abairt *f2* bhréagach, bréagabairt *f2*
fan *s (Eng. Mec.)* gaothrán *m1*
fan-in *s* inréimniú *m* (*gs* -ithe)
fan-out *s* eisréimniú *m* (*gs* -ithe)
farad *s* farad *m1*
faraday *s* faraidé *m4* (*pl* faraidéithe)
faradmeter *s* faradmhéadar *m1*
far infrared cian-infridhearg *m1*
fast *a (of speed)* gasta *a*, mear *a*, tapa *a*
fast *a (of position)* ceangailte *a*, suite *a*
fast *a (of dye, etc.)* buan *a*
fast and loose pulley ulóg *f2* shuite agus scaoilte
fast axis ais *f2* cheangailte
fast breeder reactor mear-imoibreoir *m3* pórúcháin
fast neutron mearneodrón *m1*, neodrón *m1* mear
fast reactor mear-imoibreoir *m3*
fat *s* saill *f2*
fathom *s* feá *m4*
fathometer *s* feámhéadar *m1*
fatigue *s (of materials)* strustuirse *f4*
fatty *a* (= **alkanoic**) sailleach *a*
fatty acid aigéad *m1* sailleach
favourable *a* fabhrach *a*
favourable event teagmhas *m1* fabhrach
feasible *a* féideartha *a*, indéanta *a*
feasible point pointe *m4* féideartha
feasible region réigiún *m1* féideartha
feasible solution réiteach *m1* féideartha
feedback *s (of information)* aiseolas *m1*
feedback *s (Eln.)* aischothú *m* (*gs* -thaithe)
feedback amplifier aimplitheoir *m3* aischothaithe
feedback compensation cúiteamh *m1* aischothaithe
feedback loop lúb *f2* aischothaithe
feedback transfer function feidhm *f2* thraschuir aischothaithe
Fehling's solution tuaslagán *m1* Fehling
feints *spl* driogfhuíoll *m1*
femto- *pref (Ph.)* feimtea-, feimti-, fcimt- *pref*
ferment *s* coipeadh *m* (*gs* -pthe)
ferment *v* coip *v*

fermi *s (unit)* feirmí *m4* (*pl* feirmíonna)
Fermi age theory aoisteoiric *f2* Fermi
fermion *s* fearmón *m1*
fermium *s* feirmiam *m4*
ferrate *s* fearáit *f2*
ferri- *pref* feirea-, feiri-, feir- *pref*
ferric *a* feireach *a*
ferricyanide *s* feiriciainíd *f2*
ferrimagnetism *s* feireamaighnéadas *m1*
ferrite *s* feirít *f2*
ferro- *pref* fearó-, fearói- *pref*
ferrocene *s* fearóicéin *f2*
ferrocyanide *s* fearóiciainíd *f2*
ferroelectric *a* fearóileictreach *a*
ferroelectricity *s* fearóileictreachas *m1*
ferromagnetic *a* fearómaighnéadach *a*
ferromagnetism *s* fearómaighnéadas *m1*
ferrous *a* feiriúil *a*
ferrous nitroso ion ian *m1* feiriúil níotrósach
ferruginous *a* iarnaí *a*
Fery total-radiation pyrometer piriméadar *m1* lánradaíochta Fery
FET (= field-effect transistor) trasraitheoir *m3* iarmharta réimse
Fibonacci sequence seicheamh *m1* Fibonacci
fibre *s* snáithín *m4*
fibreglass gloine *f4* shnáithíneach, snáthghloine *f4*
fibre optics snáthoptaic *f2*
fibre optics system córas *m1* snáthoptaice
fibril *s (synthetic textiles)* fibril *f2*
fibrous *a* snáithíneach *a*
fidelity *s* dílseacht *f3*
field *s* réimse *m4*
field coil (= field winding) *s (Ph.)* corna *m4* réimse
field-effect transistor (= FET) trasraitheoir *m3* iarmharta réimse
field emission (= cold emission) astú *m* réimse
field-emission microscope micreascóp *m1* réimse-astaíoch
field equation cothromóid *f2* réimse
field glasses cianghloiní *fpl*
field intensity déine *f4* réimse
field ionization ianúchán *m1* réimse, réimse-ianúchán *m1*
field-ion microscope micreascóp *m1* réimse-ianaíoch
field-lens *s (Opt. Ph.)* lionsa *m4* réimse
field magnet réimse-mhaighnéad *m4*
field of view réimse *m4* radhairc
field theory réimsetheoiric *f2*
field tube réimsefheadán *m1*
field winding (= field coil) *s (Ph.)* tochrán *m1* réimse
fifteen puzzle puzal *m1* cúig déag
figure *s (number)* figiúr *m1*
figure *s (shape)* fíor *f* (*gs* -rach)
figure of merit figiúr *m1* fiúntais
filament *s* filiméad *m1*
filament bulb bolgán *m1* filiméid
filament lamp lampa *m4* filiméid
file *s (Mec.)* líomhán *m1*
file *v (Mec.)* líomh *v*
filed *a (Mec.)* líofa *a*
filler *s* líonach *m1*
film *s* scannán *m1*
film badge *(Ncln. Ph.)* clib *f2* radaíochta
film dosimetry dáileogmhéadracht *f3* scannánach
film resistor *(Eln.)* friotóir *m3* scannáin
film strip stiallscannán *m1*
filter *s* scagaire *m4*
filter *v* scag *v*
filtered *a* scagtha *a*
filter funnel tonnadóir *m3* scagtha
filter paper páipéar *m1* scagtha
filter press scagfháisceán *m1*
filter pump scagchaidéal *m1*

filtrate *s* scagáit *f2*
filtration *s* scagachán *m1*
final *a* críochnaitheach *a*, críoch- *pref*, deiridh *gs* as *a*
final-value theorem teoirim *f2* an chríochluacha
finder *s (Eln. Opt.)* aimsitheoir *m3*
finder pin lorgbhiorán *m1*
fine *a* mín *a*
fine forceps mínteanchair *f2*
fine grain *s* mínghrán *m1*
fine-grain *a* mínghráinneach *a*
fine scissors mínsiosúr *m1*
fine structure mínstruchtúr *m1*
fine-structure constant tairiseach *m1* mínstruchtúir
fines *spl* mínbhrus *m1*
finger calculation méaráireamh *m1*
finish *s* bailchríoch *f2*
finish *v* bailchríoch *f2* a chur (ar), bailchríochnaigh *v*
finite *a (Mth.)* críochta *a*
finite difference *(Mth.)* difríocht *f3* chríochta
finite-element method *(Eng. Mth.)* modh *m3* na n-eilimintí críochta
fire blanket blaincéad *m1* dóiteáin
fire brick bríce *m4* tine
firedamp gás *m1* mianaigh
fire point dóphointe *m4*
fireproof *a* dódhíonach *a*
fire-resistant *a* dófhriotaíoch *a*
fire-warning device gaireas *m1* rabhaidh dhóiteáin
first-aid kit paca *m4* céadchabhrach
first approximation neastachán *m1* tosaigh
first difference an chéad *a* difríocht
first-order reaction imoibriú *m* céad oird
fissile *a* (= **fissionable**) *(Ncln.)* eamhnach *a*, ineamhnaithe *a*
fission *s (NcPh.)* eamhnú *m* (*gs* -naithe)
fission *a* eamhnach *a*
fissionable *a* (= **fissile**) *(Ncln.)* eamhnach *a*, ineamhnaithe *a*
fission bomb buama *m4* eamhnach
fission product eamhnán *m1*
fission reactor imoibreoir *m3* eamhnach
fit *a* oiriúnach *a*, feiliúnach *a*
fit *v* oir *v*, feil *v*
fitter *s* feisteoir *m3*
fitting *s* oiriúint *f3* (*gs* -úna)
five-fold degeneracy díchineálacht *f3* chúigfhillte
fix *v (Ch. Phot.)* fosaigh *v*
fixation *s (Ch.)* fosúchán *m1*
fixed *a (of point, position, etc.)* fosaithe *a*
fixed *a (permanent)* buan *a*
fixed-ended beam *(MecEng.)* bíoma *m4* ceann tuiní
fixed point *(Mth.)* pointe *m4* fosaithe
fixed resistor friotóir *m3* fosaithe
fixed-tangent method *(Mth.)* modh *m3* an tangaint fhosaithe
fixer *s* tuaslagán *m1* fosaithe
fixing *s (Phot.)* fosú *m* (*gs* -saithe)
fixing-bath *s* mias *f2* fosaithe
fizz *s* giosáil *f3*
fizz *v* giosáil *v*
flame *s* lasair *f* (*gs* -srach)
flameproof *a* lasairdhíonach *a*
flameproof *v* lasairdhíon *v*
flameproofing lasairdhíonadh *m* (*gs* -nta)
flammability inlastacht *f3*
flammable *a* (= **inflammable**) inlasta *a*
flange *s* sceimheal *f* (*gs* -mhle, *pl* -mhleacha)
flanged shaft seafta *m4* sceimhle
flange joint alt *m1* sceimhle
flare *s* bladhaire *m4*, bladhm *f3*
flash *s (Ch.)* splanc *f2*
flash-back *s (ChEng.)* cúlsplanc *f2*
flash barrier splancbhacainn *f2*

flash distillation *(ChEng.)* grod-driogadh *m* (*gs* -gtha)
flashover *(El.)* trasplanc *f2*
flashover voltage voltas *m1* trasplancach
flash photolysis *(Ch.)* splancfhótalú *m* (*gs* -laithe)
flash point *(ChEng.)* splancphointe *m4*
flash welding *(Eng.)* splanctháthú *m* (*gs* -thaithe)
flask *s* fleascán *m1*
flat *s* (= **flat edge**) *(Eln.)* foirceann *m1* réidh
flat *s* *(Opt.)* leac *f2*
flat *a* *(of surface)* comhréidh *a*, réidh *a*, ré- *pref*
flat *a* *(of curve)* maol *a*
flat-bottomed flask fleascán *m1* réthónach
flat edge (= **flat**) *(Eln.)* foirceann *m1* réidh
flatness *s* *(of curve)* maoile *f4*
flat spring rélingeán *m1*
flavo- *pref* flava-, flavai- *pref*
flavone *s* flavón *m1*
flaw *s* fabht *m4*
flaw detection aimsiú *m* fabhtanna
flaw detector aimsitheoir *m3* fabhtanna
F-layer *s* F-chiseal *m1*
flex *s* fleisc *f2*
flexible *a* solúbtha *a*
flexure *s* fleisceadh *m* (*gs* -scthe)
flicker *v* caoch *v*
flickering *s* caochaíl *f3*
flicker photometer fótaiméadar *m1* caochaíola
F-line *s* F-líne *f4*
flint *s* breochloch *f2*, cloch *f2* thine
flint glass *(Ch. Opt.)* gloine *f4* bhreochloiche
float *s* snámhán *m1*
float *v* snámh *v*
floating *a* saor *a*, snámh- *pref*, ar snámh
floating body *(Ph.)* corp *m1* ar snámh
floating point snámhphointe *m4*
floc *s* flocas *m1*
floccular cloud néal *m1* flocasach
flocculate *v* flocasaigh *v*
flocculation *s* flocasú *m* (*gs* -saithe), flocasúchán *m1*
flotation *s* *(ChEng.)* snámhacht *f3*
flow *s* sreabh *f2*, sreabhadh *m* (*gs* -eafa)
flow *v* sreabh *v*
flow bi-refringence sreabh-dhé-athraontas *m1*
flow chart sreabhchairt *f2*
flow diagram sreabhléaráid *f2*
flow past *s* tarshreabhadh *m* (*gs* -eafa)
flow past *v* tarshreabh *v*
flow sheet sreabhchlár *m1*
fluctuate *v* iomlaoidigh *v*
fluctuating *a* iomlaoideach *a*
fluctuation *s* iomlaoid *f2*
fluence *s* floscas *m1*, floscacht *f3*
fluid *s* sreabhán *m1*
fluid *a* sreabhach *a*
fluid coefficient comhéifeacht *f3* shreabhánach
fluid flow sreabhadh *m* sreabháin
fluidized *a* sreabhach *a*, sreabhaithe *a*
fluidized bed *(ChEng.)* scair *f2* shreabhach
fluid mechanics meicnic *f2* shreabhánach
fluorescein *s* fluaraisin *f2*
fluorescence *s* fluaraiseacht *f3*
fluorescent *a* fluaraiseach *a*
fluorescent screen scannán *m1* fluaraiseach
fluoridate *v* fluairídigh *v*
fluoridated *a* fluairídithe *a*
fluoride *s* fluairíd *f2*
fluorine *s* fluairín *m4*
fluorite *s* (= **fluorspar**) fluairít *f2*
fluor(o)- *pref* fluara-, fluarai- *pref*

fluoroborate *s* fluarabóráit *f2*
fluorspar *s* (= **fluorite**) fluairít *f2*
fluting *s* cuisliú *m* (*gs* -ithe)
flutter *s (FlMec.)* eitleach *m1*
flux *s* flosc *m3*
flux density floscdhlús *m1*
fluxmeter *s* floscmhéadar *m1*
flux refraction flosc-athraonadh *m* (*gs* -nta)
flying-spot microscope micreascóp *m1* spota gluaiseachta
fly press fáisceán *m1* eiteogach
flywheel *s* roth *m3* lústair
f-number *s* f-uimhir *f* (*gs* -mhreach)
foam *s (FlMec.)* cúr *m1*
foam-rubber *s* cúr-rubar *m1*
focal *a* fócasach *a*
focal point pointe *m4* fócasach
focus *s* fócas *m1*
focus *v* fócasaigh *v*
focusing *s* fócasú *m* (*gs* -saithe), fócasúchán *m1*
fog *s* ceo *m4*
foil *s* scragall *m1*
fold *s* filleadh *m* (*gs* -llte)
fold *v* fill *v*
food calorimeter biachalraiméadar *m1*
food science bia-eolaíocht *f3*
foolscap *s* leathphraitinn *f2*
foot *s* troigh *f2* (*pl* -ithe)
foot-candle *s* troighchoinneal *f2*
foot-pound *s* troighphunt *m1*
forbidden transition trasdul *m3* toirmiscthe
force *s* fórsa *m4*
force *v* fórsáil *v*
force constant *(Ch. Mec.)* tairiseach *m1* fórsa
force-couple system *(Mec.)* córas *m1* fórsa is cúpla
forced convection *(Mec. Ph.)* comhiompar *m1* fórsáilte
forced frequency *(Ph.)* minicíocht *f3* fhórsáilte
forced oscillation *(Mec. Ph.)* ascalú *m* fórsáilte
forced response freagairt *f* fhórsáilte
forced vibration crith *m3* fórsáilte
force of gravity fórsa *m4* domhantarraingthe
forceps *s* teanchair *f2*
force ratio cóimheas *m3* fórsa
forge *s* ceárta *f4*
forge *v* gaibhnigh *v*
fork *s* gabhailín
form *s (of chemical) (Ch.)* foirm *f2*
form *s (of electrical energy)* gné *f4*
form *v (of chemical compound)* déan *v*
formal *a (Ph.)* foirmiúil *a*
formal *a (Ch.)* formalach *a*
formaldehyde *s* (= **methanal**) formaildéad *m1*
formalin *s* formailin *f2*
formamide *s* (= **methanamide**) formaimíd *f2*
formation *s (Ch.)* déanmhaíocht *f3*
former *s (Ph.)* eiteán *m1*
formic *a* (= **methanoic**) formach *a*
formula *s* foirmle *f4*
formulate *v* foirmligh *v*
formulation *s (Mth.)* foirmliú *m* (*gs* -ithe)
formylmethionine *s* formailmeitiainín *m4*
forward bias tul-laofacht *f3*
forward difference *(Mth.)* tuldifríocht *f3*
forward path *(ContSys.)* tulchonair *f2*
forward substitution *(Mth.)* tulionadú *m* (*gs* -daithe)
forward-transfer function *(ContSys. Mth.)* feidhm *f2* thul-traschuir
forward voltage tulvoltas *m1*
fossil fuel breosla *m4* iontaise
Foster-Seeley discriminator idirdhealaitheoir *m3* Foster-Seeley
foul *v (of ship's bottom)* screabhaigh *v*
foundry *s* teilgcheárta *f4*

fountain experiment turgnamh *m1* an scairdeáin
four-colour problem fadhb *f2* ceithre dhath
four-dimensional *a* ceathairthoiseach *a*
four-dimensional continuum contanam *m1* ceathairthoiseach
four-fold degenerate díchineálach faoi cheathair
fourth dimension an ceathrú *a* toise
fractal *s* codach *m1*
fraction *s* codán *m1*
fractional *a* codánach *a*
fractional coefficient comhéifeacht *f3* chodánach
fractional distillation driogadh *m* codánach
fractionate *v* codánaigh *v*
fractionating column colún *m1* codánúcháin
fragment *s* blogh *f3*, blúire *m4*
fragmentate *v* blogh *v*
fragmentation *s* bloghadh *m* (*gs* -ghta)
frame *s* fráma *m4*
frame-aerial *s* creataeróg *f2*
framed girder cearchaill *f2* fhrámáilte
frame of reference fráma *m4* tagartha
francium *s* frainciam *m4*
free-body diagram *(Ph.)* léaráid *f2* saorchoirp
free convection saor-chomhiompar *m1*
freedom *s* saoirse *f4*
free electron saorleictreon *m1*
free energy saorfhuinneamh *m1*
free fall saorthitim *f2*
free flow saorshreabhadh *m* (*gs* -eafa)
freely-falling body *(Ph.)* corp *m1* saorthitime
free magnetism saormhaighnéadas *m1*
free oscillation saorascalú *m* (*gs* -laithe)
free-piston gauge tomhsaire *m4* saorloineach
free precession saorluainíocht *f3*
free radical saorfhréamh *f2*
free response saorfhreagairt *f3* (*gs* -artha)
free space saorspás *m1*
free surface energy saorfhuinneamh *m1* dromchlach
free vibration saorchrith *m3*
freeze *v* reoigh *v*
freeze-dry *v (Ch. Ph.)* siocreoigh *v*
freezing *s* reo *m4*
freezing mixture reomheascán *m1*
freezing point reophointe *m4*
F-region *s* F-réigiún *m1*
frequency *s* minicíocht *f3*
frequency analysis by Fourier transform anailís *f2* mhinicíochta le trasfhoirm Fourier
frequency band banda *m4* minicíochta
frequency changer athróir *m3* minicíochta
frequency control rialaitheoir *m3* minicíochta
frequency discriminator idirdhealaitheoir *m3* minicíochta
frequency distortion díchumadh *m* minicíochta
frequency distribution dáileadh *m* minicíochta
frequency-distribution table tábla *m4* dáilte minicíochta
frequency divider roinnteoir *m3* minicíochta
frequency-division multiplexing ilphléacsú *m* roinnte minicíochta
frequency function feidhm *f2* mhinicíochta
frequency meter méadar *m1* minicíochta
frequency multiplier iolraitheoir *m3* minicíochta

frequency polygon polagán *m1* minicíochta
frequency spectrum speictream *m1* minicíochta
frequency table tábla *m4* minicíochta
fresh water úruisce *m4*
fresnel *s (unit)* fréinil *f2*
fret *v* crinn *v*
fretsaw *s* crinnsábh *m1*
frettage *s* (= **fretting**) crinneadh *m* (*gs* -nnte)
fretting *s* (= **frettage**) crinneadh *m* (*gs* -nnte)
friction *s* frithchuimilt *f2*
frictional *a* frithchuimilteach *a*
frictional electricity leictreachas *m1* frithchuimilteach
fringe *s* frainse *m4*
Fr-loss *s* Fr-chaillteanas *m1*
from rest ó fhos
front *a* tosaigh *gs* as *a*, tul- *pref*
frontier *s* oirear *m1*
front-layer photocell *(Elm.)* fótaichill *f2* tulchisil
frost-warning device gaireas *m1* rabhaidh sheaca
froth flotation cúrshnámhacht *f3*
froth promoter cúrthionscnóir *m3*
fructose *s* fruchtós *m1*
frustum *s* frustam *m1*
fuel *s* breosla *m4*
fuel *v* breoslaigh *v*
fuel oil ola *f4* bhreosla
fugacity *s* éalaitheacht *f3*
fulcrum *s* buthal *m1*
fullerene *s (Ch.)* fullairéin *f2*
fuller's earth cré *f4* úcaire
full load *(El.)* lánlód *m1*
full radiator lánradaitheoir *m3*
full-wave rectification coigeartú *m* lántonnach
full-wave rectifier coigeartóir *m3* lántonnach
fulminic *a* fulmanach *a*
fumaric acid (= **trans-butenedioic acid**) aigéad *m1* fúmarach
fume *s* múch *f2*
fume *v* múch *f2* a dhéanamh
fume-chamber *s* múchlann *f2*
function *s* feidhm *f2*
functional *s (Mth.)* feidhmeán *m1*
functional *a* feidhmiúil *a*, feidhm- *pref*
functional analysis *(Mth.)* anailís *f2* fheidhmeánach
functional group *(Ch.)* feidhmghrúpa *m4*
functionality *s* feidhmiúlacht *f3*
function analysis anailís *f2* feidhmeanna, feidhmanailís *f2*
function generator feidhmghineadóir *m3*
function of an operator feidhm *f2* oibreora
function space feidhmspás *m1* (*pl* -anna)
fundamental *a (Mth.)* bunúsach *a*
fundamental *s* (= **fundamental frequency**) minicíocht *f3* bhunúsach
fundamental frequency (= **fundamental**) minicíocht *f3* bhunúsach
fundamental particle *(Ph.)* cáithnín *m4* bunúsach
fundamental set buntacar *m1*
fundamental theorem teoirim *f2* bhunúsach
funicular *a* cáblach *a*
funnel *s* tonnadóir *m3*
furnace *s* foirnéis *f2*
fuse *s (Eng.)* aidhnín *m4*
fuse *s (El.)* fiús *m1*
fuse *v (Ch.) (melt)* leáigh *v*
fuse *v (NcPh.)* comhleáigh *v*
fused *a (NcPh.)* comhleáite *a*
fused granular calcium chloride clóiríd *f2* chailciam ghráinnithe leáite
fuse wire sreang *f2* fiúis
fusion *s (Ch.) (melting)* leá *m4*
fusion *s (NcPh.)* comhleá *m4*

fusion point *(Ch.)* leáphointe *m4*
fusion point *(NcPh)* pointe *m4* comhleá
fusion reactor imoibreoir *m3* comhleá

G

gadolinium *s* gadailiniam *m4*
gain *s (Eln.)* neartú *m* (*gs* -taithe), neartúchán *m1*
gain crossover frequency minicíocht *f3* thrasach neartúcháin
gaining *s (of electron)* gnóthú *m* (*gs* -thaithe)
gain margin *(ContSys.)* corrlach *m1* neartúcháin
galena *s* gailéin *f2*
gallium *s* gailliam *m4*
gallon *s* galún *m1*
galvanize *v* galbhánaigh *v*
galvanometer *s* galbhánaiméadar *m1*
galvanometer constant tairiseach *m1* galbhánaiméadair
gamma *s* gáma *m4*
gamma-ray *s* gáma-gha *m4*
gamma-ray spectrum speictream *m1* gáma-ghathach
gamma-ray transformation trasfhoirmiú *m* gáma-ghathach
gang condenser cuing-chomhdhlúthadán *m1*
ganged circuit ciorcad *m1* cuingithe
gangue *s* mianghrean *m1*
gap *s* bearna *f4*
gape *s* méan *m1*
gas *s* gás *m1*
gas amplification gásaimpliú *m* (*gs* -ithe)
gas constant gástairiseach *m1*
gas-cooled reactor imoibreoir *m3* gásfhuaraithe
gas density gásdlús *m1*
gas-discharge tube feadán *m1* gás-díluchtúcháin
gas dynamical equation gáschothromóid *f2* dhinimiciúil
gaseous *a* gásach *a*
gaseous ion ian *m1* gásach, gásian *m1*
gas-filled relay athsheachadán *m1* gáslíonta
gas-filled tube feadán *m1* gáslíonta
gas-jar gáschrúsca *m4*
gas law gásdlí *m4*
gas-liquid chromatography crómatagrafaíocht *f3* gháis is leachta
gas maser gásmhéasar *m1*
gas mask gásmhasc *m1*
gasoline *s* gásailín *m4*
gas syringe gás-steallaire *m4*
gas thermometer gásteirmiméadar *m1*
gas turbine gástuirbín *m4*
gas-washing bottle buidéal *m1* gásníocháin
gas welding gástáthú *m* (*gs* -thaithe)
gate *s* geata *m4*
gauche *a* geoisteach *a*, geois- *pref*
gauge *s* tomhsaire *m4*
gauge *v* tomhais *v*
gauge group tomhasghrúpa *m4*
gauss *s (unit)* gabhsa *m4*
Gaussian constant tairiseach *m1* Gauss
Gaussian distribution dáileadh *m* Gauss
Gaussian eyepiece súilphíosa *m4* Gauss
Gaussian point (= Gauss point) pointe *m4* Gauss
Gaussian system of units *(ElMag.)* córas *m1* Gauss na n-aonad
gaussmeter *s* gabhsmhéadar *m1*
Gauss point (= Gaussian point) pointe *m4* Gauss
gauze *s* uige *f4*
gear *s* giar *m1*
gearing *s* giaráil *f3*
gegenschein *s* **(= counterglow)** *(Ast.)* frithloinnir *f* (*gs* -nnreach)

Geiger counter *(Ph.)* áiritheoir *m3* Geiger
gel *s (Ch.)* glóthach *f2*
gel *v* (= **gelate**) *(Ch.)* glóthaigh *v*
gelate *v* (= **gel**) *(Ch.)* glóthaigh *v*
gelatine *s* geilitín *m4*
gelatinous *a* geilitíneach *a*
gelation *s* glóthú *m* (*gs* -thaithe)
gelignite *s* geilignít *f2*
gem- *pref* geim- *pref*
geminate *v* geiminigh *v*
-gen *suff s* -gin *suff f2*
gene *s* géin *f2*
general *a* ginearálta *a*
generalized coordinates comhordanáidí *fpl* ginearálaithe
generalized eigenvalue dual-luach *m3* ginearálaithe
generalized force fórsa *m4* ginearálaithe
generalized function feidhm *f2* ghinearálaithe
general-purpose nutrient solution tuaslagán *m1* cothaitheach ilfheidhmeach
general relativity coibhneasacht *f3* ghinearálta
generate *v* gin *v*
generating function feidhm *f2* ghiniúna, ginfheidhm *f2*
generation *s (process)* giniúint *f3* (*gs* -úna)
generation *s (NcPh.) (step in series)* glúin *f2*
generator *s* gineadóir *m3*
gene splicing géinspladhsáil *f3*
gene therapy géinteiripe *f4*
genetics *spl* géinitic *f2*
-genin *suff s* -geinin *suff f2*
genus *s* géineas *m1*
geo- *pref* geo-, geoi- *pref*
geoboard *s* geochlár *m1*
geocentric *a* geolárnach *a*
geo-chemistry *s* geoiceimic *f2*
geochronometry *s* geocrónaiméadracht *f3*
geodesic *a* geodasach *a*
geodesy *s* geodasaíocht *f3*
geoid *s* geoid *f2*
geological time scale amscála *m4* geolaíoch
geology *s* geolaíocht *f3*
geomagnetism *s* (= **terrestrial magnetism**) geomaighnéadas *m1*
geometric *a* geoiméadrach *a*, céimseatúil *a*
geometrical distortion díchumadh *m* geoiméadrach
geometrical moment of inertia móimint *f2* gheoiméadrach táimhe
geometric image íomhá *f4* gheoiméadrach
geometric mean meán *m1* geoiméadrach
geometric optics optaic *f2* gheoiméadrach
geometric progression (= **geometric sequence**) seicheamh *m1* iolraíoch
geometric sequence (= **geometric progression**) seicheamh *m1* iolraíoch
geometric solution réiteach *m1* geoiméadrach
geometry *s* geoiméadracht *f3*, céimseata *f* (*gs* -tan)
geophysics *spl* geoifisic *f2*
gerade *s (unit) (de)* *gerade m4*
germanium *s* gearmáiniam *m4*
getter *s (Ch. Ph.)* faighteoir *m3*
getter-ion pump *(Eng. Ph.)* caidéal *m1* ianfhaighteora
GeV (= **giga-electronvolt, BeV, billion electron volt**) GeV, gigileictreonvolta *m4*
g factor (= **Landé g factor**) g-fhachtóir *m3*
ghost-line *s* scáil-líne *f4*
giant planet ollphláinéad *m1*
giant star ollréalta *f4*
gibbous *a* scothlán *a*
gibbous moon gealach *f2* scothlán, gealach *f2* dhronnach

giga- *pref* gigea-, gigi-, gig- *pref*
giga-electronvolt *s* (= **GeV, BeV, billion electron volt)** gigileictreonvolta *m4*, GeV
gilbert *s (ElMag.) (unit)* gilbirt *f2* (*pl* -rtí)
gill *s* ceathrú *f* pionta
gillion *s* (= **American Billion, 10^9)** gilliún *m1*
girder *s* giarsa *m4*
glacial *a (Ch.)* oighreach *a*
glacial acetic acid aigéad *m1* aicéiteach oighreach
glance *v* sciorr *v*
glancing *s* sciorradh *m* (*gs* -rrtha)
glancing angle uillinn *f2* sciorrtha
glare *s* dallrú *m* (*gs* -raithe)
glass *s* gloine *f4*
glass-blower *s* séidire *m4* gloine
glass fibre (= fibreglass) snáthghloine *f4*
glass rod slat *f2* ghloine
glass wool olann *f* ghloine
glide plane faoilphlána *m4*
glissette *s* gliséid *f2*
global *a* cuimsitheach *a*, uile- *pref*
globally asymptotically stable cobhsaí go huile-asamtóiteach
globular *a (of shape)* cruinneogach *a*
globular *a (having globules)* cruinníneach *a*
globule *s* cruinnín *m4*
globulin *s* glóbailin *f2*
gloss *s* snas *m3*
glossy *a* snasta *a*
glove box lámhainnbhosca *m4*
glow *s* breo *m4*
glow *v* breoigh *v*
glow discharge *(Eln.)* díluchtú *m* breoch
glowing splinter *(Ch.)* birín *m4* beo
gluconic *a* glúcónach *a*
glucose *s* glúcós *m1*
glucoside *s* glúcóisíd *f2*
glucuronic *a* glúcúrónach *a*
gluon *s* glúón *m1*
glutamic acid (= 2-aminopentanedioic acid) aigéad *m1* glútamach
glutamine *s* glútaimín *m4*
glutathione *s* glútaitión *m1*
gluten *s* glútan *m1*
glyceride *s* glicríd *f2*
glycerine *s* glicrín *m4*
glycerol *s* gliocról *m1*
glycine *s* (= **aminoacetic acid)** glicín *m4*
glycogen *s* glicigin *f2*
glycol *s* gliocól *m1*
glycolic acid (= hydroxyethanoic acid) aigéad *m1* gliocólach
glyoxal *s* (= **ethanedial)** gliocsal *m1*
glyoxalic *a* (= **oxoethanoic)** gliocsalach *a*
gnomon *s (Mth.)* nóman *m1*
gnomonic number uimhir *f* nómanach
gnomonic projection *(Mth.)* teilgean *m1* nómanach
gold *s* ór *m1*
gold beating órghreadadh *m* (*gs* -dta)
golden section *(Mth.)* roinnt *f2* órga
gold leaf *s* órdhuille *m4*
gold-leaf electroscope leictreascóp *m1* órdhuille
gong *s* gang *m3*
gong metal gangmhiotal *m1*
goniometer *s* gónaiméadar *m1*
goniometry *s* gónaiméadracht *f3*
goniphotometer *s* gónafótaiméadar *m1*
goodness-of-fit feabhas *m1* na hoiriúnachta
governor *s* rialtóir *m3*
G-parity *s* G-phaireacht *f3*
grad *s* grad *m1*
grade *s* grád *m1*
graded-base transistor trasraitheoir *m3* grádbhunach
gradient *s* grádán *m1*
graduate *v* grádaigh *v*

graduation *s* grádú *m* (*gs* -daithe)
grain *s (particle)* grán *m1*, gráinne *m4*
grain alcohol alcól *m1* arbhair
grain boundary gránteorainn *f* (*gs* -rann)
grain size gránmhéid *f2*
gram *s* **(=gramme)** gram *m1*
gram-atom *s* gram-adamh *m1*
gram-calorie *s* gramchalra *m4*
gram-equivalent *s* gramchoibhéis *f2*
gram-ion *s* gramian *m1*
gramme *s (=***gram***)* gram *m1*
gram-molecular *a* gram-mhóilíneach *a*
gram-molecular volume toirt *f2* ghram-mhóilíneach
gram-molecule *s* gram-mhóilín *m4*
grand canonical ensemble *(Mec. Ph. St.)* olltionól *m1* canónta
grand unified field theory mórtheoiric *f2* aontaithe réimsí
granular *a* gráinneach *a*
granularity *s* gráinneacht *f3*
granulate *v* gránaigh *v*
granulation *s* gránú *m* (*gs* -naithe), gránúchán *m1*
graph *s* graf *m1*
graph *v* graf *v*
graphical *a* grafach *a*
graphic formula foirmle *f4* ghrafach
graphics *spl* grafaic *f2*
graphite *s* graifít *f2*
graphite powder púdar *m1* graifíte
graphitic acid aigéad *m1* graifíteach
graticule *s* líontán *m1*
grating *s* gríl *f2*
gravimeter *s* **(= gravity meter)** *(Eng.)* meá-mhéadar *m1*
gravimetric *a (Ch.)* meá-mhéadrach *a*, meá- *pref*
gravimetric analysis *(Ch. Ph.)* meá-anailís *f2*
gravimetric composition *(Ph.)* meá-chomhshuíomh *m1*
gravitate *v (Mec. Ph.)* imtharraing *v* (ar)
gravitation *s (Mec. Ph.)* imtharraingt *f* (*gs* -the)
gravitational *a (Mec. Ph.)* imtharraingteach *a*
gravitational constant (= G) *(Mec. Ph.)* tairiseach *m1* na himtharraingthe
gravitational plasma *(Ph.)* plasma *m4* imtharraingteach
gravitational potential *(Mec. Ph.)* poitéinseal *m1* imtharraingteach
gravitational red shift *(Ph.)* deargaistriú *m* imtharraingteach
graviton *s (Ph.)* graibheatón *m1*
gravity *s (Ph.)* domhantarraingt *f* (*gs* -the)
gravity balance *(Ph.)* meátán *m1* domhantarraingthe
gravity cell cill *f2* sainmheáchain
gravity flow *(FlMec. Ph.)* sreabhadh *m* domhantarraingthe
gravity meter (= gravimeter) *(Eng.)* meá-mhéadar *m1*
gravity meter *(GeoPh.)* méadar *m1* domhantarraingthe
gravity wave tonn *f2* domhantarraingthe
gray *s* **(= Gy)** *(unit)* grae *m4*, Gy
grease-spot photometer *(Opt.)* fótaiméadar *m1* an gheirspota
great *a* mór *a*
greater than níos mó ná
greatest common factor comhfhachtóir *m3* is mó
greatest lower bound uaschuimse *f2* íochtair
greenhouse effect iarmhairt *f3* cheaptha teasa
Greenwich mean time meán-am *m3* Greenwich
grid *s* greille *f4*
grid bias laofacht *f3* greille
grid leak greilleligean *m1*
grid point greillephointe *m4*
grind *v* meil *v*
grit *s* grean *m1*

ground *s* (**= earth**) *(El.)* talmhú *m* (*gs* -mhaithe)
ground *a* meilte *a*
ground glass gloine *f4* mheilte
ground-glass screen scáileán *m1* gloine meilte
grounding *s* (**= earthing**) *(El.)* talmhú *m* (*gs* -mhaithe)
ground state *s (QuPh.)* bunstaid *f2*
ground wave (**= surface wave**) tonn *f2* dromchla
group *s* grúpa *m4*
group of unitary operators grúpa *m4* oibreoirí aonadacha
group of unitized operators grúpa *m4* oibreoirí aonadaithe
group theory grúptheoiric *f2*
group velocity treoluas *m4* grúpa
grown junction *(Eln.)* cumar *m1* fásta
growth *s* fás *m1*
gauge *s* tomhsaire *m4*
gauge pressure brú *m4* tomhsaire
guanidine *s* guainidín *m4*
guanine *s* guainín *m4*
guanosine *s* guanóisín *m4*
guard *v* cosain *v*
guard ring *s* sciathfháinne *m4*
guard-ring condenser comhdhlúthadán *m1* sciathfháinneach
guard wire sreang *f2* chumhdaigh
guess *s* tomhas *m1*, tuairim *f2*
guide *s (Ph.)* treoraí *m4*
guide *v* treoraigh *v*
guided *a* treoraithe *a*
guided missile diúracán *m1* treoraithe
guide-lines *spl* treoirlínte *fpl*
gum *s* guma *m4*
gum resin *s* gumroisín *m4*
guncotton *s* gunnachadás *m1*
gunmetal gunnamhiotal *m1*
gun recoil aisléim *f2* ghunna
Gy (**= gray**) *(unit)* Gy, grae *m4*
gypsum *s* gipseam *m1*
gyrate *v (Mec. Ph.)* gíoráil *v*
gyratin *s* gíoraitin *f2*
gyrating *s (Mec. Ph.)* gíoráil *f3*
gyration *s (Mec. Ph.)* gíoráil *f3*
gyrator *s (Mec. Ph.)* gíorálaí *m4*
gyro- *pref* gírea-, gíri-, gír-, gíor- *pref*
gyrocompass *s (Ph.)* gíreachompás *m1*
gyromagnetic *a* gíreamaighnéadach *a*
gyromagnetic effect iarmhairt *f3* ghíreamaighnéadach
gyromagnetic ratio cóimheas *m3* gíreamaighnéadach
gyroscope *s* gíreascóp *m1*
gyroscopic *a* gíreascópach *a*
gyroscopic compass compás *m1* gíreascópach
gyrostat *s* gíreastat *m1*

H

hadron *s* hadrón *m4*
haematite *s* haemaitít *f2*
haemoglobin *s* haemaglóibin *f2*
haemolysis *s* haemalú *m* (*gs* -laithe)
hafnium *s* haifniam *m4*
hair *s* ribe *m4*
hair hygrometer taismhéadar *m1* ribeach
hairspring *s (Ph.)* lingeán *m1* ribeach
halation *s* luanú *m* (*gs* -naithe)
half-cell *s* leathchill *f2*
half-life *s* leathré *f4*
half-line *s* leathlíne *f4*
half-period zone crios *m3* leathpheiriadach
half-phase leathphas *m4*
half-value thickness tiús *m1* leathluachach
half-wave dipole déphol *m1* leath-thonnach

half-wave plate pláta *m4* leath-thonnach
half-wave rectification coigeartú *m* leath-thonnach
half-wave rectifier current sruth *m3* coigeartóra leath-thonnaigh
half-width *s (Mth.)* leathleithead *m1*
halide *s* hailíd *f2*
Halley's comet cóiméad *m1* Halley
hallucinate *v* siabhránaigh *v*
hallucination *s* siabhránacht *f3*
hallucinatory *a* siabhránach *a*
hallucinogen *s* siabhraigin *f2*
halo *s* luan *m1*
halogen *s* halaigin *f2*
halogenated hydrocarbon (= halon) hidreacarbón *m1* halaiginithe
halogenation *s* halaiginiú *m* (*gs* -ithe)
haloid *s* halóideach *m1*
haloid *a* halóideach *a*
halon *s* (= **halogenated hydrocarbon**) halón *m1*
halothane *s* (= **bromochlorotri-fluorethane**) haileatán *m1*
Hamiltonian operator oibreoir *m3* Hamilton
hand *s* lámh *f2*
hand lens lionsa *m4* láimhe
hardener *s* cruatóir *m3*
hardening *s* cruachan *f3*
hardness *s* cruas *m1*
hard radiation crua-radaíocht *f3*
hard steel crua-chruach *f4*
hard vacuum cruafholús *m1*
hard-vacuum tube feadán *m1* cruafholúis
hardware *s* crua-earraí *spl*
hard water uisce *m1* crua
harmful *a (of substance)* dochrach *a*
harmonic *s (Mth.)* armónach *m1*
harmonic *a* armónach *a*
harmonic analyser anailíseoir *m3* armónach
harmonic analysis anailís *f2* armónach
harmonic distortion díchumadh *m* armónach
harmonic pencil *(Mth.)* gathlach *m1* armónach
hartree *s* (= **atomic unit of energy**) *(unit)* hairtrí *m4*
hashish *s* haisis *f2*
haunched beam bíoma *m4* gorúnach
H-bomb *s* H-bhuama *m4*
HCF (= **highest common factor**) FCA, fachtóir *m3* coiteann is airde
head *s (Eln.)* cnoga *m4*
head *s (FlMec.)* brúcheann *m1*
head of steam brúcheann *m1* gaile
head of water brúcheann *m1* uisce
headphone *s* cluasán *m1*
health physics *(Ncln.)* fisic *f2* shláinte
hearing *s* éisteacht *f3*
hearth *s* teallach *m1*
heat *s* teas *m3*
heat capacity (= **thermal capacity**) toilleadh *m1* teasa
heat death (of the universe) *(Ph.)* teasbhás *m1* na cruinne
heat energy fuinneamh *m1* teasa
heat engine teasinneall *m1*
heat exchange teasmhalartú *m* (*gs* -taithe)
heat exchanger malartóir *m3* teasa, teasmhalartóir *m3*
heat flow teas-sreabhadh *m* (*gs* -eafa)
heat-flow rate *(Ph.)* ráta *m4* teas-sreafa
heat-flux density dlús *m1* teasfhlosca
heat-flux vector veicteoir *m3* teasfhlosca
heating effect *(Ph.)* teasiarmhairt *f3*
heat of atomization teas *m3* adamhúcháin
heat of combustion *(Ch.)* teas *m3* dóchháin
heat of formation *(Ch.)* teas *m3* déanmhaíochta

heat of neutralization teas *m3* neodrúcháin
heat of nuclear reaction teas *m3* imoibriúcháin núicléach
heat of reaction *(Ch.)* teas *m3* imoibriúcháin
heat of solution *(Ch.)* teas *m3* tuaslagáin
heat-proof *a* teasdíonach *a*
heat pump teaschaidéal *m1*
heat shield teas-sciath *f2*
heat sink teasdoirteal *m1*
heat summation teas-suimiúchán *m1*
heat transfer traschur *m1* teasa
heat-transfer coefficient comhéifeacht *f3* traschurtha teasa
heat trap *s* teasghaiste *m4*
heavy *a* trom *a*
heavy hydrogen hidrigin *f2* throm, trom-hidrigin *f2*
heavy water uisce *m4* trom, tromuisce *m4*
heavy-water reactor imoibreoir *m3* tromuisce
hectare *s* heicteár *m4*
hecto- *pref* heictea-, heicti-, heict- *pref*
hectogram *s* heicteagram *m1*
hectolitre *s* heictilítear *m1*
hectometre *s* heictiméadar *m1*
-hedron *suff s* -héadrán *suff m1*
height *s (Mth.)* airde *f4*
helical *a* héiliciúil *a*
helium *s* héiliam *m4*
helix *s* héilics *m4*
helmoltz *s (unit)* healmóls *m4* (*pl* -anna)
hemi- *pref* heimea-, heimi-, heim- *pref*, leath- *pref*
hemisphere *s* leathsféar *m1*
henry *s (ElMag.) (unit)* hanraí *m4*
hept(a)- *pref* heiptea-, heipti, heipt-, heapt- *pref*
heptagon *s* heipteagán *m1*
heptahedron *s* heiptihéadrán *m1*
heptane *s* heaptán *m1*
heptode *s* heaptóid *f2*
heptyl *s* heiptil *f2*
heptyl- *pref* heiptil-, heiptiol- *pref*
hermetic(al) *a* heirméiteach *a*
Hermitian extension síneadh *m* Hermite
Hermitian form foirm *f2* Hermite
Hermitian matrix maitrís *f2* Hermite
Hermitian operator oibreoir *m3* Hermite
hertz *s (unit)* heirts *m4*
Hertzian wave tonn *f2* Hertz
Hessian matrix maitrís *f2* Hess
hetero- *pref* heitrea-, heitri-, heitr- *pref*
heterocyclic *a (Geom.)* heitrea-fháinneach *a*
heterodyne *s* heitridín *m4*
heterodyne reception glacadh *m* heitridíneach
heterogeneous *a (Mth. Ph.)* ilchineálach *a*
heterogeneous radiation *(Ph.)* radaíocht *f3* ilchineálach
heterogeneous reactor *(Ph.)* imoibreoir *m3* ilchineálach
heterogeneous strain *(Ph.)* straidhn *f2* ilchineálach
heterojunction *s (Eln.)* heitreachumar *m1*
heterolysis *s* heitrealú *m* (*gs* -laithe)
heteropolar generator gineadóir *m3* heitreapolach
hexa- *pref* heicsea-, heicsi-, heics-, heacs- *pref*
hexacyanoferrate *s* heicsicianaifearáit *f2*
hexadecanoic acid (= palmitic acid) aigéad *m1* heicsideacánóch
hexadecyl *s* **(= cetyl)** heicsideicil *f2*
hexafluoraluminate *s* heicseafluaralúmanáit *f2*
hexafluoride *s* heicseafluairíd *f2*
hexafluorosilicate *s* **(= silicofluoride)** heicseafluaraisileacáit *f2*

hexagonal *a* heicseagánach *a*
hexagonal close-packed structure struchtúr *m1* dlúthphacáilte heicseagánach
hexagonal system córas *m1* heicseagánach
hexagram *s* heicseagram *m1*
hexahedron *s* heicsihéadrán *m1*
hexahydrobenzene *s* (= **cyclohexane**) heicsihidribeinséin *f2*
hexahydropyridine *s* (= **piperidine**) heicsihidripiridín *m4*
hexamminecobalt *s* heacsáimíncóbalt *m1*
hexanedioic acid (= **adipic acid**) aigéad *m1* heacsáindé-óch
2,5-hexanedione *s* (= **acetonyl-acetone**) 2,5-heacsáindé-ón *m1*
hexanitrocobaltate *s* heicsinít--reacóbaltáit *f2*
hexanoic acid (= **caproic acid**) aigéad *m1* heacsánóch
hexose *s* heacsós *m1*
hexyl- *pref* heicsil-, heicsiol- *pref*
higher harmonics armónaigh *mpl* arda, ardarmónaigh *mpl*
highest common factor (= **HCF**) fachtóir *m3* coiteann is airde, FCA
highest occupied molecular orbital (= **HOMO**) an fithiseán *m1* móilíneach sealbhaithe is airde
high frequency ardmhinicíocht *f3*
high pitch *(of sound)* ardairde *f4*
high speed steel cruach *f4* ardluais
high-spin *a* ardghuairneach *a*
high-spin complex coimpléasc *m1* ardghuairneach
high vacuum ardfholús *m1*
high voltage ardvoltas *m1*
hist(o)- *pref* histea-, histi-, hist- *pref*
histogram *s* histeagram *m1*
hodograph *s* hodagraf *m1*
hodoscope *s* hodascóp *m1*
holder *s* coinneálaí *m4*
hole *s* poll *m1*
hole conduction pollseoladh *m* (*gs* -lta)
holmium *s* hoilmiam *m4*
holo- *pref* hola-, holai- *pref*
hologram *s* holagram *m1*
holography *s* holagrafaíocht *f3*
holomorphic *a* holamorfach *a*
holomorphic function feidhm *f2* holamorfach
holonomic *a* holanómach *a*
homeo- *pref* (= **homoe(o)-**) hoiméa-, hoiméi- *pref*
homeomorphism *s* hoiméamorfacht *f3*
homoe(o)- *pref* (= **homeo-**) hoiméa-, hoiméi- *pref*
homing device feiste *f4* frithinge
homing guidance treoraíocht *f3* frithinge
HOMO (= **highest occupied molecular orbital**) an fithiseán *m1* móilíneach sealbhaithe is airde
homo- *pref* homa-, homai- *pref*, aon- *pref*
homocentric *a* homalárnach *a*
homogeneity *s (Mth. Ph.)* aonchineálacht *f3*
homogeneous *a (Mth.)* aonchineálach *a*
homogeneous differential equation cothromóid *f2* dhifreálach aonchineálach
homogeneous reactor *(Ncln.)* imoibreoir *m3* aonchineálach
homologous *a* homalógach *a*
homologous pair péire *m4* homalógach
homologous series sraith *f2* homalógach
homologue *s* homalóg *f2*
homolysis *s* homalú *m* (*gs* -laithe)
homolytic *a* homalaíoch *a*
homomorphism *s* homamorfacht *f3*
homomorphous *a* homamorfach *a*
homopolymer homapolaiméir *f2*
homothetic *a* homaitéiteach *a*

homothetic centre lár *m1* homaitéiteach
homothetic transformation trasfhoirmiú *m* homaitéiteach
hoop *s* fonsa *m4*
hoop stress strus *m1* fonsa
hoop tension teannas *m1* fonsa
horizon *s* léaslíne *f4*
horizontal *s* cothromán *m1*
horizontal *a* cothrománach *a*
horizontal axis ais *f2* chothrománach
hormone *s* hormón *m1*
horsepower *s* each-chumhacht *f3*
horseshoe magnet (= U-magnet) crú-mhaighnéad *m1*
hot *a* te *a*, teo- *pref*
hot atom teo-adamh *m1*
hot-atom chemistry ceimic *f2* theo-adamhach
hot-cathode tube feadán *m1* teochatóideach
hot chemistry teocheimic *f2*
hot junction *(Eln.)* cumar *m1* te
hot-wire ammeter aimpmhéadar *m1* teoshreangach
hot-wire anemometer ainéimi-méadar *m1* teoshreangach
hot-wire gauge tomhsaire *m4* teoshreangach
hot-wire microphone micreafón *m1* teoshreangach
hour *s* uair *f2* an chloig
hour-angle *s* uairuillinn *f2*
hue *s (Opt.)* fordhath *m3*
hum *s* dranntán *m1*
humate *s* húmáit *f2*
humic *a* húmach *a*
humid *a* bogthais *a*
humidity *s* bogthaise *f4*
humin *s* húimin *f2*
humped *a* cruiteach *a*
humus *s* húmas *m1*
hundredweight *s* céad *m1* meáchain
hunting *s (ContSys.)* lorg *m* (*gs* -rgtha)
hybrid *s (Ch. Ph.)* hibrid *f2*
hybrid *a (Ch. Ph.)* hibrideach *a*
hybridization *s* hibridiú *m* (*gs* -ithe), hibridiúchán *m1*
hybridize *v* hibridigh *v*
hydrate *s* hiodráit *f2*
hydrate *v* hiodráitigh *v*
hydrated *a* hiodráitithe *a*
hydrated electron leictreon *m1* hiodráitithe
hydrating *s* hiodráitiú *m* (*gs* -ithe)
hydration *s* hiodráitiú *m* (*gs* -ithe), hiodráitiúchán *m1*
hydraulic *a* hiodrálach *a*
hydraulic press fáisceán *m1* hiodrálach
hydraulics *spl* hiodrálaic *f2*
hydrazine *s* hiodraisín *m4*
hydrazoic *a* hidreasóch *a*
hydride *s* hidríd *f2*
hydro- *pref* hidrea-, hidri-, hidr-, hiodr- *pref*
hydrobromic *a* hidreabrómach *a*
hydrocarbon *s* hidreacarbón *m1*
hydrochloric acid aigéad *m1* hidreaclórach
hydrocyanic *a* hidricianach *a*
hydrocyanic acid aigéad *m1* hidricianach
hydrodynamics *spl* hidridinimic *f2*
hydroelectric *a* hidrileictreach *a*
hydroelectric power cumhacht *f3* hidrileictreach
hydrofluoric *a* hidreafluarach *a*
hydrogen *s* hidrigin *f2*
hydrogenate *v* hidriginigh *v*
hydrogenation *s* hidriginiú *m* (*gs* -ithe), hidriginiúchán *m1*
hydrogen bond hidrigin-nasc *m1*
hydrogen carbonate *s* (= **bicarbonate**) hidrigincharbónáit *f2*
hydrogenous *a* hidrigineach *a*
hydrogen peroxide sárocsaíd *f2* hidrigine
hydrogenphosphate *s* hidrigin-fhosfáit *f2*

hydrogen spectrum speictream *m1* hidrigine
hydrogensulphate *s* (= **bisulphate**) hidriginsulfáit *f2*
hydrology *s* hidreolaíocht *f3*
hydrolyse *v* hidrealaigh *v*
hydrolysis *s* hidrealú *m* (*gs* -laithe)
hydrometer *s* hidriméadar *m1*
hydronium *s* hiodróiniam *m4*
hydrophobic *a* hidreafóbach *a*
hydrophone *s* hidreafón *m1*
hydrophylic *a* hidrifileach *a*
hydroponicum box umar *m1* hidreaponaice
hydroquinone *s* (= **benzene-1,4-diol, quinol**) hidreacuineon *m1*
hydrosphere *s* hidrisféar *m1*
hydrostatic *a* hidreastatach *a*
hydrostatic balance *(Mec. Ph.)* meá *f4* hidreastatach
hydrostatic equation cothromóid *f2* hidreastatach
hydrosulphide *s* hidreasuilfíd *f2*
hydrous *a* hidriúil *a*
hydroxide *s* hiodrocsaíd *f2*
hydroxonium *s* hiodrocsóiniam *m4*
hydroxy- *pref* hiodrocsa-, hiodrocsai- *pref*
2-hydroxybenzaldehyde *s* (= **salicylaldehyde**) hiodrocsaibeansaildéad *m1*
2-hydroxybenzoate *s* (= **salicylate**) 2-hiodrocsaibeansóáit *f2*
hydroxybenzoic *a* hiodrocsaibeansóch *a*
2-hydroxybenzoic acid (= **salicylic acid**) aigéad *m1* 2-hiodrocsaibeansóch
3-hydroxybutanal *s* (= **aldol**) 3-hiodrocsabútánal *m1*
2-hydroxybutanedioic acid (= **malic acid**) aigéad *m1* 2-hiodrocsabútáindé-óch
hydroxyethanoic acid (= **glycolic acid**) *a* aigéad *m1* hiodrocsaeatánóch
hydroxyl *s* hiodrocsail *f2*
hydroxyl- *pref* hiodrocsail-, hiodrocsal- *pref*
hydroxylamine *s* hiodrocsalaimín *m4*
hydroxypropanoic *a* hiodrocsaprópánóch *a*
2-hydroxypropanoic acid (= **lactic acid**) aigéad *m1* 2-hiodrocsaprópánóch
hydroxyquinoline *s* hiodrocsacuineoilín *m4*
8-hydroxyquinoline *s* (= **oxine**) 8-hiodrocsacuineoilín *m4*
hygro- *pref* tais- *pref*
hygrodeik *s* higridíc *f2*
hygrometer *s* taismhéadar *m1*
hygrometry *s* taismhéadracht *f3*
hygroscope *s* tais-scóp *m1*
hygroscopic *a* tais-scópach *a*
hyper- *pref* hipear-, hipir- *pref*
hyperbola *s (Mth.)* hipearbóil *f2*
hyperbolic *a (Mth.)* hipearbóileach *a*
hyperboloid *s (Mth.)* hipearbolóideach *m1*
hyperboloid *a (Mth.)* hipearbolóideach *a*
hypercharge *s (QuMec.)* hipearlucht *m3*
hypercharge *v* hipearluchtaigh *v*
hyperconjugation *s (Ch.)* hipearchomhchuingiú *m* (*gs* -ithe)
hyperelastic *a (Ph.)* hipirleaisteach *a*
hyperfine *a (Ph.)* sármhín *a*
hyperfine structure *(Ph.)* struchtúr *m1* sármhín
hypermultiplet *s (Ph.)* hipir-ilphléad *m1*
hypernucleus *s (NcPh.)* hipearnúicléas *m1*
hypersonic velocity *(FlMec. Ph.)* treoluas *m1* hipearsonach
hypertonic *a* hipeartonach *a*
hypo- *pref (Ch.)* hipea-, hipi-, hip- *pref*, fo- *pref*
hypobromite *s (Ch.)* fobhróimít *f2*

hypochlorite *s (Ch.)* fochlóirít *f2*
hypochlorous acid aigéad *m1* hipeaclórúil
hypocycloid *s (Mth.)* hipicioglóideach *m1*
hypoelastic *a (Ph.)* hipileaisteach *a*
hyponitrite *s (Ch.)* fonítrít *f2*
hypophosphate *s (Ch.)* fofhosfáit *f2*
hypophosphite *s* (= **phosphinate)** fofhoisfít *f2*
hyposulphite *s* (= **sulphinate)** foshuilfít *f2*
hypotenuse *s* taobhagán *m1*
hypothesis *s* hipitéis *f2*
hypotonic *a* hipeatonach *a*
hypsochromic *a* hipseacrómach *a*
hypsometer *s* hipsiméadar *m1*
hypsometrical *a* hipsiméadrach *a*
hypsometrical levelling leibhéalú *m* hipsiméadrach
hysteresis *s* histéiréis *f2*
hysteresis loop lúb *f2* histéiréiseach

I

-ial *suff s* -ach, -each *suff m1*
iatrochemistry *s* iatraiceimic *f2*
IC (= integrated circuit) ciorcad *m1* iomlánaithe
-ic *suff s* -ach, -each *suff m1*
ice *s* oighear *m1*
ice *v* oighrigh *v*
ice calorimeter oighearchalraiméadar *m1*
iced *a* oighrithe *a*
ice line oighearlíne *f4*
ice point oighearphointe *m4*
iconoscope *s* íocónascóp *m1*
icosahedron *s* icisihéadrán *m1*
icosidodecahedron *s* iciseadóid-eacaihéadrán *m1*
icy *a* oighreata *a*
-ide *suff s* -íd *suff f2*
ideal *s* idéal *m1*
ideal *a* idéalach *a*
ideal gas (= perfect gas) gás *m1* idéalach
ideal-gas law dlí *m4* an gháis idéalaigh
idempotent *a* comhchumhachtach *a*
idempotent operator *(Mth.)* oibreoir *m3* comhchumhachtach
identical *a* comhionann *a*
identification *s (of a substance)* aithint *f* (*gs* -theanta)
identify *v* aithin *v*
identity *s (Mth. Set.)* céannacht *f3*
identity element *(Mth. Set.)* ball *m1* céannachta
identity function *(Mth. Set.)* feidhm *f2* chéannachta
identity mapping *(Mth. Set.)* mapáil *f3* chéannachta
identity matrix *(Mth.)* maitrís *f2* chéannachta
identity operation *(Mth.)* oibríocht *f3* chéannachta
identity operator *(Mth.)* oibreoir *m3* céannachta
idle *a* díomhaoin *a*
idle *v (of machines, etc.)* réchas *v*
idler *s* réchastóir *m3*
idle wheel roth *m3* réchasta
idling *s* réchasadh *m* (*gs* -asta)
ignescent *a* spréachach *a*
ignite *v* adhain *v*
ignition *s* adhaint *f2*
ignition control rialaitheoir *m3* adhainte
ignitron *s* igneatrón *m1*
ignorable coordinate comhordanáid *f2* neamhairde
-il *suff s* -il *suff f2*
-ile *suff s* -íl *suff f2*
ill-conditioned *a* ainriochtach *a*
illuminance *s* soilseas *m1*
illuminant *s* soilseán *m1*
illuminate *v* (= **illumine)** soilsigh *v*
illumination *s* soilsiú *m* (*gs* -ithe)
illumine *v* (= **illuminate)** soilsigh *v*
illusion *s* seachmall *m1*

illustrate *v* léirigh *v*
illustration *s (process)* léiriú *m* (*gs* -ithe)
illustration *s (of diagram)* léaráid *f2*
ilmenite *s (Ch. Min.)* ilminít *f2*
image *s* íomhá *f4*
image converter *(Eln. Opt.)* tiontaire *m4* íomhá
image intensifier *(Eln.)* dianaitheoir *m3* íomhá
image orthicon *(Eln.)* íomhá-oirtíocón *m1*
image potential *(Eln.)* poitéinseal *m1* íomhá
image region *(Eln. Opt.)* réigiún *m1* íomhá
image space *(Eln. Opt.)* spás *m1* íomhá
image transfer coefficient *(Eln.)* comhéifeacht *f3* traschurtha na híomhá
image tube *(Eln.)* feadán *m1* íomhá
imaginary *a (Mth.)* samhailteach *a*
imbibe *v* ibh *v*
-imide *suff s* -imíd *suff f2*
-imine *suff s* -imín *suff m4*
immanence *s* imeanacht *f3*
immanent *a* imeanach *a*
immerse *v* tum *v*
immersed surface dromchla *m4* tumtha
immersion *s* tumadh *m* (*gs* -mtha)
immersion objective lens réadlionsa *m4* tumthach
immiscible *a* domheasctha *a*
immittance *s* inteachtas *m1*
immobile *a* do-ghluaiste *a*
immovable *a* anscuithe *a*
immune *a* imdhíonach *a*
immune system (= immunity system) córas *m1* imdhíonachta
immunity *s* imdhíonacht *f3*
immunity system (= immune system) córas *m1* imdhíonachta
immuno-assay *s* imdhíon-mheas *m3*
impact *s (Mec. Ph.)* tuinseamh *m1*
impedance *s* coisceas *m1*
impedance coil corna *m4* coiscis
impedance drop laghdú *m* coiscis
impedance magnetometer maighnéadaiméadar *m1* coiscis
impedance matching comhoiriúnú *m* coiscis
impedance voltage voltas *m1* coiscis
impenetrability *s* neamh-intreáiteacht *f3*
imperial system córas *m1* impiriúil
imperial units aonaid *mpl* impiriúla
implant *s* ionchlannán *m1*
implant *v* ionchlannaigh *v*
implantation *s* ionchlannú *m* (*gs* -nnaithe)
implicit function *(Mth.)* feidhm *f2* infhillte
implode *v* inphléasc *v*
impossible event teagmhas *m1* do-tharlaitheach
impregnate *v* tuil *v*
impregnation *s* tuile *f2*
impressed force fórsa *m4* tuinsithe
improper fraction *(Mth.)* leaschodán *m1*
improper integral *(Mth.)* suimeálaí *m4* míchuí
impulse *s (El. Mec. Ph.)* ríog *f2*
impulse current *(El. Mec.)* ríogshruth *m3*
impulse generator *(El.)* ríog-ghineadóir *m3*
impulse voltage *(El. Ph.)* ríogvoltas *m1*
impulsive *a (El.)* ríogach *a*
impulsive force *(Mec. Ph.)* fórsa *m4* ríogach
impure metal miotal *m1* eisíon
impure state staid *f2* eisíon
impurity *s* eisíontas *m1*
-in *suff s* -in *suff f2*
incandescence *s* gealbhruthaíl *f3*
incandescent lamp lampa *m4* gealbhruthach
in cascade cascáidithe *a*
incentre *s* ionlár *m1*

incidence *s* ionsaitheacht *f3*
incidence *s (St.)* teagmhas *m1*
incident *s* teagmhas *m1*
incident *a* ionsaitheach *a*
incident ray ga *m4* ionsaitheach
incircle *s* inchiorcal *m1*
inclination *s* claonadh *m* (*gs* -nta)
incline *v* claon *v*
inclined *a* claonta *a*
inclined plane claonán *m1*
inclinometer *s* claonmhéadar *m1*
inclusion *s (Set.)* iniamh *m1*
incoherent *a* neamh-chomhleanúnach *a*
incombustible *a* dodhóite *a*
incommensurable *a* do-chomhthomhaiste *a*
incomplete *a* neamhiomlán *a*
incompressibility *s* do-chomh-bhrúiteacht *f3*
incongruent *a* míréireach *a*
inconsistent *a* neamhréireach *a*
increase *v* breisigh *v*, méadaigh *v*
increasing *a* méadaitheach *a*
increment *s (Mth.)* incrimint *f2*
incubation *s* gor *m1*
indefinite *a* éiginnte *a*
indefinite integration suimeáil *f3* éiginnte
independent *a (Mth.)* neamhspleách *a*
independent event *(Mth. Ph. St.)* teagmhas *m1* neamhspleách
independent term *(Mth.)* téarma *m4* neamhspleách
independent variable *(Mth.)* athróg *f2* neamhspleách
indestructibility *s* domhillteacht *f3*
indestructible *a* domhillte *a*
indeterminacy *s* dochinntitheacht *f3*
indeterminate *a* dochinntithe *a*
index *s* innéacs *m4*
index *s (Mth.)* séan *m1*
index *v* innéacsaigh *v*
index error earráid *f2* innéacs
index of refraction comhéifeacht *f3* athraonta
index performance innéacsfheidhmiú *m* (*gs* -ithe)
indication *s* tásc *m1*
indicator *s* táscaire *m4*
indicator diagram táscléaráid *f2*
indicator tube táscfheadán *m1*
indicatrix *s* táscaitrís *f2*
indifferent equilibrium (= neutral equilibrium) cothromaíocht *f3* neodrach
indigo *s* indeagó *m4*
indirect *a* indíreach *a*
indirect addressing seolachán *m1* indíreach
indirectly *adv* go hindíreach *adv*
indirect stroke buille *m4* indíreach
indiscrete *a (Mth.)* neamhscoite *a*
indistinct *a* doiléir *a*
indistinctness *s* doiléire *f4*
indium *s* indiam *m4*
induce *v* ionduchtaigh *v*
induced *a* ionduchtaithe *a*
inductance *s* ionduchtas *m1*
induction *s* ionduchtú *m* (*gs* -taithe)
induction flow meter sreabhmhéadar *m1* ionduchtúcháin
induction instrument ionstraim *f2* ionduchtúcháin
inductive *a* ionduchtach *a*
inductive coupling cúpláil *f3* ionduchtach
inductive load lód *m1* ionduchtach
inductive reactance freasaitheacht *f3* ionduchtach
inductive tuning tiúnadh *m* ionduchtach
inductivity *s* ionduchtacht *f3*
inductometer *s* ionduchtaiméadar *m1*
inductor *s* ionduchtóir *m3*
industrial *a* tionsclaíoch *a*
industrial methylated spirit biotáille *f4* mheitileach thionsclaíoch
industrial spirit biotáille *f4* thionsclaíoch

-ine *suff s* -ín *suff m4*
-ine *suff s* (= **-yne**) -ín *suff m4*
inefficient estimator meastóir *m3* neamhéifeachtach
inelastic collision imbhualadh *m* neamhleaisteach
inelastic scattering scaipeadh *m* neamhleaisteach
inelasticity *s* neamhleaisteachas *m1*
inequality *s* éagothroime *f4*
inequality constraint iallach *m1* neamhionannais
inequation *s* éagothromóid *f2*
inert *a* támh *a*
inertance *s* táimheas *m1*
inert cell támhchill *f2*
inert gas (= noble gas, rare gas) gás *m1* támh
inertia *s* táimhe *f4*
inertial *a* támhúil *a*
inertial force fórsa *m4* támhúil
inertial guidance treoraíocht *f3* thámhúil
inertial mass mais *f2* thámhúil
inertial system córas *m1* támhúil
inert pair *(Ch.)* támhdhís *f2*
inert-pair effect *(Ch.)* iarmhairt *f3* na támhdhíse
infer *v* infeirigh *v*
inference *s* infeireas *m1*, infeiriú *m* (*gs* -ithe)
inferior *a* íochtarach *a*, íochtair *gs as a*
inferior *a (Ast.)* laistigh *a*
infinite *a* éigríochta *a*, infinideach *a*
infinite decimal *(Mth.)* deachúil *f3* éigríochta
infinitely *adv* go héigríochtach
infinitesimal *a* an-bhídeach *a*, rímhion *a*
infinity *s (Mth. Ph.)* éigríoch *f2*
inflammable *a* (= **flammable**) inlasta *a*
inflammation *s* athlasadh *m* (*gs* -sta)
inflate *v* teann *v*
inflated *a* teannta *a*
inflexible *a* dolúbtha *a*
inflexion *s (Mth.)* athchasadh *m* (*gs* -sta)
information *s* eolas *m1*, faisnéis *f2*
information theory teoiric *f2* an eolais
infra- *pref* infrea-, infri-, infr- *pref*
infrared *a* infridhearg *a*
infrared window fuinneog *f2* infridhearg
infrasound *s* infreafhuaim *f2*
infusible *a* doleáite *a*
inhibit *v (Ch.)* coisc *v*
inhibition *s (Ch.)* cosc *m1*
inhibitor *s* coscaire *m4*
initial *a* tosaigh *gs as a*, tús- *pref*
initial-boundary value problem fadhb *f2* thús-fhóirluacha
initial condition coinníoll *m1* tosaigh
initial coordinates tús-chomhordanáidí *fpl*
initial simplex tableau tabló *m4* simpléacsach tosaigh
initial value problem fadhb *f2* thúsluacha
initiate *v* tionscain *v*
injection *s (Mth. Ph.)* inteilgean *m1*
inlet *s* ionraon *m1*
inner *a* inmheánach *a*, in- *pref*
inner equation cothromóid *f2* inmheánach
inner measure tomhas *m1* inmheánach
inner orbital complex coimpléasc *m1* infhithiseánach
inner product iolrach *m1* inmheánach
inner product separable space spás *m1* indeighilte iolraigh inmheánaigh
inorganic *a* neamhorgánach *a*
inosine *s* ionóisín *m4*
in parallel treocheangailte *a*, i dtreocheangal
in parentheses idir lúibíní
in phase i gcomhphas

in-phase component comhpháirt *f3* chomhphasach
input *s* ionchur *m1*
input force fórsa *m4* ionchuir
input power cumhacht *f3* ionchuir
input transducer trasduchtóir *m3* ionchuir
in quadrature i gcearnaíocht
inscribe *v* inscríobh *v*
inscribed *a* inscríofa *a*
in series i sraithcheangal
insert *v* ionsáigh *v*
inserted *a* ionsáite *a*
insertion *s* ionsá *m4*
insolation *s* grianrú *m* (*gs* -nraithe)
insolubility *s (Ch.)* dothuaslagthacht *f3*
insoluble *a (Ch.)* dothuaslagtha *a*
instability *s* éagobhsaíocht *f3*
installation *s (equipment)* fearas *m1*
installation *s (process)* suiteáil *f3*
instant *s (Ph.)* meandar *m1*
instantaneous axis ais *f2* mheandarach
instantaneous coordinates comhordanáidí *fpl* meandaracha
instantaneous frequency minicíocht *f3* mheandarach
instrument *s* ionstraim *f2*
instrumentation *s* ionstraimiú *m* (*gs* -ithe)
insulate *v* insligh *v*
insulated *a* inslithe *a*
insulated terminal teirminéal *m1* inslithe
insulating resistance friotaíocht *f3* insliúcháin
insulating tape téip *f2* insliúcháin
insulation *s* insliú *m* (*gs* -ithe)
insulator *s* inslitheoir *m3*
insulin *s* inslin *f2*
integer *s (Mth.)* slánuimhir *f* (*gs* -mhreach, *pl* -mhreacha)
integrability *s (Mth.)* insuimeálacht *f3*
integrable *a (Mth.)* insuimeálaithe *a*
integral *s* suimeálaí *m4*
integral calculus calcalas *m1* suimeálach
integral constraint iallach *m1* suimeálach
integral domain slánfhearann *m1*
integral equation cothromóid *f2* shuimeálach
integral function slánfheidhm *f2*
integral linear programming ríomhchlárú *m* líneach slánuimhriúil
integral operator oibreoir *m3* suimeálach
integral transformation trasfhoirmiú *m* suimeálach
integrand *s (Mth.)* ionsuimeáil *f3*
integrate *v (Mth.)* suimeáil *v*
integrated circuit (= **IC**) *(Eln.)* ciorcad *m1* iomlánaithe
integrating meter méadar *m1* suimeála
integrating photometer fótaiméadar *m1* suimeála
integration *s (Mth.)* suimeáil *f3*
integration formula foirmle *f4* shuimeála
intensifier *s (Eln.)* dianaitheoir *m3*
intensify *v (Eln.)* dianaigh *v*
intensifying screen *(Eln.)* scáileán *m1* dianúcháin
intensity *s (El. Ph.)* déine *f4*
intensity modulation *(Ph.)* modhnú *m* déine
interaction *(Ph.)* idirghníomhú *m* (*gs* -mhaithe)
interaction potential *(Ph.)* poitéinseal *m1* idirghníomhaithe
intercept *s (Mth.)* idirlíne *f4*
interchange *s* idirmhalartú *m* (*gs* -taithe)
interchange *v* idirmhalartaigh *v*
interchangeable scale scála *m4* idirmhalartaithe
interface *s* comhéadan *m1*
interference *s* trasnaíocht *f3*
interference fringe frainse *m4*

trasnaíochta
interferometer *s* trasnamhéadar *m1*
interferon *s* inteirféarón *m1*
interhalogen *s* idirhalaigin *f2*
interim *s* eatramh *m1*
interim *a* eatramhach *a*
interior *s* an chuid *f3* inmheánach
interior *a* inmheánach *a*
intermediate *a* idirmheánach *a*
intermetallic *a* idirmhiotalach *a*
intermittency *s* eadrannacht *f3*
intermittency effect iarmhairt *f3* eadrannachta
intermittent *a* eadrannach *a*
internal *a* inmheánach *a*
internal combustion dóchán *m1* inmheánach
internal compensation cúiteamh *m1* inmheánach
internal force fórsa *m4* inmheánach
internal resistance *(Ph.)* friotaíocht *f3* inmheánach
internal transmission density dlús *m1* tarchuir inmheánaigh
internal transmittance tarchuras *m1* inmheánach
international steam-table calorie calra *m4* galtábla idirnáisiúnta
international system of units córas *m1* idirnáisiúnta na n-aonad
interplanetary *a* idirphláinéadach *a*
interpolate *v* idirshuigh *v*
interpolating polynomial iltéarmach *m1* idirshuíomhach
interpolating spline splíona *m4* idirshuíomhach
interpolation *s* idirshuíomh *m1*
interquartile range raon *m1* idircheathairíle
interrupt *v* idirscoir *v*
interruption *s* idirscor *m1*
interruptor *s* idirscorthóir *m3*
intersect *v* trasnaigh *v*
intersecting storage ring taiscfháinne *m4* trasnaíoch
intersection *s* trasnú *m* (*gs* -naithe)
intersection of two sets idirmhír *f2* dhá thacar
interstage coupling cúpláil *f3* idirchéime
interstellar *a* idir-réaltach *a*
interstice *s* scáineadh *m* (*gs* -nte, *pl* -ntí)
interstitial structure *(Cryst.)* struchtúr *m1* scáineach
interval *s (Mth. Ph.)* eatramh *m1*
interval between events eatramh *m1* idir theagmhais
intransitive relation gaol *m1* neamhaistreach
intrinsic *a* intreach *a*
intrinsic mobility soghluaisteacht *f3* intreach
intrinsic pressure brú *m4* intreach
intrinsic semiconductor (= ***i*****-type semiconductor)** leathsheoltóir *m3* intreach
introduction *s* réamheolas *m1*, réamhléiriú *m* (*gs* -ithe)
introductory *a* réamhléiritheach *a*
intuition *s* iomas *m1*
intuitive *a* iomasach *a*
invariable *s* do-athróg *f2*
invariable *a* do-athraitheach *a*
invariance *s* do-athraitheacht *f3*
invariance of inner product do-athraitheacht *f3* iolraigh inmheánaigh
invariance of norm do-athraitheacht *f3* noirm
invariant *s (Mth. Ph.)* do-athraitheach *m1*
invariant *a (Mth. Ph.)* do-athraitheach *a*
invariant metric méadrach *m1* do-athraitheach
invariant subspace fo-spás *m1* do-athraitheach
invention *s* aireagán *m1*
inventor *s* aireagóir *m3*
inverse *s* inbhéarta *m4*
inverse *a* inbhéartach *a*

inverse addition suimiú *m* inbhéartach
inverse element *(Set.)* ball *m1* inbhéartach
inverse function feidhm *f2* inbhéartach
inverse gain *(Eln.)* neartú *m* inbhéartach
inverse Laplace transform trasfhoirm *f2* inbhéartach Laplace
inverse linearity of Laplace transform líneacht *f3* inbhéartach thrasfhoirm Laplace
inverse matrix maitrís *f2* inbhéartach
inverse of a circle inbhéarta *m4* ciorcail
inverse of operation inbhéarta *m4* oibríochta
inverse operator oibreoir *m3* inbhéartach
inverse proportion comhréir *f2* inbhéartach
inverse spinel structure struchtúr *m1* inbhéartach spinéil
inverse-square law (= law of inverse square) *(Ph.)* dlí *m4* an chearnfhaid inbhéartaigh
inverse transform trasfhoirm *f2* inbhéartach
inverse Zeeman effect iarmhairt *f3* inbhéartach Zeeman
inversion *s* inbhéartú *m* (*gs* -taithe)
inversion formula foirmle *f4* inbhéartúcháin
inversion interpolation idirshuíomh *m1* inbhéartúcháin
invert *v* inbhéartaigh *v*
invertible *a* in-inbhéartaithe *a*
invertible operator oibreoir *m3* in-inbhéartaithe
invertor *s* inbhéartóir *m3*
invest *v* infheistigh *v*
investment *s* infheistiú *m* (*gs* -ithe)
inviscid *a* neamhvisciúil *a*
in vitro *(la)* *in vitro*
in vivo *(la)* *in vivo*
involute *s* ionbhlóideach *m1*
involute *a* ionbhlóideach *a*
iodate *s* iadáit *f2*
iodate *v* iadáitigh *v*
iodic *a* iadach *a*
iodide *s* iaidíd *f2*
iodine *s* iaidín *m4*
iodo- *pref* iada-, iadai- *pref*
iodoform *s* (= **triiodomethane**) iadaform *m1*
iodonium *s* iadóiniam *m1*
ion *s* ian *m1*
ion effect ianiarmhairt *f3*
ion electrode ianleictreoid *f2*
ion engine ianinneall *m1*
ion exchange ianmhalartú *m* (*gs* -taithe)
ion-exchange column colún *m1* ianmhalartaithe
ion exchanger ianmhalartóir *m3*
ion-exchange resin roisín *m4* ianmhalartaithe
ion exclusion ian-eisiatacht *f3*
ionic *a* ianach *a*
ionic atmosphere atmaisféar *m1* ianach
ionic bond nasc *m1* ianach
ionic conduction seoladh *m* ianach
ionic mobility soghluaisteacht *f3* ianach
ionic semiconductor leathsheoltóir *m3* ianach
ion implantation ian-ionchlannú *m* (*gs* -nnaithe)
ionization *s* ianú *m* (*gs* -naithe), ianúchán *m1*
ionization energy fuinneamh *m1* ianúcháin
ionization gauge tomhsaire *m4* ianúcháin
ionize *v* ianaigh *v*
ionizing *a* ianaíoch *a*
ionizing radiation radaíocht *f3* ianaíoch
ion pair iandís *f2*

ion product iantoradh *m1*
ion pump ianchaidéal *m1*
ion trap ianghaiste *m4*
ionosphere *s* ianaisféar *m1*
iota *s* ióta *m4*
iridium *s* iridiam *m4*
iris *s* (= **diaphragm**) *(ElMag.)* scannán *m1*
iris *s* (= **iris diaphragm**) *(Opt. Phot.)* seallspiara *m4*
iris diaphragm (= **iris**) *(Opt. Phot.)* seallspiara *m4*
iron *s* iarann *m1*
iron filings mionrabh *f2* iarainn
iron loss (= core loss, excitation loss) *(ElMag.)* caillteanas *m1* san iarann
iron-mould *s* sail *f2* iarainn
iron rod slat *f2* iarainn
iron strip stiall *f2* iarainn
irradiance *s (ElMag.)* ionradas *m1*
irradiate *v* ionradaigh *v*
irradiation *s* ionradaíocht *f3*
irrational *a* éagóimheasta *a*
irrational number uimhir *f* éagóimheasta
irreducible *a* dolaghdaithe *a*
irreducible elements *(Set.)* baill *mpl* dholaghdaithe
irreducible operator oibreoir *m3* dolaghdaithe
irregular *a* neamhrialta *a*
irregular object *(in scientific measurement)* réad *m3* neamhrialta
irreversible *a* dochúlaithe *a*
irreversible change athrú *m* dochúlaithe
irreversible process próiseas *m1* dochúlaithe
irrotational *a* neamhrothlach *a*
irrotational motion gluaisne *f4* neamhrothlach
isallobar *s* iseallabar *m1*
isenthalpic *a* iseantalpach *a*
isenthalpic process próiseas *m1* iseantalpach
isentropic *a* iseantrópach *a*
isentropic process próiseas *m1* iseantrópach
iso- *pref* isea-, isi-, is- *pref*
isobar *s* iseabar *m1*
isobaric *a* iseabarach *a*
isobaric surface dromchla *m4* iseabarach
isobath *s* iseabat *m1*
isobestic *a* isibeisteach *a*
isobutane *s* (= **2-methylpropane**) iseabútán *m1*
isobutyl *s* (= **2-methylpropyl**) iseabúitil *f2*
isobutylene *s* (= **2-methylpropene**) iseabúitiléin *f2*
isocahedron *s* iseacaihéadrán *m1*
isochore *s* iseacór *m1*
isochoric *a* iseacórach *a*
isochromatic *a* iseacrómatach *a*
isochrone *s* iseacrón *m1*
isochronic *a* iseacrónach *a*
isochronous *a* iseacrónúil *a*
isoclinal *s* (= **isoclinic line**) líne *f4* chomhchlaonais
isoclinic line (= **isoclinal**) líne *f4* chomhchlaonais
isocyanide *s* isiciainíd *f2*
isocyano- *pref* isiciana-, isicianai- *pref*
isodiasphere *s* isidiaisféar *m1*
isodimorphism *s* isi-dhémhorfacht *f3*
isodynamic *a* isidinimiciúil *a*
isodynamic line líne *f4* isidinimiciúil
isoelectric *a* isileictreach *a*
isoelectronic *a* isileictreonach *a*
isogonic line líne *f4* chomhdhiallais
isohaline *s* iseahailín *m4*
isolate *v* aonraigh *v*
isolated singularity singilteacht *f3* aonraithe
isolating transformer *(El.)* claochladán *m1* aonraíoch
isolator *s* aonraitheoir *m3*
isolux *s* (= **isophot, isophote**) iseafót *m1*

isomagnetic line líne *f4* iseamaighnéadach
isomer *s (Ch.)* isiméir *f2*
isomeric *a (Ch.)* isiméireach *a*
isomerism *s (Ch.)* isiméireacht *f3*
isometric *a* isiméadrach *a*
isometric anti-isomorphism frithiseamorfacht *f3* isiméadrach
isometric automorphism uathmhorfacht *f3* isiméadrach
isometric axis ais *f2* isiméadrach
isometric change athrú *m* isiméadrach
isometric isomorphism iseamorfacht *f3* isiméadrach
isometric operator oibreoir *m3* isiméadrach
isometric projection teilgean *m1* isiméadrach
isometry *s* isiméadracht *f3*
isomorphic *a* iseamorfach *a*
isomorphism *s* iseamorfacht *f3*
isoperimetric problem fadhb *f2* isipeiriméadrach
isophot *s* (= **isolux, isophote**) iseafót *m1*
isophote *s* (= **isolux, isophot**) iseafót *m1*
isopiestic *a* isipiaisteach *a*
isopoly acid iseapolaigéad *m1*
isoprene *s* (= **methylbuta-1,3-diene**) isipréin *f2*
isopropyl *s* (= **1-methylethyl**) iseapróipil *f2*
isopropyl alcohol (= **propan-2-ol**) alcól *m1* iseapróipile
isosceles *a* comhchosach *a*
isoseismal *s* isiseismeach *m1*
isoseismal *a* isiseismeach *a*
isospin *s* iseaghuairne *f4*
isosterism *s* isisteireachas *m1*
isotactic *a* iseatachtach *a*
isotherm *s* isiteirm *f2*
isothermal *s* isiteirmeach *m1*
isothermal *a* isiteirmeach *a*
isothermal process próiseas *m1* isiteirmeach
isotone *s (NcPh.)* iseaton *m1*
isotonic *a* iseatonach *a*
isotope *s* iseatóp *m1*
isotopic *a* iseatópach *a*
isotopic dilution caolú *m* iseatópach
isotropic *a* iseatrópach *a*
itaconic *a* íteacanach *a*
-ite *suff s* -ít *suff f2*
iteration *s (Comp. Mth.)* atriall *m3*
iterative impedance *(Eln.)* coisceas *m1* atriallach
iterative method *(Mth.)* modh *m3* atriallach
iterated root fréamh *f2* atrialla
***i*-type semiconductor** (= **intrinsic semiconductor**) leathsheoltóir *m3* i-chineálach
-ium *suff s* -iam *suff m4*
-ivity *suff s* -acht, -eacht *suff f3*, -aíocht, -íocht *suff f3*

J

J (= **joule**) *(unit)* J, giúl *m1*
jacket *s (Ph.)* cásáil *f3*
Jacobian *s* (= **Jacobian determinant**) deitéarmanant *m1* Jacobi
Jacobian determinant (= **Jacobian**) deitéarmanant *m1* Jacobi
jamming *s* plúchadh *m* (*gs* -chta)
jar *s* crúsca *m4*
jerk *s* srac *m3*
jerk *v* srac *v*
jet *s* scaird *f2*
jet *s (nozzle)* soc *m1*
jet tone scairdton *m1*
jig *s* díreog *f2*
jitter *s* giodam *m1*
join *v* ceangail *v*
joint *s* siúnta *m4*
joint distribution comhdháileachán *m1*
joint generating function comhghinfheidhm *f2*

joint probability *(Mth.)* comhdhóchúlacht *f3*
joint-probability density function dlúsfheidhm *f2* chomhdhóchúlachta
joule (J) *(unit) s* giúl *m1* (J)
Joule-Thomson effect iarmhairt *f3* Joule-Thomson
joulometer *s* giúlmhéadar *m1*
journal bearing imthaca *m4* giurnálach
jump *s* léim *f2*
jump conditions léimchoinníollacha *mpl*
junction *s (Eln.)* cumar *m1*
junction-field effect transistor *(Eln.)* trasraitheoir *m3* éifeachta réimse cumair
junction transistor *(Eln.)* trasraitheoir *m3* cumair
jute *s* siúit *f2*
juxtapose *v* neas-suigh *v*
juxtaposition *s* neas-suíomh *m1*
Jw axis ais *f2* Jw

K

K (= kelvin) *(unit)* K, ceilvin *m4*
kaolin *s* cré *f4* shíneach
kaon *s* **(= K-meson)** céón *m1*
kappa *s* capa *m4*
kat- *pref* cata-, catai-, cat- *pref*
katabatic *a* catabatach *a*
katabatic wind gaoth *f2* chatabatach
katomorphism *s* catamorfacht *f3*
katoptric system (= catoptric system) *(Opt.)* córas *m1* catoptrach
K-capture *s* K-ghabháil *f3*
keeper *s* coimeádaí *m4*
K-electron *s* K-leictreon *m1*
kelp *s* ceilp *f2*
kelvin (= K) *s (unit)* ceilvin *m4*, K
keratin *s* ceiritin *f2*
kernel *s* eithne *f4*
kernel of transformation eithne *f4* thrasfhoirmiúcháin
kerosine *s* ceirisín *m4*
ketene *s* **(= ethenone)** ceitéin *f2*
ket(o)- *pref* céata-, céatai- *pref*
ketone *s* céatón *m1*
KeV (= kilo-electron volt KeV, cili-leictreonvolta *m4*
key *s (El.)* scorán *m1*
kiln *s* tornóg *f2*
Kilner jar próca *m4* Kilner
kilo- *pref* cilea-, cili-, cil- *pref*
kilocycle *s* cilichiogal *m1*
kilo-electron volt (keV) cili-leictreonvolta *m4*
kilogram *s* cileagram *m1*
kilolitre *s* cililítear *m1*
kilometer *s* ciliméadar *m1*
kilowatt *s* **(= kw)** cileavata *m4*, kw
kilowatt hour cileavatuair *f2*
kine- *pref* cinéa-, cinéi- *pref*
kinematics *spl (Mec.)* cinéamaitic *f2*
kinematic viscosity slaodacht *f3* chinéimiteach
kinetic *a* cinéiteach *a*
kinetic energy *(Mec. Ph.)* fuinneamh *m1* cinéiteach
kinetic model *(of molecules)* samhail *f3* chinéiteach
kinetics *spl* cinéitic *f2*
kink *s (Mec.)* roc *m1*
kink instability *(Mec.)* roc-éagobhsaíocht *f3*
kite *s* eitleog *f2*
K-meson *s* **(= kaon)** K-mhéasón *m1*
knife-edge *s* faobhar *m1* scine
knife switch lasc *f2* scine
knob *s* murlán *m1*
knocking *s* cnagadh *m* (*gs* -gtha)
knock-on *s (NcPh.)* tulchnagadh *m* (*gs* -gtha)
knock-on collision *(NcPh.)* imbhualadh *m* tulchnagtha
knock-on effect *(NcPh.)* iarmhairt *f3* tulchnagtha
knock-on particle *(NcPh.)* cáithnín *m4* tulchnagtha
knot *s* snaidhm *f2*

knurl *s* foirb *f2*
Konigsberg bridge problem fadhb *f2* dhroichead Konigsberg
krypton *s* crioptón *m1*
kw (= kilowatt) kw, cileavata *m4*

L

label *s* lipéad *m1*
labile *a* **(= metastable)** *(Ph.)* meiteachobhsaí *a*
labile bond *(Ch.)* nasc *m1* meiteachobhsaí
laboratory *s* saotharlann *f2*
lac *s* leaic *f2*
lac dye leaicruaim *f2*
lachrymal *a* deorach *a*
lachrymator *s* **(= tear gas)** deorthóir *m3*
lachrymatory *a* deorghinteach *a*
lacquer *s* laicear *m1*
lactate *s* lachtáit *f2*
lactic *a* lachtach *a*
lactic acid (= 2-hydroxypropanoic acid) aigéad *m1* lachtach
lactometer *s* lachtmhéadar *m1*
lactone *s* lachtón *m1*
lactose *s* lachtós *m1*
ladder filter scagaire *m4* dréimreach
laevorotatory *a* clérothlach *a*
laevulose *s* léabhalós *m1*
lag *s (Ph.)* aga *m4* chun deiridh
lag *v (of insulation)* fálaigh *v*
lag compensation *(Eln.)* cúiteamh *m1* chun deiridh
lag compensator *(Eln.)* cúititheoir *m3* chun deiridh
lagging *s (insulation) (Ph.)* fálú *m* (*gs* -laithe)
lagging current *(El.)* sruth *m3* chun deiridh
lagging jacket *(insulation)* seaicéad *m1* fálaithe
lagging load *(El.)* lód *m1* chun deiridh
lag-lead compensator *(Eln.)* cúititheoir *m3* chun deiridh is chun tosaigh
Lagrangian function feidhm *f2* Lagrange
lake *s (colour)* léic *f2*
lambda *s* lambda *m4*
lambda particle lambda-cháithnín *m4*
lambda point lambda-phointe *m4*
lamina *s* lann *f2*
laminar *a* lannach *a*
laminar flow sreabhadh *m* lannach
laminarin *s* lamanáirin *f2*
laminar motion gluaisne *f4* lannach
laminated *a* lannach *a*
lamination *s* lannaíocht *f3*
lampblack *s* smúrabhán *m1*
Landé g factor (= g factor) g-fhachtóir *m3* Landé
langley *s (unit)* lainglí *m4*
lano- *pref* lana-, lanai- *pref*
lanolin *s* lanailin *f2*, úsc *m1* olla
lanthanide *s* **(= lanthanoid)** lantainíd *f2*
lanthanide *a* **(= lanthanoid)** lantainídeach *a*
lanthanoid *s* **(= lanthanide)** lantanóideach *m1*
lanthanoid *a* **(= lanthanide)** lantanóideach *a*
lanthanoid contraction crapadh *m* lantanóideach
lanthanum *s* lantanam *m1*
lap *s* rádal *m1*
Laplace transform trasfhoirm *f2* Laplace
Laplace transformable function feidhm *f2* a bhfuil trasfhoirm Laplace aici
lapse rate ráta *m4* titime
lap weld táthú *m* rádail
lap-wound rádaltochraiste *a*
lard *s* blonag *f2*
laser *s* léasar *m1*
latent heat teas *m3* folaigh

lateral aberration *(Opt.)* iomrall *m1* cliathánach
lateral inversion *(Opt.)* inbhéartú *m* cliathánach
lateral magnification *(Opt.)* formhéadú *m* cliathánach
latex *s (Ch.)* laitéis *f2*
latex foam *(Ch.)* cúr *m1* laitéise
lathe *s* deil *f2*
lather *s* sobal *m1*
lather factor sobalfhachtóir *m3*
latin square cearnóg *f2* laidineach
latitude *s* leithead *m1*
lattice *s* laitís *f2*
lattice constant tairiseach *m1* laitíseach
law *s* dlí *m4*
law of chance *(Mth. St.)* dlí *m4* na seansúlachta
law of conservation of matter dlí *m4* imchoimeád an damhna
law of constant composition (= law of constant proportion, law of definite composition, law of definite proportion) dlí *m4* an chomhshuímh thairisigh
law of constant heat summation dlí *m4* um theas-suimiúchán tairiseach
law of constant proportion (= law of constant composition, law of definite composition, law of definite proportion) dlí *m4* an chomhshuímh thairisigh
law of corresponding states dlí *m4* na staideanna comhfhreagracha
law of definite composition (= law of constant composition, law of constant proportion, law of definite proportion) dlí *m4* an chomhshuímh thairisigh
law of definite proportion (= law of constant composition, law of constant proportion, law of definite composition) dlí *m4* an chomhshuímh thairisigh
law of force and motion *(Mth. Ph.)* dlí *m4* fórsa agus gluaisne
law of inverse square (= inverse square law) *(Mth. Ph.)* dlí *m4* an chearnfhaid inbhéartaigh
law of multiple proportions *(Ch.)* dlí *m4* na gcomhréir iolrach
law of octaves dlí *m4* na n-ochtáibhí
law of reciprocal proportions dlí *m4* na gcomhréir deilíneach
lawrencium *s* láirinciam *m4*
laws of refraction dlíthe *mpl* an athraonta
laxative *a* buarannach *a*
layer *s* ciseal *m1*
layer lattice ciseal-laitís *f2*
LCAO (= linear combination of atomic orbitals) *(Ch. Ph.)* cuingir *f* líneach de fhithiseáin adamhacha
LCF (= lowest common factor) FCI, fachtóir *m3* coiteann is ísle
LDR (= light-dependent resistor) friotóir *m3* solas-spleách
leach *v* láistigh *v*
leach liquor láisteachán *m1*
lead *s (metal)* luaidhe *f4*
lead *s (Eng.) (of screw)* rith *m3*
lead *s (El.)* seolán *m1*
lead acetate (= lead ethanoate) aicéatáit *f2* luaidhe
lead angle *(Ph.)* rithuillinn *f2*
lead chamber seomra *m4* luaidhe
lead compensation *(El. ContSys.)* cúiteamh *m1* chun tosaigh
lead ethanoate (= lead acetate) eatánóáit *f2* luaidhe
lead foil scragall *m1* luaidhe
leading current *(El.)* sruth *m3* chun tosaigh
leading load *(El.)* lód *m1* chun tosaigh
lead-plate accumulator *(El. Ph.)* taisc-cheallra *m4* pláta luaidhe
lead rod slat *f2* luaidhe
lead shot grán *m1* luaidhe
lead sulphide suilfíd *f2* luaidhe
league *s (measurement)* léig *f2*

leak *s (Ph.)* ligean *m1*
leak *v (Ph.)* lig *v*
leakage *(El. Ph.)* ligean *m1*
leakage current *(El. Ph.)* sruth *m3* ligin
leakage flux *(ElMag. Ph.)* flosc *m3* ligin
leakage reactance *(El. Ph.)* freasaitheacht *f3* ligin
leaky *a* ligeach *a*
leap year bliain *f3* bhisigh
least *a* is lú, íos- *pref*
least action (= minimum action) íosghníomhú *m* (*gs* -mhaithe)
least-action principle prionsabal *m1* an íosghníomhaithe
least energy íosfhuinneamh *m1*
least-energy principle prionsabal *m1* an íosfhuinnimh
least lower bound íoschuimse *f4* íochtair
least per cent céatadán *m1* is lú
least squares *(Mth. St.)* íoschearnóga *fpl*
least-squares estimate *(Mth. St.)* meastachán *m1* na n-íoschearnóg
least-squares estimator *(Mth. St.)* meastóir *m3* na n-íoschearnóg
least-squares method (= method of least squares) *(Mth. St.)* modh *m3* na n-íoschearnóg
least-time principle prionsabal *m1* an íos-ama
least upper bound íoschuimse *f4* uachtair
leaven *s* laibhín *m4*
leaven *v* laibhínigh *v*
lecithin *s* leicitin *f2*
LED (= light-emitting diode) *(Eln.)* dé-óid *f2* sholas-astaíoch
lees *spl* moirt *f2*
left-hand rule *(ElMag. Ph.)* riail *f* na ciotóige
Leishman stain ruaimniú *m* Leishman
lemma *s* léama *m4*
lemniscate *s* leimneascáid *f2*
length *s* fad *m1*
lengthen *v* fadaigh *v*
lens *s* lionsa *m4*
lens condenser lionsa *m4* comhchruinnithe
lens formula foirmle *f4* an lionsa, foirmle *f4* lionsach
lens holder coinneálaí *m4* lionsa
lenticular *a* lionsach *a*
lepton *s* leaptón *m1*
less *prep* lúide *prep*
lethargy *s* marbhántacht *f3*
leucine *s* (= **aminomethylpentanoic acid**) leoicín *m4*
leuco- *pref* leoca-, leocai- *pref*
level *s* leibhéal *m1*
level *a* comhréidh *a*
level curve *(Mth.)* cuar *m1* comhréidh
levelling solution tuaslagán *m1* leibhéalaíochta
lever *s* luamhán *m1*
libration *s* guagadh *m* (*gs* -gtha)
Liebig condenser comhdhlúthadán *m1* Liebig
life *s* (= **lifetime**) *(Ph.)* ré *f4*
life coefficient comhéifeacht *f3* saoil
life cycle *(of star) (Ast.)* saolré *f4*
life science eolaíocht *f3* bheatha
lifetime *s* (= **life**) *(Ph.)* ré *f4*
lift *s* ardú *m* (*gs* -daithe)
lift *s (apparatus)* ardaitheoir *m3*
lift *v* ardaigh *v*
lift pump caidéal *m1* ardaitheach
lift the degeneracy *(Mth.)* bain *v* an díchineálacht (de)
ligand *s* liogann *f2*
ligand field liogannréimse *m4*
light *s* solas *m1*
light *a* éadrom *a*
light *v* las *v*, adhain *v*
light-controlled switch lasc *f2* sholasrialaithe
light-dependent *a* solas-spleách *a*

light-dependent resistor (= LDR) friotóir *m3* solas-spleách
light-emitting diode (= LED) *(Eln.)* dé-óid *f2* sholas-astaíoch
light energy fuinneamh *m1* solais
light exposure nochtadh *m* don solas
light guide solastreoir *f* (*gs* -eorach)
light meter solasmhéadar *m1*
light-negative *a* solasdiúltach *a*
lightning *s* tintreach *f2*
lightning conductor seoltóir *m3* tintrí
lightning flash splanc *f2* thintrí, saighneán *m1*
lightning stroke buille *m4* tintrí
light pen solaspheann *m1*
light-positive *a* solasdeimhneach *a*
light quantum solaschandam *m1*, candam *m1* solais
light-sensitive material ábhar *m1* solas-íogair
light source foinse *f4* solais, solasfhoinse *f4*
light transmittance tarchuras *m1* solais
light-water reactor imoibreoir *m3* éadromuisce
light wave tonn *f2* solais
light year *s* solasbhliain *f3*
lignin *s* lignin *f2*
lignite *s* lignít *f2*
ligroin *s (Ch.)* ligreoin *f2*
like *a* cosúil *a*
limaçon *s (Mth.)* líomasan *m1*
lime *s* aol *m1*
limekiln áith *f2* aoil, tiníl (*gs*-each), tornóg *f2* aoil
limestone *s* aolchloch *f2*
lime-water *s* aoluisce *m4*
limit *s (Mth. Set.)* teorainn *f* (*gs* -rann, *pl* -rainneacha)
limit cycle *(Mth.)* ciogal *m1* teorantach
limiter *s (Eln.)* teorantóir *m3*
limiting *s* teorannú *m* (*gs* -nnaithe)
limiting *a* teorantach *a*
limiting angle *(El.)* uillinn *f2* theorantach
limiting current *(El.)* sruth *m3* teorantach
limiting friction *(El.)* frithchuimilt *f2* theorantach
limiting point pointe *m4* teorann
limit of integration *(Mth.)* foirceann *m1* suimeála
limit of proportionality *(MecEng.)* teorainn na comhréireachta
line *s* líne *f4*
linear *a* líneach *a*
linear absorption ionsú *m4* líneach
linear attenuation coefficient comhéifeacht *f3* tanúcháin línigh
linear circuit *(El.)* ciorcad *m1* líneach
linear combination *(Ch.)* cuingir *f* líneach
linear combination of atomic orbitals (= LCAO) *(Ch. Ph.)* cuingir *f* líneach d'fhithiseáin adamhacha
linear congruence *(Mth.)* iomchuibheas *m1* líneach
linear dependence spleáchas *m1* líneach
linear differential equation cothromóid *f2* dhifreálach líneach
linear extinction coefficient comhéifeacht *f3* cealúcháin línigh
linear functional feidhmeán *m1* líneach
linear homeomorphism hoiméamorfacht *f3* líneach
linear independence neamhspleáchas *m1* líneach
linear invertor inbhéartóir *m3* líneach
linearity *s* líneacht *f3*
linearization *(ContSys. Mth.)* líneachú *m* (*gs* -chaithe)
linearize *(ContSys. Mth.)* líneachaigh *v*
linearly polarized light solas *m1* polaraithe go líneach

linear manifold iolarthán *m1* líneach
linear operator oibreoir *m3* líneach
linear polarization polarú *m* líneach
linear programming *(Comp.)* ríomhchlárú *m* líneach
linear regression *(Mth. St.)* cúlú *m* líneach
linear space spás *m1* líneach
linear-stopping power cumhacht *f3* stoptha línigh
linear system córas *m1* líneach
linear term téarma *m4* líneach
linear transformation trasfhoirmiú *m* líneach
linear velocity treoluas *m1* líneach
line defect línelocht *m3*
line frequency línemhinicíocht *f3*
line graph líneghraf *m1*
line integral suimeálaí *m4* líne
line of flux flosclíne *f4*
line of force *(MecEng. Ph.)* treolíne *f4* fórsa
line of sight amharclíne *f4*
line of the centres líne *f4* na lár
line printer línephrintéir *m3*
line segment línetheascán *m1*
lines of magnetic flux línte *fpl* flosca mhaighnéadaigh
line spectrum línespeictream *m1*
line symmetry líneshiméadracht *f3*
line voltage línevoltas *m1*
link *s* nasc *m1*
linkage *s (Ch.)* nasc *m1*
linkage *s (Mth. Ph.)* nascáil *f3*
linoleic acid aigéad *m1* líonoiléach
liosol *s* líosól *m1*
lipid *s* lipid *f2*
liquate *v* leachtdealaigh *v*
liquation *s* leachtdealú *m* (*gs* -laithe)
liquefaction *s* leachtú *m* (*gs* -taithe)
liquefier *s* leachtaitheoir *m3*
liquefy *v* leachtaigh *v*
liquid *s* leacht *f3*
liquid *a* leachtach *a*
liquid-column manometer manaiméadar *m1* leachtcholúin
liquid-drop model of the nucleus *(NcPh.)* braonsamhail *f3* den núicléas
liquid junction leachtchumar *m1*
liquid measure *(Mec.)* tomhas *m1* leachta
liquor *s* licéar *m1*
litharge *s* liotáirse *f4*
lithification *s* litiú *m* (*gs* -ithe)
lithium *s* litiam *m4*
litho- *pref* litea-, liti-, lit- *pref*
litmus *s* litmeas *m1*
litmus powder púdar *m1* litmis
litre *s* lítear *m1*
live load *(Mec.)* beo-ualach *m1*
lixiviate *v* buac *v*, láist *v*
lixiviation *s* buacadh *m* (*gs* -ctha), láisteadh *m* (*gs* láiste)
lm (= lumen) *(unit)* lm, lúman *m1*
load *s (El.)* lód *m1*
load *s (Mec. Ph.)* ualach *m1*
load arm *(Mec.)* géag *f2* ualaigh
load impedance *(El.)* lódchoisceas *m1*
loading *s (El.)* lódáil *f3*
loading *s (Mec. Ph.)* ualú *m* (*gs* -laithe)
load line *(Eln.)* lódlíne *f4*
loadstone *s* **(= lodestone)** adhmaint *f2*
loam *s* dúrabhán *m1*
local *a* logánta *a*
localize *v* locáil *v*
localized *a* locáilte *a*
locally-integrable function *(Mth.)* feidhm *f2* (atá) insuimeálaithe go logánta
local maximum uasluach *m3* logánta
loci of constant magnitude lócais *mpl* méide tairisí
loci of constant phase lócais *mpl* pas thairisigh
locus *s* lócas *m1*
lodestone *s* **(= loadstone)** adhmaint *f2*

logarithm *s* logartam *m1*
logarithmic *a* logartamach *a*
logarithmic decrement *(Mth. Ph.)* deicrimint *f2* logartamach
logic *s* loighic *f2* (*gs* -ghce)
logical design dearadh *m* loighciúil
logic blocks loighicbhloic *mpl*
logic circuit loighic-chiorcad *m1*
logistic *s* loighistic *f2*
logistic *a* loighisticiúil *a*
logistic curve cuar *m1* loighisticiúil
logit *s* loigit *f2*
lone pair *(Ch. Ph.)* dís *f2* aonair
long *a* fada *a*
long division roinnt *f2* fhada
longitude *s* domhanfhad *m1*
longitudinal *a* fad-, *pref*
longitudinal *a (St.)* fadaimseartha *a*
longitudinal aberration fad-iomrall *m1*
longitudinal mass fadmhais *f2*
longitudinal section fadghearradh *m* (*gs* -rrtha)
longitudinal wave fadtonn *f2*
long multiplication iolrú *m* fada
long-range order ord *m1* fadraoin
long-tail pair (= longtailed pair) *(El.)* péire *m4* earrfhada
longtailed pair (= long tail pair) *(El.)* péire *m4* earrfhada
loop *s* lúb *f2*
loop aerial lúbaeróg *f2*
loop gain *(ContSys. Eln.)* lúbneartú *m* (*gs* -taithe)
loop-transfer function feidhm *f2* lúbaistrithe
loran *s* loran *m1*
loss *s (Ph.)* caillteanas *m1*
loss angle *(El.)* uillinn *f3* chaillteanais
loss factor *(El.)* fachtóir *m3* caillteanais
lossy conductor *(El.)* seoltóir *m3* caillteanach
lotion *s* lóis *f2*
loud *a* tréan *a*
loudness *s (Ac. Ph.)* treise *f4*
loudness level *(Ac. Ph.)* leibhéal *m1* treise
loudspeaker *s* callaire *m4*
lower *a* íochtarach *a*, íochtair *gs* as *a*
lower *v* ísligh *v*
lower bound cuimse *f4* íochtair
lowering *s* ísliú *m* (*gs* -ithe)
lower sideband taobh-bhanda *m4* íochtair
lower triangular matrix maitrís *f2* thriantánach íochtarach
lowest common denominator comhainmneoir *m3* is lú
lowest common factor (= LCF) fachtóir *m3* coiteann is ísle, FCI
lowest terms téarmaí *mpl* is ísle
lowest unoccupied molecular orbital (= LUMO) an fithiseán *m1* móilíneach neamhshealbhaithe is ísle
low frequency ísealmhinicíocht *f3*
low-frequency generator gineadóir *m3* ísealmhinicíochta
low-pass filter scagaire *m4* ísealphasach
low pitch *(of sound)* ísealairde *f4*
low-spin complex coimpléasc *m1* ísealghuairneach
low voltage ísealvoltas *m1*
loxodrome *s* locsadróm *m1*
loxodrome *a* locsadrómach *a*
loxodromic *a* locsadrómach *a*
loxodromic line líne *f4* locsadrómach
lubricant *s* bealaitheoir *m3*
lubricate *v* bealaigh *v*
lubricity *s* bealaíocht *f3*
luciferin *s* lúicifeirin *f2*
lug *s* cluaisín *m4*
lukewarm *a* alabhog *a*
lumen *s* **(= lm)** *(unit)* lúman *m1*, lm
luminance *(Opt. Ph.)* lonras *m1*
luminance signal *(Opt. Ph.)* comhartha *m4* lonrais

luminescence *s (Ch. Ph.)* lonracht *f3*
luminescent *a (Ch. Ph.)* lonrach *a*
luminosity *s (Ch. Ph.)* lonrachas *m1*
luminous *a (Opt. Ph.)* lonrúil *a*
luminous body corp *m1* lonrúil
luminous efficiency *(Opt. Ph.)* éifeachtacht *f3* lonrúil
luminous energy *(Opt. Ph.)* fuinneamh *m1* lonrúil
luminous exitance eisteachas *m1* lonrúil
luminous flux *(Opt. Ph.)* flosc *m3* lonrúil
luminous intensity *(Opt. Ph.)* déine *f4* lonrúil
LUMO (= lowest unoccupied molecular orbital) an fithiseán *m1* móilíneach neamhshealbhaithe is ísle
lumped parameter paraiméadar *m1* carntha
lunar month *(Ast.)* mí *f* ghealaí
lunar time *(Ast.)* am *m3* gealaí
lunar year *(Ast.)* bliain *f3* ghealaí
lune *s* corrán *m1*
lustre *s (Metal. Opt.)* loinnir *f (gs* -nnreach)
lutetium *s* lúitéitiam *m4*
lux *s* **(= metre-candle)** lucsa *m4*
lyate ion ian *m1* liáiteach
lycopodium powder púdar *m1* líceapóidiam
lye *s* buac *m1*
lyo- *pref* lió-, lioi- *pref*
lyonium *s* lióiniam *m4*
lyophilic *a* lióifileach *a*
lyophobic *a* liófóbach *a*
lyosorption *s* liósú *m4*
lyosphere *s* lióisféar *m1*
lyotropic *a* liótrópach *a*
lysergic *a* líseirgeach *a*
lysine *s* **(= betaine)** lísín *m4*
lysol *s* líosól *m1*

M

Mach angle mach-uillinn *f2*
machine *s (Ph.)* meaisín *m4*, inneall *m1*
Mach meter machmhéadar *m1*
Mach number machuimhir *f (gs* -mhreach)
macro- *pref* macra-, macrai-, macr-, maicr- *pref*
macro-balance *s (Ch. Ph.) (instrument)* macraimheátán *m1*
macroscopic *a* macrascópach *a*
macrostate *s* macrastaid *f2*
madelung *s* **(= Madelung constant)** *(Ch.)* tairiseach *m1* Madelung
Madelung constant (= madelung) *(Ch.)* tairiseach *m1* Madelung
magenta *s* maigeanta *m4*
magic number *(NcPh.)* uimhir *f* dhraíochta
magic square *(Mth.)* cearnóg *f2* dhraíochta
magnaflux test tástáil *f3* mhaighneafhloscach
magnesium *s* maignéisiam *m4*
magnesium carbonate carbónáit *f2* mhaignéisiam
magnesium hydrogen carbonate hidrigincharbónáit *f2* mhaignéisiam
magnesium powder púdar *m1* maignéisiam
magnesium ribbon ribín *m4* maignéisiam
magnesium sulphate sulfáit *f2* mhaignéisiam
magnet *s* maighnéad *m1*
magnetic *a* maighnéadach *a*
magnetic constant tairiseach *m1* maighnéadach
magnetic crack detection scoiltbhrath *m1* maighnéadach
magnetic declination diallas *m1* maighnéadach

magnetic dipole moment móimint *f2* dhépholach mhaighnéadach
magnetic disk diosca *m4* maighnéadach
magnetic domain fearann *m1* maighnéadach
magnetic effect iarmhairt *f3* mhaighnéadach
magnetic element eilimint *f2* mhaighnéadach
magnetic field réimse *m4* maighnéadach
magnetic flux flosc *m3* maighnéadach
magnetic flux density floscdhlús *m1* maighnéadach
magnetic hysteresis histéiréis *f2* mhaighnéadach
magnetic inclination claonadh *m* maighnéadach
magnetic intensity déine *f4* mhaighnéadach
magnetic interval *(El. Ph.)* eatramh *m1* maighnéadach
magnetic leakage *(ElMag. Ph.)* ligean *m1* maighnéadach
magnetic lens lionsa *m4* maighnéadach
magnetic lines of force línte *fpl* fórsa mhaighnéadaigh
magnetic moment móimint *f2* mhaighnéadach
magnetic pole pol *m1* maighnéadach
magnetic quantum number candamuimhir *f* mhaighnéadach
magnetic recording taifeadadh *m* maighnéadach
magnetic reluctance (= reluctance) *(ElMag.)* aimhleisceas *m1* maighnéadach
magnetic resistance friotaíocht *f3* mhaighnéadach
magnetic saturation sáithiú *m* maighnéadach
magnetic screening sciathadh *m* maighnéadach
magnetic shell sceall *m3* maighnéadach
magnetic storm stoirm *f2* mhaighnéadach
magnetic susceptibility *(ElMag.)* so-ghabhálacht *f3* mhaighnéadach
magnetic variation athrú *m* maighnéadach
magnetic vector potential *(ElMag.)* poitéinseal *m1* maighnéadach veicteoireach
magnetic viscosity slaodacht *f3* mhaighnéadach
magnetic wall balla *m4* maighnéadach
magnetic well log *m1* maighnéadach
magnetism *s* maighnéadas *m1*
magnetite *s* maighnéidít *f2*
magnetization *s* maighnéadaíocht *f3*
magnetization curve cuar *m1* maighnéadaíochta
magnetize *v* maighnéadaigh *v*
magneto *s* maignéató *m4*
magneto- *pref* maighnéada-, maighnéadai- *pref*
magnetocaloric effect iarmhairt *f3* mhaighnéadacalrach
magneto damping *(Cryst. Ph.)* maighnéadmhaolú *m* (*gs* -laithe)
magnetometer *s* maighnéadaiméadar *m1*
magnetomotive *a* maighnéadghluaisneach *a*
magnetomotive force fórsa *m4* maighnéadghluaisneach
magneton *s* maighnéadón *m1*
magneto-plasmadynamic generator gineadóir *m3* maighnéada-plasmaidinimiciúil
magnetoplasmadynamics *spl* maighnéadaplasmaidinimic *f2*
magnetoresistance *s* maighnéadfhriotaíocht *f3*
magnetostriction *s* maighnéadstraidhn *f2*
magnetron *s* maighnéatrón *m1*

magnetron effect iarmhairt *f3* mhaighnéatróin
magnificant factor fachtóir *m3* méadúcháin
magnification *s* formhéadú *m* (*gs* -daithe)
magnify *v* formhéadaigh *v*
magnifying glass gloine *f4* formhéadúcháin
magnifying power cumas *m1* formhéadaithe
magnitude *s* méid *f2*
magnox reactor imoibreoir *m3* *magnox*
mains *spl* príomhlíonra *m4*
main sequence príomhsheicheamh *m1*
main-sequence *a* príomhsheicheamhach *a*
main store *(Comp.)* príomhstóras *m1*
major *a* príomh- *pref*, mór- *pref*
major axis mór-ais *f2*
majority carrier *(Eln.)* iompróir *m3* tromlaigh
make-and-break *a* iamh is oscailt
making-current *s* iamhshruth *m3*
malachite *s* malaicít *f2*
malachite green uaine *f4* mhalaicíteach
maleate *s (Ch.)* mailéáit *f2*
maleate *v* mailéáitigh *v*
maleation *s* (*Ch*) mailéáitiú (*gs* -ithe), mailéáitiúchán *m1*
maleic acid aigéad *m1* mailéach
malformation *s* míchumadh *m* (*gs* -mtha)
malic acid (= 2-hydroxybutanedioic acid) aigéad *m1* malach
malignancy *s* urchóideacht *f3*
malleability *s* intuargainteacht *f3*
malleable *a* intuargainte *a*
malm *s* malma *m4*
malonic *a* (= **propanedioic)** malónach *a*
malt *s* braich *f2*
malt *v* braich *v*
maltase *s* maltáis *f2*
maltose *s* maltós *m1*
Malvern energy-conversion kit trealamh *m1* tiontaithe fuinnimh Malvern
manganese *s* mangainéis *f2*
manganese dioxide dé-ocsaíd *f2* mhangainéise
man-hour *s* saothar *m1* uaire duine
manipulated variable athróg *f2* láimhsithe
mannitol *s* mannatól *m1*
manometer *s* manaiméadar *m1*
mantissa *s* maintíse *f4*
many-one mapping mapáil *f3* mórán le haon
map *s* mapa *m4*, léarscáil *f2*
map *v* mapáil *v*
map measurer mapathomhsaire *m4*
mapping *s* mapáil *f3*
map reference mapathagairt *f3* (*gs*-artha)
marble *s* marmar *m1*
margin *s* imeall *m1*
marginal distribution dáileachán *m1* imeallach
marginal probability dóchúlacht *f3* imeallach
marginal-probability density function dlúsfheidhm *f2* dóchúlachta imeallaí
marginal stability cobhsaíocht *f3* imeallach, imeallchobhsaíocht *f3*
margin of error lamháil *f3* earráide
mark *s* marc *m1*
marl *s* marla *m4*
marsh gas *s* gás *m1* portaigh
maser *s* méasar *m1*
mash *s* brúitín *m4*
mash *v* déan *v* brúitín (de)
mask *s* masc *m1*
masking agent mascoibreán *m1*
mass *s* mais *f2*
mass-absorption coefficient comhéifeacht *f3* mais-ionsúcháin
mass action maisghníomhaíocht *f3*

mass balance *(Ch. Eng.)* maischothromaíocht *f3*
mass defect *(NcPh.)* mais-uireasa *f4*
mass energy *(Ph.)* maisfhuinneamh *m1*
mass-luminosity law *(Ast. Ph.)* dlí *m4* lonrachais is maise
mass moment maismhóimint *f2*
mass number maisuimhir *f* (*gs* -mhreach)
mass resistivity *(El. Ph.)* maisfhriotachas *m1*
mass spectrograph mais-speictreagraf *m1*
mass spectrometer mais-speictriméadar *m1*
mass-stopping power cumhacht *f3* stoptha maise
mass-transfer *(Ast. Ph.)* traschur *m1* maise
master oscillator máistirascaltóir *m3*
mat *a* matach *a*
match *v (Mth. St.)* comhoiriúnaigh *v*
matched *a (El. Mth. St.)* comhoiriúnaithe *a*
matching requirement *(El. Ph.)* riachtanas *m1* comhoiriúnúcháin
material *s* ábhar *m1*
material *a* ábhartha *a*
materialization *a (Ph.)* damhnú *m* (*gs* -naithe), damhnúchán *m1*
material particle *(Mec. Ph.)* cáithnín *m4* damhnúil
materials science eolaíocht *f3* na n-ábhar
mathematical *a* matamaiticiúil *a*
mathematical model samhail *f3* mhatamaiticiúil
mathematics *spl* matamaitic *f2*
matrix *s* maitrís *f2*
matrix mechanics meicnic *f2* mhaitríseach
matrizant *s* maitríseán *m1*
matter *s (Ph.)* damhna *m4*
matter wave *(QuMec.)* tonn *f2* dhamhnach
maturation *s* aibiú *m* (*gs* -ithe), aibiúchán *m1*
mature *v* aibigh *v*
mature *a* aibí *a*
mauve *a* liathchorcra *a*
maxima and minima uasluachanna *mpl* agus íosluachanna *mpl*
maximal *a* (**= maximum**) uasta *a*, uas- *pref*
maximal subgroup uas-fhoghrúpa *m4*
maximin *s* uasíosach *m1*
maximin *a* uasíosach *a*
maximization *s* uasmhéadú *m* (*gs* -daithe)
maximize *v* uasmhéadaigh *v*
maximizing *s* uasmhéadú *m* (*gs* -daithe)
maximum *s (Mth.)* uasluach *m3*
maximum *a* (**= maximal**) uasta *a*, uas- *pref*
maximum and minimum thermometer teirmiméadar *m1* uasta is íosta
maximum density of water uasdlús *m1* uisce
maximum principle prionsabal *m1* an uasluacha
maxwell *s (unit)* macsual *m1* (*pl* -uail)
Maxwell's bridge droichead *m1* Maxwell
Maxwell's demon deamhan *m1* Maxwell
Maxwell turn *(ElMag.)* casadh *m* Maxwell
mean *s* meán *m1*
mean *a* meánach *a*
mean deviation *(Mth. St.)* meándiall *m* (*gs* -llta)
mean effective pressure meánbhrú *m4* éifeachtach
mean free path meán-saorchonair *f2*
mean life (= average life, average lifetime) *(Ph.)* meánré *f4*

mean spherical intensity meán-déine *f4* sféarach
mean square error earráid *f2* mheán na gcearnóg
mean square value luach *m3* mheán na gcearnóg
mean sun meánghrian *f2*
mean-value theorem teoirim *f2* an mheánluacha
mean velocity meán-treoluas *m1*
measurable *a* intomhaiste *a*
measurable function feidhm *f2* intomhaiste
measure *s* tomhas *m1*, miosúr *m1*
measure *v* tomhais *v*
measurement *s* tomhas *m1*
measuring cylinder sorcóir *m3* tomhais
measuring instrument gléas *m1* tomhais
mechanical *a* meicniúil *a*
mechanical advantage buntáistíocht *f3* mheicniúil
mechanical engineering innealtóireacht *f3* mheicniúil
mechanical equivalent of light coibhéis *f2* mheicniúil an tsolais
mechanical impedance coisceas *m1* meicniúil
mechanical rectifier coigeartóir *m3* meicniúil
mechanics *spl* meicnic *f2*
mechanism *s* meicníocht *f3*
mechanistic *a* meicníoch *a*
mechanomotive force fórsa *m4* meicneaghluaisneach
medial *a* meán- *pref*
median *s (Geom.)* meánlíne *f4*
median *s (St.)* airmheán *m1*
median *a* meánach *a*
medical physics fisic *f2* mhíochaine
medical wipe ciarsúr *m1* leighis
medicine *s* leigheas *m1*
medium *s* meán *m1*
medium frequency (= MF) mini-cíocht *f3* mheánach
meet *v* comhraic *v*
mega- *pref* meigea-, meigi-, meig-, meag- *pref*
megacycle *s* **(= megahertz)** *(Ph.)* meigichiogal *m1*
mega-electron volt (= million electron volt, MeV) meigileictreonvolta *m4*, MeV
megahertz *s* **(= megacycle)** *(Ph.)* meigiheirts *m4*
megaphone *s* meigeafón *m1*
megawatt *s* meigeavata *m4*
megawatt day lá *m* meigeavata
megohm *s* meagóm *m1*
mela- *pref* meilea-, meili-, meil- *pref*
mellitic acid *(Ch.)* aigéad *m1* meillíteach *a*
melt *s (fused mass)* leátán *m1*
melt *v* leáigh *v*
melted *a* leáite *a*
melting point leáphointe *m4*
member *s* ball *m1*
membrane *s (Ch. Ph.)* scannán *m1*
memory *s (Comp.)* cuimhne *f4*
mendelevium *s* meindiléiviam *m4*
meniscus *s* meinisceas *m1*
mensuration *s* miosúireacht *f3*
menthane *s* meantán *m1*
menthene *s* meintéin *f2*
menthol *s* meantól *m1*
menthyl *s* meintil *f2*
meq (= milliequivalent) *(Ch.)* millea-choibhéis *f2*
-mer *suff s (Ch.)* -méir *suff f2*
mercaptan *s* **(= thiol)** mearcaptan *m1*
mercuric *a* mearcarach *a*
mercurous *a* mearcarúil *a*
mercury *s* **(= quicksilver)** mearcair *m4*
mercury barometer baraiméadar *m1* mearcair
mercury-in-glass thermometer teirmiméadar *m1* mearcair i ngloine
mercury switch lasc *f2* mhearcair

mercury-vapour rectifier coigeartóir *m3* gaile mearcair
-mere *suff s (Bio.)* -mír *suff f2*
-meric *suff a (Bio.)* -míreach *suff a*
-meric *suff a (Ch.)* -méireach *suff a*
meridian *s* fadlíne *f4*
meridian circle ciorcal *m1* fadlíneach
-merism *suff s (Bio.)* -míreacht *suff f3*
-merism *suff s (Ch.)* -méireacht *suff f3*
meromorphic *a* meireamorfach *a*
mesa transistor méasathrasraitheoir *m3*
MESFET (= metal semiconductor field-effect transistor) *(Eln.)* trasraitheoir *m3* iarmharta réimse leathsheoltóra miotail
mesh *s* mogall *m1*
mesh connection mogallnasc *m1*
mesh fraction mogallchodán *m1*
mesithylene *s* **(= trimethylbenzene)** meisiteiléin *f2*
meso- *pref* méisea-, méisi-, méis- *pref*
mesomeric *a (Ch.)* méisiméireach *a*
mesomerism *s (Ch.)* méisiméireacht *f3*
meson *s* méasón *m1*
meson resonance athshondas *m1* méasón
mesosphere *s* méisisféar *m1*
messenger RNA (= mRNA) teachtaire *m4* RNA, mRNA
meta- *pref* meitea-, meiti-, meit-, meat- *pref*
metabolism *s* meitibileacht *f3*
metacentre *s* meitealár *m1*
metadyne *s* meitidín *m4*
metal *s* miotal *m1*
metal insulator semiconductor (= MIS) *(Eln.)* leathsheoltóir *m3* inslitheora miotail
metallic *a* miotalach *a*
metallize *v* miotalaigh *v*
metallizing *s* miotalú *m* (*gs* -laithe)
metalloid *s (Ch.)* miotalóideach *m1*
metalloid *a* miotalóideach *a*
metallurgy *s* miotaleolaíocht *f3*
metal oxide semiconductor (= MOS) *(Eln.)* leathsheoltóir *m3* ocsaíde miotail
metal oxide semiconductor field-effect transistor (= MOS field-effect transistor, MOS transistor, MOSFET) *(Eln.)* trasraitheoir *m3* iarmharta réimse leathsheoltóra ocsaíde miotail
metal oxide semiconductor integrated circuit (= MOS integrated circuit) ciorcad iomlánaithe leathsheoltóra ocsaíde miotail
metal oxide semiconductor logic circuit (= MOS logic circuit) ciorcad loighce leathsheoltóra ocsaíde miotail
metal rectifier coigeartóir *m3* miotail
metal semiconductor field-effect transistor (= MESFET) *(Eln.)* trasraitheoir *m3* iarmharta réimse leathsheoltóra miotail
metamorphic *a* meiteamorfach *a*
metastable *a* **(= labile)** meiteachobhsaí *a*
metastable phase pas *m4* meiteachobhsaí
meteor *s* dreige *f4*
meteorite *s* dreigít *f2*
meteoroid *s* dreigeoideach *m1*
meteoroid *a* dreigeoideach *a*
meteorology *s* meitéareolaíocht *f3*
meter *s (gauge)* méadar *m1*
methacrylic acid (= 2-methyl-propenoic acid) aigéad *m1* meataicrileach
methaldehyde *s* meataildéad *m1*
methanal *s* **(= formaldehyde)** meatánal *m1*

methanamide *s* (= **formamide**) meatánaimíd *f2*
methane *s* meatán *m1*
methanide *s* meatáiníd *f2*
methanoic *a* (= **formic**) meatánóch *a*
methanol *s* meatánól *m1*
methine *s* meitín *m4*
methionine *s (Ch.)* meitiainín *m4*
method *s* modh *m3* (*pl* -anna)
method of characteristic curves (= method of characteristics) modh *m3* na sainchuar
method of characteristics (= method of characteristic curves) modh *m3* na sainchuar
method of joints modh *m3* na siúntaí
method of least squares (= least squares method) *(Mth. St.)* modh *m3* na n-íoschearnóg
method of mixtures modh *m3* na meascán
method of steepest ascent modh *m3* an aird is géire
method of steepest descents modh *m3* na bhfánán is géire
method of successive approximations modh *m3* na neastachán seicheamhacha
method of variation of parameters modh *m3* athrú na bparaiméadar
methoxy- *pref* meatocsa-, meatocsai- *pref*
methoxybenzene *s* meatocsai-beinséin *f2*
methyl *s* meitil *f2*
methyl- *pref* meitil-, meitiol- *pref*
methyl alcohol alcól *m1* meitile
methylamine *s* meitiolaimín *m4*
methylated spirits biotáille *f4* mheitileach
methylbenzene *s* (= **toluene**) meitilbeinséin *f2*
methylbenzoic *a* (= **toluic**) meitilbeansóch *a*
methylbuta-1,3-diene *s* (= **isoprene**) meitiolbúta-1,3-dé-éin *f2*
methylene *s* meitiléin *f2*
methylene blue gorm *m1* meitiléine
1-methylethyl *s* (= **isopropyl**) 1-meitileitil *f2*
(1-methylethyl)benzene *s* (= **cumene**) (1-meitileitil)beinséin *f2*
methylguanosine *s* meitiolguanóisín *m4*
methylinosine *s* meitilinisín *m4*
methyl isocyanate isicianáit *f2* mheitile
methylphenylamine *s* meitilfeiniolaimín *m4*
2-methylpropane *s* (= **isobutane**) 2-meitiolprópán *m1*
methylpropanoic *a* meitiolprópánóch *a*
2-methylpropene *s* (= **isobutylene**) 2-meitiolpróipéin *f2*
2-methylpropenoic acid (= methacrylic acid) aigéad *m1* 2-meitiolpróipéanóch
2-methylpropyl *s* (= **isobutyl**) 2-meitiolpróipil *f2*
metre *s (unit)* méadar *m1*
metre-candle *s* (= **lux**) méadarchoinneal *f2* (*gs* -nnle)
metre-kilogram-second system of units (MKS system) aonadchóras *m1* méadar cileagram agus soicind
metre stick méadarshlat *f2*
metric *a* méadrach *a*
metrication *s* méadrú *m* (*gs* -raithe)
metric linear space spás *m1* líneach méadrach
metric space spás *m1* méadrach
metric ton (= tonne) tonna *m4* méadrach
MeV (= mega-electron volt, million electron volt) MeV
MF (= medium frequency) minicíocht *f3* mheánach
mho *s* (= **siemens**) *(unit)* mó *m4*
mica *s* míoca *m4*
micelle *s* micile *m4*

micro- *pref* micrea-, micri-, micr-, miocr- *pref*
microammeter *s* miocraimpmhéadar *m1*
micro-analysis *s* miocranailís *f2*
microbalance *s* micrimheátán *m1*
microcalorimeter *s* micreacalraiméadar *m1*
microcanonical *a* micreachanónta *a*
microcurie *s* micriciúire *m4*
microdensitometer *s* micrea-dhlúsmhéadar *m1*
microgravity *(Mec. Ph.)* micrea-dhomhantarraingt *f* (*gs* -ngthe)
micromanometer *s* micreamanai-méadar *m1*
micrometer *s* micriméadar *m1*
micrometer eyepiece súilphíosa *m4* micriméadair
micrometer screw *(Eng. Ph.)* scriú *m4* micriméadair
micron *s* miocrón *m1*
microphone *s* micreafón *m1*
microradiography *s* micrearadagrafaíocht *f3*
microscope *s* micreascóp *m1*
microscope slide sleamhnán *m1* micreascóip
microscopic causality cúisíocht *f3* mhicreascópach
microscopy *s* micreascópacht *f3*
microstate *s* micreastaid *f2*
microstructure *s* micreastruchtúr *m1*
microtome *s* micreatóm *m1*
microwave *s* micreathonn *f2*
microwave *a* micreathonnach *a*
mid-day *s* meán *m1* lae
middle point (= mid-point) lárphointe *m4*
mid-point *s* **(= middle point)** lárphointe *m4*
migrate *v* ascain *v*
migration *s* ascnamh *m1*
migration area líomatáiste *m4* ascnaimh
migration of ions ascnamh *m1* na n-ian
mile *(unit)* míle *m4*
Milky Way Bealach *m1* na Bó Finne
milli- *pref* millea-, milli-, mill-, mioll- *pref*
milli-ampere *s* miollaimpéar *m1*
millibar *s* milleabar *m1*
millicurie *s* milliciúire *f4*
milliequivalent *s* **(= meq)** milleachoibhéis *f2*
milligram *s* milleagram *m1*
millihenry *s (ElMag.)* milleahanraí *m4*
millilitre *s* millilítear *m1*
millimetre *s* milliméadar *m1*
millimetre of mercury (= mmHg) milliméadar *m1* mearcair
millimicron *s* millimiocrón *m1*
million *s* milliún *m1*
million electron volt (= mega-electron volt, MeV) milliún *m1* leictreonvolta, MeV
milliroentgen *s* **(= millíröntgen)** millearointgin *f2*
milliröntgen *s* **(= milliroentgen)** millearointgin *f2*
millisecond *s* milleasoicind *m4*
millisievert *s* millisíveart *m1* (*pl* -virt)
mineral *s* mianra *m4*
mineral *a* mianrach *a*
mineral deficiency easpa *f4* mianraí
mineralogy *s* mianreolaíocht *f3*
mineral salt salann *m1* mianrach
mini- *pref* mion- *pref*
miniature *s* mionadach *m1*
miniature *a* mionadach *a*
mini black hole mion-dúpholl *m1*
minimal *a* **(= minimum)** íosta *a*, íos- *pref*
minimal surface dromchla *m4* íosta
minimax *s* íosuasach *m1*
minimax *a* íosuasach *a*
minimax approximation neastachán *m1* íosuasach

minimax strategy straitéis *f2* íosuasach
minimization *s* íoslaghdú *m* (*gs* -daithe)
minimize *v* íoslaghdaigh *v*
minimizing *s* íoslaghdú *m* (*gs* -daithe)
minimum *s* íosluach *m3*
minimum *a* (= **minimal**) íosta *a*, íos- *pref*
minimum action (= **least action**) íosghníomhú *m* *gs* -mhaithe)
minimum-variance estimator meastóir *m3* íosathraithis
minimum-variance unbiased estimator meastóir *m3* neamhlaofa íosathraithis
minimum weight design dearadh *m1* íosmheáchain
Minkowski space-time spás-am *m3* Minkowski
minor *s (Mth.) (of determinant)* mionúr *m1*
minor axis *(Mth.)* mion-ais *f2*
minority carrier *(Eln.)* iompróir *m3* mionlaigh
minuend *s* mionann *f2*
minus *s* míneas *m1*
minus *prep* lúide *prep*
minute *s* nóiméad *m1*
minute *a* bídeach *a*, mion *a*
mirage *s* meabhalscáil *f2*
mirror *s* scáthán *m1*
mirror image íomhá *f4* scáthánach
mirror nuclei núicléis *mpl* scáthánacha
mirror nuclides núiclídí *fpl* scáthánacha
mirror symmetry siméadracht *f3* scáthánach
MIS (= **metal insulator semiconductor**) *(Eln.)* leath-sheoltóir *m3* inslitheora miotail
miscible *a* inmheasctha
mismatch *s* mí-oiriúnú *m* (*gs* -naithe)
mispickel *s* mispicil *f2*
mixed numbers uimhreacha *fpl* measctha
mixer *s* meascthóir *m3*
mixing ratio cóimheas *m3* meascacháin
mixture *s* meascán *m1*
MKS system (= **metre-kilogram-second system of units**) aonadchóras *m1* méadar cileagram agus soicind
mmHg (= **millimetre of mercury**) mmHg
M-number *s* M-uimhir *f* (*gs* -mhreach)
mobile *a* soghluaiste *a*
mobility *s* soghluaisteacht *f3*
Mobius strip stiall *f2* Mobius
mock-up *s* balbhshamhail *f3* (*gs* -mhla)
modal *a* módúil *a*
mode *s (ElMag. Mth.)* modh *m3* (*pl* -anna)
mode *s (St.)* mód *m1*
model *s (Ch. Ph.)* samhail *f3* (*gs* samhla, *pl* samhlacha)
modelling *(Ch. Ph.)* samhaltú *m* (*gs* -taithe)
modem *s* móideim *m4*
moderate *v (Ncln.) (in reactor)* maolaigh *v*
moderate *v (Ch.) (in solution, etc.)* maolaigh *v*
moderator *s (Ncln) (in reactor)* maolaire *m4*
moderator *s (Ch.) (in solution, etc.)* maolaire *m4*
modern mathematics nuamhatamaitic *f2*
modified second difference an dara difríocht mhodhnaithe
modify *v (moderate)* maolaigh *v*
modify *v (alter without transforming)* mionathraigh *v*
modify *v (make important or basic change to)* bunathraigh *v*

modular arithmetic uimhríocht *f3* mhódúlach
modulate *v* modhnaigh *v*
modulated amplifier aimplitheoir *m3* modhnaithe
modulated wave tonn *f2* mhodhnaithe
modulating wave tonn *f2* mhodhnúcháin
modulation *s* modhnú *m* (*gs* -naithe)
modulation factor fachtóir *m3* modhnúcháin
modulator *s* modhnóir *m3*
modulator electrode leictreoid *f2* mhodhnúcháin
module *s (Eln.)* modúl *m1*
modulo arithmetic *(Mth.)* uimhríocht *f3 modulo*
modulus *s* modal *m1*
modulus of elasticity modal *m1* leaisteachais
modulus of rigidity modal *m1* doichte
modulus of rupture maidhm-mhodal *m1*
modulus of torsion modal *m1* toirsiúin
Moho *s* Moho *m4*
moist *a* tais *a*
moisture *s* taise *f4*
molal *a* mólach *a*
molal depression of freezing point ísliú *m* mólach an reophointe
molal elevation of boiling point ardú *m* mólach an fhiuchphointe
molality *s* mólacht *f3*
molar *a* mólarach *a*
molarity *s (Ch.)* mólaracht *f3*
molar latent heat *(Ch.)* teas *m3* folaigh mólarach
molar polarization *(Ch.)* polarú *m* mólarach
mole *s (Ch.)* mól *m1*
molecular *a* móilíneach *a*
molecular beam léas *m1* móilíneach
molecular chaos anord *m1* móilíneach
molecular distillation driogadh *m* móilíneach
molecular eigenfunction dualfheidhm *f2* mhóilíneach
molecular flow sreabhadh *m* móilíneach
molecular gauge tomhsaire *m4* móilíneach
molecularity *s* móilíneacht *f3*
molecular-model kit paca *m4* de shamhlacha móilíní
molecular orbital theory (= MOT) teoiric *f2* na bhfithiseán móilíneach, TFM
molecular physics fisic *f2* mhóilíneach
molecular pump caidéal *m1* móilíneach
molecular sieve criathar *m1* móilíneach
molecular weight meáchan *m1* móilíneach
molecule *s* móilín *m4*
mole fraction *(Ch.)* mólchodán *m1*
mole value *(Ch.)* mól-luach *m3*
mole-volume *s* móltoirt *f2*
molybdate *s* molabdáit *f2*
molybdenum *s* molaibdéineam *m1*
moment *s* móimint *f2*
momental ellipsoid éileapsóideach *m1* móiminteach
moment-area method modh *m3* an mhóimint-achair
momentary *a* móimintiúil *a*
moment generating function feidhm *f2* ghinte móiminte
moment of inertia móimint *f2* na táimhe
moment of momentum (= angular momentum) móimint *f2* mhóimintim
momentum *s* móiminteam *m1*
momentum operator oibreoir *m3* móimintim

momentum vector veicteoir *m3* móimintim
monatomic *a (Ch.)* aon-adamhach *a*
monazite *s* monaisít *f2*
monel *s* (= **Monel metal**) *(Metal.)* monal *m1*
Monel metal (= **monel**) *(Metal.)* monal *m1*
monitor *s* monatóir *m3*
monitor *v* monatóirigh *v*
mono- *pref* mona-, monai- *pref*, aon- *pref*
monobasic *a* aonbhunata
monochromatic *a* monacrómatach *a*
monochromatic radiation radaíocht *f3* mhonacrómatach
monochromator *s* monacrómatóir *m3*
monoclinic *a* aonchlaonasach *a*
monodentate *a* aondéadach *a*
monogenic *a* aonghineach *a*
monolayer *s* aonchiseal *m1*
monolith *s* monailit *f2*
monolithic *a* monailiteach *a*
monomer *s* monaiméir *f2*
monomeric *a* monaiméireach *a*
monomial *a* aontéarmach *a*
monomial expression slonn *m1* aontéarmach
monomolecular *a* aonmhóilíneach *a*
monopositive *a (Ch.)* aondeimhneach
monoprotic *a* monaprótónach *a*
monosaccharide *s* monaishiúicríd *f2*
monostable *a* aonchobhsaí *a*
monotone *s* aonton *m1*
monotone *a* aontonach *a*
monotone-convergence theorem teoirim *f2* coinbhéirseachta aontonaí
monotonic *a* aontonach *a*
monotonic decreasing laghdaitheach go haontonach
monotonic increasing méadaitheach go haontonach
monotropic *a* monatrópach *a*
monovalent *a* aonfhiúsach *a*
monovariant system córas *m1* aon-athraitheach
month *s* mí *f* (*gs* míosa)
Moog synthesizer sintéiseoir *m3* Moog
moonstone *s* résheoid *f2*
mordant *s* buanaitheoir *m3*
mortar-and-pestle *s* moirtéar *m1* agus tuairgnín *m4*
MOS (= **metal oxide semiconductor**) *(Eln.)* leathsheoltóir *m3* ocsaíde miotail
mosaic *s* mósáic *f2*
mosaic *a* mósáiceach *a*
mosaic electrode leictreoid *f2* mhósáiceach
MOSFET (= **metal oxide semiconductor field-effect transistor, MOS field-effect transistor, MOS transistor**) *(Eln.)* trasraitheoir *m3* iarmharta réimse leathsheoltóra ocsaíde miotail
MOS field-effect transistor (= **metal oxide semiconductor field-effect transistor, MOS transistor, MOSFET**) *(Eln.)* trasraitheoir *m3* iarmharta réimse leathsheoltóra ocsaíde miotail
MOS integrated circuit (= **metal oxide semiconductor integrated circuit**) ciorcad *m1* iomlánaithe leathsheoltóra ocsaíde miotail
MOS logic circuit (= **metal oxide semiconductor logic circuit**) ciorcad *m1* loighce leathsheoltóra ocsaíde miotail
MOS transistor (= **metal oxide semiconductor field-effect transistor, MOS field-effect transistor, MOSFET**) *(Eln.)* trasraitheoir *m3* iarmharta réimse leathsheoltóra ocsaíde miotail
MOT (= **molecular orbital theory**) TFM, teoiric *f2* na bhfithiseán móilíneach
mother liquor máthairlicéar *m1*

motility *s* inghluaisteacht *f3*
motion *s* gluaisne *f4*
motion curve cuar *m1* gluaisne
motion geometry geoiméadracht *f3* ghluaisne
motion in a straight line dronghluaisne *f4*
motivity *s* gluaisneacht *f3*
motor *s* mótar *m1*
mould *s* múnla *m4*
mould *v* múnlaigh *v*
mounted needle *(for dissecting)* snáthaid *f2* choise
mounted seeker tóireadóir *m3* diosctha
moving bed *(Ch. Eng.)* scair *f2* luaileach
moving-coil instrument ionstraim *f2* luailchorna
moving-coil microphone micreafón *m1* luailchorna
moving-iron instrument ionstraim *f2* luailiarainn
mRNA (= messenger RNA) mRNA, teachtaire *m4* RNA
mu *s* mú *m4*
mucilage *s* gumalacht *f3*
mucin *s* múicin *f2*
muffle *s* mufal *m1*
muffle furnace mufalfhoirnéis *f2*
mulch *s* múirín *m4*
mull *s* mulla *m4*
mull *v* mulláil *v*
multi- *pref* il- *pref*
multi-base arithmetic blocks bloic *mpl* ilbhonn uimhríochta
multichannel analyser anailíseoir *m3* ilchainéalach
multi-collinearity *s* il-chomhlíneacht *f3*
multi-electrode valve *(Eln.)* comhla *f4* il-leictreoideach
multiforce member ball *m1* ilfhórsa
multimeter *s* ilmhéadar *m1*
multinomial *a* iltéarmach *a*
multinominal distribution dáileachán *m1* iltéarmach
multinominal series sraith *f2* iltéarmach
multiple *s* iolraí *m4*
multiple *a* iolrach *a*, il- *pref*
multiple bonding nascadh *m* iolrach, ilnascadh *m* (*gs* -ctha)
multiple-connected region réigiún *m1* ilcheangailte
multiple fission ileamhnú *m* (*gs* -naithe)
multiple input il-ionchur *m1* (*pl* il-ionchuir)
multiple proportions comhréireacha *fpl* iolracha
multiple reflection frithchaitheamh *m1* iolrach
multiple regression *(Mth.)* cúlú *m* iolrach
multiple root (= repeated root) *(Mth.)* ilfhréamh *f2*
multiple screw threads il-scriúshnáitheanna *mpl*
multiplet *s* ilphléad *m1*
multiple-valued function (= multi-valued function) feidhm *f2* il-luachach
multiplex *s* ilphléacs *m3*
multiplex *a* ilphléacsach *a*
multiplexer *s* ilphléacsóir *m3*
multiplexing *s* ilphléacsú *m* (*gs* -saithe)
multiplex operation oibríocht *f3* ilphléacsach
multiplicand *s* iolrann *f2*
multiplication *s* iolrú *m* (*gs* -raithe)
multiplication by scalar iolrú *m* le scálach
multiplication constant tairiseach *m1* iolrúcháin
multiplication factor fachtóir *m3* iolrúcháin
multiplication operator oibreoir *m3* iolrúcháin
multiplication rule riail *f* iolrúcháin

multiplicative group grúpa *m4* iolraíoch
multiplicity *s* iolracht *f3*
multiplier *s* iolraitheoir *m3*
multiply *v* iolraigh *v*
multipolar *a* ilpholach *a*
multistage *a* ilchéimneach *a*, ilchéime *gs* as *a*
multistage process próiseas *m1* ilchéimneach
multi-valued function (= multiple-valued function) feidhm *f2* il-luachach
multivariate distribution dáileachán *m1* ilathráideach
multivibrator *s* ilchreathadóir *m3*
mu-meson *s* **(= muon)** mú-mhéasón *m1*
muon *s* **(= mu-meson)** muón *m1*
muslin *s* muislín *m4*
muta- *pref* múta-, mútai- *pref*
mutarotation *s* mútarothlú *m* (*gs* -laithe)
mutual *a* comh- *pref*
mutual capacitance comhthoilleas *m1*
mutual conductance comhsheoltas *m1*
mutual exclusion *(Ch.)* comheisiatacht *f3*, comheisiamh *m1*
mutual inductance comhionduchtas *m1*
mutually *adv* comh- *pref*
mutually disjoint comhscartha *a*
mutually exclusive comheisiatach *a*
mutually exclusive events teagmhais *mpl* chomheisiatacha
mutually orthogonal *(Mth.)* comhortagánach *a*
myopia *s* gearr-radharc *m1*

N

N (= newton) *(unit)* N, niútan *m1*
nabla *s* **(= del, del-operator)** nabla *m4*
nadir *s* nadair *f2*
nail board clár *m1* tairní
NAND circuit ciorcad *m1* NAND
nano- *pref* nana-, nanai- *pref*
napalm *s* napailm *f2*
naphtha *s* nafta *m4*
naphthalene *s* naftailéin *f2*
naphthoic *a* naftóch *a*
naphthyl *s* naiftil *f2*
napier *s* **(= neper)** *(unit)* néipear *m1*
Napier's bones slata *fpl* Napier
nappe *s* neap *m4*
nascent *a* nuaghinte *a*
native ammonium chloride (= sal-ammoniac) salann *m1* amóiniach
native gold ór *m1* dúchais
natrium *s* naitriam *m4*
natural convection *(FlMec. Ph.)* comhiompar *m1* nádúrtha
natural frequency *(Eln. Ph.)* minicíocht *f3* nádúrtha
natural history eolaíocht *f3* an nádúir
natural number *(Mth.)* uimhir *f* aiceanta
nature *s* nádúr *m1*
nautical bearing treo-uillinn *f2* mhuirí
nautical mile muirmhíle *m4*
near-infrared neas-infridhearg *m1*
near point neasphointe *m4*
necessary *a* riachtanach *a*
necessary and sufficient conditions coinníollacha *mpl* riachtanacha agus dóthanacha
needle *s (for syringe)* snáthaid *f2*
negate *v (Mth.)* séan *v*
negate *v (Comp.)* frithoibrigh *v*
negation *s (Mth.)* séanadh *m* (*gs* -nta)
negation *s (Comp.)* frithoibríocht *f3*
negation of proposition *(Mth.)* séanadh *m* na tairisceana
negative *s* diúltach *m1*
negative *a* diúltach *a*
negative charge *(of atom)* lucht *m3* diúltach

negative electron (= negatron) leictreon *m1* diúltach
negative feedback *(ContSys. Eln. Ph.)* aischothú *m* diúltach
negative glow breo *m4* diúltach
negative logic loighic *f2* dhiúltach
negatively-charged body *(El.)* réad *m3* atá luchtaithe go diúltach
negative nodal point (= antinodal point) *(Opt.)* pointe *m4* nódach diúltach
negative principal point (= antiprincipal point) *(Opt.)* príomhphointe *m4* diúltach
negative resistance friotaíocht *f3* dhiúltach
negative three trí diúltach
negatron *s* **(= negative electron)** neigeatrón *m1*
negligible *a* diomaibhseach *a*
neighbourhood *s* comharsanacht *f3*
nematic phase pas *m4* néimiteach
neo- *pref* neo-, neoi- *pref*, nua- *pref*
neodymium *s* neoidimiam *m4*
neohexane *s* neoiheacsán *m1*
neon *s* neon *m1*
neon tube neonfheadán *m1*, feadán *m1* neoin
neoprene *s* **(= poly(2-chlorabuta-1,3-diene))** neoipréin *f2*
neper *s* **(= napier)** *(unit)* néipear *m1*
nephelometer *s* neifiliméadar *m1*
nephoscope *s* neifeascóp *m1*
neptunium *s* neiptiúiniam *m4*
neptunium series sraith *f2* neiptiúiniam
nested intervals eatraimh *mpl* neadaithe
nested sets tacair *mpl* neadaithe
net *s* líon *m1*
net *a* **(= nett)** glan *a*, glan- *pref*
net radiometer radaiméadar *m1* eangaí
nett *a* **(= net)** glan *a*, glan- *pref*
nett charge glanlucht *m3*
nett weight glanmheáchan *m1*
network *s* líonra *m4*
network mesh mogall *m1* líonra
network node nód *m1* líonra
neuron *s* néarón *m1*
neutral *a* neodrach *a*
neutral current sruth *m3* neodrach
neutral equilibrium (= indifferent equilibrium) cothromaíocht *f3* neodrach
neutral filter scagaire *m4* neodrach
neutralization *s* neodrú *m* (*gs* -raithe), neodrúchán *m1*
neutralize *v* neodraigh *v*
neutral weak current lagshruth *m3* neodrach
neutrino *s* neoidríonó *m4*
neutron *s* neodrón *m1*
neutron capture neodrónghabháil *f3*
neutron diffraction díraonadh *m* neodrónach
neutron number neodrónuimhir *f* (*gs* -mhreach)
neutron star neodrónréalta *f4*
newton (= N) *s (unit)* niútan *m1*, N
Newtonian fluid sreabhán *m1* Newton
Newtonian force fórsa *m4* Newton
Newtonian frame of reference fráma *m4* tagartha Newton
Newtonian system córas *m1* Newton
Newton's law of gravitation dlí *m4* imtharraingthe Newton
Nichol's chart analysis cairtanailís *f2* Nichol
Nichol's chart design cairtdearadh *m* Nichol
Nichol's chart plot cairtphlota *m4* Nichol
nichrome *s* niocróm *m1*
nickel *s* nicil *f2*
nickel carbonyl carbóinil *f2* nicile
nickel sheet leathán *m1* nicile
Nicol prism priosma *m4* Nicol
nicotine *s* nicitín *m4*
night glasses gloiní *fpl* oíche
nigrometer *s* nigriméadar *m1*

nilpotent *a* éagumhachtach *a*
nine-point circle ciorcal *m1* na naoi bpointe
ninhydrin *s* ninhidrin *f2*
niobium *s* niaibiam *m4*
nipple *s* sine *f4*
nitrate *s* níotráit *f2*
nitration *s* níotráitiú *m* (*gs* -ithe)
nitre *s* nítear *m1*
nitrene *s* nítréin *f2*
nitric *a* nítreach *a*
nitric acid aigéad *m1* nítreach
nitride *s* nítríd *f2*
nitrification *s* nítriginiú *m* (*gs* -ithe)
nitrile *s* nítríl *f2*
nitrite *s* nítrít *f2*
nitro- *pref* nítrea-, nítri-, nítr-, níotr- *pref*
nitrobenzene *s* nítribeinséin *f2*
nitrogen *s* nítrigin *f2*
nitrogen cycle *(Ch.)* timthriall *m3* nítrigine
nitrogen fixation fosúchán *m1* nítrigine
nitrogenize *v* nítriginigh *v*
nitrogenous *a* nítrigineach *a*
nitroglycerine *s* (= **propane-1,2,3-triyl trinitrate**) nítriglicrín *m4*
nitronium *s* níotróiniam *m4*
nitroso *a* níotrósach *a*
nitrosyl *s* níotróisil *f2*
nitrous *a* nítriúil *a*
nitryl *s* nítril *f2*
NMR (= **nuclear magnetic resonance**) AMN, athshondas *m1* maighnéadach núicléach
nobelium *s* nóbailiam *m4*
noble gas (= **inert gas, rare gas**) *(Ch.)* triathghás *m1*
noble metal *(Ch.)* triathmhiotal *m1*
nodal *a* nódach *a*
nodal line nódlíne *f4*, líne *f4* nódach
nodal point nódphointe *m4*, pointe *m4* nódach
node *s* nód *m1*
node input nód-ionchur *m1*
node voltage nódvoltas *m1*
noise *(Ac. El.)* torann *m1*
noise factor *(Eln.)* fachtóir *m3* torainn
no-load *a* gan lód
nomenclature *s* ainmníocht *f3*
nominal transfer function feidhm *f2* traschuir ainmniúil
nominal values of parameters luachanna *mpl* ainmniúla paraiméadar
nomogram *s* nómagram *m1*
nomograph *s* nómagraf *m1*
nonagon *s* naonagán *m1*
nonane *s* naonán *m1*
non-aqueous *a* neamhuiscí *a*
nonary *a* naonártha *a*
non-balanced *a* neamhchothromaithe *a*
non-bonding *a* neamhnascach *a*
non-concurrent *a* neamh-chomhchumarach *a*
non-conservative *a* neamh-imchoimeádach *a*
non-degeneracy *s* neamh-dhíchineálacht *f3*
non-degenerate *a* neamh-dhíchineálach *a*
non-degenerate eigenvalue dual-luach *m3* neamh-dhíchineálach
non-Euclidean geometry geoiméadracht *f3* neamh-Eoiclídeach
non-holonomic *a* neamh-holanómach *a*
non-ideal *a* neamhidéalach *a*
non-impulsive *a* neamhríogach *a*
non-ionic *a* neamhianach *a*
non-linear constraint iallach *m1* neamhlíneach
non-linear control system riailchóras *m1* neamhlíneach
non-linear differential equation cothromóid *f2* dhifreálach neamhlíneach
non-linear distortion díchumadh *m* neamhlíneach

non-linear objective function spriocfheidhm *f2* neamhlíneach
non-linear programming *(Comp.)* ríomhchlárú *m* neamhlíneach
non-linear regression *(Mth. St.)* cúlú *m* neamhlíneach
non-linear system córas *m1* neamhlíneach
non-metal *s* neamh-mhiotal *m1*
non-metallic *a* neamh-mhiotalach *a*
non-negativity conditions coinníollacha *mpl* neamhdhiúltachta
non-Newtonian *a* neamh-Niútanach *a*
non-Newtonian fluid sreabhán *m1* neamh-Niútanach
non-oxidizing *a* neamh-ocsaídeach *a*
non-polar *a* neamhpholach *a*
non-reactive *a (El.)* neamhfhreasaitheach *a*
non-reactive *a (Ch.)* neamh-imoibríoch *a*
non-reactive load *(El.)* lód *m1* neamhfhreasaitheach
non-relativistic *(Mec. Ph.)* neamhchoibhneasaíoch *a*
non-reversible *a (Ph.)* dochúlaithe *a*
non-rigid *a* neamhdhocht *a*
non-singular matrix maitrís *f2* neamhshingilteach
non-singular operator oibreoir *m3* neamhshingilteach
non-symmetric *a* neamhshiméadrach *a*
non-symmetry *s* neamhshiméadracht *f3*
non-terminating decimal *(Mth.)* deachúil *f3* neamhchríochta
non-terminating fraction *(Mth.)* codán *m1* neamhchríochta
non-touching *a* neamhthadhlach *a*
non-uniqueness *s* neamhuathúlacht *f3*
non-volatile *a (Ch. Ph.)* do-ghalaithe *a*
non-vortical field réimse *m4* neamhchuilitheach
NOR circuit ciorcad *m1* NOR
n-order differential operator oibreoir *m3* difreálach n-oird
norm *s* norm *m1*
norm *v* normaigh *v*
normal *s (Mth. St.)* normal *m1*
normal *a (common, average)* normálta *a*
normal *a (Mth. St.)* normalach *a*
normal curve of distribution (= normal distribution curve) *(St.)* dáilchuar *m1* normalach
normal derivative *(Mth.)* díorthach *m1* normalach
normal distribution *(St.)* dáileadh *m* normalach
normal distribution curve (= normal curve of distribution) *(St.)* dáilchuar *m1* normalach
normal equation *(St.)* cothromóid *f2* normalach
normality *s (Ch. Mth.)* normalacht *f3*
normalization *s (Mth.)* normalú *m* (*gs* -laithe), normalúchán *m1*
normalize *v (Mth.)* normalaigh *v*
normal operator oibreoir *m3* normalach
normal propyl alcohol (= propan-1-ol) alcól *m1* normalach próipile
normal solution *(Ch.)* tuaslagán *m1* normalach
normal standardized distribution *(St.)* dáileadh *m* caighdeánaithe normalach
normal temperature and pressure (= NTP, standard temperature and pressure, STP) *(Ph.)* teocht *f3* agus brú *m4* caighdeánach, TBC
normal variate *(Mth. St.)* athráid *f2* normalach
normed algebra ailgéabar *m1* normaithe

normed linear space spás *m1* líneach normaithe
norm of a continuous linear functional norm *m1* d'fheidhmeán líneach leanúnach
norm of operator norm *m1* oibreora
north *a* thuaidh
north *adv (towards)* ó thuaidh
notation *s* nodaireacht *f3*
notch *s* eang *f3*
note *s* nóta *m4*
nought *s* náid *f2*
nova *s* nóva *m4*
nozzle *s* soc *m1*
N-phenylethanamide *s* **(= acetanilide)** N-feinileatánaimíd *f2*
npn junction (bipolar) transistor trasraitheoir *m3* (dépholach) cumair npn
npn transistor trasraitheoir *m3* npn
NTP (= normal temperature and pressure, standard temperature and pressure, STP) *(Ph.)* teocht *f3* agus brú *m4* caighdeánach, TBC
n-type semiconductor leathsheoltóir *m3* n-chineálach
nu *s* nú *m4*
nuclear *a* núicléach *a*
nuclear barrier bac *m1* núicléach
nuclear burn-up dó-ídiú *m* núicléach
nuclear-energy change athrú *m* ar an bhfuinneamh núicléach
nuclear fission eamhnú *m* núicléach
nuclear fusion comhleá *m4* núicléach
nuclear magnetic resonance (= NMR) athshondas *m1* maighnéadach núicléach, AMN
nuclear magneton maighnéadón *m1* núicléach
nuclear medicine míochaine *f4* núicléach
nuclear physics fisic *f2* núicléach
nuclear reactor imoibreoir *m3* núicléach
nuclear recoil *(NcPh.)* aisléim *f2* núicléach
nucleation *s* núicléatú *m* (*gs* -taithe)
nucleic *a* núicléasach *a*
nucleic acid aigéad *m1* núicléasach
nucleo- *pref* núicléa-, núicléi- *pref*
nucleogenesis *s* núicléighiniúint *f3*
nucleon *s* núicléón *m1*
nucleonics *spl* núicleonaic *f2*
nucleophilic *a* núicléifileach *a*
nucleoprotein *s* núicléapróitéin *f2*
nucleoside *s* núicléisíd *f2*
nucleosynthesis *s* núicléisintéis *f2*
nucleotide *s* núicléitíd *m1*
nucleus *s* núicléas *m1*
nuclide *s* núiclíd *f2*
nugget *s* cnapóg *f2*
null *a* nialasach *a*
null hypothesis hipitéis *f2* nialasach
null matrix (= zero matrix) maitrís *f2* nialasach
null method modh *m3* nialasach
null operator oibreoir *m3* nialasach
null set (= empty set) tacar *m1* nialasach
null space spás *m1* nialasach
number *s* uimhir *f* (*gs* -mhreach)
number balance uimhirmheá *f4*
number base *(Mth.)* uimhirbhonn *m1*
number field uimhir-réimse *m4*
number line uimhirlíne *f4*
number of poles líon *m1* na bpol
number sentence uimhir-abairt *f2*
number system uimhirchóras *m1*
number theory uimhirtheoiric *f2*
numeral *s* figiúr *m1* (*pl* -iúirí)
numerator *s* uimhreoir *m3*
numerical *a* uimhriúil *a*
numerical aperture cró *m4* uimhriúil
numerical coefficient comhéifeacht *f3* uimhriúil
nut *s* cnó *m4*
nutate *v (Ast. Mec.)* nútaigh *v*

nutation *s (Ast. Mec.)* nútú *m* (*gs* -taithe)
nutriculture *s* saothrú *m* cothaitheach
nutrient content cion *m3* cothaitheach
nutrient media stock solution gnáth-thuaslagán *m1* cothaitheach
nylon *s* níolón *m1*

O

-oate *suff s* -óáit *suff f2*
object *s (discrete thing)* réad *m3*, rud *m3*
object *s (Opt.)* frithne *f4*
objective *s (aim, goal)* sprioc *f2*
objective *s* (= **object-lens**) *(Opt.)* réadlionsa *m4*
objective *a* réadach *a*
objective function spriocfheidhm *f2*
object-lens *s* (= **objective**) *(Opt.)* réadlionsa *m4*
oblate *a* oblátach *a*
oblate spheroidal coordinates comhordanáidí *fpl* sféaróideacha oblátacha
oblique cone *(Mth.)* fiarchón *m1*
oblique coordinates *(Mth.)* fiar-chomhordanáidí *fpl*
oblique projection *(Mth.)* fiartheilgean *m1*
oblong *s* dronuilleog *f2*
oblong *a* dronuilleogach *a*
observable *s* inbhraiteach *m1*
observable *a* inbhraite *a*
observation *s* breathnú *m* (*gs* -naithe)
observation *s* (= **observed value**) *(St.)* luach *m3* breathnaithe
observatory *s* réadlann *f2*
observc *v* breathnaigh *v*
observed *a* breathnaithe *a*
observed frequency minicíocht *f3* bhreathnaithe
observed frequency distribution dáileadh *m* minicíochta breathnaithe
observed value (= observation) *(St.)* luach *m3* breathnaithe
obsolete *a* as feidhm
obtuse *a* maol *a*
obtuse angle maoluillinn *f2*
occlude *v (Ch.)* súigh *v* (*pres* súnn, *vn* sú)
occlusion *s (Ch.)* sú *m* (*gs* súite)
ochre *s* ócar *m1*
octa- *pref* ochta-, ochtai- *pref*
octagon *s* ochtagán *m1*
octahedral *a* ochtaihéidreach *a*
octahedron *s* ochtaihéadrán *m1*
octane *s* ochtán *m1*
octant *s* ochtamhán *m1*
octave *s* ochtáibh *f2*
octet *s* ochtréad *m1*
octet rule riail *f* an ochtréid
octode *s* ochtóid *f2*
octonal *a* (= **octonary**) ochtnártha *a*
octonary *a* (= **octonal**) ochtnártha *a*
ocular *a* súilí *a*
odd *a* corr *a*
odd parity corrphaireacht *f3*
odds *spl (St.)* corrlach *m1*
odds against *(St.)* corrlach *m1* in aghaidh
odds on *(St.)* corrlach *m1* ar
-ode *suff s* -óid *suff f2*
odometer *s* odaiméadar *m1*
Oe (= oersted) *(unit)* Oe, orstad *m1*
oersted (= **Oe**) *s (unit)* orstad *m1*, Oe
off-line working *(Comp.)* oibriú *m* as líne
ohm *s (unit)* óm *m1*
ohmic contact teagmháil *f3* ómach
ohmic loss caillteanas *m1* ómach
ohm-meter *s* óm-mhéadar *m1*
-oic *suff a* -óch *suff a*
-oid *suff s* -óideach *suff m1*
-oid *suff a* -óideach *suff a*
oil *s* ola *f4*
oil-drop *s* ola-bhraon *m1*

oil-drop experiment turgnamh *m1* ola-bhraonach
oil-fired *a* (= **oil-fueled**) olabhreoslaithe *a*
oil-fueled *a* (= **oil-fired**) olabhreo-slaithe *a*
oil-immersion microscope micreascóp *m1* olathumthach
oil slick leo *m4* ola
-ol *suff s* -ól *suff m1*
olefine *s* olaifín *m4*
oleic acid (= **cis-octadec-9-enoic acid**) aigéad *m1* oiléach
oligo- *pref* olaga-, olagai-, olag-, olaig- *pref*
oligomer *s* olagaiméir *f2*
olive oil ola *f4* olóige
olivine *s* olaivín *m4*
-olysis *suff s* -alú, -ealú *suff m* (*gs* -laithe)
omega *s* óimige *f4*
omega-minus *s* óimigemíneas *m1*
omegatron *s* óimigeatrón *m1*
omicron *s* oimeacrón *m1*
omni- *pref* uile- *pref*
omni-aerial *s* uile-aeróg *f2*
omni-aerial *a* uile-aerógach *a*
-on *suff s (Ch.)* -ón *suff m1*
-one *suff s* -ón *suff m1*
one-dimension *a* (= **unidimensional**) aontoiseach *a*
one-tailed test *(Mth. St.)* tástáil *f3* aonfhoircneach
one to one *(Set.)* aon le haon
one-to-one correspondence comhfhreagracht *f3* aon le haon
on-line working *(Comp.)* oibriú *m* ar líne
on-off ann as
opaque *a* teimhneach *a*
open *a* oscailte *a*
open-chain compound comhdhúil *f2* shlabhroscailte
open circuit ciorcad *m1* oscailte
open hearth teallach *m1* oscailte
open-hearth furnace foirnéis *f2* theallachoscailte
open-hearth steel cruach *f4* theallachoscailte
open loop *s* lúb *f2* oscailte
open-loop *a* lúboscailte *a*
open-loop control system riailchóras *m1* lúboscailte
open-loop transfer function feidhm *f2* thraschuir lúboscailte
open sentence abairt *f2* oscailte
operand *s* oibreann *f2*
operate *v* oibrigh *v*
operating characteristic (= **operating characteristic curve**) sainchuar *m1* oibriúcháin
operating characteristic curve (= **operating characteristic**) sainchuar *m1* oibriúcháin
operating point pointe *m4* oibriúcháin
operation *s* oibriú *m* (*gs* -ithe)
operation *s (Mth.)* oibríocht *f3*
operational *a (Mth.)* oibríoch *a*
operational amplifier aimplitheoir *m3* oibríoch
operations research taighde *m4* ar oibríochtaí
operator *s* oibreoir *m3*
operator sum suim *f2* na n-oibreoirí
opisometer *s* opasaiméadar *m1*
opium *s* óipiam *m4*, codlaidín *m4*
opposed spins (= **antiparallel spins, opposite spins**) guairní *fpl* fritreomhara
opposing *a* freasúrach *a*
opposite *a (of angles)* urchomhaireach *a*
opposite spins (= **anti-parallel spins, opposed spins**) guairní *fpl* fritreomhara
optic *a* optach *a*
optical *a* optúil *a*
optical density dlús *m1* optúil
optical distance fad *m1* optúil
optical flat leac *f2* optúil
optical glass gloine *f4* optúil

optical illusion seachmall *m1* radhairc
optically-negative crystal criostal *m1* atá diúltach go hoptúil
optical path conair *f2* optúil
optical pyrometer piriméadar *m1* optúil
optical window fuinneog *f2* optúil
optic axis ais *f2* optach
optics *spl* optaic *f2*
optic sign convention sínghnás *m1* optach
optimal *a (Mth.)* optamach *a*
optimal control system *(Mth. Ph.)* riailchóras *m1* optamach
optimal decision policy *(St.)* beartas *m1* optamach cinnidh
optimality theory teoiric *f2* na hoptamachta
optimal policy *(Mth.)* beartas *m1* optamach
optimal search methods *(Mth. St.)* modhanna *mpl* optamacha cuardaigh
optimal strategy *(Mth.)* straitéis *f2* optamach
optimization *s (Mth.)* optamú *m* (*gs* -maithe), optamúchán *m1*
optimization problem *(Mth.)* fadhb *f2* optamúcháin
optimize *v (Mth. Ph.)* optamaigh *v*
optimum *s* optamam *m1*
optimum *a* optamach *a*
orbit *s* fithis *f2*
orbit *v* fithisigh *v*
orbital *s (Ch.)* fithiseán *m1*
orbital *a (Ch.)* fithiseach *a*
orbital quantum number *(Ch.)* candamuimhir *f* fithiseáin
OR circuit ciorcad *m1* OR
order *s* ord *m1*
ordered *a* ordúil *a*
ordered pair *(Mth.)* ordphéire *m4*
ordered set ordtacar *m1*
order field ordréimse *m4*
order of interference or diffraction ord *m1* trasnaíochta nó ord díraonta
order of magnitude *(Ph.)* ord *m1* méide
order of reaction *(Ch.)* ord *m1* imoibriúcháin
order relation ordghaol *m1*
order relation for self-adjoint operators ordghaol *m1* d'oibreoirí féinchuingeacha
ordinal *s* orduimhir *f* (*gs* -mhreach)
ordinal *a* orduimhriúil *a*
ordinary *a* gnách *a*, gnáth- *pref*
ordinary differential equations gnáthchothromóidí *fpl* difreálacha
ordinate *s* ordanáid *f2*
organic *a* orgánach *a*
organic chemistry ceimic *f2* orgánach
organometallic *a* orgánaimhiotalach *a*
orient *v* **(= orientate)** treoshuigh *v*
orientate *v* **(= orient)** treoshuigh *v*
orientated *a* treoshuite *a*
orientation *s* treoshuíomh *m1*
origin *s* bunús *m1*
origin *s (Mth.)* bunphointe *m4*
ortho- *pref* orta-, ortai- *pref*
orthocentre *s (Mth.)* ingearlár *m1*
orthochromatic *a (Ph.)* ortacrómatach *a*
orthodirecting *a (Mth.)* ortaidhírúcháin *gs* as *a*
orthogonal *a (Mth.)* ortagánach *a*
orthogonal complement comhlánú *m* ortagánach
orthogonal curvilinear coordinates comhordanáidí *fpl* cuarlíneacha ortagánacha
orthogonal dimension *(Mth.)* toise *m4* ortagánach
orthogonal group *(Mth.)* grúpa *m4* ortagánach
orthogonality *s (Mth.)* ortagánacht *f3*
orthogonalization *(Mth.)* ortagánú *m* (*gs* -naithe)
orthogonal matrix *(Mth.)* maitrís *f2* ortagánach

orthogonal-projection operators *(Mth.)* oibreoirí *mpl* teilgin ortagánaigh
orthohelium *a* ortaihéiliam *m4*
orthohydrogen *s* ortaihidrigin *f2*
orthonormal *s* ortanormal *m1*
orthonormal *a* ortanormalach *a*
orthonormal basis bonn *m1* ortanormalach
orthonormal eigenvectors dualveicteoirí *mpl* ortanormalacha
orthonormal set tacar *m1* ortanormalach
orthorhombic system córas *m1* ortarombach
orthotomic *a* ortatómach *a*
oscillate *v* ascalaigh *v*
oscillating convergent series sraith *f2* ascalach choinbhéirseach
oscillating divergent series sraith *f2* ascalach dhibhéirseach
oscillation *s* ascalú *m* (*gs* -laithe), ascalúchán *m1*
oscillator *s* ascaltóir *m3*
oscillogram *s* ascalagram *m1*
oscillograph *s* ascalagraf *m1*
oscilloscope *s* ascalascóp *m1*
osculate *v* sárthadhaill (*pres* -dhlaíonn) *v*
osculating plane plána *m4* sárthadhlach
osculation *s* sárthadhall *m1*
-ose *suff s* -ós *suff m1*
osmium *s* oismiam *m4*
osmosis *s* osmóis *f2*
osmotic *a* osmóiseach *a*
outcome *s (St.)* fothoradh *m1*
outer measure tomhas *m1* seachtrach
outer orbital complex coimpléasc *m1* imfhithiseánach
outer sphere imsféar *m1*
outer-sphere *a* imsféarach *a*
out of phase as comhphas
output *s* aschur *m1*
output force fórsa *m4* aschuir
output impedance coisceas *m1* aschuir
output node nód *m1* aschuir
output power cumhacht *f3* aschuir
output transformer claochladán *m1* aschuir
output work obair *f2* aschuir
oval *s* ubhchruth *m3*
oval *a* ubhchruthach *a*
over-burden *s* ró-ualach *m1*
over-burden *v* ró-ualaigh *v*
overcurrent release *(El.)* scaoileadh *m* forshrutha
overdamped *a (Ph.)* formhaolaithe *a*
overflow *v* forsceith *v*
overflow can (= displacement vessel) canna *m4* forsceite
overhanging beam bíoma *m4* tarchrochta
overlap *v* forluigh *v*
overlapping *s* forluiteacht *f3*
overlapping *a* forluite *a*, forluiteach *a*, ag forluí
overlapping of orbitals forluí *m* fithiseán
overlapping sets tacair *mpl* fhorluiteacha
overloading *s (of electrical circuit)* rólódáil *f3*
over-rigid *a* fordhocht *a*
overshoot *s (ElMag.)* taraimsiú *m* (*gs* -ithe)
overshoot *v (ElMag.)* taraimsigh *v*
overtone *s* forthon *m1*
overvoltage *s* forvoltas *m1*
overvoltage release *(El.)* scaoileadh *m* forvoltais
oxa- *pref* ocsá-, ocsái- *pref*
oxalate *s* (**= ethanedioate**) ocsaláit *f2*
oxalic *a* (**= ethanedioic**) ocsalach *a*
oxalo- *pref* ocsala-, ocsalai- *pref*
oxidation *s* ocsaídiú *m* (*gs* -ithe), ocsaídiúchán *m1*
oxidation number uimhir *f* ocsaídiúcháin

oxidation-reduction reaction imoibriú *m* ocsaídiúcháin is dí-ocsaídiúcháin
oxide *s* ocsaíd *f2*
oxidize *v* ocsaídigh *v*
oxidizer *s* ocsaídeoir *m3*
oxidizing *a* ocsaídeach *a*
oxidizing acid aigéad *m1* ocsaídeach
oxime *s* ocsaím *f2*
oxine *s* (= **8-hydroxyquinoline**) ocsaín *m4*
oxo- *pref* ocsó-, ocsói- *pref*
oxoethanoic *a* (= **glyoxalic**) ocsó-eatánóch *a*
oxonium *s* ocsóiniam *m4*
oxy- *pref* ocsa-, ocsai- *pref*
oxyacetylene *s* ocsaicéitiléin *f2*
oxyacetylene blowpipe séideadán *m1* ocsaicéitiléine
oxyacid *s* ocsaigéad *m1*
oxyanion *s* ocsainian *m1*
oxygen *s* ocsaigin *f2*
oxygen point ocsaiginphointe *m4*
oxyhaemoglobin *s* ocsahaemaglóibin *f2*
oxyhydrogen *s* ocsaihidrigin *f2*
-oyl *suff s* -óil *suff f2*
ozone *s* ózón *m1*
ozone layer (= **ozonosphere**) crios *m3* ózóin
ozonide *s* ózóiníd *f2*
ozonizer *s* ózónóir *m3*
ozonolysis *s* ózónalú *m* (*gs* -laithe)
ozonosphere *s* (= **ozone layer**) ózónaisféar *m1*

P

pace *s (step)* coiscéim *f2*
pacemaker *s* séadaire *m4*
pachimeter *s* pachaiméadar *m1*
pachoid *a (Ch. Ph.)* pachóideach *a*
pack *v* pacáil *v*
packing fraction codán *m1* pacála
pad *s* pillín *m4*
paint *s* péint *f2*
pair *s (in general)* péire *m4*
pair *s (NcPh.)* dís *f2*
pair *v (in general)* péireáil *v*
pair *v (NcPh.)* dísigh *v*
paired *a (in general)* péireáilte *a*
paired *a (NcPh.)* dísithe *a*
paired samples *(St.)* samplaí *mpl* péireáilte
pair formation (= **pair production**) *(Ph.)* dísiú *m* (*gs* -ithe)
pair production (= **pair formation**) *(Ph.)* dísiú *m* (*gs* -ithe)
palaeomagnetism *s (Geol.)* pailéamaighnéadas *m1*
palladium *s* pallaidiam *m4*
palmitic acid (= **hexadecanoic acid**) *(Ch.)* aigéad *m1* pailmíteach
pan *s* panna *m4*
panchromatic *a* pancrómatach *a*
pantograph *s* pantagraf *m1*
papaverine *s (Ch.)* papávairín *m4*
paper chromatography crómatagrafaíocht *f3* pháipéir
paper folding filleadh *m* páipéir
paper tape téip *f2* pháipéir
papier-maché *s* *papier-maché m4*
para- *pref* para-, parai- *pref*
parabola *s* parabóil *f2*
parabolic *a* parabóileach *a*
paraboloid *s* parabólóideach *m1*
paraboloid *a* parabólóideach *a*
paraboloid of safety parabólóideach *m1* sábháilteachta
parachor *s* paracór *m1*
paradox *s* paradacsa *m4*
paraffin *s* pairifín *m4*
paraffin liquid leacht *m3* pairifín
paraffin wax céir *f* phairifín
paraformaldehyde *s* paraformaildéad *m1*
parahelium *s* paraihéiliam *m4*
parahydrogen *s* paraihidrigin *f2*
paraldehyde *s (Ch.)* paraildéad *m1*
parallax *s (Opt.)* saobhdhiallas *m1*

parallax-second (= parsec) *(Ast.)* saobhdhiallas *m1* soicind
parallel *a* comhthreomhar *a*
parallel-axis theorem teoirim *f2* na n-aiseanna comhthreomhara
parallel connection *(El.)* treonasc *m1*
parallelepiped *s (Mth.)* comhthreomharóid *f2*
parallelogram *s* comhthreomharán *m1*
parallelogram law *(Mth. Ph.)* dlí *m4* an chomhthreomharáin
parallel resonance (= anti-resonance) *(El.)* athshondas *m1* comhthreomhar
parallel spins guairní *fpl* comhthreomhara
paramagnetic *a* paramaighnéadach *a*
paramagnetism *s* paramaighnéadas *m1*
parameter *s* paraiméadar *m1*
parametric analysis anailís *f2* pharaiméadrach
parasitic capture gabháil *f3* sheadánach
parasitic oscillation ascalú *m* seadánach
paraxial ray *(Opt.)* ga *m4* paraiseach
parchment *s* pratainn *f2*
parent *a* máthair- *pref*
parentheses *spl* lúibíní *mpl*
parent isotope máthair-iseatóp *m1*
parent metal máthairmhiotal *m1*
parity *s* *(Mth. QuMec.)* paireacht *f3*
parity check *(QuMec.)* seiceáil *f3* phaireachta
parsec *s* **(= parallax-second)** *(Ast.)* parsoic *m4*
partial *a* páirteach *a*, páirt- *pref*
partial constraint *(Mth.)* iallach *m1* páirteach
partial derivative *(Mth.)* páirtdíorthach *m1*
partial-differential equation *(Mth.)* cothromóid *f2* pháirtdifreálach
partial fraction *(Mth.)* páirtchodán *m1*
partial-fraction expansion *(Mth.)* forbairt *f3* pháirtchodán
partial integral *(Mth.)* páirtsuimeálaí *m4*
partial isometry *(Mth.)* páirt-isiméadracht *f3*
partial pressure *(Ch. Ph.)* páirtbhrú *m4*
partial product *(Mth.)* páirt-toradh *m1*
particle *s* cáithnín *m4*
particle-size distribution *(Ph.)* méid-dáileachán *m1* na gcáithníní
particle velocity *(Ac.)* treoluas *m1* cáithnín
particulate *a (Mec. Ph.)* cáithníneach *a*
particulate aspect *(Ph.)* gné *f4* cháithníneach
particulate matter *(Mec. Ph.)* ábhar *m1* cáithníneach
partition *s (Mth. Ph. St.)* rann *m1*
partition coefficient *(Ch.)* comhéifeacht *f3* rannach
partitioned matrix *(Mth.)* maitrís *f2* rannach
parts per million (= ppm) codanna *fpl* sa mhilliún, csm
pascal *s (unit)* pascal *m1*
passivate *v (Ch. Eln.)* éighníomhaigh *v*
passive *a (Ch. El.)* éighníomhach *a*
passive aerial *(ElMag.)* aeróg *f2* éighníomhach
passive component *(El.)* comhbhall *m1* éighníomhach
passive network *(Eln.)* líonra *m4* éighníomhach
passivity *s (Ch. El.)* éighníomhaíocht *f3*
paste *s* taos *m1*
pasteur- *pref* paistéar- *pref*

pasteurization *s* paistéarachán *m1*
patching *s (Comp.)* paisteáil *f3*
path *s (Mth. Ph.)* conair *f2*
path-connected *a* conairceangailte *a*
path gain conairneartú *m* (*gs* -taithe)
pattern *s* patrún *m1*
pawl *s* ceapachóir *m3*
pd (= potential difference) difríocht *f3* poitéinsil, dp
peak *s* buaic *f2*
peak factor buaicfhachtóir *m3*, fachtóir *m3* buaice
peak value buaicluach *m3*, luach *m3* buaice
peat *s* móin *f3*
peck *s* peic *f2*
pedal *a* troitheach *a*
pedal curve cuar *m1* troitheach
pedal equation cothromóid *f2* throitheach
pedal triangle triantán *m1* troitheach
pedometer *s* peidiméadar *m1*
peel *v* scamh *v*
peel strength scamhneart *m1*
peg *s* pionna *m4*
pegboard *s* pionnachlár *m1*
pelargonic *a* peileargónach *a*
pellet *s* piollaire *m4*
pelletron *s* peileatrón *m1*
penalty function pionósfheidhm *f2*
pencil *s (Opt.) (of light rays)* gathlach *m1* (solais)
pendulum *s* luascadán *m1*
penetrant *s* treátán *m1*
penetrate *v* treáigh *v* (*pres* -ánn, *vn* treá)
penetrating oil *s* ola *f4* threáiteach
penetron *s* treátrón *m1*
penta- *pref* peintea-, peinti-, peint-, peant- *pref*
pentadecagon *s* peintideacagán *m1*
pentagon *s* peinteagán *m1*
pentagram *s* peinteagram *m1*
pentahedron *s* peintihéadrán *m1*
pentane *s* peantán *m1*
pentane-2,4-dione *s* (= **acetylacetone**) peantán-2,4-dé-ón *m1*
pentanoic *a* (= **valeric**) peantánóch *a*
pentatonic scale scála *m4* peinteatonach
pentavalent *a (Ch.)* cúigfhiúsach *a*
pentene *s* peintéin *f2*
pentode *s* peantóid *f2*
pentose *s* peantós *m1*
penumbra *s* leathscáil *f2*
peptize *v* peiptísigh *v*
per- *pref (Ch.)* sár- *pref*
percentage *s* céatadán *m1*
percentage error earráid *f2* chéatadánach
percentile *s* peircintíl *f2*
perchlorate *s* sárchlóráit *f2*
perchloroethane *s* sárchlóireatán *m1*
perfect *a (Ch. Ph.)* idéalach *a*
perfect *a (Mth.)* foirfe *a*
perfect fluid *(Ph.)* sreabhán *m1* idéalach
perfect gas (= ideal gas) *(Ch. Ph.)* gás *m1* idéalach
perfectly plastic *(Ph.)* fíorphlaisteach *a*
perfect number *(Mth.)* uimhir *f* fhoirfe
perfect power *(Mth.)* cumhacht *f3* fhoirfe
perfect square *(Mth.)* cearnóg *f2* fhoirfe
performance *s* feidhmiú *m* (*gs* -ithe)
performance specifications sonraíochtaí *fpl* feidhmiúcháin
perfume *s* cumhrán *m1*
peri- *pref* peirea-, peiri-, peir- *pref*
pericycloid *a* peiricioglóideach *a*
perigon *s* peireagán *m1*
perimeter *s* imlíne *f4*
period *s (Ch. Ph.)* peiriad *m1*
period *s (of time)* tréimhse *f4*
periodic *a (Ch. Mth. Ph.)* peiriadach *a*
periodic acid *(Ch.)* aigéad *m1* sáriadach

periodic decimal *(Mth.)* deachúil *f3* pheiriadach
periodicity *s (Ch.)* peiriadacht *f3*
periodic table *(Ch.)* tábla *m4* peiriadach
periodic time am *m3* tréimhsiúil
peripheral *a* forimeallach *a*
periphery *s* forimeall *m1*
periscope *s* peireascóp *m1*
perlag *s (compost)* péarlag *f2*
perlite *s (compost)* péirlít *f2*
permanence *s* buaine *f4*
permanent *a* buan *a*, seasta *a*
permanent dipole moment móimint *f2* dhépholach bhuan
permanent gas buanghás *m1*
permanent hardness *(of water)* cruas *m1* buan
permanent magnet buan-mhaighnéad *m1*
permanent set buantéachtán *m1*
permanganate *s* sármhanganáit *f2*
permeability *s* tréscaoilteacht *s*
permeable *a* tréscaoilteach *a*
permissible *a* ceadaithe *a*
permittivity *s* ceadaíocht *f3*
permutation *s* iomalartú *m* (*gs* -taithe)
permutations and combinations iomalartuithe *mpl* agus teaglamaí
permute *v* iomalartaigh *v*
permuting *s* iomalartú *m* (*gs* -taithe)
permuting of operators iomalartú *m* oibreoirí
peroxide *s* sárocsaíd *f2*
perpendicular *s* ingear *m1*
perpendicular *a* ingearach *a*
perpendicularity *s* ingearacht *f3*
perpetual *a* suthain *a*
perpetuity *s* suthaine *f4*
persistence *s* marthanacht *f3*
personal units aonaid *mpl* phearsanta
perspective *s* peirspictíocht *f3*
perspective projection teilgean *m1* peirspictíoch
perspex *s* peirspéacs *m4*
perspex dosimetry dáileogmhéadracht *f3* pheirspéacs
persulphate *s* sárshulfáit *f2*
perturb *v (Ph.)* corraigh *v*
perturbation *(Ast. Mth. Ph.)* corraíl *f3*
perturbation theory *(Mth. Ph.)* teoiric *f2* na corraíola
Petri dish *s* mias *f2* Petri
petrify *v* clochraigh *v*
petrochemical *s* peitriceimiceán *m1*
petrol *s* peitreal *m1*
petroleum *s* peitriliam *m4*
petrology *s* carraigeolaíocht *f3*
pH pH
pharmaceutical *a* cógaseolaíoch *a*
pharmacology *s* cógaseolaíocht *f3*
pharmokinetics *spl* cinéitic *f2* chógaisíochta
phase *s (Ch. El. Mth. Ph.)* pas *m4*
phase boundary *(Ph.)* pasfhóir *f* (*gs* -reach)
phase compensation *(Ph.)* paschúiteamh *m1*
phase-contrast microscope *(Opt.)* micreascóp *m1* paschodarsnachta
phase difference *(Ph.)* pasdifríocht *f3*
phase group *(Mth. Ph.)* pasghrúpa *m4*
phase margin *(Ph.)* pas-imeall *m1*
phase path *(Ph.)* paschonair *f2*
phase plane *(Ph.)* pasphlána *m4*
phase reversal *(Ph.)* paschúlú *m* (*gs* -laithe)
phase rule *(Ch. Ph.)* pasriail *f* (*gs* -rialach)
phase shift *(El. QuPh.)* pasaistriú *m* (*gs* -ithe)
phase space *(Mth. Ph.)* pas-spás *m1*
phase trajectory *(Ph.)* pas-ruthag *m1*
phase transition *(Ph.)* pas-trasdul *m3*
phase velocity (= wave velocity) *(Ph.)* treoluas *m1* toinne

phen- *pref* fein-, fean- *pref*
phenanthroline *s* feanantrailín *m4*
phenol *s* feanól *m1*
phenolphthalein *s* feanóltailéin *f2*
phenyl *s* feinil *f2*
phenylamine *s* feiniolaimín *m4*
phenylazobenzene *s* feiniolasóibeinséin *f2*
phenylene *s* feiniléin *f2*
phenylenediamine *s* (= **benzene-1,4-diamine**) feiniléindé-aimín *m4*
phenylethanamide *s* feinileatánaimíd *f2*
phenylethanone *s* (= **acetophenone**) feinileatánón *m1*
phenylethene *s* (= **styrene**) feinileitéin *f2*
phenylhydrazine *s* feinilhiodraisín *m4*
phenylmethylamine *s* (= **benzyl-amine**) feinilmeitiolaimín *m4*
3-phenylpropenoic acid (= **cinnamic acid**) aigéad *m1* 3-feiniolprói-péanóch
pheromone *s* fearamón *m1*
phi *s* fí *f4*
-philic *suff a* -fileach *suff a*
phlogiston *s* flógastón *m1*
-phobic *suff a* -fóbach *suff a*
phon *s* fon *m1*
phono- *pref* fóna-, fónai- *pref*
phonochemistry *s* fónaiceimic *f2*
phonon *s* fónón *m1*
-phore *suff s* -fór *suff m1*
-phoresic *suff a* -fóiréiseach *suff a*
-phoresis *suff s* -fóiréis *suff f2*
phoroglucinol *s* fóraglúcanól *m1*
-phorus *suff s* -fórán *suff m1*
phosgene *s* (= **carbonyl chloride**) foisgéin *f2*
phosphate *s* fosfáit *f2*
phosphene *s* foisféin *f2*
phosphide *s* foisfíd *f2*
phosphinate *s* (= **hypophosphite**) *(Ch.)* foisfíonáit *f2*
phosphine *s* foisfín *m4*
phosphinic acid aigéad *m1* foisfíneach
phosphite *s* foisfít *f2*
phosphonate *s* fosfónáit *f2*
phosphonic *a* fosfónach *a*
phosphonium *s* fosfóiniam *m4*
phosphorescence *s (Ch. Ph.)* méarnáil *f3*, tine *f4* ghealáin
phosphorescent *a (Ch. Ph.)* méarnálach *a*, tineghealánach *a*
phosphoric *a* fosfarach *a*
phosphorous *a* fosfarúil *a*
phosphorus *s* fosfar *m1*
phosphorus pentachloride peinteaclóiríd *f2* fhosfair
phosphorus pentoxide peantocsaíd *f2* fhosfair
phot *s* fót *m1*
photo- *pref* fóta-, fótai- *pref*
photocathode *s* fótacatóid *f2*
photocell *s* fótaichill *f2*
photochemical *a* fótaiceimiceach *a*
photochemistry *s* fótaiceimic *f2*
photochromic substance substaint *f2* fhótacrómach
photochromism *s* fótacrómachas *m1*
photoconductivity *s* fótaisheoltacht *f3*
photoconductor *s (Ph.)* fótaish-eoltóir *m3*
photodiode *s* fótaidhé-óid *f2*
photodisintegration *s (NcPh.)* fóta-dhíscaoileadh *m* (*gs*-lte)
photoelasticity *s* fótaileaisteachas *m1*
photoelectric *a* fótaileictreach *a*
photoelectric cell cill *f2* fhótai-leictreach
photoelectric constant tairiseach *m1* fótaileictreach
photoelectric effect iarmhairt *f3* fhótaileictreach
photoelectron *s* fótaileictreon *m1*
photoelectron spectroscopy speic-treascópacht *f3* fhótaileictreonach
photoemission *s* fóta-astú *m* (*gs* -taithe)

photograph *s* fótagraf *m1*
photographic *a* fótagrafach *a*
photography *s* fótagrafaíocht *f3*
photo-ionization *s* fóta-ianúchán *m1*
photolithography *s* fótailiteagrafaíocht *f3*
photolysis *s* fótalú *m* (*gs* -laithe)
photomagnetism *s* fótamaighnéadas *m1*
photometer *s* fótaiméadar *m1*
photometry *s* fótaiméadracht *f3*
photomicrography *s* fótaimicreagrafaíocht *f3*
photomultiplier *s* fóta-iolróir *m3*
photon *s* fótón *m1*
photonics *spl* fótóinic *f2*
photonuclear reaction imoibriú *m* fótanúicléach
photoptic vision radharc *m1* fótoptach
photoresist *s* fótaifhriotán *m1*
photosensitive *a* fótamhothálach *a*
photosphere *s* fótaisféar *m1*
phototransistor *s* fótathrasraitheoir *m3*
phototrophic *a* fótatrófach *a*
photovoltaic *a* fótavoltach *a*
photovoltaic cell cill *f2* fhótavoltach
phthalic *a* (= **benzene-1,2-dicarboxylic**) talach *a*
phthalimide *s* (= **benzene-1,2-dioxamide**) tailimíd *f2*
pH value *s* pH-luach *m3*
-phyll *suff s* -fill *suff f2*
physical *a* fisiceach *a*
physical chemistry *(Ch.)* ceimic *f2* fhisiceach
physically-realizable system córas *m1* inréadaithe go fisiceach
physical optics *(Opt.)* optaic *f2* fhisiceach
physico- *pref* fisicea-, fisici-, fisic- *pref*
physicochemical *a* fisiciceimiceach *a*
physics *spl* fisic *f2*
pi *s* pí *f4*
pickle *s* picil *f2*
pickle *v* piciligh *v*
pickling agent picleoir *m3*
pick-up *s (El. NcPh.)* glacaire *m4*
pico- *pref* picea-, pici-, pic- *pref*
picric *a* picreach *a*
pictography *s* picteagrafaíocht *f3*
pictorial projection teilgean *m1* pictiúrtha
pictorial representation léiriú *m* pictiúrtha
piecewise *a* breacleanúnach *a*
piecewise differentiable (= **piecewisely differentiable**) indifreálaithe go breacleanúnach
piecewise linear system córas *m1* líneach breacleanúnach
piecewisely differentiable (= **piecewise differentiable**) indifreálaithe go breacleanúnach
piecewise smooth mín go breacleanúnach
piecewise twicely differentiable *(Mth.)* indifreálaithe go breacleanúnach faoi dhó
pie chart (= **pie graph**) píchairt *f2*
pie graph (= **pie chart**) píghraf *m1*
piezo- *pref* písea-, písi-, pís- *pref*
piezoelectric effect iarmhairt *f3* phísileictreach
pig iron *s* muciarann *m1*
pigment *s* lí *f4*
pile *s (heap)* carn *m1*
pile *s (CivEng.)* píle *m4*
pile-driver sáiteoir *m3* pílí
pill *s* piollaire *m4*
pillar *s* piléar *m1*
pilot *s* píolóta *m4*
pilot *a* treorach *a*, treoir- *pref*
pilot light treoirsholas *m1* (*pl* -oilse)
pilot plant treoirghléasra *m4*, gléasra *m4* treorach
pilot scheme treoirscéim *f2*
pilot study staidéar *m1* treorach
pi meson (= **pion**) *(NcPh.)* pí-mhéasón *m1*

pin *s (for dissecting)* biorán *m1* diosctha
pinacol *s* (= **2,3-dimethylbutane-2,3-diol)** *(Ch.)* pineacól *m1*
pin-and-bracket *(Mec.)* pionna *m4* is brac *m1*
pinch effect iarmhairt *f3* chúngúcháin
pinch-off *s* scoitheadh *m* (*gs* -te)
pinch off *v* scoith *v*
pincushion distortion díchumadh *m* pioncásach
pinion-and-rack pinniún *m1* is raca *m4*
pink noise torann *m1* bándearg
pion *s* (= **pi meson)** *(NcPh.)* pión *m1*
pi-orbital *s (Ch.)* pí-fhithiseán *m1*
pipe *s* píopa *m4*, píobán *m1*
pipeclay triangle créthriantán *m1*
piperazine *s (Ch.)* pipioraisín *m4*
piperidine *s (Ch.)* (= **hexahydropyridine)** pipiridín *m4*
pipette *s* pípéad *m1*
piston *s* loine *f4*
piston gauge loinethomhsaire *m4*
piston-velocity curve cuar *m1* treoluais loine
pitch *s (in music)* airde *f4*
pitch *s (of roof)* claonadh *m* (*gs* -nta)
pitch *s (of screw)* céim *f2*
pitch *s (substance)* pic *f2*
pitch circle céimchiorcal *m1*
pitch of thread céim *f2* an tsnáithe
pith *s* laíon *m1*
pithball *s* millín *m4* laín
pivot *s* maighdeog *f2*
pivotal condensation comhdhlúthú *m* maighdeogach
pivotal equation cothromóid *f2* mhaighdeogach
pivot balance meátán *m1* maighdeoige
pivoted *a* suite ar mhaighdeog
pivot row ró *m4* maighdeogach
pK pK
place-holder ionadchoinneálaí *m4*
place value ionadluach *m3*
plan *s* plean *m4*
planar *a* plánach *a*
planar process próiseas *m1* plánach
Planck's constant tairiseach *m1* Planck
plane *s* plána *m4*
plane *a* plánach *a*
plane angle plánuillinn *f2*
plane curve *(Mth.)* cuar *m1* plánach
plane geometry geoiméadracht *f3* phlánach, plángheoiméadracht *f3*
plane motion plánghluaisne *f4*
plane of flotation plána *m4* na snámhachta
plane of symmetry plána *m4* na siméadrachta
plane polarization polarú *m* plánach, plánpholarú *m* (*gs* -raithe)
plane-polarized light solas *m1* plánpholaraithe
plane section gearradh *m* plánach, plánghearradh *m* (*gs* -rrtha)
plane shape cruth *m3* plánach, plánchruth *m3*
plane surface dromchla *m4* plánach
planet *s* pláinéad *m1*
plane table tábla *m4* plánach, plántábla *m4*
planetarium *s (Ast.)* pláinéadlann *f2*
planetary *a* pláinéadach *a*
planetary electron leictreon *m1* pláinéadach
planetary gear giar *m1* pláinéadach
plane wave tonn *f2* phlánach
planimeter *s* plánaiméadar *m1*
plan-position indicator táscaire *m4* pleanláithreach
plant *s (Mec.)* gléasra *m4*
plasma *s* plasma *m4*
plasma oscillation ascalú *m* plasma
plasmatron *s* plasmatrón *m1*
plasmid *s* plasmaid *f2*
plasmolysis *s* plasmalú *m* (*gs* -laithe)
plaster *s* plástar *m1*
plaster of Paris plástar *m1* Pháras

plastic *s* plaisteach *m1*
plastic *a* plaisteach *a*
plastic deformation *(Mec.)* díchumadh *m* plaisteach
plastic flow sreabhadh *m* plaisteach
plate *s* pláta *m4*
plateau *s (on graph)* léibheann *m1*
platform *s* ardán *m1*
platinized *a* platanaithe *a*
platinum *s* platanam *m1*
platinum resistance thermometer teirmiméadar *m1* friotaíochta platanaim
platonic solid solad *m1* platónach
play *s* ligean *m1*
pleochroic *s* pléacróch *a*
pleochromism *s* pléacrómachas *m1*
pliable *a* solúbtha *a*
plot *s (Mth.)* breacadh *m1*
plot *v* breac *v*
plotting *s* breacadh *m* (*gs* -ctha)
plotting compass compás *m1* breactha
plug *s (bung)* dallán *m1*
plug *s (El.)* plocóid *f2*
plug in *v* plugáil *v* isteach
plumb *a* ceartingearach *a*
plumbate *s* plumbáit *f2*
plumbic *a* plumbach *a*
plumbicon *s* plumbacan *m1*
plumbite *s* pluimbít *f2*
plumb line *s (Mec.)* líne *f4* ingir
plumbous *a* plumbúil *a*
plunger *s (of pump)* suncaire *m4*
plunger *s (of explosive)* loine *f4*
plus *s* plus *m4*
plutonium *s* plútóiniam *m4*
pneumatic *a* neomatach *a*, aer- *pref*
pneumatics *spl* neomataic *f2*
pneumatic tool *(Eng.)* gléas *m1* aeroibrithe
pneumatic trough gásumar *m1*
pneumatic tyre bonn *m1* aeir, aerbhonn *m1*
pn junction cumar *m1* pn
pnp transistor trasraitheoir *m3* pnp

pocket calculator áireamhán *m1* póca
point *(Mth. Ph.)* pointe *m4*
point at infinity pointe *m4* ag an éigríoch
point-contact transistor *(Eln.)* trasraitheoir *m3* pointe teagmhála
pointer *s (Comp.)* pointeoir *m3*
pointer *s (Eng.)* snáthaid *f2*
point function *(Mth. Ph.)* feidhm *f2* pointí
point group *(Mth.)* grúpa *m4* pointí
point of balance *(Ph.)* pointe *m4* cothromaíochta
point of contact of tangent *(Mth.)* pointe *m4* tadhaill
poise *s (Ph.) (unit)* poise *m4*
polar *a* polach *a*
polar axis ais *f2* pholach
polar compound *(Ch.)* comhdhúil *f2* pholach
polar form foirm *f2* pholach
polarimeter *s* polaraiméadar *m1*
polarity *s* polaraíocht *f3*
polarizability *s* inpholaracht *f3*
polarization *s* polarú *m* (*gs* -raithe)
polarize *v* polaraigh *v*
polarizer *s* polaraitheoir *m3*
polarizing angle uillinn *f2* pholarúcháin
polarizing pyrometer piriméadar *m1* polarúcháin
polarizing sheet bileog *f2* pholarúcháin
polar molecule *(Ch.)* móilín *m4* polach
polarogram *s* polaragram *m1*
polarograph *s* polaragraf *m1*
polaron *s* polarón *m1*
polar plot *(Mth.)* breacadh *m1* polach
pole *s* pol *m1*
pole face pol-éadan *m1*
pole piece polphíosa *m4*
poles consequent poil *mpl* iarmhartacha

pole strength polneart *m1*
polish *s* snasán *m1*
pollutant *s* truailleán *m1*
pollute *v* truailligh *v*
pollution *s* truailliú *m* (*gs* -ithe)
polonium *s* polóiniam *m4*
poly- *pref* pola-, polai-, pol-, poil- *pref*, il- *pref*
polyatomic *a* iladamhach *a*
polybasic *a (Ch.)* ilbhunata *a*
poly(2-chlorobuta-1,3-diene) *s* (= **neoprene**) pola(2-clórabúta-1,3-dé-éin) *f2*
polychloroethane *s* polaclóireatán *m1*
polychromatic *a* polacrómatach *a*
polydentate *a (Ch.)* ildéadach *a*
polyester *s* poileistear *m1*
polyethanol *s* poileatánól *m1*
polyethylene *s* (= **polythene**) poileitiléin *f2*
polygon *s* polagán *m1*
polyhedral angle uillinn *f2* pholaihéidreach
polyhedron *s* polaihéadrán *m1*
polyhydric *a* polaihidreach *a*
polymer *s (Ch.)* polaiméir *f2*
polymer *a (Ch.)* polaiméireach *a*
polymerase *s* polaiméaráis *f2*
polymeric *a* polaiméireach *a*
polymeric electron leictreon *m1* polaiméireach
polymerism *s (Ch.)* polaiméireacht *f3*
polymerization *s (Ch.)* polaim-éiriúchán *m1*
polymorphic *a (Ch.)* polamorfach *a*
polymorphism *s (Ch.)* polamorfacht *f3*
polynomial *s (Mth.)* iltéarmach *m1*
polynomial *a (Mth.)* iltéarmach *a*
polynomial approximation *(Mth.)* neastachán *m1* iltéarmach
polynomial function *(Mth.)* feidhm *f2* iltéarmach
polynomial regression *(Mth.)* cúlú *m* iltéarmach
polyphase system córas *m1* polaphasach
polyphosphate *s* polafosfáit *f2*
polypropene *s (Ch.)* polapróipéin *f2*
polypropylene *s (Ch.)* polapróipiléin *f2*
polyprotic *a* polaprótónach *a*
polysaccharide *s* polaishiúicríd *f2*
polysome *s* polasóm *m1*
polystyrene *s* polaistiréin *f2*
polytetrafluoroethene (= **polytetra-fluorethylene, PTFE**) polaiteit-reafluaireitéin *f2*, PTFE
polytetrafluoroethylene (= **polytetra-fluoroethene, PTFE**) polaiteitreafluaireitiléin *f2*, PTFE
polythene *s* (= **polyethylene**) polaitéin *f2*
polyurethane *s* polúireatán *m1*
polyvalence *s (Ch.)* ilfhiúsacht *f3*
polyvalent *a (Ch.)* ilfhiúsach *a*
polyvinyl *s* polaivinil *f2*
polyvinyl chloride (= **PVC**) polaiviniolclóiríd *f2*, PVC
populate *v* pobalaigh *v*
population *s (St.)* pobal *m1*
p orbital *(Ch. Ph.)* p-fhithiseán *m1*
porcelain *s* poirceallán *m1*
pore *s* piochán *m1*
pore space piochspás *m1*
pore water piochuisce *m4*
porosity *s (GeoPh.) (pore volume per unit volume)* póiriúlacht *f3*
porosity *s (Ph.)* scagacht *f3*
porous *a (Ph.)* scagach *a*
porphyrin *s* porfairin *f2*
portable *a* iniompartha *a*
position *s (Mth.) (in space)* suíomh *m1*
position *s (Mth.) (notation)* ionad *m1*
position coordinate *(Mth.)* comhordanáid *f2* suímh
position-error constant *(Mth.)* tairiseach *m1* earráide ionaid
position operator *(Mth. QuPh.)* oibreoir *m3* ionaid

position vector *(Mth.)* suíomh-veicteoir *m3*
positive *a (El. Mth.)* deimhneach *a*
positive charge *(of atom)* lucht *m3* deimhneach
positive electron (= positron) *(Ph.)* leictreon *m1* deimhneach
positive feedback *(ContSys. Ph.)* aischothú *m* deimhneach
positive glow *(Ph.)* breo *m4* deimhneach
positive integer *(Mth.)* slánuimhir *f* dheimhneach
positive logic *(Eln.)* loighic *f2* dheimhneach
positively-charged body *(El.)* réad *m1* atá luchtaithe go deimhneach
positive operator *(Mth.)* oibreoir *m3* deimhneach
positron *s* (= **antielectron, positive electron)** posatrón *m1*
positronium *s* posatróiniam *m4*
possibility *s* féidearthacht *f3*
possible *a* féideartha *a*
post *s (Eng.)* cuaille *m4*
post-cure *s* iarleasú *m* (*gs* -saithe)
posterior probability iardhóchúlacht *f3*
postfactor *s* iarfhachtóir *m3*
postulate *s* postaláid *f2*
postulate *v* postaláidigh *v*
potash *s* potais *f2*
potassium *s* potaisiam *m4*
potassium-argon dating *(Ch. Geol. Ph.)* dátú *m* potaisiam/argóin
potassium chloride clóiríd *f2* photaisiam
potassium hydroxide hiodrocsaíd *f2* photaisiam
potassium iodide iaidíd *f2* photaisiam
potassium manganate manganáit *f2* photaisiam
potassium nitrate níotráit *f2* photaisiam
potassium permanganate sármhanganáit *f2* photaisiam
potassium phosphate fosfáit *f2* photaisiam
potassium sodium tartrate tartráit *f2* sóidiam potaisiam
potassium sulphate sulfáit *f2* photaisiam
potential *s (El. Ph.)* poitéinseal *m1*
potential *a* poitéinsiúil *a*
potential barrier *(Ph.)* bac *m1* poitéinsiúil
potential difference (= pd) *(Ph.)* difríocht *f3* poitéinsil, dp
potential divider (= voltage divider) roinnteoir *m3* poitéinsil *(El.)*
potential energy *(Mec. Ph.)* fuinneamh *m1* poitéinsiúil
potential function *(Ph.)* feidhm *f2* phoitéinsil
potential gradient *(Ph.)* grádán *m1* poitéinsil
potential operator *(Ph.)* oibreoir *m3* poitéinsil
potential scattering *(QuPh.)* scaipeadh *m* poitéinsil
potential transformer (= voltage transformer) *(El.)* claochladán *m1* poitéinsil
potential well log *m1* poitéinsiúil
potentiometer *s (Ph.)* poitéinsiméadar *m1*
potentiometric *a (Ph.)* poitéinsiméadrach *a*
pound *s* punt *m1*
poundal *s* puntal *m1*
powder *s* púdar *m1*
powder pattern *(Ph.)* púdarphatrún *m1*
power *s (Mth.)* cumhacht *f3*
power *s (Ph.) (rate of work)* cumhacht *f3*
power amplification aimpliú *m* cumhachta
power amplifier aimplitheoir *m3* cumhachta
power arm cumhachtghéag *f2*

power component (= active component) *(El.)* comhbhall *m1* cumhachta
power factor cumhachtfhachtóir *m3*, fachtóir *m3* cumhachta
power rating *(of electrical appliance)* grádú *m* cumhachta
power reactor imoibreoir *m3* cumhachta
power series cumhachtsraith *f2*
power socket soicéad *m1* cumhachta
power steering cumhachtstiúradh *m* (*gs* -rtha)
power supply soláthar *m1* cumhachta
power transistor trasraitheoir *m3* cumhachta
ppm (= parts per million) csm, codanna *fpl* sa mhilliún
practical *a* praiticiúil *a*
practical work *(in laboratory)* obair *f2* phraiticiúil
praseodymium *s* praiséidimiam *m4*
pre-amplifier *s* réamhaimplitheoir *m3*
precaution *s* réamhchúram *m1* (*pl* -aimí)
precess *v* luainigh *v*
precession *s* luainíocht *f3*
precession of earth's axis luainíocht *f3* ais an domhain
precession of the equinoxes luainíocht *f3* na gcónocht
precipitant *s (Ch.)* deascóir *m3*
precipitate *s* deascán *m1*
precipitate *v* deasc *v*
precipitation *s (Ch.)* deascadh *m1*
precursor *s* réamhtheachtaí *m4*
predominant time constant amthairiseach *m1* ardcheannasach
pre-emphasis *s* réamhthreise *f4*
prefactor *s* réamhfhachtóir *m3*
pregnancy *s* toircheas *m1*
preliminary *a* réamh- *pref*
preparation *s (of substance)* ullmhóid *f2*
preparation *s (in general)* ullmhúchán *m1*
prepare *v* ullmhaigh *v*
preserving property airí *m4* caomhnúcháin
preset *v* réamhchóirigh *v*
pressure *s* brú *m4*
pressure energy brúfhuinneamh *m1*
pressure gauge brúthomhsaire *m4*
pressure head brúcheann *m1*
pressurized-water reactor imoibreoir *m3* uisce bhrúchóirithe
presume *v* toimhdigh *v*
presumption *s* toimhde *f* (*gs* toimhdean)
pretreatment *s* réamhchóireáil *f3*
primal linear-programming problem bunfhadhb *f2* ríomhchlárúcháin línigh
primary *a* príomhúil *a*
primary coil corna *m4* príomhúil
primary colour dath *m3* príomhúil
primary electron leictreon *m1* príomhúil
primary feedback ratio cóimheas *m3* príomhúil aischothaithe
primary feedback signal comhartha *m4* príomhúil aischothaithe
primary radiation radaíocht *f3* phríomhúil
primary standard bunchaighdeán *m1*
primary winding *(El.)* tochrán *m1* príomhúil
prime *a* príomha *a*
prime *v* prímeáil *v*
prime factor fachtóir *m3* príomha
prime number uimhir *f* phríomha
principal axis príomh-ais *f2*
principal point *(Opt.)* príomh-phointe *m4*
principal quantum number príomh-chandamuimhir *f* (*gs* -mhreach)
principal ray príomhgha *m4* (*pl* -thanna)
principle *s* prionsabal *m1*

principle of equivalence *(Mec. Mth. Ph.)* prionsabal *m1* na coibhéise
principle of indeterminacy prionsabal *m1* na do-chinntitheachta
principle of least action prionsabal *m1* an íosghníomhaithe
principle of least energy prionsabal *m1* an íosfhuinnimh
principle of least time prionsabal *m1* an íos-ama
principle of superposition prionsabal *m1* an fhorshuímh
principle of the argument prionsabal *m1* na hargóna
principle of uncertainty prionsabal *m1* na héideimhne
principle of undetermined coefficients prionsabal *m1* na gcomhéifeachtaí neamhchinntithe
printed circuit ciorcad *m1* priontáilte
prior probability réamhdhóchúlacht *f3*
prism *s* priosma *m4*
prismatic *a* priosmach *a*
prismatic binoculars déshúiligh *mpl* phriosmacha
prismatoid *a* priosmatóideach *a*
prism dioptre dia-optar *m1* priosma
prismoid *a* priosmóideach *a*
probabilistic *a* dóchúlach *a*
probabilistic event teagmhas *m1* dóchúlach
probabilistic process próiseas *m1* dóchúlach
probability *s* dóchúlacht *f3*
probability density *(Mth. St.)* dlús *m1* dóchúlachta
probability distribution dáileadh *m* dóchúlachta
probability function feidhm *f2* dhóchúlachta
probability-generating function feidhm *f2* ghinte dóchúlachta
probable *a* dóchúil *a*
probable error earráid *f2* dhóchúil
probe *s (ElMag. Ph.)* tóireadóir *m3*
problem *s* fadhb *f2*
problem solution fadhbréiteach *m1*
procedure *s* nós *m1* imeachta
process *s* próiseas *m1*
process *v* próiseáil *v*
prodrug *s* pródruga *m4*
produce *v* táirg *v*
produce *v (Geom.)* lean ar *v*
produced *a* táirgthe *a*
produced *a (Geom.)* arna leanúint
producer gas gás *m1* táirgeora
product *s (Arith.)* toradh *m1* (*pl* -rthaí)
product *s (Ch.)* táirge *m4*
product *s (Mth. St.)* iolrach *m1*
product of inertia toradh *m1* táimhe
product of operators iolrach *m1* oibreoirí
product of topological linear spaces iolrach *m1* spásanna líneacha toipeolaíocha
program *s* (= **programme**) *(Comp.)* ríomhchlár *m1*
programme *s* (= **program**) *(Comp.)* ríomhchlár *m1*
programmed check *(Comp.)* seiceáil *f3* ríomhchláraithe
programming *s (Comp.)* ríomhchlárú *m* (*gs* -raithe)
progression *s (Mth.)* seicheamh *m1*
progressive wave tonn *f2* ascnamhach
project *v* teilg *v*
projectile *s (Mth. Ph.)* teilgeán *m1*
projectile *s (missile)* diúracán *m1*
projection *s* teilgean *m1*
projection operator oibreoir *m3* teilgin
projection theorem *(Mth.)* teoirim *f2* an teilgin
projective *a* teilgeach *a*
projective geometry geoiméadracht *f3* theilgeach
projector *s* teilgeoir *m3*
prolate *a* prólátach *a*

prolate spheroidal coordinates comhordanáidí *fpl* sféaróideacha prólátacha
promethium *s* próiméitiam *m4*
prominence *s (Ast.)* starraiceacht *f3*
promotor *s* tionscnóir *m3*
prompt critical *a (Ncln.)* grodchriticiúil *a*
prompt neutron *(Ncln. Ph.)* grodneodrón *m1*
proof *s (Mth.)* cruthúnas *m1*, cruthú *m* (*gs* -thaithe)
proof *s (of alcohol)* profa *m4*
proof *s (of test)* promhadh *m1*
proof *a* díonach *a*
proof *v* díon *v*
proof-plane *s* promhán *m1*
proof spirit biotáille *f4* phrofa
prop *s* taca *m4*
propadiene *s* (**= allene**) própaidhé-éin *f2*
propagate *v* forleath *v*
propagation *s* forleathadh *m* (*gs* -eata)
propagation coefficient comhéifeacht *f3* forleata
propagation constant tairiseach *m1* forleata
propagation loss caillteanas *m1* le linn forleathadh
propagation of error *(Mth.)* forleathadh *m* earráide
propagator *s* forleatóir *m3*
propanal *s* (**= propionaldehyde**) própánal *m1*
propane *s* própán *m1*
propane-1,2,3-triyl trinitrate *s* (**= nitroglycerine**) tríníotráit *f2* phrópán-1,2,3-trí-ile
propanedioic *a* (**= malonic**) própáindé-óch *a*
propanoic *a* própánóch *a*
propan-1-ol *s* (**= normal propyl alcohol**) própán-1-ól *m1*
propan-2-ol *s* (**= isopropyl alcohol**) própán-2-ól *m1*
propanone *s* (**= acetone**) própánón *m1*
propeller *s* lián *m1*
propenal *s* (**= acrolein**) próipéanal *m1*
propene *s* próipéin *f2*
propenenitrile *s* (**= acrylonitrile**) próipéin-nítríl *f2*
propenoic acid (**= acrylic acid**) aigéad *m1* próipéanóch
proper fraction ceartchodán *m1*
proper function (**= characteristic function, eigenfunction**) *(Mth.)* dualfheidhm *f2*
proper subset fo-thacar *m1* cóir
property *s (of substance)* airí *m4* (*pl* -onna)
proper value (**= characteristic number, characteristic value, eigenvalue**) *(Mth.)* dual-luach *m3*
propionaldehyde *s* (**= propanal**) próipianaildéad *m1*
propionic *a* próipianach *a*
proportion *s* comhréir *f2*
proportional *a* comhréireach *a*
proportional counter áiritheoir *m3* comhréireach
proportionality *s* comhréireacht *f3*
proportional region réigiún *m1* comhréireach
proposition *s* tairiscint *f3* (*gs* -ceana)
propped cantilever starrmhaide *m4* frapáilte
propyl *s* próipil *f2*
propylene *s* próipiléin *f2*
prostaglandin *s* prostaglaindin *f2*
protactinium *s* prótachtainiam *m4*
protective relay athsheachadán *m1* cosantach
protein *s* próitéin *f2*
protein engineering innealtóireacht *f3* phróitéineach
proteolytic *a* próitéalaíoch *a*
protium *s* próitiam *m4*
proto- *pref* próta-, prótai- *pref*
protogenic *a* prótaigineach *a*

protolysis *s* prótalú *m* (*gs* -laithe)
proton *s* prótón *m1*
protonated *a* prótónáitithe *a*
protonation *s* prótónáitiú *m* (*gs* -ithe)
proton microscope prótónmicreascóp *m1*
proton number prótónuimhir *f* (*gs* -mhreach)
proton resonance prótón-athshondas *m1*
proton synchrotron prótónsincreatrón *m1*
protophilic *a* prótaifileach *a*
protoplasm *s* prótaplasma *m4*
protostar *s (Ast.)* prótairéalta *f4*
protractor *s* uillinntomhas *m1*
prussian blue gorm *m1* prúiseach
prussic *a* prúiseach *a*
prussic acid aigéad *m1* prúiseach
pseudo-acid *m (Ch.)* súdaigéad *m1*
pseudohalogen *s (Ch.)* súdahalaigin *f2*
pseudoscalar *a (Mth. Ph.)* súdascálach *a*
pseudotensor *s (Eng. Mth. Ph.)* súdaiteinseoir *m3*
psi *s* sí *f4*
psi particle *s* sí-cháithnín *m4*
psychrometer *s* sícriméadar *m1*
psychrometry *s* sícriméadracht *f3*
PTFE (= polytetrafluoroethene) PTFE, polaiteitreafluaireitéin *f2*
ptomaine *s* tóimín *m4*
p-type *s (Eln.)* p-chineál *m1*
p-type *a (Eln.)* p-chineálach *a*
p-type conductivity *(Eln.)* seoltacht *f3* p-chineálach
p-type semiconductor *(Eln.)* leathsheoltóir *m3* p-chineálach
puckered *a* roctha *a*
pulley *s* ulóg *f2*
pulley block frídeoir *m3*
pulp *s* laíon *m1*
pulsar *s (AstPh.)* pulsár *m1*
pulsating current sruth *m3* bíogach, bíogshruth *m3*
pulsating star réalta *f4* bhíogach
pulsator *s* bíogóir *m3*
pulse *s (Ph.)* bíog *f2*
pulse-height discriminator *(Eln.)* idirdhealaitheoir *m3* bíog-airde
pulse of energy *(Ph.)* bíog *f2* fhuinnimh
pulse regeneration *(El. Ph.)* bíog-athghiniúint *f3* (*gs* -úna)
pulse shaper *(Eln. Ph.)* bíogdhealbhóir *m3*
pulverize *v* púdraigh *v*
pulverized *a* púdraithe *a*
pumice *s* sliogart *m1*
punched card cárta *m4* pollta
punched tape téip *f2* phollta
punch-through voltage voltas *m1* tréthollta
pungent *a* géar *a*
pure *a* íon *a*
pure circuit *(El. Ph.)* ciorcad *m1* íon
pure mathematics glanmhatamaitic *f2*
purify *v* íonghlan *v*
purine *s* púirín *m4*
purity *s* íonacht *f3*
push-button switch lasc *f2* bhrúchnaipe
push-pull operation *(Comp. Eln.)* oibríocht *f3* sá is tarraingthe
putty *s* puití *m4*
PVC (= polyvinyl chloride) PVC, polaiviniolclóiríd *f2*
pycnometer *s* picniméadar *m1*
pyramid *s* pirimid *f2*
pyranometer *s* pioranaiméadar *m1*
pyrene *s* piréin *f2*
pyrex *s* piréis *f2*
pyrheliometer *s* pirhéiliméadar *m1*
pyridine *s* piridín *m4*
pyrimidine *s* pirimidín *m4*
pyrite *s* pirít *f2*
pyro- *pref* pirea-, piri-, pir- *pref*
pyroelectricity *s* pirileictreachas *m1*
pyrogallic acid (= pyrogallol) aigéad *m1* pireagallach

pyrogallol *s* (= **pyrogallic acid**) pireagallól *m1*
pyrolysis *s* pirealú *m* (*gs* -laithe)
pyrometer *s (Eng. Ph.)* piriméadar *m1*
pyroxene *s* pirixéin *f2*
pyroxine *s* pirixín *m4*
pyrrole *s* (= **azole**) pioról *m1*
pyruvic *a* piorúvach *a*

Q

Q factor Q-fhachtóir *m3*
quadrangle *s* ceathairuilleog *f2*
quadrant *s* ceathramhán *m1*
quadrant electrometer leictriméadar *m1* ceathramhánach
quadratic *a* cearnach *a*
quadratics *spl* cearnaic *f2*
quadrature *s (Ast. Mth. Ph.)* cearnú *m* (*gs* -naithe) **in quadrature** i gcearnaíocht
quadric *s* cuadrach *m1*
quadrilateral *s* ceathairshleasán *m1*
quadrilateral *a* ceathairshleasach *a*
quadrinomial *s* ceathairthéarmach *m1*
quadrinomial *a* ceathairthéarmach *a*
quadripole *s* (= **quadrupole**) ceathairphol *m1*
quadruple *a* ceathrúil *a*
quadruple point pointe *m4* ceathrúil
quadrupole *s* (= **quadripole**) ceathairphol *m1*
quadrupole *a* ceathairpholach *a*
quadrupole moments móimintí *fpl* ceathairpholacha
qualitative analysis *(Ch.)* anailís *f2* chineáil
qualitative treatment plé *m4* cáilíochtúil
quality control chart cairt *f2* rialaithe cáilíochta
quality factor fachtóir *m3* cáilíochta
quantic *s* cuantach *m1*
quantify *v* cainníochtaigh *v*
quantitative analysis *(Ch.)* anailís *f2* chainníochta
quantity *s* cainníocht *f3*
quantization *s (QuPh.)* candamú *m* (*gs* -maithe), candamúchán *m1*
quantum *s* candam *m1*
quantum *a* candamach *a*
quantum electrodynamics leictridinimic *f2* chandamach
quantum mechanics meicnic *f2* chandamach
quantum number candamuimhir *f* (*gs* -mhreach), uimhir *f* chandamach
quantum physics fisic *f2* chandamach
quantum statistics staitistic *f2* chandamach
quantum theory teoiric *f2* an chandaim
quark *a* cuarc *m1*
quark model cuarcshamhail *f3*
quarter *s (El. Ph.)* ceathrú *f* (*gs* -ún, *pl* -úna)
quarter phase ceathrúphas *m4*
quarter-wave line líne *f4* ceathrú tonnfhaid
quarter-wave plate *(Opt. Ph.)* pláta *m4* ceathrú toinne
quarter-wave transformer claochladán *m1* ceathrú tonnfhaid
quartet *s* ceathairéad *m1*
quartic *a* cuartach *a*
quartile *s* ceathairíl *f2*
quartile *a* ceathairíleach *a*
quartile deviation diall *m* ceathairíleach
quartz *s* grianchloch *f2*
quartz clock clog *m1* grianchloiche
quartz-fibre manometer manaim-éadar *m1* snáithín grianchloiche
quartz iodine lamp lampa *m4* iaidín grianchloiche
quasar *s* (= **quasistellar object**) cuasár *m1*
quasi- *pref* cuasa-, cuasai- *pref*

quasilinear *a* cuasailíneach *a*
quasistellar *a* cuasairéaltach *a*
quasistellar object (= quasar) réad *m3* cuasairéaltach
quaternary *a* ceathartha *a*
quaternion *s* ceathairníon *m1*
quatrefoil *a* ceathairdhuilleach *a*
quench *v* múch *v*
quencher *s* múchtóir *m3*
quenching *s* múchadh *m* (*gs* -chta)
quicklime *s* aol *m1* beo
quicksilver *s* (**= mercury**) airgead *m1* beo
quiescent current sámhshruth *m3*
quiescent state sámhstaid *f2*
quiet sun grian *f* shuaimhneach
quinary *a* cúignártha *a*
quinhydrone *s* cuinhiodrón *m1*
quinine *s* cuinín *m4*
quinol *s* (**= benzene-1,4-diol, hydroquinone**) cuineol *m1*
quinoline *s* cuineoilín *m4*
quinone *s* (**= benzoquinone, cyclohexadiene-1,4-dione**) cuineon *m1*
quintessence *s* saineisint *f2*
quintet *s* cúigréad *m1*
quintic *a* cuinteach *a*
quintuple *a* cúigiúil *a*
quota *s* cuóta *m4*
quotation *s* (**= quotient**) líon *m1*
quotient *s* (**= quotation**) líon *m1*
quotient law dlí *m4* an lín
quotient space líonspás *m1*
quotient topology líontoipeolaíocht *f3*
Q-value *s (=***Q factor***)* Q-luach *m3*

R

rabble *s* rabail *f2*
rabbling *s* rabaileáil *f3*
racemic *a* raicéimeach *a*
racemization *s* raicéimiú *m* (*gs* -ithe), raicéimiúchán *m1*
racemize *v* raicéimigh *v*
rack *s* raca *m4*
rad *s (Ncln.) (unit)* rad *m1*
radar *s* radar *m1*
raddle *s* breasal *m1*
radial *a* gathach *a*
radian *s* raidian *m1*
radiance *s* radantas *m1*
radiant *s* radaí *m4*
radiant *a* radanta *a*
radiant efficiency éifeachtacht *f3* radanta
radiant emittance (= radiant exitance) astaíocht *f3* radanta
radiant exitance (= radiant emittance) astaíocht *f3* radanta
radiant exposure nochtadh *m* radanta
radiant flux flosc *m3* radanta
radiant intensity déine *f4* radanta
radiant quantity cainníocht *f3* radanta
radiate *v* radaigh *v*, gathaigh *v*
radiation *s* radaíocht *f3*
radiation belt (= Van Allen belt) crios *m3* radaíochta
radiation impedance coisceas *m1* radaíochta
radiation physics fisic *f2* radaíochta
radiation pressure brú *m4* radaíochta
radiation pyrometer piriméadar *m1* radaíochta
radiation resistance friotaíocht *f3* radaíochta
radiative *a* radantach *a*
radiator *s* radaitheoir *m3*
radical *s* fréamh *f2* (*pl* -acha)
radical *a (Ch.)* fréamhaí *a*, fréamh- *pref*
radical centre fréamhlár *m1*
radicand *s* radacann *f2*
radio *s* raidió *m4*
radio- *pref* rada-, radai-, rad-, raid- *pref*
radioactive *a* radaighníomhach *a*

radioactive age aois *f2* radaighníomhach
radioactive collision imbhualadh *m* radaighníomhach
radioactive series sraith *f2* radaighníomhach
radioactive tracer (= radiotracer) rianaire *m4* radaighníomhach
radioactive tracing rianú *m* radaighníomhach
radioactivity *s* radaighníomhaíocht *f3*
radioactivity counter áiritheoir *m3* radaighníomhaíochta
radiobalance *s* radachothromaíocht *f3*
radiocarbon *s* radacarbón *m1*
radio frequency radaimhinicíocht *f3*
radio-frequency heating *(NcPh.)* téamh *m1* radaimhinicíochta
radiogenic *a* radaigineach *a*
radiogenic malignancy urchóideacht *f3* radaigineach
radiogoniometer *s* radagónaiméadar *m1*
radiogram *s* radagram *m1*
radiograph *s* radagraf *m1*
radiography *s* radagrafaíocht *f3*
radio interferometer *(Ph.)* radathrasnamhéadar *m1*
radioisotope *s (NcPh.)* raidiseatóp *m1*
radiology *s* raideolaíocht *f3*
radiolucent *a (Ph.)* radashoilseach *a*
radioluminescence *s (Ph.)* radalonracht *f3*
radioluminescent *a (Ph.)* radalonrach *a*
radiolysis *s* radalú *m* (*gs* -laithe)
radiometer *s* radaiméadar *m1*
radiometric *a* radaiméadrach *a*
radiomicrometer *s* radaimicriméadar *m1*
radionuclide *s* radanúiclíd *f2*
radiosonde *s (Meteor.)* raidió *m4* sondála
radio source *(Ast. Ph.)* radafhoinse *f4*
radiospectroscope *s* radaispeictreascóp *m1*
radiotelegraphy *s* radaiteileagrafaíocht *f3*
radiotelephony *s* radaiteileafónaíocht *f3*
radio telescope *(Ast. Ph.)* radaiteileascóp *m1*
radiotracer *s* **(= radioactive tracer)** *(Ncln.)* radairianaire *m4*
radio wave *(Ph.)* radathonn *f2*
radio window *(GeoPh. Ph.)* radafhuinneog *f2*
radium *s* raidiam *m4*
radius *s* ga *m4*
radius of curvature ga *m4* na cuaire
radius of gyration ga *m4* gíorála
radius ratio ga-choibhneas *m1*
radius vector veicteoir *m3* gathach
radix *s* **(= base)** *(Mth.) (of number system)* bonn *m1*
radix *s* **(= root)** *(Mth.)* fréamh *f2* (*pl* -acha)
radon *s* radón *m1*
raffinate *s* rafanáit *f2*
rainbow *s* tuar *m1* ceatha
rainwater uisce *m4* báistí
ramp *s* fánán *m1*
rancid *a* camhraithe *a*
random *a* randamach *a*
random access rochtain *f3* randamach
random error earráid *f2* randamach
random event teagmhas *m1* randamach
randomize *v* randamaigh *v*
random noise torann *m1* randamach
random process próiseas *m1* randamach
random sample sampla *m4* randamach
random selection roghnú *m* randamach
random variable athróg *f2* randamach

random velocity treoluas *m1* randamach
random walk siúlóid *f2* randamach
range *s* raon *m1*
range-finder *s* raonaimsitheoir *m3*
rank *s* rang *m3* (*pl* -anna)
rank *s (matrix theory)* céimse *f4*
rank *v* rangaigh *v*
rank correlation *(St.)* rang-chomhghaolú *m* (*gs* -laithe)
rank-correlation coefficient *(Mth.)* comhéifeacht *f3* rang-chomh-ghaolúcháin
rank matrix maitrís *f2* ranga
rare *a (infrequent)* annamh *a*
rare *a (uncommon)* tearc *a*
rare *a (thin)* éadlúth *a*
rare earth tearc-chré *f4*
rare-earth element dúil *f2* tearc-chré
rare event *(St.)* teagmhas *m1* annamh
rarefaction *s* éadlúthúchán *m1*
rarefied *a* éadlúite *a*
rarefy *v* éadlúthaigh *v*
rare gas (= inert gas, noble gas) *(Ch.)* triathghás *m1*
raster *s* gréasán *m1*
ratchet *s* raicín *m4*
ratchet mechanism meicníocht *f3* raicíneach
ratchet wheel roth *m3* raicíneach
rate *s* ráta *m4*
rate *v* grádaigh *v*
rate constant rátathairiseach *m1*
rate-determining *a* rátachinntitheach *a*
rate equation rátachothromóid *f2*
rate-limiting *a* rátatheorantach *a*
rate of reaction ráta *m4* imoibrithe
rating *s* grádú *m* (*gs* -daithe)
ratio *s* cóimheas *m3*
rational *a* réasúnach *a*
rational *a (Mth.)* cóimheasta *a*
rational algebraic function feidhm *f2* chóimheasta ailgéabrach
rational function feidhm *f2* chóimheasta
rational intercept idirlíne *f4* chóimheasta
rationalization *s (Mth.)* cóimheas *m3*
rationalize *v* cóimheas *v*
rational number uimhir *f* chóimheasta
raw fleece lomra *m4* amh
raw water amhuisce *m4*
ray *s* ga *m4*
ray box bosca *m4* gathanna
rayon *s* réón *m1*
rbe (= relative biological effectiveness) éifeachtacht *f3* bhitheolaíoch choibhneasta
react *v (Ch.)* imoibrigh *v*
react *v (Mec.)* frithghníomhaigh *v*
reactance *s (El.)* freasaitheacht *f3*
reactance coil (= reactive coil) *(El.)* corna *m4* freasaitheach
reactance drop *(El.)* titim *f2* freasaitheachta
reactant *s* imoibreán *m1*
reaction *s (Ch.)* imoibriú *m* (*gs* -ithe), imoibriúchán *m1*
reaction *s (NcPh.)* imoibriú *m* (*gs* -ithe)
reaction *s (Mec.)* frithghníomhú *m* (*gs* -mhaithe), frithghníomhúchán *m1*
reaction stage (= reaction step) céim *f2* imoibriúcháin
reaction step (= reaction stage) *(Ch.)* céim *f2* imoibriúcháin
reactivate *v* athghníomhachtaigh *v*
reactive *a (Ch.)* imoibríoch *a*
reactive *a (El.)* freasaitheach *a*
reactive coil (= reactance coil) corna *m4* freasaitheach
reactive component *(El.)* cuidí *m4* freasaitheach
reactive current sruth *m3* freasaitheach
reactive load *(El.)* lód *m1* freasaitheach

reactive power *(El.)* cumhacht *f3* fhreasaitheach
reactive substance *(Ch.)* substaint *f2* imoibríoch
reactive voltage *(El.)* voltas *m1* freasaitheach
reactivity *s (Ch.)* imoibríocht *f3*
reactor *s (Ch.Eng.)* soitheach *m1* imoibriúcháin
reactor *s (Ch. NcPh.)* imoibreoir *m3*
reactor *s (El.)* freasaitheoir *m3*
read *v* léigh *v*
reading *s* léamh *m1*
ready reckoner réríomhaire *m4*
reagent *s* imoibrí *m4*
real image fíoríomhá *f4*
real-is-positive convention gnás *m1* "réadach deimhneach"
realize *v* réadaigh *v*
real number réaduimhir *f* (*gs* -mhreach), uimhir *f* réadach
real valued réadluachach *a*
rearrange *v* athchóirigh *v*
rearrangement *s* athchóiriú *m* (*gs* -ithe)
recalescence *s* athchalras *m1*
recast *v* ateilg *v*
receiver *s (Ch.) (container)* gabhdán *m1*
receiver *(Ph.)* glacadóir *m3*
receptacle *s* gabhdán *m1*
reception *s* glacadh *m* (*gs* -ctha)
recharge *v* athluchtaigh *v*
rechargeable *a* in-athluchtaithe *a*
reciprocal *s* deilín *m4*
reciprocal *a* deilíneach *a*
reciprocal lattice laitís *f2* dheilíneach
reciprocal matrix maitrís *f2* dheilíneach
reciprocal theorem teoirim *f2* dheilíneach
reciprocate *v (Mec.)* frithingigh *v*
reciprocating *a (Mec.)* frithingeach *a*
reciprocity *s* deilíneacht *f3*
reciprocity relations gaolta *mpl* deilíneachta
recoil *s (Mec. Ph.)* aisléim *f2*
recoil *v (Mec. Ph.)* aisléim *v*
recombinant DNA DNA athchuingreach
recombination *s* athchuingriú *m* (*gs* -ithe)
recombination rate *(Ph.)* ráta *m4* athchuingrithe
record *s* cuntas *m1*, taifead *m1*
recrystallization *s* athchriostalú *m* (*gs* -laithe), athchriostalúchán *m1*
rectangle *s* dronuilleog *f2*
rectangular *a* dronuilleogach *a*
rectangular distribution dáileachán *m1* dronuilleogach
rectangular form foirm *f2* dhronuilleogach
rectangular numbers uimhreacha *fpl* dronuilleogacha
rectangular variate probability dóchúlacht *f3* athráideach dhronuilleogach
rectifiable curve *(Mth.)* cuar *m1* intomhaiste
rectification *s (El.)* coigeartú *m* (*gs* -taithe)
rectifier *s (El.)* coigeartóir *m3*
rectifier instrument *(El.)* ionstraim *f2* choigeartaithe
rectifier photocell *(Eln.)* fótaichill *f2* choigeartaithe
rectify *v (Ch.)* ceartdealaigh *v*
rectify *v (El.)* coigeartaigh *v*
rectify *v (Mth.) (arc of curve)* tomhais *v*
rectify *v (Mth.) (of errors)* ceartaigh *v*
rectifying *s (Ch.)* ceartdealú *m* (*gs* -laithe)
rectifying *s (El.)* coigeartú *m* (*gs* -rtaithe)
rectifying *s (Mth.) (arc of curve)* tomhas *m1*
rectifying *s (Mth.) (of errors)* ceartú *m* (*gs* -rtaithe)

rectilinear *a* dronlíneach *a*
rectilinear motion *(Mth. Ph.)* gluaisne *f4* dhronlíneach
rectilinear propagation forleathadh *m* dronlíneach
recur *v (Mth.) (of decimals)* athfhill *v*
recurrence *s (Mth.)* athfhilleadh (*gs* -llte)
recurrence *s (Ph. etc.) (of event)* ateagmhas *m1*
recurrent figures *(Mth.)* figiúirí *mpl* athfhillteacha
recurring decimal *(Mth.)* deachúil *f3* athfhillteach
recycle *v* athchúrsáil *v*
red heat deargtheocht *f3*
reduce *v (Ch.)* dí-ocsaídigh *v*
reduce *v (Mth.)* athraigh *v*
reduced distance *(Opt.)* fad *m1* laghdaithe
reduced equation of state *(Ph.)* cothromóid *f2* laghdaithe staide
reducing *s (Ch.)* dí-ocsaídiú *m* (*gs* -ithe)
reducing *s (Mth.)* athrú *m* (*gs* -raithe)
reducing agent *(Ch.)* dí-ocsaídeoir *m3*
reduction *s (Ch.)* dí-ocsaídiú *m* (*gs* -ithe)
redundancy *s* iomarcaíocht *f3*
redundancy check seiceáil *f3* iomarcaíochta
redundant *a* iomarcach *a*
redundant equation cothromóid *f2* iomarcach
reed *s* giolcach *f2*
re-entrant *a (Comp.)* athiontrálach *a*
re-entrant *a (Eng. Ph.)* aisfhillteach *a*
re-entrant angle *(Eng.)* uillinn *f2* aisfhillteach
refer *v* tagair *v*
reference *s* tagairt *f3* (*gs* -artha)
reference input ionchur *m1* tagartha
reference tone ton *m1* tagartha
refine *v* mínghlan *v*
reflect *v* frithchaith *v*
reflectance *s* frithchaiteas *m1*
reflected wave tonn *f2* fhrithchaite
reflecting microscope micreascóp *m1* frithchaiteach
reflecting power cumhacht *f3* fhrithchaiteach
reflecting telescope teileascóp *m1* frithchaiteach
reflection *s* frithchaitheamh *m1*
reflection coefficient comhéifeacht *f3* frithchaithimh
reflection density *(Opt.)* dlús *m1* frithchaithimh
reflectivity *s* frithchaiteacht *f3*
reflector *s* frithchaiteoir *m3*
reflex angle *(Mth.)* uillinn *f2* athfhillteach
reflux *s* aife *f4*
reflux condenser comhdhlúthadán *m1* aife
refract *v (Opt. Ph.)* athraon *v*
refraction *s (Opt. Ph.)* athraonadh *m* (*gs* -nta)
refraction telescope *(Opt.)* teileascóp *m1* athraonta
refractive *a* (= **refringent**) *(Opt. Ph.)* athraonach *a*
refractivity *s* (= **refringence**) *(Opt. Ph.)* athraonacht *f3*
refractometer *s (Ph.)* athraonmhéadar *m1*
refractory *a (Ch. Ph.)* teasfhulangach *a*
refrigerate *v (Ph.)* cuisnigh *v*
refrigeration *s (Ph.)* cuisniú *m* (*gs* -ithe)
refrigerator *s (Ph.)* cuisneoir *m3*
refringence *s* (= **refractivity**) athraonacht *f3*
refringent *a* (= **refractive**) *(Opt. Ph.)* athraonach *a*
regelate *v* athreoigh *v*
regelation *s* athreo *m4*
regenerate *v* athghin *v*
regeneration *s* athghiniúint *f3* (*gs* -úna)

regenerative braking cosc *m1* athghiniúnach
regenerative cooling fuarú *m* athghiniúnach
Regge pole model polsamhail *f3* Regge
region *s* réigiún *m1*
regress *v (Mth. St.)* cúlaigh *v*
regression *s (Mth. St.)* cúlú *m* (*gs* -laithe)
regression coefficient *(Mth. St.)* comhéifeacht *f3* cúlaithe
regression curve *(Mth. St.)* cuar *m1* cúlaithe
regroup *v* athghrúpáil *v*
regular *a* rialta *a*
regular distribution dáileadh *m* rialta
regular generalized function feidhm *f2* ghinearálaithe rialta
regularize *v* tabhair *v* chun rialtachta, rialtaigh *v*
regularizing *a* rialtaitheach *a*
regular object *(in scientific measurement)* réad *m1* rialta
regular perturbation corraíl *f3* rialta
regular representation léiriú *m* rialta
regular solid solad *m1* rialta
regular value of an operator luach *m3* rialta oibreora
regulate *v* rialaigh *v*
regulation *s* rialúchán *m1*
regulator *s* rialtán *m1*
reinforce *v* treisigh *v*
reinforced *a* treisithe *a*
reject *v* diúltaigh *v*
rejector *s* diúltóir *m3*
relation *s (Mth.)* coibhneas *m1*
relation of equality *(Mth.)* coibhneas *m1* cothroime
relationship *s (Mth.)* gaol *m1*
relationship of units gaol *m1* aonad
relative *a (of comparison)* coibhneasta *a*
relative *a (of affinity)* gaolmhar *a*
relative atomic mass mais *f2* adamhach choibhneasta
relative biological effectiveness (= **rbe**) éifeachtacht *f3* bhitheolaíoch choibhneasta
relative density (= **specific gravity**) *(Ch. Mec. Ph.)* dlús *m1* coibhneasta
relative-density bottle (= **specific gravity bottle**) *(Ch. Mec. Ph.)* buidéal *m1* dlúis choibhneasta
relative error *(Mth.)* earráid *f2* choibhneasta
relative extremum *(Mth.)* foircneán *m1* coibhneasta
relative frequency minicíocht *f3* choibhneasta
relative maximum uasluach *m3* coibhneasta
relative minimum íosluach *m3* coibhneasta
relative molecular mass mais *f2* mhóilíneach choibhneasta
relative motion *(Mec. Ph.)* gluaisne *f4* choibhneasta
relative permittivity ceadaíocht *f3* choibhneasta
relative stability cobhsaíocht *f3* choibhneasta
relative velocity *(Eng. Mec. Ph.)* treoluas *m1* coibhneasta
relativistic *a (Ph.)* coibhneasaíoch *a*
relativistic mass *(Ph.)* mais *f2* choibhneasaíoch
relativistic state *(Ph.)* staid *f2* choibhneasaíoch
relativity *s (Mth. Ph.)* coibhneasacht *f3*
relaxation *s* socracht *f3*
relaxation factor fachtóir *m3* socrachta
relaxation oscillation ascalú *m* socrachta
relaxation oscillator ascaltóir *m3* socrachta
relaxation time aga *m4* socrachta
relay *s* athsheachadán *m1*

relay *v* athsheachaid *v*
release *s* scaoileadh *m* (*gs* -lte)
reluctance *s* (**= magnetic reluctance**) *(ElMag.)* aimhleisceas *m1*
rem *s (Ncln.) (unit)* reim *f2* (*pl* -meanna)
remainder *s* fuílleach *m1*
remanence *s* iarmharacht *f3*
remanent *a* iarmharach *a*
remanent magnetization *(GeoPh.)* maighnéadú *m* iarmharach
remote *a* cian *a*
remote control cianrialú *m* (*gs* -laithe)
removable singularity singilteacht *f3* inaistrithe
removal *s* aistriú *m* (*gs* -ithe)
remove *v* aistrigh *v*
rename *v* athainmnigh *v*
repeated addition suimiú *m* leantach
repeated root (**= multiple root**) *(Mth.)* ilfhréamh *f2* (*pl* -acha)
repeated trials *(St.)* atrialacha *fpl*
repeating decimal (**= recurring decimal**) *(Mth.)* deachúil *f3* athfhillteach
repel *v* éar *v*
repellant *s* éarthach *m1*
repellent *a* éarthach *a*
repellent force fórsa *m4* éarthach
replace *v (Ch.)* cuir *v* in ionad
replace *v (Geol.)* athsholáthair *v*
replacement *s (Ch.)* cur *m* in ionad
replacement *s (Geol.)* athsholáthar *m1*
replication *s* macasamhlú *m* (*gs* -laithe)
repulsion *s* éaradh *m* (*gs* -rtha)
resazurin *s* reasasúirin *f2*
research *s* taighde *m4*
reservoir *s* taiscumar *m1*
residence time aga *m4* cónaithe
residual *a (Eng. Mth.)* iarmharach *a*
residual energy *(Ph.)* fuinneamh *m1* iarmharach
residual magnetism *(Ph.)* maighnéadas *m1* iarmharach
residual spectrum *(Opt.)* speictream *m1* iarmharach
residue *s (Mth.)* iarmhar *m1*
residue of function *(Mth.)* iarmhar *m1* d'fheidhm
residue theorem *(Mth.)* teoirim *f2* an iarmhair
resilience *s (Mec.)* athléimneacht *f3*
resilient *a (Mec.)* athléimneach *a*
resin *s* roisín *m4*
resin bed scair *f2* roisín
resist *s* friotán *m1*
resist *v* friotaigh *v*
resistance *s (El.)* friotaíocht *f3*
resistance drop *(El.)* titim *f2* friotaíochta
resistance gauge *(Eng.)* tomhsaire *m4* friotaíochta
resistance pyrometer *(Ph.)* piriméadar *m1* friotaíochta
resistance strain gauge *(Eng.)* straidhntomhsaire *m4* friotaíochta
resistance thermometer *(Ph.)* teirmiméadar *m1* friotaíochta
resistivity *s* (**= specific resistance**) friotachas *m1*
resistor *s* friotóir *m3*
resistor-transistor logic *(Eln.)* loighic *f2* friotóra is trasraitheora
resolution *s (Mth. Opt. Ph.)* taifeach *m1*
resolution of the identity *(Mth.)* taifeach *m1* na céannachta
resolve *v (Mth.)* taifigh *v* (*vn* -feach)
resolve into factors *(Mth.)* taifigh *v* ina fhachtóirí
resolvent *s* (**= solvent**) tuaslagóir *m3*
resolvent *s* (**= resolvent operator**) oibreoir *m3* taifigh
resolvent *a* taifigh *gs* as *a*
resolvent operator (**= resolvent**) *(Mth.)* oibreoir *m3* taifigh
resolvent set *(Mth.)* tacar *m1* taifigh
resolving power *(Opt. Ph.)* cumas *m1* taifigh

resonance *s (Ch. Ph.)* athshondas *m1*
resonance cross-section trasghearradh *m* athshondais
resonance peak buaic *f2* athshondais
resonance scattering scaipeadh *m* athshondais
resonance theory of hearing teoiric *f2* athshondais na héisteachta
resonant cavity (= cavity resonator) athshonadóir *m3* cabhach
resonant frequency minicíocht *f3* athshondach
resonate *v* athshon *v*
resonating *a* athshondach *a*
resonator *s* athshonadóir *m3*
resorcinol *s* **(= benzene-1,3-diol)** reasairsíneol *m1*
resource *s* acmhainn *f2*
respire *v* análaigh *v*
respond *v* freagair *v*
response *s* freagairt *f3* (*gs* -artha)
rest *s* fos *m3*
rest energy fosfhuinneamh *m1*
restitute *v* cúitigh *v*
restitution *s* cúiteamh *m1*
rest mass fosmhais *f2*
rest position ionad *m1* fosa
restrainer *s* sriantóir *m3*
restrict *v* cúngaigh *v*
result *s* toradh *m1* (*pl* -rthaí)
resultant *s* comhthoradh *m1*
resultant tone ton *m1* comhthoraidh
retard *v* moilligh *v*
retardation *s* moilliú *m* (*gs* -ithe)
retentive *a* coinneálach *a*
retentivity *s* coinneálacht *f3*
reticle *s* mioneangach *f2*
retina *s* reitine *f4*
retort *s* freangán *m1*
retort stand and clamp seastán *m1* freangáin agus teanntán
retroact *v* aisghníomhaigh *v*
retroactive *a* aisghníomhach *a*
retroactivity *s* aisghníomhaíocht *f3*
reverberate *v (of sound)* aisfhuaimnigh *v*
reverberate *v (of heat)* frithspréigh *v*
reverberation *s (of sound)* aisfhuaimniú *m* (*gs* -ithe)
reverberation *s (of heat)* frithspré *f4*
reverberation chamber seomra *m4* aisfhuaimniúcháin
reversal *s* cúlú *m* (*gs* -laithe)
reverse bias *(Eln.)* cúl-laofacht *f3*
reversed biased diode dé-óid *f2* chúl-laofa
reverse osmosis *(Ch.)* cúlosmóis *f2*
reversibility principle *(Opt. Ph.)* prionsabal *m1* na hinchúlaitheachta
reversible change *(Ch. Ph.)* athrú *m* inchúlaithe
reversible engine *(Eng. Mec. Ph.)* inneall *m1* inchúlaithe
reversible reaction imoibriú *m* inchúlaithe
reversing motion *(Mec. Ph.)* gluaisne *f4* chúlaitheach
revolution *s* imrothlú *m* (*gs* -laithe)
revolve *v* imrothlaigh *v*
revolving *a* imrothlach *a*
rhamnose *s* ramnós *m1*
rhenium *s* réiniam *m4*
rheo- *pref* réa-, réi- *pref*
rheology *s* réa-eolaíocht *f3*
rheometer *s* réiméadar *m1*
rheonomic *a* réanómach *a*
rheostat *s* réastat *m1*
rheostat braking cosc *m1* réastatach
rho *s* ró *m4*
rhodium *s* róidiam *m4*
rhomb(o)- *pref* romba-, rombai-, romb-, roimb- *pref*
rhombic *a* rombach *a*
rhombicosidodecahedron *s* roimbiciseadóideacaihéadrán *m1*
rhombohedron *s* rombaihéadrán *m1*
rhombus *s* rombas *m1*
rhumb *s* rum *m4*
rhumb line *s* rumlíne *f4*
ribbon microphone micreafón *m1* ribíneach

ribonucleic acid (= RNA) aigéad *m1* ribeanúicléasach, RNA
ribose *s* riobós *m1*
ribosomal RNA RNA ribeasómach
ribosome *s* ribeasóm *m1*
ribothymidine *s* ribitimidín *m4*
ridge *s* iomaire *m4*
right *a (correct)* ceart *a*
right *a (of angle, etc.)* dron- *pref*
right *a* **(= clockwise)** *(of direction, etc.)* deiseal *a*
right angle dronuillinn *f2* (*pl* -eacha)
right-angled *a* dronuilleach *a*
right ascension ceart-airde *f4*
right circular cone *(Mth.)* dronchón *m1* ciorclach
right circular cylinder *(Mth.)* dronsorcóir *m3* ciorclach
right cone dronchón *m1*
right-hand rule *(ElMag. Ph.)* riail *f* na deasláimhe
rigid *a (Eng. Mec.)* docht *a*
rigid body *(Eng. Mec. Ph.)* corp *m1* docht
rigid-body motion *(Eng. Mec. Ph.)* gluaisne *f4* coirp dhocht
rigidity *s* doichte *f4*
rim *s (of vessel)* sceimheal *f2* (*gs* -mhle, *pl* -mhleacha)
ring *s* fáinne *m4*
ring *s (Mth.)* fail *f2*
ring circuit ciorcad *m1* fáinneach
ring current sruth *m3* fáinneach
ringing *s* clingireacht *f3*
ring mains príomhlíonra *m4* fáinneach
ring winding tochrán *m1* fáinneach
rinse *v* sruthlaigh *v*
ripple *s (El.)* tonnán *m1*
ripple-tank *s (Ph.)* tonnumar *m1*
rise time *(Ph.)* aga *m4* éirithe
risk *s* riosca *m4*, priacal *m1*
riveted joint siúnta *m4* seamaithe
rms value (= root-mean-square value) luach *m3* fmc
RNA (= ribonucleic acid) RNA, aigéad *m1* ribeanúicléasach
robot *s* róbat *m1*
robotics *spl* róbataic *f2*
robustness *s* tathag *m1*
rock salt cloch *f2* shalainn
rods and cones *(Opt.)* slata *fpl* agus cóin
roentgen *s* **(= röntgen)** rointgin *f2* (*pl* -í)
roll *s* rolla *m4*
roll *v* roll *v*
roll compacting rolla-dhlúthú *m* (*gs* -thaithe)
roller bearing imthaca *m4* rollach
rolling friction frithchuimilt *f2* rollach
rolling motion *(Mec.)* gluaisne *f4* rollach
rolling resistance *(Mec.)* friotaíocht *f3* rollach
roll sulphur rollashulfar *m1*
Roman abacus abacas *m1* Rómhánach
Roman numerals uimhreacha *fpl* Rómhánacha
Roman square cearnóg *f2* Rómhánach
röntgen *s* **(= roentgen)** rointgin *f2* (*pl* -í)
roof prism díonphriosma *m4*
roof truss trus *m4* dín
root *s* **(= radix)** *(Mth.)* fréamh *f2*
root-mean-square value (= rms value) *(Mth. Ph. St.)* luach *m3* fhréamh mheán na gcearnóg
roots of polynomials *(Mth.)* fréamhacha *fpl* iltéarmach
rope brake téadchoscán *m4*
rope driving téadtiomáint *f3* (*gs* -ána)
rope stretcher *(Mec.)* téadriteoir *m3*
rotameter *s* rótaiméadar *m1*
rotary *a* rothlach *a*
rotary filter scagaire *m4* rothlach
rotate *v* rothlaigh *v*
rotating frame fráma *m4* rothlach

rotating sector teascóg *f2* rothlach
rotation *s* rothlú *m* (*gs* -laithe), rothlúchán *m1*
rotational *a* rothlach *a*
rotational field réimse *m4* rothlach
rotational frequency minicíocht *f3* rothlach
rotational motion gluaisne *f4* rothlach
rotational quantum number candam-uimhir *f* rothlach
rotational symmetry siméadracht *f3* rothlach
rotation of plane of polarization rothlú *m* an phlána polarúcháin
rotation photography fótagrafaíocht *f3* rothlach
rotation spectrum speictream *m1* rothlúcháin
rotator *s* rothlóir *m3*
rotatory *a* rothlach *a*
rotatory dispersion easrú *m* rothlach
rotor *s* rótar *m1*
rough *a (Mth.)* neas, gar- *pref*
roulette *s* rúiléid *f2*
round *a* slán *a*
round *v* slánaigh *v*
rounded number uimhir *f* shlánaithe
round off *v* slánaigh *v*
round-off error earráid *f2* slánúcháin
round-off procedure gnáthamh *m1* slánúcháin
rubber *s* rubar *m1*
rubeanic *a* rúibíneach *a*
rubidium *s* rúbaidiam *m4*
rubidium-strontium dating dátú *m* rúbaidiam/strointiam
ruby *s* rúibín *m4*
ruled surface dromchla *m4* línithe
run *s* rith *m3*
Russian abacus abacas *m1* Rúiseach
Russian multiplication iolrú *m* Rúiseach
rust *s* meirg *f2*
rusting *s* meirgiú *m* (*gs* -ithe)
rustless *a* domheirgithe *a*
ruthenium *s* ruitéiniam *m4*
rutile *s* rúitíl *f2*

S

sacchar- *pref* siúcra-, siúcrai- *pref*
saccharic *a* siúcrach *a*
saccharimeter *s* siúcramhéadar *m1*
saccharine *s* siúicrín *m4*
sacrificial metal miotal *m1* íobartach
saddle point diallaitphointe *m4*
safety *s* sábháilteacht *f3*
safety factor fachtóir *m3* sábháilteachta
safety spectacles gloiní *fpl* sábháilteachta
sag *s* stangadh *m1*
sag *v* stang *v*
sagittal comma camóg *f2* shaighdeach
Saint Elmo's fire gealán *m1* San Elmo
sal-ammoniac *s* (= **ammonium chloride**) clóiríd *f2* amóiniam
sal-ammoniac *s* (= **native ammonium chloride**) salann *m1* amóiniach
salicaldoxime *s* salacaldocsaím *f2*
salicyl *s* salaicil *f2*
salicylaldehyde *s* (= **2-hydroxybenzaldehyde**) salaiciolaildéad *m1*
salicylate *s* (= **2-hydroxybenzoate**) salaicioláit *f2*
salicylic *a* (= **2-hydroxybenzoic**) salaicileach *a*
salient *a* suntasach *a*
salient feature gné *f4* shuntasach
saline *s* salandán *m1*
saline *a* salanda *a*
salinity *s* salandacht *f3*
salinometer *s* salannmhéadar *m1*
salt *s* salann *m1*
salt bridge salanndroichead *m1*
salt cake salanncháca *m4*
salting in ionsalannú *m* (*gs* -nnaithe)

salting out easalannú *m* (*gs* -nnaithe)
saltpetre *s* sailpítear *m1*
samarium *s* samairiam *m4*
same *a* céanna *a*
sample *s* sampla *m4*
sample *a* samplach *a*
sample *v* sampláil *v*
sample coefficient comhéifeacht *f3* shamplach
sample correlation comhghaolú *m* samplach
sample covariance comhathraitheas *m1* samplach
sample data sonraí *mpl* samplacha
sample mean meán *m1* samplaí
sample point pointe *m4* samplach
sample size méid *m4* sampla
sample space *(St.)* spás *m1* samplach
sampling *s* sampláil *f3*
sampling distribution dáileachán *m1* samplála
sand *s* gaineamh *m1*
sandblasting *s* greanroiseadh (*gs* -ste)
sand-casting *s* greanteilgean *m1*
santonin *s* santainin *f2*
saponin *s* sapainin *f2*
saponification *s* gallúnú *m* (*gs* -naithe)
saponify *v* gallúnaigh *v*
sapphire *s* saifír *f2*
sarcoma *s* sarcóma *m4*
satellite *s* satailít *f2*
satisfy *v* sásaigh *v*
saturable reactor *(El.)* freasaitheoir *m3* insáithithe
saturate *v* sáithigh *v*
saturated *a* sáithithe *a*
saturated vapour gal *f2* sháithithe
saturation *s* sáithiú *m* (*gs* -ithe)
saturation current sruth *m3* sáithitheach
saturation magnetometer maighnéadaiméadar *m1* sáithitheach
saturation resistance friotaíocht *f3* sháithitheach
saturation voltage voltas *m1* sáithitheach
sawtooth waveform tonnchruth *m3* sábhfhiaclach
scalar *s* scálach *m1*
scalar *a* scálach *a*
scalar product (= dot product) iolrach *m1* scálach
scalar addition suimiú *m* scálach
scalar multiple iolraí *m4* scálach
scalar multiple of operator iolraí *m4* scálach oibreora
scalar triple product iolrach *m1* triarach scálach
scale *s (of grading, etc.)* scála *m4*
scale *s (of music)* scála *m4*
scale *s (of metal)* coirt *f2*
scale *v* scálaigh *v*
scale *v (of metal)* coirtigh *v*
scaled *a* scálaithe *a*
scale drawing líníocht *f3* scála
scalene *a* corrshleasach *a*
scaler *s (Eln.)* scálóir *m3*
scaling *s* scálú *m* (*gs* -laithe)
scaling *s (of metal)* coirtiú *m* (*gs* -ithe)
scalpel *s* sceanóg *f2*
scan *v* scan *v*
scandium *s* scaindiam *m4*
scanner *s* scanóir *m3*
scanning electron microscope leictreonmhicreascóp *m1* scanacháin
scanning-transmission electron microscope leicreonmhicreascóp *m1* scanacháin is tarchuir
scarf *s* scarbh *m1*
scarf *v* scarbhaigh *v*
scatter *v* scaip *v*
scatter diagram (= scattergram) scaipléaráid *f2*
scattered *a* scaipthe *a*
scattergram *s* **(= scatter diagram)** scaipléaráid *f2*
scattering *s* scaipeadh *m* (*gs* -pthe)
scattering amplitude aimplitiúid *f2* scaipthe

scattering power cumas *m1* scaipthe
scavenge *v (Ch.)* easghlan *v*
scavenger *s (Ch.)* easghlantóir *m3*
schematic *a* scéimreach *a*
schematic diagram scéimléaráid *f2*
scheme *s* scéim *f2*
schlieren photography stiall-fhótagrafaíocht *f3*
scintillating *a* drithlíneach *a*
scintillation *s* drithliú *m* (*gs* -ithe)
scintillation counter áiritheoir *m3* drithlíochta
scintillator *s* drithleoir *m3*
scintillometer *s* drithlemhéadar *m1*
scintilloscope *s* drithleascóp *m1*
sclerenomic *a* scléireanómach *a*
scler(o)- *pref* scléirea-, scléiri-, scléir-, scléar- *pref*
sclerometer *s* scléiriméadar *m1*
scleroscope *s* scléireascóp *m1*
scorch *v* forloisc *v*, ruadhóigh *v*
scorching *s* forloscadh *m* (*gs* -oiscthe), ruadhó *m4*
score *s* scór *m1*
score *v* scríob *v*
scotopic vision amharc *m1* scotópach
scour *v* sciúr *v*
scouring *s* sciúradh *m* (*gs* -rtha)
scramble *v* scrobh *v*
scrambler *s* scrobhóir *m3*
scratch method scrabhmhodh *m3* (*pl* -anna)
screen *s (cinema, etc.)* scáileán *m1*
screen *s (filter)* scagaire *m4*
screen *s* **(= shield)** sciath *f2*
screen *v (filter)* scag *v*
screen *v* **(= shield)** sciath *v*
screened *a* sciata *a*
screened lead seolán *m1* sciata
screen grid *s* sciathghreille *f4*
screening *s (filtering)* scagadh *m* (*gs* -gtha)
screening *s* **(= shielding)** sciathadh *m* (*gs* -ta)
screw *s* scriú *m4*
screw cutting scriúghearradh *m* (*gs* -rrtha)
screw dislocation scriú-asáitiú *m* (*gs* -ithe)
screw-top jar próca *m4* bairr chasta
scriber *s* scríobaire *m4*
scrubber *s* sciúrthóir *m3*
scum *s* sail *f2*
scurf *s* screamh *f2*
seal *v* séalaigh *v*
search *s* cuardach *m1*
search *v* cuardaigh *v*
search coil (= exploring coil) corna *m4* cuardaigh
search direction treo *m4* cuardaigh
search methods modhanna *mpl* cuardaigh
season *s* séasúr *m1*
season *v* stálaigh *v*
seasonal *a* séasúrach *a*
secant *s (Geom.)* teascaí *m4*
secant *s (Trig.)* seiceant *m1*
second *s* soicind *m4*
secondary *a* tánaisteach *a*
secondary battery (= accumulator, accumulator battery, accumulator storage battery, storage battery) *(El.)* taisc-cheallra *m4*
secondary cell (= accumulator, accumulator cell, accumulator storage cell, storage cell) *(El.)* taisc-chill *f2*
secondary coil corna *m4* tánaisteach
secondary colour dath *m3* tánaisteach
secondary emission astú *m* tánaisteach
secondary extinction múchadh *m* tánaisteach
secondary radiation radaíocht *f3* thánaisteach
secondary wave tonn *f2* thánaisteach
secondary winding tochrán *m1* tánaisteach
second difference an dara *a* difríocht
second dual space an dara *a* spás déach

second-order reaction imoibriú *m* (an) dara hord
second-order system córas *m1* (an) dara hord
section *s* gearradh *m* (*gs* -rrtha)
sector *s* teascóg *f2*
secular *a* ciantréimhseach *a*
secular dependence spleáchas *m1* ciantréimhseach
secular equilibrium cothromaíocht *f3* chiantréimhseach
sediment *s (Ch.)* moirt *f2*
sedimentation *s* moirtiú *m* (*gs* -ithe)
seed crystal síolchriostal *m1*
segment *s (in general)* deighleog *f2*
segment *s (of circle)* teascán *m1*
segment *s (of line)* mírlíne *f4*
segregate *v* leithscar *v*
seismograph *s* seismeagraf *m1*
select *v* roghnaigh *v*
selection *s* roghnú *m* (*gs* -naithe)
selection rules rialacha *fpl* roghnúcháin
selective *a* roghnaíoch *a*
selective absorption ionsú *m4* roghnaíoch
selective fading céimniú *m* roghnaíoch
selective radiation radaíocht *f3* roghnaíoch
selective reflection frithchaitheamh *m1* roghnaíoch
selectivity *s* roghnaíocht *f3*
selenium *s* seiléiniam *m4*
selenography *s* seiléineagrafaíocht *f3*
selenology *s* seiléineolaíocht *f3*
self- *pref* féin- *pref*
self-absorption féin-ionsú *m4*
self-adjoint *a* féinchuingeach *a*
self-adjoint operator oibreoir *m3* féinchuingeach
self-annealing metal miotal *m1* féinainéalach
self-excited *a* féinfhlosctha *a*
self-exciting *a* féinfhloscach *a*
self-induction *s* féin-ionduchtú *m* (*gs* -taithe)
self-locking *a* féinghlasála *gs as a*
self-loop *s* féinlúb *f2*
selfpolar *a* féinpholach *a*
semi- *pref* leath- *pref*
semicarbazide *s* leathcharbaisíd *f2*
semicircle *s* leathchiorcal *m1*
semiconductor *s* leathsheoltóir *m3*
semiconductor counter áiritheoir *m3* leathsheoltóra
semiconductor diode dé-óid *f2* leathsheoltóra
semiconductor diode laser dé-óidléasar *m1* leathsheoltóra
semimajor *a* leathmhór *a*
semi-micro-analysis *s* leath-mhiocranailís *f2*
semiminor *a* leathbheag *a*
semi-permeable *s* leath-thréscaoilteach *a*
semi-polar *a* leathpholach *a*
semitone *s* leath-thon *m1*
senary *a* sénártha *a*
sensation *s* mothú *m* (*gs* -thaithe), mothúchán *m1*
sensation level leibhéal *m1* mothúcháin
sense *s* treo *m4*
sense *s (of line)* fritreo *m4*
sense of (a) force luí *m4* fórsa
sense of inequality luí *m4* éagothroime
sense of orientation luí *m4* treoshuímh
sense of vector luí *m4* veicteora
sensitive *a* íogair *a*
sensitivity *s* íogaireacht *f3*
sensitivity analysis anailís *f2* íogaireachta
sensitize *v* íograigh *v*
sensitizer *s* íogróir *m3*
sensor *s* braiteoir *m3*
sentence *s* abairt *f2*
separable *a* indeighilte *a*
separable space spás *m1* indeighilte
separate *v (Ch.)* deighil *v*

separately excited flosctha go leithleach
separating funnel (= dropping funnel) tonnadóir *m3* deighilte
separation *s* deighilt *f2*
separation constant tairiseach *m1* deighilte
separation of variables deighilt *f2* na n-athróg
separator *s* deighilteoir *m3*
separatrix *s (solidus)* soladas *m1*
septenary *a* seachtnártha *a*
sequence *s* seicheamh *m1*
sequence limit teorainn *f* seichimh
sequential *a* seicheamhach *a*
sequester *v (Ch.)* leithlisigh *v*
sequestering *a (Ch.)* leithliseach *a*
sequestering agent *(Ch.)* leithliseoir *m3*
series *s* sraith *f2*
series circuit sraithchiorcad *m1*
series connection sraithnasc *m1*
series limit sraith-theorainn *f (gs* -rann)
series solution sraithréiteach *m1*
series-wound *a* sraith-thochraiste *a*
series-wound machine meaisín *m4* sraith-thochraiste
serotonin *s* séireatoinin *f2*
servo-amplifier *s* seirbhea-aimplitheoir *m3*
servomechanism *s* seirbhi-mheicníocht *f3*
servomotor *s* seirbheamótar *m1*
sesqui- *pref* seiscea-, seisci-, seisc- *pref*
sesquilinear form foirm *f2* sheiscilíneach
sesquioxide *s* seisce-ocsaíd *f2*
sessile *a* suiteach *a*
set *s (Mth.)* tacar *m1*
set *s (Ch.)* téachtán *m1*
set *v (Ch.)* téacht *v*
set square *s* dronbhacart *m1*
set theory tacartheoiric *f2*
settle *v* síothlaigh *v*
settling time aga *m4* síothlaithe
sex *s* gnéas *m1*
sexagesimal *a* seascadúil *a*
sexagesimal system córas *m1* seascadúil
sex hormone gnéas-hormón *m1*
sextant *s* seiseamhán *m1*
shade *v (of drawing)* scáthlínigh *v*
shaded *a (of drawing)* scáthlínithe *a*
shading *s (of drawing)* scáthlíniú *m (gs* -ithe)
shadow *s* scáth *m3*, scáil *f2*
shadow band scáthbhanda *m4*
shadow mask scáthmhasc *m1*
shadow photometer scáthfhótaiméadar *m1*
shadow scattering scáthscaipeadh *m (gs* -pthe)
shaft *s* fearsaid *f2*
shape *s* cruth *m3*
shared pair dís *f2* chomhroinnte
sharing of electrons comhroinnt *f2* leictreon
sharing out páirtiú *m (gs* -ithe)
shear *v* fiar *v*
shear diagram léaráid *f2* d'fhiaradh
shearing force fórsa *m4* fiartha
shearing strain straidhn *f2* fiartha
shearing stress strus *m1* fiartha
shear lag fiarmhoilliú *m (gs* -ithe)
shear modulus modal *m1* an fhiartha
sheath *s* truaill *f2*
sheen *s* niamh *f2*
sheet *s* bileog *f2*, leathán *m1*
shell *s* sceall *m3*
shellac *s* seileaic *f4*
shell model sceallsamhail *f3 (gs* -mhla, *pl* -mhlacha)
shell-type transformer claochladán *m1* sceallchineálach
sherardize *v* seireardaigh *v*
sherardizing *s* seireardú *m (gs* -daithe)
shield *s* sciath *f2*
shield *v* **(= screen)** sciath *v*

shielding *s* (**= screening**) sciathadh *m* (*gs* -ta)
shift *s* aistriú *m* (*gs* -ithe), aistriúchán *m1*
shift *v* aistrigh *v*
shift operator oibreoir *m3* aistriúcháin
shift properties airíonna *mpl* aistriúcháin
SHM (**= simple harmonic motion**) gluaisne *f4* armónach shimplí
shock *s* turraing *f2*
shock-absorber *s* maolaire *m4*
shock moulding turraingmhúnlú *m* (*gs* -laithe)
shock strength neart *m1* turrainge
shock tube feadán *m1* turrainge
shock wave tonn *f2* turrainge
shooting method modh *m3* aimsiúcháin
shopkeeper method modh *m3* an tsiopadóra
short *s* (**= short-circuit**) gearrchiorcad *m1*
short *v* (**= short-circuit**) gearr-chiorcad *v*
short-circuit *s* (**= short**) gearr-chiorcad *m1*
short-circuit *v* (**= short**) gearr-chiorcad *v*
short division roinnt *f2* ghearr
shot noise grántorann *m1*
shot sample gránsampla *m4*
shrink *v* crap *v*
shrinkage *s* crapadh *m* (*gs* -ptha)
shunt *s (El.)* seachród *m1*
shunt *v (El.)* seachródaigh *v*
shunt motor *(El.)* seachmhótar *m1*
shunt-wound *a* seachthochraiste *a*
shutter-release *s* scaoilteán *m1* comhla
shuttle service seirbhís *f2* tointeála
side *s* taobh *m1*, slios *m3* (*gs, pl* sleasa)
sideband taobh-bhanda *m4*
side chain *s* taobhshlabhra *m4*
side elevation slioschló *m4*
side frequency taobhmhinicíocht *f3*
side overlap taobh-fhorluí *m4*
siemens *s* (**= mho**) *(unit)* símin *m4* (*pl* -ní)
sieve *s* criathar *m1*
sieve *v* criathraigh *v*
sieve analysis criatharanailís *f2*
sieve mesh criatharmhogall *m1*
sievert (**= Sv**) *(unit)* síveart *m1*, Sv
sieve separator dlochtán *m1*
sigma *s* sigme *f4*
sigma orbital *s* sigme-fhithiseán *m1*
sigma particle sigme-cháithnín *m4*
sigma pile sigme-charn *m1*
sign *s (Mth.)* sín *f2*
signal *s* comhartha *m4*
signal algebra ailgéabar *m1* comharthaí
signal characteristic function sainfheidhm *f2* chomhartha
signal determinant deitéarmanant *m1* comhartha
signal flow graph sreabhghraf *m1* comhartha
signal flow graphs model samhail *f3* sreabhghraf comhartha
signal generator gineadóir *m3* comhartha
signal lamp lampa *m4* comhartha
signal-to-noise ratio cóimheas *m3* comhartha le torann
signature *s* síniú *m* (*gs* -ithe)
sign convention gnás *m1* na síneacha
significance *s* suntasacht *f3*
significance test tástáil *f3* suntasachta
significance testing tástáil *f3* suntasachta
significant *a (Mth.)* bunúsach *a*
silane *s* siolán *m1*
silent discharge díluchtú *m* ciúin
silica *s* silice *f4*
silica gel glóthach *f2* shilice
silicate *s* sileacáit *f2*
silicide *s* silicíd *f2*

silicofluoride *s* (= **hexafluorosilicate**) sileacafluairíd *f2*
silicon *s* sileacan *m1*
silicon chip slis *f2* sileacain
silicon-controlled rectifier coigeartóir *m3* sileacanrialaithe
silicone *s* sileacón *m1*
silicon monoxide aonocsaíd *f3* sileacain
silver *s* airgead *m1*
silyl *s* silil *f2*
silylation *s* silioláitiú *m* (*gs* -ithe)
similar *a* cosúil *a*
similarity *s* cosúlacht *f3*
similarity principle prionsabal *m1* na cosúlachta
similarly situated triangles triantáin *mpl* ar cosúil suíomh dóibh
similitude *s* cosúlacht *f3*
simple *a* simplí *a*
simple eigenvalue dual-luach *m3* simplí
simple event teagmhas *m1* simplí
simple fraction codán *m1* simplí
simple harmonic motion (= **SHM**) gluaisne *f4* armónach shimplí
simple microscope micreascóp *m1* simplí
simple practice praitic *f2* shimplí
simple proportion comhréir *f2* shimplí
simple random sample sampla *m4* randamach simplí
simplex *s* aonphléacs *m4*
simplex *a* aonphléacsach *a*
simplex coefficient comhéifeacht *f3* aonphléacsach
simplex criterion critéar *m1* aonphléacsach
simplex method modh *m3* aonphléacsach
simplification *s* simpliú *m* (*gs* -ithe)
simplified *a* simplithe *a*
simplify *v* simpligh *v*
simply-connected region réigiún *m1* aoncheangailte
simulate *v* insamhail *v*
simulation *s* insamhladh *m* (*gs* -mhalta)
simulator *s* insamhlóir *m3*
simultaneity *s* comhuaineacht *f3*
simultaneous *a* comhuaineach *a*
simultaneous equations cothromóidí *fpl* comhuaineacha
sine *s* síneas *m1*
sine condition coinníoll *m1* sínis
sine galvanometer galbhánaiméadar *m1* sínis
sine transform trasfhoirm *f2* shínis
sine wave tonn *f2* sínis
singe *v* barrloisc *v*
singeing *s* barrloscadh *m* (*gs* -sctha)
singing arc stua *m4* cantana
single *a* singil *a*, aon- *pref*
single bond nasc *m1* singil
single crystal criostal *m1* aonair
single-pole double-throw switch lasc *f2* aon phoil dhébhealaigh
single-pole single-throw switch lasc *f2* aon phoil aon bhealaigh
single-sideband transmission tarchur *m1* taobh-bhanda shingil
single-step method modh *m3* na haonchéime
singlet *s* singléad *m1*
singlet state staid *f2* shingléadach
single-valued function feidhm *f2* aonluachach
singular *a* singilteach *a*
singular generalized function feidhm *f2* ghinearálaithe shingilteach
singularity *s* singilteacht *f3*
singularity function feidhm *f2* shingilteachta
singular operator oibreoir *m3* singilteach
singular perturbation corraíl *f3* shingilteach
singular point pointe *m4* singilteach
singular temperature teocht *f3* shingilteach
sink *s* doirteal *m1*

sinker *s* tromán *m1*
sintering *s* sintéarú *m* (*gs* -raithe)
sinusoidal *a* síneasóideach *a*
siphon *s* siofón *m1*
siphon *v* siofón *v*
siren *s* bonnán *m1*
SI system córas *m1* SI
SI unit aonad *m1* SI
S-junction *s* S-chumar *m1*
skeletal *a* creatach *a*, creat- *pref*
skeletal equation creatchothromóid *f2*
skeleton *s* creatlach *f2*
sketch *s* sceitse *m4*
skew *a* sceabhach *a*, sceabh- *pref*
skew distribution sceabhdháileadh *m* (*gs* -lte)
skew lines sceabhlínte *fpl*
skewness *s* sceabhacht *f3*
skew-symmetric *a* sceabhshiméadrach *a*
skew-symmetric matrix maitrís *f2* sceabhshiméadrach
skiatron *s* sciatrón *m1*
skid *v* sciorr *v*
skim *v* bearr *v*, scimeáil *v*
skimmer *s* scimín *m4*
skin effect cneas-iarmhairt *f3*
skin friction frithchuimilt *f2* chnis
skip distance achar *m1* truslóige
sky wave spéirthonn *f2*
slab *s* leac *f2*
slack variable athróg *f2* scaoilte
slack-variance solution réiteach *m1* athraithis scaoilte
slag *s* slaig *f2*
slake *v* teilg *v*
slant *a* claon *a*
slant-height claon-airde *f4*
slant-height of cone claon-airde *f4* cóin
sleeve *s* (= **sleeving**) muinchille *f4*
sleeving *s* (= **sleeve**) muinchille *f4*
slenderness *s* seangacht *f3*
slick *s* leo *m4*
slide *s* sleamhnán *m1*
slide *v* sleamhnaigh *v*
slide rule rialóir *m3* sleamhnáin
sliding contact teagmháil *f3* sleamhnáin
sliding friction frithchuimilt *f2* shleamhnánach
slime *s* sláthach *m1*
slip *v* sciorr *v*
slip band sciorrbhanda *m4*
slip crack sciorrscoilt *f2*
slip point sciorrphointe *m4*
slip ring sciorrfháinne *m4*
slip-ring rotor rótar *m1* sciorrfháinne
slip stream cúlsruth *m3*
slit *s* scoiltín *m4*
slope *s* fána *f4*
slope resistance friotaíocht *f3* fána
slot *s* sliotán *m1*
slow *a* mall *a*
slowing-down density dlús *m1* moilliúcháin
slowly-increasing function feidhm *f2* mhallmhéadaitheach
slow neutron mallneodrón *m1*
slow-vibration direction treo *m4* mallchreatha
sludge *s* sloda *m4*
slug *s* sluga *m4*
sluice-gate *s* loc-chomhla *f4*
slump *s* tobthitim *f2*
slump point pointe *m4* tobthitime
slush *s* greallach *m1*
small disturbance mionchorraíl *f3*
small-signal parameter paraiméadar *m1* mionchomharthaí
smelt *v* bruithnigh *v*
smelting *s* bruithniú *m* (*gs* -ithe)
smog *s* toitcheo *m4*
smoke cell cill *f2* deataigh
smoke point toitphointe *m4*
smooth *a* slim *a*
smoothing *s* slíomadh *m* (*gs* -mtha), slíomachán *m1*
smoothing circuit ciorcad *m1* slíomacháin

smoothing condenser comhdhlúthadán *m1* slíomacháin
smoulder *v* cnádaigh *v*
smouldering *s* cnádú *m* (*gs* -daithe)
snip *s* sciotaire *m4*
snip *v* sciot *v*
snort valve srannchomhla *f4*
soak *v* maothaigh *v*
soap *s* gallúnach *f2*
soap film analogy analach *m1* sópscannáin
social arithmetic *(Mth.)* uimhríocht *f3* shóisialta
socket *s* soicéad *m1*
soda *s* sóid *f2*
soda lime aol *m1* sóide
sodium *s* sóidiam *m4*
sodium carbonate carbónáit *f2* sóidiam
sodium carbonate-10-water carbónáit *f2* sóidiam-10-uisce
sodium citrate ciotráit *f2* sóidiam
sodium chloride clóiríd *f2* sóidiam
sodium hydrogen carbonate hidrigincharbónáit *f2* sóidiam
sodium hydroxide hiodrocsaíd *f2* sóidiam
sodium-line reversal cúlú *m* líne sóidiam
sodium sulphite suilfít *f2* sóidiam
soften *v* bog *v*
softener *s* bogthóir *m3*
softening *s* bogadh *m* (*gs* -gtha)
soft shower bogfhras *f2*
soft vacuum bogfholús *m1*
software bogearraí *mpl*
soft water boguisce *m4*, uisce *m4* bog
sol *s* sol *m1*
solar *a* grian- *pref*, gréine *gs* as *a*
solar battery grianchealllra *m4*
solar cell grianchill *f2*
solar energy grianfhuinneamh *m1*
solar flare grianbhladhm *f3*
solar heater griantéitheoir *m3*
solarimeter *s* grianmhéadar *m1*
solar panel grianphainéal *m1*
solar system grianchóras *m1*
solar time grian-am *m3*
solar unit grian-aonad *m1*
solar wind grianghaoth *f2*
solder *s* sádar *m1*
solder *v* sádráil *v*
soldering *s* sádráil *f3*
soldering-bit *s* bior *m3* sádrála
solenoid *s* solanóideach *m1*
solenoidal *a* solanóideach *a*
sol-gel point pointe *m4* soil/glóthaí
solid *s* solad *m1*
solid *a* soladach *a*
solid angle uillinn *f2* sholadach
solid figure fíor *f* sholadach
solid geometry geoiméadracht *f3* sholadach, céimseata *f* sholadach
solidification *s* soladú *m* (*gs* -daithe)
solidification curve cuar *m1* soladúcháin
solidify *v* soladaigh *v*
solid shape cruth *m3* soladach
solid state soladstaid *f2*
solid-state memory cuimhne *f4* sholadstaide
solid-state physics fisic *f2* sholadstaide
solid-state relay athsheachadán *m1* soladstaide
solidus *s (Ch. Ph.)* soladas *m1*
soliton *s* solatón *m1*
solstice *s* grianstad *m4*
solubility *s* tuaslagthacht *f3*
solubility product táirge *m4* tuaslagthachta
soluble *a* intuaslagtha *a*
solute *s* tuaslagáit *f2*
solute *a* tuaslagáiteach *a*
solution *s (Ch.)* tuaslagán *m1*
solution *s (Mth.)* réiteach *m1*
solution mixture comhthuaslagán *m1*
solution pressure brú *m4* tuaslagánach
solvability *s* inréiteacht *f3*

solvable *a* inréitithe *a*
solvate *s* tuasláit *f2*
solvate *v* tuasláitigh *v*
solvation *s* tuasláitiú *m* (*gs* -ithe)
solvent *s* **(= resolvent)** *(Ch.)* tuaslagóir *m3*
solvent *a (Mth.)* sócmhainneach *a*
solvent extraction eastóscadh *m* le tuaslagóir
solvolysis *s* tuaslalú *m* (*gs* -laithe)
soma cube sómachiúb *m1*
sonar *s* sonóir *m3*
sonic *a* sonach *a*
sonic boom tormán *m1* sonach
sono chemistry sonaiceimic *f2*
sonometer *s* sonaiméadar *m1*
sorbent *s* súiteán *m1*
soroban *s* saraban *m1*
sorption pump súchaidéal *m1*
sound *s* fuaim *f2*
sound *v (Eng.)* sondáil *v*
sound absorption coefficient comhéifeacht *f3* ionsúite fuaime
sound barrier *s* fuaimbhac *m1*
sound energy fuinneamh *m1* fuaime
sound-energy reflection coefficient comhéifeacht *f3* fuaimfhuinnimh fhrithchaite
sound film fuaimscannán *m1*
sound flux fuaimfhlosc *m3*
sounding balloon balún *m1* sondála
sound insulation fuaiminsliú *m* (*gs* -ithe)
sound intensity fuaimdhéine *f4*
sound pressure fuaimbhrú *m4*
sound pressure level leibhéal *m1* fuaimbhrú
soundtrack *s* fuaimrian *m1*
sound wave *s* fuaimthonn *f2*
sound-wave photography fótagrafaíocht *f3* fhuaimthonnach
source *s* foinse *f4*
source impedance foinsechoisceas *m1*
source point foinsephointe *m4*
south *a* theas *a*
south *adv (towards)* ó dheas
sow *s (Metal.)* cráin *f* (*gs* -ánach)
space *s* spás *m1*
space charge spáslucht *m3*
space chemistry spáscheimic *f2*
space group spásghrúpa *m4*
space laboratory saotharlann *f2* spáis
space model spás-samhail *f3 (gs* -mhla, *pl* -mhlacha*)*
space probe taiscéalaí *m4* spáis
space quantization spáschandamú *m* (*gs* -maithe)
space-reflection symmetry siméadracht *f3* spás-fhrithchaithimh
space shuttle tointeálaí *m4* spáis
space station stáisiún *m1* spáis
spacesuit culaith *f2* spáis
space-time spás-am *m3*
spall *v* spallaigh *v*
spallation *s* spallú *m* (*gs* -llaithe), spallúchán *m1*
span *s* réise *f4*
span *v* réisigh *v*
spanning *s* réisiú *m* (*gs* -ithe)
spark *s* spréach *f2*
spark *v* spréach *v*
spark chamber spréachshoitheach *m1*
spark counter spréacháiritheoir *m3*
spark discharge spréach-dhíluchtú *m* (*gs* -taithe)
spark gap *s* spréachbhearna *f4*
sparkover tarspréach *f2*
spark plug *s* spréachphlocóid *f2*
sparse matrix maitrís *f2* scáineach
spatial description spásléiriú *m* (*gs* -ithe), spástuairisc *f2*
spatially homogeneous aonchineálach ó thaobh spáis
spatial weighting function feidhm *f2* ualúcháin spásúil
spatter *s* draoibeáil *f3*
spatula *s* spadal *m1*

special relativity coibhneasacht *f3* speisialta
specific *a* sain- *pref*, sonrach *a*
specific acoustic impedance sainchoisceas *m1* fuaime
specific acoustic reactance sainfhreasaitheacht *f3* fuaime
specific acoustic resistance sainfhriotaíocht *f3* fuaime
specific activity sainghníomhaíocht *f3*
specification *s* sonrú *m* (*gs* -raithe), sonraíocht *f3*
specific body force sain-chorpfhórsa *m4*
specific energy sainfhuinneamh *m1*
specific entropy saineantrópacht *f3*
specific gravity (= relative density) sainmheáchan *m1*
specific-gravity bottle (= relative density bottle) buidéal *m1* sainmheáchain
specific heat capacity saintoilleadh *m* teirmeach
specific humidity sain-bhogthaise *f4*
specific impulse sainríog *f2*
specific inductive capacity saintoilleadh *m* ionduchtach
specific latent heat sainteas *m1* folaigh
specific latent heat of fusion sainteas *m3* folaigh leáite
specific latent heat of sublimation sainteas *m3* folaigh néalúcháin
specific latent heat of vaporization sainteas *m3* folaigh galúcháin
specific optical rotary power sainchumhacht *f3* rothlach optúil
specific reluctance sainleisceas *m1*
specific resistance (= resistivity) friotachas *m1*
specify *v* sonraigh *v*
spectator ion ian *m1* díomhaoin
spectral *a* speictreach *a*
spectral class aicme *f4* speictreach
spectral colours dathanna *mpl* an speictrim
spectral decomposition dianscaoileadh *m* speictreach
spectral luminous efficiency éifeachtacht *f3* lonrúil speictreach
spectral radius ga *m4* speictreach
spectral representation léiriú *m* speictreach
spectral resolution taifeach *m1* speictreach
spectral set tacar *m1* speictreach
spectral value luach *m3* speictreach
spectrograph *s* speictreagraf *m1*
spectroheliogram *s* speictrihéileagram *m1*
spectroheliograph *s* speictrihéileagraf *m1*
spectrometer *s* speictriméadar *m1*
spectrophotometer *s* speictreafótaiméadar *m1*
spectrophotometry *s* speictreafótaiméadracht *f3*
spectroscope *s* speictreascóp *m1*
spectroscopic binary dénárthán *m1* speictreascópach
spectrum *s* speictream *m1*
spectrum analyser anailíseoir *m3* speictrim
specular *a* spéaclach *a*
speculum *s* spéacalam *m1*
speed *s* luas *m1*
speed of propagation of light luas *m1* forleata an tsolais
speed-time diagram léaráid *f3* luais is ama
spent *a* spíonta *a*
spent gas gás *m1* spíonta
spent liquor licéar *m1* spíonta
spent matter damhna *m4* spíonta
spent wash anallas *m1* spíonta
sphere *s* sféar *m1*
sphere gap sféarbhearna *f4*
spherical *a* sféarúil *a*
spherical coordinate (= spherical polar coordinate) comhordanáid *f2* sféarúil

spherical lens lionsa *m4* sféarúil
spherical polar coordinate (= spherical coordinate) comhordanáid *f2* pholach sféarúil
spheroid *s* sféaróideach *m1*
spheroid *a* sféaróideach *a*
spherometer *s* sféaraiméadar *m1*
spherule *s* sféirín *m4*
spike *s* spíce *m4*
spike *v* spíceáil *v*
spike chart spícechairt *f2*
spin *s* guairne *f4*
spin *a* guairneach *a*
spin *v* cuir ar casadh *v*
spindle *s* fearsaid *f2*
spinel *s* spinéal *m1*
spinel structure struchtúr *m1* spinéalach
spin lattice relaxation time aga *m4* socrachta guairnelaitíse
spinning *s* guairneáil *f3*
spinning *a* guairneach *a*
spinning top caiseal *m1*
spin-orbit coupling cúpláil *f3* guairne is fithise
spin quantum number candamuimhir *f* ghuairneach
spin-spin coupling cúpláil *f3* guairne is guairne
spin-spin interaction idirghníomhú *m* guairne is guairne
spin-spin relaxation time aga *m3* socrachta guairne is guairne
spinthariscope *s* spiontarascóp *m1*
spiral *s* bís *f2*
spiral *a* bíseach *a*
spiral spring lingeán *m1* bíseach
spiral structure struchtúr *m1* bíseach
spirit(s) *s* biotáille *f4*
spirit level *s* leachtleibhéal *m1*
spiro- *pref* spirea-, spiri-, spir- *pref*
spiro-symmetry *s* spirisiméadracht *f3*
splash *s* steallóg *f2*
spline *s* splíona *m4*
splinter *s* scealp *f2*
split lens scoiltlionsa *m4*
splitting *s* scoilteadh *m* (*gs* -lte)
splitting factor fachtóir *m3* scoilteacháin
splitting field réimse *m4* scoilteacháin
spoke *s* spóca *m4*
sponge *s* spúinse *m4*
spontaneous *a* spontáineach *a*, uath- *pref*
spontaneous combustion uathdhó *m4*
spool *s* spól *m1*
spot *s* spota *m4*
spot test spot-tástáil *f3*
spout *s* buinne *m4*
spray *s* sprae *m4*
spray *v* spraeáil *v*
spray-drying spraethriomú *m* (*gs* -maithe)
spray gun spraeghunna *m4*
spread *s* leathadh *m* (*gs* -ta)
spread *v* leath *v*
spreading coefficient comhéifeacht *f3* leata
spreading resistance friotaíocht *f3* leata
spread of data leathadh *m* sonraí
spring *s* lingeán *m1*
spring-back *s* aislingeadh *m* (*gs* -ngthe)
spring-back *v* aisling *v*
spring balance lingmheátán *m1*
spring constant tairiseach *m1* lingeáin
spring force fórsa *m4* lingeáin
spur-geared pulley-block machine meaisín *m4* frídeora sporghiaráilte
spur gearing sporghiaráil *f3*
sputter *v* spriúch *v*
sputter-ion pump caidéal *m1* spriúch-ian
square *s* cearnóg *f2*
square *a* cearnach *a*
square *v* cearnaigh *v*

square brackets lúibíní *mpl* cearnógacha
square centimetre ceintiméadar *m1* cearnach
squared paper páipéar *m1* cearnógach
square-integrable function feidhm *f2* chearn-insuimeálaithe
square measure tomhas *m1* cearnach
square metre méadar *m1* cearnach
square number uimhir *f* chearnach
square-planar *a* cearnphlánach *a*
square root fréamh *f2* chearnach
square root of operator fréamh *f2* chearnach oibreora
square wave cearntonn *f2*
square-wave *a* cearntonnach *a*
square yard slat *f2* chearnach
squeak *s* díoscán *m1*
squeal *s* sian *f2*, sianaíl *f3*
squegging oscillator ascaltóir *m3* sceigeach
squirrel-cage rotor rótar *m1* ioracháis
squirt *s* steanc *m4*
squirt *v* steanc *v*
stability *s* cobhsaíocht *f3*
stability constant tairiseach *m1* cobhsaíochta
stability criterion critéar *m1* cobhsaíochta
stability definition sainmhíniú *m* cobhsaíochta
stabilize *v* cobhsaigh *v*
stabilizer *s* cobhsaitheoir *m3*
stable *a* cobhsaí *a*
stable circuit ciorcad *m1* cobhsaí
stable equilibrium cothromaíocht *f3* chobhsaí
stable to cobhsaí maidir le
stable to small disturbances cobhsaí maidir le mionchorraí
stack *s* cruach *f2*
stack *v* cruach *v*
stage of microscope pláitín *m4* micreascóip
stagger *v (Ch.)* tuisligh *v*
staggered *a* tuislithe *a*
staggered aerial aeróg *f2* thuislithe
stagnation point pointe *m4* marbhántachta
stake *s* staic *f2*, sprioc *f2*
stalactite *s* aolchuisne *m4*
stalagmite *s* aolchoinneal *f2*
stall *v* loic *v*
stalling *s* loiceadh *m* (*gs* -cthe)
stalling point *s* pointe *m4* loicthe
stalling speed *s* luas *m1* loicthe
stamp *s* stampa *m4*
stamp *v* stampáil *v*
stampings *spl* stampáin *mpl*
stamp mill muileann *m1* stampála
standard *s* caighdeán *m1*
standard *a* caighdeánach *a*
standard cell cill *f2* chaighdeánach
standard cylindrical gauge tomhsaire *m4* caighdeánach sorcóireach
standard deviation diall *m* caighdeánach
standard error earráid *f2* chaighdeánach
standard estimated error earráid *f2* mheasta chaighdeánach
standard illuminant soilseán *m1* caighdeánach
standardized distribution dáileachán *m1* caighdeánaithe
standard temperature and pressure (= STP, normal temperature and pressure, NTP) *(Ph.)* teocht *f3* agus brú *m4* caighdeánach, TBC
standing wave (= stationary wave) tonn *f2* sheasta
stannic *a* stánach *a*
stannous *a* stánúil *a*
star *s* réalta *f4*
starch *s* stáirse *m4*
star connection *(El.)* réaltcheangal *m1*
star-shaped *a* réaltchruthach *a*
state *s* staid *f2*
state variable staid-athróg *f2*

static *a* statach *a*
statical boundary condition fóirchoinníoll *m1* statach
static characteristic saintréith *f2* statach
static electricity leictreachas *m1* statach
static friction frithchuimilt *f2* statach
statics *spl* stataic *f2*
static tube feadán *m1* statach
stationary *a* cónaitheach
stationary point pointe *m4* cónaitheach
stationary value luach *m3* cónaitheach
stationary wave (= standing wave) tonn *f2* chónaitheach
statistic *a* staitisteach *a*
statistical *a* staitistiúil *a*
statistical dependence spleáchas *m1* staitistiúil
statistical inference infeireas *m1* staitistiúil
statistics *spl* staitistic *f2*
stator *s* státar *m1*
statute mile míle *m4* reachtúil
stay *s* stagh *m4*
steady *a* foisteanach *a*
steady flow sreabhadh *m* foisteanach
steady state foistine *f4*
steady-state *a* foistine *gs as a*
steady-state error earráid *f2* foistine
steady-state error for unit parabola earráid *f2* foistine d'aonad parabóile
steady-state error for unit ramp earráid *f2* foistine d'aonad fánáin
steady-state error for unit step earráid *f2* foistine d'aonad céime
steady-state performance feidhmiú *m* foistine
steady-state relation to error constants gaol *m1* foistine do thairisigh earráide
steady-state theory teoiric *f2* na foistine
steam *s* gal *f2* (uisce)
steam bath galfholcadán *m1*, folcadán gaile
steam calorimeter calraiméadar *m1* gaile, gal-chalraiméadar *m1*
steam distillation driogadh *m* gaile, galdriogadh *m* (*gs* -gtha)
steam point galphointe *m4*
steam trap *s* galghaiste *m4*
stearic *a* stéarach *a*
stearo- *pref* stéara-, stéarai- *pref*
steel *s* cruach *f4*
steel rod slat *f2* chruach
steelyard *s (balance)* meá *f4* rómhánach
steep *a* géar *a*
steepest ascent an t-ard is géire
steepest-ascent direction treo *m4* an aird is géire
steepest descent an fhána is géire
stellar *a* réaltach *a*
stellar spectra *(Ast.)* speictrim *mpl* réaltacha
stellar time *(Ast.)* réalt-am *m3*
step *s (stage in process, etc.)* céim *f2*
step-barrier *s* céimbhac *m1*
step down *s* íoschéimniú *m* (*gs* -ithe)
step-down *a* íoschéimneach *a*
step down *v* íoschéimnigh *v*
step-down transformer claochladán *m1* íoschéimneach
step-error constant tairiseach *m1* earráide céime
step function céimfheidhm *f2*
step-up *s* uaschéimniú *m* (*gs* -ithe)
step-up *a* uaschéimneach *a*
step up *v* uaschéimnigh *v*
step-up transformer claochladán *m1* uaschéimneach
step wedge céimdhing *f2*
steradian *s* stearaidian *m1*
stereo- *pref* steiréa-, steiréi- *pref*
stereochemistry *s* steiréiceimic *f2*
stereographic projection teilgean *m1* steiréagrafach
stereoisomerism *s (Ch.)* steiré-isiméireacht *f3*

stereophonic reproduction atáirgeadh *m* steiréafónach
stereoscope *s* steiréascóp *m1*
stereoscopic *a* steiréascópach *a*
stereoscopic microscope micreascóp *m1* steiréascópach
stereoselective *a* steiréaroghnaíoch *a*
stereospecific arrangement eagar *m1* steiréashonrach
steric *a* steireach *a*
steric hindrance bac *m1* steireach
sterile agar plate pláta *m4* steiriúil agair
sternutator *s* saothrachán *m1*
stibine *s* stibín *m4*
stiff *a* stalctha *a*, docht *a*
stiffen *v* stalc *v*
stiff equation dochtchothromóid *f2*
stiffness *s* stalcacht *f3*, doichte *f4*
stilb *s* stilb *f2*
still *s* stil *f2*
still *a* socair *a*
stillage *s* stileáiste *m4*
stimulated emission astú *m* spreagtha
stimulus *s* spreagadh *m* (*gs* -gtha)
stipple *v* breicnigh *v*
stippling *s* breicniú *m* (*gs* -ithe)
stir *v* corraigh *v*, suaith *v*
stock solution gnáth-thuaslagán *m1*
stoichiometric *a* stócaiméadrach *a*
stoichiometry *s* stócaiméadracht *f3*
stone *s* cloch *f2*
stool *s* stól *m1*
stop *s* stop *m4*
stop *s (aperture)* cró *m4*
stop bath stopfholcadh *m* (*gs* -ctha)
stopcock *s* buacaire *m4*
stop number stopuimhir *f* (*gs* -mhreach)
stopper *s* stopallán *m1*
storage battery (= accumulator, accumulator battery, accumulator storage battery, secondary battery) *(El.)* taisc-cheallra *m4*
storage cell (= accumulator, accumulator cell, accumulator storage cell, secondary cell) *(El.)* taisc-chill *f2*
storage device feiste *f4* stórála
storage time am *m3* stórála
storage tube feadán *m1* stórála
stored energy fuinneamh *m1* taiscthe
STP (= standard temperature and pressure, normal temperature and pressure, NTP) *(Ph.)* teocht *f3* agus brú *m4* caighdeánach, TBC
straight *a* díreach *a*
straight angle uillinn *f2* dhíreach
straight edge *(instrument)* corr *f2* dhíreach
straight line líne *f4* dhíreach, dronlíne *f4*
straight-line graph graf *m1* dronlíneach
strain *s* straidhn *f2*
strain energy fuinneamh *m1* straidhne
strainer *s* síothlán *m1*
strainometer *s* straidhnmhéadar *m1*
strain rate ráta *m4* straidhne
strain tensor teinseoir *m3* straidhne
strain theory teoiric *f2* na straidhne
strand *s* dual *m1*
strange *a* aduain *a*
strangeness *s* aduaine *f4*
strategy *s* straitéis *f2*
stratified fluid sreabhán *m1* srathaithe
stratified sample sampla *m4* srathaithe
stratosphere *s* strataisféar *m1*
stratum *s* sraith *f2*
stray capacitance toilleas *m1* fáin
stray current sruth *m3* fáin
streak *s* stríoc *f2*
streaked *a* stríocach *a*
streakline *s* stríoclíne *f4* (*pl* -nte)
stream *s* sruth *m3*
streamer *s* sraoilleán *m1*
stream filament sruthfhiliméad *m1*
stream function sruthfheidhm *f2*

streaming potential sruthphoitéinseal *m1*
streamline *s* sruthlíne *f4* (*pl* -nte)
streamline *v* sruthlínigh *v*
streamlined *a* sruthlíneach *a*
streamlined flow sreabhadh *m* sruthlíneach
strength *s* neart *m1*
stress *s* strus *m1*
stress component cuidí *m4* struis
stress corrosion struschreimeadh *m* (*gs* -mthe)
stress deviator diallóir *m3* struis
stress quadric cuadrach *m1* struis
stress relief fuascailt *f2* struis
stress-strain diagram léaráid *f2* struis is straidhne
stress tensor teinseoir *m3* struis
stress vector veicteoir *m3* struis
stretch *v* righ *v* (*pres* ríonn, *vn* rí)
stretched *a* rite *a*
stretched string sreang *f2* rite
stretching *s* ríochan *f3*
stretching frequency minicíocht *f3* ríochana
stretching vibration crith *m3* ríochana
stria *s* stríoc *f2*
striation *s* stríocacht *f3*
strict *a* ceart- *pref*
strictly monotonic ceart-aontonach *a*
strike *v* buail *v*
string *s (Comp.)* teaghrán *m1*
string *s (Mec.)* sreang *f2*
string galvanometer sreang-ghalbhánaiméadar *m1*
string polygon sreangpholagán *m1*
strip *s* stiall *f2*
strip-phase *s* sniogphas *m4*
stripping *s (Ch.)* sniogadh *m* (*gs* -gtha)
stroboscope *s* stróbascóp *m1*
stroke *s* buille *m4*
strong acid aigéad *m1* láidir
strong base bun *m1* láidir
strong convergence coinbhéirseacht *f3* láidir
strong focusing fócasú *m* láidir
strong interaction idirghníomhú *m* láidir
strong limit teorainn *f* láidir
strong maximum uasluach *m3* láidir
strong minimum íosluach *m3* láidir
strong topology toipeolaíocht *f3* láidir
strontium *s* strointiam *m4*
strontium unit (= SU) aonad *m1* strointiam
strophoid *s* strofóideach *m1*
structon *s* struchtón *m1*
structural *a* struchtúrach *a*
structural variable athróg *f2* struchtúrach
structure *s (building)* foirgneamh *m1*
structure *s (composition)* comhdhéanamh *m1*
structure *s (form)* struchtúr *m1*
structure *s (man-made object)* déanmhas *m1*
structurization *s* struchtúrú *m* (*gs* -raithe)
strut *s* teanntóg *f2*
strychnine *s* stricnín *m4*
stucco *s* stucó *m4*
styrene *s* **(= phenylethene)** stiréin *f3*
SU (= strontium unit) aonad *m1* strointiam
sub *s* **(= subset)** fo-thacar *m1*
sub- *pref* fo- *pref*
subatomic *a* fo-adamhach *a*
subatomics *spl* fo-adamhachas *m1*
subcarrier *s* fo-iompróir *m3*
subclass *s* fo-aicme *f4*
subcritical *a* fochriticiúil *a*
subfactorial *s* fo-iolrán *m1*
subfield *s* foréimse *m4*
subgroup *s* foghrúpa *m4*
sub-harmonic *s* fo-armónach *m1*
sublimate *s* néaláit *f2*
sublimate *v* **(= sublime)** néalaigh *v*

sublimation *s* néalú *m* (*gs* -laithe), néalúchán *m1*
sublime *v* (= **sublimate**) néalaigh *v*
sub-microstructure *s* fo-mhicreastruchtúr *m1*
submultiple *s* fo-iolraí *m4*
subnormal *s* fonormal *m1*
subnormal *a* fonormalach *a*
suboxide *s* fo-ocsaíd *f2*
subregion *s* foréigiún *m1*
subroutine *s* foghnáthamh *m1*
subscript *s* foscript *f2*
subsequence *s* fosheicheamh *m1*
subsequent *a* iartheachtach *a*
subset *s* (= **sub**) fo-thacar *m1*
subshell *s* fosceall *m3*
subsidiary *a* fo- *pref*
subsonic *a* foshonach *a*
subspace *s* fospás *m1*
substance *s* substaint *f2*
substandard *s* fochaighdeán *m1*
substandard *a* fochaighdeánach *a*
substituent *s (Ch.)* malartaí *m4*
substituent *s (Mth.)* ionadán *m1*
substitute *s (Mth.)* ionadán *m1*
substitute *v (Ch.)* malartaigh
substitute *v (Mth.)* ionadaigh *v*
substitution *s (Ch.)* malartú *m* (*gs* -rtaithe), malartaíocht *f3*
substitution *s (Mth.)* ionadú *m* (*gs* -daithe), ionadaíocht *f3*
substitution compound comhdhúil *f2* mhalartach
substrate *s* foshraith *f2*
subtangent *s* fothadhlaí *m4*
subtend *v* iompair *v*
subtract *v* dealaigh *v*
subtraction *s* dealú *m* (*gs* -laithe)
subtractive process próiseas *m1* dealúcháin
subtrahend *s* dealann *f2*
successive *a* comhleantach *a*
successive approximations neasuithe *mpl* comhleantacha
successive over-relaxation róbhogadh *m* comhleantach
succinaldehyde *s* (= **butanedial**) sucsanaildéad *m1*
succinic acid (= **butanedioic acid**) aigéad *m1* sucsanach
sucrose *s* siúcrós *m1*
suction *s* sú *m4*
sufficient *a* dóthanach *a*
sugar *s* siúcra *m4*
sulphamic acid (= **aminosulphonic acid**) aigéad *m1* sulfamach
sulphanilimide *s* (= **4-aminobenzene-sulphonamide**) sulfainilimíd *f2*
sulphate *s* sulfáit *f2*
sulphathiazole *s* sulfaitiasól *m1*
sulphide *s* suilfíd *f2*
sulphinate *s* (= **hyposulphite**) suilfíonáit *f2*
sulphite *s* suilfít *f2*
sulphonamide *s* sulfónaimíd *f2*
sulphonate *s* sulfónáit *f2*
sulphonation *s* sulfónáitiú *m (gs* -tithe)
sulphonic *a* sulfónach *a*
sulphur *s* sulfar *m1*
sulphuric *a* sulfarach *a*
sulphuric acid aigéad *m1* sulfarach
sulphur monoxide aonocsaíd *f2* sulfair
sulphurous *a* sulfarúil *a*
sum *s* suim *f2*
sum *v* suimigh *v*
summarize *v* achoimrigh *v*
summary *s* achoimre *f4*
summation *s* suimiú *m* (*gs* -ithe), suimiúchán *m1*
summation convention gnás *m1* suimiúcháin
summation tone ton *m1* suimiúcháin
summing point pointe *m4* suimiúcháin
summit *s* mullach *m1* (*pl* -llaí)
sunscreen *s* grianscagaire *m4*
sunspot *s* grianspota *m4*
super- *pref (in general)* for- *pref*
super- *pref (Ch.)* sár- *pref*
superconductive *a* forsheoltach *a*

superconductivity *s* forsheoltacht *f3*
supercool *v* forfhuaraigh *v*
superdense theory teoiric *f2* an fhordhlúis
superheat *v* forthéigh *v* (*pres* -éann, *vn* -éamh)
superheated *a* forthéite *a*
superheterodyne *s* sárheitridín *m4*
superheterodyne receiver glacadóir *m3* sárheitridíneach
superhigh frequency minicíocht *f3* fhorard
superimpose *v* forshuigh *v* (*pres* -uíonn, *vn* -uí)
superimposed *a* forshuite *a*
superior *a* for- *pref*
supernatent liquid forleacht *m3*
superoxide *s* forocsaíd *f2*
superphosphate *s* sárfhosfáit *f2*
superpose *v* forshuigh *v*
superposition *s* forshuíomh *m1*
superposition principle prionsabal *m1* an fhorshuímh
supersaturate *v* forsháithigh *v*
supersaturated *a* forsháithithe *a*
supersaturated vapour gal *f2* fhorsháithithe
superscript *s* forscript *f2*
supersonic *a* forshonach *a*
supersonic flow sreabhadh *m* forshonach
supersonic range raon *m1* forshonach
supplement *s* forlíon *m1*
supplement *v* forlíon *v*
supplementary *s* forlíonach *m1*
supplementary lens lionsa *m4* breise
supply *s* riar *m4*, soláthar *m1*
supply *v* soláthair *v*
support *s* taca *m4*
suppress *v* socht *v*
suppressor *s* sochtóir *m3*
suppressor grid sochtghreille *f4*
supra- *pref* for- *pref*
surd *s* surda *m4*
surface *s* dromchla *m4*
surface-active *a* dromchlaghníomhach *a*
surface-active agent (= surfactant) dromchlaghníomhaí *m4*
surface-barrier transistor trasraitheoir *m3* dromchla-bhaic
surface-charge transistor trasraitheoir *m3* dromchlaluchta
surface density of charge luchtdlús *m1* dromchla
surface energy fuinneamh *m1* dromchla, dromchlafhuinneamh *m1*
surface force dromchlafhórsa *m4*
surface of discontinuity dromchla *m4* neamhleanúnachais
surface recombination velocity treoluas *m1* athchuingrithe dromchla
surface tension teannas *m1* dromchla
surface traction tarraingt *f* dhromchlach
surface wave (= ground wave) tonn *f2* dromchla
surfactant *s* **(= surface-active agent)** dromchlaghníomhaí *m4*
surge *s* borradh *m* (*gs* -rrtha)
surge generator borrghineadóir *m3*
surject *v* barrtheilg *v*
surjection *s* barrtheilgean *m1*
surjective *a* barrtheilgeach *a*
surjective mapping mapáil *f3* bharrtheilgeach
susceptance *s (El.)* so-ghabhálas *m1*
susceptibility *s (El.)* so-ghabhálacht *f3*
susceptible *a* so-ghabhálach *a*
suspend *v* croch *v*
suspend *v (Ch.)* fuaidrigh *v*
suspended *a* crochta *a*, ar crochadh, ar fuaidreamh
suspension *s (Ch.)* fuaidreán *m1*
Sv (= sievert) *(unit)* Sv, síveart *m1*
swarf *s* slisirníneach *m1*
sweep *s (Eln.)* scuabadh *m* (*gs* -btha)
sweep net líon *m1* scuabach
sweetener *s* milseoir *m3*

swing *v* luasc *v*
switch *s* lasc *f2*
switch *v* lasc *v*
swivel *s* sclóin *f2*
symbol *s* siombail *f2*, comhartha *m4*
symbolic *a* siombaileach *a*
symmetrical *a* siméadrach *a*
symmetric difference difríocht *f3* shiméadrach
symmetric function feidhm *f2* shiméadrach
symmetric property of relations airí *m4* siméadrach na gcoibhneas
symmetry *s* siméadracht *f3*
symmetry-allowed *a* siméadrachtcheadaithe *a*
symmetry-forbidden *a* siméadrachtchoiscthe *a*
sympathetic *a* comhbhraiteach *a*
syn- *pref* sin-, sion- *pref*
synchrocyclotron *s* sincricioglatrón *m1*
synchronize *v* sioncrónaigh *v*
synchronous *a* sioncrónach *a*
synchronous alternating-current generator gineadóir *m3* sioncrónach srutha ailtéarnaigh
synchronous capacitor toilleoir *m3* sioncrónach
synchronous clock clog *m1* sioncrónach
synchronous induction motor mótar *m1* sioncrónach ionduchtúcháin
synchronous orbit fithis *f2* shioncrónach
synchronous speed luas *m1* sioncrónach
synchrotron *s* sincreatrón *m1*
syndiotactic *a* sindéatachtach *a*
syneresis *s* siniréis *f2*
synergic *a* sineirgeach *a*
synergism *s* sineirgeachas *m1*
synergistic *s* sineirgisteach *m1*
synergistic *a* sineirgisteach *a*
synoptic chart cairt *f2* shionoptach
synthesis *s* sintéis *f2*
synthesize *v* sintéisigh *v*
synthetic *a* sintéiseach *a*
synthetic additive breiseán *m1* sintéiseach
syringe *s* steallaire *m4*
system *s* córas *m1*
systematic *a* córasach *a*
systematic error earráid *f2* chórasach
systematics *spl* córasaíocht *f3*
systematology *s* córaseolaíocht *f3*
system classification aicmiú *m* córas
system of notation córas *m1* nodaireachta

T

T (= tesla) *(unit)* T, teisle *m4*
table *s* tábla *m4*
tableau *s* tabló *m4*
table of inverse Laplace transform tábla *m4* thrasfhoirm inbhéartach Laplace
tabular *a* táblach *a*
tabulate *v* táblaigh *v*
tacheo- *pref* taicéa-, taicéi- *pref*
tacheometer *s* **(= tachymeter)** taicéiméadar *m1*
tacho- *pref* tacó-, tacói- *pref*
tachometer *s* tacóiméadar *m1*
tachy- *pref* taicea-, taici-, taic- *pref*
tachymeter *s* **(= tacheometer)** taicéiméadar *m1*
tachyon *s (Ph.)* taiceon *m1*
tag *s* clib *f2*
tagged atom clibadamh *m1*
tailings *spl (Eng.)* fuíoll *m1*
take at sample tóg ar randam
tallow *s* geir *f2*
tally stick bata *m4* scóir
tangency *s* tadhlaíocht *f3*
tangent *s (Trig.)* tangant *m1* (tan)
tangent *s (Geom.)* tadhlaí *m4*
tangent *a* tadhaill *gs as a*

tangent galvanometer galbhánaiméadar *m1* tadhaill
tangential coma tadhallchóma *m4*
tangential component tadhallchuidí *m4*
tangram *s* tangram *m1*
tank *s* umar *m1*
tannin *s* tainnin *f2*
tanning *s* súdaireacht *f3*
tantalum *s* tantalam *m1*
tap *s* sconna *m4*
taper *s* fáideog *f2*
taper *v* barrchaolaigh *v*
tapered *a* barrchaolaithe *a*
tappet *s* cniogóg *f2*
target *s (NcPh.)* targaid *f2*
tartaric acid (= (-)-2,3-dihydroxybutanedioic acid) aigéad *m1* tartarach
tau *s* tó *m4*
tau-meson *s* tó-mhéasón *m1*
taut *a* rite *a*
tauten *v* righ *v* (*pres* ríonn, *vn* ríochan)
tautness *s* riteacht *f3*
tautomer *s (Ch.)* tátaiméir *f2*
tautomeric *a (Ch.)* tátaiméireach *a*
tautomerism *s (Ch.)* tátaiméireacht *f3*
taxonomy *s* tacsanomaíocht *f3*
tear gas (= lachrymator) deorghás *m1*
technetium *s* teicnéitiam *m4*
technical *a* teicniúil *a*
technician *s* teicneoir *m3*
technics *spl* teicnic *f2*
technique *s* teicníocht *f3*
technologist *s* teicneolaí *m4*
technology *s* teicneolaíocht *f3*
tektite *s* teictít *f2*
tele- *pref* teilea-, teili-, teil- *pref*
telecommunications *spl* teileachumarsáid *f2*
telegram *s* teileagram *m1*
telegraph *s* teileagraf *m1*
telegraphy *s* teileagrafaíocht *f3*
telemeter *s* teiliméadar *m1*
telephoto *s* teileafóta *m4*
telephoto lens lionsa *m4* teileafóta
telephotography *s* teileafótagrafaíocht *f3*
teleprinter *s* teileachlóire *m4*
telescope *s* teileascóp *m1*
telescopic *a* teileascópach *a*
television *s (set)* teilifíseán *m1*
television *s (system)* teilifís *f2*
tellurium *s* teallúiriam *m4*
temper *s* faghairt *f3* (*gs* -artha)
temper *v* faghair *v*, cuir *v* faghairt ar
temperament *s* réiteacht *f3*
temperature *s* teocht *f3*
temperature coefficient of resistance teocht-chomhéifeacht *f3* friotaíochta
temperature control rialú *m* teochta
temperature-controlled switch lasc *f2* theochtrialaithe
temperature interval *(Ph.)* eatramh *m1* teochta
temperature inversion inbhéartaíocht *f3* teochta
tempered *a* faghartha *a*
tempered distribution dáileadh *m* maolaithe
tempering *s* faghairt *f3 (gs* -artha*)*
template *s* (= **templet**) teimpléad *m1*
templet *s* (= **template**) teimpléad *m1*
temporary hardness *(of water)* cruas *m1* neamh-bhuan
tensile *a (Eng. Mec. Ph.)* inteannta *a*
tensile rest *(Eng. Ph.)* taca *m4* teanntachta
tensile strength *(Eng. Mec.)* neart *m1* teanntachta
tension *s* teannas *m1*
tensor *s* teinseoir *m3*
tepid *a* patuar *a*
tera- *pref* teirea-, teiri-, teir-, tear- *pref*
terbium *s* teirbiam *m4*
term *s* téarma *m4*
term consequent iarthéarma *m4*
terminal *s (El.)* teirminéal *m1*

terminal *a (in general)* críoch- *pref*
terminal *a (El.) (of a terminal)* teirminéalach *a*
terminal amplifier aimplitheoir *m3* teirminéalach
terminal connection cónasc *m1* teirminéalach
terminal line críochlíne *f4* (*pl* -nte)
terminal velocity *(Mec.)* críoch-threoluas *m1*
terminating fraction *(Mth.)* codán *m1* críochta
ternary *a* trínártha *a*
ternary expansion *(Mth.)* forbairt *f* thrínártha
ternary fission *(Ncln.)* eamhnú *m* trínártha
ternary rotation rothlú *m* trínártha
terrestrial *a* domhanda *a*
terrestrial gravitation imtharraingt *f* an domhain
terrestrial magnetism (= geomagnetism) maighnéadas *m1* an domhain
tert- *pref* treas- *pref*
tertiary *a* treasach *a*
tervalent *a* **(= trivalent)** trífhiúsach *a*
tesla (= T) *s (unit)* teisle *m4*, T
tesselation *s* teisiliú *m* (*gs* -ithe)
test-function space *(Mth.)* spás *m1* triailfheidhme
test of significance *(St.)* tástáil *f3* suntasachta
tests for convergence *(Mth. St.)* tástálacha *fpl* le haghaidh coinbhéirseachta
tests for regression *(St.)* tástálacha *fpl* le haghaidh cúlú
test statistic *(St.)* staitistic *f2* thástála
test tube *s* promhadán *m1*, triaileadán *m1*
test-tube brush scuab *f2* phromhadán
tetra- *pref* teitrea-, teitri-, teitr-, teatr- *pref*
tetracarbonylnickel *s* teitreacarbóinilnicil *f2*
tetrachloride *s* teitreaclóiríd *f2*
tetrachloromethane *s* **(= carbon tetrachloride)** teitreaclóraimeatán *m1*
tetraethyl *s* teitreitil *f2*
tetragonal system córas *m1* teitreagánach
tetrahedral *a* teitrihéidreach *a*
tetrahedron *s* teitrihéadrán *m1*
tetrahydridoaluminite *s* teitrihidríodalúmanáit *f2*
tetrahydridoborate *s* **(= borohydride)** teitrihidrídeabóráit *f2*
tetramine *s* teatraimín *m4*
tetrammine *s* teatráimín *m4*
tetramminecopper *s* teatráimín-chopar *m1*
tetravalent *a* ceathairfhiúsach *a*
tetrode *s* teatróid *f2*
textile *s* teicstíl *f2*
texture *s* uigeacht *f3*
thalidomide *s* tailídimíd *f2*
thallium *s* tailliam *m4*
theodolite *s* teodailít *f2*
theorem *s* teoirim *f2*
theorem of parallel axes teoirim *f2* na n-aiseanna comhthreomhara
theoretical *a* teoiriciúil *a*
theory *s* teoiric *f2*
theory of electrolytic dissociation teoiric *f2* an díthiomsúcháin leictrealaíoch
theory of relativity teoiric *f2* na coibhneasachta
therapeutic *a* teiripeach *a*
therm *s* teirm *f2*
thermal *a* teirmeach *a*
thermal capacity (= heat capacity) toilleadh *m1* teirmeach
thermal conductance scoltas *m1* teirmeach
thermal diffusivity idirleatacht *f3* theirmeach

thermal effusion eisleathadh *m* teirmeach
thermal insulation insliú *m* teirmeach
thermal neutron neodrón *m1* teirmeach
thermal noise torann *m1* teirmeach
thermal power station stáisiún *m1* cumhachta teirmeach
thermal radiation radaíocht *f3* theirmeach
thermal radiator radaitheoir *m3* teirmeach
thermal reactor *(Ch. Ncln.)* imoibreoir *m3* teirmeach
thermal transpiration trasghalú *m* teirmeach
thermionic *a* teirmianach *a*
thermionic cathode catóid *f2* theirmianach
thermistor *s* teirmeastar *m1*
thermit *s* (= **thermite**) teirmít *f2*
thermite *s* (= **thermit**) teirmít *f2*
thermite reaction imoibriú *m* teirmíte
thermo- *pref* teirmea-, teirmi-, teirm- *pref*
thermoammeter *s* teirmea-aimpmhéadar *m1*
thermochemical *a* teirmiceimiceach *a*
thermochemistry *s* teirmiceimic *f2*
thermocouple *s* teirmeachúpla *m4*
thermodynamic *a* teirmidinimiciúil *a*
thermodynamic potential poit-éinseal *m1* teirmidinimiciúil
thermodynamics *spl* teirmidinimic *f2*
thermodynamic temperature teocht *f3* theirmidinimiciúil
thermoelectric *a* teirmileictreach *a*
thermoelectricity *s* teirmileictreachas *m1*
thermoelectric series sraith *f2* theirmileictreach
thermogalvanometer *s* teirmeagalbhánaiméadar *m1*
thermogravimetric *a* teirmi-mheámhéadrach *a*
thermoluminescence *s* teirmea-lonracht *f3*
thermoluminescent *a* teirmea-lonrach *a*
thermomagnetic effect iarmhairt *f3* theirmeamaighnéadach
thermometer *s* teirmiméadar *m1*
thermometry *s* teirmiméadracht *f3*
thermonuclear *a* teirmeanúicléach *a*
thermophone *s* teirmeafón *m1*
thermopile *s* teirmeacharn *m1*
thermoplastic *a* teirmeaplaisteach *a*
thermosetting *a (Ch. Ph.)* teirmi-théachtach *a*
thermos flask teirmeas *m1*
thermostat *s* teirmeastat *m1*
thermostatic *a* teirmeastatach *a*
thermostatics *spl* teirmeastataic *f2*
thermotropy *s* teirmeatrópacht *f3*
theta *s* téite *f4*
theta pinch téite-chúngú *m* (*gs* -gaithe)
thiazole *s* tiasól *m1*
thick *a* tiubh *a*
thickener *s (Eng.) (sedimentation)* tiúsóir *m3*
thick-film circuit *(Eln.)* ciorcad *m1* tiúscannáin
thick lens tiúlionsa *m4*
thick mirror tiúscáthán *m1*
thick stroke tiúlíne *f4* (*pl* -nte)
thin-film circuit *(Eln.)* ciorcad *m1* tanascannáin
thio- *pref* tia-, tiai- *pref*
thiocarbamide *s* tiacarbaimíd *f2*
thiocyanate *s* tiaicianáit *f2*
thiocyanide *s* tiaiciainíd *f2*
thiol *s* (= **mercaptan**) tiól *m1*
thiosulphate *s* tiasulfáit *f2*
thiourea *s* tia-úiré *f4*
third *s* trian *m1*
third power tríú cumhacht

thistle-funnel *s* craosadán *m1*
thixotropic *a* ticseatrópach *a*
thixotropy *s* ticseatrópacht *f3*
thorium *s* tóiriam *m4*
thought experiment *(Ph.)* smaointurgnamh *m1*
thousand *s* míle *m4*
thread *s* snáithe *m4*
three-body problem *(Mec. Ph.)* fadhb *f2* trí chorp
three-centre bond nasc *m1* trílárach
three-dimensional *a* tríthoiseach *a*
three-fold degeneracy díchineálacht *f3* thrífhillte
three-force body *(Mec. Ph.)* corp *m1* trí fhórsa
three-phase *a* tríphasach *a*
three-throw pump caidéal *m1* trí ligean
threshold *s* tairseach *f2*
threshold frequency minicíocht *f3* tairsí
threshold of hearing tairseach *f2* na héisteachta
threshold potential poitéinseal *m1* tairsí
threshold voltage voltas *m1* tairsí
throttle *s* scóig *f2*
throttle-valve *s* scóigchomhla *f4*
thrust *s (Mec. Ph.)* sá *m4*
thrust bearing *(Mec.)* sá-thaca *m4*
thulium *s* túiliam *m4*
thymine *s* tímín *m4*
thymol *s* tíomól *m1*
thyratron *s (Eln.)* tíreatrón *m1*
tide *s* taoide *f4*
tie *s* ceangal *m1*
tie bar barra *m4* trasnánach
tied arch *(CivEng.)* áirse *f4* cheangailte
tight-coupled inductor *(El.)* ionduchtóir *m3* teannchúpláilte
tiling *s* tíliú *m* (*gs* -ithe)
timbre *s* tondath *m3*
time *s* am *m3*
time base ambhonn *m1*
time constant amthairiseach *m1*
time constant of second-order system amthairiseach *m1* córais dara hord
time delay *(Ph.)* moill *f2* ama
time dilation amleathadh *m* (*gs* -eata)
time-division multiplexing ilphléacsacht *f3* amroinnte
time domain amfhearann *m1*
time-domain specifications sonraíochtaí *fpl* amfhearainn
time peak ambhuaic *f2*
time reflection am-fhrithchaitheamh *m1*
time response amfhreagairt *f3 (gs* -artha)
time reversal *(Ph.)* amchúlú *m* (*gs* -laithe)
time scaling amscálú *m* (*gs* -laithe)
time series *(St.)* amshraith *f2*
time switch amlasc *f2*
time to peak am *m3* chun buaice
time zone amchrios *m3*
tin *s* stán *m1*
tincture *s* tintiúr *m1*
tinfoil scragall *m1* stáin
tint *s* imir *f2*
tintometer *s* imirmhéadar *m1*
tissue *s (Bio.)* fíochán *m1*
titanium *s* tíotáiniam *m4*
titanyl *s* tíotáinil *f2*
titrant *s (Ch.)* toirtmheascthóir *m3*
titrate *v (Ch.)* toirtmheasc *v*
titration *s* toirtmheascadh *m* (*gs* -ctha)
titre *s* títear *m1*
titrimetric *a* tíotraiméadrach *a*
titrimetry *s* tíotraiméadracht *f3*
toggle *s* scorán *m1*
toggle switch lasc *f2* scoráin
toggle vice bís *f2* scoráin
tog value luach *m3* toga
tol *s* tol *m1*
tolerance *s* lamháltas *m1*
toluene *s* (**= methylbenzene**) tolúéin *f2*

toluic *a* (= **methylbenzoic**) tolúch *a*
toluidene *s* tolúidéin *f2*
tomography *s* tomagrafaíocht *f3*
ton *s* tonna *m4*
tone *s* ton *m1*
tone control tonrialú *m* (*gs* -laithe)
tonne *s* (= **metric ton**) tona *m4*
tool kit foireann *m1* uirlisí
toothed *a* fiaclach *a*
top *s (spinning top)* caiseal *m1*
top-heavy ceanntrom *a*, barrthrom *a*
top molecule caisealmhóilín *m4*
topological *a* toipeolaíoch *a*
topological equivalent coibhéis *f2* thoipeolaíoch
topological group grúpa *m4* toipeolaíoch
topological isomorphism iseamorfacht *f3* thoipeolaíoch
topological linear space spás *m1* líneach toipeolaíoch
topologically equivalent coibh-éiseach go toipeolaíoch
topology *s* toipeolaíocht *f3*
toric lens tórlionsa *m4*
toroidal winding tochrán *m1* tóróideach
torque *s (Mec.)* casmhóimint *f2*, torc *m1*
torquemeter *s* torcmhéadar *m1*
torr *s* torr *m1*
torsion *s* toirsiún *m1*
torsional *a* toirsiúnach *a*
torsional hysteresis histéiréis *f2* thoirsiúnach
torsional rigidity doichte *f4* thoirsiúnach
torsional vibration creathadh *m1* toirsiúnach
torsional wave tonn *f2* thoirsiúnach
torsion balance toirsiúnmheátán *m1*
torsion head ceann *m1* toirsiúin
torsion meter toirsiúnmhéadar *m1*
torus *s* tóras *m1*
total differential *(Mth.)* slándifreálach *m1*
total-differential equation *(Mth.)* cothromóid *f2* slándifreálaigh
total emission *(Ph.)* lán-astú *m* (*gs* -taithe)
total heat *(Ph.)* lánteas *m3*
total-radiation pyrometer *(Ph.)* piriméadar *m1* lánradaíochta
toughness *s (Mec.)* righneas *m1*
tourmaline *s* túrmailín *m4*
toxic *a* tocsaineach *a*
toxicity *s* tocsaineacht *f3*
toxicological *a* tocsaineolaíoch
toxicology *s* tocsaineolaíocht *f3*
toxin *s* tocsain *f2*
toxophore *s* tocsafór *m1*
trace *s (Ch.)* rian *m1*
trace *s* (= **path**) *(Eln. Mth.)* rian *m1*
trace *v (Mth. NcPh.)* rianaigh *v*
trace element *(Ch.)* riandúil *f2*
tracer *s* (= **tracer element**) *(Ch. NcPh.)* rianaire *m4*
tracer *s (Mth.)* rianaire *m4*
tracer compound *(Ch.)* rian-chomhdhúil *f2*
tracer element (= **tracer**) *(Ch. NcPh.)* rianaire *m4*
tracer isotope *(Ch. NcPh.)* rian-iseatóp *m1*
track *v (Ncln.)* lorg *v*
tractive power *(Mec.)* cumhacht *f3* tarraingthe
tractive resistance *(Mec.)* friotaíocht *f3* tarraingthe
trade mark trádmharc *m1*
traditional mathematics matamaitic *f2* thraidisiúnta
train of rods slatsraith *f2*
train of wheels sraith *f2* rothaí, rothshraith *f2*
trajectory *(Mec. Ph.)* ruthag *m1*
trajectory in phase plane *(Mec.)* ruthag *m1* sa phasphlána
trans- *pref* tras- *pref*, tar- *pref*
transamination *s* trasaimíniú *m* (*gs* -ithe)

trans-butenedioic acid (= fumaric acid) aigéad *m1* tras-bhúitéindé-óch
trans-but-2-enoic acid (= crotonic acid) aigéad *m1* tras-bhút-2-éanóch
transceiver *s* trasghlacadóir *m3*
transcendental *a* tarchéimniúil *a*
transcendental equation cothromóid *f2* tharchéimniúil
transcendental function feidhm *f2* tharchéimniúil
transcriptase *s* trascrioptáis *f2*
transducer *s (Ph.)* trasduchtóir *m3*
transductor *(Eln. ElMag.)* trasduchtán *m1*
trans-effect *s* trasiarmhairt *f3*
transferase *s* trasfaráis *f2*
transference *s* traschur *m1*
transfer formula foirmle *f4* thraschuir
transfer function feidhm *f2* thraschuir
transfer-function definition sain-mhíniú *m* ar fheidhm thraschuir
transfer impedance coisceas *m1* traschuir
transfer RNA (= tRNA) RNA traschuir
transfinite number uimhir *f* thrasfhinideach
transform *s (Mth.)* trasfhoirm *f2*
transform *v (El.)* claochlaigh *v*
transform *v (Mth.)* trasfhoirmigh *v*
transformation *s (Mth.)* trasfhoirmiú *m* (*gs* -ithe)
transformation equation *(Mth.)* cothromóid *f2* trasfhoirmiúcháin
transformation group *(Mth.)* grúpa *m4* trasfhoirmiúcháin
transformation of similitude *(Mth.)* trasfhoirmiú *m* na cosúlachta
transformer *s (ElMag.)* claochladán *m1*
transience *s* díomuaine *f4*
transient equilibrium *(Ncln.)* cothromaíocht *f3* dhíomuan
transisomer *s* tras-isiméir *f2*
transistor *s* trasraitheoir *m3*
transistor parameter paraiméadar *m1* trasraitheora
transistor-transistor logic *(Eln.)* loighic *f2* thrasraitheora is trasraitheora
transition *s (Ch. Ph. QuMec.)* trasdul *m3*
transitional *a (Ch. Mec. Ph.)* trasdultach *a*
transitional triad triad *m1* trasdultach
transition metal miotal *m1* trasdultach
transitive *a (Mth.)* aistreach *a*
transitive property of inclusion of sets *(Mth.)* airí *m4* aistreach iniamh na dtacar
transitive relation coibhneas *m1* aistreach
transitivity *s (Mth.)* aistreacht *f3*
transit time *(Eln.)* am *m3* trasdula
translation *s (Mth.)* aistriú *m* (*gs* -ithe)
translational energy fuinneamh *m1* aistriúcháin
translation invariance do-athraitheacht *f3* maidir le haistriú
translation operator *(Mth.)* oibreoir *m3* aistriúcháin
translucent *a* tréshoilseach *a*
transmissibility *s (Opt. Ph.)* in-tarchurthacht *f3*
transmission *s (Ph.)* tarchur *m* (*gs* as *s* -uir, *gs* as *vn* -urtha)
transmission coefficient *(Ph.)* comhéifeacht *f3* tarchuir
transmission factor *(Ph.)* fachtóir *m3* tarchuir
transmission line *(El.)* líne *f4* tharchuir
transmission loss *(Ph.)* caillteanas *m1* sa tarchur
transmission of heat *(Ph.)* tarchur *m1* teasa
transmissivity *(Ph.)* tarchurthacht *f3*

transmit *v (Ph.)* tarchuir *v* (*vn* -chur)
transmittance *s (Ph.)* tarchuras *m1*
transmittancy *s (Ph.)* tarchurasacht *f3*
transmitted wave *(Ph.)* tonn *f2* tharchurtha
transmitter *s* tarchuradóir *m3*
transmutate *v* claochlaigh *v*
transmutation *s* claochlú *m* (*gs* -chlaithe)
transparent *a* trédhearcach *a*
transparent *a (of radiation)* tréscaoilteach *a*
transport *s* iompar *m1*
transport *v* iompair *v*
transportation problem fadhb *f2* iompair
transport number uimhir *f* iompair
transport phenomenon feiniméan *m1* iompair
transport theorem teoirim *f2* an iompair
transpose *s* trasuíomh *m1*
transpose *v* trasuigh *v*
transpose matrix maitrís *f2* trasuímh
transposition *s* trasuíomh *m1*
transuranic *a* trasúránach *a*
transuranics *spl* trasúráinic *f2*
transversal *s* trasnaí *m4*
transversality *s* trasnaíocht *f3*
transversality boundary condition fóirchoinníoll *m1* trasnaíochta
transverse *a (Mth.)* trasnach *a*, tras- *pref*
transverse anistropy *(Ch. Ph.)* ainiostrópacht *f3* thrasnach
transversely isotropic *(Ch. Ph.)* tras-iseatrópach *a*
transverse mass *(Ph.)* trasmhais *f2*
transverse vibration *(Ph.)* traschrith *m3*
transverse wave *(Ph.)* trastonn *f2*
trap *s* gaiste *m4*
trapezium *s* traipéisiam *m4*
trapezoid *s* traipéasóideach *m1*
trapezoid(al) *a* traipéasóideach *a*
trapezoidal rule riail *f* thraipéasóideach
travelling microscope *(Opt.)* micreascóp *m1* gluaisteach
travelling wave tonn *f2* taistil
travelling-wave tube feadán *m1* tonn taistil
traverse *s* trasnáil *f3*
treatment *s* cóireáil *f3*
treble *a* méadaithe faoi thrí
treble *v* méadaigh faoi thrí
trembler *s* creathóir *m3*
trend *s (Ph. St.)* treocht *f3*
triad *s (Ch.)* triad *m1*
trial *s* triail *f* (*gs* -alach)
trial and error method modh *m3* na trialach agus na hearráide
triangle *s* triantán *m1*
triangular *a* triantánach *a*
triangular inequality éagothroime *f4* thriantánach
triangular matrix maitrís *f2* thriantánach
triangular number uimhir *f* thriantánach
triangular variate normal probability dóchúlacht *f3* normalach athráideach thriantánach
triangulation *s* triantánú *m* (*gs* -naithe)
tribasic *a* tríbhunata *a*
tribo- *pref* tribea-, tribi-, trib- *pref*
triboelectricity *s* tribileictreachas *m1*
triboluminescence *s* tribealonracht *f3*
tribophosphorescence *s* tribimhéarnáil *f3*
trichloroethanal *s* tríchlóireatánal *m1*
trichloroethane *s* tríchlóireatán *m1*
trichloromethane *s* **(= chloroform)** tríchlóraimeatán *m1*
trichotomy *s* tríceatóime *f4*
trichromatic *a* tríchrómatach *a*
trickle charger *s* sil-luchtaire *m4*

tridentate *a* trídhéadach *a*
tridiagonal *a* tríthrasnánach *a*
triene *s* triéin *f2*
triethanolamine *s* (= **tris(2-hydroxyethyl)amine**) trí-eatánólaimín *m4*
triethylenetetramine *s* trí-eitiléinteatraimín *m4*
trigonal *a* tríogánach *a*
trigonometrical *a* triantánúil *a*
trigonometry *s* triantánacht *f3*
trihedral *a* tríhéidreach *a*
triiodomethane *s* (= **iodoform**) trí-iadaimeatán *m1*
trilinear *a* trílíneach *a*
trimer *s* trímhéir *f2*
trimethylbenzene *s* (= **mesithylene**) trímheitilbeinséin *f2*
trimmer *s* feisteoir *m3*
trimmer condenser comhdhlúthadán *m1* feistiúcháin
trinomial *a* tríthéarmach *a*
trinomial distribution dáileachán *m1* tríthéarmach
trinomial expression slonn *m1* tríthéarmach
triode *s* trióid *f2*
triode hexode *s* trióid-heacsóid *f2*
triode voltage amplifier aimplitheoir *m3* voltais trióide
trioic *a* trióch *a*
-triol *suff s* -triól *suff m1*
trip coil truipchorna *m4*
triple *a* triarach *a*
triple-beam balance meátán *m1* trí chuing
triple bond nasc *m1* triarach
triple point *(Ch.)* tríphointe *m4*
triplet *s (Opt. Ph.)* tripléad *m1*
triplet state *(Ph.)* staid *f2* thripléadach
triplex process *(Ch. Metal.)* próiseas *m1* tríphléacsach
tripod *s* tríchosach *m1*, troiste *m4*
tripping device deis *f2* thuisleach
trip switch lasc *f2* thuisleach
tris- *pref* tris- *pref*
trisect *v (Mth.)* tríroinn *v*
trisection *s (Mth.)* tríroinnt *f, gs* -te, *pl* -rannta
trisectrix *s (Mth.)* tríroinnteoir *m3*
tris(2-hydroxyethyl)amine *s* (= **triethanolamine**) tris(2-hio-drocsa-eitiol)aimín *m4*
trisilylamine *s* tríshiliolaimín *m4*
tristimulus value luach *m3* tríspreagach
tritium *s* tritiam *m4*
triton *s* tríotón *m1*
trityl *s* trítil *f2*
trivalent *a* (= **tervalent**) trífhiúsach *a*
trivial solution *(Mth. Ph.)* réiteach *m1* beagbhríoch
trolley *s* tralaí *m4*
tromino *s* tromanó *m4*
-tron *suff s* -trón *suff m1*
-trope *suff s* -tróp *suff m1*
-trophic *suff a* -trófach *suff a*
-trophy *suff s* -trófacht *suff f3*
-tropic *suff a* -trópach *suff a*
tropopause *s* trópastad *m4*
-tropy *suff s* -trópacht *suff f3*
trough *s (of wavelength)* log *m1*
troy system *(Mec.)* córas *m1* troí
troy weight *s (Mec.)* meáchan *m1* troí
true *a* fíor *a*
true anomaly *(Ast.)* aimhrialtacht *f3* fhíor
true sentence *(Set.)* abairt *f2* fhíor
truncate *v (Arith. St.)* teasc *v*
truncate *v (Geom.)* barrscoith *v*
truncated *a (Arith. St.)* teasctha *a*
truncated *a (Geom.)* barrscoite, maol
truncated cone *(Mth.)* cón *m1* barrscoite
truncated series *(Mth.)* sraith *f2* theasctha
truncation error *(Mth.)* earráid *f2* teascacháin

trundle wheel roth *m3* landair
truss *s* trus *m4*
trussed *a* trusáilte *a*
truth set tacar *m1* fírinne
tube *s* feadán *m1*
tube of flux (= tube of force) *(Eln.)* floscfheadán *m1*
tube of force (= tube of flux) *(Eln.)* floscfheadán *m1*
tubular *a* feadánach *a*
tumbler *s* **(= tumbler switch)** *(El.)* lasc *f2* thruslógach
tumbler switch (= tumbler) *(El.)* lasc *f2* thruslógach
tune *s* tiúin *f2*
tune *v* tiúin *v* (*pres* -únann, *vn* -únadh), comhthiúin *v*
tuned circuit ciorcad *m1* tiúnta
tuner *s (Eln.)* tiúnadóir *m3*
tungsten *s* **(= wolfram)** tungstan *m1*
tuning-fork *s* gabhlóg *f2* thiúnta
tunnel *s* tollán *m1*
tunnel effect iarmhairt *f3* tolláin
turbid *a* moirtiúil *a*
turbidimetry *s* moirtmhéadracht *f3*
turbidity *s* moirtiúlacht *f3*
turbine *s* tuirbín *m4*
turbo- *pref* turba-, turbai- *pref*
turbo-alternator *s* turbailtéarnóir *m3*
turbulence *s* **(= turbulent flow)** *(Mec.)* suaiteacht *f3*
turbulent flow (= turbulence) *(Mec.)* sreabhadh *m* suaite
turbulent stress strus *m1* suaite
turn *v* cas *v*
turnings *spl* scamhachán *m1*
turns *spl (of coil)* lúba *fpl*
turns ratio caschóimheas *m3*
turn-table *s* caschlár *m1*
turpentine *s* tuirpintín *m4*
turret *s* túirín *m4*
tweeter *s* trílire *m4*
tweezers *spl* pionsúirín *m4*
twice-continuously differentiable indifreálaithe go leanúnach faoi dhó
twice differentiable indifreálaithe faoi dhó
twin-engined *a* dé-inneallach *a*
twinkle *s* drithliú *m* (*gs* -ithe)
twinning *s* cúplaíocht *f3*
twist *v* cas *v*
twisted *a* casta *a*, cas- *pref*
twisted curve caschuar *m1*
two-dimensional *a* déthoiseach *a*
two-phase *a* déphasach *a*
two-tailed test *(St.)* tástáil *f3* dhéfhoircneach
typography *s* clóghrafaíocht *f3*

U

u (= ungerade) *(unit) (de)* u, *ungerade m4*
ubiety *s* láithreacht *f3*
ubiquity *s* uileláithreacht *f3*
ultimate *a* deiridh *gs* as *a*
ultimate load ualach *m1* deiridh
ultimate strength neart *m1* deiridh
ultimate stress strus *m1* deiridh
ultra- *pref* ultra-, ultra(i)- *pref*
ultracentrifuge *s* ultra-lártheifneoir *m3*
ultracrystalline *a* ultraichriostalach *a*
ultrahigh frequency minicíocht *f3* ultra-ard
ultramarine *s* ultramairín *m4*
ultramicroscope *s* ultraimicreascóp *m1*
ultramicroscopy *s* ultraimicreascópacht *f3*
ultrasonic *a* ultrasonach *a*
ultrasonics *spl* ultrasonaic *f2*
ultrasound *s* ultrafhuaim *f2*
ultraviolet *a* ultraivialait *a*
ultraviolet catastrophe catastróf *f2* ultraivialait
ultraviolet ray (= UV ray) ga *m4* ultraivialait
-um *suff s* -am *suff m1*

U-magnet *s* (= **horseshoe magnet**) crú-mhaighnéad *m1*
umbra *s* lánscáil *f2*
umbral index innéacs *m4* lánscáileach
unary *a* aonártha *a*
unbalanced *a* neamhchothrom *a*, neamhchothromaithe *a*
unbalanced disk diosca *m4* neamhchothromaithe
unbalanced forces fórsaí *mpl* neamhchothromaithe
unbiased *a* neamhlaofa *a*
unbiased coin bonn *m1* neamhlaofa
unbiased estimate meastachán *m1* neamhlaofa
unbiased estimator meastóir *m3* neamhlaofa
unbounded *a* éaguimsithe *a*
unbounded self-adjoint operator *(Mth.)* oibreoir *m3* féinchuingeach éaguimsithe
uncertainty *s* éiginnteacht *f3*
uncertainty principal *(Mth. QuMec.)* prionsabal *m1* na héiginnteachta
uncombined *a* neamhchuingrithe *a*
unconstrained *a* neamhiallaithe *a*
unconstrained function feidhm *f2* neamhiallaithe
undamped *a* neamh-mhaolaithe *a*
undamped natural frequency minicíocht *f3* nádúrtha neamh-mhaolaithe
undenary *a* aondénártha *a*
undercurrent *s* foshruth *m3*
undercurrent release *(El.)* scaoileadh *m* foshrutha
underdamped *a* tearcmhaolaithe *a*
underdamped second-order system córas *m1* tearcmhaolaithe dara hord
underdeveloped *a (Phot.)* foréalta *a*
under force *(of flexibility of material)* faoi fhórsa
undertone colour dath *m3* fothonach
undervoltage release *(El.)* scaoileadh *m* fovoltais
undetermined *a* neamhchinntithe *a*
undetermined coefficient comhéifeacht *f3* neamhchinntithe
unequal *a (Mth.)* éagothrom *a*
unfavourable *a* neamhfhabhrach *a*
unfavourable event teagmhas *m1* neamhfhabhrach
ungerade (= u) *s (de)* *ungerade m4*, u
ungrouped data *(St.)* sonraí *mpl* neamhghrúpáilte
uni- *pref* aon- *pref*
uniaxial *a* aonaiseach *a*
unicursal curve cuar *m1* aonchúrsach
unidentate *a* aondéadach *a*
unidimensional *a* (= **one-dimension**) aontoiseach *a*
unidirectional *a* aontreoch *a*
unified atomic mass unit aonad *m1* maise adamhaí aontaithe
unified-field theory teoiric *f2* réimsí aontaithe
unifilar suspension *(Mec.)* crochadh *m* aonsnáthach
uniform *a* aonfhoirmeach *a*
uniform convergence *(Mth.)* coinbhéirseacht *f3* aonfhoirmeach
uniform field *(Ph.)* réimse *m4* aonfhoirmeach
uniform norm *(Mth.)* norm *m1* aonfhoirmeach
uniform-temperature enclosure *(Ph.)* iniamh *m1* teochta aon fhoirmí
unijunction transistor *(Eln.)* trasraitheoir *m3* aon chumair
unimodal function *(Mth. St.)* feidhm *f2* aonmhódach
unimolecular *a* aonmhóilíneach *a*
union *s* aontas *m1*
union of two sets aontas *m1* dhá thacar
unipolar transistor *(Eln.)* trasraitheoir *m3* aonpholach
uniqueness *s* uathúlacht *f3*
unit *s* aonad *m1*

unitary *a* aonadach *a*
unitary group grúpa *m4* aonadach
unitary operator oibreoir *m3* aonadach
unitary symmetry siméadracht *f3* aonadach
unit cell aonadchill *f2*
unit impulse response *(ContSys.)* freagairt *f3* aonadríoga
unit length aonadfhad *m1*
unit normal *s* aonadnormal *m1*
unit normal *a* aonadnormalach *a*
unit of area aonad *m1* achair
unit of gauge pressure aonad *m1* brú tomhsaire
unit of length aonad *m1* faid, fadaonad *m1*
unit of measurement aonad *m1* tomhais
unit of thermal resistance aonad *m1* friotaíochta teirmí
unit operation aonadoibríocht *f3*
unit parabola aonadpharabóil *f2*
unit plane aonadphlána *m4*
unit point aonadphointe *m4*
unit pole aonadphol *m1*
unit process aonadphróiseas *m1*
unit tangent *s (Mth.)* aonadtadhall *m1*
unit-tangent *a* aonadtadhlach *a*
unit vector *(Mth.)* aonadveicteoir *m3*
unity *s* aontacht *f3*
unity element eilimint *f2* aontachta
univalent *a* aonfhiúsach *a*
univariate distribution dáileachán *m1* aonathráideach
universal *a* uilíoch *a*
universal gas constant gástairiseach *m1* uilíoch
universal indicator táscaire *m4* uilíoch
universal indicator paper páipéar *m1* táscaire uilíoch
universality *s* uilíocht *f3*
universality theorem teoirim *f2* na huilíochta
universal joint alt *m1* uilíoch
universal mill muileann *m1* uilíoch
universal motor mótar *m1* uilíoch
universal set uilethacar *m1*
universal shunt seachród *m1* uilíoch
universe *s* cruinne *f4*
unknown *a (Mth.)* anaithnid *a*
unlimited *a (Mth.)* neamhtheoranta *a*
unnilhexium *s* unnailheicsiam *m4*
unnilpentium *s* unnailpeintiam *m4*
unnilquadium *s* unnalcuaidiam *m4*
unreactive *a* neamh-imoibríoch *a*
unsaturated *a* neamhsháithithe *a*
unsaturated vapour gal *f2* neamhsháithithe
unscramble *v* díscrobh *v*
unspun *a* neamhshníofa *a*
unstable *a* éagobhsaí *a*
unstable equilibrium cothromaíocht *f3* éagobhsaí
unsymmetric *a* neamhshiméadrach *a*
upper atmosphere an t-atmaisféar *m1* uachtarach
upper bound cuimse *f4* uachtair
upper bounded *a (Mth. Set.)* uachtarchuimsithe *a*
upper triangular matrix maitrís *f2* thriantánach uachtarach
upright *a* ceartdíreach *a*
upright abacus *(Mth.)* fráma *m4* comhairimh ingearach
upthrust *s* sá *m4* aníos
upsilon *s* upsalón *m1*
uracil *s* úraicil *f2*
uranate *s* úránáit *f2*
uraninite *s* úráininít *f2*
uranium *s* úráiniam *m4*
uranium series sraith *f2* úráiniam
uranocene *s* úránaicéin *f2*
uranyl *s* úráinil *f2*
urea *s* (= **carbonyl diamide**) úiré *f4*
urethane *s* úireatán *m1*
uridine *s* úiridín *m4*
use of materials úsáid *f2* na n-ábhar

utensil *s* gléas *m1*
U-value *s* U-luach *m3*
UV ray (= ultraviolet ray) ga *m4* ultraivialait

V

vacuity *s* foilmhe *f4*
vacuum *s* folús *m1*
vacuum flask folúsfhleascán *m1*
vacuum gauge folústomhsaire *m4*
vacuum pump folúschaidéal *m1*
vacuum ultraviolet spectroscopy speictreascópacht *f3* ultraivialait folúis
valence *s* **(= valency)** *(Ch.)* fiús *m1*
valence band fiúsbhanda *m4*
valence bond fiúsnasc *m1*
valence-bond theory teoiric *f2* an fhiúsnaisc
valence electron fiúsleictreon *m1*
valence shell fiús-sceall *m3*
valence shell electron-pair repulsion theory (= VSEPRT) *(Ch.)* teoiric *f2* éartha leictreondís an fhiús-scealla, TÉLDFS
valency *s* **(= valence)** fiús *m1*
valency electron fiúsleictreon *m1*
valency number fiús-uimhir *f* (*gs* -mhreach)
-valent *suff a* -fhiúsach *suff a*
valeric *a* **(= pentanoic)** vailéarach *a*
value *s* luach *m3*
valued *a* luachach *a*
valve *s* comhla *f4*
valve reactor *(El.)* freasaitheoir *m3* comhlach
valve-holder *s (Ph.)* cró *m4* comhla
valve voltmeter *(Ph.)* voltmhéadar *m1* comhlach
vanadium *s* vanaidiam *m4*
vanadyl *s* vanaidil *f2*
Van Allen belt (= radiation belt) crios *m3* Van Allen
vaporization coefficient comhéifeacht *f3* galúcháin
vaporize *v* galaigh *v*
vapour *s* gal *f2*
vapour density galdlús *m1*
vapour pressure galbhrú *m4*
vapour-pressure thermometer teirmiméadar *m1* galbhrú
varactor *s* **(= varactor diode)** *(Eln.)* varachtóir *m3*
varactor diode (= varactor) *(Eln.)* dé-óid *f2* varachtórach
varactor tuning *(Eln.)* tiúnadh *m* varachtórach
variability *s* inathraitheacht *f3*
variable *s* athróg *f2*
variable *a (changing)* athraitheach *a*
variable *a (capable of being changed)* inathraithe *a*
variable focus condenser comhdhlúthadán *m1* fócais inathraithe
variable of state athróga *fpl* staide
variable resistor friotóir *m3* inathraithe
variable secant seiceant *m1* athraitheach
variance *s* athraitheas *m1*
variant *s* athraitheach *m1*
variate *s* athráid *f2*
variate *a* athráideach *a*
variation *s* comhathrú *m* (*gs* -thraithe)
variation *s (Mth.)* athrúchán *m1*
variational method modh *m3* athrúchánach
variation of the compass athrú *m* an chompáis
varistor *s (Eln.)* varastar *m1*
varnish *s* vearnais *f2*
vary *v* athraigh *v*
varying *a* athraitheach *a*
vaseline *s* veasailín *m4*
vat *s* dabhach *f* (*gs* daibhche)
vat dye dabhachruaim *f2*
vector *s* veicteoir *m3*
vector boson bósan *m1* veicteora

vector cross product (= cross product, vector product) trasiolrach *m1*
vector field réimse *m4* veicteoireach
vector product (= cross product, vector cross product) iolrach *m1* veicteoireach
vector series sraith *f2* veicteoireach
vector space spás *m1* veicteoireach
vector surface traction tarraingt *f* dhromchlach veicteoireach
vector triple product iolrach *m1* triarach veicteoireach
vegetable origin bunús *m1* plandúil
velocimeter *s* luasmhéadar *m1*
velocity *s* treoluas *m1*
velocity-displacement diagram léaráid *f2* treoluais is asáitithe
velocity of propagation treoluas *m1* forleata
velocity of sound treoluas *m1* fuaime
velocity potential poitéinseal *m1* treoluais
velocity servomechanism seirbhimheicníocht *f3* treoluais
velocity-time diagram léaráid *f2* treoluais is ama
vena contracta *(la)* *vena contracta*
vent *s* poll *m1*
ventilate *v* aeraigh *v*
ventilation *s* aerú *m* (*gs* -raithe)
ventilator *s* aerthóir *m3*
venturi *s* **(= venturi tube)** feadán *m1* Venturi
venturi meter méadar *m1* Venturi
venturi scrubber sciúrthóir *m3* Venturi
venturi tube (= venturi) feadán *m1* Venturi
verification *s* fíorú *m* (*gs* -raithe)
verify *v* fíoraigh *v*
vermiculite *s* veirmicilít *f2*
vernier focus power fócaschumhacht *f3* Vernier
vernier scale scála *m4* Vernier
versor *s* veirseoir *m3*
vertex *s (Mth. Opt.)* stuaic *f2*
vertical *s* ceartingear *m1*
vertical *a* ceartingearach *a*
vertical axis ais *f2* cheartingearach
vertically-opposite angles rinnuillinneacha *fpl* urchomhaireacha
very high frequency (= VHF) minicíocht *f3* an-ard, MAA
vesicant *s* spuaiceán *m1*
vesicatory *a* spuaiceánach *a*
VHF (= very high frequency) MAA, minicíocht *f3* an-ard
vibrate *v* crith *v*, creath *v*
vibrating *a* creathach *a*
vibrating-reed galvanometer galbhánaiméadar *m1* crithghiolcaí
vibration *s (Mec. Ph.)* creathadh *m1* crith *m3*
vibrational *a* creathúil *a*
vibrational quantum number candamuimhir *f* chreathúil
vibration galvanometer galbhánaiméadar *m1* creathach
vibration isolation aonrú *m* creathach
vibration magnetometer maighnéadaiméadar *m1* creathach
vibration of a spring *(Mec.)* creathadh *m1* lingeáin
vibration-rotation spectrum *(Ph.)* speictream *m1* crithrothlúcháin
vibrator *s* creathadóir *m3*
vibratory *a* creathánach *a*
vibrometer *s* crithmhéadar *m1*
vic- *pref* vic-, vioc- *pref*
vicdichloroethane *s* vic-dhéchlóireatán *m1*
video *s* físeán *m1*
video- *pref* fís- *pref*
video frequency *s* físmhinicíocht *f3*
video tape *s* fístéip *f2* (*pl* -eanna)
vidicon *(Phot.)* vidíocón *m1*
view-finder *s (Opt. Ph.)* lorgán *m1* radhairc
vignetting *s* fínéadú *m* (*gs* -daithe)
vigorous *a* bríomhar *a*

vinasses *spl* fíonfhuíoll *m1*
vinegar *s* fínéagar *m1*
vinyl *s* vinil *f2*
viol- *pref* víol- *pref*
violet *s* vialait *f2*
violent reaction *(Ch.)* imoibriú *m* foirtil
virgin metal óghmhiotal *m1*
virgin neutron óghneodrón *m1*
virial *s* viriúlach *m1*
virial *a* viriúil *a*
virial coefficient comhéifeacht *f3* viriúil
virial equation cothromóid *f2* viriúil
virial law dlí *m4* viriúil
virtual cathode *(Eln.)* catóid *f2* fhíorúil
virtual displacement *(Mec.)* díláithriú *m* fíorúil
virtual image *(Opt. Ph.)* íomhá *f4* fhíorúil
virtual object *(Opt. Ph.)* frithne *f4* fhíorúil
virtual particle *(QuPh.)* cáithnín *m4* fíorúil
virtual work *(Mec.)* obair *f2* fhíorúil
visco-elastic *a* slaodleaisteach *a*
visco-elasticity *s* slaodleaisteachas *m1*
viscometer *s* slaodmhéadar *m1*
visco-plastic *a* slaodphlaisteach *a*
viscose *s* vioscós *m1*
viscosity *s* slaodacht *f3*
viscosity gauge tomhsaire *m4* slaodachta
viscosity of a gas slaodacht *f3* gáis
viscous *a* slaodach *a*
viscous damping maolú *m* slaodach
viscous flow sreabhadh *m* slaodach
visible spectrum speictream *m1* infheicthe
vision *s* radharc *m1*, amharc *m1*
visual aids áiseanna *fpl* amhairc
visual binary dénárthán *m1* infheicthe
vitamin *s* vitimín *m4*
vitreous *a* gloiní *a*
vitrification *s* gloiniú *m* (*gs* -ithe), gloiniúchán *m1*
vitrify *v* gloinigh *v*
vitriol *s* vitrial *m1*
voice frequency guthmhinicíocht *f3*
void *s* folúntas *m1*
void *a* folamh *a*
void coefficient comhéifeacht *f3* folúntais
void volume toirt *f2* folúntais
volatile *a (Ch. Ph.)* so-ghalaithe *a*
volatility *s (Ch. Ph.)* so-ghalaitheacht *f3*
volatilization *s (Ch. Ph.)* galú *m* (*gs* -laithe)
volatilize *v (Ch. Ph.)* galaigh *v*
volt *s* volta *m4*
voltage *s* voltas *m1*
voltage amplifier aimplitheoir *m3* voltais
voltage between lines voltas *m1* idir línte
voltage divider (= potential divider) roinnteoir *m3* voltais
voltage drop titim *f2* voltais
voltage ratio cóimheas *m3* voltais
voltage stabilizer cobhsaitheoir *m3* voltais
voltage transformer (= potential transformer) claochladán *m1* voltais
voltaic *a* voltach *a*
voltameter *s* voltaiméadar *m1*
voltametry *s (Ch. Ph.)* voltmhéadracht *f3*
voltammeter *s (El.)* volt-aimpmhéadar *m1*
volt-ampere *s* voltaimpéar *m1*
voltmeter *s (Eng.)* voltmhéadar *m1*
volume *s* toirt *f2*
volume control *(on radio, etc.)* rialaitheoir *m3* fuaime
volume elasticity *(Mec.)* leaisteachas *m1* toirte

volume flow toirtsreabhadh *m* (*gs* -eafa)
volumetric *a* toirtmhéadrach *a*
volumetric analysis anailís *f2* thoirtmhéadrach
volumetric flask fleascán *m1* toirtmhéadrach
vortex *s* cuilithe *f4*
vortex ring fáinne *m4* cuilithe
vortex shedding sceitheadh *m* cuilithí
vortical field réimse *m4* cuilitheach
vorticity *s (Mec.)* cuilitheacht *f3*
vorticity-transport equation cothromóid *f2* iompair chuilitheachta
VSEPRT (= valence shell electron-pair repulsion theory) *(Ch.)* TÉLDFS, teoiric éartha leictreondís an fhiús-scealla
vulcanite *s* bolcáinít *f2*
vulcanization *s* bolcáiniú *m* (*gs* -ithe)
vulcanize *v* bolcáinigh *v*
vulcanizer *s* bolcánóir *m3*
vulgar fraction gnáthchodán *m1*
vulnerating *s* leochailiú *m* (*gs* -ithe)

W

walking system córas *m1* siúil
wall effect balla-iarmhairt *f3*
wall energy ballafhuinneamh *m1*
warble *s (Ph.)* ceiliúr *m1*
warping *s (of ship)* tarlú *m* (*gs* -laithe)
warping function feidhm *f2* tharlúcháin
wash-bottle *s* buidéal *m1* níocháin
washer *s* leicneán *m1*
washing machine meaisín *m4* níocháin
washing soda *s* sóid *f2* níocháin
watch glass (= clock glass) clog-ghloine *f4*
water *s* uisce *m4*
water bath dabhach *f2* uisce
water-culture powder púdar *m1* saothráin uisce
water equivalent coibhéis *f2* uisce
water gas *(Ch.)* gás *m1* uisce, uisceghás *m1*
water glass *(Ch.)* uisceghloine *f4*
water hardness *(Ch.)* cruas *m1* uisce
water-level detector brathadóir *m3* leibhéil uisce
water-level indicator táscaire *m4* leibhéil uisce
water of crystallization *(Ch.)* uisce *m4* criostalúcháin
waterproof *a* uiscedhíonach *a*
water-repellent *a* uisce-éarthach *a*
water table *(Ch. Ph.)* maoschlár *m1*
water-treatment laboratory saotharlann *f2* chóireála uisce
water-treatment plant ionad *m1* cóireála uisce
water vapour *(Ch. Ph.)* galuisce *m4*
watt *s* vata *m4*
wattage *s* vatacht *f3*
watt-hour *s* vatuair *f2*
watt-hour meter *s* vatuair-mhéadar *m1*
watt meter vatamhéadar *m1*
watt second vatashoicind *m4*
wave *s* tonn *f2*
wave analyser tonn-anailíseoir *m3*
wave-crest *s* tonnbharr *m1*
wave-detector *s* tonnbhrathadóir *m3*
wave equation tonnchothromóid *f2*
waveform tonnchruth *m3*
wavefront *(Ph.)* tonnbhráid *f* (*gs* -ád)
wave function tonnfheidhm *f2*
waveguide tonntreoraí *m4*
wavelength *s* tonnfhad *m1*
wavelength constant tairiseach *m1* tonnfhaid
wavelet *s* tonnán *m1*
wave mechanics *spl* tonnmheicnic *f2*
wave-meter *s* tonnmhéadar *m1*
wave motion *s (Ph.)* tonnghluaiseacht *f3*
wave number *s* tonnuimhir *f* (*gs* -mhreach)

wave packet tonnphaicéad *m1*
wave-particle duality *(QuPh.)* déacht *f3* toinne is cáithnín
wave surface tonndromchla *m4*
wave tail *(Eln.)* tonnlos *m3*
wave-tank *s* tonnumar *m1*
wave theory tonnteoiric *f2*
wave theory of light tonnteoiric *f2* an tsolais
wave train *(Ph.)* tonnsraith *f2*
wave trap *s* tonnghaiste *m4*
wave-trough *s (Mec. Ph.)* log *m1* toinne
wave velocity (= phase velocity) *(Ph.)* treoluas *m1* toinne
wave-wound machine meaisín *m4* tonntochraiste
wax *s (Ch.)* céir *f* (*gs* -éarach)
wax tailings *(Ch.)* céirfhuíoll *m* (*gs* -íll)
weak *a* lag *a*
weak acid aigéad *m1* lag
weak base bun *m1* lag
weak convergence *(Mth.)* coinbhéirseacht *f3* lag
weak coupling lagchúpláil *f3*
weak interaction idirghníomhú *m* lag
weak minimum íosluach *m3* lag
weak topology lagthoipeolaíocht *f3*
weather satellite satailít *f2* aimsire
wedge *s* ding *f2*
weigh *v* meáigh *v*
weigh beam meághéag *f2*
weight *s* meáchan *m1*
weighted *a* ualaithe *a*
weighted average meán *m1* ualaithe
weighted mean meán *m1* ualaithe
weighting *s (Mth. St.)* ualú *m* (*gs* -laithe)
weighting function *(Mth. St.)* feidhm *f2* ualúcháin
weighting function of a causal system *(Mth. St.)* feidhm *f2* ualúcháin córais chúisigh
weightless *a* dímheáchain *gs* as *a*
weightlessness *s* dímheáchan *m1*
weld *s* táthán *m1*
weld *v* táthaigh *v*
weld decay táthmheathlú *m* (*gs* -laithe)
welded *a* táite *a*
welder *s* táthaire *m4*
welding *s* táthú *m* (*gs* -thaithe)
welding stress strus *m1* táthúcháin
well *s (Ph.)* log *m1*
well-behaved *a (Mth.)* dea-iompartha *a*
well-defined *a (Mth.)* dea-shainithe *a*
well-ordered *a (Mth.)* dea-ordaithe *a*
wet *a* fliuch *a*
wet-and-dry-bulb hygrometer higriméadar *m1* fliuch is tirim
wet ashing fliuchluaithriú *m* (*gs* -rithe)
wetness *s* fliche *f4*
wet point fliuchphointe *m4*
wet process fliuchphróiseas *m1*
wettability *a* infhliuchtacht *f3*
wet vapour gal *f2* fhliuch
whetstone *s* liabró *f* (*gs* -ón)
whistle *s* fead *f2*
white dwarf bán-abhac *m1*
white light solas *m1* bán
white noise *(Ph.)* torann *m1* bán
white phosphorus fosfar *m1* bán
white spirits biotáille *f4* bhán
whole-circle bearing treo-uillinn *f2* lánchiorcail
whole number slánuimhir *f* (*gs* -mhreach)
wholetone scale scála *m4* lántonach
width *s* leithead *m1*
Wigner effect (= discomposition effect) iarmhairt *f3* Wigner
wind *s* gaoth *f2*
wind *v* tochrais *v*
windage *s* gaotáiste *m4*
windage loss *(El.)* caillteanas *m1* gaotáiste
winding *s (El.)* tochrán *m1*
winding-coil *s* fillteán *m1*

wind instrument gaothuirlis *f2*
wind tunnel gaoth-thollán *m1*
wing-nut *s* cnó *m4* eiteach
wire *s* sreang *f2*
wire gauze sreang-uige *f4*, uige *f4* shreinge
wiring *s* sreangú *m* (*gs* -gaithe)
wobble *s* longadán *m1*
wobble *v* longadán *m1* a dhéanamh
wobbling *s* longadán *m1*
wobbulator *s (Eln.)* longadánaí *m4*
wolfram *s* (= **tungsten**) tungstan *m1*
wood alcohol fiodh-alcól *m1*
wood charcoal fioghual *m1*
wood spirit fiobhiotáille *f4*
woofer *s* amhaire *m4*
woofing *s* amhaíl *f3*
word equation *(Ch.)* cothromóid *f2* i bhfoirm focal
work *s* obair *f2*
worked *a* snoite *a*
work function *s* feidhm *f2* oibre, obairfheidhm *f2*
work-harden *v* saotharchruaigh *v*
work-hardening saotharchruachan *f3*
worm-driven pulley-block machine meaisín *m4* péist-tiomáinte frídeora
worm gear *s (Eng.)* péistghiar *m1*
worm gearing *(Eng.)* péistghiarlach *m1*
wow *s* uaill *f2*
wrench *s* rinse *m4*
wrong *a* cearr *a*, mícheart *a*
wrought *a* saoirsithe *a*
wrought iron iarann *m1* saoirsithe

X

xanth- *pref* xant-, xaint- *pref*
xanthate *s* xantáit *f2*
xanthene *s* xaintéin *f2*
xanthic *a* xainteach *a*
xanthine *s* xaintín *m4*
x-axis *s* x-ais *f2*
x-coordinate *s* x-chomhordanáid *f2*
xenon *s* xeanón *m1*
xerography *s* xéaragrafaíocht *f3*
xi *s* xí *f4*
x-radiation *s* x-radaíocht *f3*
x-ray *s* x-gha *m4* (*pl* -thanna)
x-ray analysis anailís *f2* x-ghathach
x-ray astronomy réalteolaíocht *f3* x-ghathach
x-ray crystallography criostalghrafaíocht *f3* x-ghathach
x-ray diffraction díraonadh *m* x-ghathach
x-ray fluorescence fluaraiseacht *f3* x-ghathach
x-ray microscopy micreascópacht *f3* x-ghathach
x-ray spectrum speictream *m1* x-ghathach
x-ray star réalta *f4* x-ghathach
x-ray tube feadán *m1* x-ghathach
xylan *s* xiolán *m1*
xylene *s* (= **dimethylbenzene**) xiléin *f2*

Y

yard *s* slat *f2*
yaw *v* luascáil *v*
Y connection *s* Y-nasc *m1*
year *s* bliain *f3*
yeast *s* giosta *m4*
yield-point *s* géillphointe *m4*
yield stress géillstrus *m1*
yield value géill-luach *m3*
-yl *suff s* -il *suff f2*
ylem *s* éilim *f2*
-yne *suff s* -ín *suff m4*

yoke *s* cuing *f2*
yoke *v* cuingigh *v*
ytterbium *s* itéirbiam *m4*
yttrium *s* itriam *m4*

Z

zenith *s* buaic *f2*
zeolite *s* seoilít *f2*
zero *s* nialas *m1*
zero-force *s* nialasfhórsa *m4*
zero matrix (= null matrix) maitrís *f2* nialasach
zero-order reaction *(Ch.)* imoibriú *m* nialas-oird
zero-point energy fuinneamh *m1* ag an nialasphointe
zeroth law *(Ph.)* dlí *m4* nialasach
zero-valent *a* nialasfhiúsach *a*
zeta *s* zéite *f4*
zeta pinch *(Ph.)* zéite-chúngú *m (gs* -gaithe)
zeta potential zéite-phoitéinseal *m1*
zig-zag *s* fiarlán *m1*
zinc *s* sinc *f2*
zinc powder púdar *m1* since
zinc strip stiall *f2* since
zircon *s* siorcón *m1*
zirconal *s* siorcónal *m1*
zirconium *s* siorcóiniam *m4*
Z-modulation *s* Z-mhodhnú *m (gs* -naithe)
zodiac *s* stoidiaca *m4*
zodiacal *a* stoidiacach *a*
zone *s (Mth. Ph.)* crios *m3*
zone melting (= zone refining) *(Ch.)* mínghlanadh *m* criosach
zone of silence crios *m3* ciúnais
zone plate *(Opt.)* pláta *m4* criosach
zone refining (= zone melting) *(Ch.)* mínghlanadh *m* criosach
Z-transform *s* Z-thrasfhoirm *f2*
zwitterion *s* svitirian *m1*
zymasse *s* síomáis *f2*